基于BIM的
Revit MEP 2022 管线综合设计
从入门到精通

CAD/CAM/CAE 技术联盟 编著

清華大學出版社
北 京

内 容 简 介

本书重点介绍了 Revit MEP 2022 在管线综合设计中的应用方法与技巧。本书共分两篇 15 章，其中，基础篇主要包括 Revit MEP 2022 基础、设置绘图环境、基本操作工具、族、MEP 设置、暖通功能、管道功能、电气功能、系统检查和工程量统计等内容；案例篇主要包括创建某后勤大楼机电样板、某后勤大楼给排水系统、某后勤大楼空调通风系统、某后勤大楼电气系统和某后勤大楼综合布线检查等内容。全书内容由浅入深，从易到难，图文并茂，语言简洁，思路清晰。书中知识点配有视频讲解，以加深读者的理解，帮助读者进一步巩固并综合运用所学知识。

另外，本书还配备了极为丰富的学习资源，具体内容如下。

（1）21 集高清同步微课视频，可像看电影一样轻松学习，然后对照书中实例进行练习。

（2）全书实例的源文件和素材，方便按照书中实例操作时直接调用。

（3）《中国市政设计行业 BIM 实施指南（2015 版）》电子书，方便随时查阅。

（4）"1+X" BIM 职业技能等级考试真题，可快速提升技能。

（5）中国图学学会 BIM 技能等级考试一、二、三级真题，会做才是硬道理。

本书适合建筑工程设计入门级读者学习使用，也适合有一定基础的读者参考使用，还可用作职业培训、职业教育的教材。

图书在版编目（CIP）数据

基于 BIM 的 Revit MEP 2022 管线综合设计从入门到精通/CAD/CAM/CAE 技术联盟编著．—北京：清华大学出版社，2023.3
（清华社"视频大讲堂"大系．CAD/CAM/CAE 技术视频大讲堂）
ISBN 978-7-302-63096-8

Ⅰ.①基… Ⅱ.①C… Ⅲ.①建筑设计－管线综合－计算机辅助设计－应用软件 Ⅳ.①TU81-39

中国国家版本馆 CIP 数据核字（2023）第 047595 号

责任编辑：贾小红
封面设计：鑫途文化
版式设计：文森时代
责任校对：马军令
责任印制：沈 露

出版发行：清华大学出版社
网　　址：http://www.tup.com.cn，http://www.wqbook.com
地　　址：北京清华大学学研大厦 A 座　　邮　　编：100084
社 总 机：010-83470000　　邮　　购：010-62786544
投稿与读者服务：010-62776969，c-service@tup.tsinghua.edu.cn
质量反馈：010-62772015，zhiliang@tup.tsinghua.edu.cn
印 装 者：北京嘉实印刷有限公司
经　　销：全国新华书店
开　　本：203mm×260mm　　印　　张：24.75　　字　　数：673 千字
版　　次：2023 年 5 月第 1 版　　印　　次：2023 年 5 月第 1 次印刷
定　　价：99.80 元

产品编号：097533-01

前 言

建筑信息模型（BIM）是一种数字信息的应用，利用 BIM 可以显著提高建筑工程整个进程的效率，并大大降低风险的发生率。在一定范围内，BIM 可以模拟实际的建筑工程建设行为。BIM 还可以四维模拟实际施工，以便于在早期设计阶段就能发现后期真正施工阶段所会出现的各种问题并进行提前处理，为后期活动打下坚实的基础。在后期施工时，它不仅可以作为施工的实际指导，也可以作为可行性指导。同时，BIM 还可以提供合理的施工方案以及合理的人员、材料配置，从而在最大范围内实现资源的合理运用。

Revit MEP 为 Mechanical，Electrical & Plumbing 的缩写，即机械、电气、管道 3 个专业的英文缩写，是一种能够按照用户的思维方式工作的智能设计工具。它通过数据驱动的系统建模和设计来优化建筑设备与管道专业工程。Revit MEP 软件是基于 BIM 的、面向设备及管道专业的设计和制图解决方案。

一、编写目的

鉴于 Autodesk Revit MEP 强大的功能和深厚的工程应用底蕴，我们力图开发一本全方位介绍 Autodesk Revit MEP 在建筑水暖电工程中实际应用情况的书籍。我们不求将 Autodesk Revit MEP 知识点全面讲解清楚，而是针对建筑水暖电工程设计的需要，利用 Autodesk Revit MEP 大体知识脉络作为线索，以实例作为“抓手”，帮助读者掌握利用 Autodesk Revit MEP 进行建筑水暖电工程设计的基本技能和技巧。

二、本书特点

☑ **专业性强**

本书作者拥有多年计算机辅助设计领域的工作经验和教学经验，他们总结设计经验以及教学中的心得体会，历时多年精心编著本书，力求全面、细致地展现 Revit MEP 2022 在建筑水暖电工程设计应用领域的各种功能和使用方法。在具体讲解的过程中，严格遵守工程设计相关规范和国家标准，并将这种一丝不苟的作风融入字里行间，目的是培养读者严谨细致的工程素养，传播规范的工程设计理论与应用知识。

☑ **实例丰富**

全书包含不同类型的实例，可以让读者在学习案例的过程中快速了解 Revit MEP 2022 的用途，并加深对知识点的掌握，同时通过实例的演练帮助读者更好地学习 Revit MEP 2022。

☑ **涵盖面广**

本书在有限的篇幅内，包罗了对 Revit MEP 2022 常用的几乎全部功能的讲解，涵盖了 Revit MEP 2022 基础、设置绘图环境、基本操作工具、族、MEP 设置、暖通功能、管道功能、电气功能、系统检查和工程量统计等知识。

☑ 突出技能提升

本书中的很多实例本身就是实际的工程设计项目，经过作者精心提炼和改编，不仅能够保证读者学好知识点，更重要的是能帮助读者掌握实际的操作技能，让读者在学习案例的过程中潜移默化地掌握 Revit MEP 2022 软件的操作技巧，同时也培养了读者的工程设计实践能力。

Note

三、本书的配套资源

本书提供了极为丰富的学习配套资源，可扫描封底的“文泉云盘”二维码，获取下载方式，以便读者在最短的时间内学会并掌握这门技术。

1. 配套教学视频

文泉云盘

针对本书实例专门制作了 21 集同步教学视频，读者可以扫描书中的二维码观看视频，像看电影一样轻松愉悦地学习本书内容，然后对照课本加以实践和练习，可以大大提高学习效率。

2. 全书实例的源文件和素材

本书配套资源中包含实例的源文件和素材，读者可以安装软件后，打开并使用它们。

3. 实施指南电子书和等级考试真题

本书附赠资源中包含《中国市政设计行业 BIM 实施指南（2015 版）》电子书和“1+X”BIM 职业技能等级考试真题，以及中国图学学会 BIM 技能等级考试一、二、三级真题，可快速提升实战技能。

四、关于本书的服务

1. “Autodesk Revit 2022”软件的获取

按照本书的实例进行操作练习，以及使用“Autodesk Revit 2022”进行绘图，需要事先在计算机上安装软件。读者可以登录官方网站购买正版软件，或者使用其试用版。

2. 关于本书的技术问题或有关本书信息的发布

读者在遇到有关本书的技术问题时，可以扫描封底“文泉云盘”二维码查看是否已发布相关勘误/解疑文档。如果没有，可在页码下方寻找加入学习群的方式，联系我们。我们将尽快回复。

3. 关于手机在线学习

扫描书后刮刮卡（需刮开涂层）二维码，即可获取书中二维码的读取权限，再扫描书中二维码，可在手机上观看对应教学视频。充分利用碎片化时间，随时随地学习。需要强调的是，书中给出的是实例的重点步骤，详细操作过程还需读者通过视频来学习并领会。

五、关于作者

本书由 CAD/CAM/CAE 技术联盟组织编写。CAD/CAM/CAE 技术联盟是一个集 CAD/CAM/CAE 技术研讨、工程开发、培训咨询和图书创作于一体的工程技术人员协作联盟，包含众多专职和兼职 CAD/CAM/CAE 工程技术专家。

CAD/CAM/CAE 技术联盟负责人由 Autodesk 中国认证考试中心首席专家担任，全面负责 Autodesk 中国官方认证考试大纲制定、题库建设、技术咨询和师资力量培训工作，成员精通 Autodesk 系列软件。其创作的很多教材成为国内具有引导性的旗帜作品，在国内相关专业方向图书创作领域具有举足轻重的地位。

六、致谢

在本书的写作过程中，编辑贾小红和艾子琪女士给予了很大的帮助和支持，提出了很多中肯的建议，在此表示感谢。同时，还要感谢清华大学出版社的所有编审人员为本书的出版所付出的辛勤劳动。本书的成功出版是大家共同努力的结果，谢谢所有给予支持和帮助的人。

编　者

Note

目 录

Contents

第1篇 基 础 篇

第2篇 案 例 篇

Note

▶▶第 1 篇

基础篇

本篇主要介绍了 Autodesk Revit MEP 2022 的相关基础知识。

通过本篇的学习，读者将掌握 Revit MEP 的基本功能，为后面的学习打下基础。

☑ Revit MEP 2022 基础

☑ 设置绘图环境

☑ 基本操作工具

☑ 族

☑ MEP 设置

☑ 暖通功能

☑ 管道功能

☑ 电气功能

☑ 系统检查

☑ 工程量统计

Revit MEP 2022基础

知识导引

Revit MEP 是一种能够按照用户的思维方式工作的智能设计工具。它通过数据驱动的系统建模和设计来优化建筑设备与管道专业工程。在基于 Revit reg 的工作流中，它可以最大限度地减少设备专业设计团队之间，以及与建筑师和结构工程师之间的协调错误。

☑ Autodesk Revit MEP 概述　　☑ Autodesk Revit 2022 界面介绍

☑ 文件管理

任务驱动&项目案例

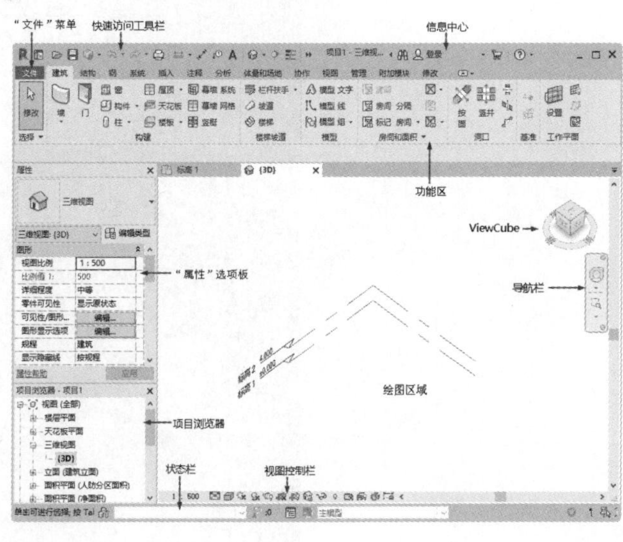

（1）

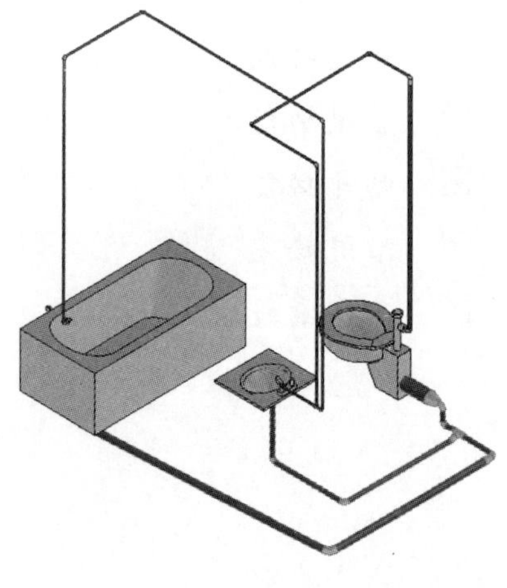

（2）

1.1 Autodesk Revit MEP 概述

Autodesk Revit MEP 软件是机械工业中机电（MEP）工程师适用的建筑信息模型（BIM）解决方案，也是提供建筑系统设计和分析功能的专门工具。有了 Revit MEP，工程师可及早在设计过程中制定更明智的决策，并可以先将建筑系统以准确的方式可视化后再建置。软件内建分析功能，可以协助用户建立可持续且可与其他应用程序共享的设计，进而获得最佳的建筑效能与效率。使用建筑信息模型，有助于设计数据保持一致、尽量减少错误，并强化工程与建筑团队之间的协同合作。

1.1.1 特性

Autodesk Revit MEP 具有以下特性。

1. 建筑信息模型建立与配置

Autodesk Revit MEP 软件的模型建立与配置工具能让工程师以更精确的方式轻松建立机电工程系统。自动化的布线解决方案可帮助用户建立管道工程、卫生工程与配管系统，或是以手动方式配置照明与电力系统。Autodesk Revit MEP 软件的参数式变更技术，意味着凡是 MEP 的模型有变更，都会随即在整个模型中自动调整。维持单一且一致的建筑模型，有助于保持图面协调一致，并减少错误。

2. 具备建筑效能分析的永续设计

Autodesk Revit MEP 可产生丰富的建筑信息模型，呈现出拟真的实时设计情境，协助使用者及早在设计过程中制定更明智的决策。项目团队成员能以原生的整合式分析工具，进一步达成目标及永续性方案、执行能源分析、评估系统负荷，并产生加热与冷却荷载报告。Autodesk Revit MEP 还能将绿色建筑可扩展标记语言（gbXML）以档案汇出，并且搭配 Autodesk Ecotect 分析软件及 Autodesk Green Building Studio 网页式服务，以及第三方应用程序，进行永续设计与分析。

3. 更优异的工程设计

现今的复杂建筑需要更尖端的系统工程工具，将效率与使用效能优化。项目日益复杂，机械工业中的机电工程师及其庞大的团队之间需要及时地沟通设计与设计变更相关内容。Revit MEP 软件具有专门的系统分析与优化工具，能让团队成员实时获得 MEP 设计方面的回馈，因此能及早于程序中缔造效能更高的设计。

1.1.2 功能

Autodesk Revit MEP 软件是一款智能的设计和制图软件，能按工程师的思维方式工作。使用 Revit 技术和建筑信息模型（BIM），可以最大限度地减少建筑设备专业设计团队之间，以及与建筑师和结构工程师之间的协调错误。此外，它还能为工程师提供更佳的决策参考和建筑性能分析，实现可持续性设计。

它具有以下功能。

1. 暖通设计准则

使用设计参数和显示图例来创建着色平面图，直观地沟通设计意图，无须解读复杂的电子表格及明细表。使用着色平面图可以加速设计评审，并将用户的设计准则呈现给客户审核和确认。色彩填充与模型中的参数值相关联，因此当设计变更时，平面图可自动更新。可创建任意数量的示意图，并在项目周期内轻松维护这些示意图。

2. 暖通风道及管道系统建模

暖通功能提供了针对管网及布管的三维建模功能，用于创建供暖通风系统。即使初次使用的用户，也能借助直观的布局设计工具轻松、高效地创建三维模型。可以使用内置的计算器一次性确定总管、支管甚至整个系统的尺寸。几乎可以在所有视图中，通过在屏幕上拖放设计元素来移动或修改设计，从而轻松修改模型。在任何一处视图中做出修改时，所有的模型视图及图纸都能自动协调变更，因此始终能够提供准确、一致的设计及文档。

3. 电力照明和电路

通过分析电路追踪负载、连接设备的数量及电路长度，最大限度地减少电气设计错误。定义导线类型、电压范围、配电系统及需求系统，有助于确保设计中电路连接的正确性，防止过载及错配电压问题。在设计时，软件可以识别电压下降，应用减额系数，甚至可以计算馈进器及配电盘的预计需求负载，进而调整设备。此外，还可以充分利用电路分析工具，快速计算总负载并生成报告，获得精确的文档。

4. 电力照明计算

Revit MEP 利用配电盘方法，可根据房间内的照明装置自动估算照明级别。设置室内平面的反射值，将行业标准的 IES（美国照明工程学会）数据附加至照明，并定义计算工作平面的高度。然后，让 Revit MEP 自动估算房间的平均照明值。

5. 给排水系统建模

借助 Revit MEP，可以为管道系统布局创建全面的三维参数化模型。借助智能的布局工具，可轻松、快捷地创建三维模型。只需在屏幕上拖动设计元素，就可同时在几乎所有视图中移动或更改设计。还可以根据行业规范设计倾斜管道。在设计时，只需定义坡度并进行管道布局，该软件即可自动布置所有管道的升高和降低，并计算管底高程。在任何一处视图中做出修改时，所有的模型视图及图纸都能自动协调变更，因此始终能够提供准确一致的设计及文档。

6. Revit 参数化构件

参数化构件是 Revit MEP 中所有建筑元素的基础。它们为设计思考和创意构建提供了一个开放的图形式系统，同时让用户能以逐步细化的方式来表达设计意图。参数化构件可用最错综复杂的建筑设备及管道系统进行装配。最重要的是，无须任何编程语言或代码。

7. 双向关联性

任何一处发生变更，所有相关内容随之自动变更。所有 Revit MEP 模型信息都存储在一个位置。因此，任一信息变更都可以同时有效地更新到整个模型。参数化技术能够自动管理所有的变更。

8. Revit Architecture 支持

由于 Revit MEP 是基于 Revit 技术，因此在复杂的建筑设计流程中，可以非常轻松地实现设备专业团队成员之间以及使用 Revit Architecture 软件的建筑师之间的协作。

Note

9. 建筑性能分析

借助建筑性能分析工具，可以充分发挥建筑信息模型的效能，为决策制定提供更好的支持。它能够为可持续性设计提供显著助益，为改善建筑性能提供支持。通过 Revit MEP 和 IES Virtual Environment 集成，还可执行冷热负载分析、LEED 日光分析和热能分析等多种分析。

10. 导入/导出数据到第三方分析软件

Revit MEP 支持将建筑模型导入 gbXML，用于进行能源与负载分析。分析结束后，可重新导回数据，并将结果存入模型。如果要进行其他分析和计算，可将相同信息导出到电子表格，以便与不使用 Revit MEP 软件的团队成员共享数据。

1.2 Autodesk Revit 2022 界面介绍

在学习 Revit 软件之前，首先要了解 2022 版 Revit 的操作界面。新版软件更加人性化，不仅提供了便捷的操作工具，便于初级用户快速熟悉操作环境，而且对于熟悉该软件的用户而言，操作将更加方便。

单击桌面上的 Revit 2022 图标，进入如图 1-1 所示的 Autodesk Revit 2022 主页，单击“模型”→“新建”按钮，新建一个项目文件，进入 Autodesk Revit 2022 绘图界面，如图 1-2 所示。

图 1-1　Autodesk Revit 2022 主页

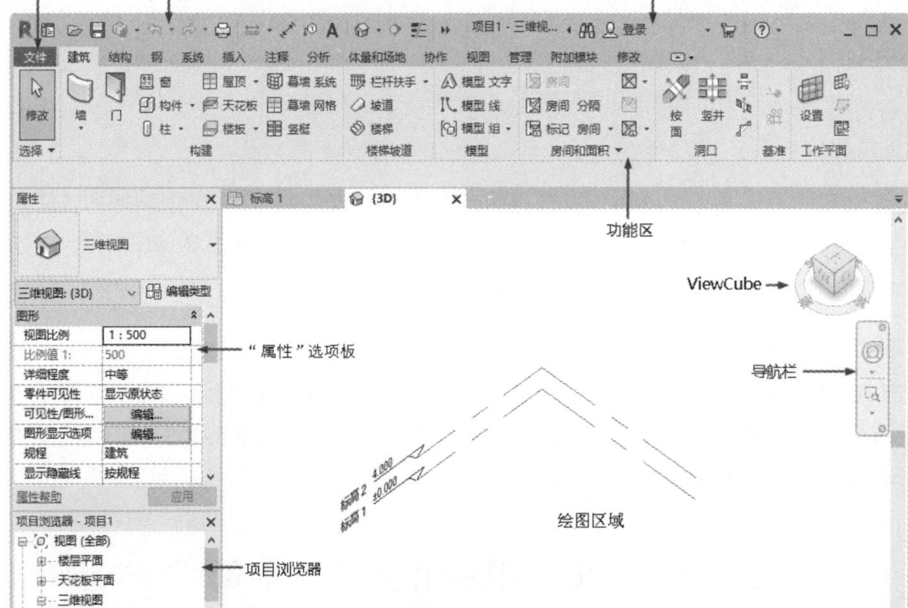

图 1-2　Autodesk Revit 2022 绘图界面

1.2.1　“文件”菜单

“文件”菜单中提供了常用文件操作，如“新建”“打开”“保存”等。还允许使用更高级的工具（如“导出”和“打印”）来管理文件。单击“文件”按钮，打开“文件”菜单，如图 1-3 所示。“文件”菜单无法在功能区中移动。

“文件”菜单中的命令分为两类：一类是单独的命令，选择这些命令将执行默认的操作；另一类是右侧带有▶标志的命令，选择这些命令将打开下一级菜单（即子菜单），可从中选择所需命令进行相应的操作。

1.2.2　快速访问工具栏

在主界面左上角图标的右侧，系统列出了一排相应的工具图标，即快速访问工具栏，用户可以直接单击相应的按钮进行命令操作。

单击快速访问工具栏中的“自定义访问工具栏”按钮▾，打开如图 1-4 所示的下拉菜单，可以对该工具栏进行自定义，选中命令则在快速访问工具栏中显示，取消选中命令则隐藏。

在快速访问工具栏的某个工具按钮上右击，打开如图 1-5 所示的快捷菜单，选择“从快速访问工具栏中删除”选项，将删除选中的工具按钮。选择“添加分隔符”选项，在工具的右侧添加分隔线。选择“在功能区下方显示快速访问工具栏”选项，快速访问工具栏可以显示在功能区的上方或下方。选择“自定义快速访问工具栏”选项，打开如图 1-6 所示的“自定义快速访问工具栏”对话框，可以

对快速访问工具栏中的工具按钮进行排序、添加或删除分隔线。

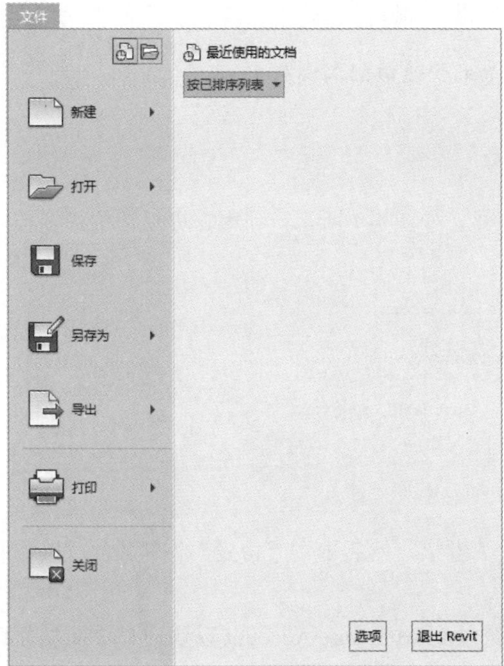

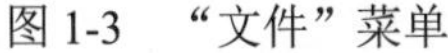

图 1-3 “文件”菜单

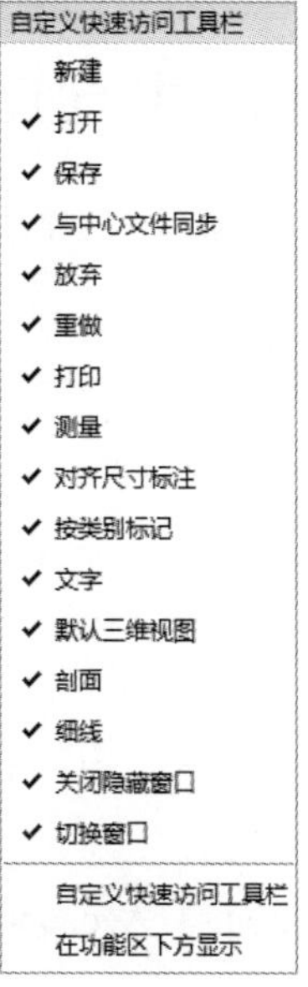

图 1-4 下拉菜单

从快速访问工具栏中删除(R)
添加分隔符(A)
自定义快速访问工具栏(C)
在功能区下方显示快速访问工具栏

图 1-5 快捷菜单

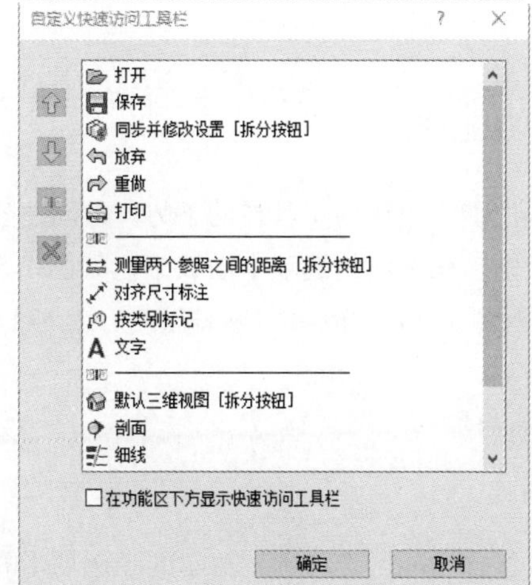

图 1-6 “自定义快速访问工具栏”对话框

“自定义快速访问工具栏”对话框中的选项说明如下。

☑ 上移或下移：在对话框的列表中选择命令，然后单击（上移）或（下移）按钮将该工具移动到所需位置。

☑ 添加分隔符：选择要显示在分隔线上方的工具，然后单击“添加分隔符”按钮，添加分隔线。

☑ 删除：从工具栏中删除工具或分隔线。

在功能区上的任意工具按钮上右击，打开快捷菜单，然后选择“添加到快速访问工具栏”选项，该工具按钮可添加到快速访问工具栏中默认命令的右侧。

注意：上下文选项卡中的某些工具无法添加到快速访问工具栏中。

1.2.3 信息中心工具栏

该工具栏包括一些常用的数据交互访问工具，如图 1-7 所示，利用它可以访问许多与产品相关的信息源。

图 1-7 信息中心工具栏

（1）搜索：在搜索框中输入要搜索信息的关键字，然后单击“搜索”按钮，可以在联机帮助中快速查找信息。

（2）Autodesk Account：使用该工具可以登录到 Autodesk Account 以访问与桌面软件集成的联机服务器。

（3）Autodesk App Store：单击此按钮，可以登录到 Autodesk 官方的 App 网站下载不同系列软件的插件。

1.2.4 功能区

功能区位于快速访问工具栏的下方，是创建建筑设计项目所有工具的集合。Revit 2022 将这些命令工具按类别放在不同的选项卡面板中，如图 1-8 所示。

图 1-8 功能区

功能区包含功能区选项卡、功能区子选项卡和面板等部分。其中，每个选项卡都将其命令工具细分为几个面板进行集中管理。而当选择某图元或者激活某命令时，系统将在功能区主选项卡后添加相应的子选项卡，且该子选项卡中列出了和该图元或命令相关的所有子命令工具，用户不必再在下拉菜单中逐级查找子命令。

创建或打开文件时，功能区会显示系统提供的创建项目或族所需的全部工具。调整窗口的大小时，功能区中的工具会根据可用的空间自动调整。每个选项卡集成了相关的操作工具，方便了用户的使用。用户可以单击功能区选项后面的按钮控制功能的展开与收缩。

（1）修改功能区：单击功能区选项卡右侧的倒三角按钮，系统提供了 3 种功能区的显示方式，即“最小化为选项卡”“最小化为面板标题”“最小化为面板按钮”，如图 1-9 所示。

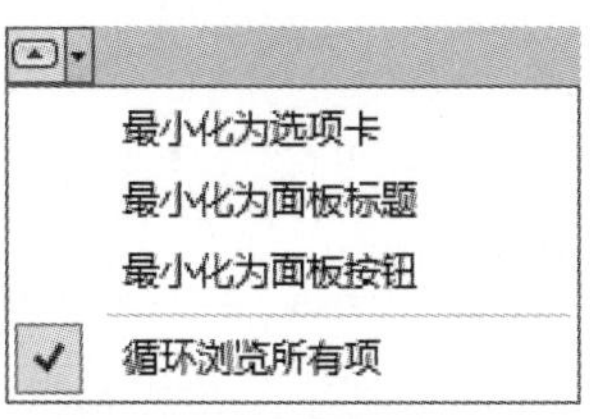

图 1-9　功能区显示方式

（2）移动面板：面板可以在绘图区“浮动”，在面板上按住鼠标左键并拖动，如图 1-10 所示，将其放置到绘图区域或桌面上即可。将鼠标指针放到浮动面板的右上角位置处，显示“将面板返回到功能区”，如图 1-11 所示。单击此处，即可使它变为“固定”面板。将鼠标指针移动到面板上以显示一个夹子，拖动该夹子到所需位置，即可移动面板。

图 1-10　拖动面板

图 1-11　固定面板

（3）展开面板：面板标题旁的倒三角按钮▾表示该面板可以展开，单击此按钮显示相关的工具和控件，如图 1-12 所示。默认情况下，单击面板以外的区域时，展开的面板会自动关闭。单击图钉按钮，面板在其功能区选项卡显示期间始终保持展开状态。

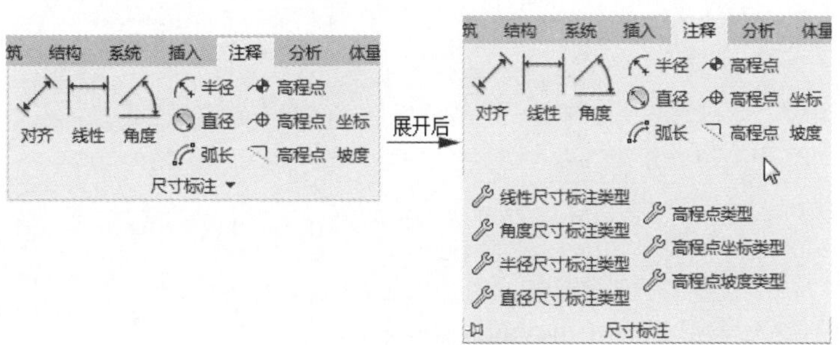

图 1-12　展开面板

（4）上下文功能区选项卡：使用某些工具或者选择图元时，上下文功能区选项卡中会显示与该工具或图元的上下文相关的工具，如图 1-13 所示。退出该工具或清除选择时，该选项卡将关闭。

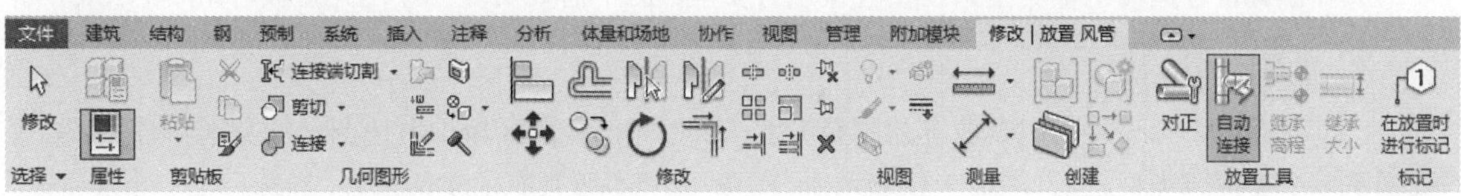

图 1-13　上下文功能区选项卡

1.2.5 “属性”选项板

“属性”选项板是一个无模式对话框，通过该对话框，可以查看和修改用来定义图元属性的参数。

项目浏览器下方的浮动面板即为“属性”选项板。当选择某图元时，“属性”选项板会显示该图

元的图元类型和属性参数等，如图 1-14 所示。

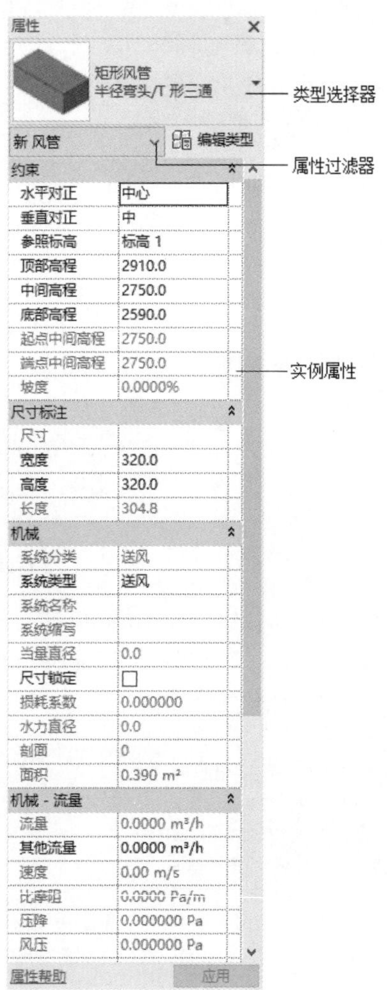

图 1-14 “属性”选项板

1. 类型选择器

选项板上面一行的预览框和类型名称即为图元类型选择器。用户可以单击右侧的下拉按钮，从列表中选择已有且合适的构件类型来直接替换现有类型，而不需要反复修改图元参数，如图 1-15 所示。

2. 属性过滤器

该过滤器用来标识将由工具放置的图元类别，或者标识绘图区域中所选图元的类别和数量。如果选择了多个类别或类型，则选项板上仅显示所有类别或类型所共有的实例属性。当选择了多个类别时，使用过滤器的下拉列表可以仅查看特定类别或视图本身的属性。

3. “编辑类型”按钮

单击此按钮，打开相应的“类型属性”对话框，用户可以复制、重命名对象类型，并且可以通过编辑其中的类型参数值来改变与当前选择图元同类型的所有图元的外观尺寸等，如图 1-16 所示。

Note

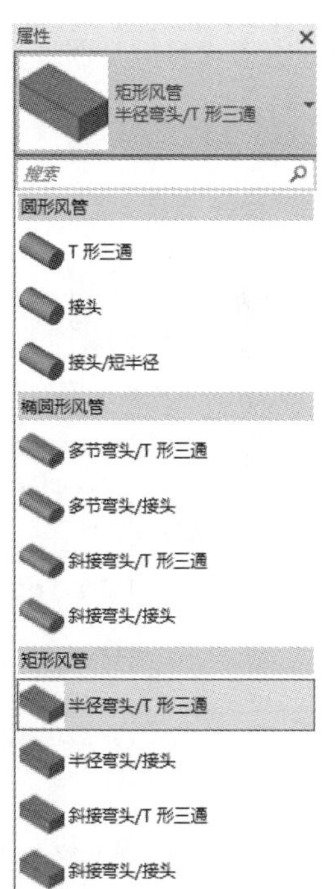

图 1-15　类型选择器下拉列表

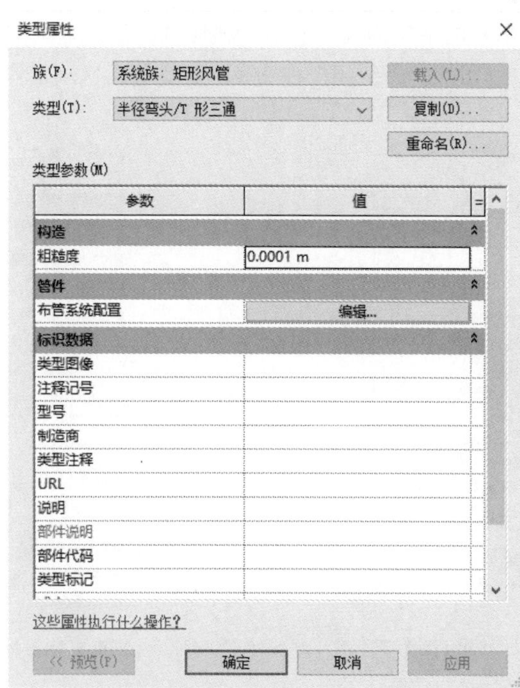

图 1-16　“类型属性”对话框

4. 实例属性

在大多数情况下，“属性”选项板中既显示可由用户编辑的实例属性，又显示只读实例属性。当某属性的值由软件自动计算或赋值，或者取决于其他属性的设置时，该属性可能是只读属性，不可编辑。

1.2.6　项目浏览器

Revit 2022 将所有可访问的视图和图纸等都放置在项目浏览器中进行管理，使用项目浏览器可以方便地在各视图间进行切换操作。

项目浏览器用于组织和管理当前项目中包含的所有信息，包括项目中的所有视图、明细表、图纸、族、组和链接的 Revit 模型等项目资源。Revit 2022 按逻辑层次关系组织这些项目资源，且展开和折叠各分支时，系统将显示下一层级的内容，如图 1-17 所示。

（1）打开视图：双击视图名称打开视图，也可以在视图名称上右击，打开如图 1-18 所示的快捷菜单，选择“打开”选项，打开视图。

（2）打开放置了视图的图纸：在视图名称上右击，打开如图 1-18 所示的快捷菜单，选择“打开图纸”选项，打开放置了视图的图纸。如果快捷菜单中的“打开图纸”选项不可用，则要么视图未放置在图纸上，要么视图是明细表或可放置在多个图纸上的图例视图。

（3）将视图添加到图纸中：将视图名称拖曳到图纸名称上或拖曳到绘图区域中的图纸上。

（4）从图纸中删除视图：在图纸名称下的视图名称上右击，在打开的快捷菜单中选择“从图纸中删除”选项，删除视图。

（5）“项目浏览器”复选框：单击“视图”选项卡“窗口”面板中的“用户界面”按钮，打开

Note

如图 1-19 所示的下拉列表，选中“项目浏览器”复选框。如果取消选中“项目浏览器”复选框或单击项目浏览器顶部的“关闭”按钮×，则隐藏项目浏览器。

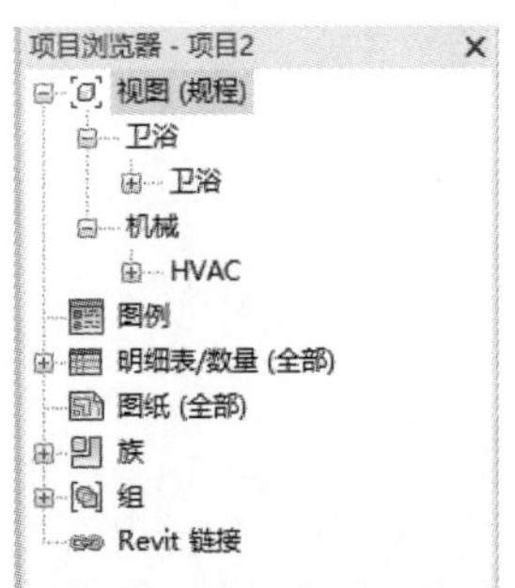

图 1-17　项目浏览器

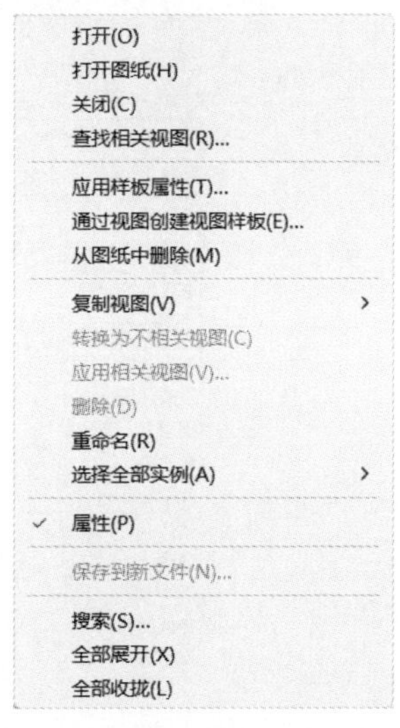

图 1-18　快捷菜单

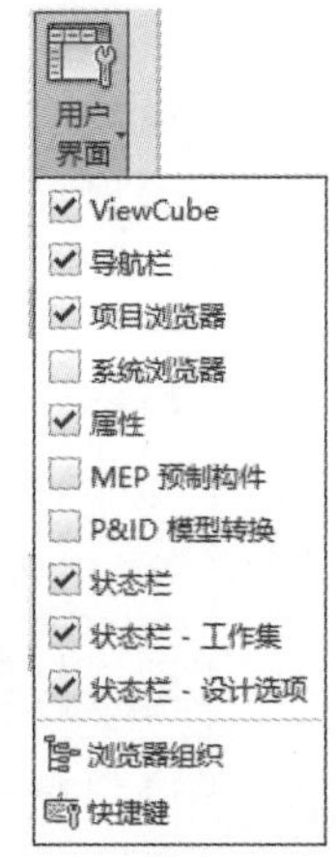

图 1-19　下拉列表

（6）调整项目浏览器大小：拖曳项目浏览器的边框，可以调整项目浏览器的大小。

（7）移动项目浏览器：在 Revit 窗口中拖曳浏览器移动时会显示一个轮廓，在该轮廓指示浏览器移动到所需位置时松开鼠标，将浏览器放置到所需位置，还可以将项目浏览器从 Revit 窗口拖曳到桌面。

1.2.7　视图控制栏

视图控制栏位于视图窗口的底部、状态栏的上方，它可以控制当前视图中模型的显示状态，如图 1-20 所示。

（1）比例：是指在图纸中用于表示对象的比例。可以为项目中的每个视图指定不同比例，也可以创建自定义视图比例。在“比例”图标上单击，打开如图 1-21 所示的比例列表，选择需要的比例，也可以单击“自定义比例”按钮，打开“自定义比例”对话框，输入比率，如图 1-22 所示。

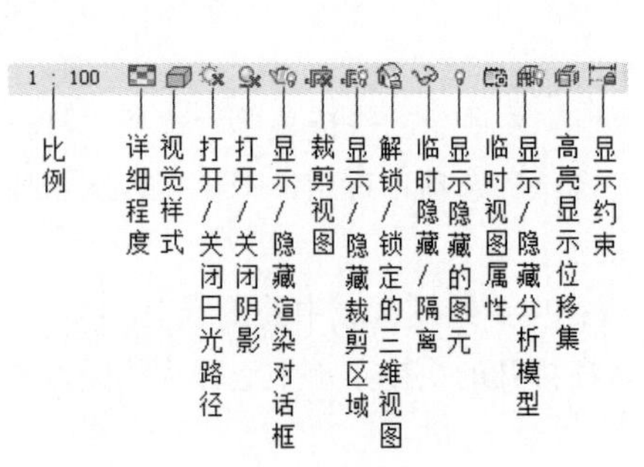

图 1-20　视图控制栏

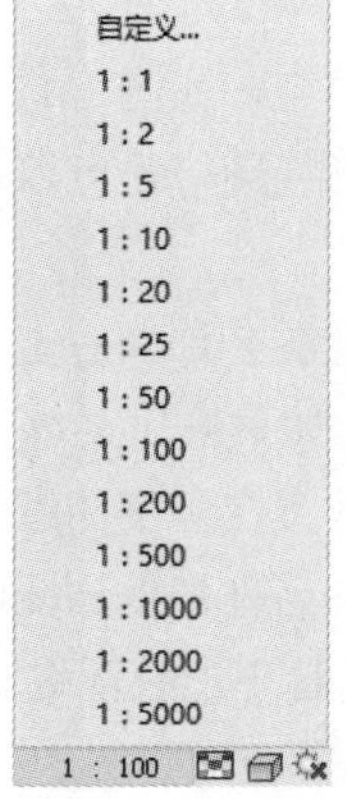

图 1-21　比例列表

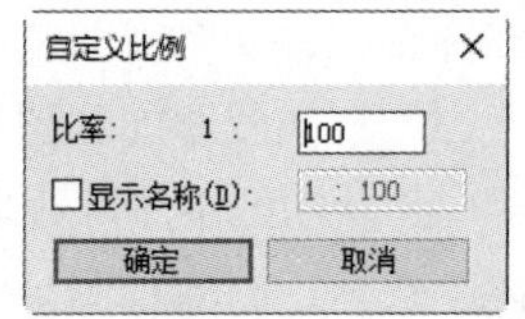

图 1-22　“自定义比例”对话框

注意： 不能将自定义视图比例应用于该项目中的其他视图。

（2）详细程度：可根据视图比例设置新建视图的详细程度，包括粗略、中等和精细 3 种程度。当在项目中创建新视图并设置其视图比例后，视图的详细程度将会自动根据表格中的排列进行设置。通过预定义详细程度，可以影响不同视图比例下同一几何图形的显示。

（3）视觉样式：可以为项目视图指定许多不同的图形样式，如图 1-23 所示。

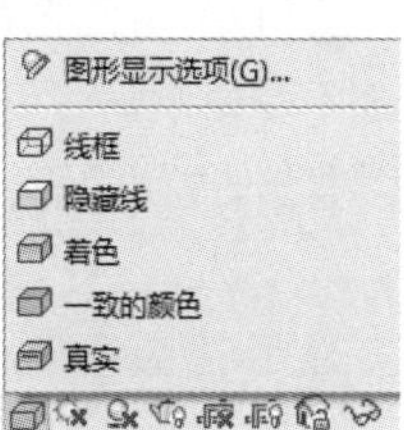

图 1-23　视觉样式

☑　线框：显示绘制了所有边和线而未绘制表面的模型图像。视图显示线框视觉样式时，可以将材质应用于选定的图元类型。这些材质不会显示在线框视图中，但是表面填充图案仍会显示，如图 1-24 所示。

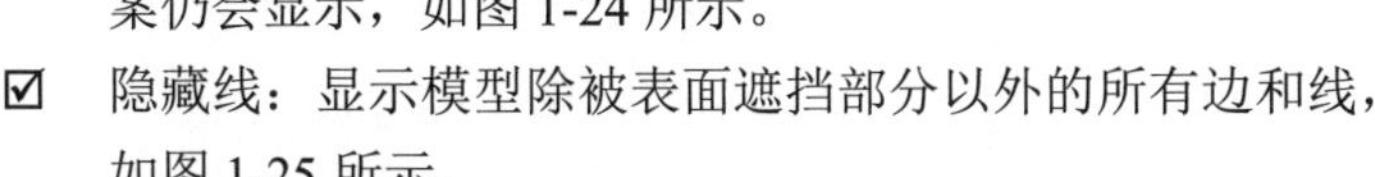

☑　隐藏线：显示模型除被表面遮挡部分以外的所有边和线，如图 1-25 所示。

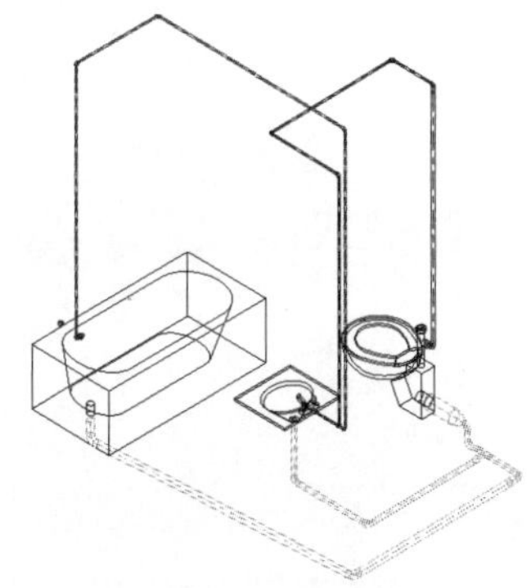

图 1-24　线框

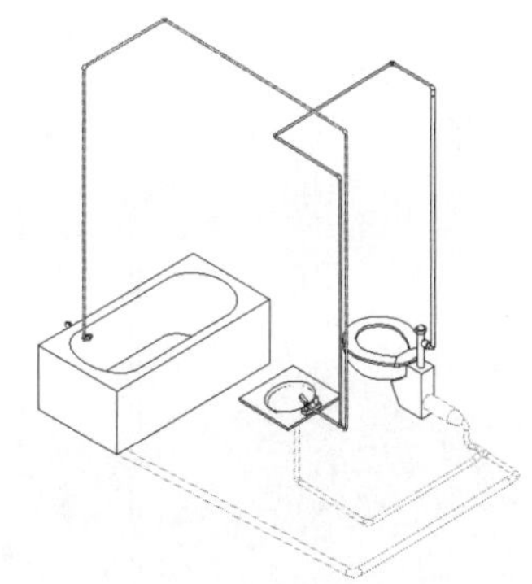

图 1-25　隐藏线

☑　着色：显示处于着色模式下的图像，而且具有显示间接光及其阴影的选项，如图 1-26 所示。

☑　一致的颜色：显示所有表面都按照表面材质颜色设置进行着色的图像。该样式会保持一致的着色颜色，使材质始终以相同的颜色显示，而无论以何种方式将其定向到光源，如图 1-27 所示。

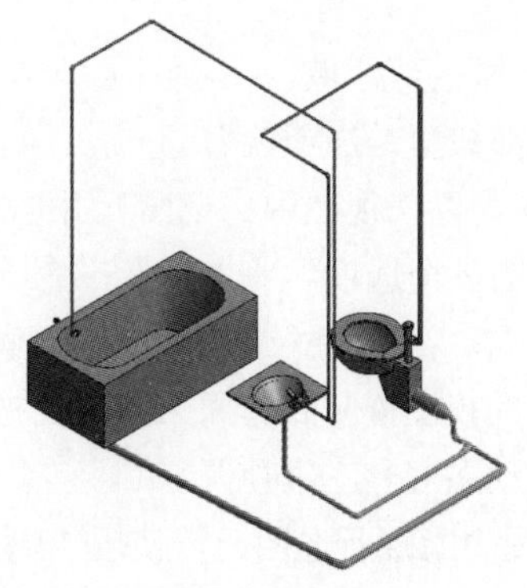

图 1-26　着色

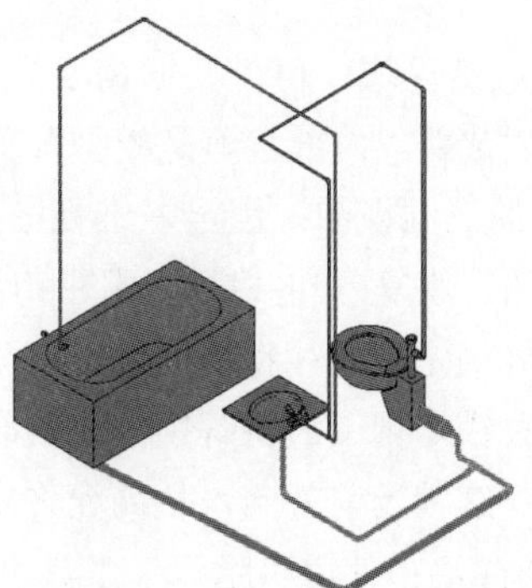

图 1-27　一致的颜色

☑ 真实：可在模型视图中即时显示真实材质外观。旋转模型时，表面会显示在各种照明条件下呈现的外观，如图 1-28 所示。

Note

注意：“真实”视觉视图中不会显示人造灯光。

（4）打开/关闭日光路径：控制日光路径可见性。在一个视图中打开或关闭日光路径时，其他任何视图都不受影响。

（5）打开/关闭阴影：控制阴影的可见性。在一个视图中打开或关闭阴影时，其他任何视图都不受影响。

（6）显示/隐藏渲染对话框：单击此按钮，打开“渲染”对话框，可进行照明、曝光、分辨率、背景和图像质量的设置，如图 1-29 所示。

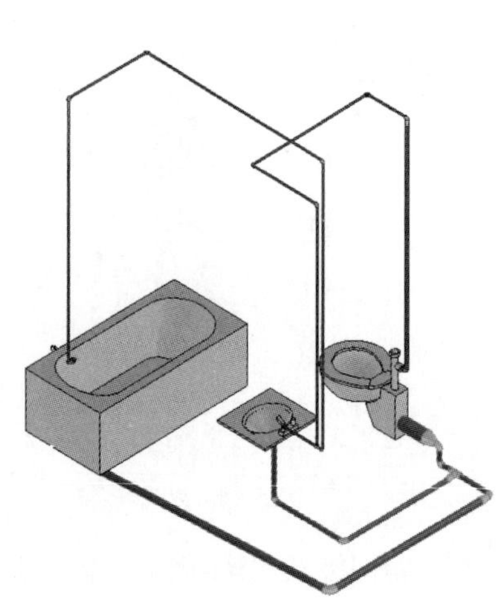

图 1-28　真实

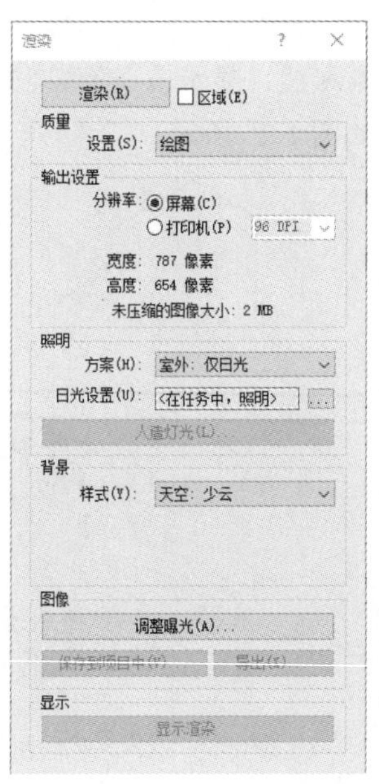

图 1-29　“渲染”对话框

（7）裁剪视图：定义了项目视图的边界。在所有图形项目视图中显示模型裁剪区域和注释裁剪区域。

（8）显示/隐藏裁剪区域：可以根据需要显示或隐藏裁剪区域。在绘图区域中，选择裁剪区域，则会显示注释和模型裁剪。内部裁剪是模型裁剪，外部裁剪是注释裁剪。

（9）解锁/锁定的三维视图：锁定三维视图的方向，以在视图中标记图元并添加注释记号。包括保存方向并锁定视图、恢复方向并锁定视图和解锁视图 3 个选项。

☑ 保存方向并锁定视图：将视图锁定在当前方向。在该模式中无法动态观察模型。

☑ 恢复方向并锁定视图：将解锁的、旋转方向的视图恢复到其原来锁定的方向。

☑ 解锁视图：解锁当前方向，从而允许定位和动态观察三维视图。

（10）临时隐藏/隔离：使用“隐藏”工具可在视图中隐藏所选图元，使用“隔离”工具可在视图中显示所选图元并隐藏所有其他图元。

（11）显示隐藏的图元：临时查看隐藏图元或将其取消隐藏。

（12）临时视图属性：包括启用临时视图属性、临时应用样板属性、最近使用的模板和恢复视图属性 4 种视图选项。

（13）显示/隐藏分析模型：可以在任何视图中显示分析模型。

（14）高亮显示位移集：单击此按钮，启用高亮显示模型中所有位移集的视图。

（15）显示约束：在视图中临时查看尺寸标注和对齐约束，以解决或修改模型中的图元。单击“显示约束”按钮，绘图区域将显示一个彩色边框，以指示处于“显示约束”模式。所有约束都以彩色显示，而模型图元以半色调（灰色）显示。

1.2.8　状态栏

状态栏在屏幕的底部，如图 1-30 所示。状态栏会提供有关要执行的操作的提示。高亮显示图元或构件时，状态栏会显示族和类型的名称。

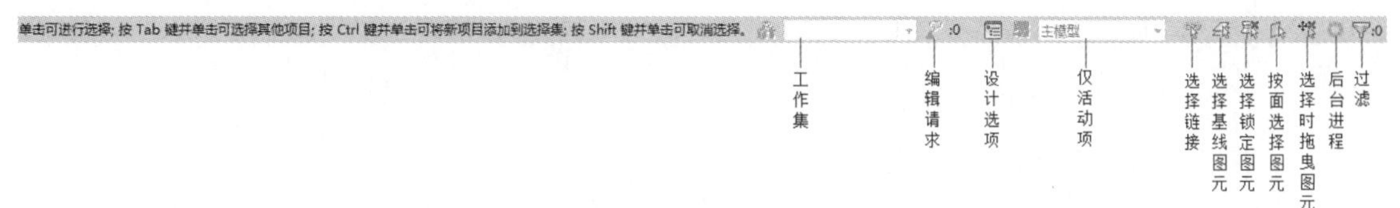

图 1-30　状态栏

（1）工作集：显示处于活动状态的工作集。

（2）编辑请求：对于工作共享项目，表示未决的编辑请求数。

（3）设计选项：显示处于活动状态的设计选项。

（4）仅活动项：用于过滤所选内容，以便仅选择活动的设计选项构件。

（5）选择链接：可在已链接的文件中选择链接和单个图元。

（6）选择基线图元：可在底图中选择图元。

（7）选择锁定图元：可选择锁定的图元。

（8）按面选择图元：可通过单击某个面来选中某个图元。

（9）选择时拖曳图元：不用先选择图元就可以通过拖曳操作移动图元。

（10）后台进程：显示在后台运行的进程列表。

（11）过滤：用于优化在视图中选定的图元类别。

1.2.9　ViewCube

ViewCube 默认在绘图区的右上方。通过 ViewCube 可以在标准视图和等轴测视图之间切换。

（1）单击 ViewCube 上的某个角，可以根据由模型的 3 个侧面定义的视口将模型的当前视图重定向到四分之三视图；单击其中一条边缘，可以根据模型的两个侧面将模型的视图重定向到二分之一视图；单击相应面，将视图切换到相应的主视图。

（2）如果在从某个面视图中查看模型时 ViewCube 处于活动状态，则 4 个正交三角形会显示在 ViewCube 附近。使用这些三角形可以切换到某个相邻的面视图。

（3）单击或拖曳 ViewCube 中指南针的东、南、西、北字样，切换到西南、东南、西北、东北等

方向视图，或者绕上视图旋转到任意方向视图。

（4）单击“主视图”图标，不管当前视图是何种视图，都会恢复到主视图方向。

（5）从某个面视图查看模型时，两个滚动箭头按钮会显示在ViewCube附近。单击图标，视图以90° 逆时针或顺时针进行旋转。

Note

（6）单击“关联菜单”按钮，打开如图1-31所示的关联菜单。

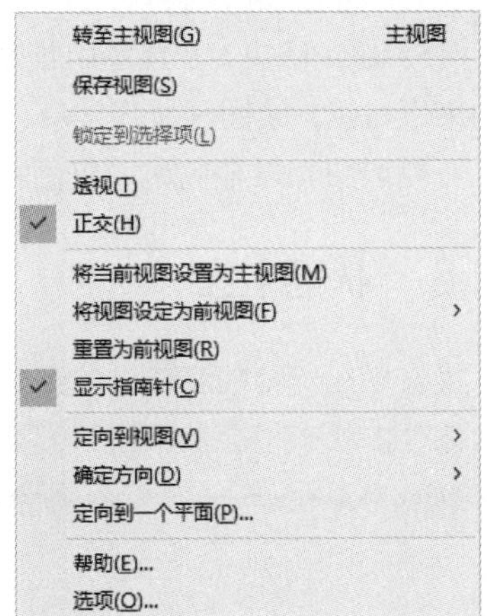

图1-31　关联菜单

- ☑ 转至主视图：恢复随模型一同保存的主视图。
- ☑ 保存视图：使用唯一的名称保存当前的视图方向。此选项只允许在查看默认三维视图时使用唯一的名称保存三维视图。如果查看的是以前保存的正交三维视图或透视（相机）三维视图，则视图仅以新方向保存，而且系统不会提示用户提供唯一名称。
- ☑ 锁定到选择项：当视图方向随ViewCube发生更改时，使用选定对象可以定义视图的中心。
- ☑ 透视/正交：在三维视图的平行和透视模式之间切换。
- ☑ 将当前视图设置为主视图：根据当前视图定义模型的主视图。
- ☑ 将视图设定为前视图：在下拉菜单中定义前视图的方向，并将三维视图定向到该方向。
- ☑ 重置为前视图：将模型的前视图重置为其默认方向。
- ☑ 显示指南针：显示或隐藏围绕ViewCube的指南针。
- ☑ 定向到视图：将三维视图设置为项目中任何平面、立面、剖面或三维视图的方向。
- ☑ 确定方向：将相机定向到北、南、东、西、东北、西北、东南、西南或顶部。
- ☑ 定向到一个平面：将视图定向到指定的平面。

1.2.10　导航栏

Revit提供了多种视图导航工具，可以对视图进行平移和缩放等操作，它们一般位于绘图区右侧。用于视图控制的导航栏是一种常用的工具集。视图导航栏在默认情况下为50%透明显示，不会遮挡视图。它包括“控制盘”和“缩放控制”两大工具，即SteeringWheels和缩放工具，如图1-32所示。

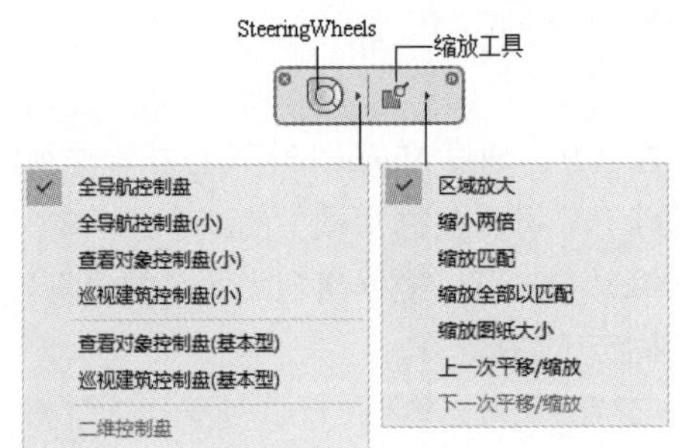

图1-32　导航栏

1. SteeringWheels

它是控制盘的集合，通过这些控制盘，可以在专门的导航工具之间快速切换。每个控制盘都被分成不同的按钮。每个按钮都包含一个导航工具，用于重新定位模型的当前视图。它包含以下几种形式，如图 1-33 所示。

全导航控制盘

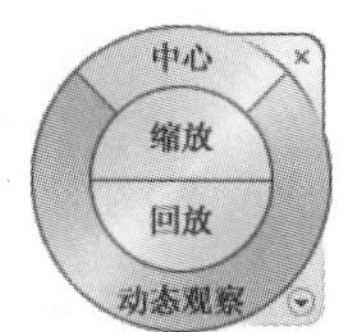

查看对象控制盘（基本型）

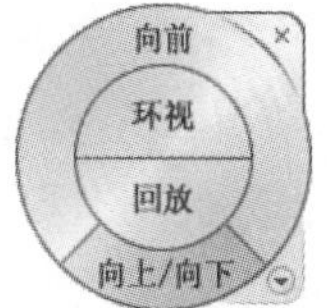

巡视建筑控制盘（基本型）

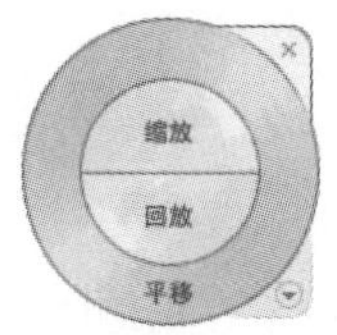

二维控制盘

平移

查看对象控制盘（小）

向上/向下

巡视建筑控制盘（小）

平移

全导航控制盘（小）

图 1-33　SteeringWheels

单击控制盘右下角的“显示控制盘菜单”按钮，打开如图 1-34 所示的控制盘菜单，菜单中包含了所有全导航控制盘的视图工具，选择“关闭控制盘”选项关闭控制盘，也可以单击控制盘上的“关闭”按钮×关闭控制盘。

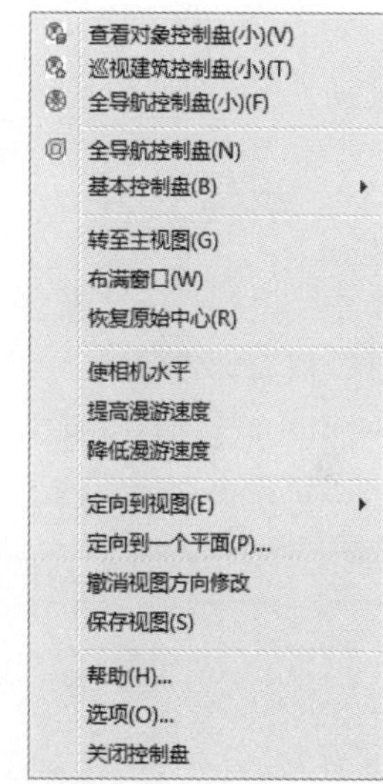

图 1-34　控制盘菜单

全导航控制盘中的各个工具按钮的含义如下。

（1）平移：单击此按钮并按住鼠标左键拖动鼠标即可平移视图。

（2）缩放：单击此按钮并按住鼠标左键不放，系统将在光标位置放置一个绿色的球体，把当前光标位置作为缩放轴心。此时，拖动鼠标即可缩放视图，且轴心随着光标位置变化。

（3）动态观察：单击此按钮并按住鼠标左键不放，同时在模型的中心位置将显示绿色轴心球体。此时，拖动鼠标即可围绕轴心点旋转模型。

（4）回放：利用该工具可以从导航历史记录中检索以前的视图，并且可以快速恢复到以前的视图，还可以滚动浏览所有保存的视图。单击“回放”按钮并按住鼠标左键不放，此时向左侧移动鼠标即可滚动浏览以前的导航历史记录。若要恢复到以前的视图，只要在该视图记录上松开鼠标左键即可。

（5）中心：单击此按钮并按住鼠标左键不放，光标将变为一个球体，此时拖动鼠标到某构件模型上，然后松开鼠标放置球体，即可将该球体作为模型的中心位置。

（6）环视：利用该工具可以沿垂直和水平方向旋转当前视图，且旋转视图时，人的视线将围绕当前视点旋转。单击此按钮并按住鼠标左键拖动，模型将围绕当前视图的位置旋转。

（7）向上/向下：利用该工具可以沿模型的 Z 轴调整当前视点的高度。

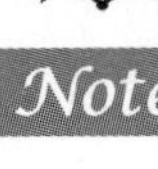

Note

（8）漫游：单击此按钮并按住鼠标左键拖动鼠标即可进行漫游。

2. 缩放工具

缩放工具包括区域放大、缩小 1/2、缩放匹配、缩放全部以匹配和缩放图纸大小等工具。

（1）区域放大：放大所选区域内的对象。

（2）缩小 1/2：将视图窗口显示的内容缩小到原来的 1/2。

（3）缩放匹配：在当前视图窗口中自动缩放以显示所有对象。

（4）缩放全部以匹配：缩放以显示所有对象的最大范围。

（5）缩放图纸大小：将视图自动缩放为实际打印大小。

（6）上一次平移/缩放：显示上一次平移或缩放结果。

（7）下一次平移/缩放：显示下一次平移或缩放结果。

1.2.11 绘图区域

Revit 窗口中的绘图区域显示当前项目的视图以及图纸和明细表，每次打开项目中的某一视图时，默认情况下，此视图会显示在绘图区域中其他打开的视图的上面。其他视图仍处于打开的状态，但是这些视图在当前视图下面。

绘图区域的背景颜色默认为白色。

1.3 文件管理

1.3.1 新建文件

单击“文件”→“新建”下拉按钮，打开“新建”菜单，如图 1-35 所示，用于创建项目文件、族文件、概念体量等。

下面以新建项目文件为例介绍新建文件的步骤。

（1）执行“文件”→“新建”→“项目”命令，打开“新建项目”对话框，如图 1-36 所示。

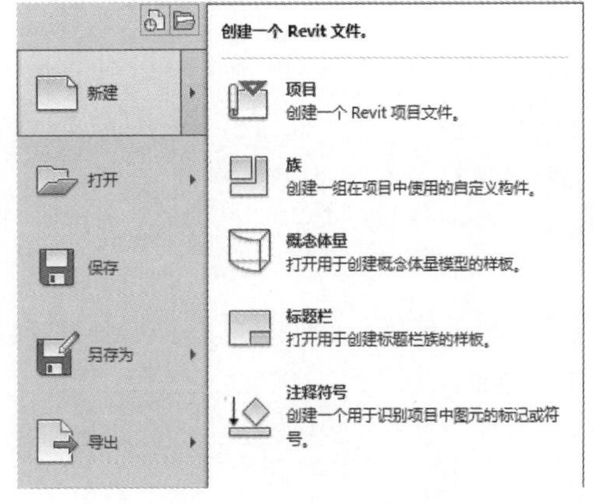

图 1-35 “新建”菜单

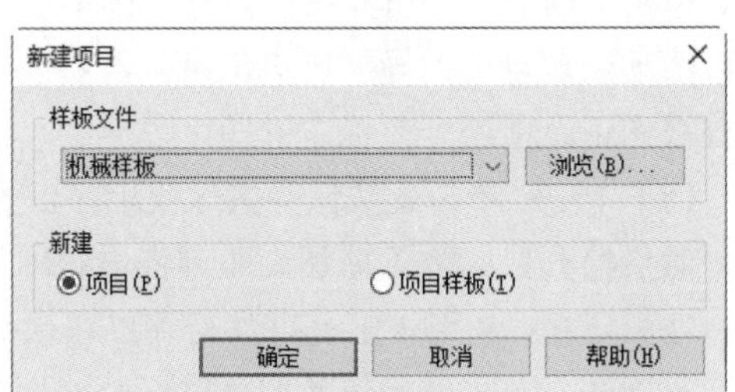

图 1-36 “新建项目”对话框

（2）在“样板文件”下拉列表中选择样板，也可以单击“浏览”按钮，打开如图 1-37 所示的“选择样板”对话框，选择需要的样板，单击“打开”按钮，打开样板文件。

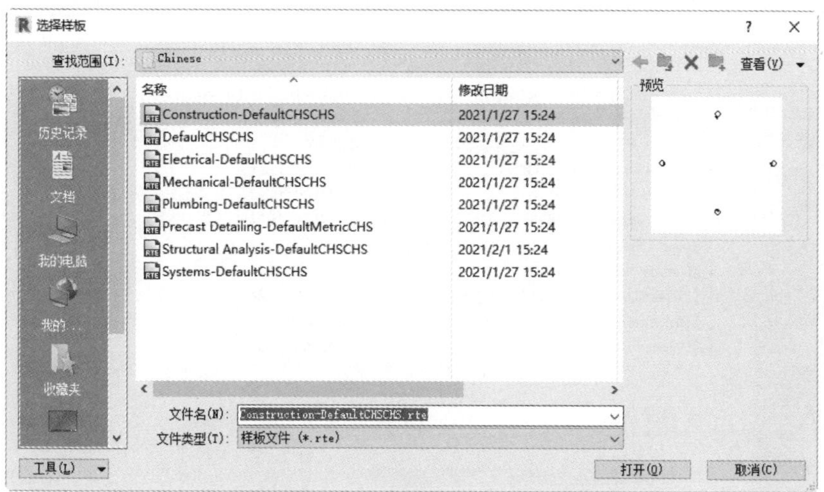

图 1-37　“选择样板”对话框

（3）单击“项目”单选按钮，然后单击“确定”按钮，创建一个新项目文件。

注意： 在 Revit 中，项目是整个建筑物设计的联合文件。建筑的所有标准视图、建筑设计图以及明细表都包含在项目文件中，只要修改模型，所有相关的视图、施工图和明细表都会随之自动更新。

1.3.2　打开文件

单击“文件 ”→“打开”下拉按钮，打开“打开”菜单，如图 1-38 所示，用于打开云模型、项目文件、族文件、IFC 文件、样例文件等。

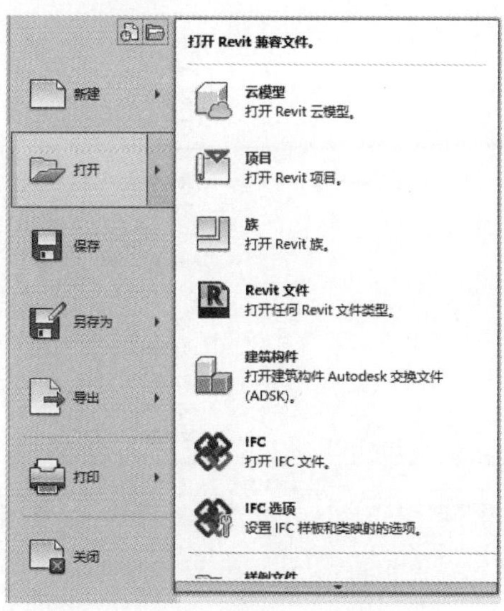

图 1-38　“打开”菜单

Note

（1）云模型：选择此选项，登录 Autodesk Account，选择要打开的云模型。

（2）项目：选择此选项，打开“打开”对话框，在对话框中可以选择要打开的 Revit 项目文件和族文件，如图 1-39 所示。

图 1-39　“打开”对话框（1）

☑　核查：扫描、检测并修复模型中损坏的图元，此选项可能会大大增加打开模型所需的时间。

☑　从中心分离：独立于中心模型而打开工作共享的本地模型。

☑　新建本地文件：打开中心模型的本地副本。

（3）族：选择此选项，打开“打开”对话框，可以打开软件自带族库中的族文件，或用户自己创建的族文件，如图 1-40 所示。

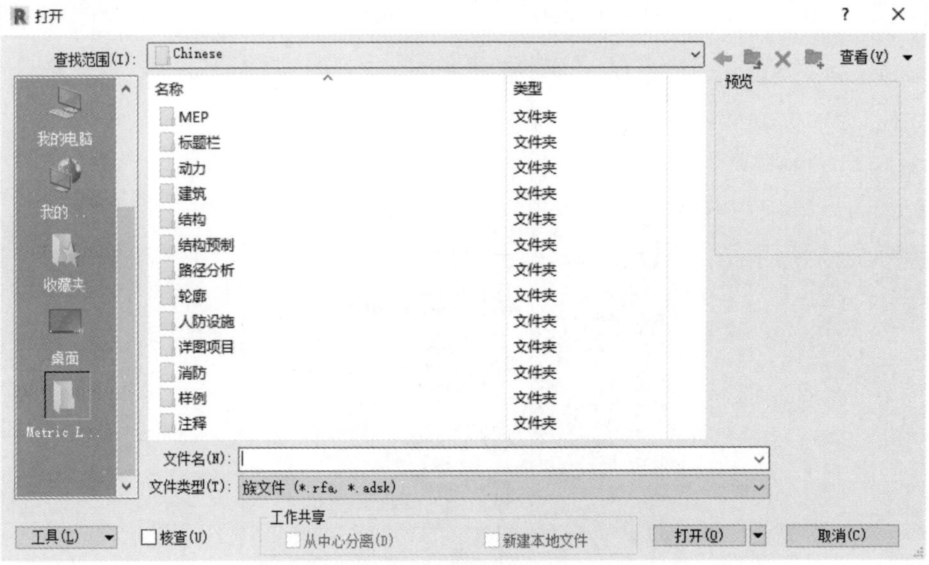

图 1-40　“打开”对话框（2）

Note

（4）Revit 文件：选择此选项，可以打开 Revit 所支持的文件，如*.rvt、*.rfa、*.adsk 和*.rte 文件。

（5）建筑构件：选择此选项，在打开的对话框中选择要打开的 Autodesk 交换文件，如图 1-41 所示。

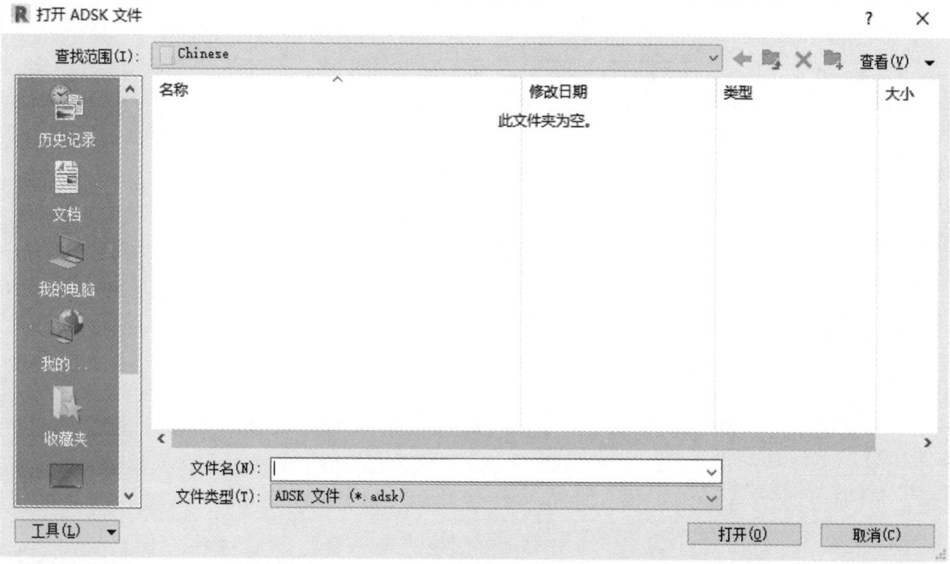

图 1-41　“打开 ADSK 文件”对话框

（6）IFC：选择此选项，在弹出的对话框中可以打开 IFC 类型文件，如图 1-42 所示。IFC 文件格式含有模型的建筑物或设施，也包括空间的元素、材料和形状。IFC 文件通常用于 BIM 工业程序之间的交互。

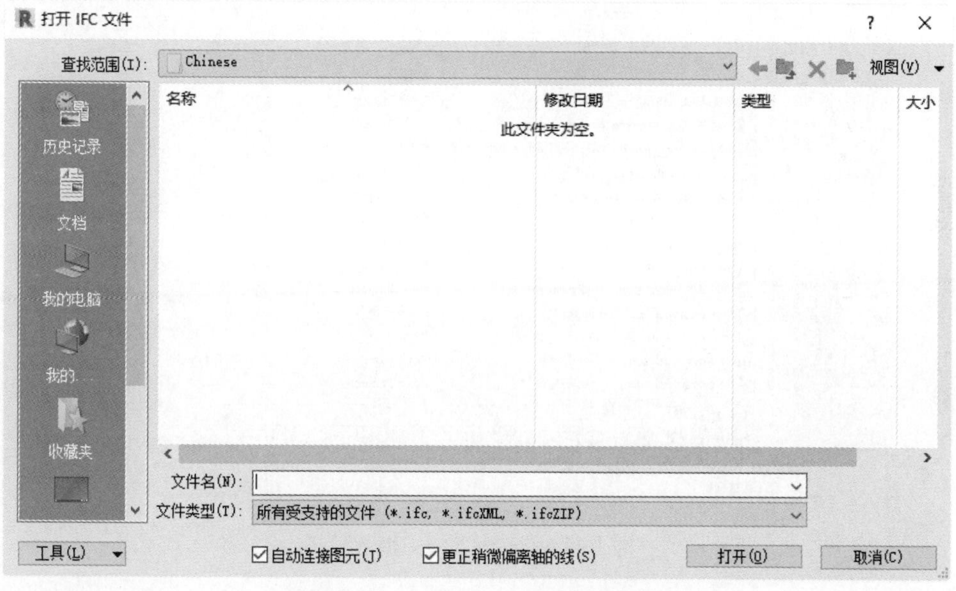

图 1-42　“打开 IFC 文件”对话框

（7）IFC 选项：选择此选项，打开“导入 IFC 选项”对话框，在对话框中可以设置 IFC 类型名称对应的 Revit 类别，如图 1-43 所示。此命令只有在打开 Revit 文件的状态下才可以使用。

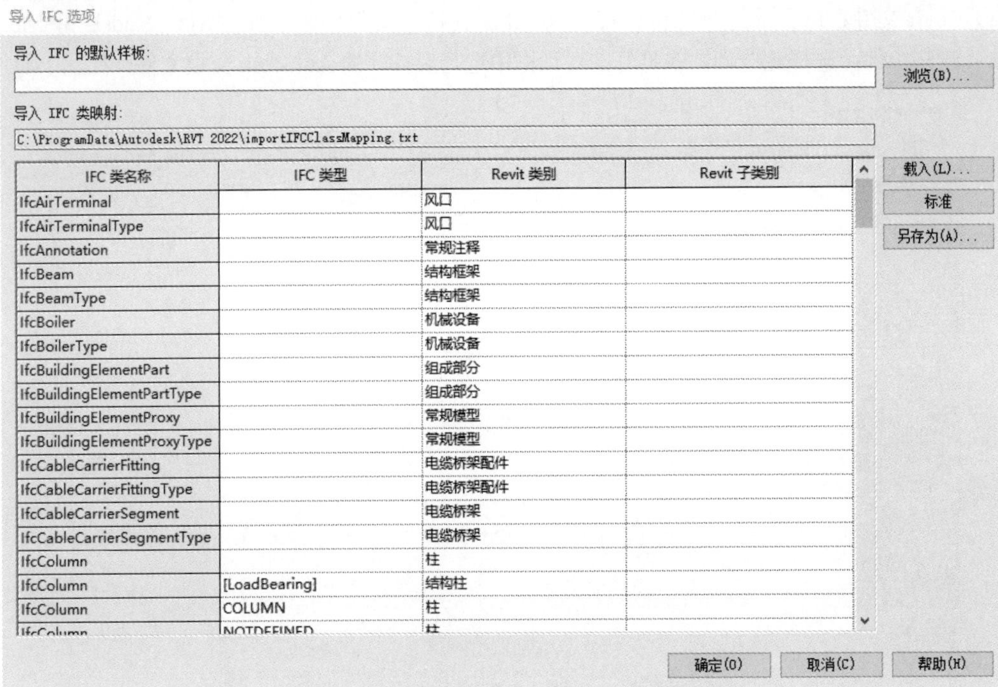

图 1-43　“导入 IFC 选项”对话框

（8）样例文件：选择此选项，打开“打开”对话框，可以打开软件自带的样例项目文件和族文件，如图 1-44 所示。

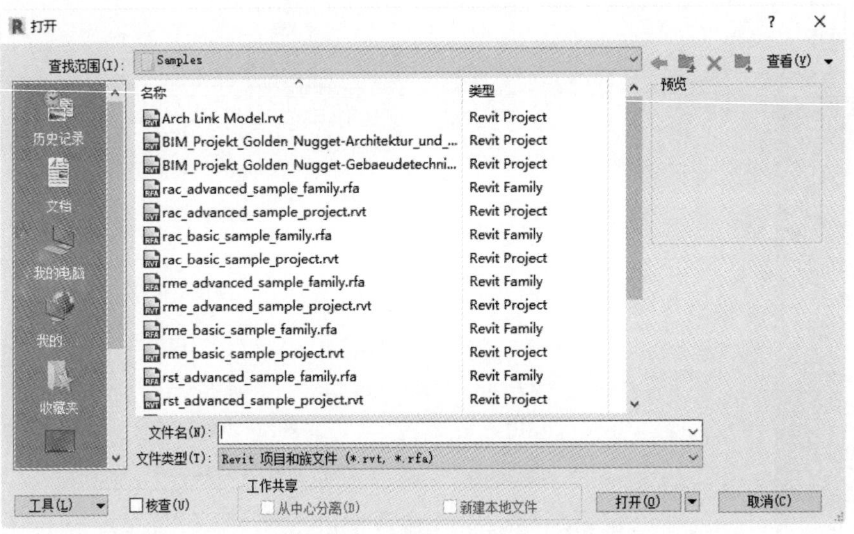

图 1-44　“打开”对话框（3）

1.3.3　保存文件

执行“文件”→“保存”命令，可以保存当前项目、族文件、样板文件等。若文件已命名，则 Revit 自动保存；若文件未命名，则系统打开“另存为”对话框（见图 1-45），用户可以命名保存。在

"保存于"下拉列表框中可以指定保存文件的路径；在"文件类型"下拉列表框中可以指定保存文件的类型。为了防止因意外操作或计算机系统故障导致正在绘制的图形文件丢失，可以对当前图形文件设置自动保存。

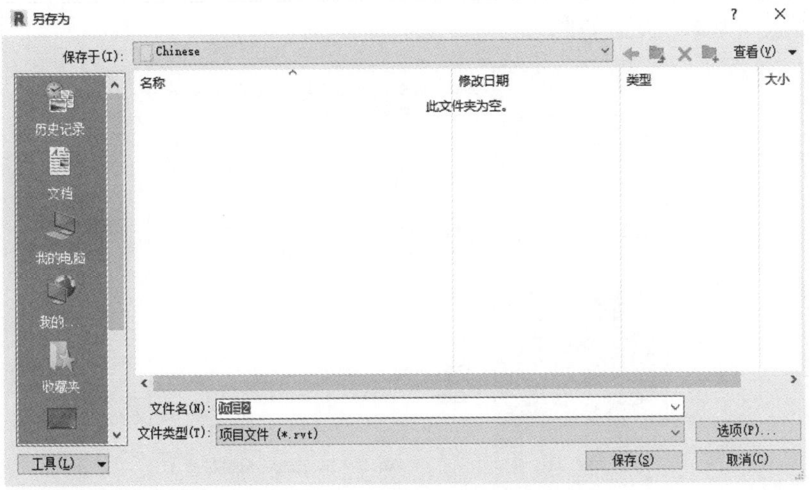

图 1-45　"另存为"对话框

单击"选项"按钮，打开如图 1-46 所示的"文件保存选项"对话框，可以指定备份文件的最大数量以及与文件保存相关的其他设置。

"文件保存选项"对话框中的选项说明如下。

- ☑ 最大备份数：指定最多备份文件的数量。默认情况下，非工作共享项目有 3 个备份，工作共享项目最多有 20 个备份。
- ☑ 保存后将此作为中心模型：将当前已启用工作集的文件设置为中心模型。
- ☑ 压缩文件：保存已启用工作集的文件时减小文件的大小。在正常保存时，Revit 仅将新图元和经过修改的图元写入现有文件。这可能会导致文件变得非常大，但会加快保存的速度。压缩过程会将整个文件进行重写并删除旧的部分以节省空间。
- ☑ 打开默认工作集：设置中心模型在本地打开时所对应的工作集默认设置。从该列表中，可以将一个工作共享文件保存为始终以下列选项之一为默认设置："全部""可编辑""上次查看的"或者"指定"。用户修改该选项的唯一方式是选中"文件保存选项"对话框中的"保存后将此作为中心模型"复选框，以重新保存新的中心模型。
- ☑ 缩略图预览：指定打开或保存项目时显示的预览图像。此选项的默认值为"活动视图/图纸"。
- ☑ 如果视图/图纸不是最新的，则将重生成：Revit 只能从打开的视图创建预览图像。如果选中此复选框，则无论用户何时打开或保存项目，Revit 都会更新预览图像。

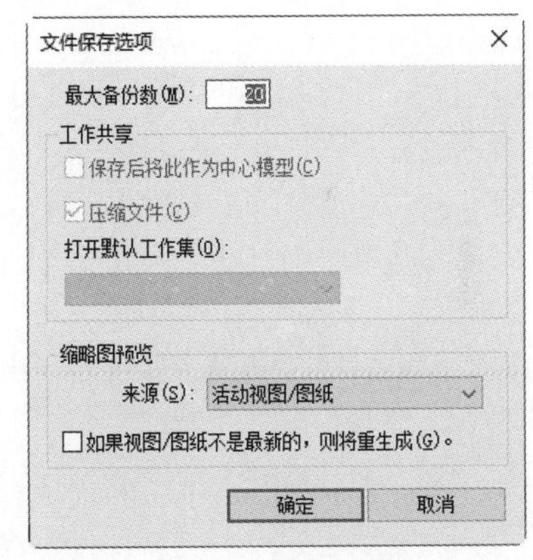

图 1-46　"文件保存选项"对话框

1.3.4 另存为文件

Note

单击“文件”→“另存为”下拉按钮，打开“另存为”菜单，如图 1-47 所示，可以将文件保存为项目、族、样板和库 4 种类型文件。

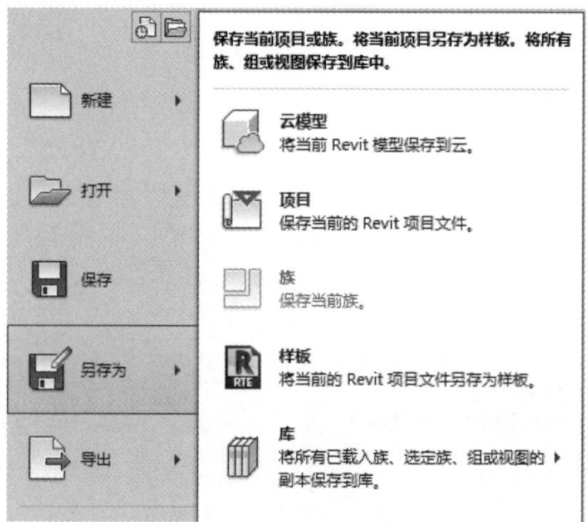

图 1-47 “另存为”菜单

执行其中一种命令后，打开“另存为”对话框，如图 1-45 所示，Revit 用另存名保存，并把当前图形更名。

第2章 设置绘图环境

知识导引

用户可以根据自己的需要设置所需的绘图环境，可以分别对系统、项目和图形进行设置，通过定义设置，使用样板来执行办公标准并提高效率。本章主要介绍系统设置、项目样板的定制以及文件的导入与链接。

☑ 系统设置　　☑ 项目设置

☑ 视图设置　　☑ 协同工作

任务驱动&项目案例

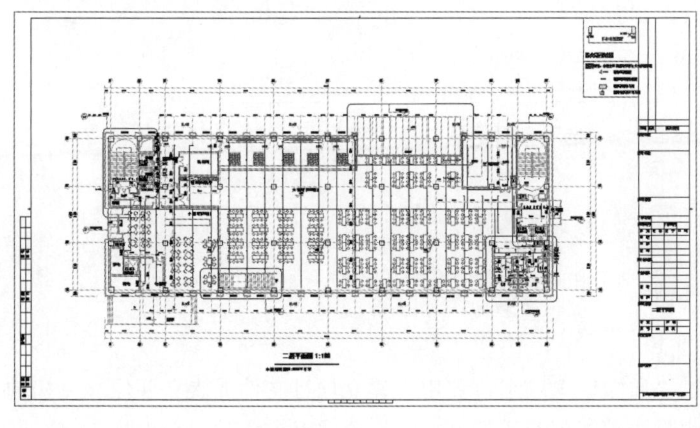

（1）

（2）

2.1 系统设置

“选项”对话框控制软件及其用户界面的各个方面。

单击“文件”菜单中的“选项”按钮，打开“选项”对话框，如图 2-1 所示。

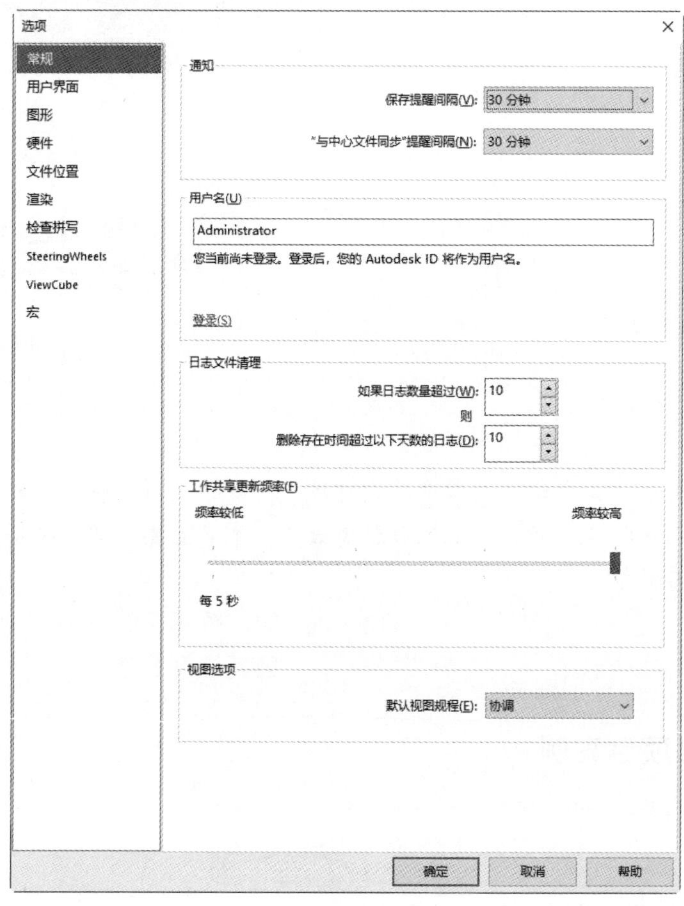

图 2-1 “选项”对话框

2.1.1 “常规”设置

在“常规”选项卡中可以设置通知、用户名和日志文件清理等参数，如图 2-1 所示。

1. “通知”选项组

Revit 不能自动保存文件，可以通过“通知”选项组设置用户建立项目文件或族文件保存文档的提醒时间。在“保存提醒间隔”下拉列表框中选择保存提醒时间，设置保存提醒时间最少是 15 分钟。

2. “用户名”选项组

Revit 首次在工作站中运行时，使用 Windows 登录名作为默认用户名。在以后的设计中可以修改

和保存用户名。如果需要使用其他用户名，以便在某个用户不可用时放弃该用户的图元，可先注销 Autodesk 账户，然后在“用户名”文本框中输入另一个用户的 Autodesk 用户名。

3. “日志文件清理”选项组

日志文件是记录 Revit 任务中每个步骤的文本文档。这些文件主要用于软件支持进程。当要检测问题或重新创建丢失的步骤或文件时，可运行日志。设置要保留的日志文件数量以及要保留的天数后，系统会自动进行清理，并始终保留设定数量的日志文件，后面产生的新日志会自动覆盖前面的日志文件。

4. “工作共享更新频率”选项组

工作共享是一种设计方法，此方法允许多名团队成员同时处理同一项目模型，可以拖动对话框中的滑块来设置工作共享的更新频率。

5. “视图选项”选项组

对于不存在默认视图样板，或存在视图样板但未指定视图规程的视图，指定其默认规程。系统提供了 6 种视图规程，如图 2-2 所示。

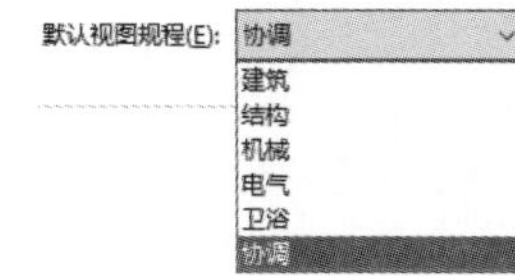

图 2-2　视图规程

2.1.2　“用户界面”设置

“用户界面”选项卡用来设置用户界面，包括功能区的设置、活动主题、快捷键的设置和选项卡的切换等，如图 2-3 所示。

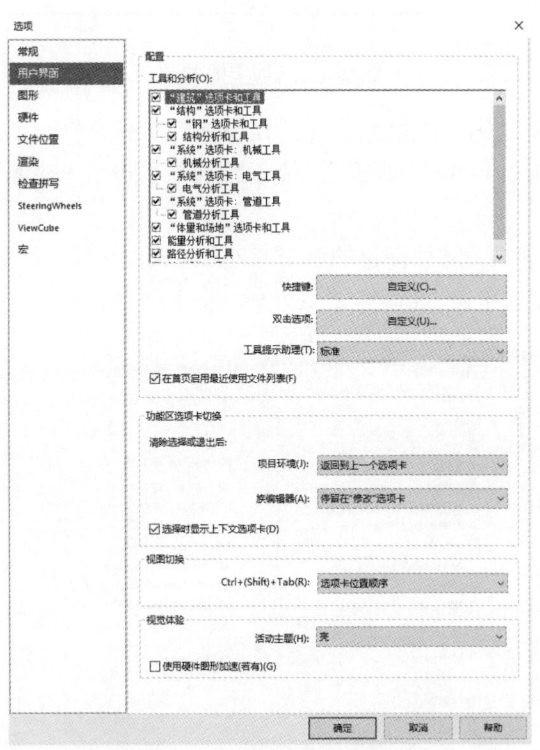

图 2-3　“用户界面”选项卡

1. “配置”选项组

（1）工具和分析：可以通过选中或取消选中“工具和分析”列表框中的复选框，控制用户界面功能区中选项卡的显示和关闭。例如，取消选中“‘系统’选项卡：管道工具”复选框，单击“确定”按钮后，功能区中“系统”选项卡中的管道工具将不再显示，如图 2-4 所示。

（a）原始

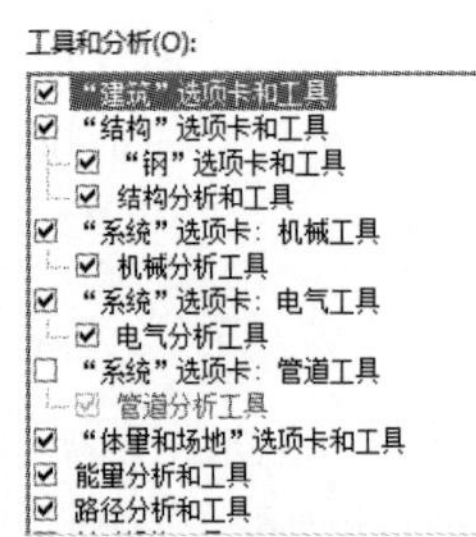

（b）取消选中“‘系统’选项卡：管道工具”复选框

（c）不显示管道工具

图 2-4　选项卡的关闭

（2）快捷键：用于设置命令的快捷键。单击“自定义”按钮，打开“快捷键”对话框，如图 2-5 所示。也可以在“视图”选项卡“用户界面”下拉列表框中单击“快捷键”按钮，打开“快捷键”对话框。

设置快捷键的方法：搜索要设置快捷键的命令或者在列表中选择要设置快捷键的命令，然后在“按新键”文本框中输入快捷键，单击“指定”按钮，添加快捷键。

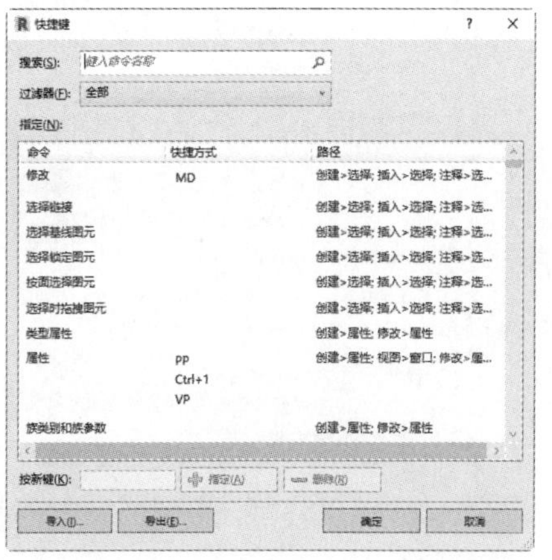

图 2-5　“快捷键”对话框

注意： Revit 与 AutoCAD 的快捷键不同，AutoCAD 的快捷键是单个字母，一般是命令的英文首字母，但是 Revit 的快捷键只能是两个字母，Revit 与 AutoCAD 相比另一个不同是，在 AutoCAD 中按 Enter 键或者 Space 键都能重复上个命令，但 Revit 中重复上个命令只能用 Enter 键，按 Space 键不能重复上个命令。

（3）双击选项：指定用于进入族、绘制的图元、部件、组等类型的编辑模式的双击动作。单击“自定义”按钮，打开如图 2-6 所示的“自定义双击设置”对话框，选择图元类型，然后在对应的“双击操作”栏中单击，右侧会出现下拉按钮，单击下拉按钮，在打开的下拉列表框中选择对应的双击操作，单击“确定”按钮，完成双击设置。

（4）工具提示：工具提示提供有关用户界面中某个工具或绘图区域中某个项目的信息，或者在工具使用过程中提供下一步操作的说明。将光标停留在功能区的某个工具之上时，默认情况下，Revit 会显示工具提示。工具提示提供该工具的简要说明。如果光标在该功能区工具上再停留片刻，则会显示附加的信息（如果有），如图 2-7 所示。系统提供了“无”“最小”“标准”“高” 4 种类型。

图 2-6　“自定义双击设置”对话框

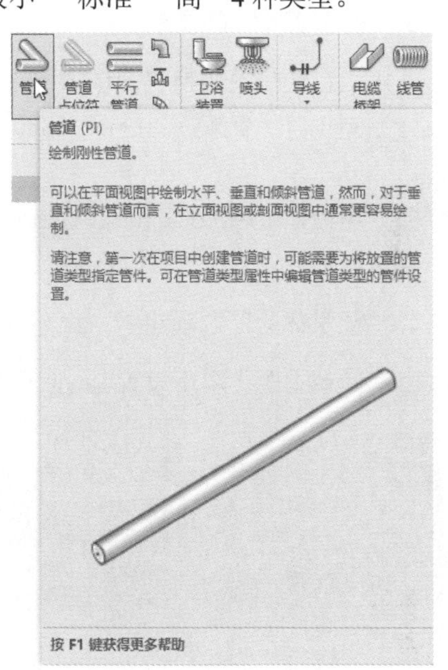

图 2-7　工具提示

☑　无：关闭功能区工具提示和画布中工具提示，使它们不再显示。

☑　最小：只显示简要的说明，而隐藏其他信息。

☑　标准：为默认选项。当光标移动到工具上时，显示简要的说明，如果光标再停留片刻，则接着显示更多信息。

☑　高：同时显示有关工具的简要说明和更多信息（如果有），没有时间延迟。

（5）在首页启用最近使用文件列表：在启动 Revit 时，在首页页面中会列出用户最近处理过的项目和族的列表，还提供对联机帮助和视频的访问。

2. “功能区选项卡切换”选项组

该选项组用来设置上下文选项卡在功能区中的行为。

Note

（1）清除选择或退出后：项目环境或族编辑器中指定所需的行为。列表中包括“返回到上一个选项卡”和“停留在‘修改’选项卡”选项。

☑ 返回到上一个选项卡：在取消选择图元或者退出工具之后，Revit 显示上一次出现的功能区选项卡。

☑ 停留在“修改”选项卡：在取消选择图元或者退出工具之后，仍保留在“修改”选项卡上。

（2）选择时显示上下文选项卡：选中此复选框，当激活某些工具或者编辑图元时，会自动增加并切换到“修改|××”选项卡，如图 2-8 所示。其中包含一组只与该工具或图元的上下文相关的工具。

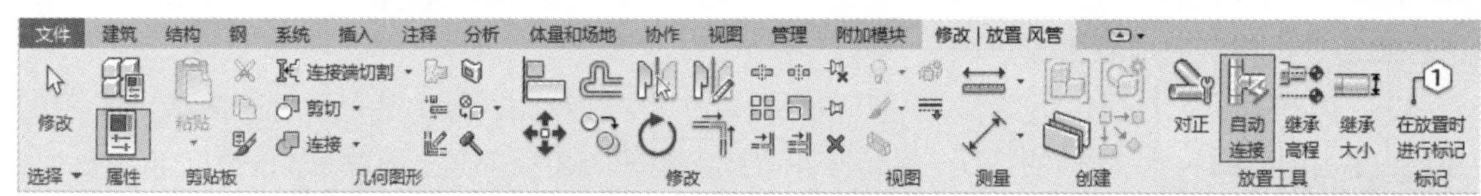

图 2-8 “修改|××”选项卡

3.“视图切换”选项组

使用键盘快捷键切换视图选项卡时，使用以下设置指定行为。

（1）制表符位置顺序：Crtl+（Shift）+Tab 组合键可基于视图的制表符位置顺序循环显示打开的视图。

（2）历史记录顺序：Crtl+（Shift）+Tab 组合键可根据视图打开时的历史记录循环显示打开的视图。最新到最近。

4.“视觉体验”选项组

（1）活动主题：用于设置 Revit 用户界面的视觉效果，包括亮和暗两种，如图 2-9 所示。

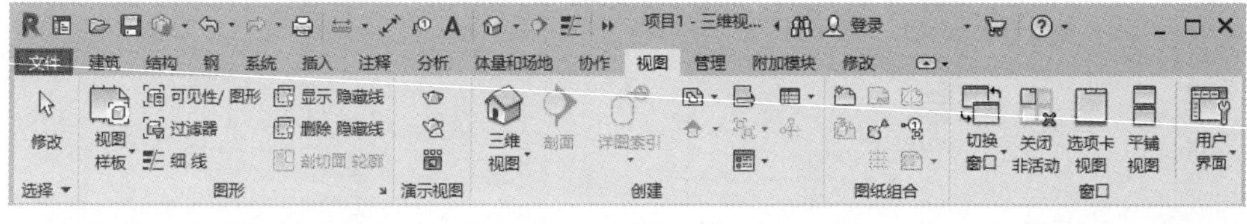

（a）亮

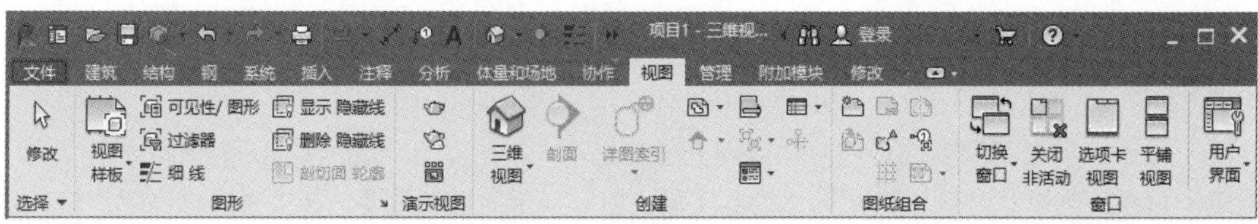

（b）暗

图 2-9 活动主题

（2）使用硬件图形加速（若有）：通过使用可用的硬件，提高了渲染 Revit 用户界面时的性能。

2.1.3 “图形”设置

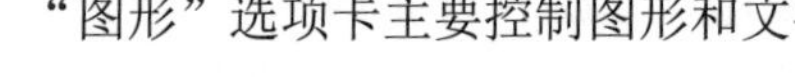

“图形”选项卡主要控制图形和文字在绘图区域中的显示，如图 2-10 所示。

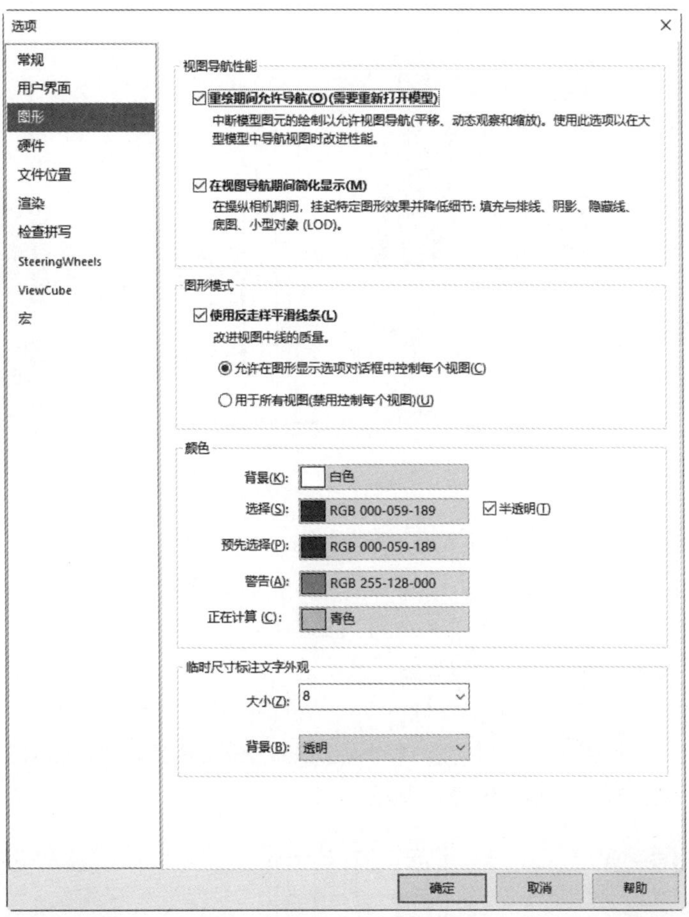

图 2-10　“图形”选项卡

1.“视图导航性能”选项组

（1）重绘期间允许导航：可以在二维或三维视图中导航模型（平移、缩放和动态观察视图），而无须在每一步等待软件完成图元绘制。软件会中断视图中模型图元的绘制，从而可以更快和更平滑地导航。在大型模型中导航视图时使用该选项可以改进性能。

（2）在视图导航期间简化显示：通过减少显示的细节量并暂停某些图形效果，提供了导航视图（平移、动态观察和缩放）时的性能。

2. “图形模式”选项组

选中“使用反走样平滑线条”复选框，可以提高视图中的线条质量，使边显示得更平滑。如果要在使用反走样时体验最佳性能，则在“硬件”选项卡中选中“使用硬件加速”复选框，启用硬件加速。如果没有启用硬件加速，并使用反走样，则在缩放、平移和操纵视图时性能会降低。

3. “颜色”选项组

（1）背景：更改绘图区域中背景和图元的颜色。单击“颜色”按钮，打开如图 2-11 所示的“颜色”对话框，指定新的背景颜色。系统会自动根据背景色调整图元颜色，如较暗的颜色将导致图元显示为白色，如图 2-12 所示。

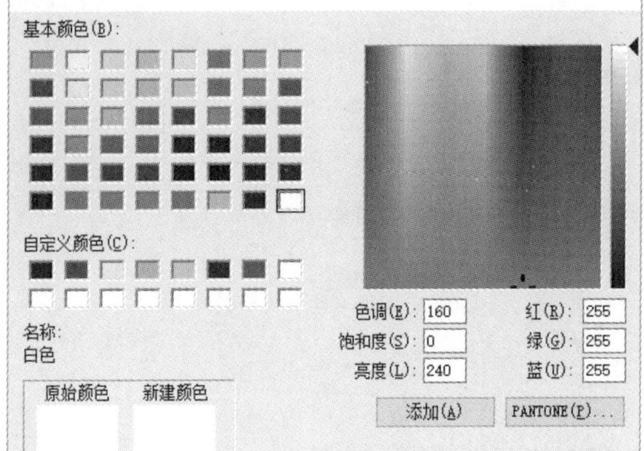

图 2-11 “颜色”对话框

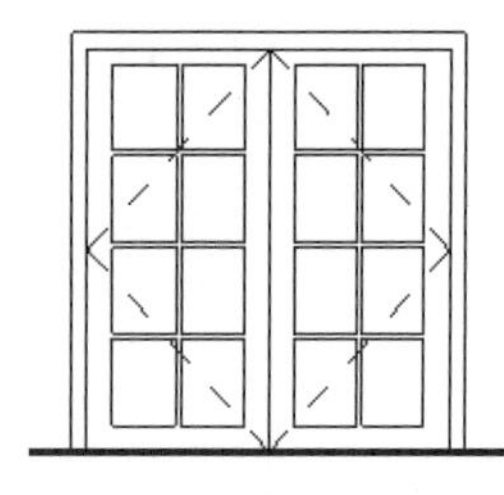

图 2-12 背景色和图元颜色

（2）选择：用于显示绘图区域中选定图元的颜色，如图 2-13 所示。单击“颜色”按钮，可在“颜色”对话框中指定新的选择颜色。选中“半透明”复选框，可以查看选定图元下面的图元。

（3）预先选择：设置在将光标移动到绘图区域中的图元时，用于显示高亮显示的图元的颜色，如图 2-14 所示。单击“颜色”按钮，可在“颜色”对话框中指定高亮显示颜色。

（4）警告：设置在出现警告或错误时选择的用于显示图元的颜色，如图 2-15 所示。单击“颜色”按钮，可在“颜色”对话框中指定新的警告颜色。

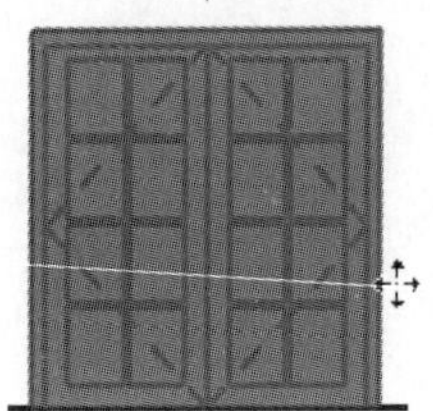

图 2-13 选择图元颜色

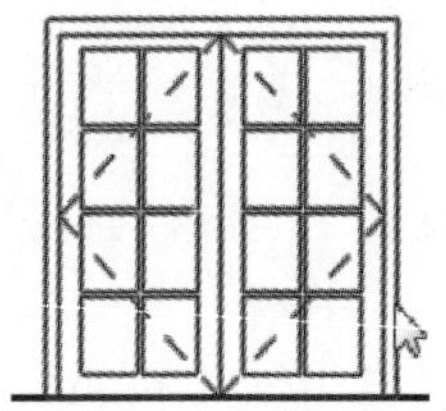

图 2-14 高亮显示颜色

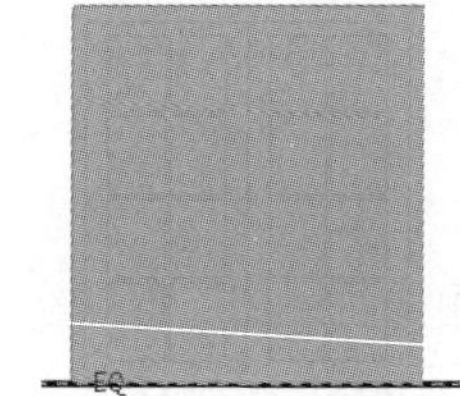

图 2-15 警告颜色

（5）正在计算：定义用于显示后台计算中所涉及图元的颜色。单击“颜色”按钮，可在“颜色”对话框中指定新的计算颜色。

4. “临时尺寸标注文字外观”选项组

（1）大小：用于设置临时尺寸标注中文字的字体大小，如图 2-16 所示。

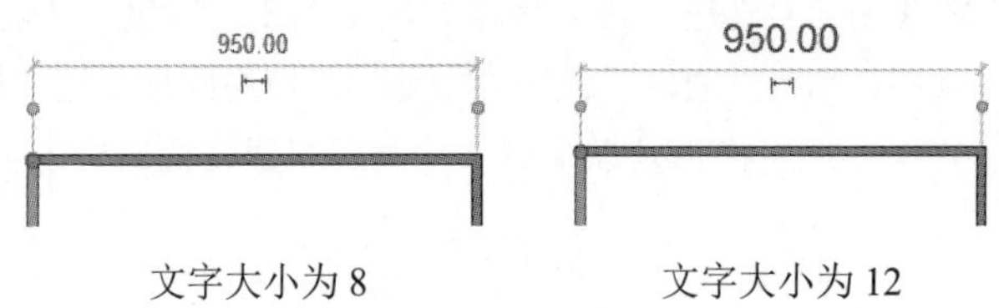

图 2-16 字体大小

（2）背景：用于指定临时尺寸标注中的文字背景为透明或不透明，如图 2-17 所示。

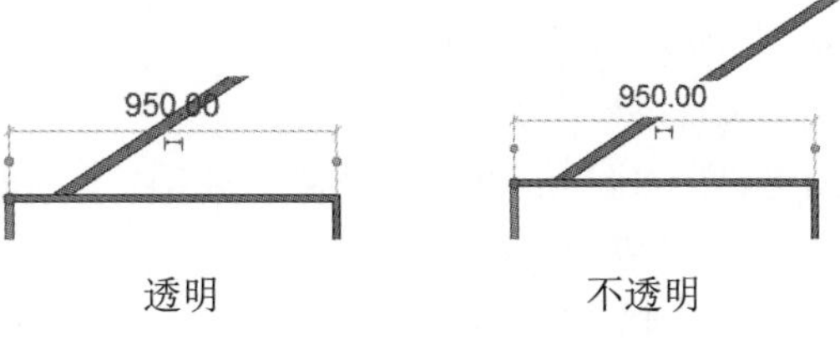

图 2-17 设置文字背景

2.1.4 "硬件"设置

"硬件"选项卡用来设置硬件加速，如图 2-18 所示。

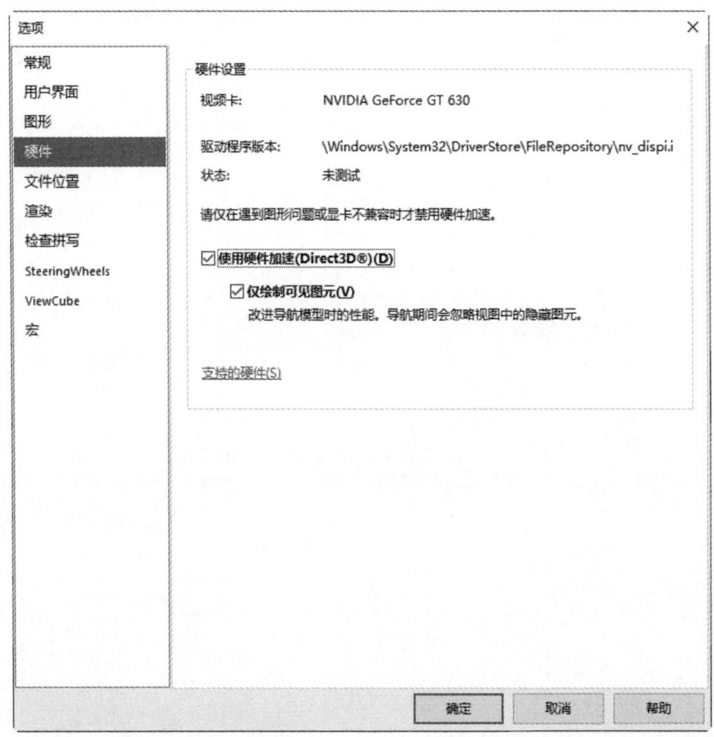

图 2-18 "硬件"选项卡

（1）使用硬件加速（Direct3D®）：选中此复选框，Revit 会使用系统的图形卡来渲染模型的视图。

（2）仅绘制可见图元：仅生成和绘制每个视图中可见的图元（也称为阻挡消隐）。Revit 不会尝试渲染在导航时视图中隐藏的任何图元，如墙后的楼梯，从而可以提高性能。

2.1.5 "文件位置"设置

"文件位置"选项卡用来设置 Revit 文件和目录的路径，如图 2-19 所示。

（1）项目模板：指定在创建新模型时要在"最近使用的文件"窗口和"新建项目"对话框中列出的样板文件。

（2）用户文件默认路径：指定 Revit 保存当前文件的默认路径。

Note

（3）族样板文件默认路径：指定样板和库的路径。

（4）点云根路径：指定点云文件的根路径。

（5）系统分析工作流：指定要在“系统分析”对话框中列出以供 OpenStudio 使用的工作流文件。默认提供 “年度建筑能量模拟”和“暖通空调系统负荷和尺寸”文件。

（6）放置：添加公司专用的第二个库。单击此按钮，打开如图 2-20 所示的“放置”对话框，添加或删除库路径。

图 2-19 “文件位置”选项卡

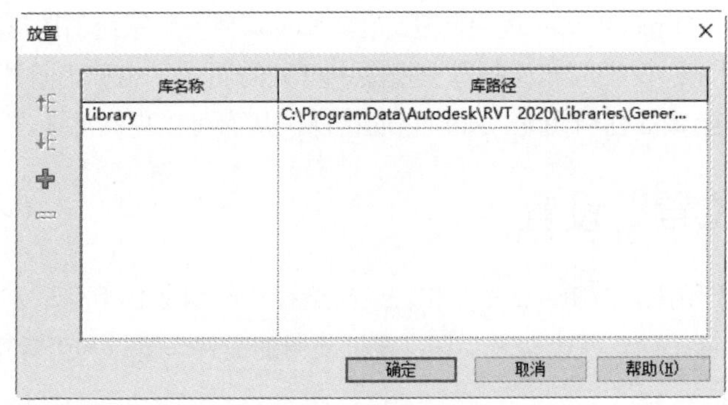

图 2-20 “放置”对话框

2.1.6 “渲染”设置

“渲染”选项卡提供有关在渲染三维模型时如何访问要使用的图像的信息，如图 2-21 所示。在此选项卡中可以指定用于渲染外观的文件路径以及贴花的文件路径。

图 2-21 “渲染”选项卡

单击“添加值”按钮➕，输入路径，或单击▭按钮，打开“浏览器文件夹”对话框设置路径。选择列表中的路径，单击“删除值”按钮➖，删除路径。

2.1.7 “检查拼写”设置

“检查拼写”选项卡用于文字输入时的语法设置，如图 2-22 所示。

（1）设置：选中或取消选中相应的复选框，以指示检查拼写工具是否应忽略特定单词或查找重复单词。

（2）恢复默认值：单击此按钮，恢复到安装软件时的默认设置。

（3）主字典：在列表中选择所需的字典。

（4）其他词典：指定要用于定义检查拼写工具可能会忽略的自定义单词和建筑行业术语的词典文件的位置。

图 2-22 “检查拼写”选项卡

2.1.8 “SteeringWheels”设置

“SteeringWheels”选项卡用来设置 SteeringWheels 视图导航工具的选项，如图 2-23 所示。

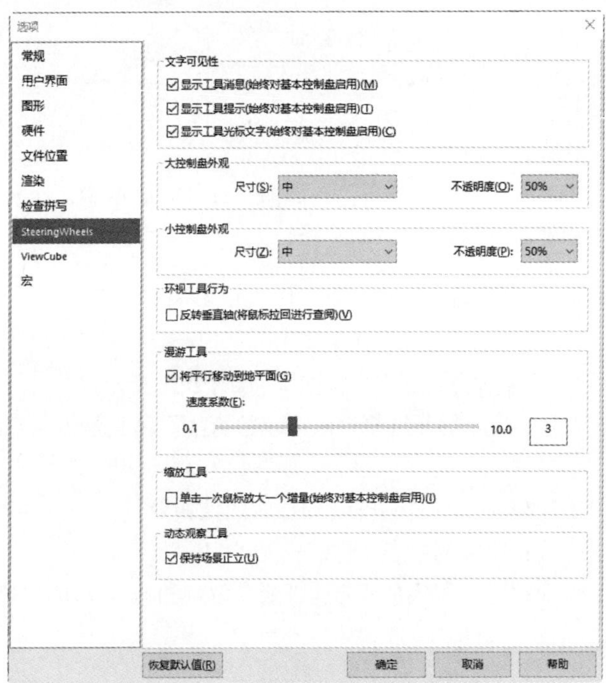

图 2-23 “SteeringWheels”选项卡

1. “文字可见性”选项组

（1）显示工具消息（始终对基本控制盘启用）：显示或隐藏工具消息，如图 2-24 所示。不管该设置如何，对于基本控制盘工具消息始终显示。

（2）显示工具提示（始终对基本控制盘启用）：显示或隐藏工具提示，如图 2-25 所示。

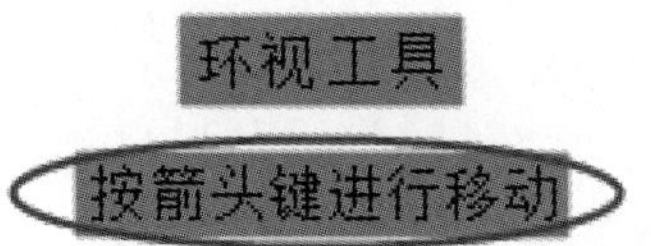

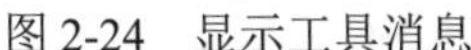

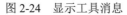

图 2-24　显示工具消息

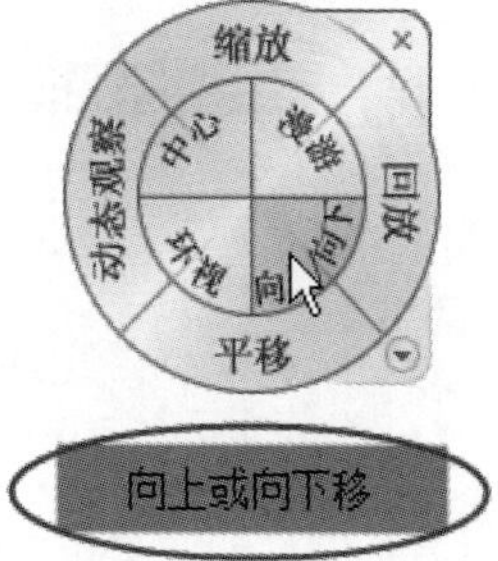

图 2-25　显示工具提示

（3）显示工具光标文字（始终对基本控制盘启用）：工具处于活动状态时显示或隐藏光标文字。

2. “大控制盘外观”/“小控制盘外观”选项组

（1）尺寸：用来设置大/小控制盘的大小，包括大、中、小 3 种尺寸。

（2）不透明度：用来设置大/小控制盘的不透明度，可以在其下拉列表框中选择不透明度值。

3. “环视工具行为”选项组

反转垂直轴（将鼠标拉回进行查询）：反转环视工具的向上、向下查找操作。

4. “漫游工具”选项组

（1）将平行移动到地平面：使用“漫游”工具漫游模型时，选中此复选框可将移动角度约束到地平面。取消选中此复选框，漫游角度将不受约束，并且将沿查看的方向“飞行”，可沿任何方向或角度在模型中漫游。

（2）速度系数：使用“漫游”工具漫游模型或在模型中“飞行”时，可以控制移动速度。移动速度由光标从“中心圆”图标移动的距离控制。拖动滑块调整速度系数，也可以直接在文本框中输入。

5. “缩放工具”选项组

单击一次鼠标放大一个增量（始终对基本控制盘启用）：允许通过单次单击缩放视图。

6. “动态观察工具”选项组

保持场景正立：使视图的边垂直于地平面。取消选中此复选框，可以 360° 动态观察模型，此功能在编辑一个族时很有用。

2.1.9 “ViewCube”设置

“ViewCube”选项卡用于设置 ViewCube 导航工具的选项，如图 2-26 所示。

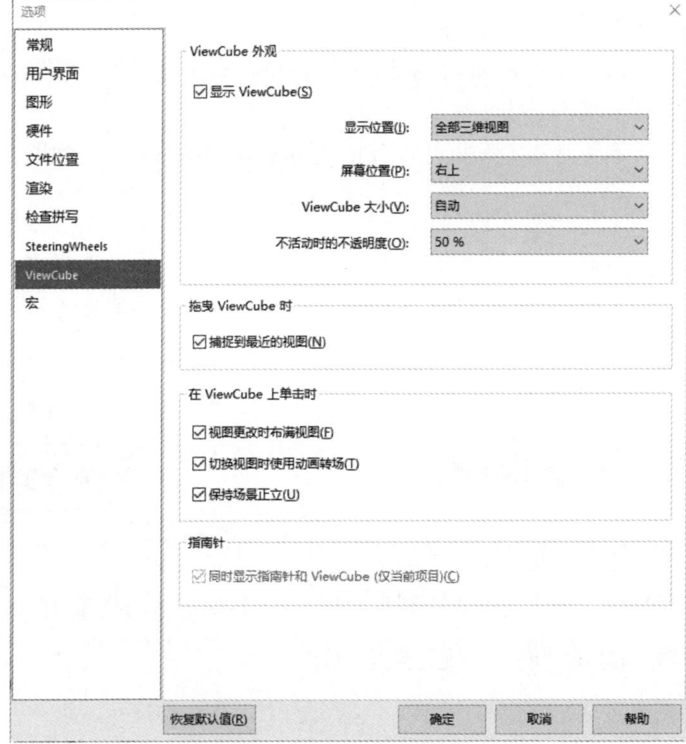

图 2-26 “ViewCube”选项卡

1. “ViewCube 外观”选项组

（1）显示 ViewCube：在三维视图中显示或隐藏 ViewCube。

（2）显示位置：指定在全部三维视图或仅活动视图中显示 ViewCube。

（3）屏幕位置：指定 ViewCube 在绘图区域中的位置，如右上、右下、左下和左上。

（4）ViewCube 大小：指定 ViewCube 的大小，包括自动、微型、小、中、大等选项。

（5）不活动时的不透明度：指定未使用 ViewCube 时的不透明度。如果选择了 0%，需要将光标移动至 ViewCube 位置上方，否则 ViewCube 不会显示在绘图区域中。

2. “拖曳 ViewCube 时”选项组

捕捉到最近的视图：选中此复选框，将捕捉到最近的 ViewCube 的视图方向。

3. “在 ViewCube 上单击时”选项组

（1）视图更改时布满视图：选中此复选框后，在绘图区域中选择图元或构件，并在 ViewCube 上单击，则视图将相应地进行旋转，并进行缩放以匹配绘图区域中的该图元。

（2）切换视图时使用动画转场：选中此复选框，切换视图方向时显示动画操作。

（3）保持场景正立：使 ViewCube 和视图的边垂直于地平面。取消选中此复选框，可以 360°动态观察模型。

4. “指南针”选项组

同时显示指南针和 ViewCube（仅当前项目）：选中此复选框，在显示 ViewCube 的同时显示指南针。

2.1.10　“宏”设置

“宏”选项卡定义用于创建自动化重复任务的宏的安全性设置，如图 2-27 所示。

图 2-27　“宏”选项卡

1. “应用程序宏安全性设置”选项组

（1）启用应用程序宏：选择此选项，打开应用程序宏。

（2）禁用应用程序宏：选择此选项，关闭应用程序宏，但是仍然可以查看、编辑和构建代码，修改后不会改变当前模块状态。

2. “文档宏安全性设置”选项组

（1）启用文档宏前询问：系统默认选择此选项。如果在打开 Revit 项目时存在宏，系统会提示启用宏，用户可以选择在检测到宏时启用宏。

（2）禁用文档宏：在打开项目时关闭文档宏，但是仍然可以查看、编辑和构建代码，修改后不会改变当前模块状态。

（3）启用文档宏：打开文档宏。

2.2　项 目 设 置

项目样板的定制包括各种样式的设置以及各种基本的系统族设置。用户还可以根据自己的设计特点，将常用的族文件添加到项目样板中，以避免在每个项目文件中重复这些工作。

2.2.1 项目信息

Note

项目信息包含在明细表中，该明细表包含链接模型中的图元信息。项目信息还可以用在图纸上的标题栏中。

（1）单击“管理”选项卡“设置”面板中的“项目信息”按钮，打开“项目信息”对话框，如图 2-28 所示。

（2）在对话框中有关于项目的各种信息选项，直接选择相关信息选项，输入对应信息即可。

（3）在“项目地址”栏单击，显示按钮并单击此按钮，打开如图 2-29 所示的“编辑文字”对话框，输入项目地址即可，单击“确定”按钮，返回“项目信息”对话框。

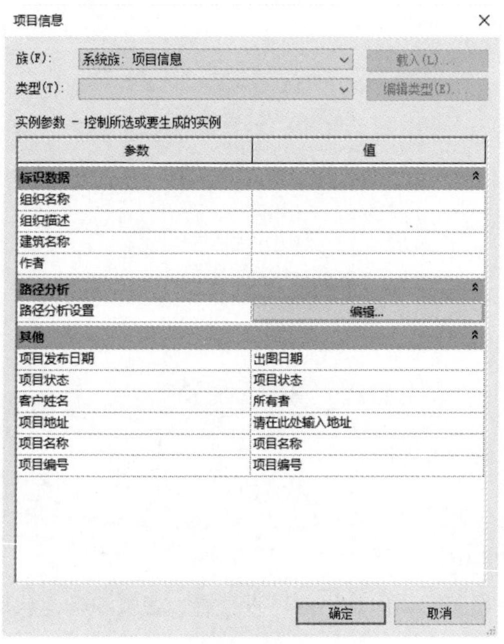

图 2-28 “项目信息”对话框

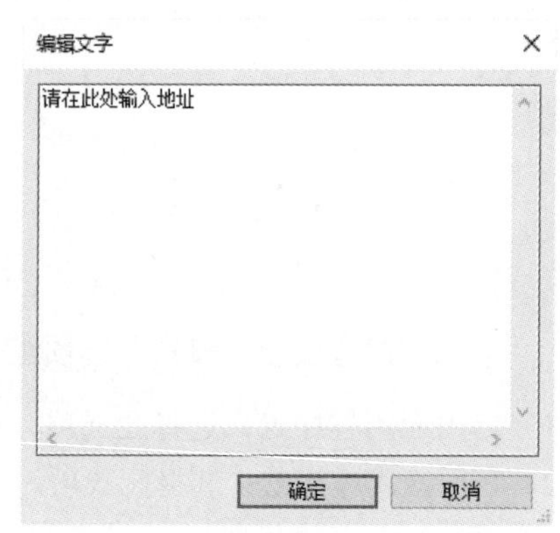

图 2-29 “编辑文字”对话框

（4）单击“确定”按钮，完成项目信息的设置。

2.2.2 项目参数

项目参数是定义后添加到项目多类别图元中的信息容器。项目参数用于在项目中创建明细表、排序和过滤。

项目参数特定于项目，不能与其他项目共享。随后可在多类别明细表或单一类别明细表中使用这些项目参数。

（1）单击“管理”选项卡“设置”面板中的“项目参数”按钮，打开“项目参数”对话框，如图 2-30 所示。

（2）单击“添加”按钮，打开如图 2-31 所示的“参数属性”对话框，在该对话框中选择参数类型，输入项目参数名称（注意，不能在参数名称中使用破折号），选择规程和参数类型。

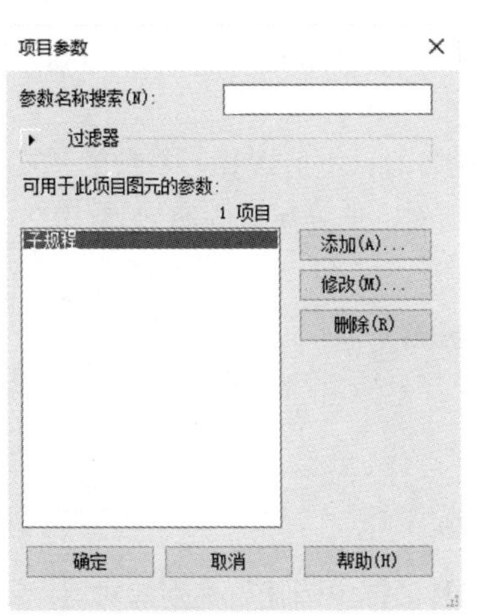

图 2-30　“项目参数”对话框

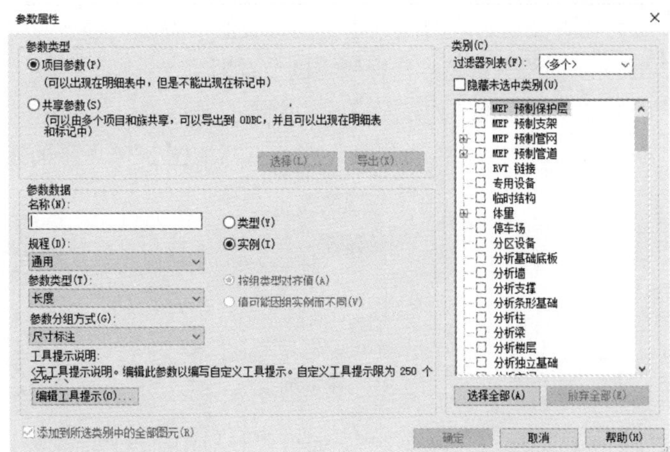

图 2-31　“参数属性”对话框

（3）在“参数分组方式”下拉列表中选择参数在“属性”选项板上或“类型属性”对话框中所属的标题项。

（4）选择参数是按“实例”或“类型”保存。

（5）选择要应用此参数的图元类别。

（6）单击“确定”按钮，创建新参数。

2.2.3　对象样式

可为项目中不同类别和子类别的模型图元、注释图元和导入对象指定线宽、线颜色、线型图案和材质。

（1）单击“管理”选项卡“设置”面板中的“对象样式”按钮，打开“对象样式”对话框，如图 2-32 所示。

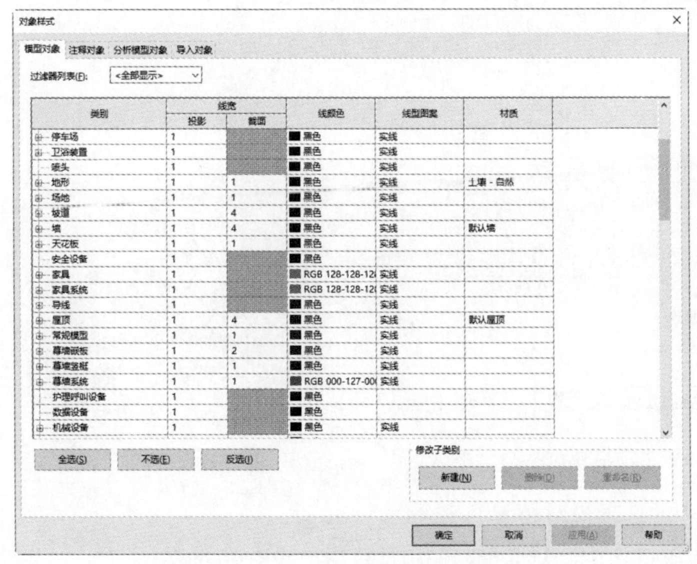

图 2-32　“对象样式”对话框

Note

（2）在各类别对应的线宽栏中指定投影和截面的线宽度。例如，在“投影”栏中单击，打开如图 2-33 所示的线宽列表，选择所需的线宽即可。

（3）在“线颜色”列表对应的栏中单击颜色色块，打开“颜色”对话框，选择所需颜色。

（4）单击对应的“线型图案”栏，打开如图 2-34 所示的线型列表，选择所需的线型。

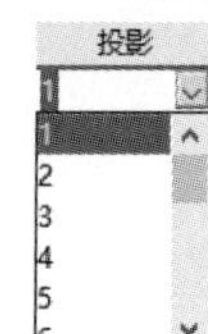

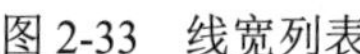

图 2-33　线宽列表

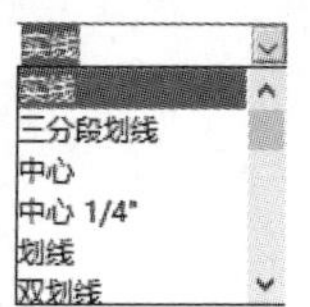

图 2-34　线型列表

（5）单击对应的“材质”栏，打开“材质浏览器”对话框，在对话框中选择族类别的材质，还可以通过修改族的材质类型属性来替换族的材质。

2.2.4　项目单位

可以指定项目中各种数据的显示格式。指定的格式将影响数据在屏幕上和打印输出的外观。可以对用于报告或演示目的的数据进行格式设置。

（1）单击“管理”选项卡“设置”面板中的“项目单位”按钮，打开“项目单位”对话框，如图 2-35 所示。

（2）在对话框中选择规程。

（3）单击“格式”列表中的值按钮，打开如图 2-36 所示的“格式”对话框，在该对话框中可以设置各种类型的单位格式。

图 2-35　“项目单位”对话框

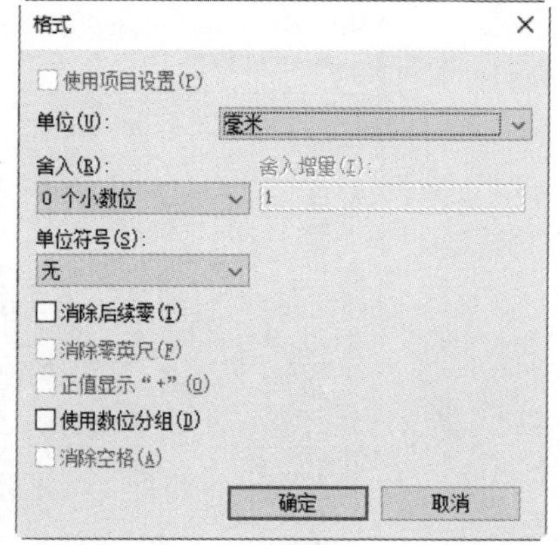

图 2-36　“格式”对话框

“格式”对话框中的选项说明如下。

☑　使用项目设置：选中此复选框，使用项目中已设置好的数据。

☑ 单位：在此下拉列表框中选择对应的单位。

☑ 舍入：在此下拉列表框中选择一个合适的值，如果选择“自定义”选项，则在“舍入增量”文本框中输入值。

☑ 单位符号：在此下拉列表框中选择适合的选项作为单位的符号。

☑ 消除后续零：选中此复选框，将不显示后续零，例如，123.400 将显示为 123.4。

☑ 消除零英尺：选中此复选框，将不显示零英尺，例如，0'-4"将显示为 4"。

☑ 正值显示“+”：选中此复选框，将在正数前面添加“+”号。

☑ 使用数位分组：选中此复选框，“项目单位”对话框中的“小数点/数位分组”选项将应用于单位值。

☑ 消除空格：选中此复选框，将消除英尺和分式英寸两侧的空格。

（4）单击“确定”按钮，完成项目单位的设置。

2.2.5　材质

材质控制模型图元在视图和渲染图像中的显示方式。

单击“管理”选项卡“设置”面板中的“材质”按钮，打开“材质浏览器”对话框，如图 2-37 所示。

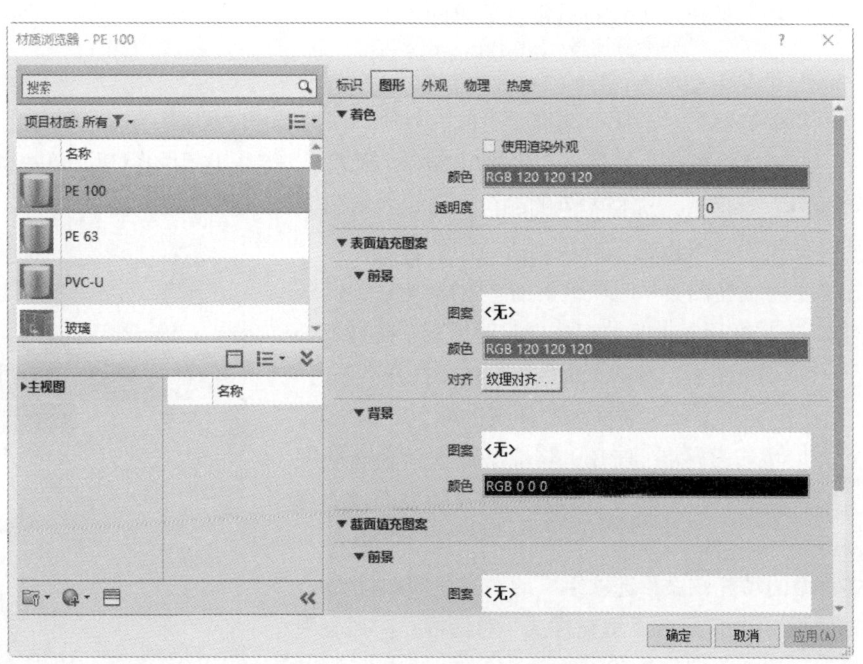

图 2-37　“材质浏览器”对话框

“材质浏览器”对话框中的选项说明如下。

1. “标识”选项卡

此选项卡提供有关材质的常规信息，如说明、制造商和成本数据。

☑ 在“材质浏览器”对话框中选择要更改的材质，然后单击“标识”选项卡，如图 2-38 所示。

Note

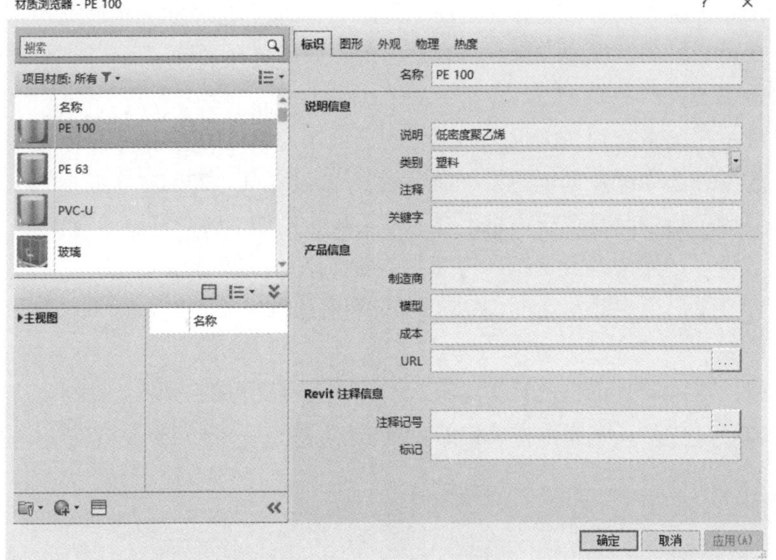

图 2-38 “标识”选项卡

☑ 更改材质的说明信息、产品信息以及 Revit 注释信息。

☑ 单击“应用”按钮，保存材质常规信息的更改。

2. “图形”选项卡

☑ 在“材质浏览器”对话框中选择要更改的材质，然后单击“图形”选项卡，如图 2-37 所示。

☑ 选中“使用渲染外观”复选框，将使用渲染外观表示着色视图中的材质，单击颜色色块，打开“颜色”对话框，选择着色的颜色，可以直接输入透明度的值，也可以拖动滑块到所需的位置。

☑ 单击“表面填充图案”选项组下的“图案”右侧区域，打开如图 2-39 所示的“填充样式”对话框，在列表中选择一种填充图案。单击“颜色”色块，打开“颜色”对话框，选择用于绘制表面填充图案的颜色。单击“纹理对齐”按钮纹理对齐...，打开“将渲染外观与表面填充图案对齐”对话框，将外观纹理与材质的表面填充图案对齐。

☑ 单击“截面填充图案”选项组下的“图案”右侧区域，打开如图 2-39 所示的“填充样式”对话框，在列表中选择一种填充图案作为截面的填充图案。单击“颜色”色块，打开“颜色”对话框，选择用于绘制截面填充图案的颜色。

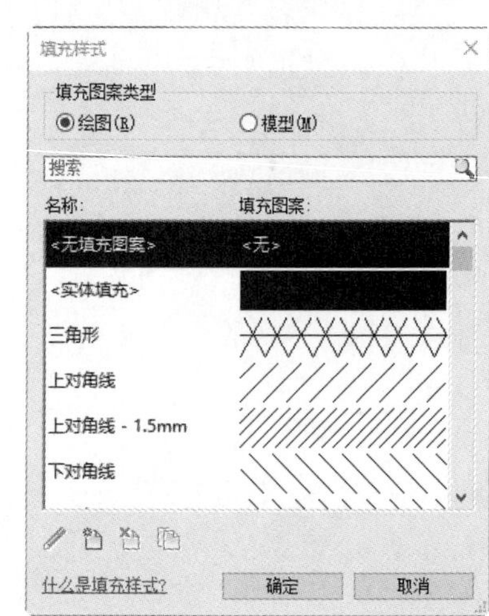

图 2-39 “填充样式”对话框

☑ 单击“应用”按钮，保存材质图形属性的更改。

3. “外观”选项卡

☑ 在“材质浏览器”对话框中选择要更改的材质，然后单击“外观”选项卡，如图 2-40 所示。

☑　单击样例图像旁边的下拉按钮，选择“场景”选项，然后从列表中选择所需设置，如图 2-41 所示。该预览是材质的渲染图像。Revit 渲染预览场景时，更新预览需要花费一段时间。

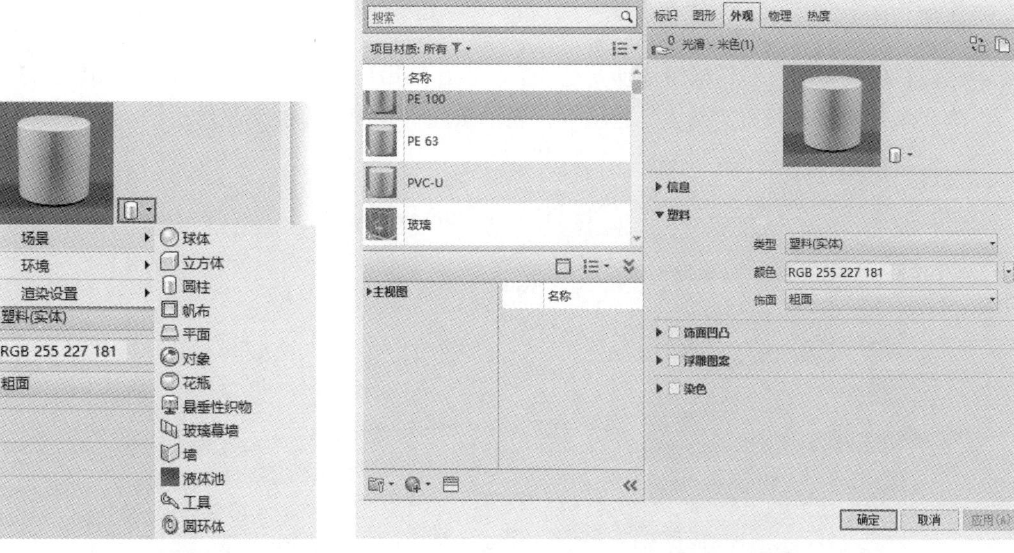

图 2-40　“外观”选项卡　　　　图 2-41　设置样例图样

☑　分别设置墙漆的颜色、表面处理来更改外观属性。

☑　单击“应用”按钮，保存材质外观的更改。

4. “物理”选项卡

☑　在“材质浏览器”对话框中选择要更改的材质，然后单击“物理”选项卡，如图 2-42 所示。如果选择的材质没有“物理”选项卡，表示物理资源尚未添加到此材质。

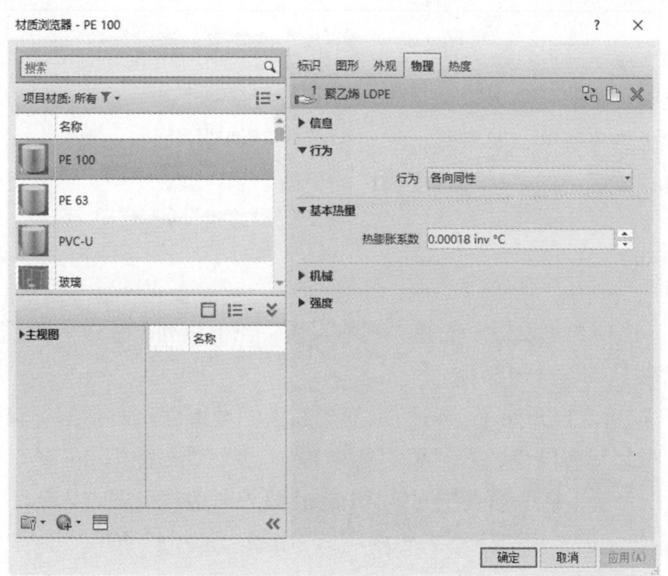

图 2-42　“物理”选项卡

- ☑ 单击属性类别左侧的三角形以显示属性及其设置。
- ☑ 更改其信息、密度等为所需的值。
- ☑ 单击“应用”按钮，保存材质物理属性的更改。

Note

5. “热度”选项卡

- ☑ 在“材质浏览器”对话框中选择要更改的材质，然后单击“热度”选项卡，如图 2-43 所示。如果选择的材质没有“热度”选项卡，表示热度资源尚未添加到此材质。

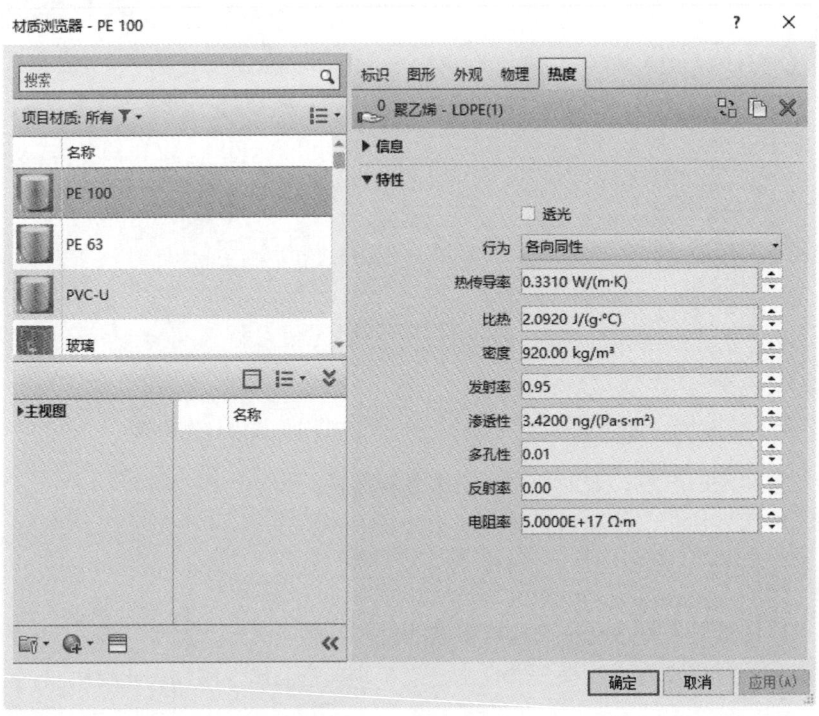

图 2-43 “热度”选项卡

- ☑ 单击属性类别左侧的三角形以显示属性及其设置。
- ☑ 更改材质的比热、密度、发射率、渗透性等热度特性。
- ☑ 单击“应用”按钮，保存材质热度属性的更改。

2.2.6 线型

（1）单击“管理”选项卡“设置”面板“其他设置”下拉列表框中的“线型图案”按钮，打开如图 2-44 所示的“线型图案”对话框。

（2）单击“新建”按钮，打开如图2-45所示的“线型图案属性”对话框，输入线型名称，在“类型”下拉列表框中选择划线和圆点，在“值”栏中输入划线的长度值，在下一行“类型”下拉列表框中选择空间类型，在“值”栏中输入空间值。Revit 要求在虚线或圆点之间添加空间，由于点全部都是以 1.5 倍点的间距绘制的，所以点不需要相应值。单击“确定”按钮，新线型图案显示在“线型图案”对话框的列表中。

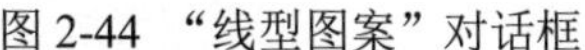
图 2-44 “线型图案”对话框

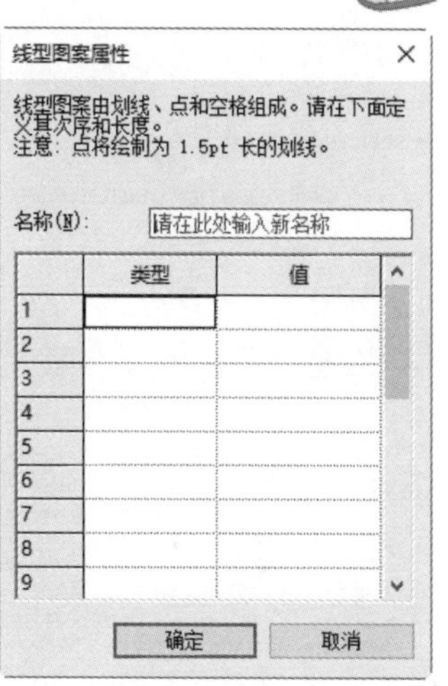

图 2-45 “线型图案属性”对话框

（3）单击“编辑”按钮，打开“线型图案属性”对话框，对线型属性进行修改，修改完成后单击“确定”按钮。

（4）选择要删除的线型图案，单击“删除”按钮，系统弹出如图 2-46 所示的提示对话框，提示是否确认删除，单击“是”按钮，删除所选线型图案。

（5）选择线型图案，单击“重命名”按钮，打开如图 2-47 所示的“重命名”对话框，输入新名称，单击“确定”按钮，完成线型图案名称的更改。

图 2-46　提示对话框

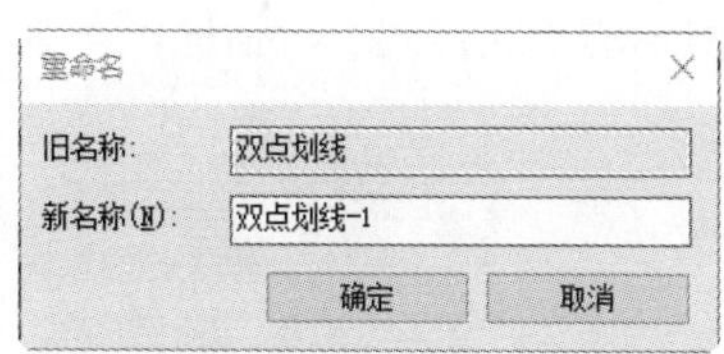

图 2-47 “重命名”对话框

2.2.7　线宽

（1）单击“管理”选项卡“设置”面板“其他设置”下拉列表框中的“线型图案”按钮，打开如图 2-48 所示的“线宽”对话框。

（2）单击表中的单元格并输入值，更改线宽。

（3）单击“添加”按钮，打开如图 2-49 所示的“添加比例”对话框，在下拉列表框中选择比例，单击“确定”按钮，在“线宽”对话框中添加比例。

（4）选择视图比例的标头，单击“删除”按钮，删除所选比例。

（5）模型线宽与比例相关联，特定线宽会随比例的更改而更改。通常，线宽将随比例的增加而变大。模型线宽表具有与线宽相关联的比例。用于特定线宽的宽度将应用于相关比例和更大比例，直到到达下一范围为止。

例如，1∶100 比例中的线宽 5 指定为 0.5 mm 的宽度，而在 1∶50 比例上则指定为 0.7 mm。使用线宽 5 的任何线在从 1∶100 到 1∶51 的所有比例上打印为 0.5 mm。当视图比例为 1∶50 时，使用线宽 5 的线将打印为 0.7 mm。其他比例可以被添加到表，以进行额外的线宽控制。

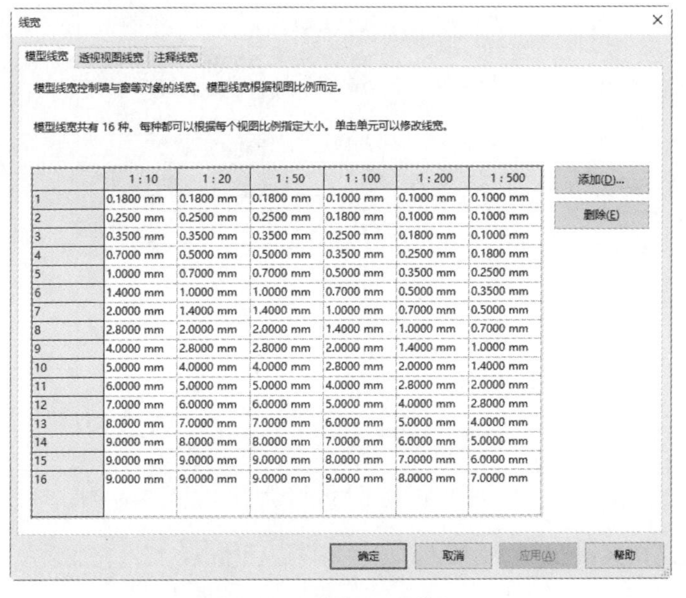

	1:10	1:20	1:50	1:100	1:200	1:500
1	0.1800 mm	0.1800 mm	0.1800 mm	0.1000 mm	0.1000 mm	0.1000 mm
2	0.2500 mm	0.2500 mm	0.2500 mm	0.1800 mm	0.1000 mm	0.1000 mm
3	0.3500 mm	0.3500 mm	0.3500 mm	0.2500 mm	0.1800 mm	0.1000 mm
4	0.7000 mm	0.5000 mm	0.5000 mm	0.3500 mm	0.2500 mm	0.1800 mm
5	1.0000 mm	0.7000 mm	0.7000 mm	0.5000 mm	0.3500 mm	0.2500 mm
6	1.4000 mm	1.0000 mm	1.0000 mm	0.7000 mm	0.5000 mm	0.3500 mm
7	2.0000 mm	1.4000 mm	1.4000 mm	1.0000 mm	0.7000 mm	0.5000 mm
8	2.8000 mm	2.0000 mm	2.0000 mm	1.4000 mm	1.0000 mm	0.7000 mm
9	4.0000 mm	2.8000 mm	2.8000 mm	2.0000 mm	1.4000 mm	1.0000 mm
10	5.0000 mm	4.0000 mm	4.0000 mm	2.8000 mm	2.0000 mm	1.4000 mm
11	6.0000 mm	5.0000 mm	5.0000 mm	4.0000 mm	2.8000 mm	2.0000 mm
12	7.0000 mm	6.0000 mm	6.0000 mm	5.0000 mm	4.0000 mm	2.8000 mm
13	8.0000 mm	7.0000 mm	7.0000 mm	6.0000 mm	5.0000 mm	4.0000 mm
14	9.0000 mm	8.0000 mm	8.0000 mm	7.0000 mm	6.0000 mm	5.0000 mm
15	9.0000 mm	9.0000 mm	9.0000 mm	8.0000 mm	7.0000 mm	6.0000 mm
16	9.0000 mm	9.0000 mm	9.0000 mm	9.0000 mm	8.0000 mm	7.0000 mm

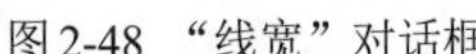
图2-48 “线宽”对话框

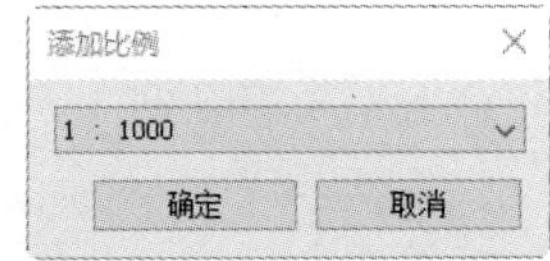

图2-49 “添加比例”对话框

2.2.8 线样式

（1）单击“管理”选项卡“设置”面板“其他设置”下拉列表框中的“线样式”按钮，打开如图2-50所示的“线样式”对话框。在该对话框中可以修改线宽、线颜色和线型图案。

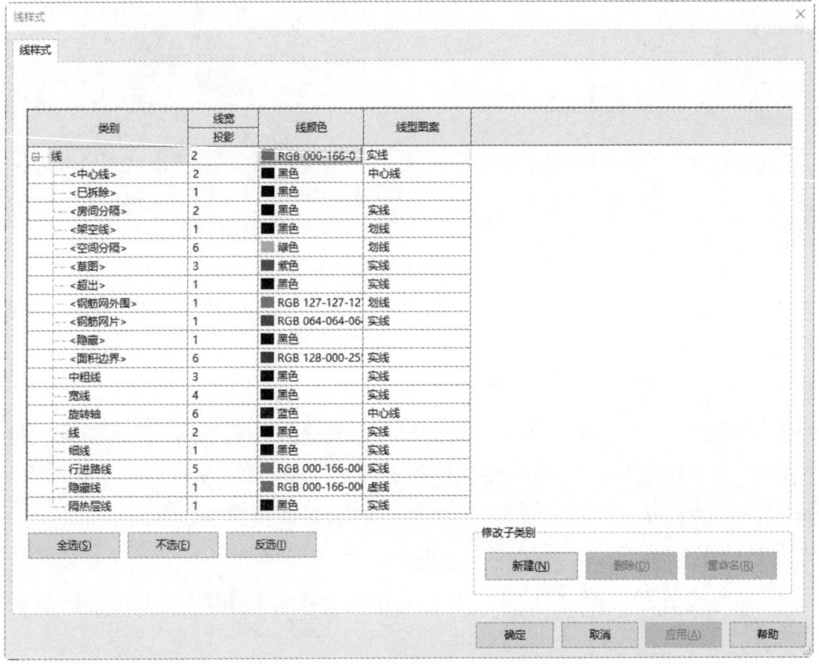

类别	线宽 投影	线颜色	线型图案
线	2	RGB 000-166-0	实线
<中心线>	2	黑色	中心线
<已拆除>	1	黑色	
<房间分隔>	2	黑色	实线
<架空线>	1	黑色	划线
<空间分隔>	6	绿色	划线
<草图>	3	紫色	实线
<超出>	1	黑色	实线
<钢筋网外围>	1	RGB 127-127-12	划线
<钢筋网片>	1	RGB 064-064-06	实线
<隐藏>	1	黑色	
<面积边界>	6	RGB 128-000-25	实线
中粗线	3	黑色	实线
宽线	4	黑色	实线
旋转轴	6	蓝色	中心线
线	2	黑色	实线
细线	1	黑色	实线
行进路线	5	RGB 000-166-00	实线
隐藏线	1	RGB 000-166-00	虚线
隔热层线	1	黑色	实线

图2-50 “线样式”对话框

（2）单击“新建”按钮，打开如图2-51所示的“新建子类别”对话框，输入名称，然后在“子

类别属于”下拉列表框中选择类别，单击“确定”按钮，新建需要的新样式，并设置其线宽、颜色和线型图案。

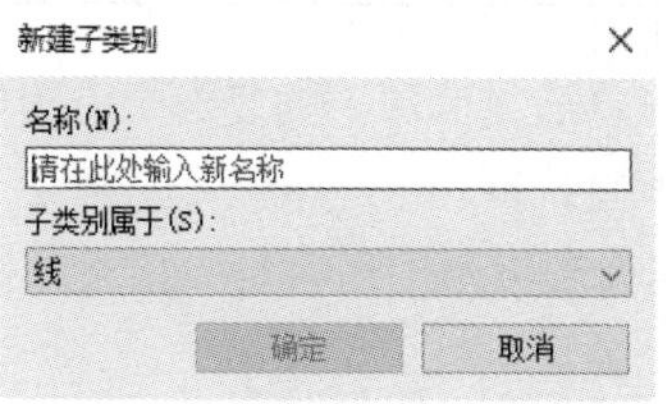

图 2-51 “新建子类别”对话框

2.3 视图设置

2.3.1 图形可见性

可以控制项目中各个视图的模型图元、基准图元和视图专有图元的可见性和图形显示。

单击“视图”选项卡“图形”面板中的“可见性/图形”按钮（快捷键：VG），打开“可见性/图形替换”对话框，如图 2-52 所示。

图 2-52 “可见性/图形替换”对话框

Note

对话框中的选项卡可将类别分为“模型类别”“注释类别”“分析模型类别”“导入的类别”“过滤器”5种。每个选项卡下的类别表可按规程进一步过滤为“建筑”“结构”“机械”“电气”“管道”。在相应选项卡的“可见性”列表框中取消选中对应的复选框，使其在视图中不显示。

如果要隐藏所有类别，则取消选中选项卡顶部的复选框。例如，如果要隐藏所有模型类别，则取消选中“在此视图中显示模型类别”复选框。

（1）单击“全选”按钮，可以选择表格中的所有行。如果选择了所有类别的可见性，则可以通过清除一个类别的操作来清除所有类别的可见性。

（2）单击“全部不选”按钮，可以清除任何所选行的选择。

（3）单击“反选”按钮，可以在已选行和未选行之间切换选择。例如，如果选中了6行，然后单击“反选”按钮，则这6行就不再处于选中状态，而其他行则处于选中状态。

（4）单击“展开全部”按钮，将展开整个类别树并使所有的子类别都可见。

2.3.2 视图范围

视图范围是控制对象在视图中的可见性和外观的水平平面集。

每个平面图都具有视图范围属性，该属性也称为可见范围。定义视图范围的水平平面为“俯视图”“剖切面”和“仰视图”。顶部剪裁平面和底部剪裁平面表示视图范围的最顶部和最底部的部分。剖切面是一个平面，用于确定特定图元在视图中显示为剖面时的高度。这3个平面可以定义视图范围的主要范围。

在“属性”选项板的“视图范围”栏中单击“编辑”按钮 编辑... ，打开“视图范围”对话框，如图2-53所示。

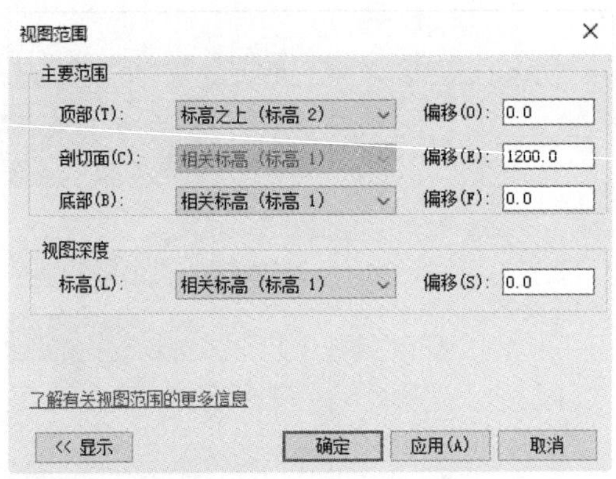

图2-53 “视图范围”对话框

“视图范围”对话框中的选项说明如下。

- ☑ 顶部：设置主要范围的上边界。根据所选标高和距该标高的偏移值定义上边界。所选标高中高于偏移值的图元不显示。
- ☑ 剖切面：设置平面视图中图元的剖切高度，使低于该剖切面的建筑构件以投影显示，而与该剖切面相交的其他建筑构件显示为截面。显示为截面的建筑构件包括墙、屋顶、天花板、楼板和楼梯。剖切面不会截断构件。
- ☑ 底部：设置主要范围的下边界。如果在查看项目的最低标高时访问“视图范围”，并将此属

性设置为“标高之下”，则必须指定偏移值，且必须将“视图深度”设置为低于该值的标高。

☑　视图深度：视图深度是主要范围之外的附加平面。更改视图深度，以显示底部剪裁平面下的图元。默认情况下，视图深度与底部剪裁平面重合。

2.3.3　视图样板

单击“视图”选项卡“图形”面板“视图样板”下拉列表框中的“管理视图样板”按钮，打开如图 2-54 所示的“视图样板”对话框。

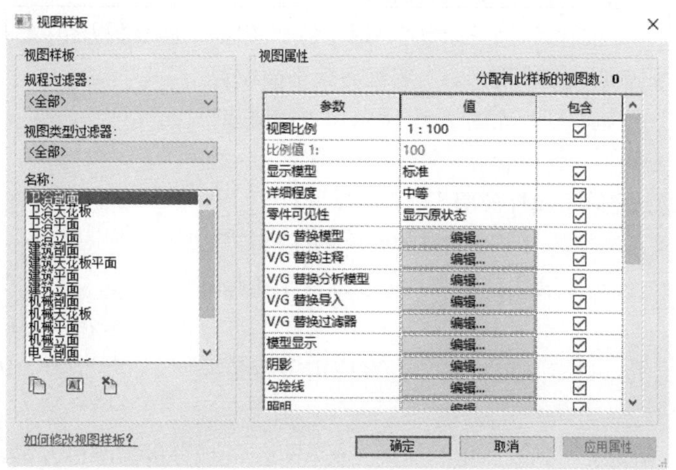

图 2-54　“视图样板”对话框

“视图样板”对话框中的选项说明如下。

（1）视图比例：在对应的“值”文本框中单击，打开下拉列表框选择视图比例，也可以直接输入比例值。

（2）比例值 1：：指定来自视图比例的比率。例如，如果视图比例设置为 1：100，则比例值为长宽比 100/1 或 100。

（3）显示模型：在详图中隐藏模型，包括标准、不显示和半色调 3 种。

☑　标准：设置显示所有图元。该值适用于所有非详图视图。

☑　不显示：设置只显示详图视图专有图元，这些图元包括线、区域、尺寸标注、文字和符号。

☑　半色调：设置显示详图视图特定的所有图元，可以使用半色调模型图元作为线、尺寸标注和对齐的追踪参照。

（4）详细程度：设置视图显示的详细程度，包括粗略、中等和精细 3 种。也可以直接在视图控制栏中更改详细程度。

（5）零件可见性：指定是否在特定视图中显示零件以及用来创建它们的图元，包括显示零件、显示原状态和显示两者 3 种。

☑　显示零件：各个零件在视图中可见，当光标移动到这些零件上时，它们将高亮显示。用来创建零件的原始图元不可见且无法高亮显示或选择。

☑　显示原状态：各个零件不可见，但用来创建零件的图元可见并且可以选择。

☑　显示两者：零件和原始图元均可见，并能够单独高亮显示和选择。

Note

（6）V/G 替换模型/注释/分析模型/导入/过滤器：分别定义模型/注释/分析模型/导入类别/过滤器的可见性/图形替换。单击“编辑”按钮，打开“可见性/图形替换”对话框进行设置。

（7）模型显示：定义表面（视觉样式，如线框、隐藏线等）、透明度和轮廓的模型显示选项。单击“编辑”按钮，打开“图形显示选项”对话框进行设置。

（8）阴影：设置视图中的阴影。

（9）勾绘线：设置视图中的勾绘线。

（10）照明：定义照明设置，包括照明方法、日光设置、人造灯光和日光梁、环境光和阴影。

（11）摄影曝光：设置曝光参数来渲染图像，在三维视图中适用。

（12）背景：指定图形的背景，包括天空、渐变色和图像，在三维视图中适用。

（13）远剪裁：对于立面和剖面图形，指定远剪裁平面设置。单击对应的“不剪裁”按钮，打开如图2-55所示的“远剪裁”对话框，设置剪裁的方式。

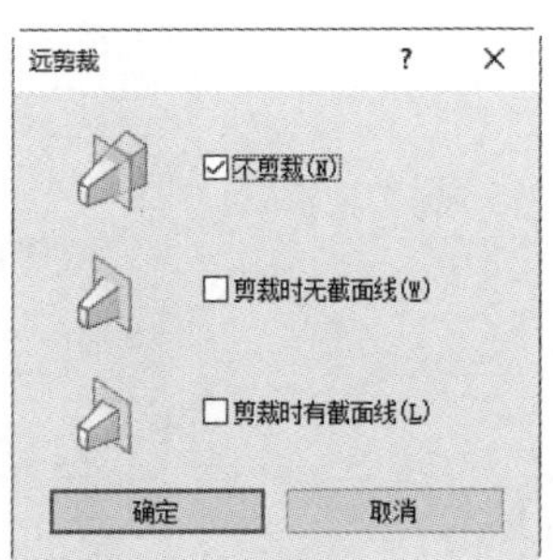

图2-55 “远剪裁”对话框

（14）阶段过滤器：将阶段属性应用于视图中。

（15）规程：确定非承重墙的可见性和规程特定的注释符号。

（16）显示隐藏线：设置隐藏线是按照规程全部显示还是不显示。

（17）颜色方案位置：指定是否将颜色方案应用于背景或前景。

（18）颜色方案：指定应用到视图中的房间、面积、空间或分区的颜色方案。

2.3.4 过滤器

若要基于参数值控制视图中图元的可见性或图形显示，则创建可基于类别参数定义规则的过滤器。

（1）单击“视图”选项卡“图形”面板中的“过滤器”按钮，打开“过滤器”对话框，如图2-56所示。该对话框中按字母顺序列出了过滤器，并按基于规则和基于选择的树状结构为过滤器排序。

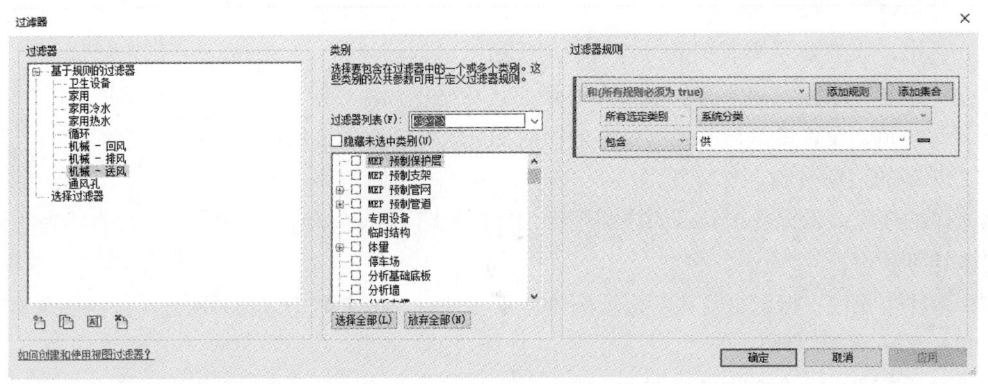

图2-56 “过滤器”对话框

（2）单击“新建”按钮，打开如图2-57所示的“过滤器名称”对话框，输入过滤器名称，单击“确定”按钮。

（3）选取过滤器，单击“复制”按钮，复制的新过滤器将显示在“过滤器”列表中，然后单击“重命名”按钮，打开“重命名”对话框，输入新名称，如图 2-58 所示，单击“确定”按钮。

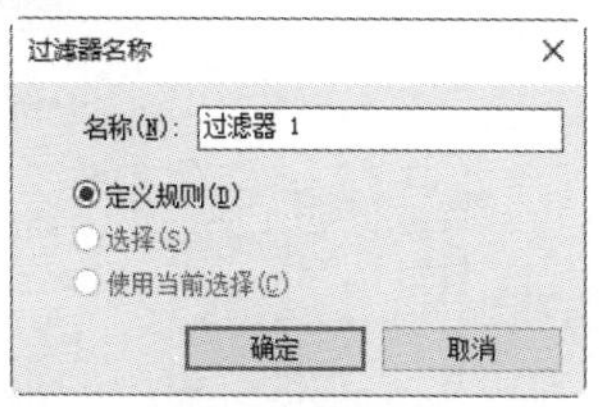

图 2-57　“过滤器名称”对话框

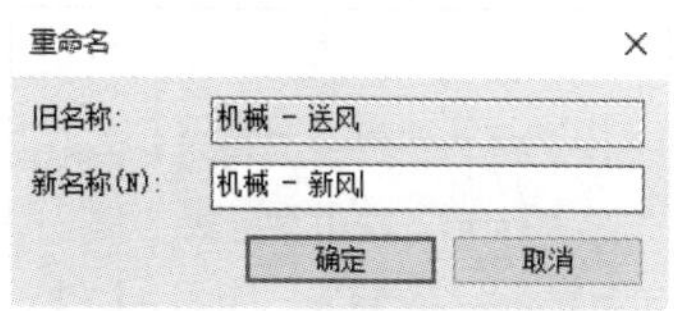

图 2-58　“重命名”对话框

（4）在“类别”选项组中选择将包含在过滤器中的一个或多个类别。选定类别将确定可用于过滤器规则中的参数。

（5）在“过滤器规则”选项组中设置过滤器条件，最多可以添加 3 个条件。

（6）在操作符下拉列表框中选择过滤器的运算符，包括等于、不等于、大于、大于或等于、小于、小于或等于、包含、不包含、开始部分是、开始部分不是、末尾是、末尾不是、有一个值和没有值。

（7）完成过滤器条件的创建后单击“确定”按钮。

2.4　协同工作

2.4.1　导入 CAD 文件

（1）单击“插入”选项卡“导入”面板中的“导入 CAD”按钮，打开“导入 CAD 格式”对话框。

（2）选择“二层给排水平面图.dwg”文件，设置定位为“自动-原点到内部原点”，选中“定向到视图”复选框，设置导入单位为“毫米”，其他参数采用默认设置，如图 2-59 所示。单击“打开”按钮，导入 CAD 图纸，如图 2-60 所示。

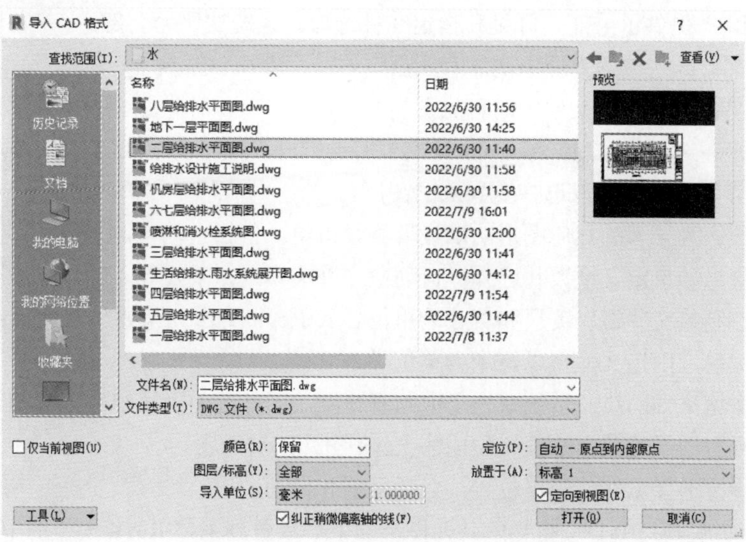

图 2-59　“导入 CAD 格式”对话框

Note

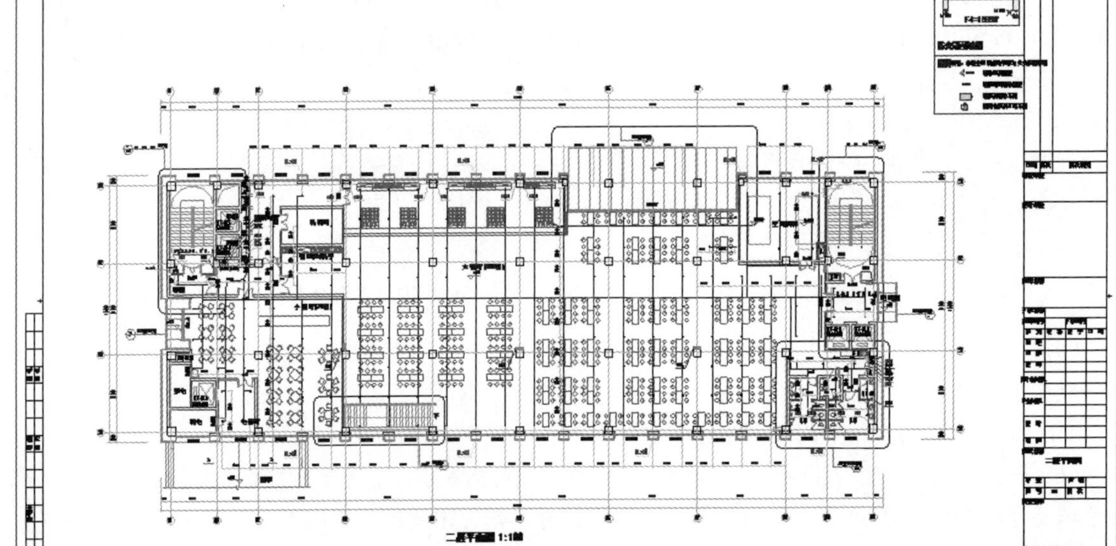

图 2-60　导入 CAD 图纸

“导入 CAD 格式”对话框中的选项说明如下。

☑ 仅当前视图：仅将 CAD 图纸导入活动视图中，图元行为类似注释。

☑ 颜色：提供了保留、反选和黑白 3 种选项。系统默认为保留。

- 保留：导入的文件保持原始颜色。
- 反选：将来自导入文件的所有线和文字对象的颜色反转为 Revit 专用颜色。 深色变浅，浅色变深。
- 黑白：以黑白方式导入文件。

☑ 图层/标高：提供了全部、可见和指定 3 种选项。系统默认为全部。

- 全部：导入原始文件中的所有图层。
- 可见：导入原始文件中的可见图层。
- 指定：选择此选项，导入 CAD 文件时会打开“选择要导入/连接的图层/标高”对话框，在该对话框中可以选择要导入的图层。

☑ 导入单位：为导入的几何图形明确设置测量单位，包括自动检测、英尺、英寸、米、分米、厘米、毫米和自定义系数。选择“自动检测”选项，如果要导入的 AutoCAD 文件是以英制创建的，则该文件将以英尺和英寸为单位导入 Revit 中；如果要导入的 AutoCAD 文件是以公制创建的，则该文件将以毫米为单位导入 Revit 中。

☑ 纠正稍微偏离轴的线：系统默认选中此复选框，可以自动更正稍微偏离轴（小于 0.1 度）的线，并且有助于避免由这些线生成的 Revit 图元出现问题。

☑ 定位：指定链接文件的坐标位置，包括手动和自动。

- 自动-中心到中心：将导入几何图形的中心放置到主体 Revit 模型的中心。
- 自动-原点到内部原点：将导入几何图形的原点放置到主体 Revit 模型的原点。

Note

- 手动-原点：在当前视图中显示导入的几何图形，同时光标会放置在导入项或链接项的世界坐标原点上。
- 手动-中心：在当前视图中显示导入的几何图形，同时光标会放置在导入项或链接项的几何中心上。

☑ 放置于：指定放置文件的位置。在该下拉列表框中选择某一标高后，导入的文件将放置于当前标高位置。如果选中“仅当前视图”复选框，则此选项不可用。

☑ 定向到视图：如果“正北”和“项目北”没有在主体 Revit 模型中对齐，则使用该选项可在视图中对 CAD 文件进行定向。

导入的图纸是锁定的，将无法移动或删除该对象，需要解锁后才能进行移动或删除。

2.4.2　链接 CAD 文件

单击“插入”选项卡“导入”面板中的“链接 CAD”按钮，打开“链接 CAD 格式”对话框，如图 2-61 所示。其操作方法和对话框中的选项说明同 2.4.1 节，这里不再一一介绍。

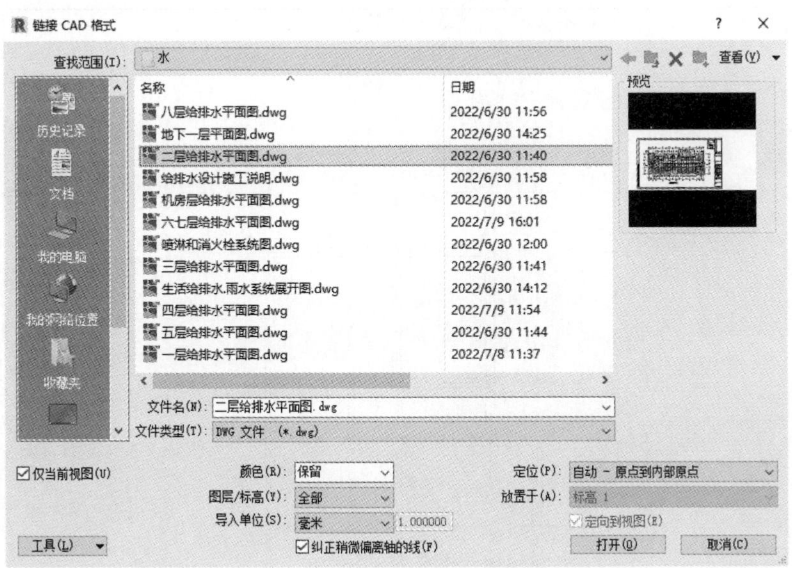

图 2-61　“链接 CAD 格式”对话框

链接的 CAD 文件是引用的，当源文件更新后，链接到项目中的 CAD 文件也会随之更新；而导入的 CAD 文件会成为项目文件的一部分，可以对其进行操作，源文件更新后，导入的 CAD 文件不会随之更改。

2.4.3　链接 Revit 模型

（1）新建一个项目文件。单击“插入”选项卡“导入”面板中的“链接 Revit”按钮，打开“导入/链接 RVT”对话框。

（2）选择要链接的模型，设置定位为“自动-内部原点到内部原点”，其他参数采用默认设置，如图 2-62 所示，单击“打开”按钮，导入 Revit 模型，如图 2-63 所示。

Note

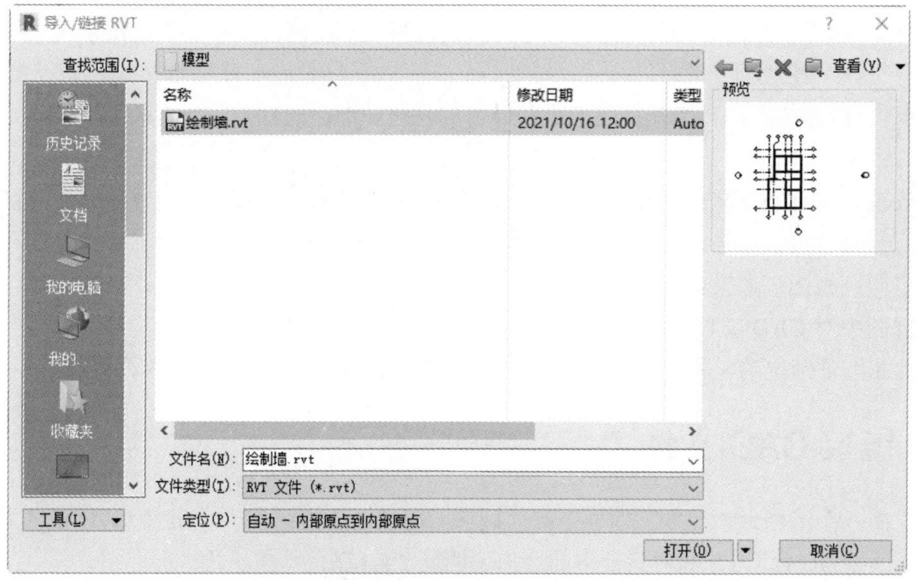

图 2-62　“导入/链接 RVT”对话框

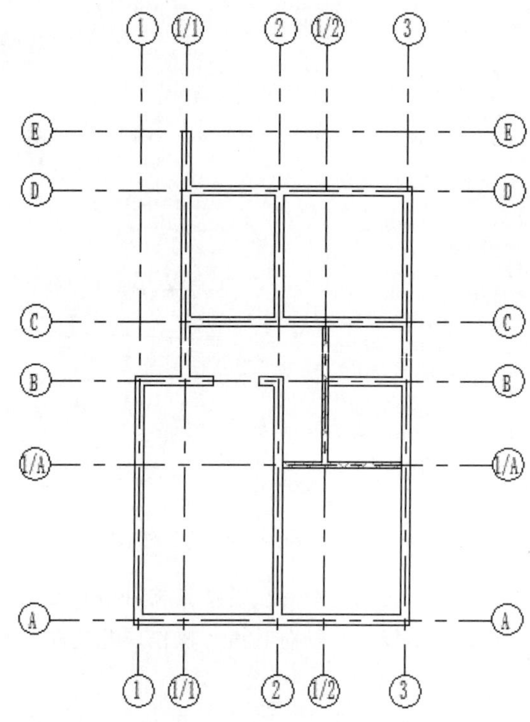

图 2-63　链接模型

2.4.4　管理链接

选取链接模型，单击“修改|RVT 链接”选项卡“链接”面板中的“管理链接”按钮，打开如图 2-64 所示的“管理链接”对话框，显示有关链接的信息。

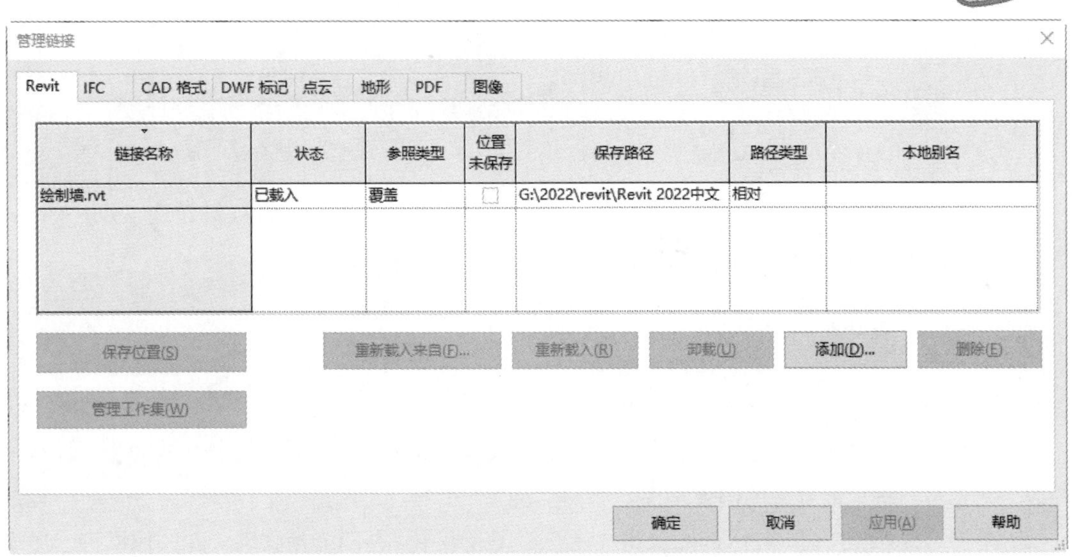

图 2-64 “管理链接”对话框

“管理链接”对话框中的部分选项说明如下。

（1）链接名称：指示链接模型或文件的名称。

（2）状态：指示在主体模型中是否载入链接，包括已载入、未载入和未找到 3 个选项。

（3）参照类型：包括附着和覆盖两种类型。

☑ 附着：当链接模型的主体链接到另一个模型时，将显示该链接模型。

☑ 覆盖：该选项为默认设置。如果导入包含嵌套链接的模型，将显示一条消息，说明导入的模型包含嵌套链接，并且这些模型在主体模型中不可见。

（4）位置未保存：指定链接的位置是否保存在共享坐标系中。

（5）保存路径：链接文件或模型的位置。

（6）路径类型：指示链接的保存路径是相对路径、绝对路径。

（7）本地别名：如果使用基于文件的工作共享，并且已链接到 Revit 模型的本地副本，而不是链接到中心模型，其位置会显示到此处。

（8）卸载：选取链接模型，单击此按钮，打开如图 2-65 所示的“卸载链接”提示对话框，单击“确定”按钮，将链接模型暂时从项目中删除。

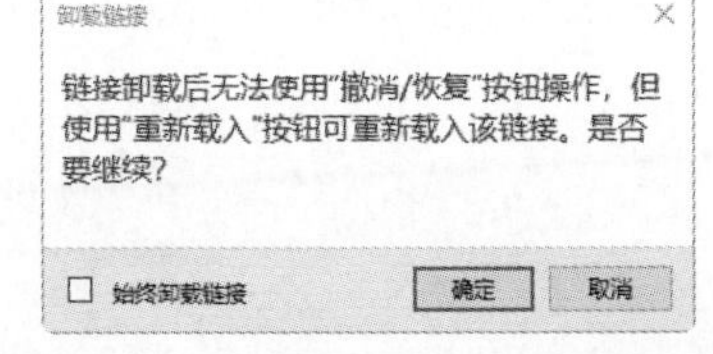

图 2-65 “卸载链接”提示对话框

（9）保存位置：保存链接实例的位置。

（10）管理工作集：单击此按钮，打开“管理链接的工作集”对话框，用以打开和关闭链接模型中的工作集。

链接的模型是不可编辑的，如果需要编辑链接，需要将模型绑定到当前项目中。选取链接模型，单击“修改|RVT 链接”选项卡“链接”面板中的“绑定链接”按钮，打开如图 2-66 所示的“绑定链接选项”对话框，选取要绑定的项目，单击“确定”按钮。

此时系统打开如图 2-67 所示的警告对话框，单击“删除链接”按钮，链接模型为一个模型组。选取模型组，单击“修改|模型组”选项卡“成组”面板中的“解组”按钮，将模型组分解成单个图元，即可对其进行编辑。

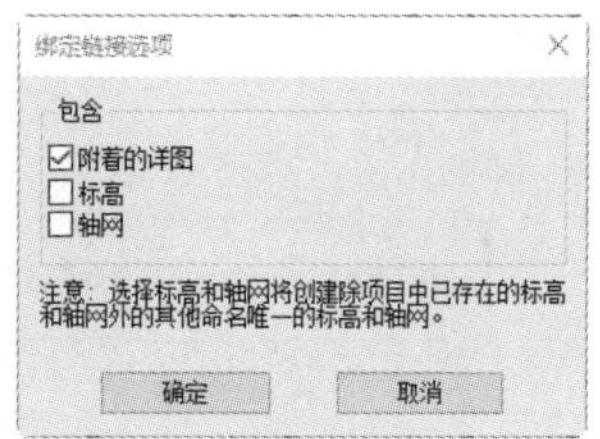

图 2-66 “绑定链接选项”对话框

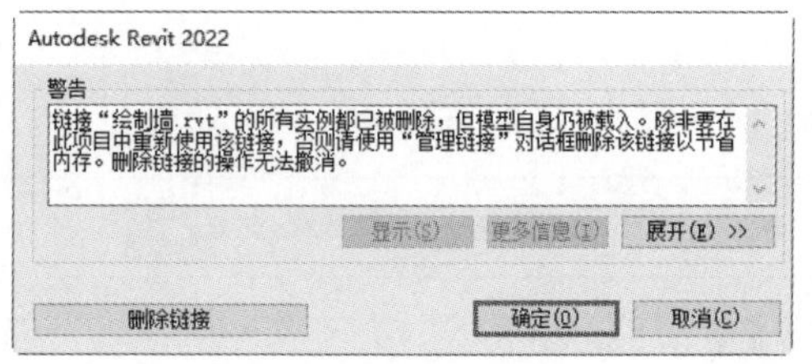

图 2-67 警告对话框

2.4.5 导入图像

可以将图像放置在二维视图中作为背景或参考。

（1）新建一个项目文件。单击“插入”选项卡“导入”面板中的“导入图像”按钮，打开“导入图像”对话框，选取要导入的图像文件，如图 2-68 所示。

（2）单击“打开”按钮，导入的图像将显示在绘图区域中，并随光标移动。此图像以符号形式显示，并带有两条交叉线指明图像的范围，如图 2-69 所示。

图 2-68 “导入图像”对话框

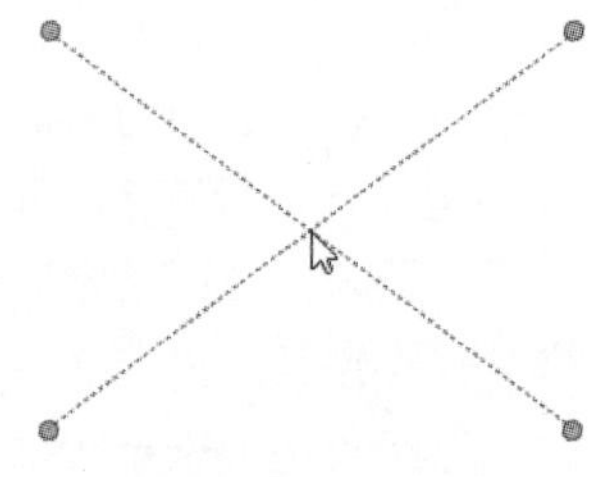

图 2-69 图像范围

（3）移动光标到适当位置，单击放置图像，在“属性”选项板中显示图像的相关信息，如图 2-70 所示。

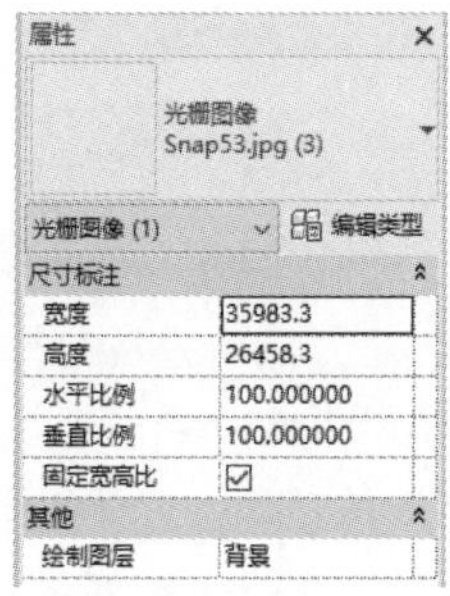

图 2-70 放置图像

（4）在视图中拖动图像的控制点调整图像大小，或在“属性”选项板中输入高度/宽度或者比例调整图像大小。

第3章

基本操作工具

知识导引

Revit提供了丰富的实体操作工具，如工作平面、模型修改以及几何图形的编辑工具等，借助这些工具，用户可轻松、方便、快捷地绘制图形。本章主要介绍工作平面、模型创建和图元修改相关内容。

- ☑ 工作平面
- ☑ 尺寸标注
- ☑ 文字
- ☑ 模型线
- ☑ 图元修改
- ☑ 图元组

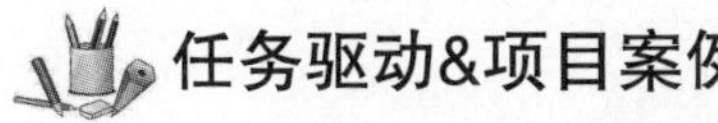

任务驱动&项目案例

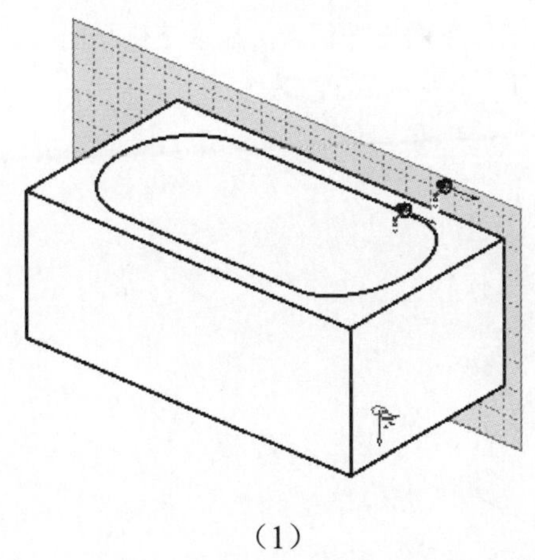

（1）

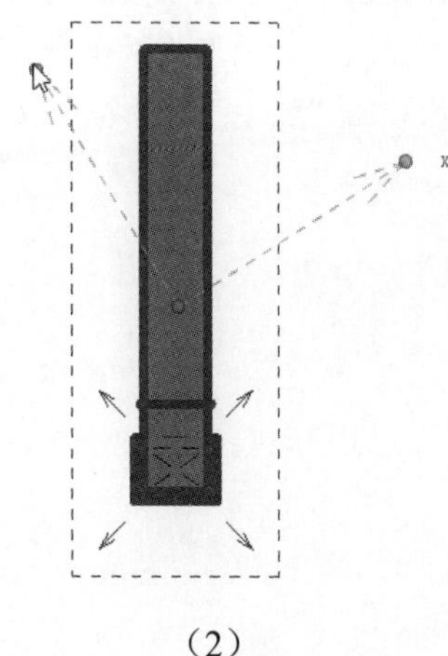

（2）

3.1 工作平面

工作平面是一个用作视图或绘制图元起始位置的虚拟二维表面。工作平面可以作为视图的原点，也可以用来绘制图元，还可以用于放置基于工作平面的构件。

3.1.1 设置工作平面

每个视图都与工作平面相关联。在视图中设置工作平面时，工作平面与该视图一起保存。

在某些视图（如平面视图、三维视图和绘图视图）以及族编辑器的视图中，工作平面是自动设置的。在其他视图（如立面视图和剖面视图）中，则必须设置工作平面。

单击“建筑”选项卡“工作平面”面板中的“设置”按钮，打开如图3-1所示的“工作平面”对话框，使用该对话框可以显示或更改视图的工作平面，也可以显示、设置、更改或取消关联基于工作平面图元的工作平面。

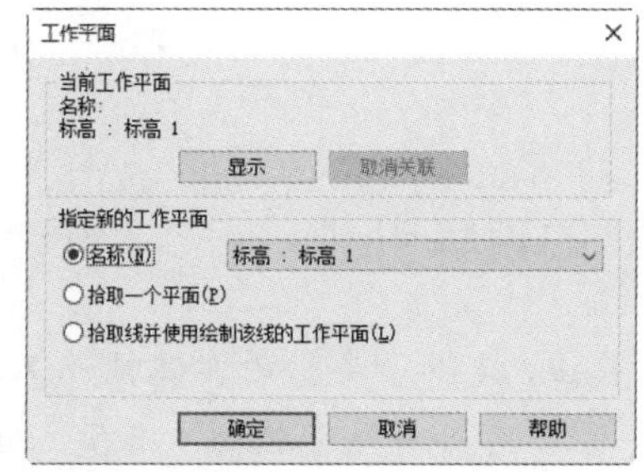

图3-1 “工作平面”对话框

“工作平面”对话框中的选项说明如下。

（1）名称：从列表中选择一个可用的工作平面。此列表中包括标高、网格和已命名的参照平面。

（2）拾取一个平面：选择此选项，可以选择任何可以进行尺寸标注的平面为所需平面，包括墙面、链接模型中的面、拉伸面、标高、网格和参照平面，Revit会创建与所选平面重合的平面。

（3）拾取线并使用绘制该线的工作平面：Revit会创建与选定线的工作平面共面的工作平面。

3.1.2 显示工作平面

可以在视图中显示或隐藏活动的工作平面，工作平面在视图中以网格显示。

单击“建筑”选项卡“工作平面”面板中的“显示工作平面”按钮，显示工作平面，如图3-2所示。再次单击“显示工作平面”按钮，隐藏工作平面。

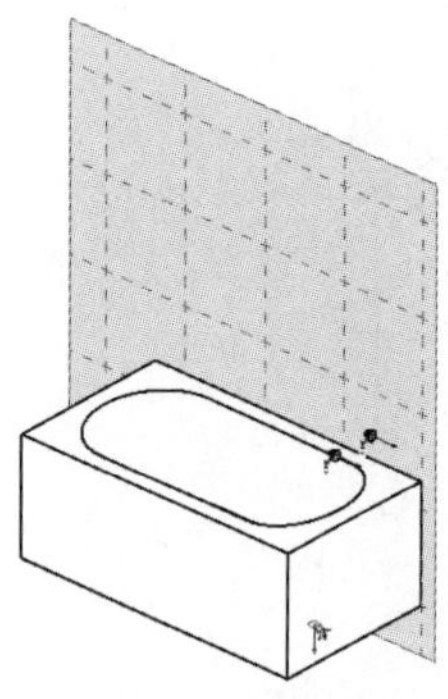

图3-2 显示工作平面

3.1.3　编辑工作平面

可以修改工作平面的边界大小和网格大小。

（1）选取视图中的工作平面，拖动平面的边界控制点，改变其大小，如图 3-3 所示。

（2）在“属性”选项板中的工作平面网格间距中输入新的间距值，或者在选项栏中输入新的间距值，然后按 Enter 键或单击“应用”按钮，更改网格间距大小，如图 3-4 所示。

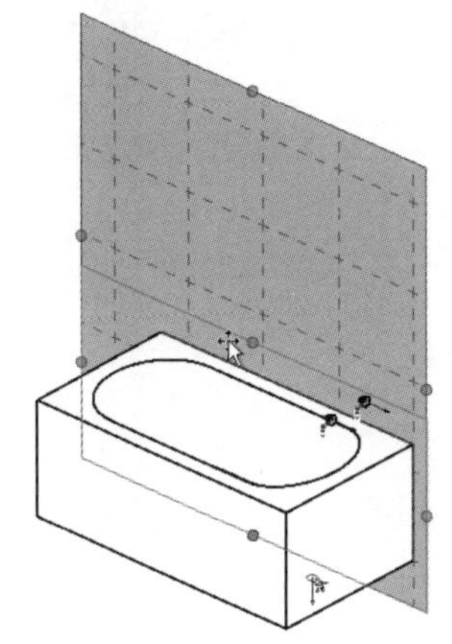

图 3-3　拖动边界控制点更改大小

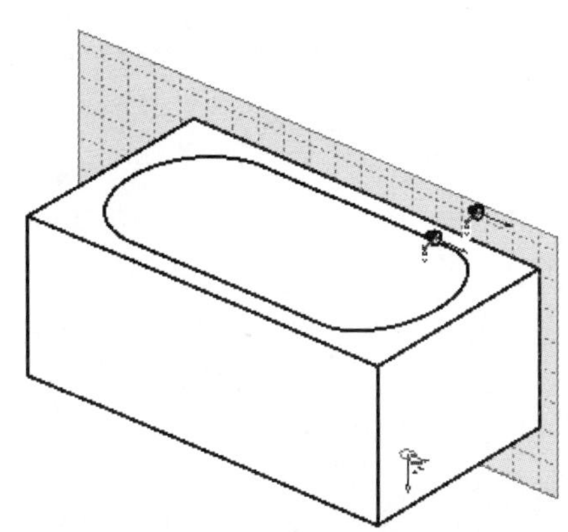

图 3-4　更改网格间距

3.2　尺寸标注

尺寸标注是项目中显示距离和尺寸的专有图元，包括临时尺寸标注和永久性尺寸标注。可以将临时尺寸更改为永久性尺寸。

3.2.1　临时尺寸

临时尺寸是当放置图元、绘制线或选择图元时在图形中显示的测量值。在完成动作或取消选择图元后，这些尺寸标注会消失。

临时尺寸标注设置步骤如下。

单击“管理”选项卡“设置”面板“其他设置”下拉列表中的“注释”按钮，然后选择子菜单中的“临时尺寸标注”选项，打开“临时尺寸标注属性”对话框，如图 3-5 所示。

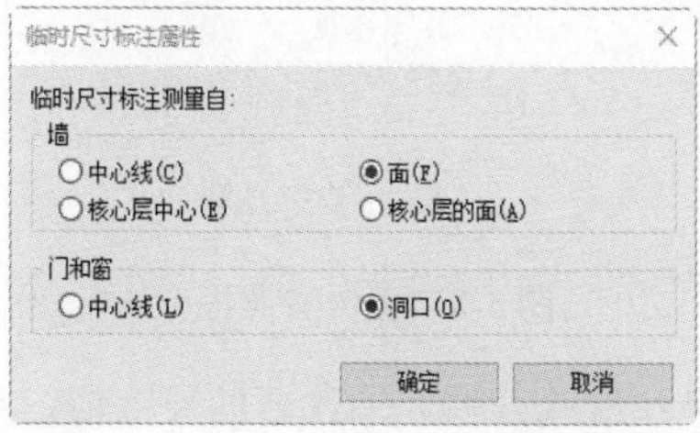

图 3-5　“临时尺寸标注属性”对话框

通过此对话框，可以将临时尺寸标注设置为从墙中心线、墙面、核心层中心或核心层的面开始测量，还可以将门和窗临时设置为从中心线或洞口开始测量。

在绘制图元时，Revit 会显示图元的相关形状临时尺寸，如图 3-6 所示。放置图元后，Revit 会显示图元的形状和位置临时尺寸标注，如图 3-7 所示。当放置另一个图元时，前一个图元的临时尺寸标注将不再显示，但当再次选取图元时，Revit 会显示图元的形状和位置临时尺寸标注。

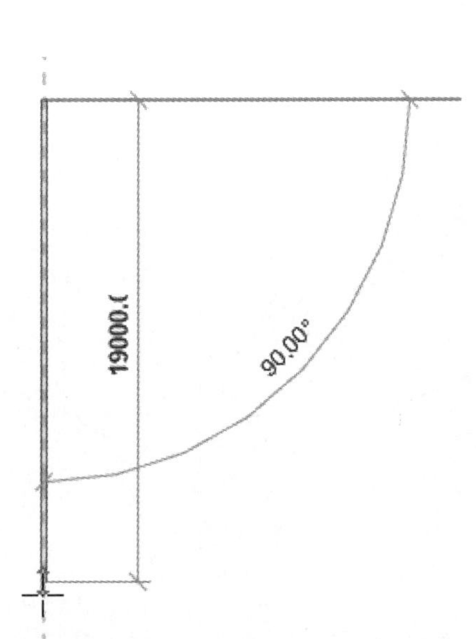

图 3-6　形状临时尺寸

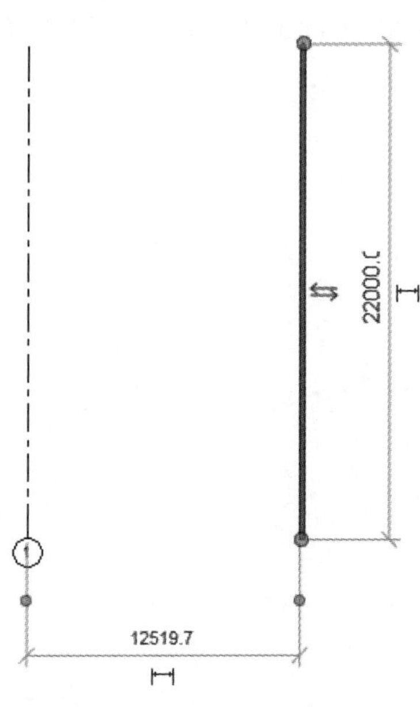

图 3-7　形状和位置临时尺寸

可以通过移动尺寸界线来修改临时尺寸标注，以更改参照图元，如图 3-8 所示。

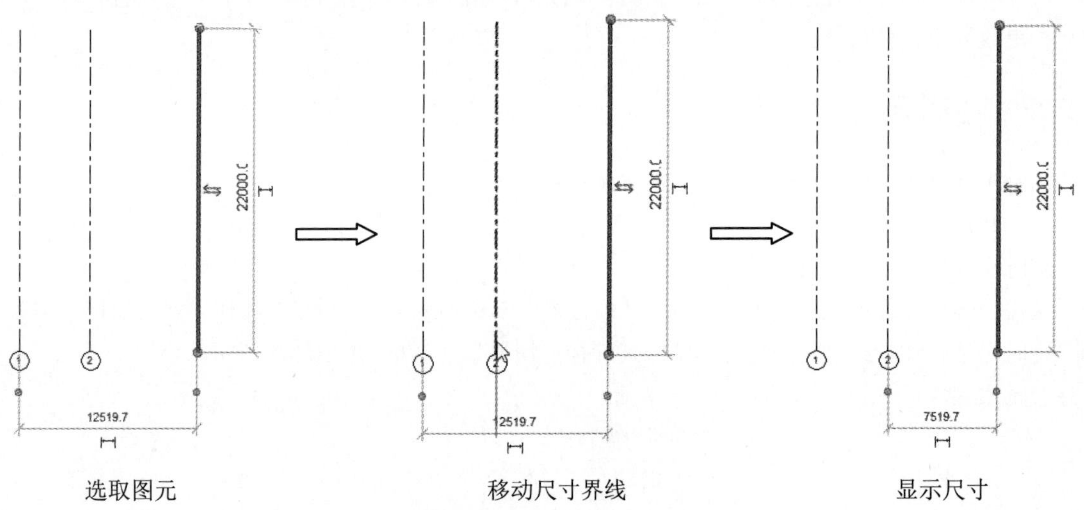

图 3-8　更改参照图元

双击临时尺寸上的值，打开尺寸值输入框，输入新的尺寸值，按 Enter 键确认，图元根据尺寸值调整大小或位置，如图 3-9 所示。

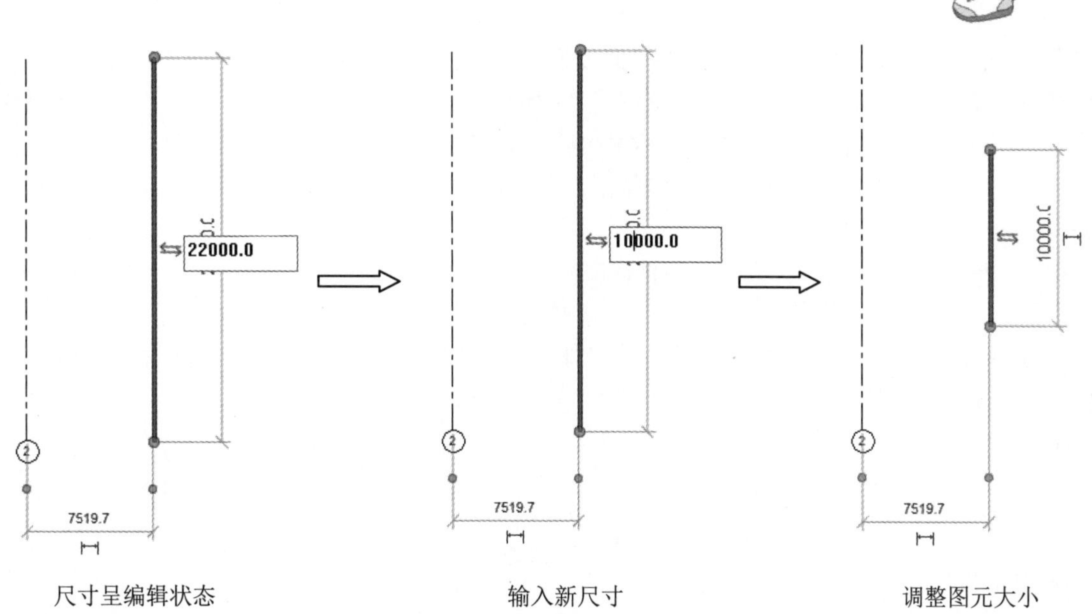

图 3-9　修改临时尺寸

单击临时尺寸附近出现的尺寸标注符号⊢⊣，将临时尺寸标注转换为永久性尺寸标注，以便其始终显示在图形中，如图 3-10 所示。

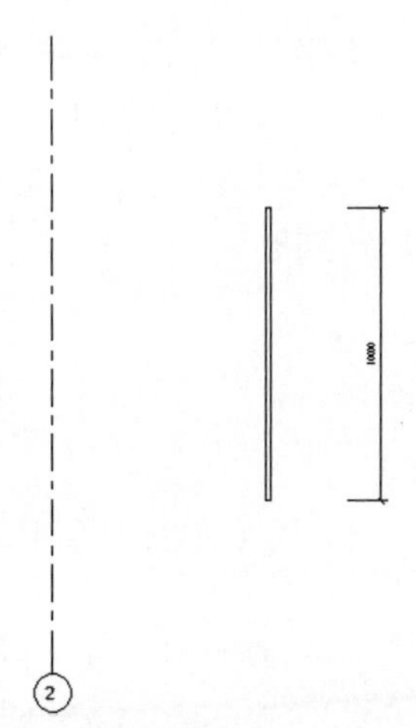

图 3-10　更改为永久性尺寸

如果在 Revit 中选择了多个图元，则不会显示临时尺寸标注和限制条件。若想要显示临时尺寸，需要在选择多个图元后，单击选项栏中的“激活尺寸标注”按钮[激活尺寸标注]。

3.2.2　永久性尺寸

永久性尺寸是添加到图形以记录设计的测量值。它们属于视图专有，并可在图纸上打印。

使用“尺寸标注”工具在项目构件或族构件上放置永久性尺寸标注。可以从对齐、线性（构件的水平或垂直投影）、角度、半径、直径或弧长度永久性尺寸标注中进行选择。

（1）单击“注释”选项卡“尺寸标注”面板中的“对齐”按钮，在选项栏中可以设置参照为“参照墙中心线”“参照墙面”“参照核心层中心”“参照核心层表面”4 个选项中之一。例如，如果选择“参照墙中心线”选项，则将光标放置于某面墙上时，光标将首先捕捉该墙的中心线。

（2）在选项栏中设置拾取为“单个参照点”，将光标放置在某个图元的参照点上，此参照点会高亮显示，单击指定参照。

（3）将光标放置在下一个参照点的目标位置上并单击，当移动光标时，会显示一条尺寸标注线。如果需要，可以连续选择多个参照。

（4）当选择完参照点之后，从最后一个构件上移开光标，移动光标到适当位置后单击放置尺寸。标注过程如图 3-11 所示。

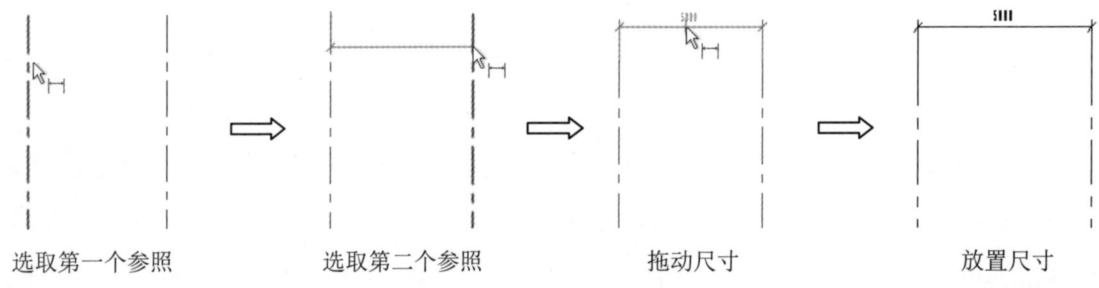

图 3-11　标注对齐尺寸

（5）在“属性”选项板中选择尺寸标注样式，如图 3-12 所示，单击“编辑类型”按钮，打开“类型属性”对话框，单击“复制”按钮，打开“名称”对话框，输入新名称为“对角线-5mm RomanD”，如图 3-13 所示，单击“确定”按钮，返回到“类型属性”对话框，更改文字大小为 5，其他参数采用默认设置，如图 3-14 所示，单击“确定”按钮。

图 3-12　选择标注样式

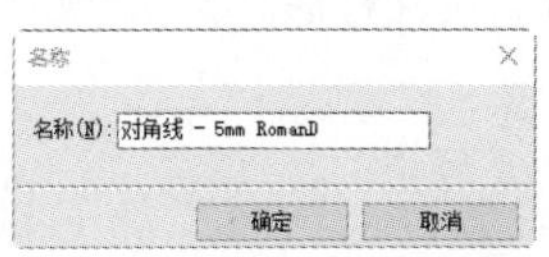

图 3-13　“名称”对话框

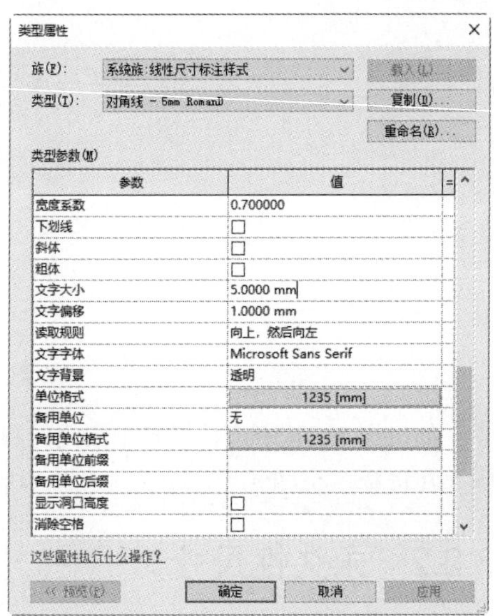

图 3-14　“类型属性”对话框

（6）选取要修改尺寸的图元，永久性尺寸呈编辑状态，单击尺寸上的值，打开尺寸值输入框，输

入新的尺寸值，按 Enter 键确认，图元根据尺寸值调整大小或位置，如图 3-15 所示。

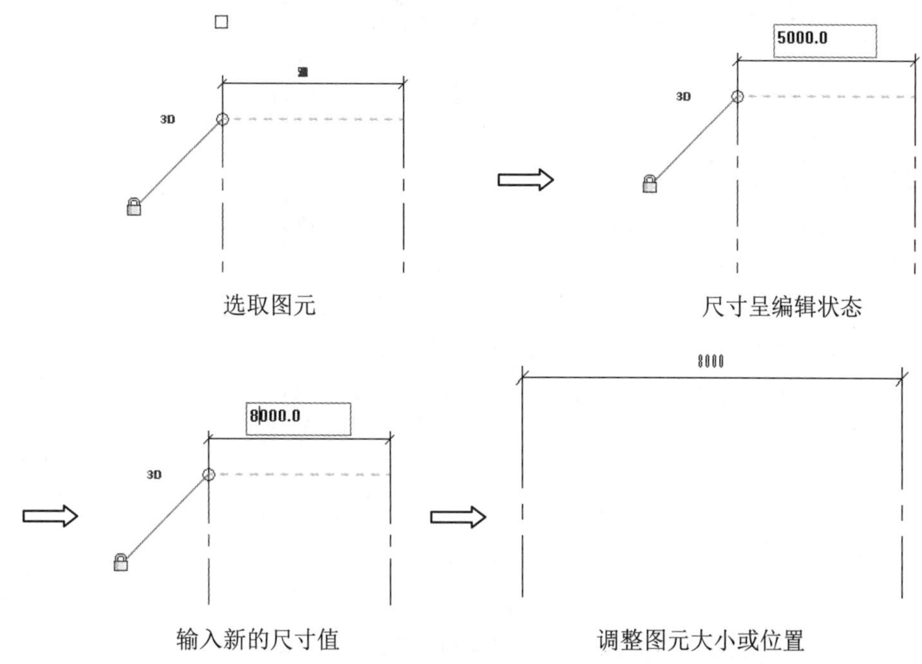

图 3-15　修改尺寸

线性尺寸、角度尺寸、半径尺寸、直径尺寸和弧长尺寸的标注方法同对齐尺寸的标注，这里就不再一一进行介绍。

3.3　文　　字

可以通过“文字”命令将说明性、技术或其他文字注释添加到工程图中。

（1）单击“注释”选项卡“文字”面板中的“文字”按钮A，打开“修改|放置文字”选项卡，如图 3-16 所示。

图 3-16　“修改|放置文字”选项卡

“修改|放置文字”选项卡中的部分按钮说明如下。

☑　无引线：用于创建没有引线的文字注释。

☑　一段：利用一条直引线将文字注释添加到指定的位置。

☑　两段：由两条直线构成一条引线，以将文字注释添加到指定的位置。

☑　曲线形：利用一条弯曲线将文字注释添加到指定的位置。

☑　/　左/右上引线：将引线附着到文字顶行的左/右侧。

Note

☑ /左/右中引线：将引线附着到文本框边框的左/右侧中间位置。

☑ /左/右下引线：将引线附着到文字底行的左/右侧。

☑ 顶部对齐：将文字沿顶部页边距对齐。

☑ 居中对齐（上下）：在顶部页边距与底部页边距之间以均匀的距离对齐文字。

☑ 底部对齐：将文字沿底部页边距对齐。

☑ 左对齐：将文字与左侧页边距对齐。

☑ 居中对齐（左右）：在左侧页边距与右侧页边距之间以均匀的距离对齐文字。

☑ 右对齐：将文字与右侧页边距对齐。

☑ 拼写检查：用于对选择集、当前视图或图纸中的文字注释进行拼写检查。

☑ 查找/替换：在打开的项目文件中查找并替换文字。

（2）单击“两段”按钮和“左中引线”按钮，在视图中适当位置单击以确定引线的起点，拖动鼠标到适当位置单击以确定引线的转折点，然后移动鼠标到适当位置单击以确定引线的终点，并显示文本输入框和“放置编辑文字”选项卡，如图3-17所示。

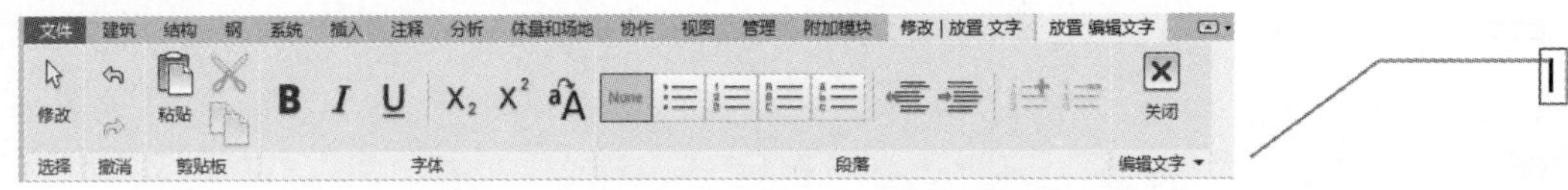

图3-17　文本输入框和“放置编辑文字”选项卡

（3）在文本框中输入文字，在“放置编辑文字”选项卡中单击“关闭”按钮，完成文字输入，如图3-18所示。

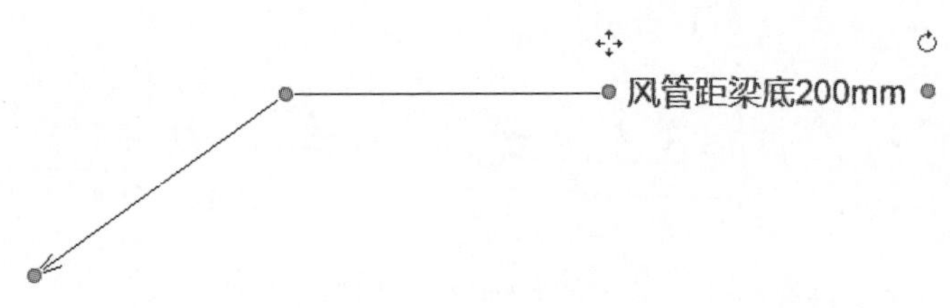

图3-18　输入文字

（4）在图3-18中拖动引线上的控制点，可以调整引线的位置；拖动文本框上的控制点，可以调整文本框的大小。

（5）用鼠标拖动文字上方的“拖曳”图标，可以调整文字的位置；用鼠标拖动文字上方的“旋转文字注释”图标，可以旋转文字的角度，如图3-19所示。

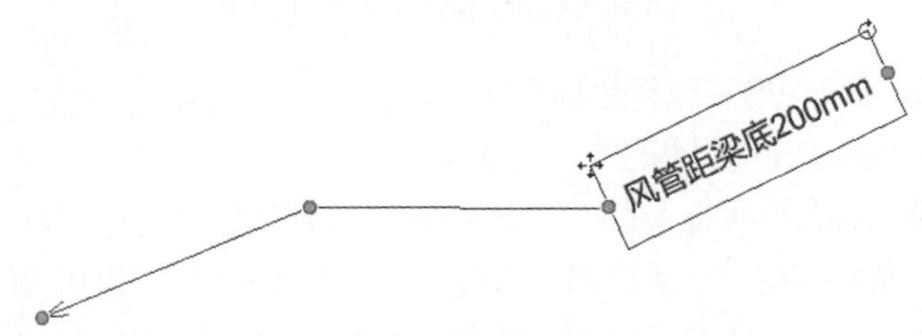

图3-19　调整文字

（6）在“属性”选项板的类型下拉列表中选取需要的文字类型，如图 3-20 所示。

（7）在“属性”选项板中单击“编辑类型”按钮，打开如图 3-21 所示的“类型属性”对话框，通过该对话框可以修改文字的颜色、背景、大小以及字体等属性，更改后单击“确定”按钮。

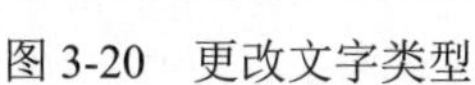

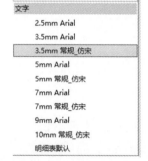

图 3-20　更改文字类型

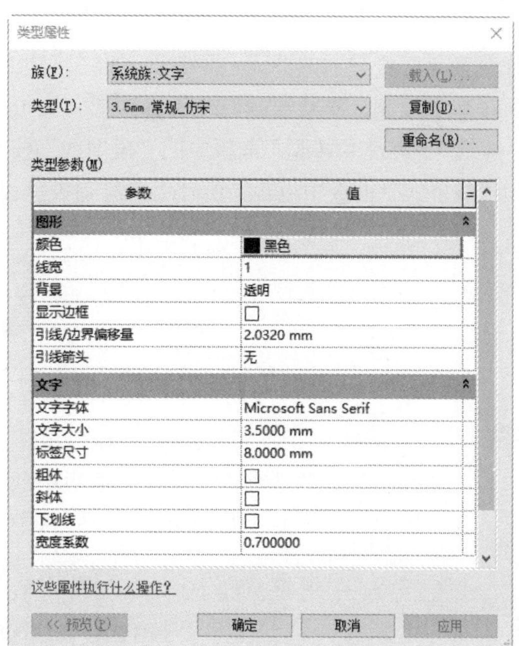

图 3-21　“类型属性”对话框

图 3-21 所示“类型属性”对话框中的选项说明如下。

☑ 颜色：单击颜色色块，打开“颜色”对话框，设置文字和引线的颜色。

☑ 线宽：设置边框和引线的宽度。

☑ 背景：设置文字注释的背景。如果选择不透明背景的注释，会遮挡其后的材质；如果选择透明背景的注释，可看到其后的材质。

☑ 显示边框：选中此复选框，在文字周围显示边框。

☑ 引线/边界偏移量：设置引线/边界和文字之间的距离。

☑ 引线箭头：设置引线是否带箭头以及箭头的样式。

☑ 文字字体：在其下拉列表中可以选择注释文字的字体。

☑ 文字大小：设置文字的大小。

☑ 标签尺寸：设置文字注释的选项卡间距。创建文字注释时，可以在文字注释内的任何位置按 Tab 键，将出现一个指定大小的制表符。该选项也用于确定文字列表的缩进。

☑ 粗体：选中此复选框，将文字字体设置为粗体。

☑ 斜体：选中此复选框，将文字字体设置为斜体。

☑ 下划线：选中此复选框，在文字下方添加下划线[①]。

☑ 宽度系数：字体宽度随“宽度系数”成比例缩放。高度则不受影响。

① 此词正确书写方式应为“下画线”，为与图 3-21 中选项保持一致，此处使用“下划线”。

Note

3.4 模 型 线

模型线是基于工作平面的图元，存在于三维空间且在所有视图中都可见。模型线可以绘制成直线或曲线，可以单独绘制、链状绘制，或者以矩形、圆形、椭圆形或其他多边形的形状进行绘制。

单击“建筑”选项卡“模型”面板中的“模型线”按钮，打开“修改|放置线”选项卡，其中，“绘制”面板和“线样式”面板中包含了所有用于绘制模型线的绘图工具与线样式设置，如图3-22所示。

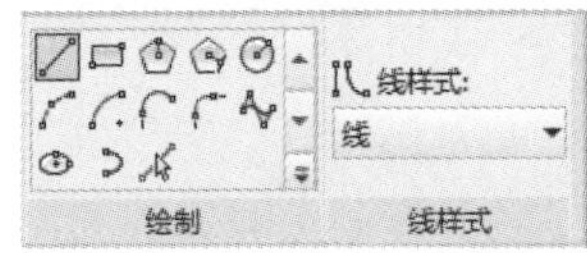

图3-22 “绘制”面板和“线样式”面板

1. 直线

（1）单击“修改|放置线”选项卡“绘制”面板中的“直线”按钮，鼠标指针变成+形状，并在功能区的下方显示选项栏，如图3-23所示。

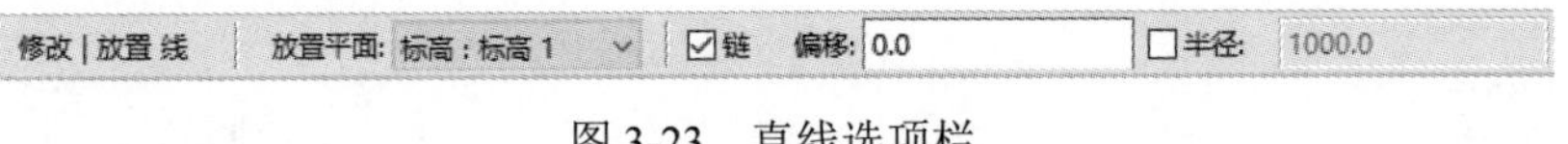

图3-23 直线选项栏

（2）在视图区中指定直线的起点，按住鼠标左键开始拖动，直到直线终点处放开。视图中绘制显示直线的参数，如图3-24所示。

（3）可以直接输入直线的参数，按Enter键确认，如图3-25所示。

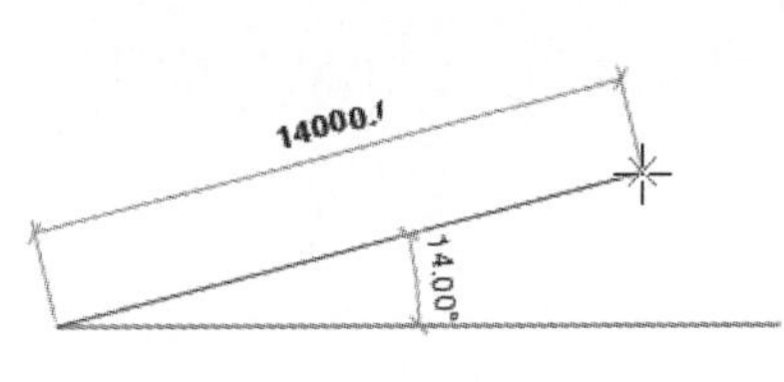

图3-24 直线参数

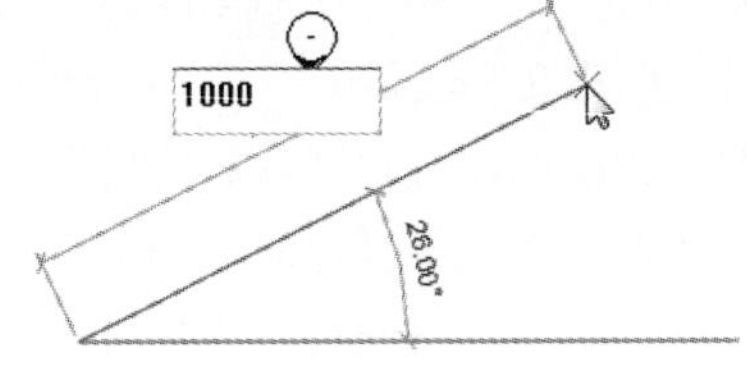

图3-25 输入直线参数

选项栏中的选项说明如下。

- ☑ 放置平面：显示当前的工作平面，可以从下拉列表中选择标高或拾取新工作平面为工作平面。
- ☑ 链：选中此复选框，绘制连续线段。
- ☑ 偏移：在文本框中输入偏移值，绘制的直线根据输入的偏移值自动偏移轨迹线。
- ☑ 半径：选中此复选框，并输入半径值，绘制的直线之间会根据半径值自动生成圆角。要使用此选项，必须先选中“链”复选框绘制连续曲线，然后才能绘制圆角。

2. 矩形

根据起点和角点绘制矩形。

（1）单击“修改|放置线”选项卡“绘制”面板中的“矩形”按钮，在图中适当位置单击确定

Note

矩形的起点。

（2）拖动鼠标，动态显示矩形的大小，单击确定矩形的角点，也可以直接输入矩形的尺寸值。

（3）在选项栏中选中“半径”复选框，输入半径值，绘制带圆角的矩形，如图 3-26 所示。

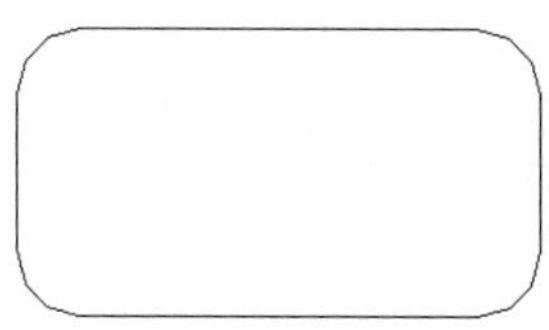

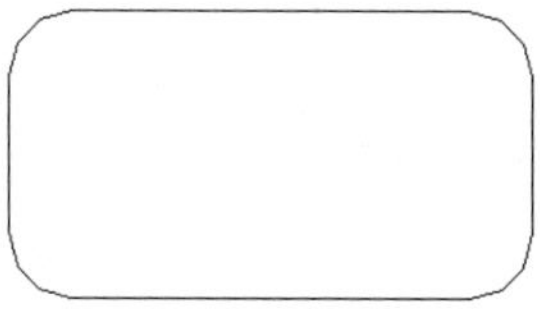

图 3-26　带圆角矩形

3. 多边形

（1）内接多边形。对于内接多边形，圆的半径是圆心到多边形边之间顶点的距离。

☑　单击“修改|放置线”选项卡“绘制”面板中的“内接多边形”按钮，打开多边形选项栏，如图 3-27 所示。

修改 | 放置 线　放置平面: 标高 : 标高 1　☑链　边: 5　偏移: 0.0　☐半径: 1000.0

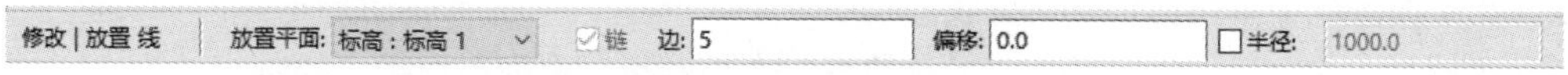

图 3-27　多边形选项栏

☑　在选项栏中输入边数、偏移值以及半径等参数。

☑　在绘图区域内单击以指定多边形的圆心。

☑　移动光标并单击确定圆心到多边形边之间顶点的距离，完成内接多边形的绘制。

（2）外接多边形。绘制一个各边与中心相距某个特定距离的多边形。

☑　单击“修改|放置线”选项卡“绘制”面板中的“外接多边形”按钮，打开多边形选项栏，如图 3-27 所示。

☑　在选项栏中输入边数、偏移值以及半径等参数。

☑　在绘图区域内单击以指定多边形的圆心。

☑　移动光标并单击确定圆心到多边形边的垂直距离，完成外接多边形的绘制。

4. 圆

通过指定圆形的中心点和半径来绘制圆形。

（1）单击“修改|放置线”选项卡“绘制”面板中的“圆”按钮，打开圆选项栏，如图 3-28 所示。

图 3-28　圆选项栏

（2）在绘图区域中单击确定圆的圆心。

（3）在选项栏中输入半径，仅需要单击一次就可将圆形放置在绘图区域。

（4）如果在圆选项栏中没有确定半径，可以拖动鼠标调整圆的半径，再次单击确认半径，完成圆的绘制。

5. 圆弧

Revit 提供了 4 种用于绘制弧的选项。

Note

（1）起点-端点-半径弧：通过绘制连接弧的两个端点的弦指定起点、端点、半径弧，然后使用第三个点指定角度或半径。

（2）圆心-端点弧：通过指定圆心、起点和端点绘制圆弧。此方法不能绘制角度大于 180°的圆弧。

（3）相切-端点弧：从现有墙或线的端点创建相切弧。

（4）圆角弧：绘制两相交直线间的圆角。

6. 椭圆和半椭圆

（1）椭圆：通过中心点、长半轴和短半轴来绘制椭圆。

（2）半椭圆：通过长半轴和短半轴来控制半椭圆的大小。

7. 样条曲线

绘制一条经过或靠近指定点的平滑曲线。

（1）单击“修改|放置线”选项卡“绘制”面板中的“样条曲线”按钮，打开选项栏。

（2）在绘图区域中单击指定样条曲线的起点。

（3）移动光标并单击，指定样条曲线上的下一个控制点，根据需要指定控制点。

使用一条样条曲线无法创建单一闭合环，但是可以使用第二条样条曲线来使曲线闭合。

3.5 图元修改

Revit 提供了图元的修改和编辑工具，主要集中在“修改”选项卡中，如图 3-29 所示。

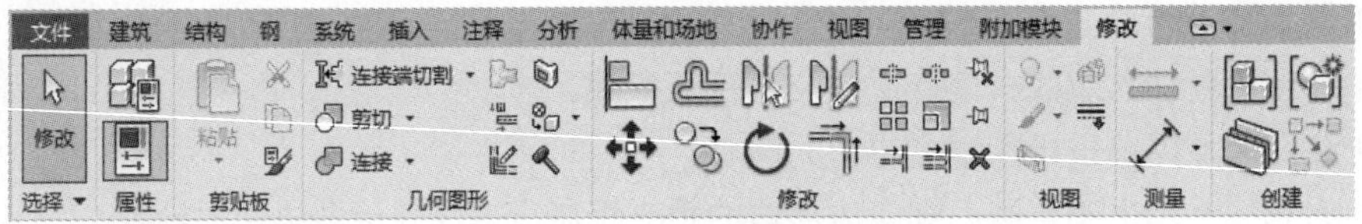

图 3-29 “修改”选项卡

当选择要修改的图元后，会打开“修改|××”选项卡，选择的图元不同，打开的“修改|××”选项卡也会有所不同，但是“修改”面板中的操作工具是相同的。

3.5.1 对齐图元

可以将一个或多个图元与选定图元对齐。此工具通常用于对齐墙、梁和线，但也可以用于其他类型的图元；可以对齐同一类型的图元，也可以对齐不同类型的图元；可以在平面视图（二维）、三维视图或立面视图中对齐图元。

具体操作步骤如下。

（1）单击“修改”选项卡“修改”面板中的“对齐”按钮（快捷键：AL），打开对齐选项栏，如图 3-30 所示。

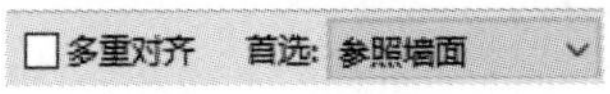

☐多重对齐　首选: 参照墙面

图 3-30 对齐选项栏

对齐选项栏中的选项说明如下。

Note

☑　多重对齐：选中此复选框，将多个图元与所选图元对齐，也可以按 Ctrl 键同时选择多个图元进行对齐。

☑　首选：指明将如何对齐所选墙，包括“参照墙面”“参照墙中心线”“参照核心层表面”“参照核心层中心”4 个选项。

（2）选择要与其他图元对齐的图元，如图 3-31 所示。

（3）选择要与参照图元对齐的一个或多个图元，如图 3-32 所示。在选取之前，将鼠标在图元上移动，直到高亮显示要与参照图元对齐的图元部分时为止，然后单击该图元，对齐图元，如图 3-33 所示。

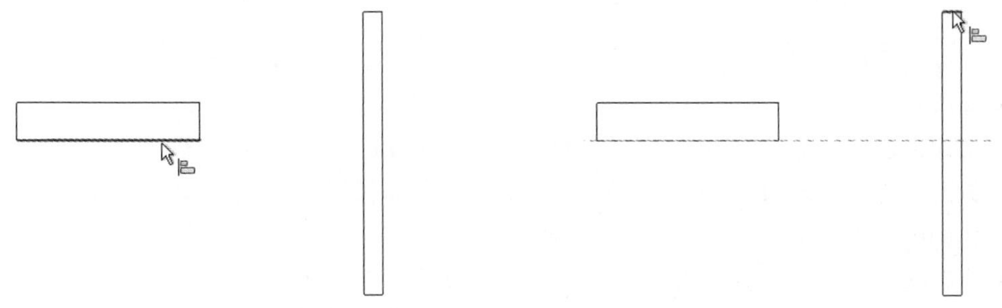

图 3-31　选取要对齐的图元　　　　图 3-32　选取参照图元

（4）如果希望选定图元与参照图元保持对齐状态，应单击锁定标记来锁定对齐，如图 3-34 所示。当修改具有对齐关系的图元时，系统会自动修改与之对齐的其他图元。

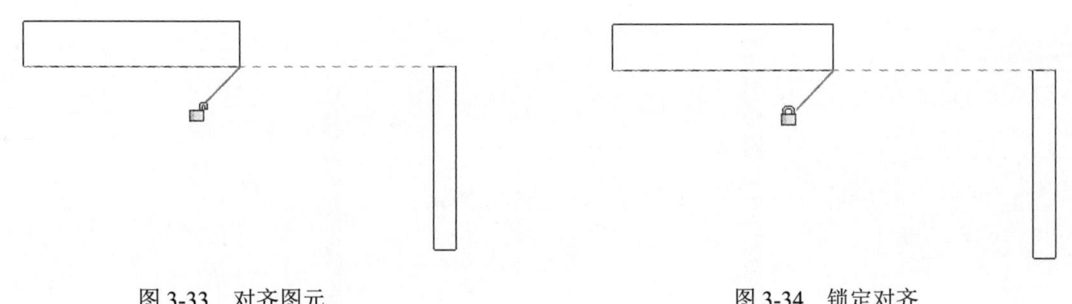

图 3-33　对齐图元　　　　图 3-34　锁定对齐

注意：要启动新对齐，按 Esc 键一次；要退出对齐工具，按 Esc 键两次。

3.5.2　移动图元

将选定的图元移动到新的位置，具体操作步骤如下。

（1）选择要移动的图元，如图 3-35 所示。

（2）单击“修改”选项卡“修改”面板中的“移动”按钮✣（快捷键：MV），打开移动选项栏，如图 3-36 所示。

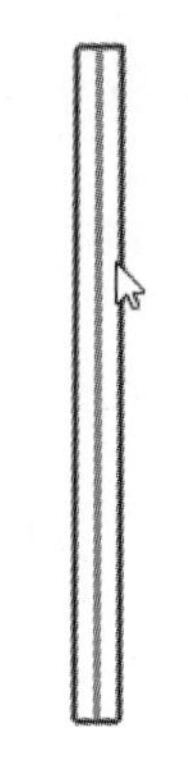

图 3-35　选择图元

图 3-36　移动选项栏

移动选项栏中的选项说明如下。

☑　约束：选中此复选框，限制图元沿着与其垂直或共线的矢量方向的移动。

☑　分开：选中此复选框，可在移动前中断所选图元和其他图元之间的关联。也可以将依赖于主体的图元从当前主体移动到新的主体上。

（3）单击图元上的点作为移动的起点，如图 3-37 所示。

（4）利用鼠标移动图元到适当位置，如图 3-38 所示。

（5）单击完成移动操作，如图 3-39 所示。如果要更精准地移动图元，在移动过程中输入要移动的距离即可。

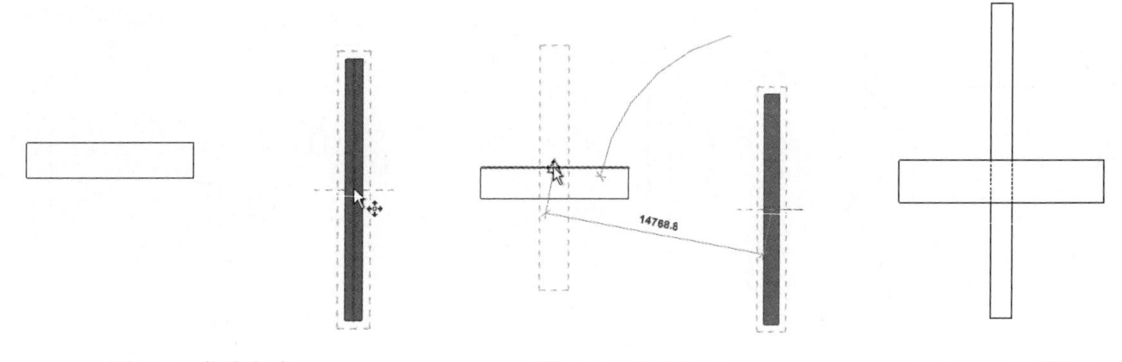

图 3-37　指定起点　　图 3-38　移动图元　　图 3-39　完成移动

3.5.3　旋转图元

可以绕轴旋转选定的图元。在楼层平面视图、天花板投影平面视图、立面视图和剖面视图中，图元会围绕垂直于这些视图的轴进行旋转。并不是所有图元均可以围绕任何轴旋转。例如，墙不能在立面视图中旋转，窗不能在没有墙的情况下旋转。

具体操作步骤如下。

（1）选择要旋转的图元，如图 3-40 所示。

（2）单击“修改”选项卡“修改”面板中的“旋转”按钮（快捷键：RO），打开旋转选项栏，如图 3-41 所示。

图 3-40　选择图元

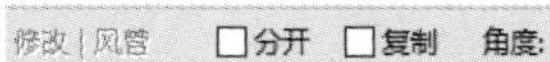

图 3-41　旋转选项栏

旋转选项栏中的选项说明如下。

☑　分开：选中此复选框，可在移动前中断所选图元和其他图元之间的关联。

☑　复制：选中此复选框，旋转所选图元的副本，而在原来位置上保留原始对象。

☑　角度：输入旋转角度，系统会根据指定的角度执行旋转操作。

☑　旋转中心：默认的旋转中心是图元中心，可以单击“地点”按钮，指定新的旋转中心。

（3）单击以指定旋转的开始位置，如图 3-42 所示。此时显示的线即为第一条放射线。如果在指定第一条放射线时光标进行捕捉，则捕捉线将随预览框一起旋转，并在放置第二条放射线时捕捉屏幕上的角度。

（4）移动鼠标旋转图元到适当位置，如图 3-43 所示。

（5）单击完成旋转操作，如图 3-44 所示。如果要更精准地旋转图元，在旋转过程中输入要旋转的角度即可。

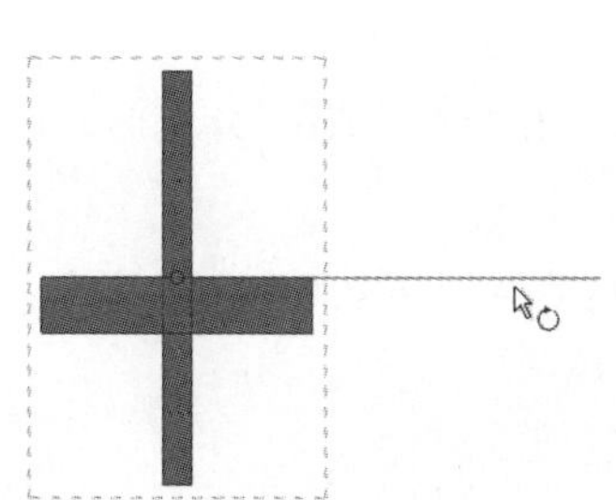

图 3-42　指定旋转的起始位置

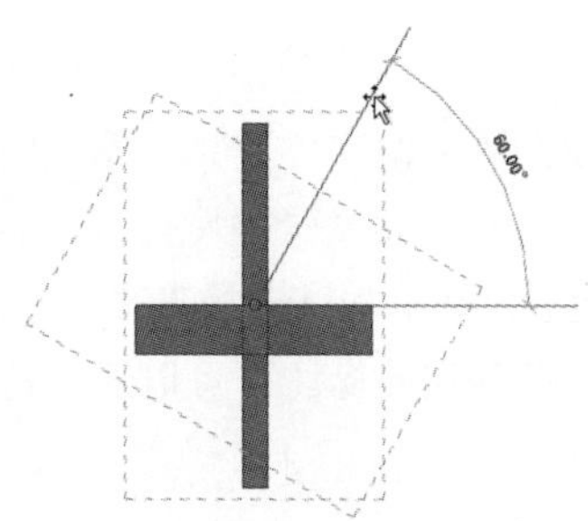

图 3-43　旋转图元

图 3-44　完成旋转

3.5.4　偏移图元

偏移图元是指将选定的图元（如线、墙或梁）复制并移动到其长度的垂直方向上的指定距离处。可以对单个图元或属于相同族的图元链应用偏移工具，也可以通过拖曳选定图元或输入值来指定偏移距离。

偏移工具的使用限制条件如下。

☑　只能在线、梁和支撑的工作平面中偏移它们。

☑　不能对创建为内建族的墙进行偏移。

☑　不能在与图元的移动平面相垂直的视图中偏移这些图元，如不能在立面视图中偏移墙。

具体创建步骤如下。

Note

（1）单击“修改”选项卡“修改”面板中的“偏移”按钮（快捷键：OF），打开偏移选项栏，如图3-45所示。

○图形方式 ◉数值方式 偏移: 1000.0 ☑复制

图3-45 偏移选项栏

偏移选项栏中的选项说明如下。

☑ 图形方式：选择此选项，将选定图元拖曳到所需位置。

☑ 数值方式：选择此选项，在偏移文本框中输入偏移距离值，距离值为正数值。

☑ 复制：选中此复选框，偏移所选图元的副本，而在原来位置上保留原始对象。

（2）在选项栏中选择偏移距离的方式。

（3）选择要偏移的图元或链，如果选择“数值方式”选项并指定了偏移距离，则将在放置光标的一侧，离高亮显示图元指定偏移距离的地方显示一条预览线，如图3-46所示。

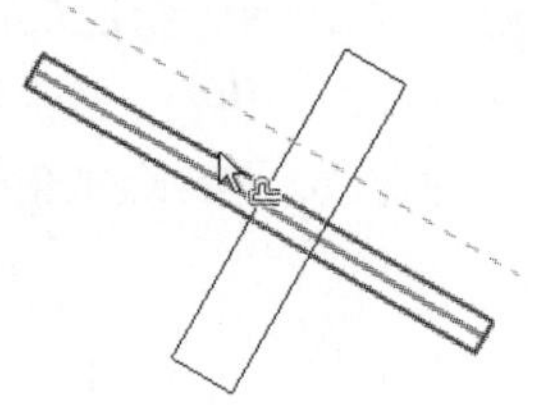

光标在图元的上方

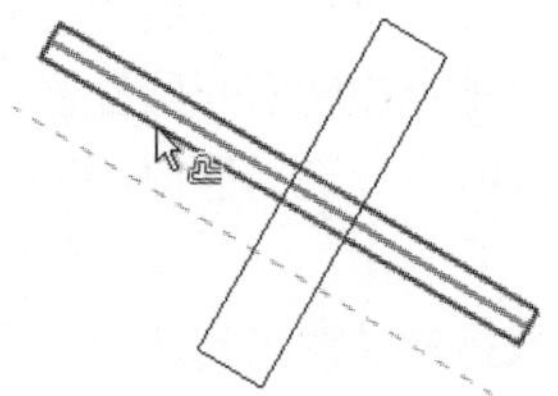

光标在图元的下方

图3-46 偏移方向

（4）根据需要移动光标，以便在所需偏移位置显示预览线，然后单击将图元或链移动到该位置，或在该位置放置一个副本。

（5）如果选择“图形方式”选项，则单击以选择高亮显示的图元，然后将其拖曳到所需距离并再次单击。开始拖曳后，将显示一个关联尺寸标注，可以输入特定的偏移距离。

3.5.5 镜像图元

可以移动或复制所选图元，并将其位置反转到所选轴线的对面。

1. 镜像-拾取轴

通过已有轴来镜像图元，具体操作步骤如下。

（1）选择要镜像的图元，如图3-47所示。

（2）单击“修改”选项卡“修改”面板中的“镜像-拾取轴”按钮（快捷键：MM），打开镜像选项栏，如图3-48所示。

镜像选项栏中的选项说明如下。

复制：选中此复选框，镜像所选图元的副本，而在原来位置上保留原始对象。

（3）选择代表镜像轴的线，如图3-49所示。

图 3-47　选择图元　　图 3-48　镜像选项栏　　图 3-49　选取镜像轴线

（4）单击完成镜像操作，如图 3-50 所示。

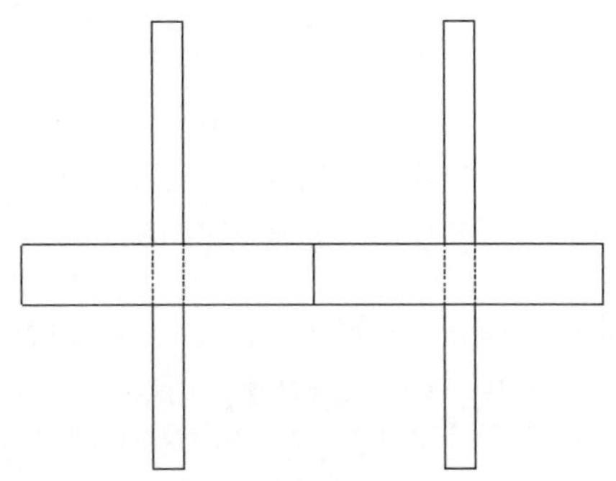

图 3-50　镜像图元

2. 镜像-绘制轴

绘制一条临时镜像轴线来镜像图元，具体操作步骤如下。

（1）选择要镜像的图元，如图 3-51 所示。

（2）单击“修改”选项卡“修改”面板中的“镜像-绘制轴”按钮（快捷键：DM），打开镜像选项栏，如图 3-52 所示。

（3）绘制一条临时镜像轴线，如图 3-53 所示。

图 3-51　选择图元　　图 3-52　镜像选项栏　　图 3-53　绘制镜像轴线

（4）单击完成镜像操作，如图 3-54 所示。

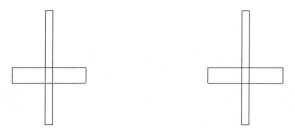

图 3-54 完成镜像

3.5.6 阵列图元

使用阵列工具可以创建一个或多个图元的多个实例，并同时对这些实例执行操作。

1. 线性阵列

可以指定阵列中的图元之间的距离，具体操作步骤如下。

（1）单击“修改”选项卡“修改”面板中的“阵列”按钮（快捷键：AR），选择要阵列的图元，按 Enter 键，打开选项栏，单击“线性”按钮，如图 3-55 所示。

图 3-55 线性阵列选项栏

线性阵列选项栏中的选项说明如下。

☑ 成组并关联：选中此复选框，将阵列的每个成员包括在一个组中。如果取消选中此复选框，则阵列后每个副本都独立于其他副本。

☑ 项目数：指定阵列中所有选定图元的副本总数。

☑ 移动到：成员之间距离的控制方法。

- 第二个：指定阵列每个成员之间的距离，如图 3-56 所示。
- 最后一个：指定阵列中第一个成员到最后一个成员之间的距离。阵列成员会在第一个成员和最后一个成员之间以相等距离分布，如图 3-57 所示。

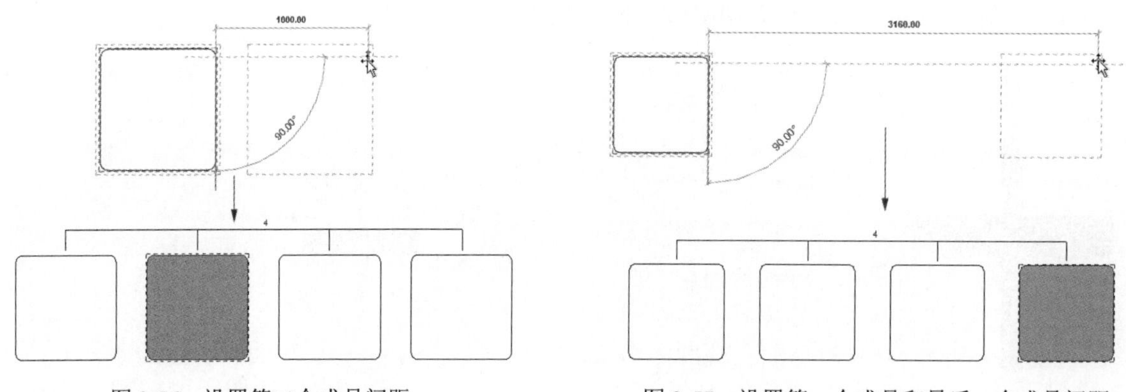

图 3-56 设置第二个成员间距　　图 3-57 设置第一个成员和最后一个成员间距

☑ 约束：选中此复选框，用于限制阵列成员沿着与所选的图元垂直或共线的矢量方向移动。

☑　激活尺寸标注：单击此按钮，可以显示并激活要阵列图元的定位尺寸。

（2）在绘图区域中单击以指明测量的起点。

（3）移动光标显示第二个成员尺寸或最后一个成员尺寸，单击确定间距尺寸，或直接输入尺寸值。

（4）在选项栏中输入副本数，也可以直接修改图形中的副本数字，完成阵列。

2. 半径阵列

绘制圆弧并指定阵列中要显示的图元数量，具体操作步骤如下。

（1）单击“修改”选项卡“修改”面板中的“阵列”按钮（快捷键：AR），选择要阵列的图元，按 Enter 键，打开选项栏，单击“半径”按钮，如图 3-58 所示。

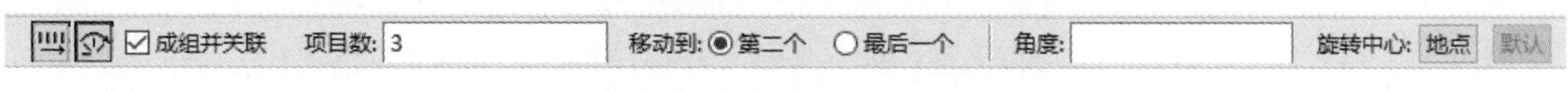

图 3-58　半径阵列选项栏

半径阵列选项栏中的选项说明如下。

☑　角度：在此文本框中输入总的径向阵列角度，最大为 360°。

☑　旋转中心：设定径向旋转中心点。

（2）系统默认图元的中心为旋转中心点，如果需要设置旋转中心点，则单击“地点”按钮，在适当的位置单击指定旋转直线，如图 3-59 所示。

（3）将光标移动到半径阵列的弧形开始的位置，如图 3-60 所示。在大部分情况下，都需要将旋转中心控制点从所选图元的中心移走或重新定位。

（4）在选项栏中输入旋转角度为 360°，也可以在指定第一条旋转放射线后移动光标放置第二条旋转放射线来确定旋转角度。

（5）在视图中输入项目副本数为 6，如图 3-61 所示，也可以直接在选项栏中输入项目数，按 Enter 键确认，结果如图 3-62 所示。

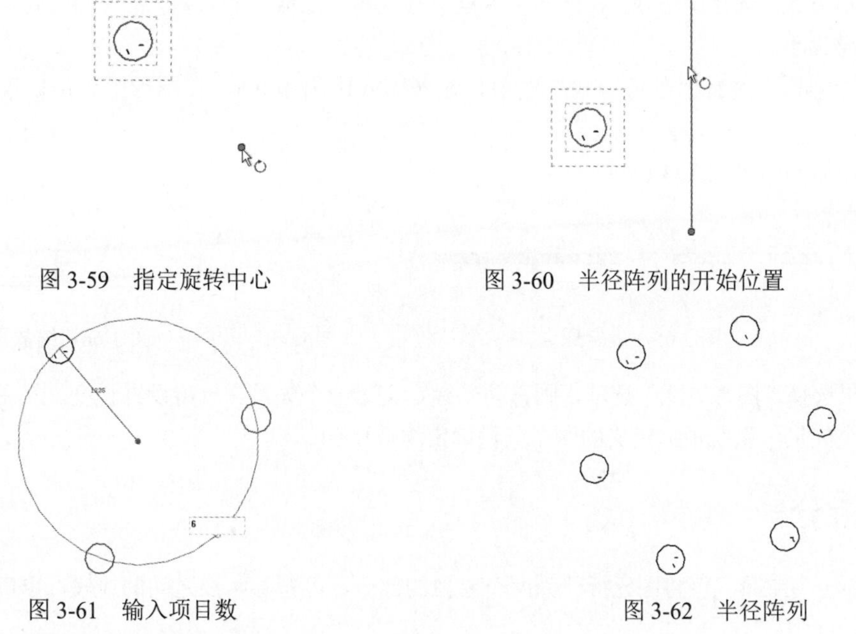

图 3-59　指定旋转中心　　图 3-60　半径阵列的开始位置

图 3-61　输入项目数　　图 3-62　半径阵列

3.5.7 缩放图元

缩放工具适用于线、墙、图像、链接、DWG 和 DXF 导入、参照平面以及尺寸标注的位置。可以通过图形方式或输入比例系数来调整图元的尺寸和比例。

缩放图元大小时，需要考虑以下事项。

☑ 无法调整已锁定的图元。需要先解锁图元，然后才能调整其尺寸。

☑ 调整图元尺寸时，需要定义一个原点，图元将相对于该固定点均匀地改变大小。

☑ 所有选定图元必须位于平行平面中。选择集中的所有墙必须具有相同的底部标高。

☑ 调整墙的尺寸时，插入对象（如门和窗）与墙的中点保持固定的距离。

☑ 调整大小会改变尺寸标注的位置，但不改变尺寸标注的值。如果被调整的图元是尺寸标注的参照图元，则尺寸标注值会随之改变。

☑ 链接符号和导入符号具有名为“实例比例”的只读实例参数。它表明实例大小与基准符号的差异程度。可以通过调整链接符号或导入符号来更改实例比例。

具体操作步骤如下。

（1）单击“修改”选项卡“修改”面板中的“缩放”按钮（快捷键：RE），选择要缩放的图元，如图 3-63 所示，打开缩放选项栏，如图 3-64 所示。

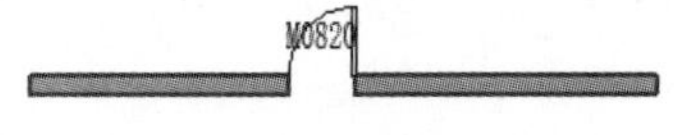

图 3-63　选取图元

◉图形方式 ○数值方式 比例: 2

图 3-64　缩放选项栏

缩放选项栏中的选项说明如下。

☑ 图形方式：选择此选项，Revit 通过确定两个矢量长度的比率来计算比例系数。

☑ 数值方式：选择此选项，在比例文本框中直接输入缩放比例系数，图元将按定义的比例系数调整大小。

（2）在选项栏中选择“数值方式”选项，输入缩放比例为 0.5，在图形中单击以确定原点，如图 3-65 所示。

（3）缩放后的结果如图 3-66 所示。

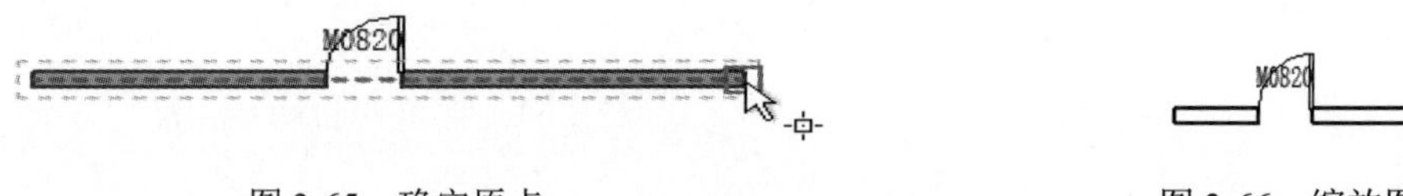

图 3-65　确定原点　　图 3-66　缩放图形

（4）如果选择“图形方式”选项，则移动光标定义第一个矢量，单击设置长度，然后再次移动光标定义第二个矢量，系统根据定义的两个矢量确定缩放比例。

3.5.8 拆分

通过“拆分”工具，可将图元拆分为两个单独的部分，可删除两点之间的线段，也可在两面墙之间创建定义的间隙。

拆分工具有两种使用方法：拆分图元和用间隙拆分。

拆分工具可以拆分墙、线、栏杆护手（仅拆分图元）、柱（仅拆分图元）、梁（仅拆分图元）、支撑（仅拆分图元）等图元。

1. 拆分图元

在选定点剪切图元（如墙或管道），或删除两点之间的线段，具体操作步骤如下。

（1）单击“修改”选项卡“修改”面板中的“拆分图元”按钮（快捷键：SL），打开拆分图元选项栏，如图 3-67 所示。

拆分图元选项栏中的选项说明如下。

删除内部线段：选中此复选框，Revit 会删除墙或线上所选点之间的线段。

（2）在图元上要拆分的位置处单击，如图 3-68 所示，拆分图元。

☑删除内部线段

图 3-67 拆分图元选项栏

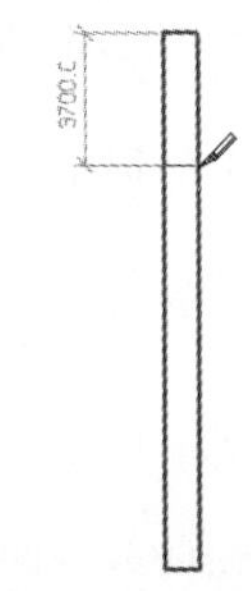

图 3-68 第一个拆分处

（3）如果选中“删除内部线段”复选框，则单击确定另一个点，如图 3-69 所示，删除一段图元，如图 3-70 所示。

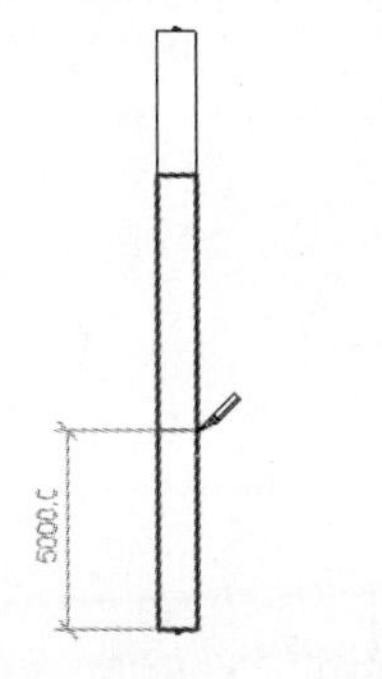

图 3-69 选取另一个点

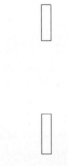

图 3-70 拆分并删除图元

2. 用间隙拆分

将墙拆分成之间已定义间隙的两面单独的墙，具体操作步骤如下。

（1）单击“修改”选项卡“修改”面板中的“用间隙拆分”按钮，打开用间隙拆分选项栏，如图 3-71 所示。

（2）在选项栏中输入连接间隙值。

（3）在图元上要拆分的位置处单击，如图 3-72 所示。

（4）系统根据输入的间隙值自动删除间隙处的图元，如图 3-73 所示。

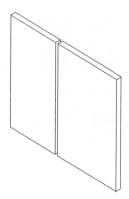

Note

连接间隙: 25.4

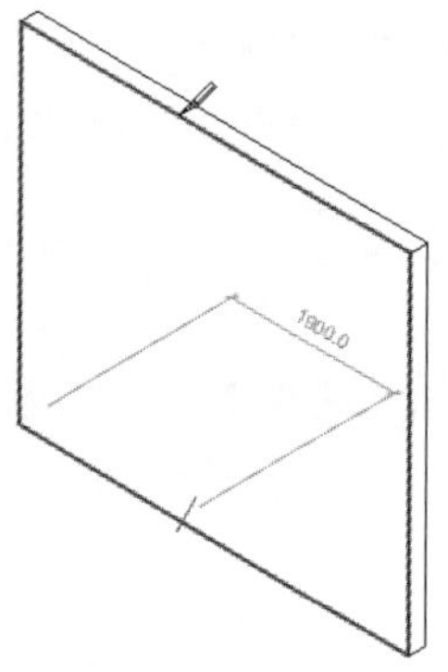

图 3-71　用间隙拆分选项栏　　图 3-72　选取拆分位置　　图 3-73　拆分图元

3.5.9　修剪/延伸图元

可以修剪或延伸一个或多个图元至由相同的图元类型定义的边界。也可以延伸不平行的图元以形成角，或者在它们相交时对它们进行修剪以形成角。选择要修剪的图元时，光标位置指示要保留的图元部分。

1. 修剪/延伸为角

将两个所选图元修剪或延伸成一个角，具体操作步骤如下。

（1）单击“修改”选项卡“修改”面板中的“修剪/延伸为角”按钮（快捷键：TR），选择要修剪/延伸的一个线或图元，单击要保留的部分，如图 3-74 所示。

（2）选择要修剪/延伸的第二个线或墙，如图 3-75 所示。

（3）根据所选图元修剪/延伸为一个角，如图 3-76 所示。

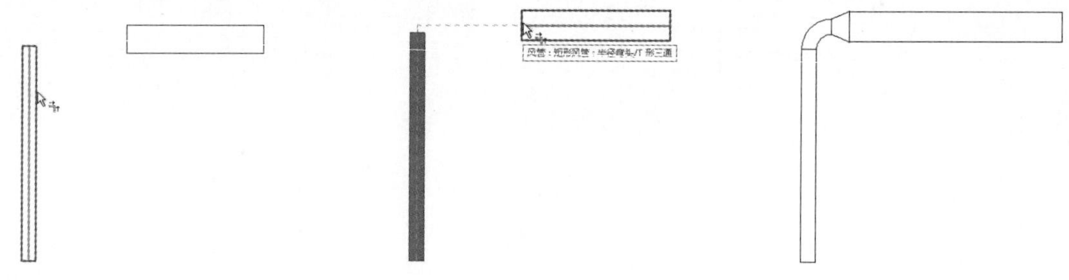

图 3-74　选择第一个图元保留部分　　图 3-75　选择第二个图元　　图 3-76　修剪成角

2. 修剪/延伸单个图元

将一个图元修剪或延伸到其他图元定义的边界，具体操作步骤如下。

（1）单击“修改”选项卡“修改”面板中的“修剪/延伸单个图元”按钮，选择要用作边界的参照，如图 3-77 所示。

（2）选择要修剪/延伸的图元，如图 3-78 所示。

（3）如果此图元与边界（或投影）交叉，则保留所单击的部分，而修剪边界另一侧的部分，如图 3-79 所示。

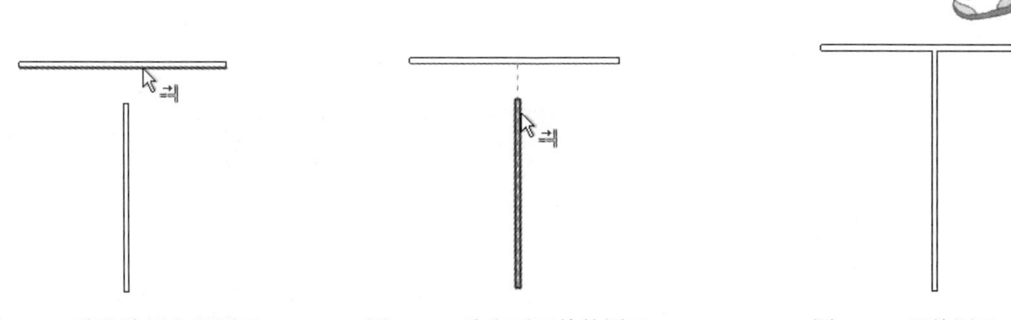

图 3-77 选取边界参照图元　　图 3-78 选取要延伸的图元　　图 3-79 延伸图元（1）

3. 修剪/延伸多个图元

将多个图元修剪或延伸到其他图元定义的边界，具体操作步骤如下。

（1）单击“修改”选项卡“修改”面板中的“修剪/延伸单个图元”按钮，选择要用作边界的参照，如图 3-80 所示。

（2）单击以选择要修剪或延伸的每个图元，或者框选所有要修剪/延伸的图元，如图 3-81 所示。

（3）如果此图元与边界（或投影）交叉，则保留所单击的部分，而修剪边界另一侧的部分，如图 3-82 所示。

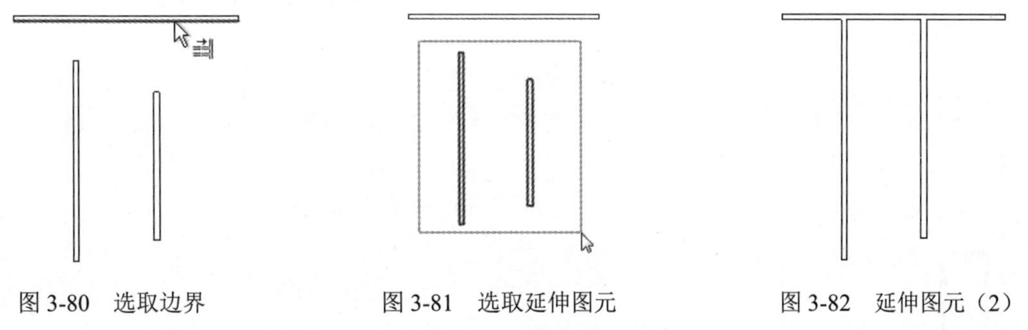

图 3-80 选取边界　　图 3-81 选取延伸图元　　图 3-82 延伸图元（2）

注意： 当从右向左绘制选择框时，图元不必完全包含在选中的框内；当从左向右绘制选择框时，仅选中完全包含在框内的图元。

3.6 图 元 组

可以将项目或族中的图元组成组，然后多次将组放置在项目或族中。需要创建重复布局的实体或通用于许多建筑项目的实体（如宾馆房间、公寓或重复楼板）时，对图元进行分组非常有用。

放置在组中的每个实例之间都存在相关性。例如，创建一个具有床、墙和窗的组，然后将该组的多个实例放置在项目中。如果修改一个组中的墙，则该组所有实例中的墙都会随之改变。

可以创建模型组、详图组和附着的详图组。

（1）模型组：创建都由模型组成的组，如图 3-83 所示。

（2）详图组：包含视图专有的文本、填充区域、尺寸标注、门窗标记等图元，如图 3-84 所示。

（3）附着的详图组：包含与特定模型组关联的视图专有图元，如图 3-85 所示。

Note

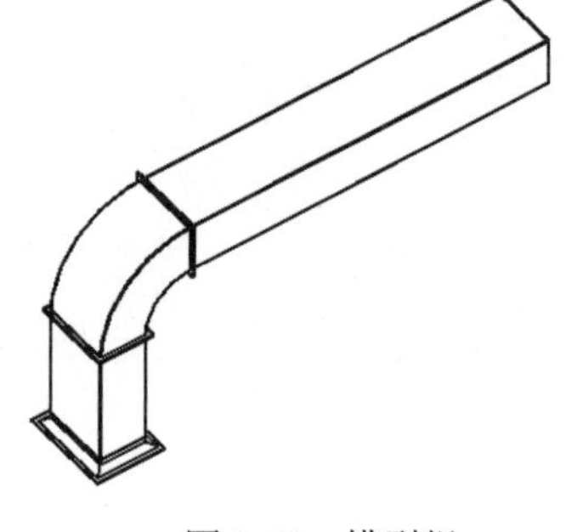

图 3-83　模型组

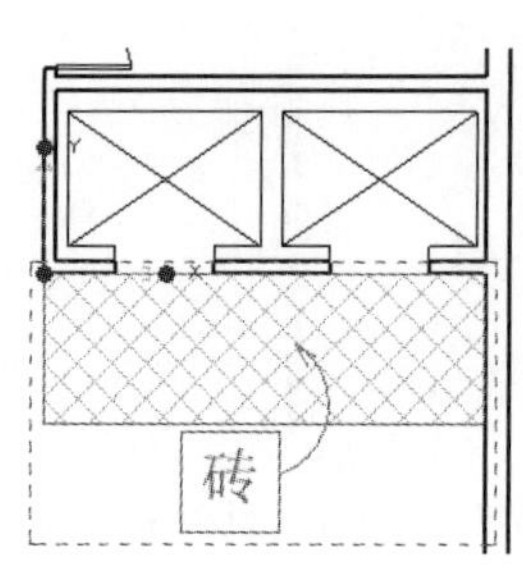

图 3-84　详图组

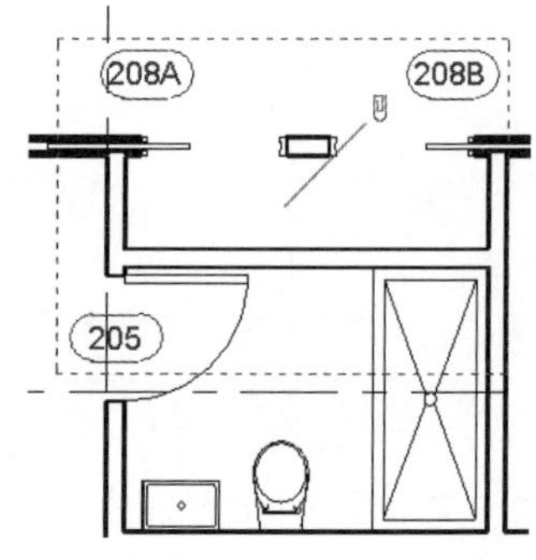

图 3-85　附着的详图组

组不能同时包含模型图元和视图专有图元。如果选择了这两种类型的图元，使它们成组，则 Revit 会创建一个模型组，并将详图图元放置于该模型组附着的详图组中。如果同时选择了详图图元和模型组，Revit 将为该模型组创建一个含有详图图元的附着的详图组。

3.6.1　创建组

可以选择图元或现有的组，然后使用“创建组”工具来创建组，具体操作步骤如下。

（1）打开组文件，如图 3-86 所示。

（2）单击“建筑”选项卡“模型”面板“模型组”下拉列表中的“创建组”按钮（快捷键：GP），打开“创建组”对话框，输入名称为“送风管道”，选择“模型”组类型，如图 3-87 所示。

（3）单击“确定”按钮，打开“编辑组”面板，如图 3-88 所示。单击“添加”按钮，选取视图中的风管和散流器，添加到送风管道组中，然后单击“完成”按钮，完成送风管道组的创建。

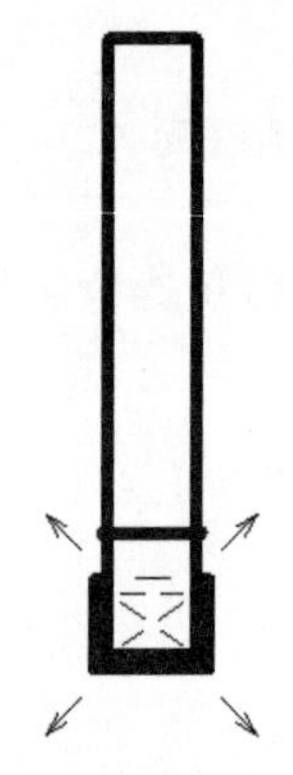

图 3-86　组文件

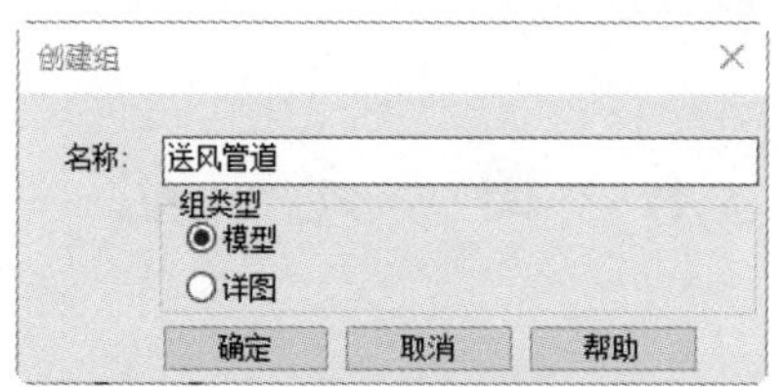

图 3-87　“创建组”对话框

图 3-88　“编辑组”面板

（4）如果要向组中添加项目视图中不存在的图元，可以从相应的选项卡中选择图元创建工具并放置新的图元。在组编辑模式中向视图添加图元时，图元将自动添加到组。

3.6.2　指定组位置

放置、移动、旋转或粘贴组时，光标将位于组原点。可以修改组原点的位置。

（1）在视图中选取模型组，模型组上将显示原点和 3 个拖曳控制柄，如图 3-89 所示。

Note

（2）拖曳中心控制柄可移动原点，如图 3-90 所示。

（3）拖曳端点控制柄可围绕 Z 轴旋转原点，如图 3-91 所示。

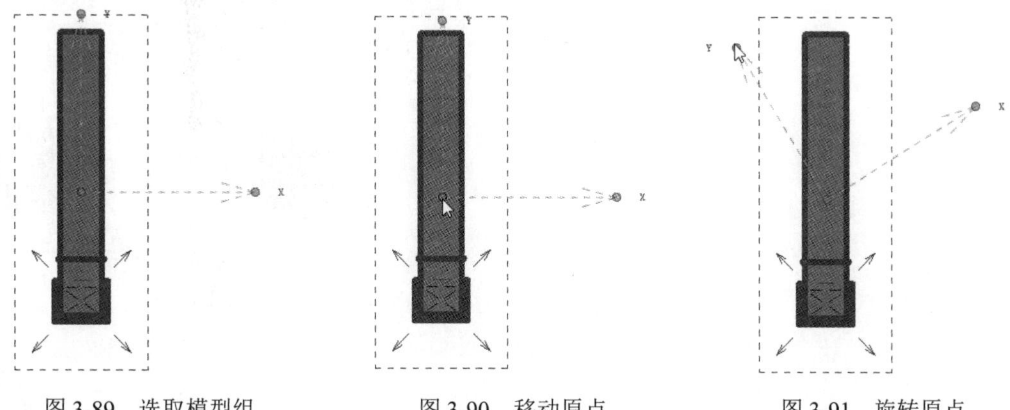

图 3-89　选取模型组　　图 3-90　移动原点　　图 3-91　旋转原点

3.6.3　编辑组

可以使用组编辑器在项目或族内修改组，也可以在外部编辑组。

（1）在绘图区域中选择要修改的组。如果要修改的组是嵌套的，则按 Tab 键，直到高亮显示该组，然后单击选中它。

（2）单击“修改|模型组”选项卡“成组”面板中的“编辑组”按钮，打开“编辑组”面板，如图 3-92 所示。

（3）单击“添加”按钮，将图元添加到组；单击“删除”按钮，从组中删除图元。

（4）单击“附着”按钮，打开如图 3-93 所示的“创建模型组和附着的详图组”对话框，输入模型组的名称（如有必要），并输入附着的详图组的名称。

图 3-92　“编辑组”面板

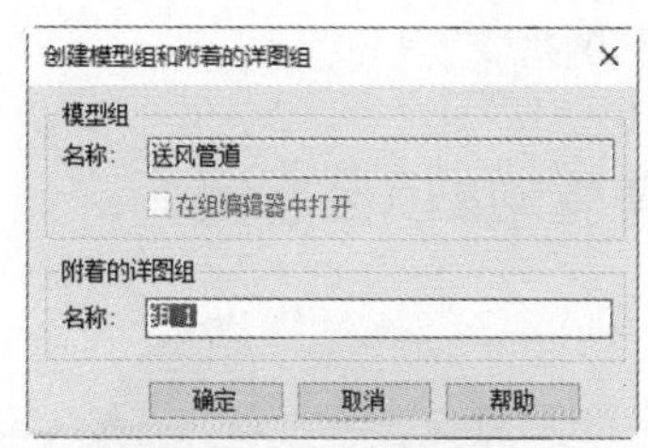

图 3-93　“创建模型组和附着的详图组”对话框

（5）单击“确定”按钮，打开“编辑附着的组”面板，如图 3-94 所示。选择要添加到组中的图元，单击“完成”按钮，完成附着组的创建。

图 3-94　“编辑附着的组”面板

（6）单击“修改|模型组”选项卡“成组”面板中的“解组”按钮，可以将组恢复成图元。

第4章

族

知识导引

族是Revit软件中一个非常重要的构成要素，在Revit中不管是模型还是注释均是由族构成的，所以掌握族的创建和用法至关重要。

本章主要介绍族的使用、族参数的设置、二维族和三维族的创建以及族连接件的放置和设置等相关内容。

- ☑ 族概述
- ☑ 族的使用
- ☑ 族参数设置
- ☑ 二维族
- ☑ 三维模型
- ☑ 族连接件

任务驱动&项目案例

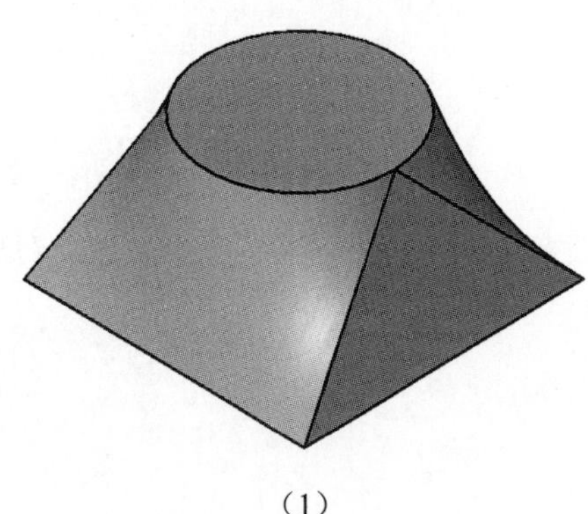

（1）

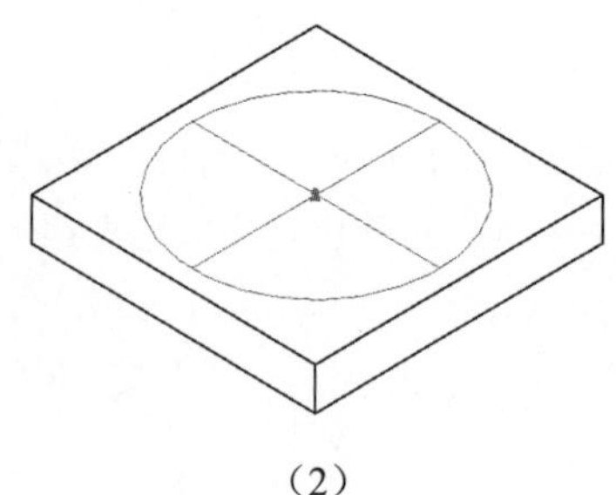

（2）

4.1 族概述

族根据参数（属性）集的共用、使用上的相同和图形表示的相似来对图元进行分组。一个族中不同图元的部分或全部属性可能有不同的值，但是属性的设置（器名称与含义）是相同的。例如，可以将桁架视为一个族，虽然构成此族的腹杆支座可能有不同的尺寸和材质。

Revit 提供了 3 种类型的族：系统族、可载入族和内建族。

1. 系统族

系统族可以创建要在建筑现场装配的基本图元，如墙、屋顶、楼板、风管、管道等。系统族还包含项目和系统设置，而这些设置会影响项目环境，如标高、轴网、图纸和视口等类型。

系统族是在 Revit 中预定义的。不能将其从外部文件中载入项目中，也不能将其保存到项目之外的位置。Revit 不允许用户创建、复制、修改或删除系统族，但可以复制和修改系统族中的类型，以便创建自定义的系统族类型。系统族中可以只保留一个系统族类型，除此以外的其他系统族类型都可以删除，因为每个族至少需要一个类型才能创建新系统族类型。

2. 可载入族

可载入族是在外部 RFA 文件中创建的，并可导入或载入项目中。

可载入族是用于创建下列构件的族：窗、门、橱柜、装置、家具、植物以及锅炉、热水器等，以及一些常规自定义的主视图元。由于可载入族具有高度可自定义的特征，因此它是 Revit 中经常创建和修改的族。对于包含许多类型的可载入族，可以创建和使用类型目录，以便仅载入项目所需的类型。

3. 内建族

内建族是用户需要创建当前项目专有的独特构件时所创建的独特图元。用户可以创建内建几何图形，以便它可以参照其他项目几何图形，即在所参照的几何图形发生变化时进行相应的调整。创建内建族时，Revit 将为内建族创建一个族，该族包含单个族类型。

4.2 族的使用

4.2.1 新建族

（1）在主页中执行“族”→“新建”命令或者执行“文件”→“新建”→“族”命令，打开“新族-选择样板文件”对话框，如图 4-1 所示。该对话框中显示了多种类型的样板族。

下面对通用族样板的类型进行介绍。

☑ 标题栏样板。使用该样板创建图纸文件。

☑ 概念体量样板。使用该样板创建体量族文件。

☑ 注释样板。使用该文件夹中的样板创建注释族，包括电气设备标记、电气装置标记。注释族为二维族，在三维视图中不可见。

Note

- ☑ 公制常规模型样板。使用该样板创建的族可以放置在任何项目的指定位置上，而不需要依附于任何一个工作平面和实体表面，是最为常用的族样板。
- ☑ 基于面的公制常规模型样板。使用基于面的样板可以创建基于工作平面的族对，这些族可以修改它们的主体。从样板创建的族可在主体中进行复杂的剪切。这些族的实例可放置在任何表面上，而不需要考虑其自身的方向。
- ☑ 基于墙/楼板/屋顶的样板。使用基于墙/楼板/屋顶的样板可以创建将插入墙/楼板/屋顶中的构件。在此样板上创建的族需要依附在某一个实体的表面上。
- ☑ 基于线的样板。使用基于线的样板可以创建采用两次拾取放置的详图族和模型族。

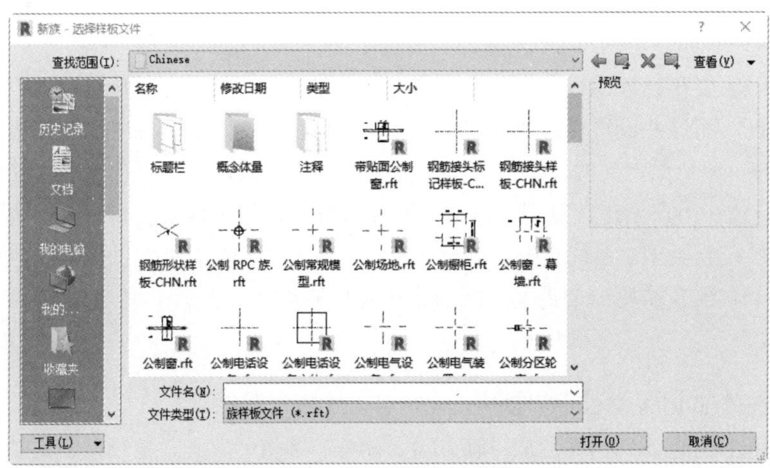

图 4-1 “新族-选择样板文件”对话框

（2）选取所需的样板，单击“打开”按钮，打开“族编辑器”面板。这里选择“公制常规模型.rft”样板文件，然后将其打开，如图 4-2 所示。

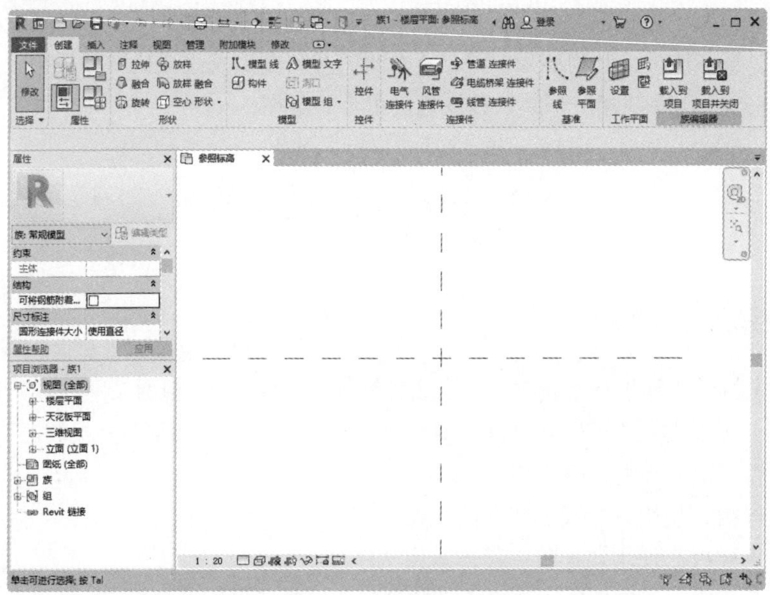

图 4-2 “族编辑器”面板

Note

4.2.2　打开族和载入族

1. 打开族

在主页中执行“族”→“打开”命令或者执行“文件”→“新建”→“族”命令，打开“打开”对话框，打开系统自带的族文件或用户创建的族文件。

2. 载入族

在项目文件中，单击“插入”选项卡“从库中载入”面板中的“载入族”按钮，打开“载入族”对话框，如图 4-3 所示，选择一个或多个系统自带或用户创建的族文件，单击“打开”按钮，将选择的族文件载入当前项目中。

在项目浏览器的族列表中列出了所有的族，如图 4-4 所示。选取需要的族文件，将其直接拖动到绘图区域，使用该族。

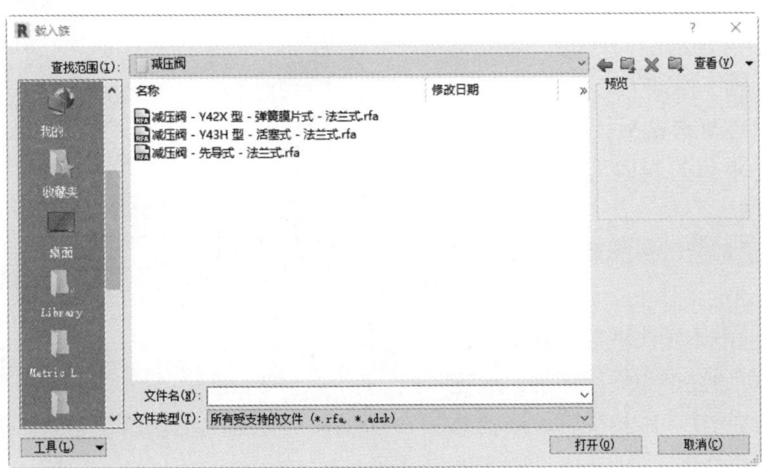

图 4-3 “载入族”对话框

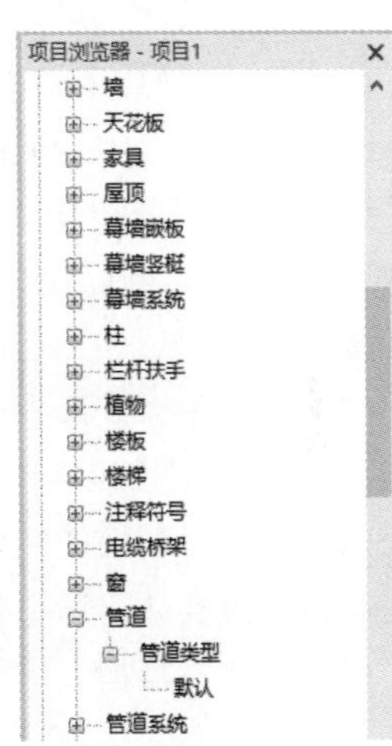

图 4-4 项目浏览器

4.2.3　编辑族

方法一：选取项目文件中已存在的族，打开对应的选项卡，单击“模式”面板中的“编辑族”按钮，打开族编辑器，对族进行编辑。

方法二：在项目浏览器的族列表中选择所需族，右击，在打开的快捷菜单中选择“编辑”选项，如图 4-5 所示，打开族编辑器，对族进行编辑。此方法不能应用于系统族，如水管、风管、电桥等。

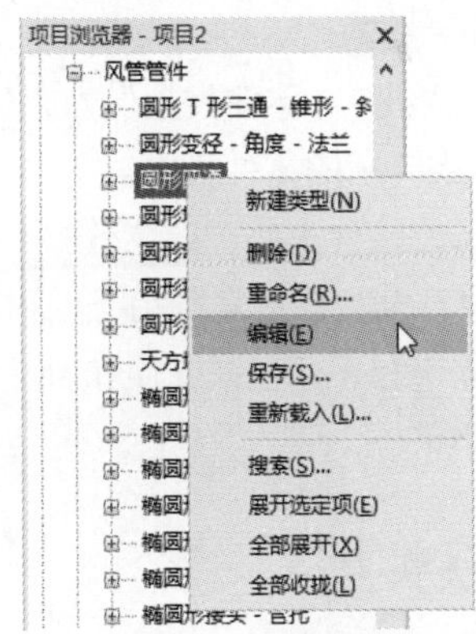

图 4-5 快捷菜单

Note

4.3 族参数设置

在绘制族图元前，首先要设置族参数。打开已有族文件或新建族文件，然后对族参数进行设置。

4.3.1 族类别和族参数

单击“创建”选项卡“属性”面板中的“族类别和族参数”按钮，打开如图 4-6 所示的“族类别和族参数”对话框。不同的类别具有不同的族参数，具体取决于 Revit 希望以何种方式使用构件。

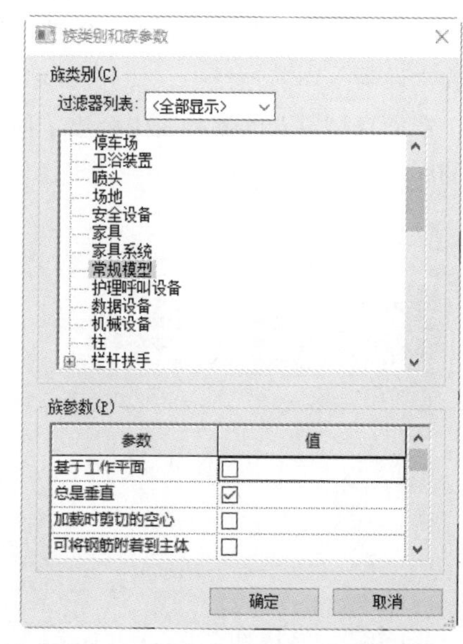

图 4-6 “族类别和族参数”对话框

“族类别和族参数”对话框中的选项说明如下。

（1）过滤器列表：在过滤器列表中选择族类别，包括建筑、结构、机械、电气和管道物质等族类别。

（2）基于工作平面：选中该复选框后，族以活动工作平面为主体。可以使任一无主体的族成为基于工作平面的族。

（3）总是垂直：选中该复选框后，该族总是显示为垂直，即 90°，即使该族位于倾斜的主体上，如楼板。

（4）加载时剪切的空心：选中该复选框后，族中创建的空心将穿过实体。以下类别可通过空心进行切割：天花板、楼板、常规模型、屋顶、结构柱、结构基础、结构框架和墙。

（5）可将钢筋附着到主体：选中该复选框，将族载入项目中后，该族内部可以放置钢筋，否则不能放置钢筋。

（6）零件类型：“零件类型”为族类别提供其他分类，并确定模型中的族行为。例如，“弯头”是“管道管件”族类别的零件类型。

（7）圆形连接件大小：定义连接件的尺寸是由半径还是由直径确定。

（8）共享：仅当族嵌套到另一族内并载入项目中时才使用此参数。如果嵌套族是共享的，则可以从主体族独立选择、标记嵌套族和将其添加到明细表；如果嵌套族不共享，则主体族和嵌套族创建的构件作为一个单位。

4.3.2 族类型

单击“创建”选项卡“属性”面板中的“族类型”按钮，打开如图 4-7 所示的“族类型”对话框。

“族类型”对话框中的选项说明如下。

（1）新建类型：单击此按钮，打开“名称”对话框，输入类型名称，如图 4-8 所示，单击“确定”按钮，将类型添加到族中。新创建的类型将从当前选定类型复制所有参数值和公式。

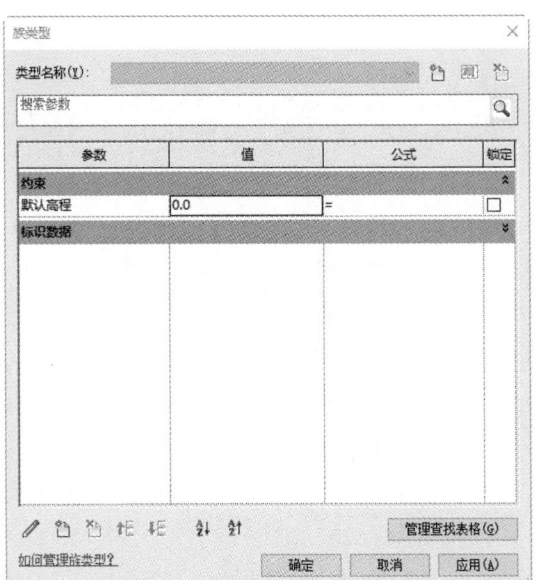

图 4-7 “族类型”对话框

图 4-8 “名称”对话框

（2）重命名类型AI：单击此按钮，打开“名称”对话框，输入族类型的新名称。

（3）删除类型：删除当前选定的族类型。

（4）参数：显示已有的参数。

（5）值：显示与参数相关联的值，可以对其进行编辑。

（6）公式：显示可生成参数值的公式。公式可用于根据其他参数的值计算值。

（7）锁定：将参数约束为当前值。

（8）编辑参数：单击此按钮，打开“参数属性”对话框，修改当前选定参数。注意，其中内置参数在大多数 Revit 族中不能编辑。

（9）新建参数：单击此按钮，打开如图 4-9 所示的“参数属性”对话框，创建新参数到族中。

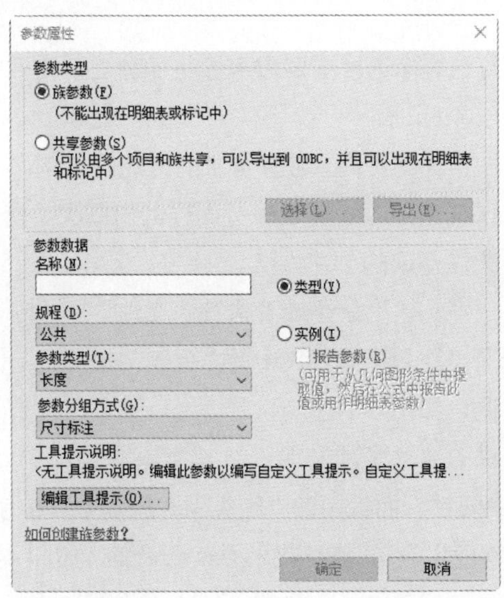

图 4-9 “参数属性”对话框

“参数属性”对话框中的选项说明如下。

☑ 族参数：选择此选项，载入项目文件中的族参数不能出现在明细表或标记中。

☑ 共享参数：选择此选项，可由多个项目和族共享参数，载入项目文件中的族参数可以出现在明细表和标记中。

☑ 名称：输入参数名称。注意，同一个族内的参数名称不能是相同的。

☑ 规程：确定项目浏览器中视图的组织结构，包括公共、电气、HVAC、管道、结构和能量，不同的规程对应显示的参数类型是不同的。其中，公共规程可以用于任何族参数的定义。

☑ 参数类型：是参数最重要的特性，不同的参数类型的选项有不同的特点或单位。

☑ 参数分组方式：设置参数的组别，使得参数在“族类型”对话框中按组分类显示，为用户查找参数提供便利。

☑ 类型：假如同一个族的多个相同的类型被载入项目中，那么类型参数的值一旦被修改，则所有的类型个体都会发生相应的变化。

☑ 实例：假如同一个族的多个相同的类型被载入项目中，那么只要其中一个类型的实例参数值被改变，当前被修改的这个类型的实体也会相应改变，该族其他类型的这个实例参数的值仍然保持不变。

（10）删除参数：从族中删除当前选定参数。注意，其中内置参数在大多数 Revit 族中不可删除。

（11）上移/下移：在对话框的组内参数列表中将参数上移/下移一行。

（12）按升序排列参数/按降序排列参数：在每组中按字母顺序/逆序排序对话框参数列表。

4.4 二维族

4.4.1 注释族

注释族分为两种：标记和符号。标记族主要用于标注各种类别构件的不同属性，而符号族则一般在项目中用于“装配”各种系统族标记。

与另一种二维构件族“详图构件”不同，注释族拥有“注释比例”的特性，即注释族的大小会根据视图比例的不同而变化，以保证出图时注释族保持同样的出图大小。

下面以风管标记为例，介绍注释族的创建方法。

（1）在主页中执行“族”→“新建”命令或者执行“文件”→“新建”→“族”命令，打开“新族-选择样板文件”对话框，选择“注释”文件夹中的“公制常规标记.rft”为样板族，如图 4-10 所示，单击“打开”按钮进入族编辑器，如图 4-11 所示。

（2）删除族样板中默认提供的注意事项文字。

（3）单击“修改”选项卡“属性”面板中的“族类别和族参数”按钮，打开“族类别和族参数”对话框，在列表框中选择“风管标记”，其他参数采用默认设置，如图 4-12 所示，单击“确定”按钮。

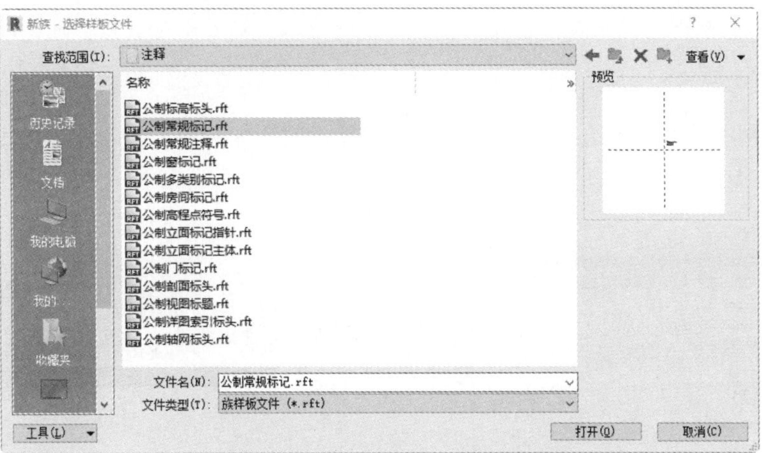

图 4-10　“新族-选择样板文件”对话框

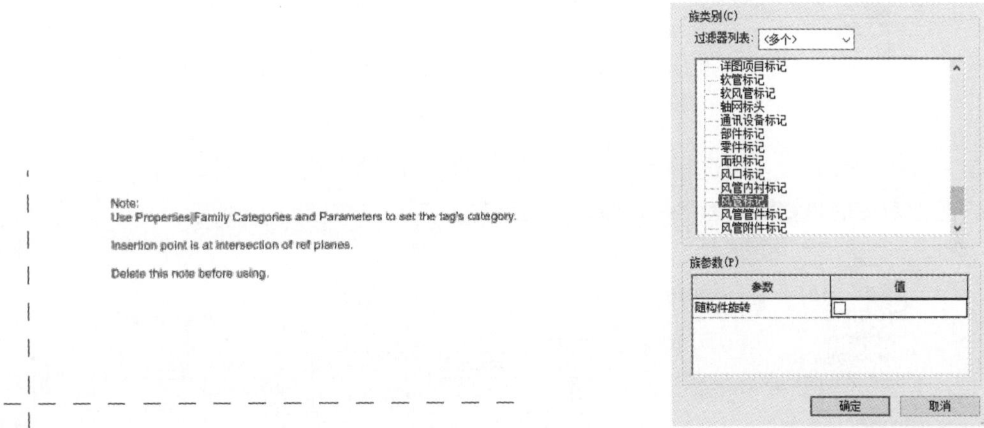

图 4-11　族样板　　　　图 4-12　“族类别和族参数”对话框

（4）单击“创建”选项卡“文字”面板中的“标签”按钮，在参照平面的交点处单击确定标签位置，打开“编辑标签”对话框，在“类别参数”栏中选择“系统类型”，单击“将参数添加标签”按钮，将其添加到“标签参数”栏，如图 4-13 所示。

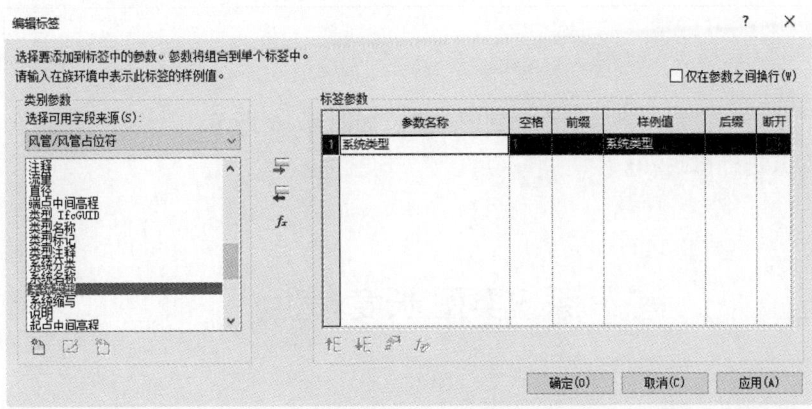

图 4-13　添加“系统类型”

注意： 这里参照平面的交点就是创建此标记的几何中心，插入标记族后，也是以这个点为中心点插入的。

（5）在“类别参数”栏中选择“长度”，单击“将参数添加标签”按钮，将其添加到“标签参数”栏，如图4-14所示。

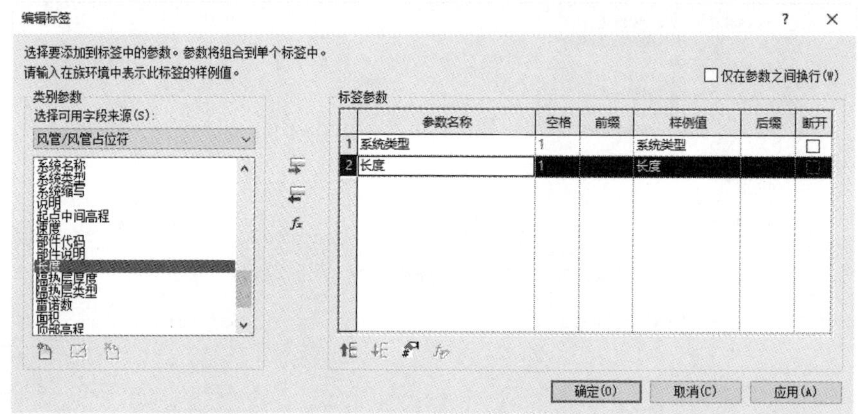

图4-14　添加“长度”

（6）在“类别参数”栏中选择“宽度”，单击“将参数添加标签”按钮，将其添加到“标签参数”栏，更改对应的“空格”为“0”，输入“前缀”为“×”，如图4-15所示。

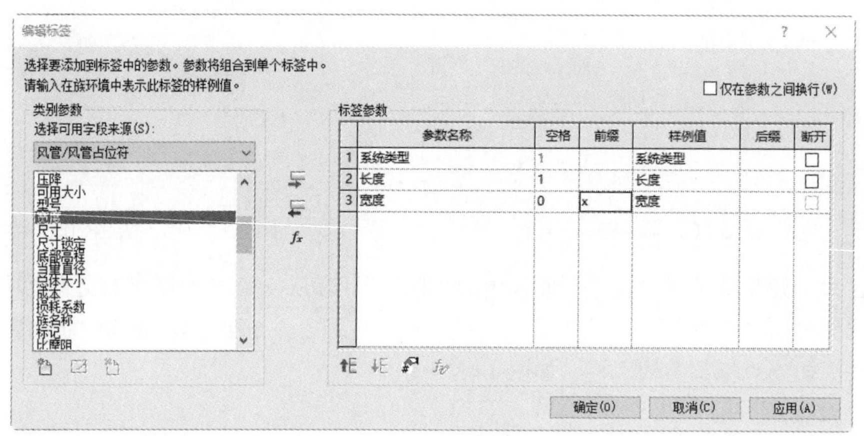

图4-15　添加“宽度”

（7）单击“确定”按钮，将标签添加到图形中，如图4-16所示。从图中可以看出标签符号不符合标准，下面对其进行修改。

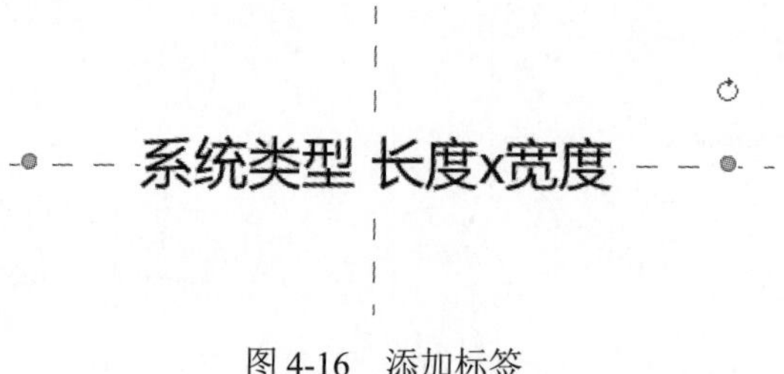

图4-16　添加标签

（8）选中标签，单击“编辑类型”按钮，打开如图 4-17 所示的“类型属性”对话框，设置“背景”为“透明”，“文字字体”为“仿宋”，“宽度因子”为“0.7”，其他参数采用默认设置，如图 4-17 所示。单击“确定”按钮，更改后的标签如图 4-18 所示。

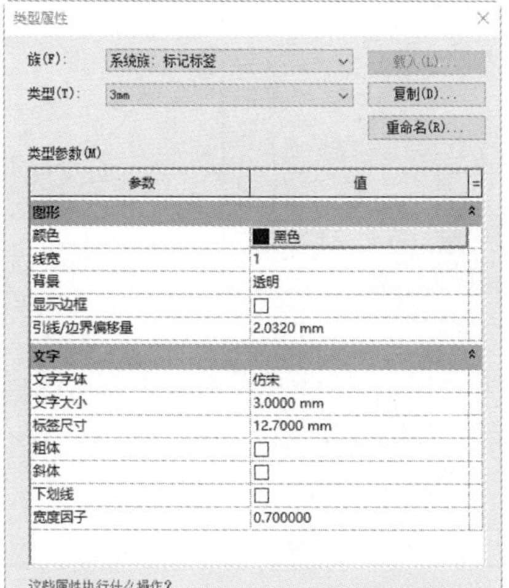

图 4-17 “类型属性”对话框

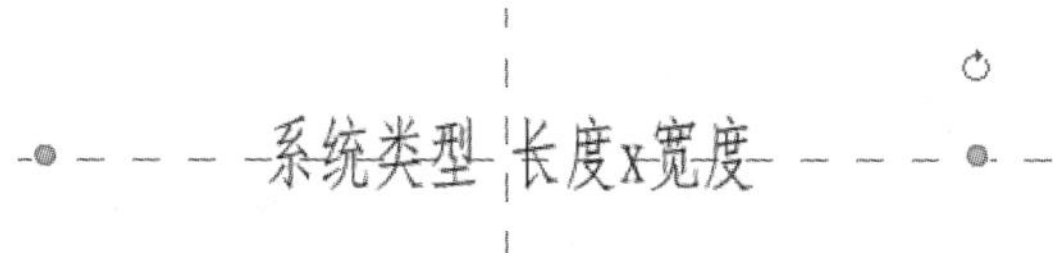

图 4-18 更改后的标签

（9）单击快速访问工具栏中的“保存”按钮，打开“另存为”对话框，输入名称为“风管标记”，单击“保存”按钮，保存族文件。

4.4.2 轮廓族

轮廓族主要用于绘制轮廓截面，在利用放样、扫掠等命令创建模型时作为轮廓载入使用。创建轮廓族时所绘制的二维封闭图形可以载入相关的族或项目中。

（1）在主页中执行“族”→“新建”命令或者执行“文件”→“新建”→“族”命令，打开“新族-选择样板文件”对话框，选择“Chinese”文件夹中的“公制轮廓.rft”为样板族，如图 4-19 所示，单击“打开”按钮进入族编辑器。

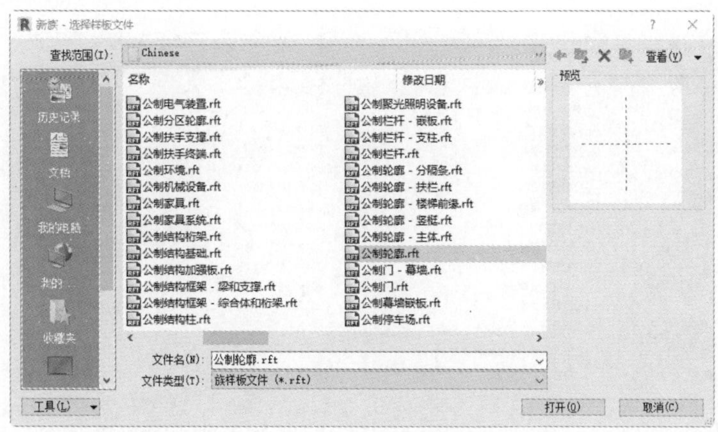

图 4-19 “新族-选择样板文件”对话框

（2）单击“创建”选项卡“详图”面板中的“线”按钮，打开如图 4-20 所示的“修改|放置线”选项卡，利用“绘制”面板中的工具绘制轮廓，系统默认激活“线”按钮，绘制的轮廓如图 4-21 所示。

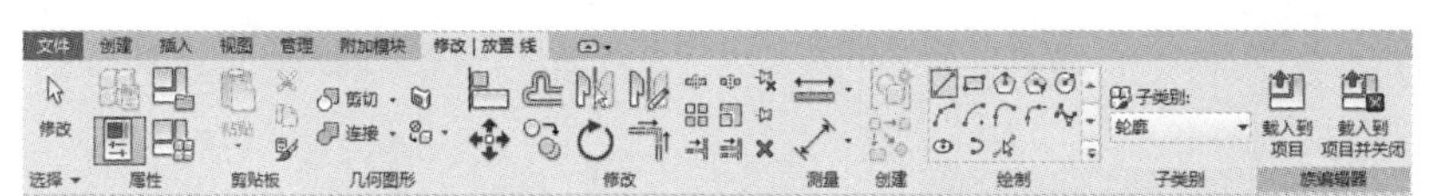

图 4-20 “修改|放置线”选项卡

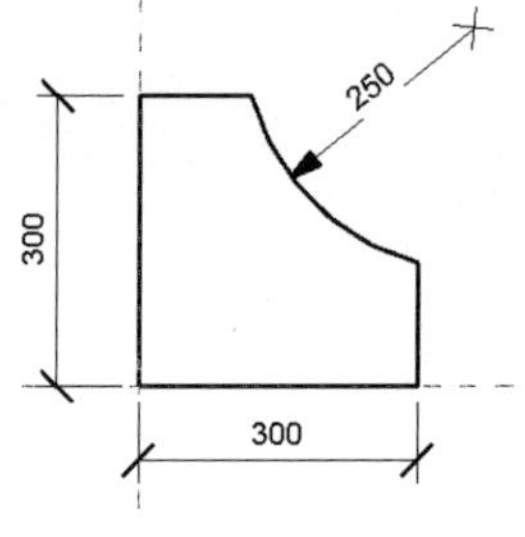

图 4-21 绘制轮廓

（3）单击快速访问工具栏中的“保存”按钮，打开“另存为”对话框，输入名称，单击“保存”按钮，保存族文件。

4.5 三维模型

在“族编辑器”中可以创建实心几何图形和空心几何图形。基于二维截面轮廓进行扫掠可得到实心几何图形，通过布尔运算进行剪切可得到空心几何图形。

4.5.1 拉伸

在工作平面上绘制有形状的二维轮廓，然后拉伸该轮廓，使其与绘制它的平面垂直得到拉伸模型，具体操作步骤如下。

（1）在主页中执行“族”→“新建”命令或者执行“文件”→“新建”→“族”命令，打开“新族-选择样板文件”对话框，选择“公制常规模型.rft”为样板族，如图 4-22 所示，单击“打开”按钮进入族编辑器。

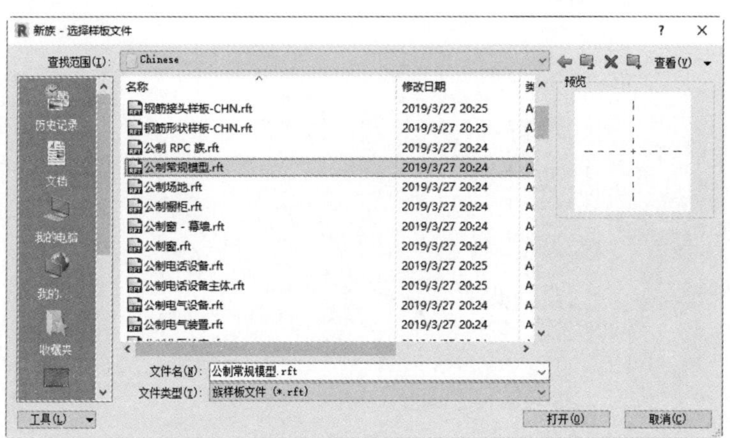

图 4-22 “新族-选择样板文件”对话框

（2）单击“创建”选项卡“形状”面板中的“拉伸”按钮，打开“修改|创建拉伸”选项卡和选项栏，如图 4-23 所示。

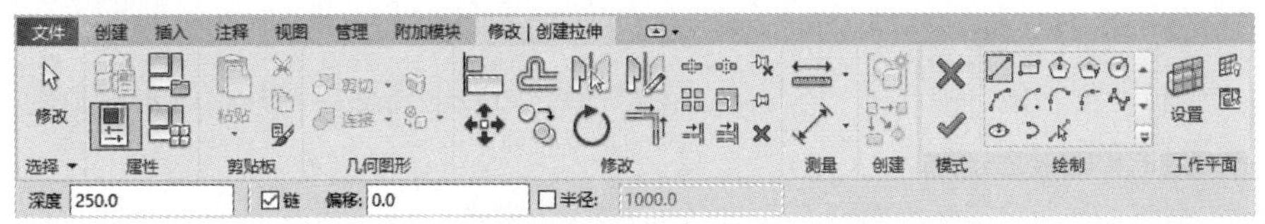

图 4-23 “修改|创建拉伸”选项卡和选项栏

（3）单击“修改|创建拉伸”选项卡“绘制”面板中的绘图工具绘制拉伸截面，这里单击“绘制”面板中的“圆”按钮，绘制半径为 500 的圆，如图 4-24 所示。

（4）在“属性”选项板中输入拉伸终点为 350，如图 4-25 所示，或在选项栏中输入深度为 300，单击“模式”面板中的“完成编辑模式”按钮，完成拉伸模型的创建，如图 4-26 所示。

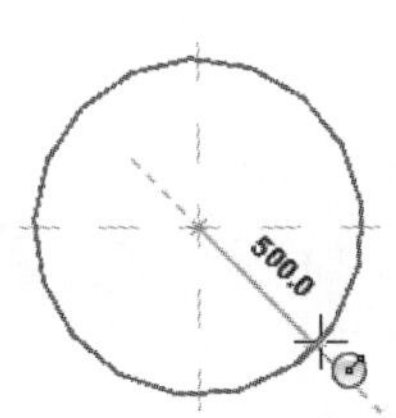

图 4-24 绘制截面

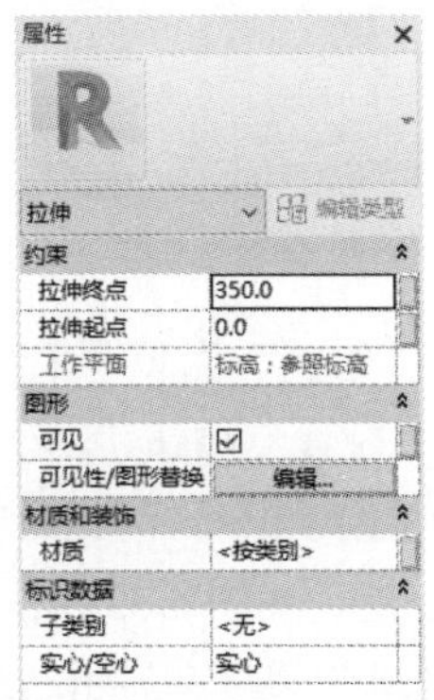

图 4-25 “属性”选项板

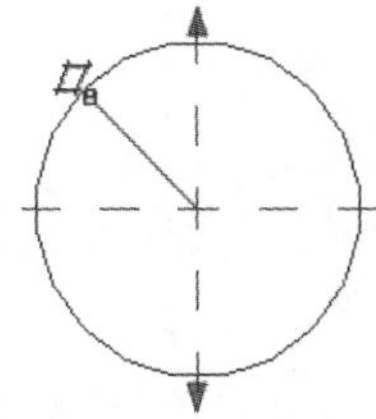

图 4-26 创建拉伸模型

☑ 要从默认起点 0.0 拉伸轮廓，则在“约束”组的“拉伸终点”文本框中输入一个正/负值作为拉伸深度。

☑ 要从不同的起点拉伸，则在“约束”组的“拉伸起点”文本框中输入值作为拉伸起点。

☑ 要设置实心拉伸的可见性，则在“图形”组中单击“可见性/图形替换”对应的“编辑”按钮 编辑...，打开如图 4-27 所示的“族图元可见性设置”对话框，然后进行可见性设置。

☑ 要按类别将材质应用于实心拉伸，则在“材质和装饰”组中单击“材质”字段，单击按钮，打开“材质浏览器”对话框，指定材质。

☑ 要将实心拉伸指定给子类别，则在“标识数据”组中设置“实心/空心”为“实心”。

（5）在项目浏览器中的三维视图下双击视图 1，显示三维模型，如图 4-28 所示。

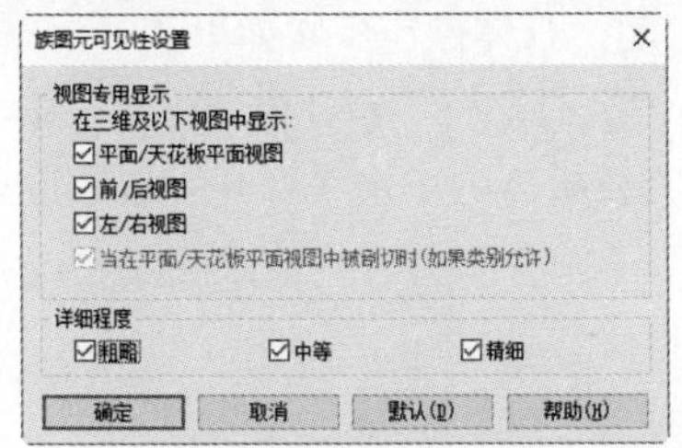

图 4-27 “族图元可见性设置”对话框

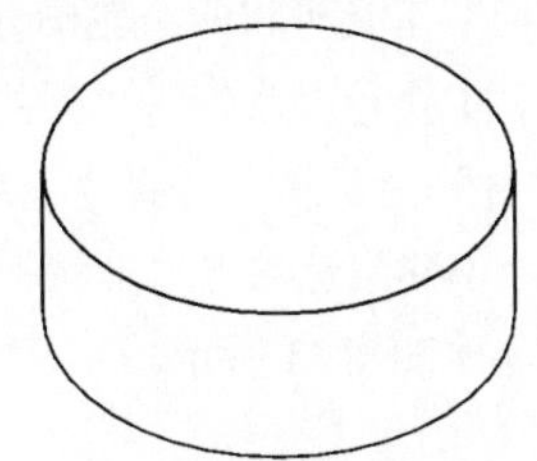

图 4-28 三维模型

Note

4.5.2 旋转

旋转是指围绕轴旋转某个形状而创建形状。

如果轴与旋转造型接触，则产生一个实心几何图形；如果远离轴旋转几何图形，则旋转体中将有一个孔，具体操作步骤如下。

（1）在主页中执行“族”→“新建”命令或者执行“文件”→“新建”→“族”命令，打开“新族-选择样板文件”对话框，选择“公制常规模型.rft”为样板族，单击“打开”按钮进入族编辑器。

（2）单击“创建”选项卡“形状”面板中的“旋转”按钮，打开“修改|创建旋转”选项卡和选项栏，如图4-29所示。

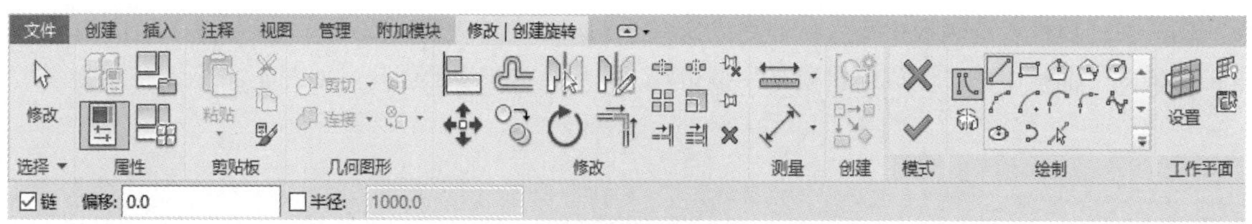

图4-29 “修改|创建旋转”选项卡和选项栏

（3）单击“修改|创建旋转”选项卡“绘制”面板中的“圆”按钮，绘制旋转截面，单击“修改|创建旋转”选项卡“绘制”面板中的“轴线”按钮，绘制竖直轴线，如图4-30所示。

（4）在“属性”选项板中输入起始角度为0°，终止角度为270°，单击“模式”面板中的“完成编辑模式”按钮，完成旋转模型的创建，如图4-31所示。

（5）在项目浏览器中的三维视图下双击视图1，显示三维视图，如图4-32所示。

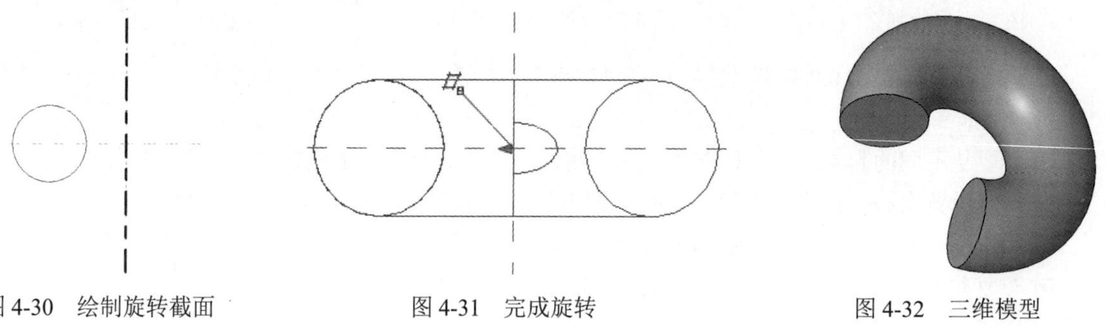

图4-30 绘制旋转截面　　图4-31 完成旋转　　图4-32 三维模型

4.5.3 融合

利用“融合”工具可将两个轮廓（边界）融合在一起，具体操作步骤如下。

（1）在主页中执行“族”→“新建”命令或者执行“文件”→“新建”→“族”命令，打开“新族-选择样板文件”对话框，选择“公制常规模型.rft”为样板族，单击“打开”按钮进入族编辑器。

（2）单击“创建”选项卡“形状”面板中的“融合”按钮，打开“修改|创建融合底部边界”选项卡和选项栏，如图4-33所示。

Note

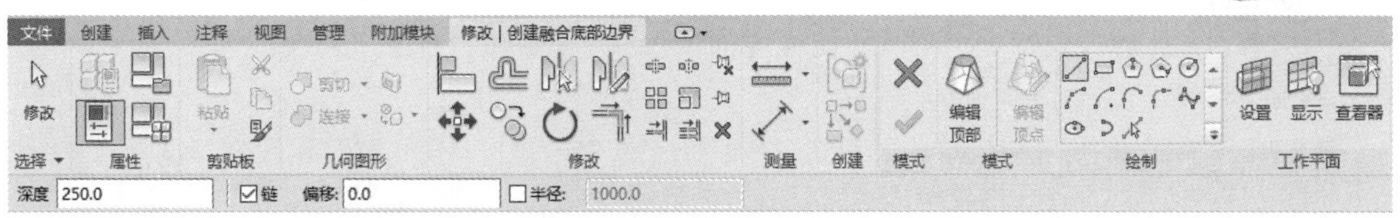

图 4-33 “修改|创建融合底部边界”选项卡和选项栏

（3）单击“绘制”面板中的“矩形”按钮▭，绘制边长为 1000 的正方形，如图 4-34 所示。

（4）单击“模式”面板中的“编辑顶部”按钮，单击“绘制”面板中的“圆”按钮，绘制半径为 340 的圆，如图 4-35 所示。

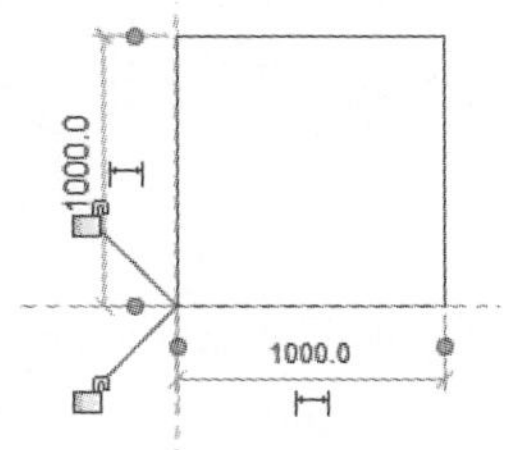

图 4-34 绘制底部边界

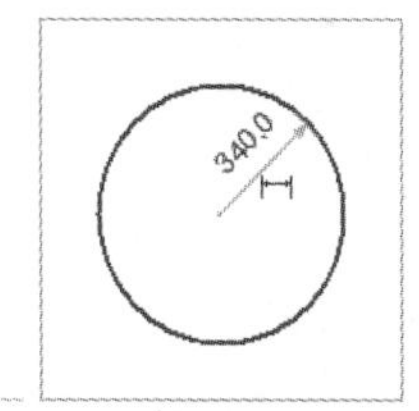

图 4-35 绘制顶部边界

（5）在“属性”选项板“约束”组中的第二端点中输入 400，如图 4-36 所示，或在选项栏中输入深度为 400，单击“模式”面板中的“完成编辑模式”按钮✔，结果如图 4-37 所示。

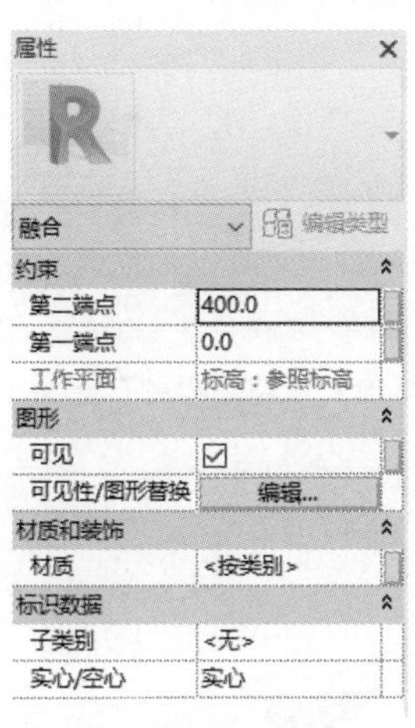

图 4-36 “属性”选项板

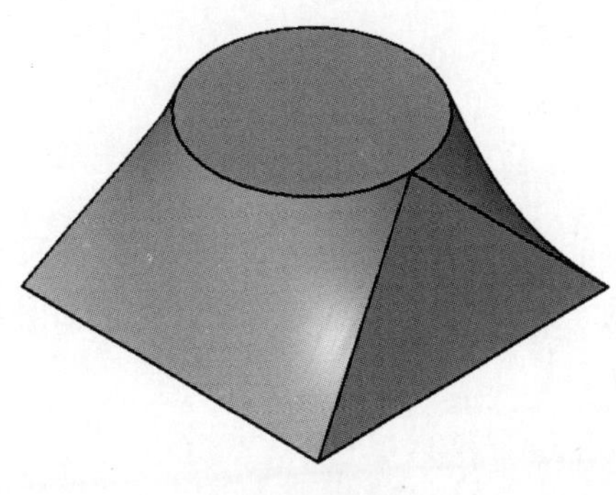

图 4-37 融合

4.5.4 放样

通过沿路径放样二维轮廓，可以创建三维形状。可以使用放样方式创建饰条、栏杆扶手或简单的管道。

路径既可以是单一的闭合路径，也可以是单一的开放路径，但不能有多条路径。路径可以是直线和曲线的组合。轮廓草图可以是单个闭合环形，也可以是不相交的多个闭合环形。具体操作步骤如下。

（1）在主页中执行“族”→“新建”命令或者执行“文件”→“新建”→“族”命令，打开“新族-选择样板文件”对话框，选择“公制常规模型.rft”为样板族，单击“打开”按钮进入族编辑器。

Note

（2）单击“创建”选项卡“形状”面板中的“放样”按钮，打开“修改|放样”选项卡，如图4-38所示。

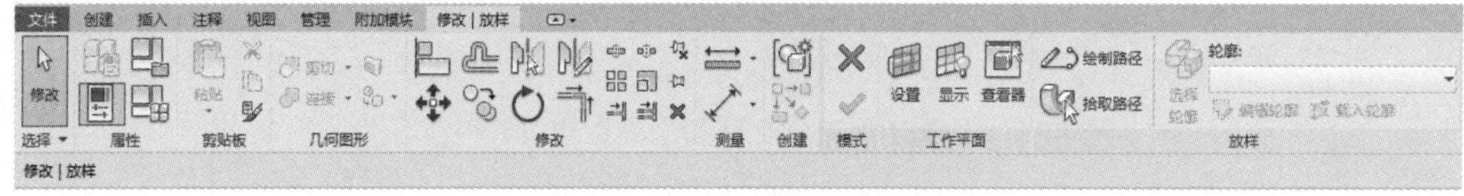

图4-38　“修改|放样”选项卡

（3）单击“放样”面板中的“绘制路径”按钮，打开“修改|放样>绘制路径”选项卡，单击“绘制”面板中的“样条曲线”按钮，绘制如图4-39所示的放样路径。单击“模式”面板中的“完成编辑模式”按钮，完成路径绘制。如果选择现有的路径，则单击“拾取路径”按钮，拾取现有绘制线作为路径。

（4）单击“放样”面板中的“编辑轮廓”按钮，打开如图4-40所示的“转到视图”对话框，选择“立面：前”视图绘制轮廓，如果在平面视图中绘制路径，应选择立面视图来绘制轮廓。单击“打开视图”按钮，将视图切换至前立面图。

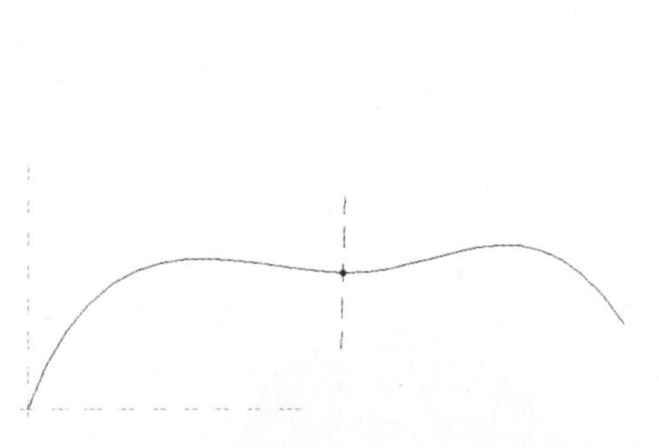

图4-39　绘制路径

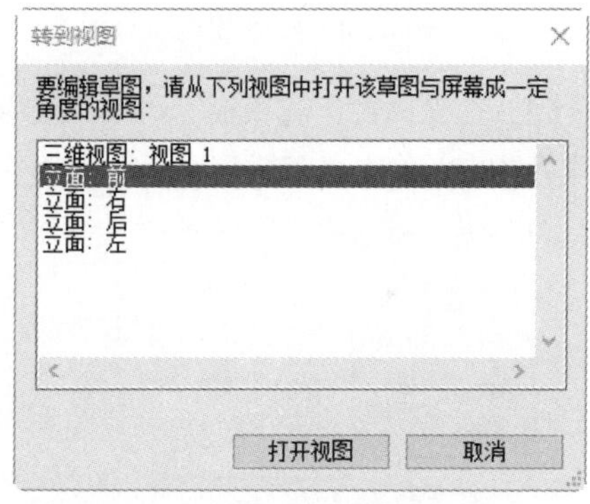

图4-40　“转到视图”对话框

（5）单击“绘制”面板中的“椭圆”按钮，绘制如图4-41所示的放样截面轮廓。单击“模式”面板中的“完成编辑模式”按钮，结果如图4-42所示。

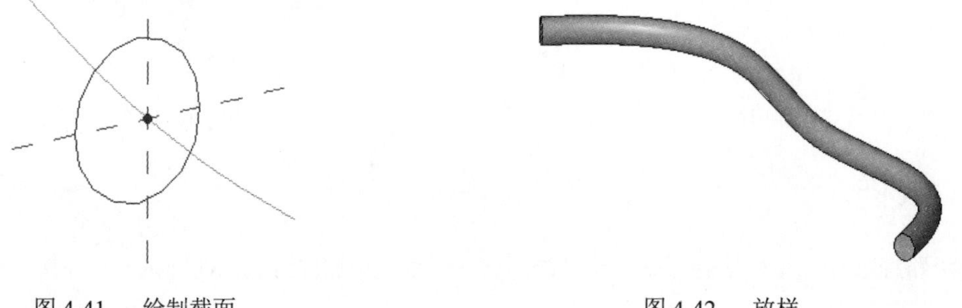

图4-41　绘制截面　　　　图4-42　放样

4.5.5　放样融合

利用“放样融合”工具可以创建一个具有两个不同轮廓的融合体，然后沿某个路径对其进行放样。

放样融合的造型由绘制或拾取的二维路径以及绘制或载入的两个轮廓确定。具体操作步骤如下。

（1）在主页中执行“族”→“新建”命令或者执行“文件”→“新建”→“族”命令，打开“新族-选择样板文件”对话框，选择“公制常规模型.rft”为样板族，单击“打开”按钮进入族编辑器。

（2）单击“创建”选项卡“形状”面板中的“放样融合”按钮，打开“修改|放样融合”选项卡，如图4-43所示。

图4-43 “修改|放样融合”选项卡

（3）单击“放样融合”面板中的“绘制路径”按钮，打开“修改|放样融合>绘制路径”选项卡，单击“绘制”面板中的“样条曲线”按钮，绘制如图4-44的放样路径。单击“模式”面板中的“完成编辑模式”按钮，完成路径绘制。如果选择现有的路径，则单击“拾取路径”按钮，拾取现有绘制线作为路径。

（4）单击“放样融合”面板中的“编辑轮廓”按钮，打开“转到视图”对话框，选择“立面：前”视图绘制轮廓，如果在平面视图中绘制路径，应选择立面视图来绘制轮廓。单击“打开视图”按钮。

（5）单击“放样融合”面板中的“选择轮廓 1”按钮，然后单击“编辑轮廓”按钮，利用矩形绘制如图4-45所示的截面轮廓1。单击“模式”面板中的“完成编辑模式”按钮，结果如图4-45所示。

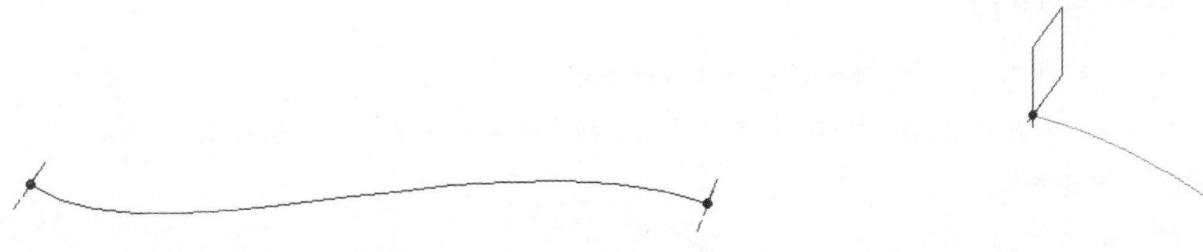

图4-44 绘制路径

图4-45 绘制截面轮廓1

（6）单击“放样融合”面板中的“选择轮廓 2”按钮，然后单击“编辑轮廓”按钮，利用圆弧绘制如图4-46所示的截面轮廓2。单击“模式”面板中的“完成编辑模式”按钮，结果如图4-47所示。

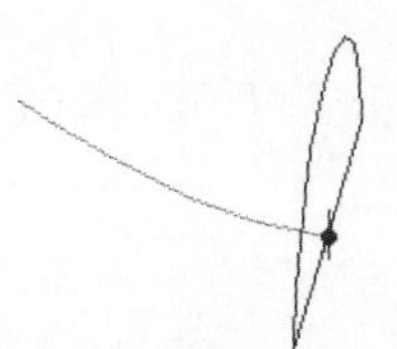

图4-46 绘制截面轮廓2

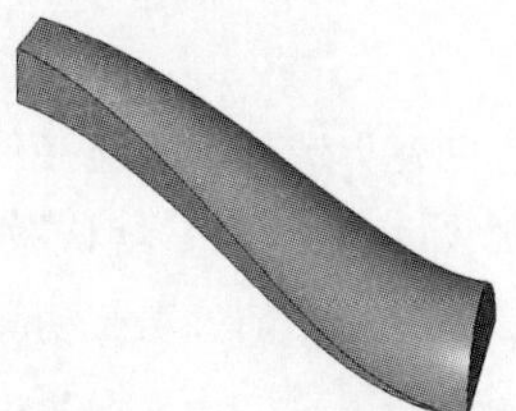

图4-47 放样融合

4.6 族 连 接 件

Revit MEP 中族连接件有 5 种类型，包括电气连接件、风管连接件、管道连接件、电缆桥架连接件和线管连接件，如图 4-48 所示。

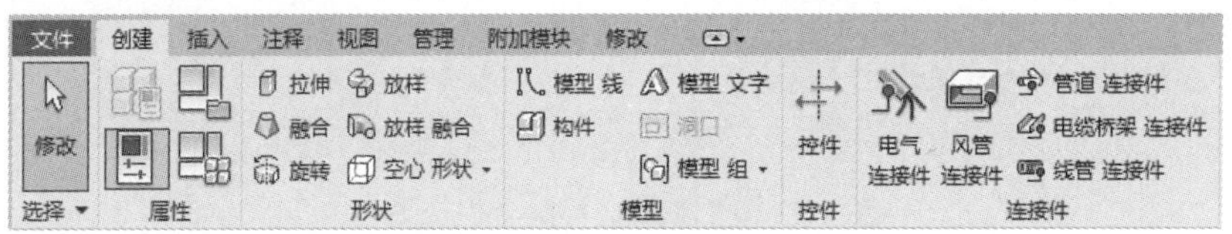

图 4-48 “连接件”面板

“连接件”面板中的选项说明如下。

☑ 电气连接件：用于所有类型的电气连接，包括电力、电话、报警系统及其他。

☑ 风管连接件：与管网、风管管件及作为空调系统一部分的其他图元相关联。

☑ 管道连接件：用于管道、管件及用来传输流体的其他构件。

☑ 电缆桥架连接件：用于电缆桥架、电缆桥架配件以及用来配线的其他构件。

☑ 线管连接件：用于线管、线管配件以及用来配线的其他构件。线管连接件可以是单个连接件，也可以是表面连接件。单个连接件用于连接唯一一个线管，表面连接件用于将多个线管连接到表面。

4.6.1 放置连接件

下面以电气连接件为例，介绍放置连接件的具体步骤。

（1）首先打开一个需要添加电气连接件的族文件，或者在当前族文件中绘制模型，这里绘制一个拉伸体，如图 4-49 所示。

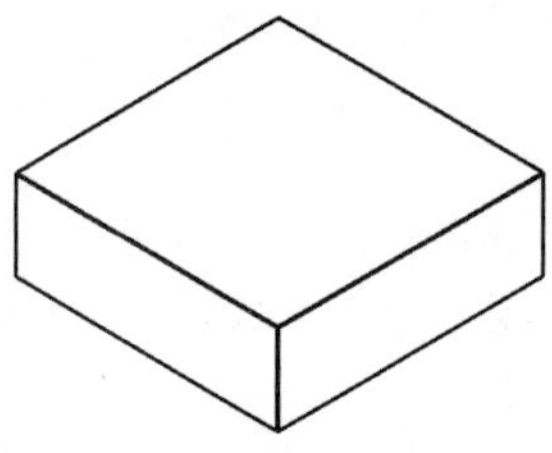

图 4-49 绘制模型

（2）单击“创建”选项卡“连接件”面板中的“电气连接件”按钮，打开“修改|放置电气连接件”选项卡，如图 4-50 所示。默认激活“面”按钮。

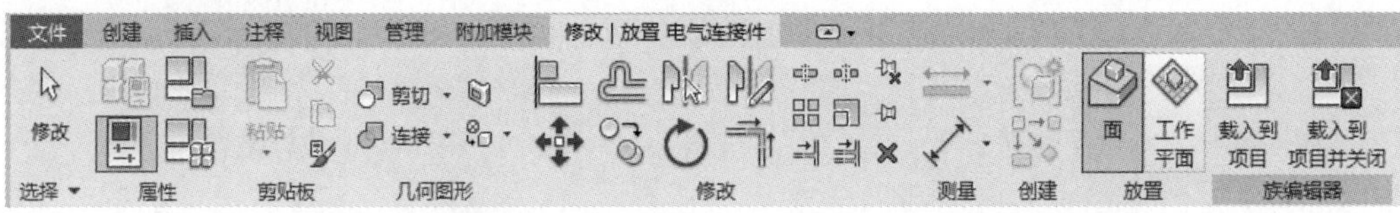

图 4-50 “修改|放置电气连接件”选项卡

（3）在选项栏列表中选择放置连接件的类型，如图 4-51 所示，这里选取通讯[①]类型。

（4）在视图中拾取如图 4-52 所示的面放置连接件。连接件附着在面的中心，如图 4-53 所示。

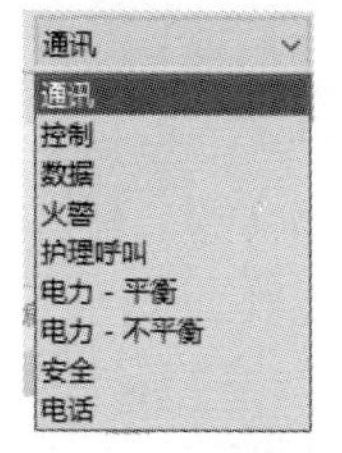

图 4-51　下拉列表

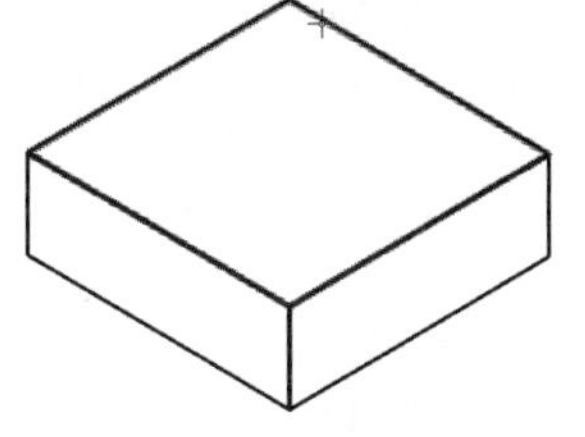

图 4-52　拾取面

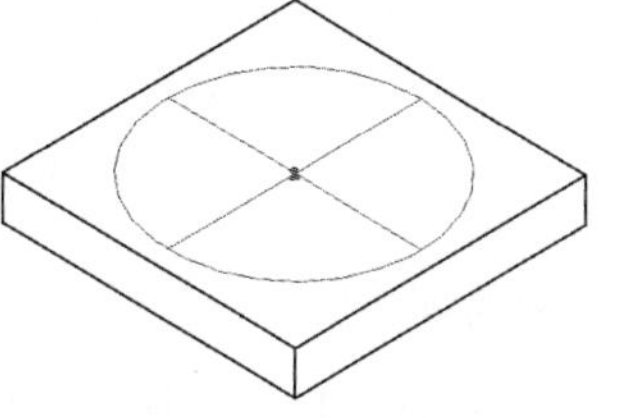

图 4-53　放置连接件

（5）如果在步骤（2）中单击“工作平面”按钮，则将连接件附着在工作平面的中心。

4.6.2　设置连接件

本小节将分别介绍电气连接件、风管连接件、管道连接件、电缆桥架连接件和线管连接件的设置。布置连接件后，通过“属性”选项板对其进行设置。

1. 电气连接件

在视图中选取电气连接件，打开相关“属性”选项板，电气连接件的类型有 9 种，包括数据、安全、火警、护理呼叫、控制、通讯、电话、电力-平衡和电力-不平衡，其中，电力-平衡和电力-不平衡为配电系统，其余为弱电系统。

（1）弱电系统连接件。

弱电系统连接件的设置相对来说比较简单，只需在“属性”选项板中的“系统类型”下拉列表中选择类型，如图 4-54 所示。

（2）配电系统连接件。

配电系统包括电力-平衡和电力-不平衡连接件，这两种连接件的区别在于相位 1、相位 2 和相位 3 上的“视在负荷”是否相等，相等的为电力-平衡，不相等的为电力-不平衡，如图 4-55 和图 4-56 所示。

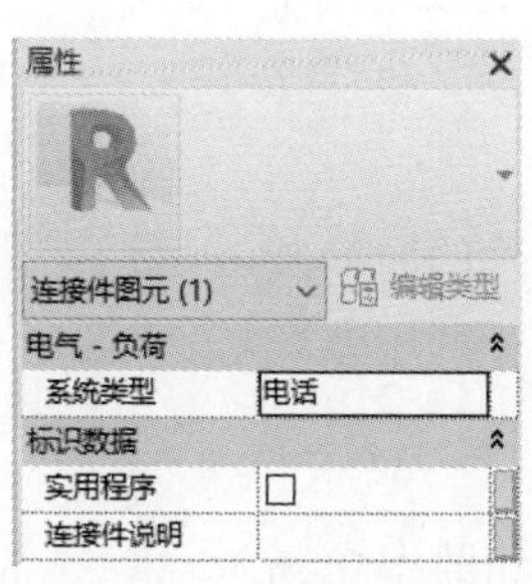

图 4-54　“属性”选项板

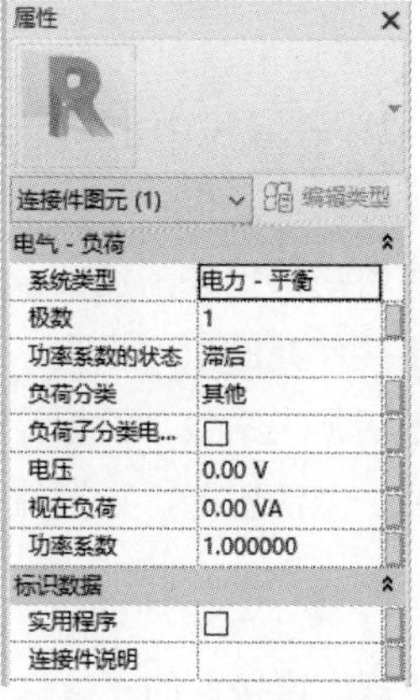

图 4-55　电力-平衡

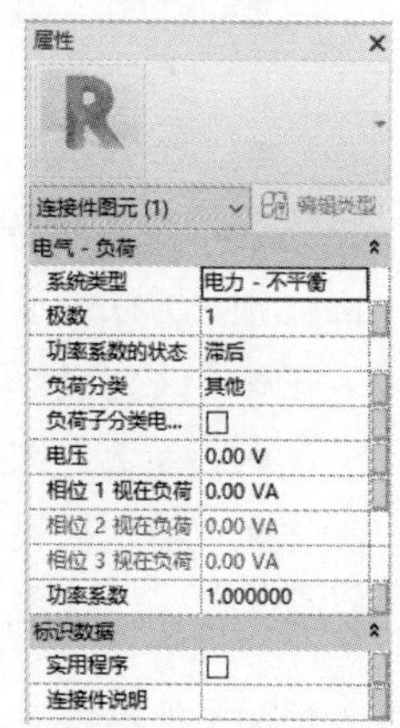

图 4-56　电力-不平衡

① 此词正确书写方式应为“通信”，为与图 4-51 保持一致，此处使用“通讯”一词。

电气连接件“属性”选项板中的选项说明如下。

☑ 极数、电压和视在负荷：用于配电设备所需配电系统的极数、电压和视在负荷。

☑ 功率系数的状态：包括滞后和超前，默认值为滞后。

☑ 负荷分类和负荷子分类电动机：用于配电盘明细表/空间中负荷的分类和计算。

☑ 功率系数：又称功率因数，是电压与电流之间相位差的余弦值，取值范围为0～1，默认值为1。

2. 风管连接件

在视图中选取风管连接件，打开风管连接件的“属性”选项板，如图4-57所示。

风管连接件“属性”选项板中的选项说明如下。

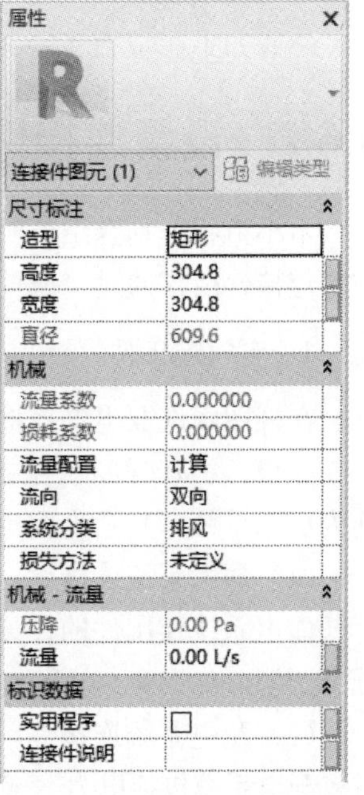

图4-57 “属性”选项板

☑ 尺寸标注：在“造型”栏中可定义连接件的形状，包括矩形、圆形和椭圆形。选择“圆形”造型，需要设置连接件的半径大小；选择“矩形”和“椭圆形”造型，需要设置连接件的高度和宽度。

☑ 系统分类：设置风管连接件的系统类型，包括送风、回风、排风、其他、管件和全局。

☑ 流向：设置流体通过连接件的方向，包括进、出和双向。当流体通过连接件流进构件族时，选择“进”选项；当流体通过连接件流出构件族时，选择“出”选项；当流向不明确时，选择“双向”选项。

☑ 流量配置：系统提供了3种配置方式，包括计算、预设和系统。

- 计算：指定为其他设备提供资源或服务的连接件，或者传输设备连接件，表示通过连接件的流量需要根据被提供服务的设备流量计算求和得出。
- 预设：指定需要其他设备提供资源或服务的连接件，表示通过连接件的流量由其自身决定。
- 系统：与“计算”类似，在系统中由几个属性相同设备的连接件为其他设备提供资源或服务时，表示通过该连接件的流量等于系统流量乘以流量系数。

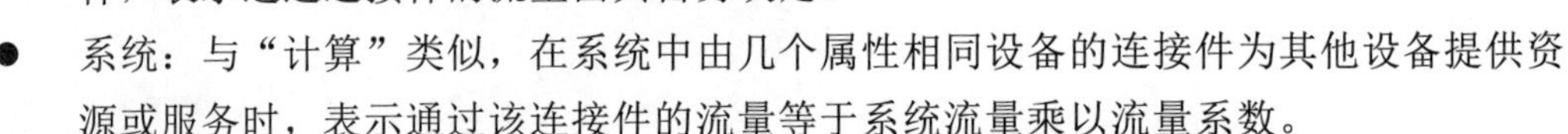

☑ 损失方法：设置通过连接件的局部损失，包括未定义、特定损失和系数。

- 未定义：不考虑通过连接件处的压力损失。
- 系数：选择该选项，激活损失系数，设置流体通过连接件的局部损失系数。
- 特定损失：选择该选项，激活压降，设置流体通过连接件的压力损失。

3. 管道连接件

在视图中选取管道连接件，打开管道连接件的“属性”选项板，如图4-58所示。

管道连接件“属性”选项板中的选项说明如下。

☑ 系统分类：在此下拉列表中选择管道的系统分类，包括家用热水、家用冷水、卫生设备、通

气管、湿式消防系统、干式消防系统、循环供水、循环回水等 13 种系统类型。Revit MEP 不支持雨水系统，也不支持用户自定义添加新的系统类型。

☑ 直径：设置连接件连接管道的直径。

4. 电缆桥架连接件

在视图中选取电缆桥架连接件，打开电缆桥架连接件的“属性”选项板，如图 4-59 所示。

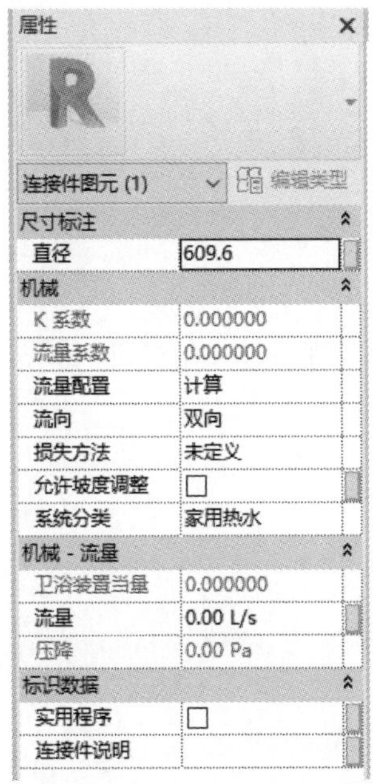

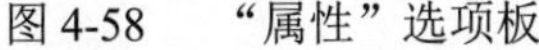

图 4-58 “属性”选项板

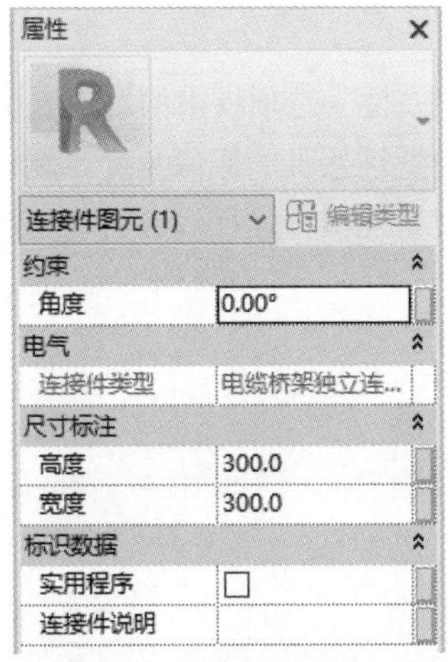

图 4-59 “属性”选项板

电缆桥架连接件“属性”选项板中的选项说明如下。

☑ 高度、宽度：设置连接件的尺寸。

☑ 角度：设置连接件的倾斜角度，默认为 0.00°，当连接件无角度时，可以不设置该项。

5. 线管连接件

单击“创建”选项卡“连接件”面板中的“线管连接件”按钮，打开“修改|放置线管连接件”选项卡和选项栏，如图 4-60 所示。

图 4-60 “修改|放置线管连接件”选项卡和选项栏

☑ 单个连接件：通过连接件连接一根线管。

☑ 表面连接件：在连接件附着表面任何位置连接一根或多根线管。

在视图中选取线管连接件，打开线管连接件的“属性”选项板，如图 4-61 所示。

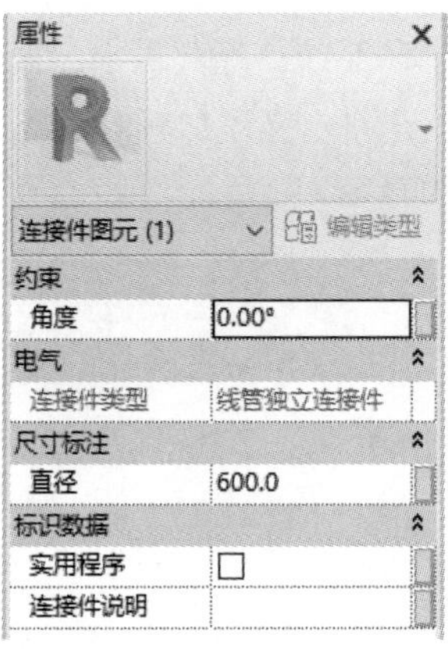

图 4-61 “属性”选项板

线管连接件“属性”选项板中的选项说明如下。

☑ 角度：设置连接件的倾斜角度，默认为 0.00°，当连接件无角度时，可以不设置该项。

☑ 直径：设置连接件连接线管的直径。

第5章

MEP 设置

知识导引

在进行 MEP 工程设计之前进行机械、电气和管道设置，以便在设计过程中统一构件的尺寸、机械系统的行为以及构配件的外观等，并在建筑模型中定义空间和分区。

☑ 机械设置 ☑ 电气设置

☑ 建筑/空间类型设置 ☑ 空间

☑ 分区 ☑ 热负荷与冷负荷

任务驱动&项目案例

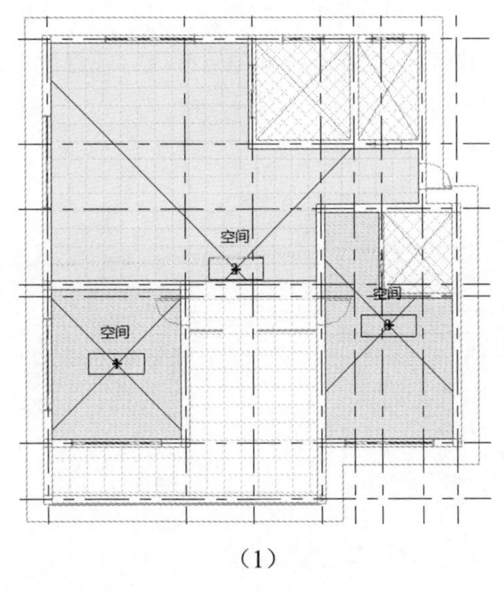

(1)

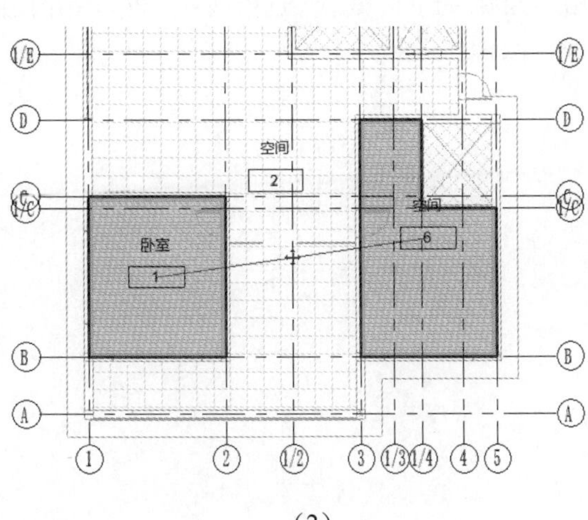

(2)

5.1 机械设置

使用机械设置可以配置构件尺寸以及机械系统的行为和外观。

5.1.1 隐藏线

单击“系统”选项卡“HVAC”面板中的“机械设置”按钮，或单击“管理”选项卡“设置”面板中的“MEP 设置”下拉列表中的“机械设置”按钮（快捷键：MS），打开“机械设置”对话框的“隐藏线”面板，如图 5-1 所示。

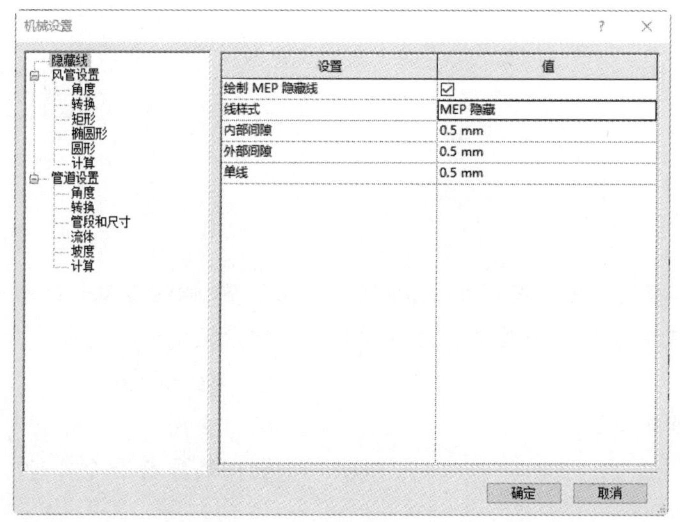

图 5-1 “隐藏线”面板

“隐藏线”面板中的选项说明如下。

☑ 绘制 MEP 隐藏线：选中该复选框，使用隐藏线为指定的线样式和间隙绘制风管或管道，如图 5-2 所示。

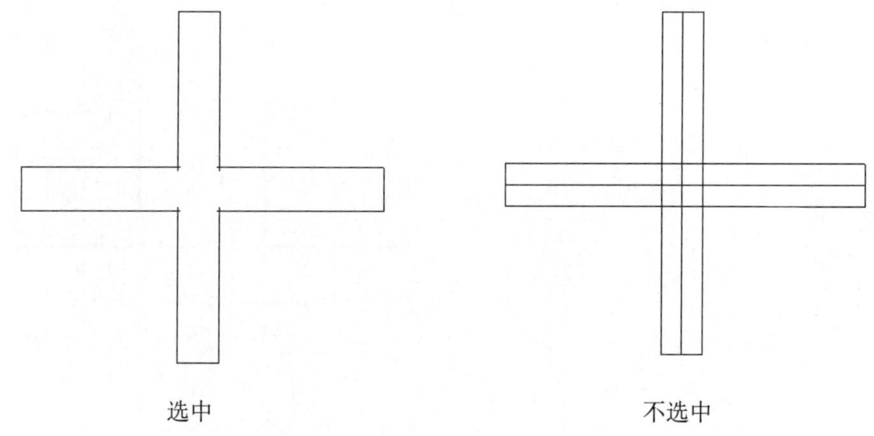

图 5-2 “绘制 MEP 隐藏线”复选框效果

Note

☑　线样式：在“值”下拉列表中选择一种线样式，以确定隐藏分段的线在分段交叉处显示的方式，如图 5-3 所示。

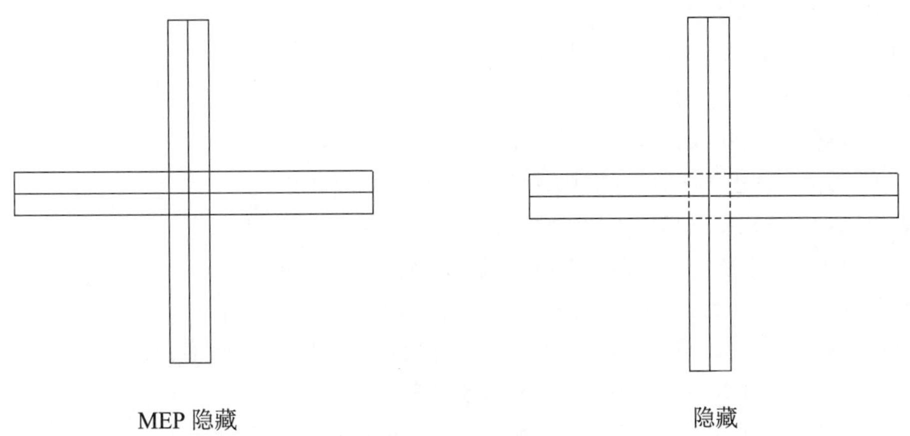

图 5-3　线样式效果

☑　内部间隙：指定交叉段内部显示的线的间隙。如果线样式选择了“细线”，将不会显示间隙。

☑　外部间隙：指定交叉段外部显示的线的间隙。如果线样式选择了“细线”，将不会显示间隙。

☑　单线：指定在分段交叉位置处单隐藏线的间隙。

5.1.2　风管设置

在“机械设置”对话框中选择“风管设置”选项，打开对应的面板，如图 5-4 所示。指定默认的风管类型、尺寸和设置参数。

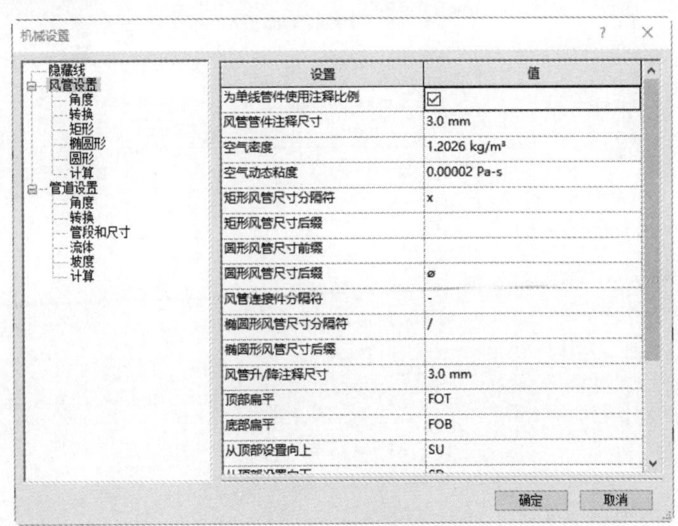

图 5-4　“风管设置”面板

“风管设置”面板中常用的参数介绍如下。

☑　为单线管件使用注释比例：指定是否按照“风管管件注释尺寸”参数所指定的尺寸绘制风管

Note

管件。修改该设置时并不会改变已在项目中放置的构件的打印尺寸。

- ☑ 风管管件注释尺寸：指定在单线视图中绘制的管件和附件的打印尺寸。无论图纸比例为多少，该尺寸始终保持不变。
- ☑ 空气密度：用于确定风管尺寸和压降。
- ☑ 空气动态黏度：用于确定风管尺寸。
- ☑ 矩形风管尺寸分隔符：指定用于显示矩形风管尺寸的符号。例如，如果使用“×”，则高度为 12 英寸、深度为 12 英寸的风管将显示为“12 " ×12 " ”。
- ☑ 矩形风管尺寸后缀：指定附加到矩形风管的风管尺寸后的符号。
- ☑ 圆形风管尺寸前缀：指定前置在圆形风管的风管尺寸的符号。
- ☑ 圆形风管尺寸后缀：指定附加到圆形风管的风管尺寸后的符号。
- ☑ 风管连接件分隔符：指定用于在两个不同连接件之间分隔信息的符号。
- ☑ 椭圆形风管尺寸分隔符：指定用于显示椭圆形风管尺寸的符号。
- ☑ 椭圆形风管尺寸后缀：指定附加到椭圆形风管的风管尺寸后的符号。
- ☑ 风管升/降注释尺寸：指定在单线视图中绘制的升/降注释的打印尺寸。无论图纸比例为多少，该尺寸始终保持不变。

1. 角度设置

在图 5-4 所示的“机械设置”对话框的“风管设置”选项下方单击“角度”字段，右侧面板将显示用于指定风管管件角度的选项，如图 5-5 所示。在添加或修改管件时，Revit 会用到这些角度。

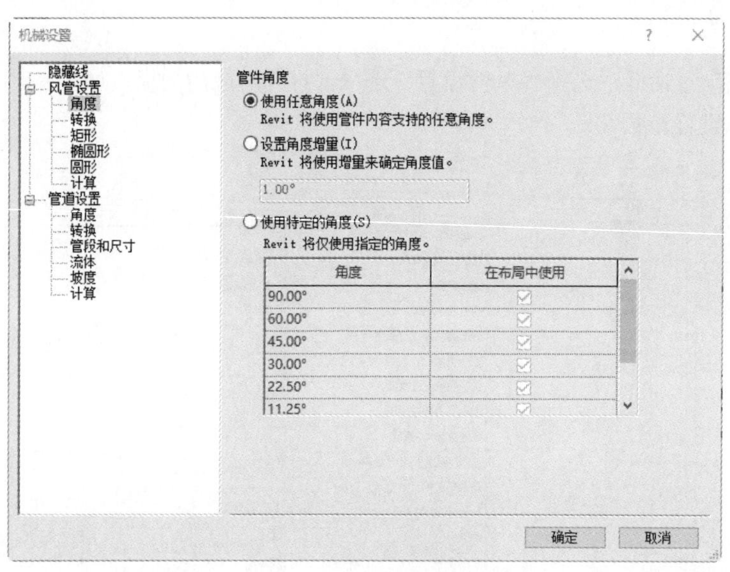

图 5-5 “角度”面板

“角度”面板中的选项说明如下。

- ☑ 使用任意角度：选择此选项，添加或修改管件到任意角度，如图 5-6 所示。
- ☑ 设置角度增量：选择此选项，根据设置的增量角度值来确定角度值。
- ☑ 使用特定的角度：选择此选项，在列表中选择指定角度来绘制管件，如图 5-7 所示。

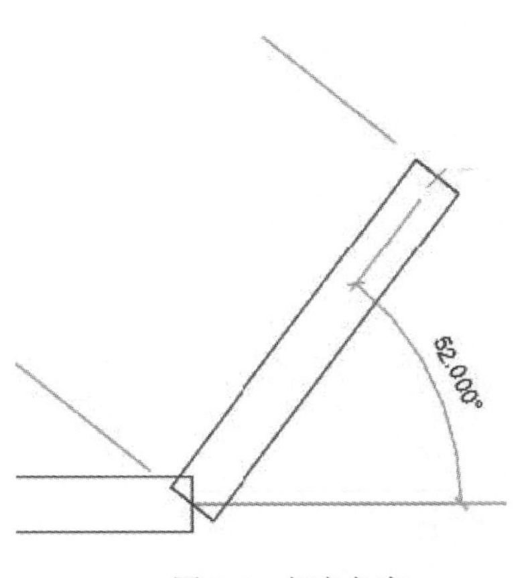

图 5-6　任意角度

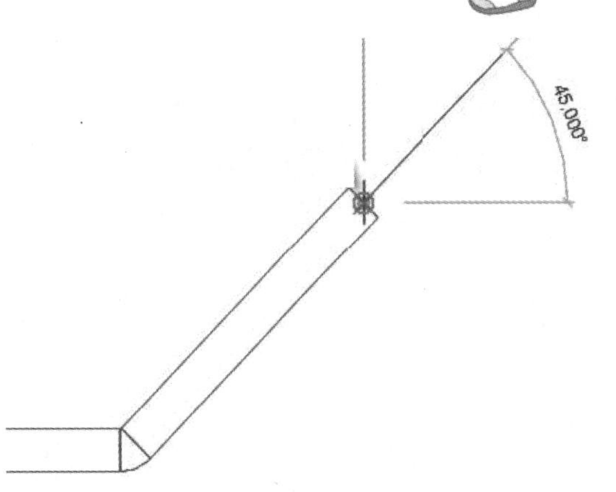

图 5-7　特定角度

2. 转换设置

在图 5-4 所示的“机械设置”对话框的“风管设置”选项下方单击“转换”字段，显示“转换”面板，用于指定“干管”和“支管”系统的布局解决方案使用的参数，如图 5-8 所示。

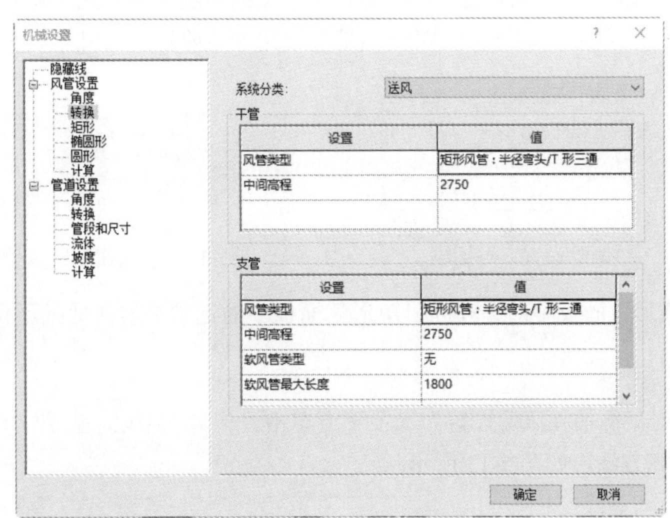

图 5-8　“转换”面板

“转换”面板中的选项说明如下。

☑　系统分类：选择系统分类，包括送风、回风和排风系统。

☑　风管类型：指定选定系统类别要使用的风管类型。

☑　中间高程：指定当前标高之上的风管高度。可以输入偏移值或从建议偏移值列表中选择。

3. 矩形/椭圆形/圆形设置

在图 5-4 所示的“机械设置”对话框的“风管设置”选项下方单击“矩形”字段，打开“矩形”面板，用于风管尺寸的设置，如图 5-9 所示。

“矩形”面板中的选项说明如下。

☑　新建尺寸：单击此按钮，打开如图 5-10 所示的“风管尺寸”对话框，输入尺寸值，单击“确定”按钮，新建的尺寸将添加到列表框中。

图 5-9 “矩形”面板

图 5-10 “风管尺寸”对话框

☑ 删除尺寸：在列表中选取尺寸，单击此按钮，打开如图 5-11 所示的“删除设置”对话框，单击“是”按钮，删除所选尺寸；如果此尺寸在当前项目中使用，则打开如图 5-12 所示的“正在删除风管尺寸”对话框，单击“是”按钮，删除所选尺寸。

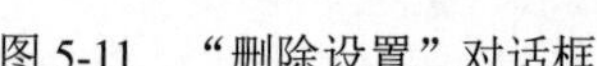
图 5-11 “删除设置”对话框

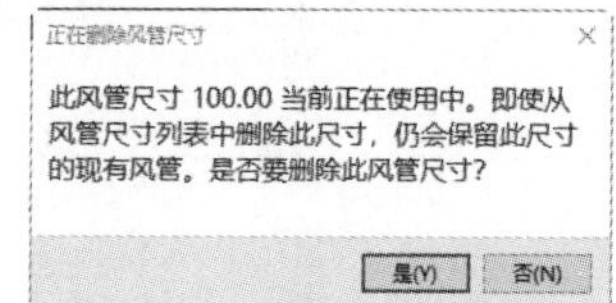

图 5-12 “正在删除风管尺寸”对话框

“椭圆形”和“圆形”面板中的选项同“矩形”面板中的选项类似，此处不再一一介绍。

4. 计算设置

在“机械设置”对话框的“风管设置”选项下方单击“计算”字段，打开“计算”面板，用于选择风管压降的可用计算方法，如图 5-13 所示。

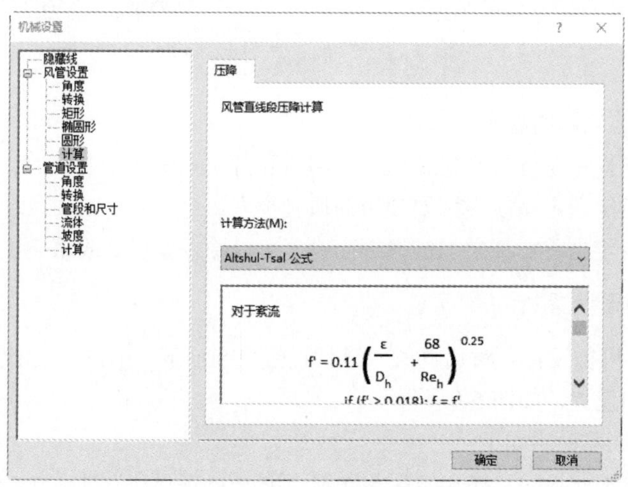

图 5-13 “计算”面板

"计算"面板中的选项说明如下。

计算方法：指定计算直线段压降时要使用的计算方法。在"计算方法"下拉列表中选择计算方法后，计算方法的详细信息将显示在格式文本字段中。

5.1.3 管道设置

在"机械设置"对话框中选择"管道设置"选项，打开对应的面板，如图 5-14 所示。可以指定将应用于所有卫浴、消防等系统中管道的设置。

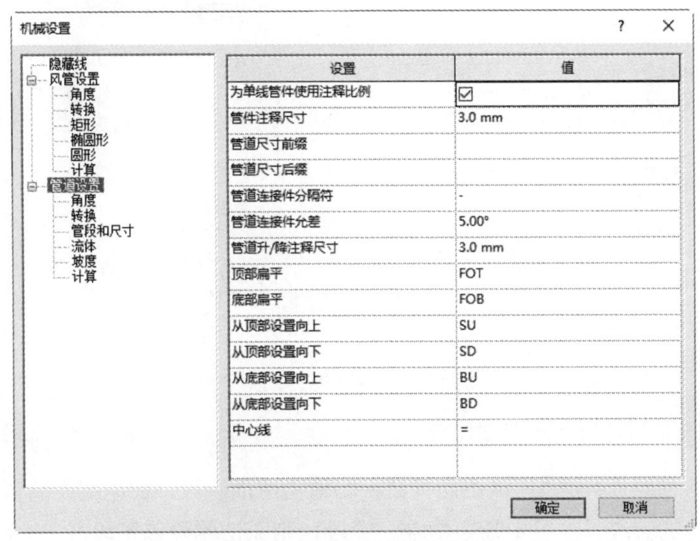

图 5-14 "管道设置"面板

"管道设置"面板中的选项说明如下。

- ☑ 为单线管件使用注释比例：指定是否按照"管件注释尺寸"参数所指定的尺寸绘制管件。修改该设置时并不会改变已在项目中放置的构件的打印尺寸。
- ☑ 管件注释尺寸：指定在单线视图中绘制的管件和附件的打印尺寸。无论图纸比例为多少，该尺寸始终保持不变。
- ☑ 管道尺寸前缀：指定管道尺寸之前的符号。
- ☑ 管道尺寸后缀：指定管道尺寸之后的符号。
- ☑ 管道连接件分隔符：指定当使用两个不同尺寸的连接件时用来分隔信息的符号。
- ☑ 管道连接件允差：指定管道连接件可以偏离指定的匹配角度的度数。默认设置为 5°。
- ☑ 管道升/降注释尺寸：指定在单线视图中绘制的升/降注释的打印尺寸。无论图纸比例为多少，该尺寸始终保持不变。
- ☑ 顶部扁平/底部扁平/从顶部设置向上/从顶部设置向下/从底部设置向上/从底部设置向下/中心线：指定部分管件标记中所用的符号，以指示此管件在平面中的偏向及偏移量。

1. 管段和尺寸设置

在"机械设置"对话框的"管道设置"选项下方单击"管段和尺寸"字段，显示"管段和尺寸"面板，用于创建和删除尺寸，如图 5-15 所示。

Note

“管段和尺寸”面板中的选项说明如下。

☑ 管段：在该下拉列表中显示系统中已存在的所有管段。

- “新建管段”按钮：单击此按钮，打开如图 5-16 所示的“新建管段”对话框，新管段需要一个新的材质、新的规格/类型或者同时提供这两者。当创建材质时，单击…按钮，打开“材质浏览器”对话框，选择材质；当创建规格/类型时，输入规格/类型；管段名称基于材质和规格/类型的信息生成。

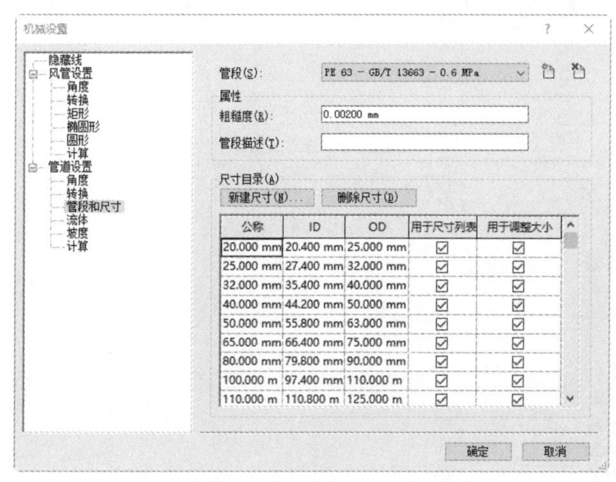

图 5-15 “管段和尺寸”面板

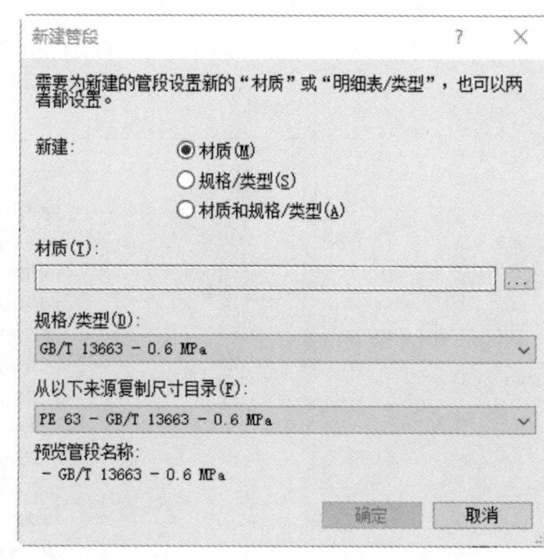

图 5-16 “新建管段”对话框

- “删除管段”按钮：单击此按钮，删除当前的管段，如果某个管段正在项目中使用或者选定的管段是项目中指定的唯一管段，则无法删除该管段。

☑ 属性：设置管段的属性，包括粗糙度和管段描述。

- 粗糙度：表示管段沿程损失的水力计算。
- 管段描述：在文本框中输入管段描述信息。

☑ 尺寸目录：尺寸目录将列出选定管段的尺寸。无法在此表中编辑“管道尺寸”信息，可以添加和删除管道尺寸，但不能编辑现有管道尺寸的属性。要修改现有尺寸的设置，必须替换该现有管道（删除原始管道尺寸，然后添加具有所需设置的管道尺寸）。

- 新建尺寸：单击此按钮，打开如图 5-17 所示的“添加管道尺寸”对话框，输入“公称直径”、“内径”和“外径”值指定新的管道尺寸，单击“确定”按钮，新添加的管道尺寸则显示在尺寸列表中。

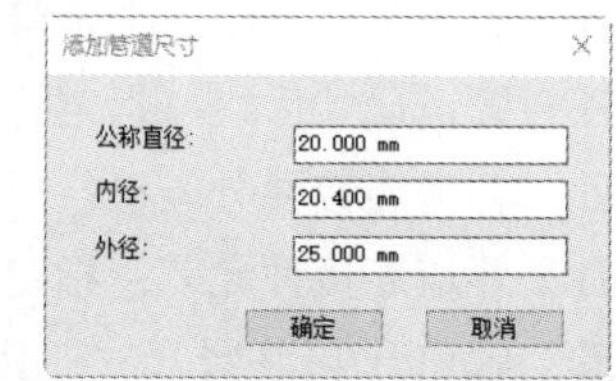

图 5-17 “添加管道尺寸”对话框

- 删除尺寸：单击此按钮，删除选择的管道尺寸。
- 用于尺寸列表：在整个 Revit 的各列表中显示所选尺寸。取消选中对应的尺寸复选框，该尺寸将不在列表中出现。
- 用于调整大小：通过 Revit 尺寸调整算法，基于计算的系统流量来确定管道尺寸，取消选中对应的尺寸复选框，该尺寸将不能用于调整大小的算法。

2. 流体设置

在“机械设置”对话框的“管道设置”选项下方单击“流体”字段，打开“流体”面板，显示项目中可用的流体表，如图 5-18 所示。

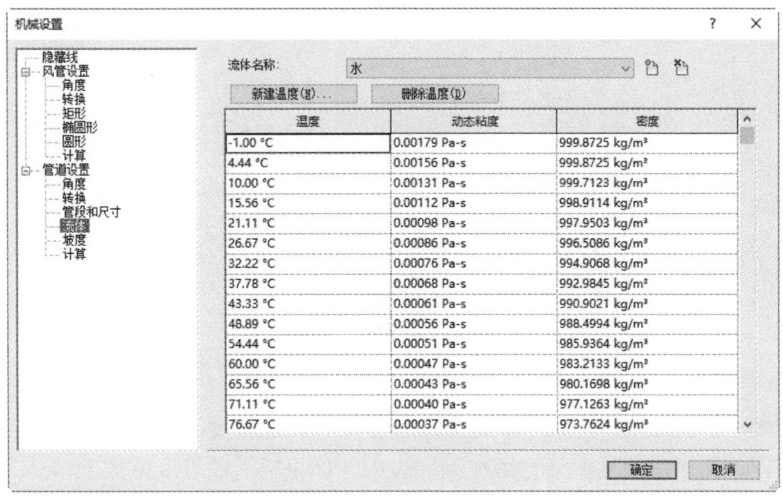

图 5-18 “流体”面板

“流体”面板中的选项说明如下。

☑ 流体名称：在该下拉列表中显示系统中已存在的流体。流体会根据选取的流体名称在列表中分组显示。

☑ “添加流体”按钮：单击此按钮，打开如图 5-19 所示的“新建流体”对话框，输入新建流体名称，流体名称在项目中必须是唯一的。

☑ “删除流体”按钮：在“流体名称”下拉列表中选择一种流体，单击此按钮，流体即从项目中删除。如果该流体正在项目中使用或者是项目中指定的唯一流体，则无法删除该流体。

☑ 新建温度：单击此按钮，打开如图 5-20 所示的“新建温度”对话框，为新温度指定温度、黏度和密度，单击“确定”按钮，新温度将添加到所选流体中。对于选定的流体类型，温度必须是唯一的。

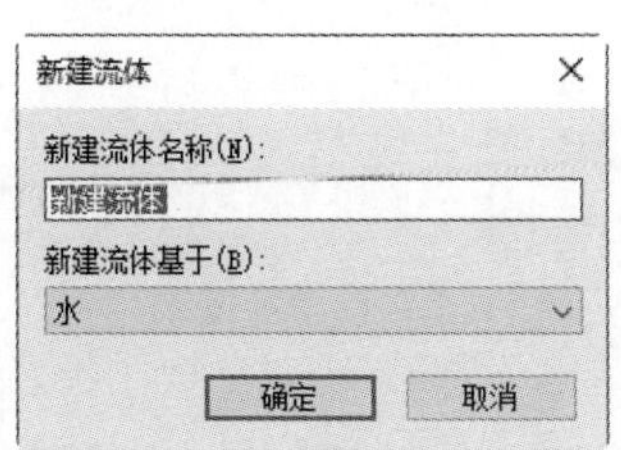

图 5-19 “新建流体”对话框

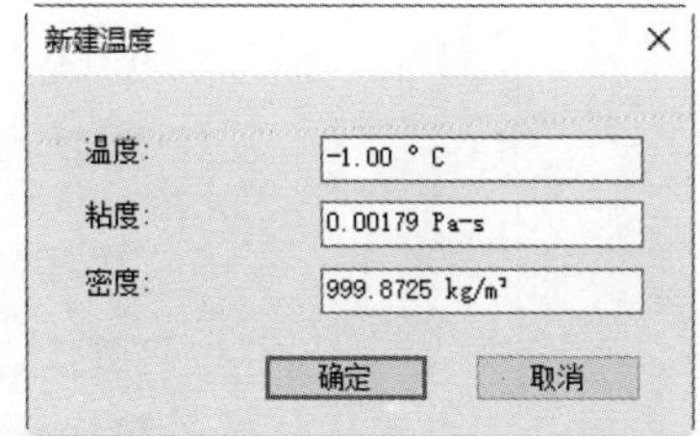

图 5-20 “新建温度”对话框

☑ 删除温度：在列表中选择一个温度，单击此按钮，将从选定的流体类型中删除此温度。

3. 坡度设置

在“机械设置”对话框的“管道设置”选项下方单击“坡度”字段，打开“坡度”面板，显示项目中可用的坡度值表，如图 5-21 所示。

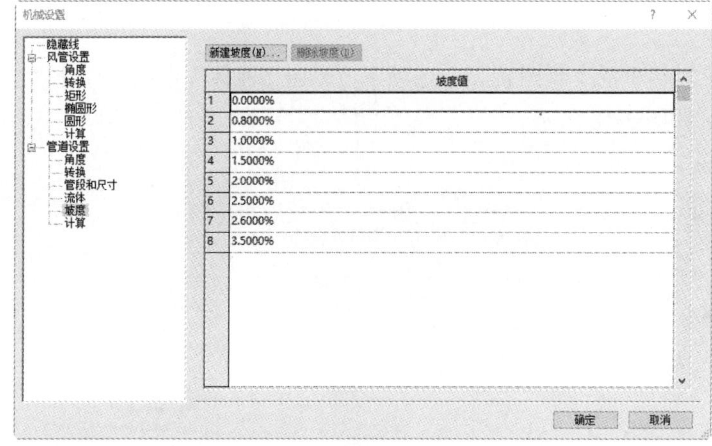

图 5-21　“坡度”面板

“坡度”面板中的选项说明如下。

☑ 新建坡度：单击此按钮，打开如图 5-22 所示的“新建坡度”对话框，输入坡度值，单击“确定”按钮，新添加的坡度值将添加到列表中。如果输入的坡度值大于 45°，则会显示一个警告。

☑ 删除坡度：在列表中选择一个坡度，单击此按钮，打开如图 5-23 所示的提示对话框，单击“是”按钮，坡度值即从项目中删除，默认的 0 坡度值不能删除。

图 5-22　“新建坡度”对话框

图 5-23　提示对话框

4. 计算设置

在“机械设置”对话框的“管道设置”选项下方单击“计算”字段，打开“计算”面板，显示用于管道压降和流量的可用计算方法列表，如图 5-24 所示。

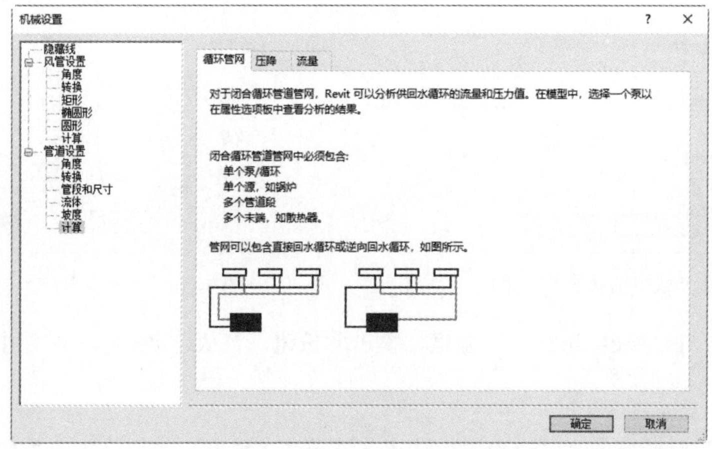

图 5-24　“计算”面板

“计算”面板中的选项说明如下。

☑ 循环管网：对于闭合循环管网，Revit 可以分析供水和回水循环的流量和压降值。启用此选项以在后台进程中执行分析，以便用户继续在模型中工作。清除该选项以禁用分析。启用此选项后，自定义计算方法将使用 Colebrook 公式。

☑ 压降：可以指定当计算直线管段的管道压降时要使用的计算方法。在“计算方法”下拉列表中选择计算方法后，计算方法的详细信息将显示在格式文本字段中。

☑ 流量：可以指定当卫浴装置单位转换到流量时要使用的计算方法。

5.2 电气设置

单击“系统”选项卡“电气”面板中的“电气设置”按钮，或单击“管理”选项卡“设置”面板“MEP 设置”下拉列表中的“电气设置”按钮（快捷键：ES），打开“电气设置”对话框，如图 5-25 所示。在该对话框中可以进行配线、电压定义、配电系统、电缆桥架设置、线管设置、负荷计算和配电盘明细表设置。

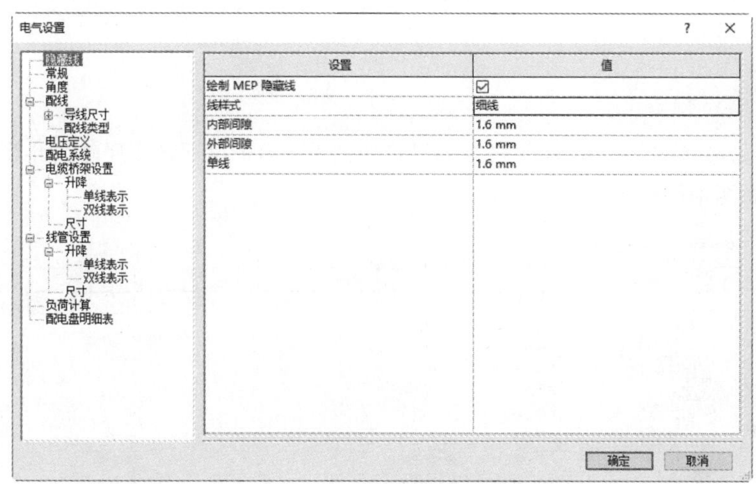

图 5-25 “电气设置”对话框

5.2.1 常规

“常规”面板如图 5-26 所示，可以定义基本参数并设置电气系统的默认值。

“常规”面板中的选项说明如下。

☑ 电气连接件分隔符：指定用于分隔装置的“电气数据”参数的额定值的符号。

☑ 电气数据样式：为电气构件“属性”选项板中的“电气数据”参数指定样式，包括连接件说明电压/极数-负荷、连接件说明电压/相位-负荷、电压/极数-负荷和电压/相位-负荷 4 种样式。

☑ 线路说明：指定导线实例属性中的“线路说明”参数的格式。

☑ 按相位命名线路-相位 A/B/C 标签：只有在使用“属性”选项板为配电盘指定按相位命名线路时才使用这些值。

☑ 大写负荷名称：指定线路实例属性中的“负荷名称”参数的格式。

☑ 线路序列：指定创建电力线的序列，以便能够按阶段分组创建线路。

☑ 线路额定值：指定在模型中创建回路时的默认额定值。

☑ 线路路径偏移：指定生成线路路径时的默认偏移。

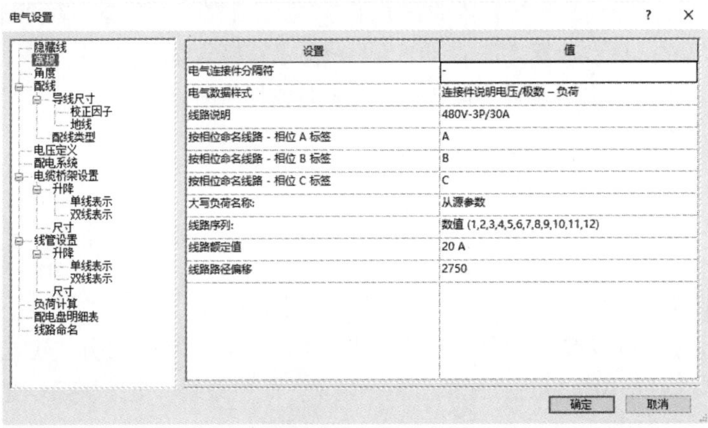

图 5-26　“常规”面板

5.2.2　配线

“配线”面板如图 5-27 所示，配线表中的设置决定着 Revit 对于导线尺寸的计算方式以及导线在项目电气系统平面图中的显示方式。

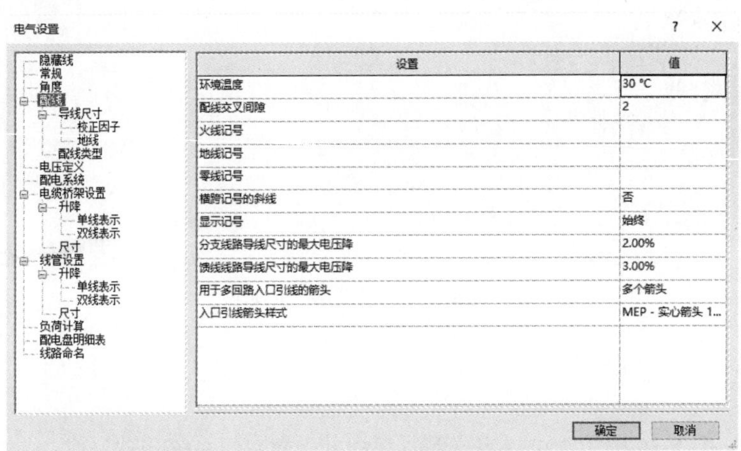

图 5-27　“配线”面板

“配线”面板中的选项说明如下。

☑ 环境温度：指定配线所在环境的温度。

☑ 配线交叉间隙：指定用于显示相互交叉的未连接导线的间隙的宽度，如图 5-28 所示。

☑ 火线/地线/零线记号：指定相关导线显示的记号样式。“配线”面板中默认没有记号，单击“插入”选项卡“从库中载入”面板中的“载入族”按钮，打开“载入族”对话框，选择“Chinese”→“注释”→“标记”→“电气”→“记号”文件夹，系统提供了 4 种导线记

号，选择一个或多个记号族文件，单击“打开”按钮，载入导线记号。然后在“配线”面板的对应值列表中选择记号样式。

☑ 横跨记号的斜线：指定是否将地线的记号显示为横跨其他导线的记号的对角线，如图 5-29 所示。

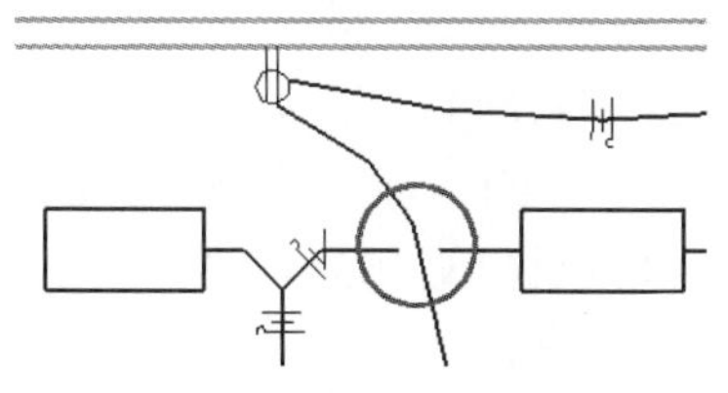

图 5-28 配线交叉间隙

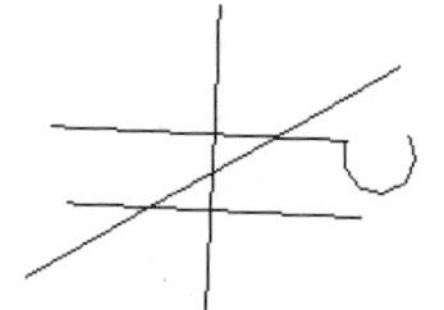

图 5-29 横跨记号的斜线

☑ 显示记号：指定是始终显示记号、从不显示记号还是只为回路显示记号。

☑ 分支线路导线尺寸的最大电压降：指定分支线路允许的最大电压降的百分比。

☑ 馈线线路导线尺寸的最大电压降：指定馈线线路允许的最大电压降的百分比。

☑ 用于多回路入口引线的箭头：指定单个箭头或多个箭头是在所有线路导线上显示还是仅在结束导线上显示。

☑ 入口引线箭头样式：指定回路箭头的样式，包括箭头角度和大小。

1. 导线尺寸

在“配线”选项下方单击“导线尺寸”字段，右侧面板将显示对 Revit 可用的导线尺寸信息，如图 5-30 所示。“校正因子”和“地线”分支列出校正系数（基于环境温度）和地线尺寸的载流量。

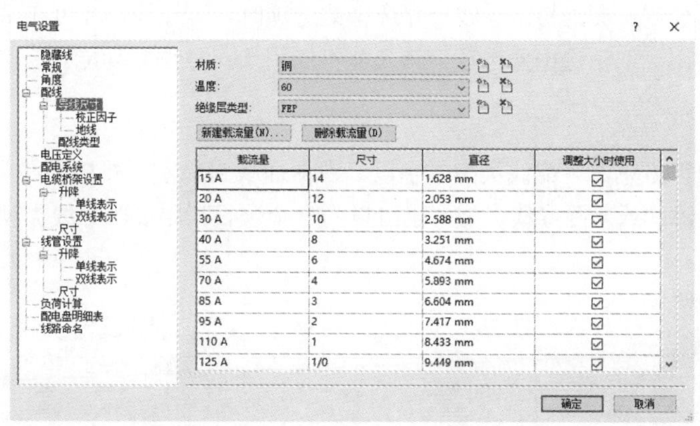

载流量	尺寸	直径	调整大小时使用
15 A	14	1.628 mm	☑
20 A	12	2.053 mm	☑
30 A	10	2.588 mm	☑
40 A	8	3.251 mm	☑
55 A	6	4.674 mm	☑
70 A	4	5.893 mm	☑
85 A	3	6.604 mm	☑
95 A	2	7.417 mm	☑
110 A	1	8.433 mm	☑
125 A	1/0	9.449 mm	☑

图 5-30 “导线尺寸”面板

“导线尺寸”面板中的选项说明如下。

☑ 材质：默认值为“铝”和“铜”。单击“添加材质”按钮，打开“新建材质”对话框，在现有材质的基础上添加新的导线材质，并创建关联表。材质名称在项目中必须是唯一的。单击“删除材质”按钮，从表中删除所选材质，如果材质正在项目中使用或者是项目中指定的唯一材质，则无法删除该材质。

☑ 温度：确定特定材质可以使用的绝缘层类型，在低温条件下，可供选择的绝缘层类型要比在高温条件下多得多。例如，对于 60 ℃的铝质导线，可以使用 UF 类型的绝缘层，但如果选

择90℃的铝质导线，则UF类型的绝缘层不可用。单击“添加温度”按钮，打开“新建温度”对话框，可以在现有额定温度的基础上添加新的额定温度，并创建关联表。对于指定的材质，温度名称必须是唯一的。单击“删除温度”按钮，删除所选温度，如果温度正在项目中使用或者是项目中指定的唯一温度，则无法删除该温度。

Note

☑ 绝缘层类型：默认的绝缘层值取决于所选材质和温度。单击“添加隔热层类型”按钮，打开“新建绝缘层”对话框，可以在现有绝缘层类型的基础上为当前所选材质和温度添加新的绝缘层类型。对于指定的材质，绝缘层类型名称必须是唯一的。单击“删除隔热层类型”按钮，删除所选绝缘层类型，如果绝缘层类型正在项目中使用或者是项目中指定的唯一绝缘层类型，则无法删除该绝缘层类型。

☑ 新建载流量：单击此按钮，打开如图5-31所示的“新建载流量”对话框，指定要添加到当前所选导线尺寸表中的新载流量。

☑ 删除载流量：在列表中选择一个载流量，单击此按钮，打开如图5-32所示的提示对话框，单击“是”按钮，载流量即从项目中删除，默认的0载流量不能删除。

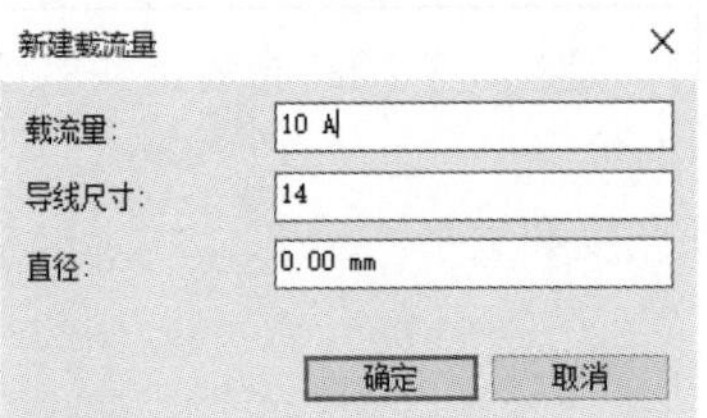

图5-31 “新建载流量”对话框

图5-32 提示对话框

☑ 调整大小时使用：在为特定导线尺寸选择此选项时，该导线尺寸可在由Revit计算导线尺寸的线路中使用。取消选中此选项，该尺寸不能用于尺寸调整功能。

2. 配线类型

在“配线”选项下方单击“配线类型”字段，右侧面板将显示项目中导线类型信息，如图5-33所示。可以根据需要添加或删除导线类型，也可以为一个项目指定多个导线类型。

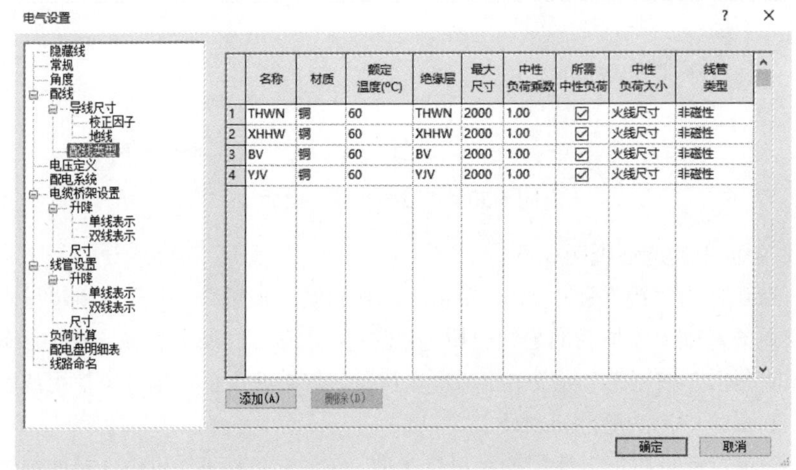

图5-33 “配线类型”面板

“配线类型”面板中的选项说明如下。

☑　名称：用户定义字符串用于标识特定导线类型。

☑　材质：指定导线的材质为铜、铝或在“新建材质”对话框中定义的材质。

☑　额定温度：指定温度为 30 ℃、60 ℃、90 ℃或在“新建温度”对话框中定义的温度。

☑　绝缘层：根据所选材质的不同，可以指定多种绝缘层类型。

☑　最大尺寸：将此类型导线的大小从 14 MCM（千圆密耳）调整到 2000 MCM 时使用的最大导线尺寸。使用此参数可以控制导线在平行回路中开始调整尺寸的时间，而不是简单地增加导线尺寸直到达到 2000 MCM。

☑　中性负荷乘数：该参数与所需中性负荷和中性负荷大小参数结合使用，可以调整系统的中性线尺寸。

☑　所需中性负荷：选择此选项，使用此导线类型的所有配线回路都将包含一条中性线。

☑　中性负荷大小：指定在调整中性线尺寸时是依据“火线尺寸”还是依据“不平衡的电流”。

☑　线管类型：线管材质会影响导线的阻抗，此参数决定使用哪部分导线阻抗表来计算电压降，可以选择“钢”或“非磁性”。

5.2.3　电压定义

“电压定义”面板如图 5-34 所示，列表框中显示了项目中配电系统所需要的电压。单击“添加”按钮，添加“新电压 1”，修改名称并设置电压值，每个电压定义都被指定为一个电压范围，以便适应各个制造商的装置的不同额定电压。

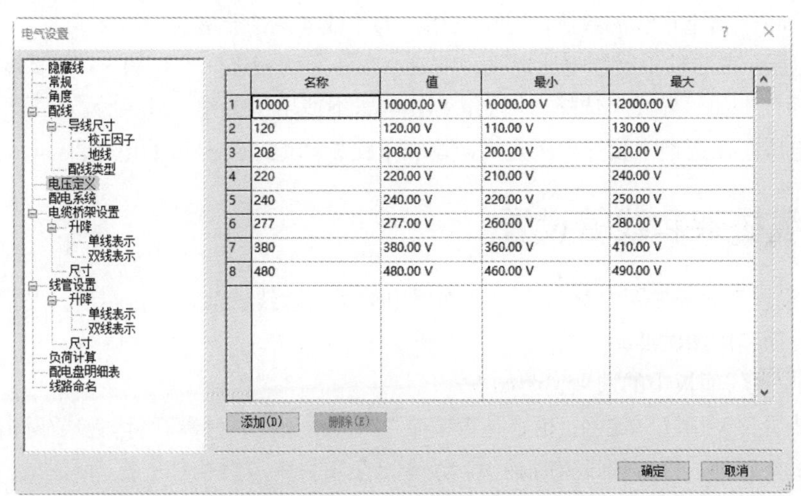

图 5-34　“电压定义”面板

“电压定义”面板中的选项说明如下。

☑　名称：用于标识电压定义。

☑　值：电压定义的实际电压。

☑　最小：用于电压定义的电气装置和设备的最小额定电压。

☑　最大：用于电压定义的电气装置和设备的最大额定电压。

5.2.4　配电系统

“配电系统”面板如图 5-35 所示，列表框中显示了项目中可用的配电系统。

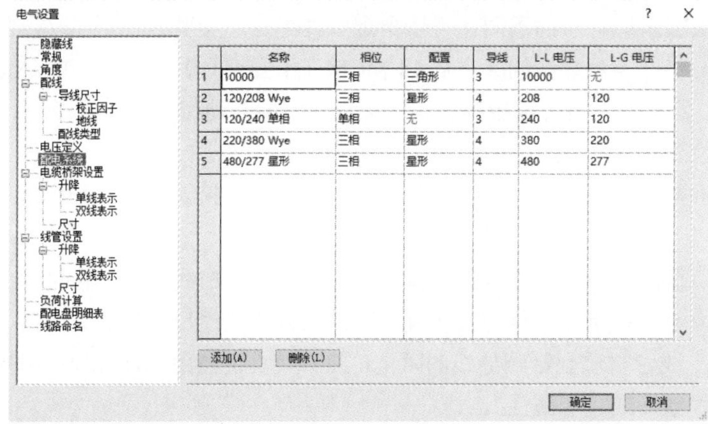

	名称	相位	配置	导线	L-L 电压	L-G 电压
1	10000	三相	三角形	3	10000	无
2	120/208 Wye	三相	星形	4	208	120
3	120/240 单相	单相	无	3	240	120
4	220/380 Wye	三相	星形	4	380	220
5	480/277 星形	三相	星形	4	480	277

图 5-35　“配电系统”面板

“配电系统”面板中的选项说明如下。

☑ 名称：用于标识配电系统的唯一名称。

☑ 相位：可以从下拉列表中选择“三相”或“单相”。

☑ 配置：可以从下拉列表中选择“星形”“三角形”或“无”。

☑ 导线：用于指定导线的数量，对于三相，为 3 或 4；对于单相，为 2 或 3。

☑ L-L 电压：在选项中设置电压定义，以表示在任意两相之间测量的电压。此参数的规格取决于“相位”和“导线”选择。例如，L-L 电压不适用于单相二线系统。

☑ L-G 电压：在选项中设置电压定义，以表示在相和地之间测量的电压。L-G 电压总是可用。

5.2.5　电缆桥架和线管设置

“电缆桥架设置”面板如图 5-36 所示。在布置电缆桥架和线管前，先按照设计要求对桥架和线管进行设置，为设计和出图做准备。

“电缆桥架设置”面板中的选项说明如下。

☑ 为单线管件使用注释比例：指定是否按照“电缆桥架配件注释尺寸”参数所指定的尺寸绘制电缆桥架管件。修改该设置时并不会改变已在项目中放置构件的打印尺寸。

☑ 电缆桥架配件注释尺寸：指定在单线视图中绘制的管件的打印尺寸。无论图纸比例为多少，该尺寸始终保持不变。

☑ 电缆桥架尺寸分隔符：指定用于显示电缆桥架尺寸的符号。例如，如果使用“×”，则高度为 12 英寸、深度为 4 英寸的电缆桥架将显示为“12 " ×4 " ”。

☑ 电缆桥架尺寸后缀：指定附加到电缆桥架尺寸之后的符号。

☑ 电缆桥架连接件分隔符：指定用于在两个不同连接件之间分隔信息的符号。

线管设置中的选项同电缆桥架设置中的选项类似，这里就不再一一进行介绍。

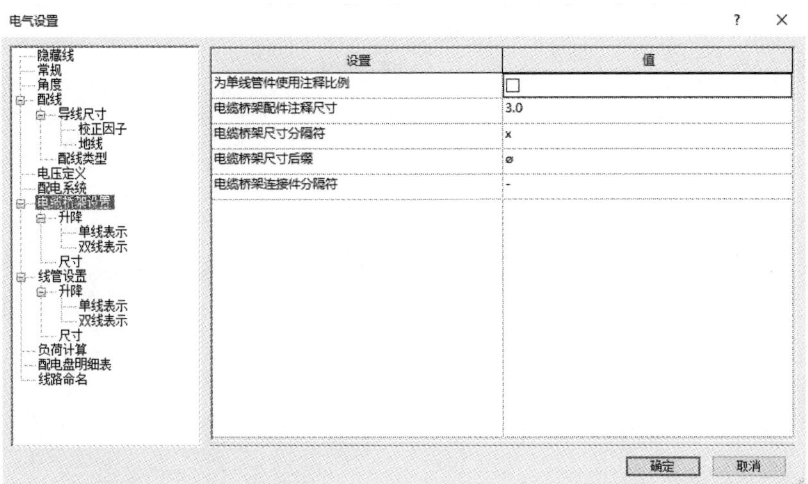

图 5-36 “电缆桥架设置”面板

5.2.6 负荷计算

“负荷计算”面板如图 5-37 所示。通过设置电气负荷类型，并为不同的负荷类型指定需求系数，可以确定各个系统照明和用电设备等负荷的容量和计算电流，并选择合适的配电箱。

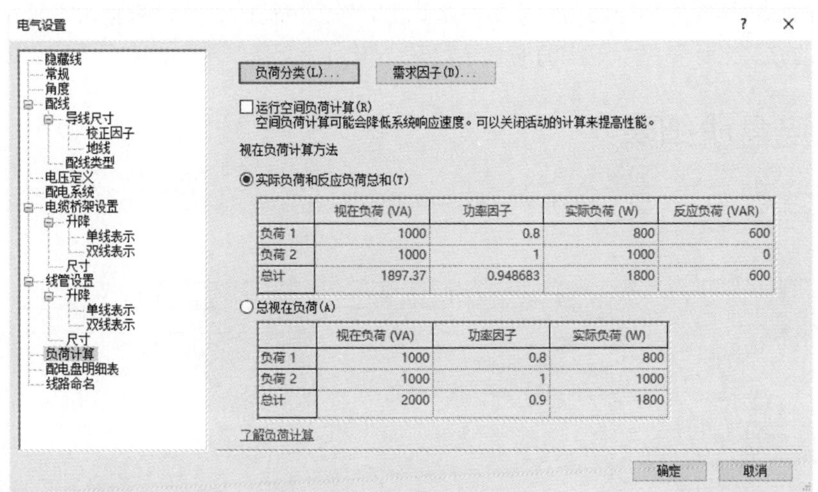

图 5-37 “负荷计算”面板

“负荷计算”面板中的选项说明如下。

☑ 负荷分类：单击此按钮，或单击“管理”选项卡“设置”面板中“MEP 设置”下拉列表中的“负荷分类”按钮，打开如图 5-38 所示的“负荷分类”对话框，在此对话框中可以对连接到配电盘的每种类型的电气负荷进行分类，还可以新建、复制、重命名和删除负荷类型。

☑ 需求因子：单击此按钮，或单击“管理”选项卡“设置”面板中“MEP 设置”下拉列表中的“需求因子”按钮，打开如图 5-39 所示的“需求因子”对话框，在该对话框中可以基于系统负荷为项目中的照明、电力、HVAC 或其他系统指定一个或多个需求系数。

Note

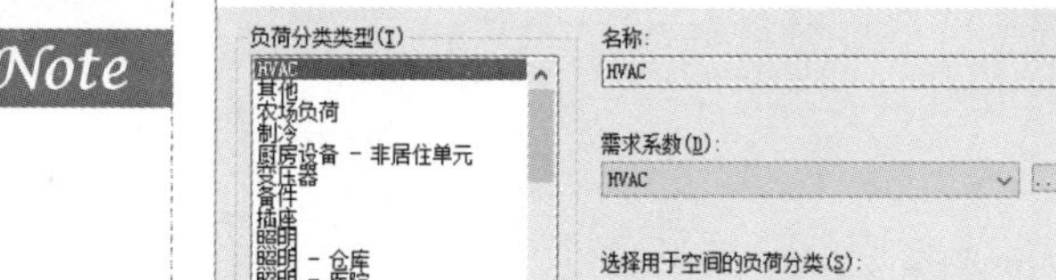

图 5-38 “负荷分类”对话框

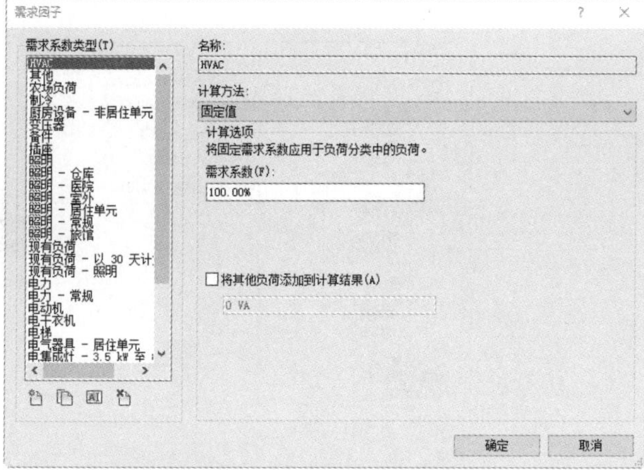

图 5-39 “需求因子”对话框

可以通过指定需求系数来计算线路的估计需用负荷。需求系数可以通过下列几种形式确定。

☑ 固定值：可以在“需求系数”框中直接输入系数值，默认为 100%。

☑ 按数量：可以指定多个连接对象的数量范围，并对每个范围应用不同的需求系数或者对所有对象应用相同的需求系数，具体取决于所连接对象的数量。

☑ 按负荷：可以为对象指定多个负荷范围并对每个范围应用不同的需求系数，或者对配电盘所连接的总负荷应用相同的需求系数。可以基于整个负荷的百分比来指定需求系数，并指定按递增的方式来计算每个范围的需求系数。

5.2.7 配电盘明细表

“配电盘明细表”面板如图 5-40 所示，选项说明如下。

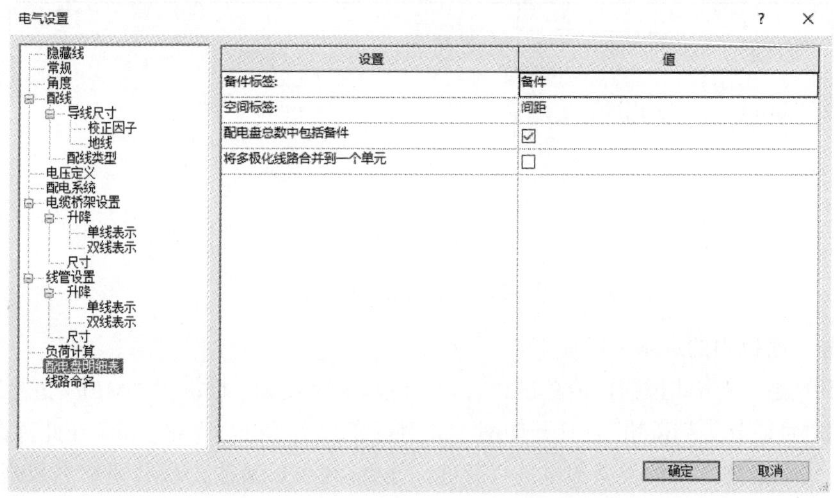

图 5-40 “配电盘明细表”面板

☑ 备件标签：指定应用到配电盘明细表中任一备件的“负荷名称”参数的默认标签文字。

☑ 空间标签：指定应用到配电盘明细表中任一空间的“负荷名称”参数的默认标签文字。

☑　配电盘总数中包括备件：指定为配电盘明细表中的备件添加负荷值时是否在配电盘总负荷中包括备件负荷值。

☑　将多极化线路合并到一个单元：指定是否将二极或三极线路合并到配电盘明细表中的一个单元中。

Note

5.2.8　线路命名

“线路命名”面板如图 5-41 所示，用来自定义线路命名方案，选项说明如下。

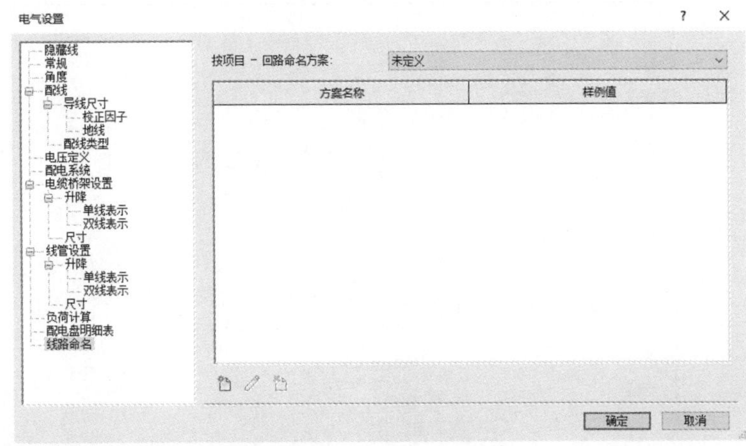

图 5-41　“线路命名”面板

☑　按项目-回路命名方案：在该下拉列表中选择一个方案来为模型指定一种默认的回路命名方案。

☑　新建方案：单击此按钮，打开如图 5-42 所示的“回路命名方案”对话框，在该对话框中选择参数、前缀、后缀等定义线路命名方案。

☑　编辑方案：选择方案，单击此按钮，打开“回路命名方案”对话框，编辑线路命名方案。

☑　删除方案：选择方案，单击此按钮，删除所选方案。

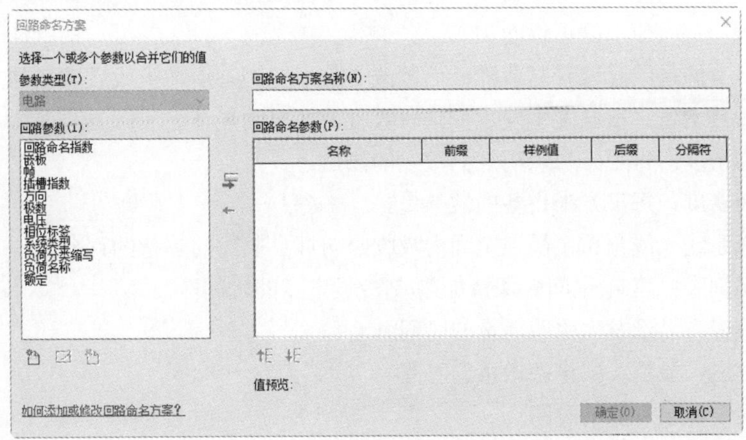

图 5-42　“回路命名方案”对话框

5.3 建筑/空间类型设置

Revit 为建筑和空间参数提供了默认的明细表和设置，用来计算热负荷和冷负荷。

单击“管理”选项卡“设置”面板“MEP 设置”下拉列表中的“建筑/空间类型设置”按钮（快捷键：BS），打开如图 5-43 所示的“建筑/空间类型设置”对话框。在该对话框中可创建、复制、重命名或删除建筑/空间类型。

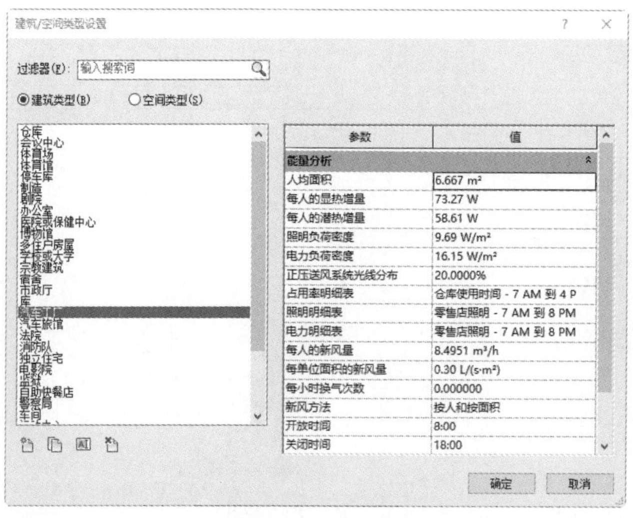

图 5-43 “建筑/空间类型设置”对话框

“建筑/空间类型设置”对话框中的主要选项说明如下。

☑ 建筑类型：指不同功能的建筑，如仓库、会议中心、体育馆等，每种建筑类型的能量分析参数不一样。

☑ 空间类型：指建筑内的不同空间，如办公室的封闭区域或开放区域、中庭的前三层和每加层等，每种空间的能量分析参数不一样。

☑ 人均面积：每人使用的单位面积。

☑ 每人的显热增量：温度升高或降低而不改变其原有相态所需吸收或放出的热量。

☑ 每人的潜热增量：在温度不发生变化时吸收或放出的热量。

☑ 照明负荷密度：每平方米照明灯具散发的热量。

☑ 电力负荷密度：每平方米设备的散热量。

☑ 正压送风系统光线分布：吊顶空间内吸收照明灯具散发的热量的百分比。

☑ 占用率明细表：建筑/空间内保持加热/制冷设定点的时间段。

☑ 照明明细表：显示发生照明增量的时间。

☑ 电力明细表：显示发生设备增量的时间。

☑ 开放时间：建筑开放的时间点。

☑ 关闭时间：建筑关闭的时间点。

可以为模型中的某个建筑类型和个别空间选择占用率明细表、照明明细表和电力明细表进行设

置。单击“占用率明细表/照明明细表/电力明细表栏”字段，然后单击⋯按钮，打开如图 5-44 所示的“明细表设置”对话框。可以修改默认的明细表，也可以基于现有的默认明细表创建新的明细表。

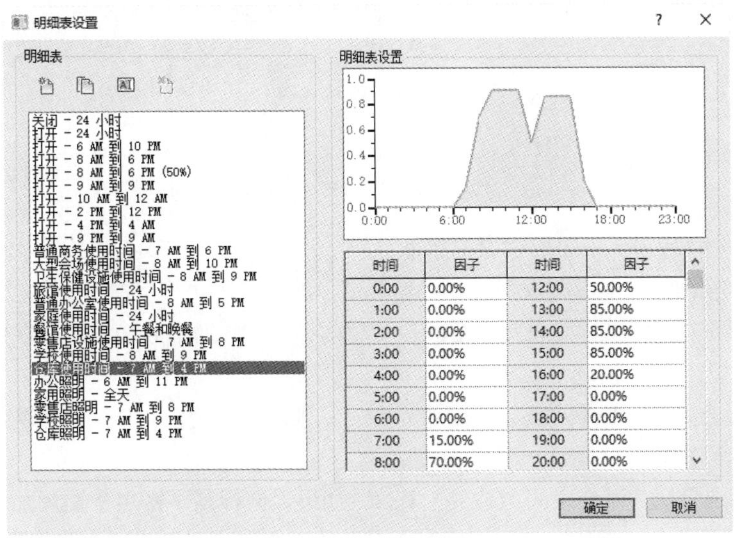

图 5-44　“明细表设置”对话框

5.4　空　　间

可以将空间放置到建筑模型的所有区域中，以进行精确的热负荷和冷负荷分析。

空间是通过识别链接建筑模型中的房间边界来放置的，所以在进行空间放置前，应先对模型中的房间边界进行设置。选取链接的模型，单击“属性”选项板中的“编辑类型”按钮，打开“类型属性”对话框，选中“房间边界”复选框，其他参数采用默认设置，如图 5-45 所示，单击“确定”按钮。

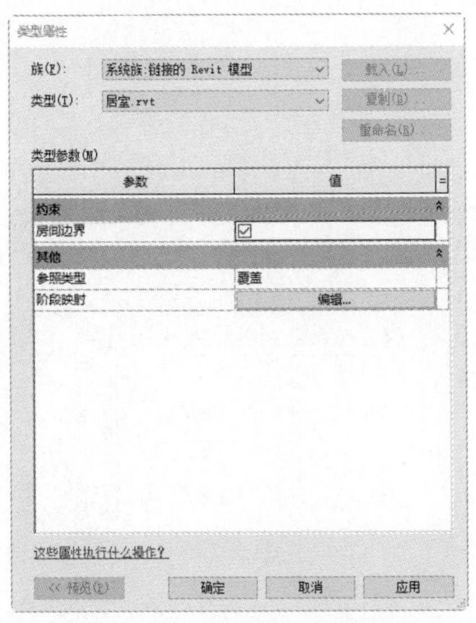

图 5-45　“类型属性”对话框

（1）单击“分析”选项卡“空间和分区”面板中的“空间”按钮，打开“修改|放置空间”选项卡和选项栏，如图 5-46 所示。

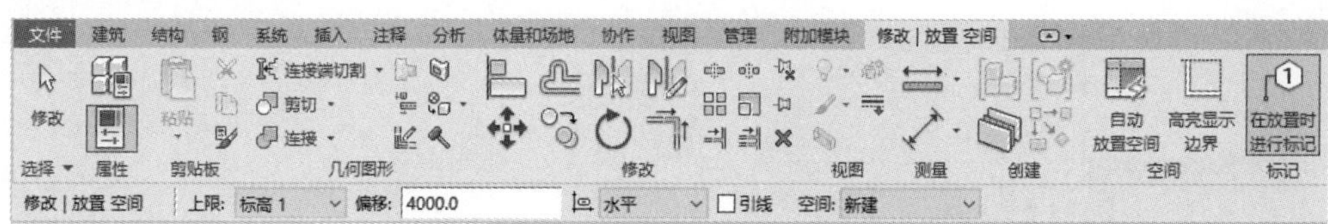

图 5-46 “修改|放置空间”选项卡和选项栏

“修改|放置空间”选项卡中的选项说明如下。

☑ 自动放置空间：单击此按钮，在当前标高上的所有闭合边界区域中放置空间。

☑ 在放置时进行标记：如果要随空间显示空间标记，则选中此按钮；如果要在放置空间时忽略空间标记，则取消选中此按钮。

☑ 高亮显示边界：如果要查看空间边界图元，则选中此按钮，Revit 将以金黄色高亮显示所有空间边界图元，并显示一个警告对话框。

☑ 上限：指定将从其测量空间上边界的标高。如果要向标高 1 楼层平面添加一个空间，并希望该空间从标高 1 扩展到标高 2 或标高 2 上方的某个点，则可将“上限”指定为“标高 2”。

☑ 偏移：输入空间上边界距该标高的距离。输入正值表示向“上限”标高上方偏移，输入负值表示向其下方偏移。

☑ ：指定所需空间的标记方向，包括水平、垂直和模型 3 种方向。

☑ 引线：指定空间标记是否带有引线。

☑ 空间：可以选择“新建”选项创建新的空间，或者从列表中选择一个现有空间。

（2）在“属性”选项板中包含空间标记、使用体积的空间标记和使用面积的空间标记 3 种类型，这里选取空间标记类型，如图 5-47 所示。

（3）在绘图区将光标放置在封闭的区域中，此时空间高亮显示，如图 5-48 所示。单击放置空间标记，如图 5-49 所示。

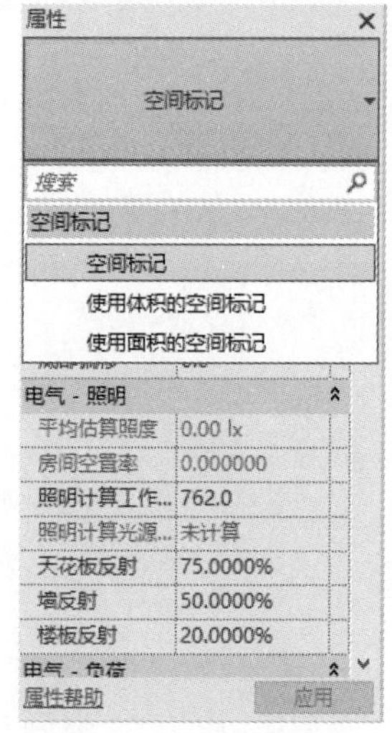

图 5-47 “属性”选项板

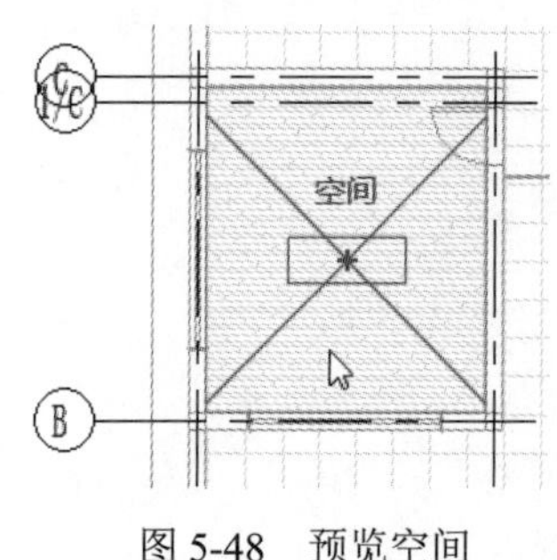

图 5-48 预览空间

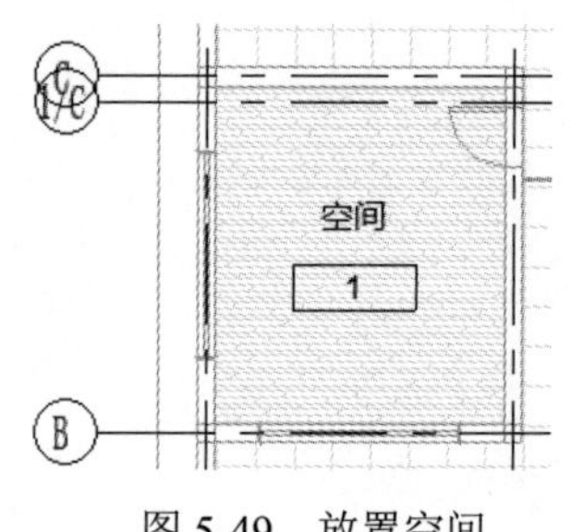

图 5-49 放置空间

（4）单击“自动放置空间”按钮，系统自动创建空间，并提示自动创建空间的数量，如图 5-50 所示。

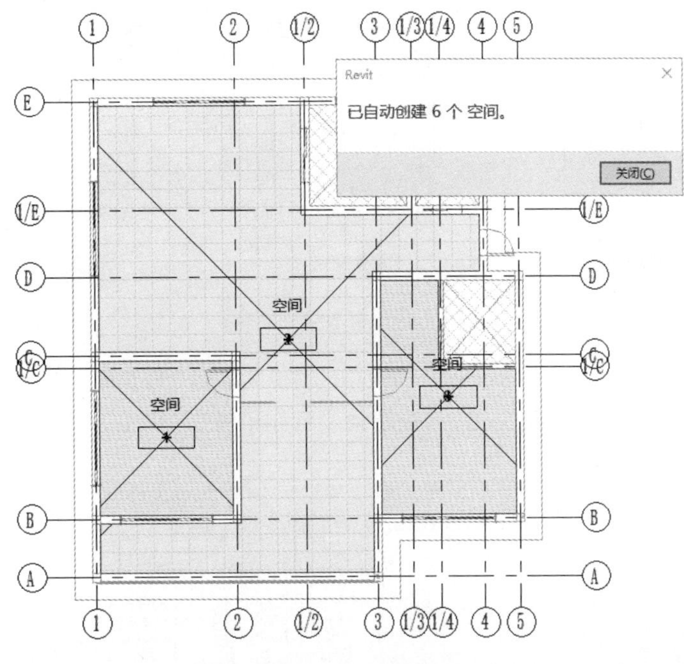

图 5-50　自动创建空间

（5）单击“分析”选项卡“空间和分区”面板中的“空间分隔符”按钮，打开“修改|放置空间分隔”选项卡，默认激活“线”按钮，绘制分隔线，将空间分隔成两个或多个小空间，如图 5-51 所示。

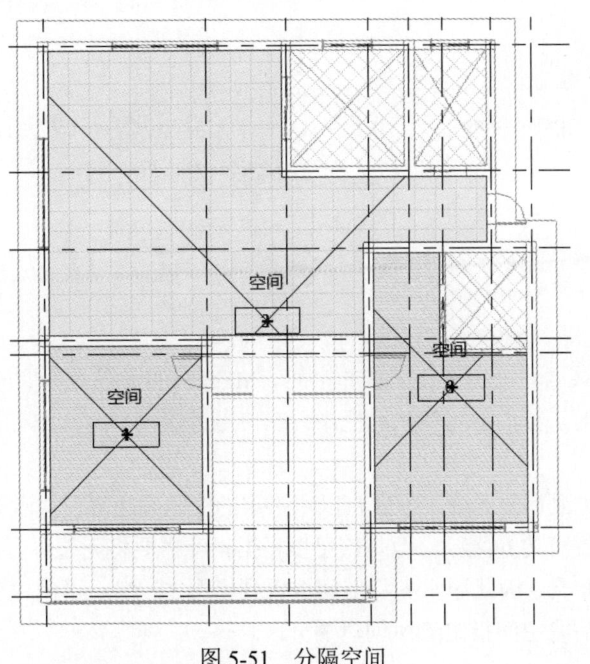

图 5-51　分隔空间

Note

（6）选取空间名称进入编辑状态，此时空间以红色显示，双击空间名称，在文本框中输入空间名称为“卧室”，如图 5-52 所示。

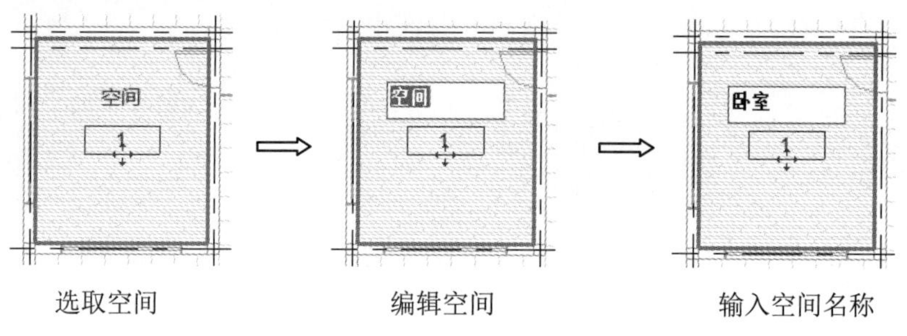

图 5-52　更改空间名称

（7）单击“分析”选项卡“空间和分区”面板中的“空间命名”按钮，打开如图 5-53 所示的“空间命名”对话框，指定空间的命名方式，一般选择“名称和编号”命名方式。

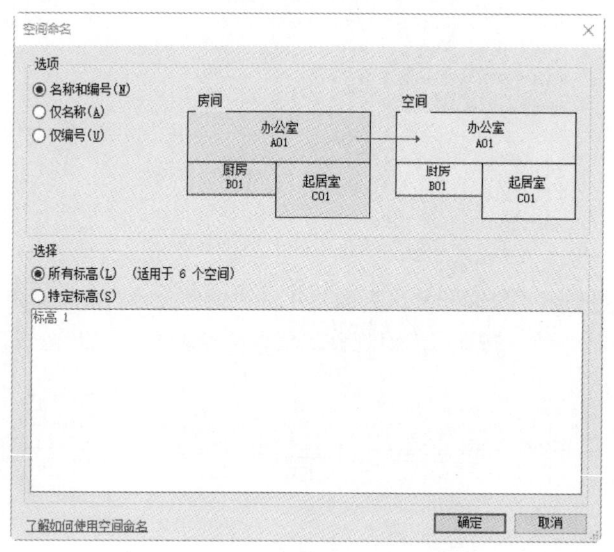

图 5-53　“空间命名”对话框

5.5　分　　区

创建分区可定义有共同环境和设计需求的空间。MEP 项目始终至少有一个分区，即默认分区。空间最初放置在项目中时，会添加到默认分区中。在使用链接模型时，所有分区（和空间）都必须在主体（本地）文件中。

将空间指定给（添加到）分区后，分区将以所指定的空间为边界，这时分区不能移动。与空间不同，无边界分区不会捕捉有边界区域。但是，可以根据设计需要将无边界分区移动到有边界区域上。

由于分区是空间的集合，因此通常先将空间放置到模型中，然后再创建分区。但也可以根据具体的环境先创建分区，然后将空间指定给所创建的分区。

（1）单击“分析”选项卡“空间和分区”面板中的“分区”按钮，打开如图 5-54 所示的“编辑分区”选项卡。

图 5-54　“编辑分区”选项卡

（2）系统默认激活“添加空间”按钮，在视图中选取空间，单击“完成编辑分区”按钮，将选中的空间添加到同一分区，如图 5-55 所示。

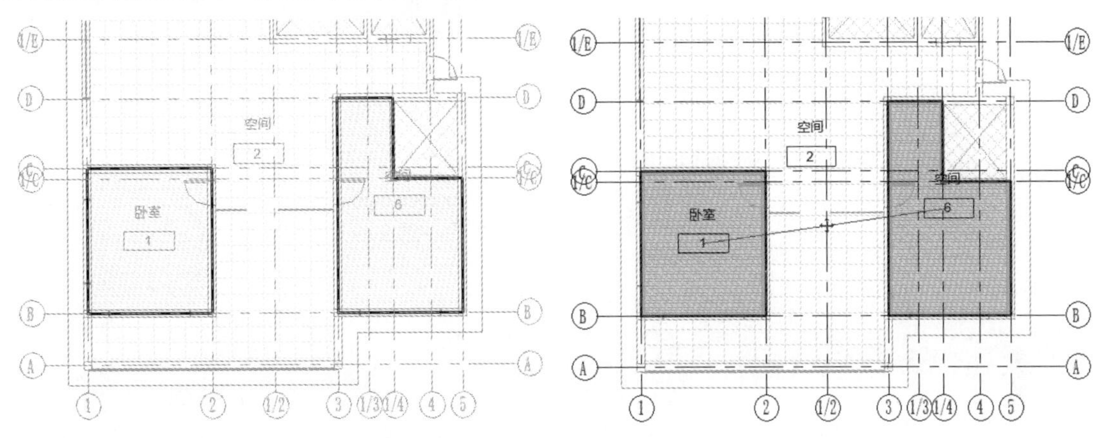

图 5-55　创建分区

注意：分区不能在立面视图或三维视图中显示，但可以在剖面视图中查看。

（3）选取分区，单击“修改|HVAC 区”选项卡中的“编辑分区”按钮，打开如图 5-54 所示的“编辑分区”选项卡，对分区进行添加空间或删除空间操作。

（4）单击“视图”选项卡“窗口”面板中的“用户界面”按钮，在打开的列表中选择“系统浏览器”选项或按 F9 键，打开“系统浏览器”对话框。

（5）在视图选项中选择“分区”选项，在“分区”列表中显示当前项目的分区信息，单击分区名称展开列表，可查看分区中所包含的空间，如图 5-56 所示。

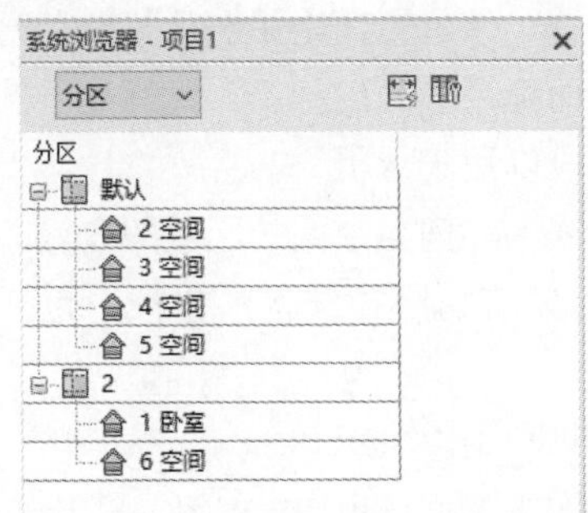

图 5-56　“系统浏览器”对话框

5.6 热负荷与冷负荷

Note

单击“分析”选项卡“报告和明细表”面板中的“热负荷和冷负荷”按钮（快捷键：LO），打开如图5-57所示的“热负荷和冷负荷”对话框。

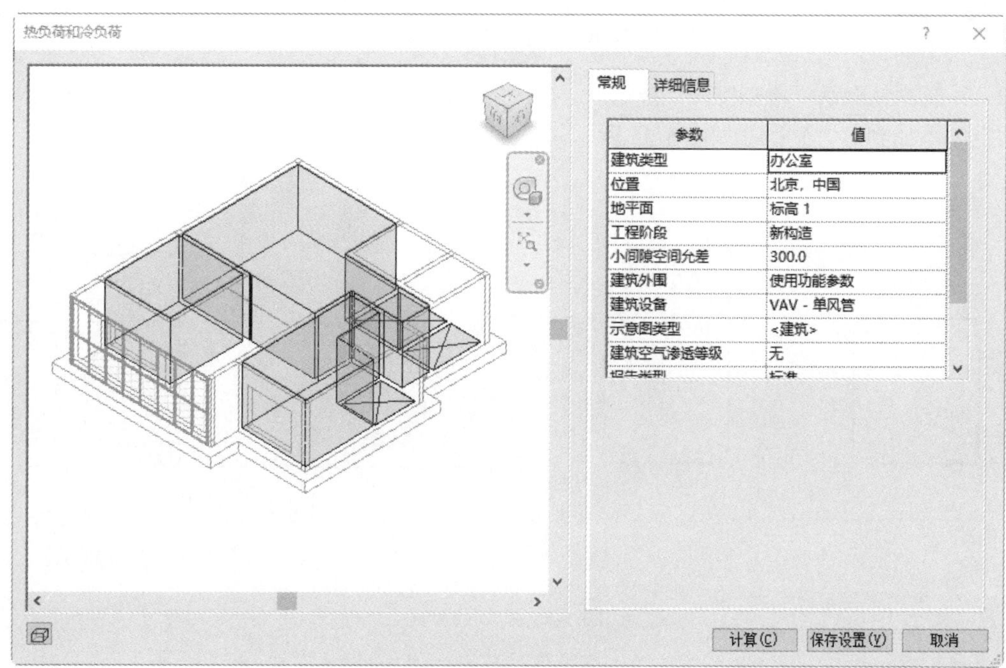

图5-57 “热负荷和冷负荷”对话框

“热负荷和冷负荷”对话框中的选项说明如下。

（1）“预览”窗格：显示建筑的分析模型。可以通过缩放、旋转和平移模型来检查每个分区和空间，尤其是间隙（即其中没有放置空间的区域）。如果找到间隙，则必须解决它们。

（2）线框/着色：将分析模型显示为线框/着色。

（3）“常规”选项卡：包含可直接影响加热和制冷分析的项目信息。

☑ 建筑类型：在该下拉列表中指定建筑的类型。

☑ 位置：指定模型的地理位置，该位置决定了在计算负荷时所使用的气候和温度。

☑ 地平面：指定用作建筑地面标高参照的标高，此标高下的表面被视为地下表面。

☑ 工程阶段：指定构造的阶段以用于分析。

☑ 小间隙空间允差：指定将视为小间隙空间的区域的允差。

☑ 建筑外围：指定用于确定建筑物围护结构的方法，包括使用功能参数和标示外部图元两种方法。

☑ 建筑设备：指定建筑的加热和制冷系统。

☑ 示意图类型：指定建筑的构造类型。单击按钮，打开如图5-58所示的“示意图类型”对话框，可以在其中指定建筑的材质和隔热层。

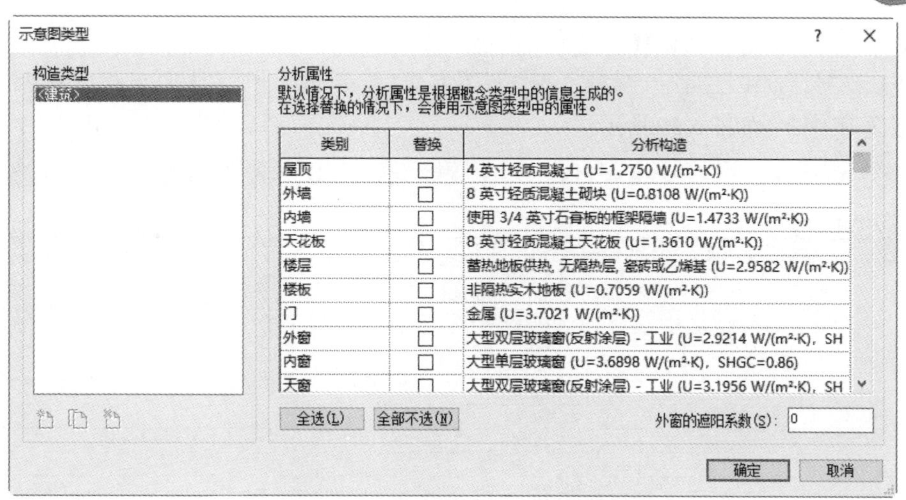

图 5-58　“示意图类型”对话框

- ☑ 建筑空气渗透等级：指定通过建筑外围漏隙进入建筑的新风的估计量。
- ☑ 报告类型：指定在热负荷和冷负荷报告中提供的信息层次，包括简单、标准和详细。
- ☑ 使用负荷信用：允许以负数形式记录加热或制冷“信用”负荷。例如，从一个分区通过隔墙进入另一个分区的热可以是负数负荷信用。

（4）“详细信息”选项卡：包含可直接影响加热和制冷分析的空间和分区信息。

- ☑ 空间/分析表面：用于查看分析模型，以检查建筑模型中的体积，确认各平面已被正确识别。
- ☑ 分区和空间列表：建筑模型中各空间和分区的层级列表。可以通过该列表识别分区与其控制的空间之间的关系。可以选择一个或多个空间或分区，以便在预览窗格中查看选择对象或显示选定空间或分区的相关信息。
- ☑ 高亮显示：在分析模型中显示选定的分区或空间。
- ☑ 隔离：在分析模型中只显示选定的空间。
- ☑ 显示相关警告：显示与分析模型中所选空间相关的警告消息。
- ☑ 空间信息：从列表中选择一个或多个空间后，将显示以下空间信息。这些空间信息会影响热负荷和冷负荷分析。
  - 空间类型：指定选定空间的空间类型。
  - 构造类型：指定选定空间的构造类型。
  - 人员：指定选定空间的人员负荷。
  - 电气数据：指定选定空间的照明和电力负荷。
- ☑ 分区信息：从列表中选择一个或多个分区后，将显示以下分区信息。这些分区信息会影响热负荷和冷负荷分析。
  - 设备类型：指定选定分区的加热和制冷设备的类型。
  - 加热信息：指定选定分区的加热设定点、加热空气温度和湿度设定点。
  - 制冷信息：指定选定分区的制冷设定点、制冷空气温度和除湿设定点。
  - 新风信息：显示新风的计算结果。
- ☑ 计算：使用集成工具执行热负荷和冷负荷分析。

☑ 保存设置：保存参数设置。

接下来，在对话框中设置各个参数，参数设置完成后，单击“计算”按钮，根据设置的参数进行计算并生成负荷报告，如图 5-59 所示。

1 - 机械　负荷报告 (1)

Project Summary

位置和气候	
项目	项目名称
地址	请在此处输入地址
计算时间	2022年6月19日 9:25
报告类型	标准
纬度	39.92°
经度	116.43°
夏季干球温度	36 °C
夏季湿球温度	28 °C
冬季干球温度	-11 °C
平均日较差	9 °C

Building Summary

输入	
建筑类型	办公室
面积 (m²)	103
体积 (m³)	276.25
计算结果	
峰值总冷负荷 (kW)	**23**
峰值制冷时间(月和小时)	七月 15:00
峰值显热冷负荷 (kW)	21
峰值潜热冷负荷 (kW)	1
最大制冷能力 (kW)	23
峰值制冷风量 (m³/h)	5,711.8
峰值热负荷 (kW)	**17**
峰值加热风量 (m³/h)	2,720.1
校验和	
冷负荷密度 (W/m²)	221.24
冷流体密度 (L/(s·m²))	15.36
冷流体/负荷 (L/(s·kW))	69.44
制冷面积/负荷 (m²/kW)	4.52
热负荷密度 (W/m²)	161.74
热流体密度 (L/(s·m²))	7.32

图 5-59　负荷报告

第6章

暖通功能

知识导引

使用“风管”工具来创建风管，然后将风道构件和机械设备放置在项目中，可以使用自动系统创建工具创建风管布线布局，以连接送风和回风系统构件。

- ☑ 风管
- ☑ 风管占位符
- ☑ 软风管
- ☑ 风管管件
- ☑ 风管附件
- ☑ 风道末端
- ☑ 添加管帽
- ☑ 风管隔热层和内衬
- ☑ 风管系统

任务驱动&项目案例

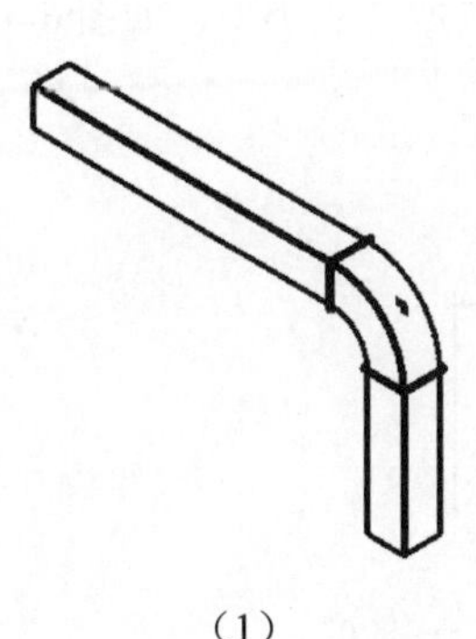

(1)

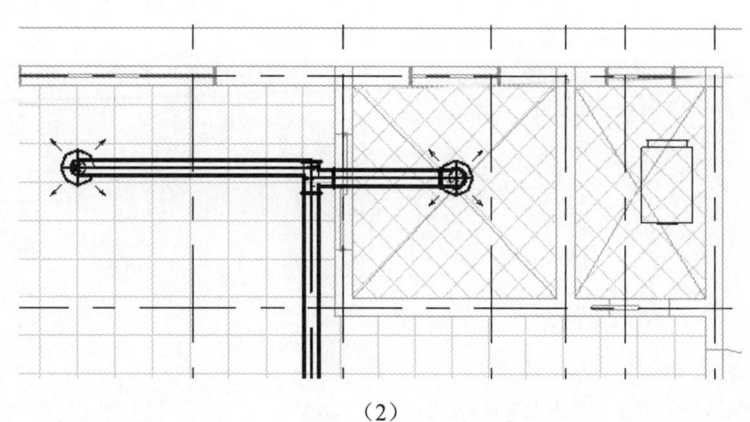

(2)

Note

6.1 风　　管

“风管”工具可用在项目中绘制管网，以连接风口和机械设备。

6.1.1 风管布管系统设置

（1）单击“系统”选项卡“暖通空调”面板中的“风管”按钮（快捷键：DT），在“属性”选项板中单击“编辑类型”按钮，打开如图 6-1 所示的“类型属性”对话框，在“类型”下拉列表中有 4 种风管类型，包括半径弯头/T 形三通、半径弯头/接头、斜接弯头/T 形三通和斜接弯头/接头。

（2）单击“布置系统配置”栏中的“编辑”按钮编辑...，打开如图 6-2 所示的“布管系统配置”对话框，在该对话框中可以设置风管的连接方式，设置好以后，连续单击“确定”按钮。

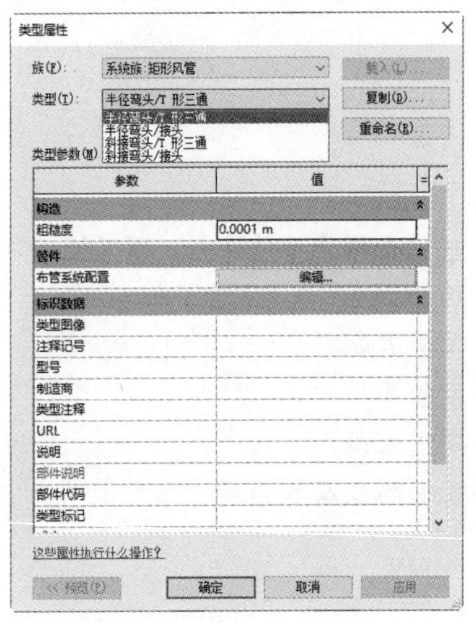

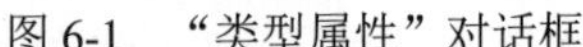

图 6-1　“类型属性”对话框

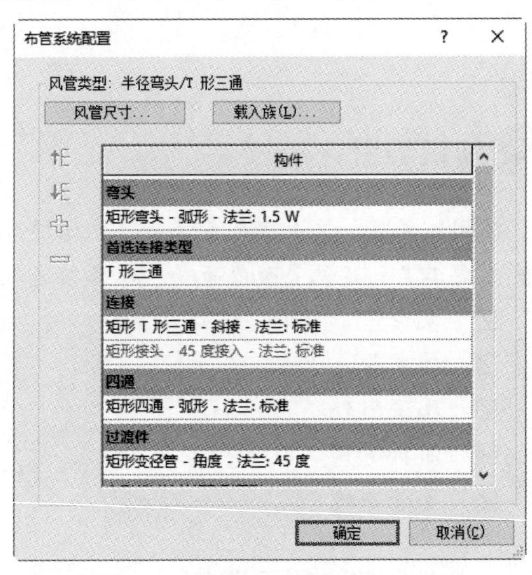

图 6-2　“布管系统配置”对话框

“布管系统配置”对话框中的选项说明如下。

☑ 弯头：设置风管改变方向时所用弯头的默认类型，在其下拉列表中选取弯头类型，如图 6-3 所示。

图 6-3　弯头类型

☑　首选连接类型：设置风管支管连接的默认类型。

☑　连接：设置风管接头的类型。

☑　四通：设置风管四通的默认类型。

☑　过渡件：设置风管变径的默认类型。

☑　多形状过渡件：设置不同轮廓风管间（圆形、矩形和椭圆形）的默认连接方式。

☑　活接头：设置风管活接头的默认连接方式。

☑　管帽：设置风管堵头的默认类型。

6.1.2　绘制水平风管

“风管”工具可用在项目中绘制管网，以连接风道末端和机械设备。

（1）单击“系统”选项卡“暖通空调”面板中的“风管”按钮（快捷键：DT），打开“修改|放置风管”选项卡和选项栏，如图 6-4 所示。

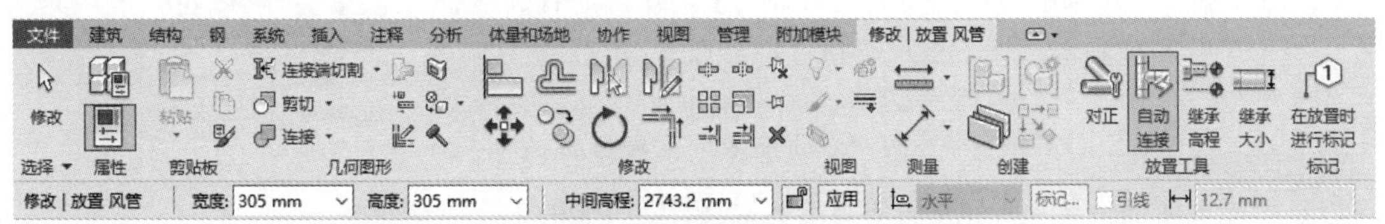

图 6-4　“修改|放置风管”选项卡和选项栏

“修改|放置风管”选项卡和选项栏中的常用选项说明如下。

☑　对正：单击此按钮，打开如图 6-5 所示的“对正设置”对话框，设置水平对正、水平偏移和垂直对正。

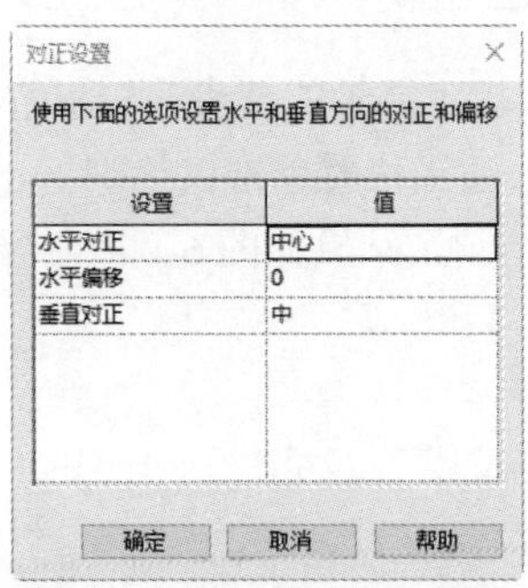

图 6-5　“对正设置”对话框

- 水平对正：以风管的“中心”“左”或“右”侧作为参照，将各风管部分的边缘水平对齐，如图 6-6 所示。

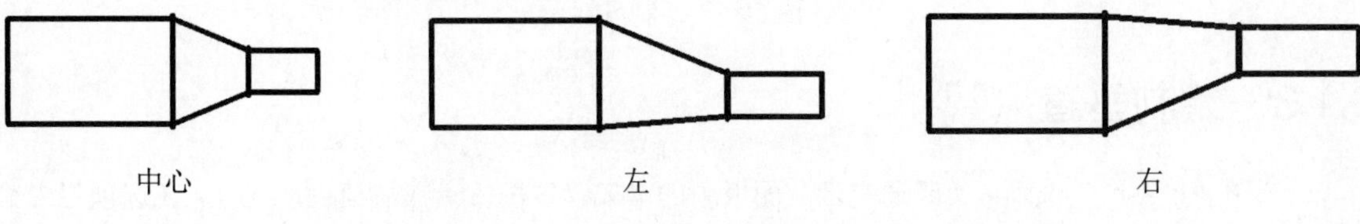

图 6-6　水平对正

- 水平偏移：用于指定在绘图区域中的单击位置与风管绘制位置之间的偏移。
- 垂直对正：以风管的“中”“底”或“顶”作为参照，将各风管部分边缘垂直对齐。

☑ 自动连接：在开始或结束风管管段时，可以自动连接构件上的捕捉。该选项对于连接不同高程的管段非常有用。但是，当沿着与另一条风管相同的路径以不同偏移量绘制风管时，需要取消激活“自动连接”按钮，以避免生成意外连接。

Note

☑ 继承高程：继承捕捉到的图元的高程。

☑ 继承大小：继承捕捉到的图元的大小。

☑ 宽度：指定矩形或椭圆形风管的宽度。

☑ 高度：指定矩形或椭圆形风管的高度。

☑ 中间高程：指定风管相对于当前标高的垂直高程。

☑ 锁定/解锁指定高程/：锁定后，管段会始终保持原高程，不能连接处于不同高程的管段。

（2）在“属性”选项板中选择所需的风管类型，默认的有圆形风管、矩形风管和椭圆形风管，这里选择“矩形风管 半径弯头/T形三通”类型。

（3）在选项栏的“宽度”或“高度”下拉列表中选择风管尺寸，也可以直接输入所需的尺寸，这里设置宽度和高度均为1000。

（4）在选项栏或“属性”选项板中输入中间高程，这里采用默认的中间高程。

（5）在“属性”选项板中设置水平对正和垂直对正，如图6-7所示；也可以在“对正设置”对话框中设置水平和垂直方向的对正和偏移。

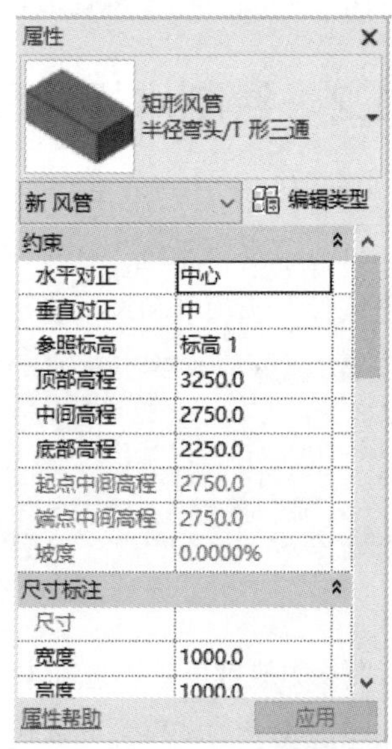

图6-7 “属性”选项板

（6）在绘图区域中适当位置单击以指定风管的起点，移动鼠标到适当位置单击以确定风管的终点，完成一段风管的绘制，继续移动鼠标在适当位置单击以绘制下一段风管，系统自动在连接处采用弯头连接，完成后，按Esc键退出风管的绘制，结果如图6-8所示。

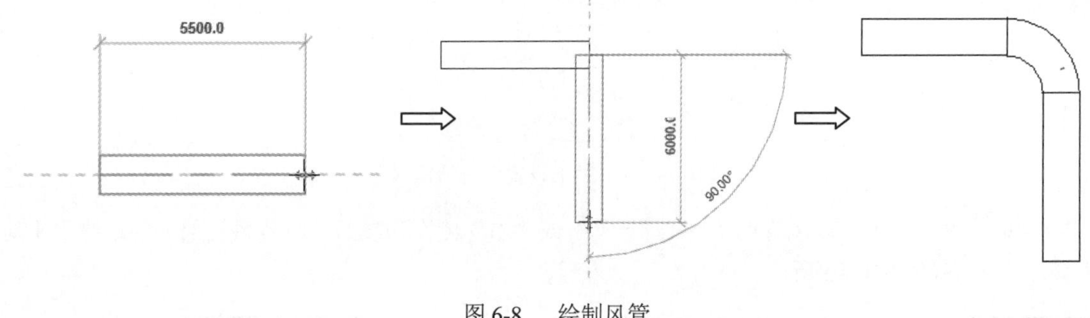

图6-8 绘制风管

6.1.3 绘制垂直风管

（1）单击“系统”选项卡“暖通空调”面板中的“风管”按钮（快捷键：DT），在选项栏中输入矩形风管的宽度、高度和中间高程值，绘制一段水平风管。

（2）在选项栏中输入中间高程值[只要中间高程值与步骤（1）中的高程值不同即可]，单击“应用”按钮，在变高程的地方自动生成一段垂直风管，如图 6-9 所示。

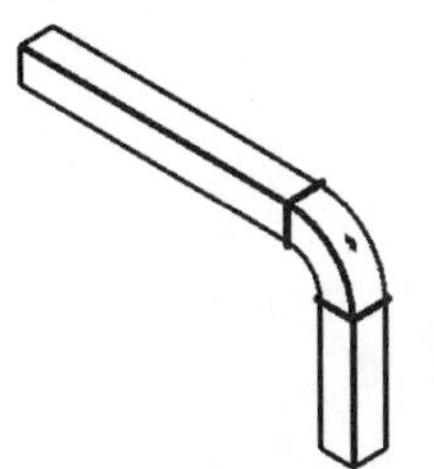

图 6-9　绘制垂直风管

6.2　风管占位符

风管占位符使用单线来显示风管，不会生成管件。风管占位符一般用于初期的设计阶段，用来表示设计方案。

6.2.1　绘制风管占位符

风管占位符的绘制方法与风管的绘制方法类似。

（1）单击“系统”选项卡“暖通空调”面板中的“风管占位符”按钮，打开“修改|放置风管占位符”选项卡和选项栏，如图 6-10 所示。

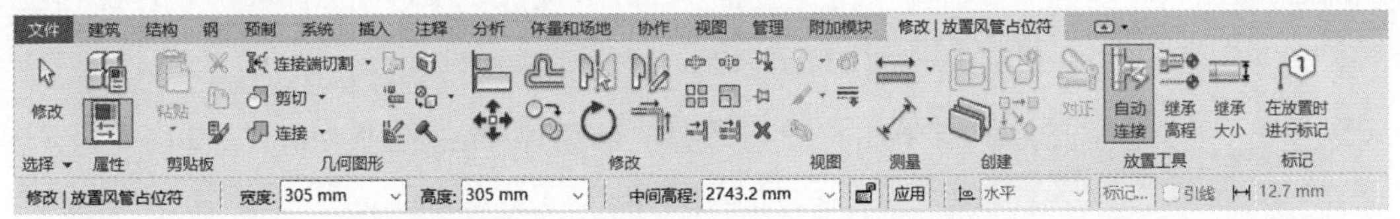

图 6-10　“修改|放置风管占位符”选项卡和选项栏

（2）在“属性”选项板中选择所需的风管类型，默认的有圆形风管、矩形风管和椭圆形风管，这里选择“矩形风管 半径弯头/T 形三通”类型。

（3）在选项栏的“宽度”或“高度”下拉列表中选择风管尺寸，也可以直接输入所需的尺寸，这里设置宽度和高度均为 1000。

（4）在选项栏或“属性”选项板中输入中间高程，这里采用默认的中间高程。

（5）在“属性”选项板中设置水平对正和垂直对正，如图 6-11 所示；也可以在“对正设置”对话框中设置水平和垂直方向的对正和偏移。

图 6-11　“属性”选项板

（6）在绘图区域中适当位置单击以指定风管占位符的起点，移动鼠标到适当位置单击以确定风管占位符的终点，完成一段风

管占位符的绘制，继续移动鼠标在适当位置单击以绘制下一段风管占位符，完成后，按 Esc 键退出风管占位符的绘制，结果如图 6-12 所示。

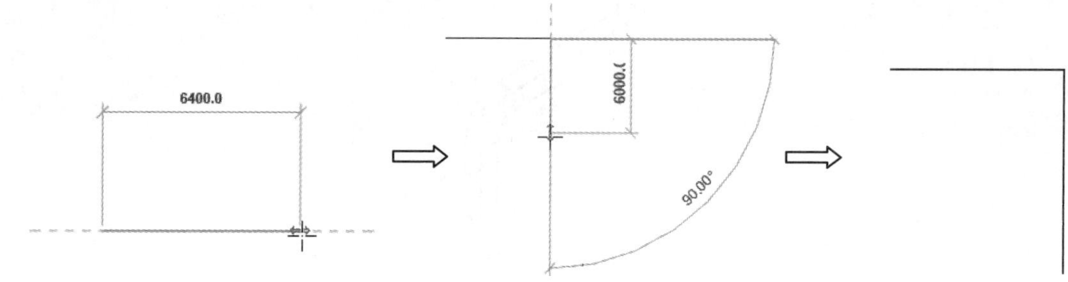

图 6-12　绘制风管占位符

6.2.2　将风管占位符转换为风管

占位符图元的类型属性决定了要添加的管件。例如，在绘制风管占位符时使用的是带有接头的矩形风管类型，那么将被转换为带有接头的矩形风管。

（1）选取已经绘制好的风管占位符，打开如图 6-13 所示的“修改|放置风管占位符”选项卡和选项栏。

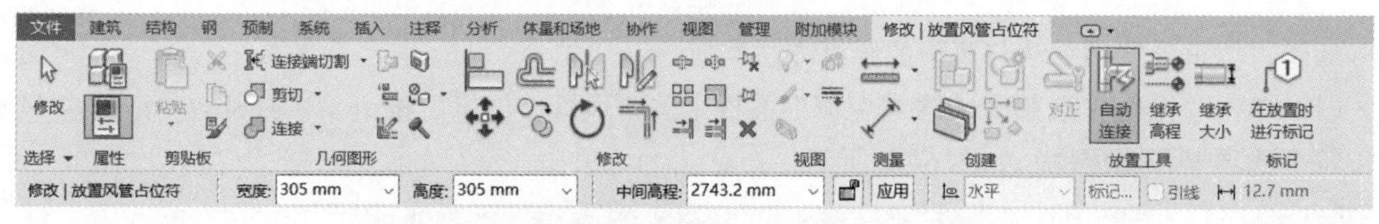

图 6-13　“修改|放置风管占位符”选项卡和选项栏

（2）单击“编辑”面板中的“转换占位符”按钮，将风管占位符转换为风管，如图 6-14 所示。

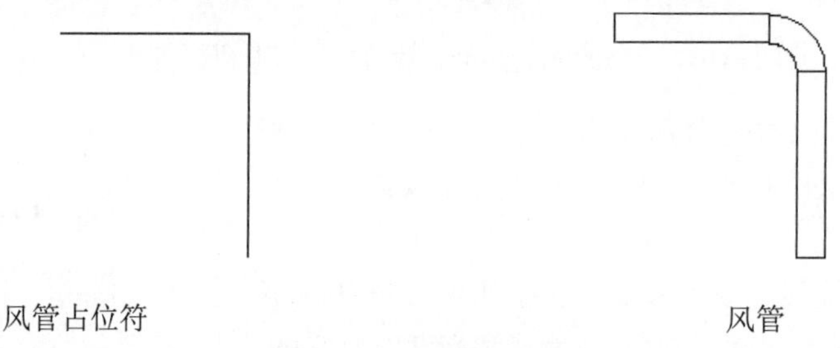

图 6-14　风管占位符转换为风管

6.3　软　风　管

6.3.1　绘制软风管

（1）单击“系统”选项卡“暖通空调”面板中的“软风管”按钮（快捷键：FD），打开“修改|

放置软风管”选项卡和选项栏，如图 6-15 所示。

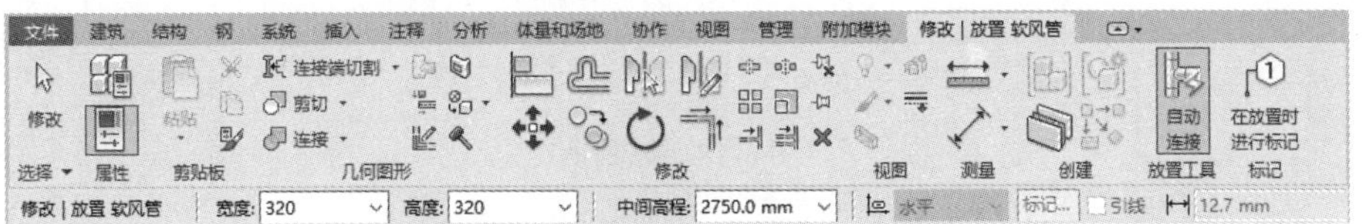

图 6-15　“修改|放置软风管”选项卡和选项栏

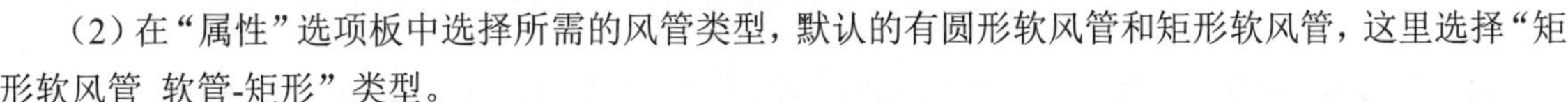

（2）在“属性”选项板中选择所需的风管类型，默认的有圆形软风管和矩形软风管，这里选择“矩形软风管 软管-矩形”类型。

（3）在“属性”选项板中设置软管样式、宽度和高度，如图 6-16 所示。系统提供了 8 种软风管样式，通过选取不同的样式，可以改变软风管在平面视图中的显示。

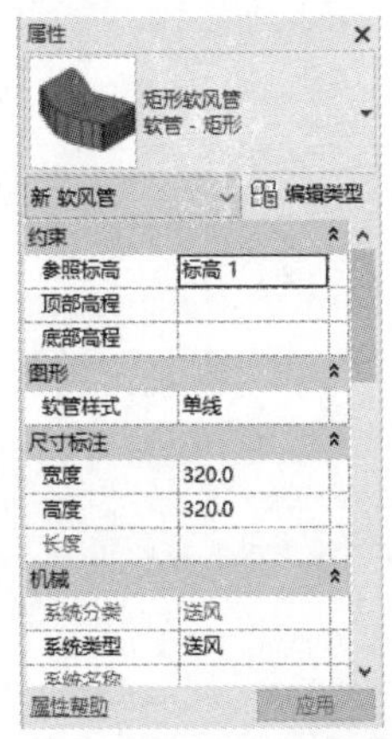

图 6-16　“属性”选项板

（4）在绘图区域中适当位置单击以指定软风管的起点，沿着希望软风管经过的路径拖曳风管端点，单击风管弯曲所在位置的各个点，单击风道末端、风管管段或机械设备上的连接件，以指定软风管的端点，完成绘制后，按 Esc 键退出软风管的绘制，如图 6-17 所示。

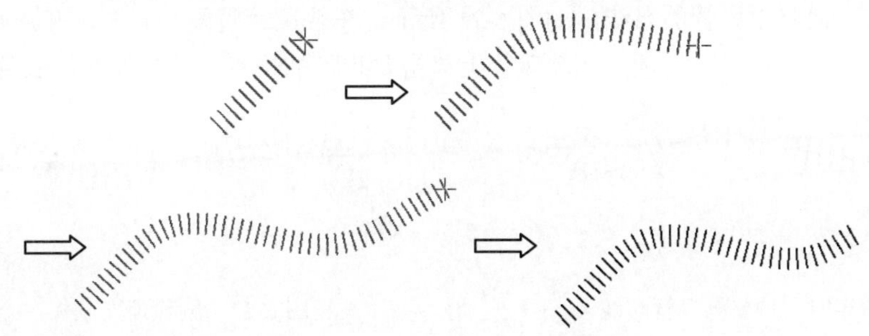

图 6-17　绘制软风管

6.3.2　编辑软风管

（1）选取软风管，软风管上显示控制柄，如图 6-18 所示，使用顶点、修改切点和连接件控制柄来调整软风管的布线。

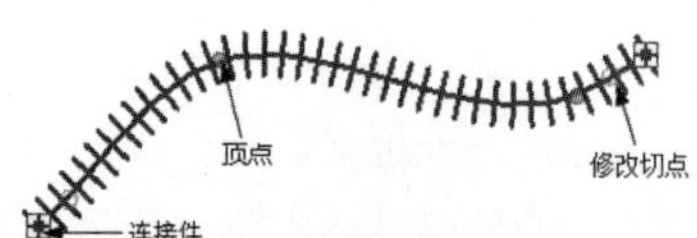

图 6-18　控制柄

☑　顶点：出现在软风管的长度旁，可以用它来修改风管弯曲位置处的点。

☑　修改切点：出现在软风管的起点和终点处，可以用它来调整第一个弯曲处和第二个弯曲处的切点。

☑　连接件：出现在软风管的各个端点处，可以用它来重新定位风管的端点，也可以通过它将软风管连接到另一个机械构件上，或断开软风管与系统的连接。

（2）在软风管管段上右击，打开如图 6-19 所示的快捷菜单，然后选择“插入顶点”选项，根据需要添加顶点，如图 6-20 所示。

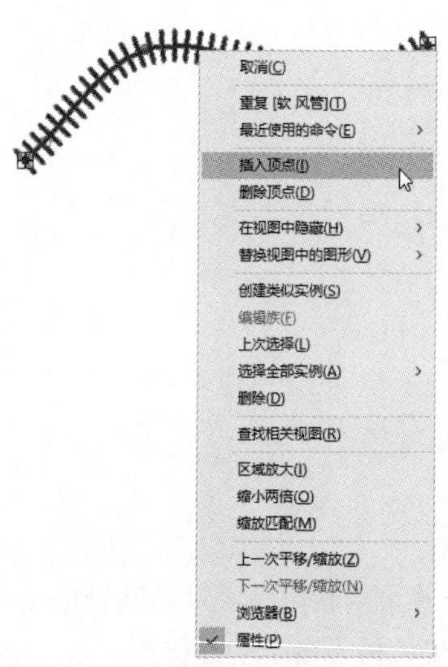

图 6-19　快捷菜单

图 6-20　插入顶点

（3）拖曳顶点，调整软风管的布线，如图 6-21 所示。在软风管管段上右击，打开如图 6-19 所示的快捷菜单，选择“删除顶点”选项，在软风管上单击要删除的顶点，结果如图 6-22 所示。

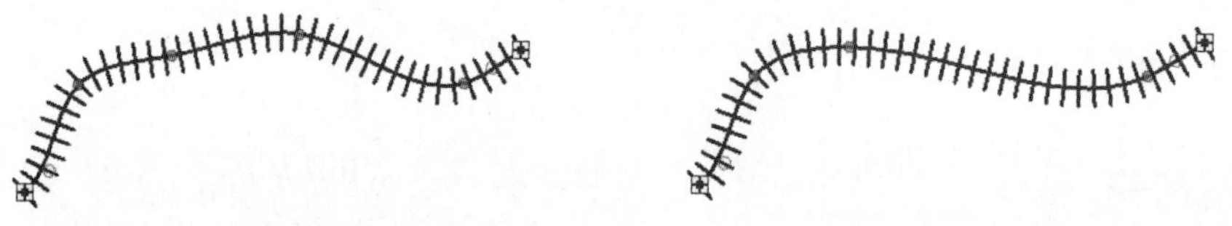

图 6-21　调整软风管布线　　　　图 6-22　删除顶点

6.4　风 管 管 件

风管在绘制过程中需要大量的管件进行连接，包括弯头、T 形三通、四通等。管件在绘制风管时可以自动生成，也可以手动添加。

6.4.1　放置风管管件

在视图中，很少将风管管件作为独立构件添加，通常是将其添加到现有的管网中。

（1）单击“系统”选项卡“暖通空调”面板中的“风管管件”按钮（快捷键：DF），打开“修改|放置风管管件”选项卡和选项栏，如图 6-23 所示。

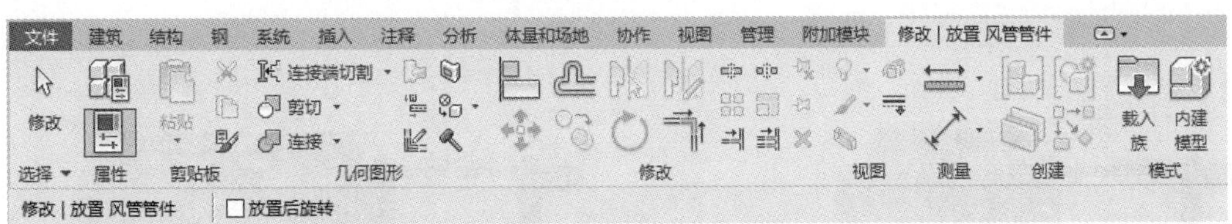

图 6-23　“修改|放置风管管件”选项卡和选项栏

（2）在“属性”选项板中选择所需的风管管件类型，设置管件的尺寸以及高程，如图 6-24 所示。

（3）在视图中单击放置风管管件，如图 6-25 所示。

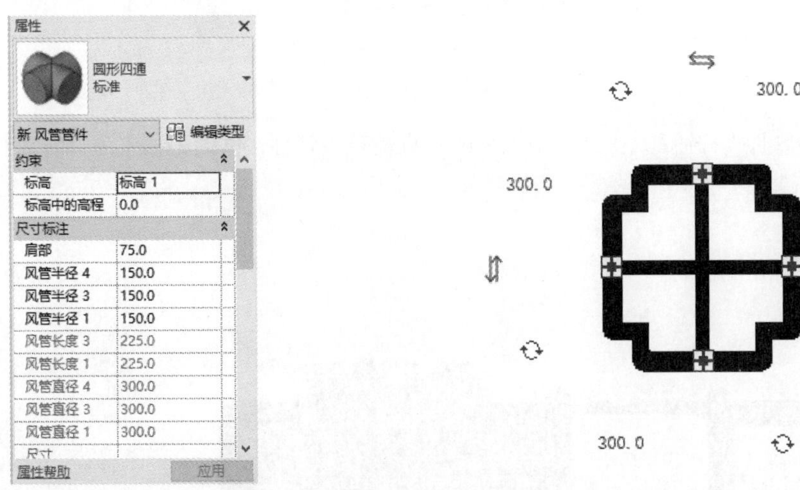

图 6-24　“属性”选项板　　　　图 6-25　风管管件

（4）如果在现有风管中放置管件，应将光标移动到要放置管件的位置，然后单击风管以将管件捕捉到风管端点处的连接件，如图 6-26 所示。管件会自动调整其高程和大小，直到与风管匹配为止，如图 6-27 所示。

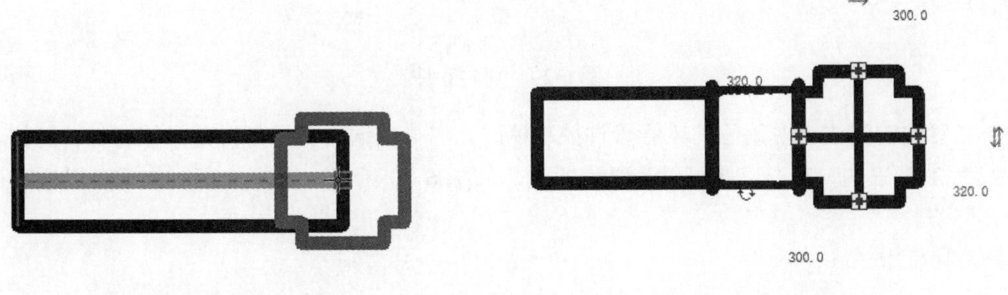

图 6-26　捕捉风管端点　　　　图 6-27　放置管件

Note

6.4.2 编辑风管管件

从图 6-25 和图 6-27 中可以看出，风管管件提供了一组可用于在视图中修改管件的控制柄。

（1）风管管件尺寸显示在各个支架的连接件的附近。可以单击该尺寸，并输入值以指定大小，如图 6-28 所示。在必要时会自动创建过渡件。

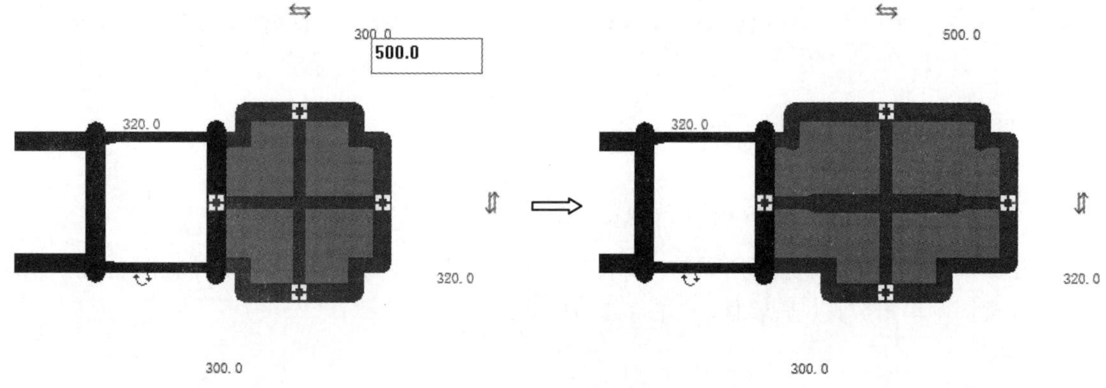

图 6-28　更改尺寸

（2）单击“翻转管件”按钮⇵，在系统中水平或垂直翻转该管件，以便根据气流确定管件的方向，如图 6-29 所示。

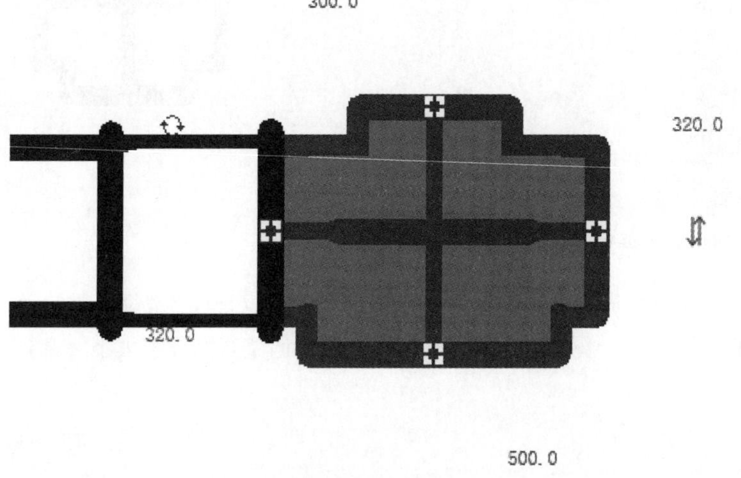

图 6-29　翻转管件

（3）当管件的旁边出现蓝色的风管管件控制柄时，加号按钮＋表示可以升级该管件。例如，弯头可以升级为 T 形三通，T 形三通可以升级为四通，如图 6-30 所示。减号按钮－表示可以删除该支架以使管件降级。

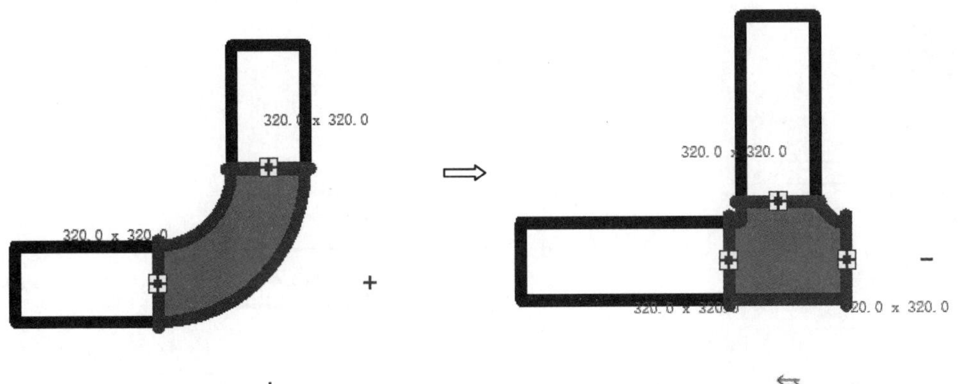

图 6-30 管件升级

（4）单击“旋转”按钮，可以修改管件的方向，每次单击“旋转”按钮，都将使管件旋转 90°，如图 6-31 所示。

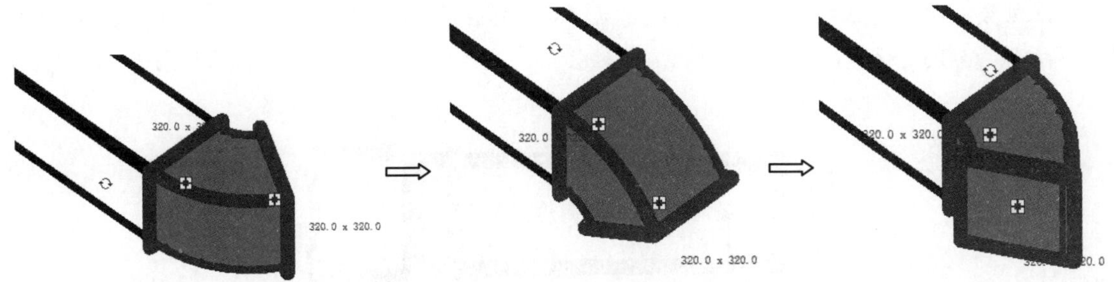

图 6-31 旋转管件

6.5 风管附件

可以在平面、剖面、立面和三维视图中添加风管附件，如排烟阀。

（1）单击“系统”选项卡“暖通空调”面板中的“风管附件”按钮（快捷键：DA），打开“修改|放置风管附件”选项卡，如图 6-32 所示。

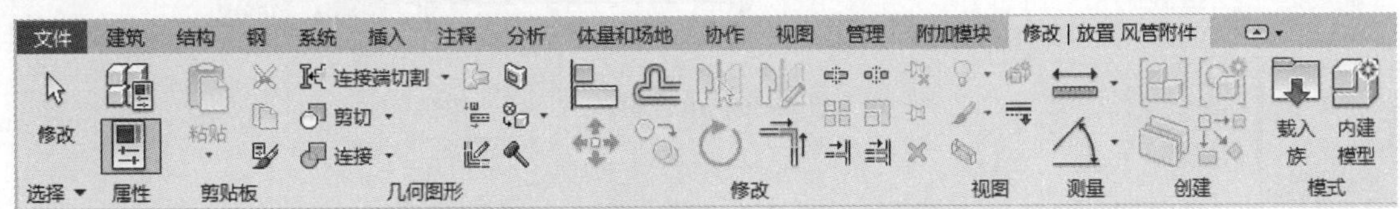

图 6-32 “修改|放置风管附件”选项卡

（2）在“属性”选项板中选择所需的风管附件类型和高程，如图 6-33 所示。

（3）在视图中单击以放置风管附件，如图 6-34 所示。

Note

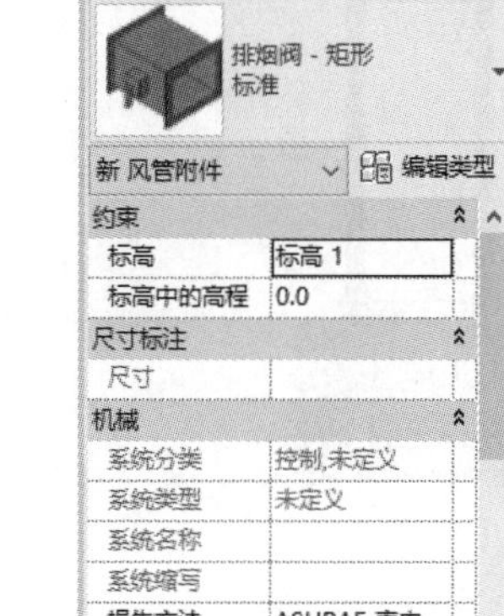

图 6-33 “属性”选项板

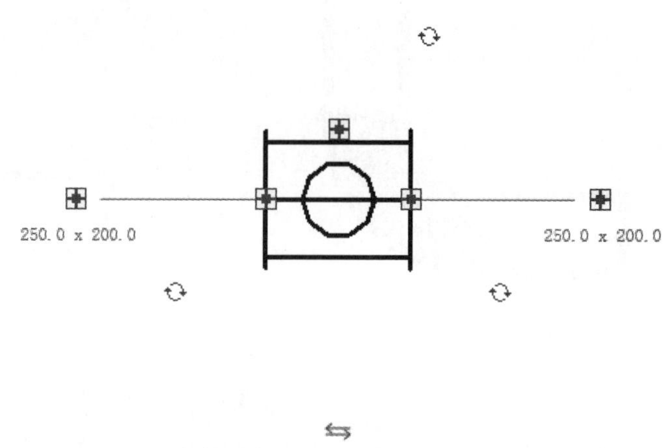

图 6-34 风管附件

（4）如果在现有风管中放置附件，应将光标移动到要放置附件的位置，然后单击风管以将附件捕捉到风管端点处的连接件，如图 6-35 所示。附件会自动调整其高程，直到与风管匹配为止，如图 6-36 所示。

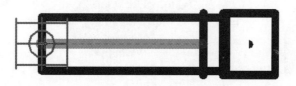

图 6-35 捕捉风管端点

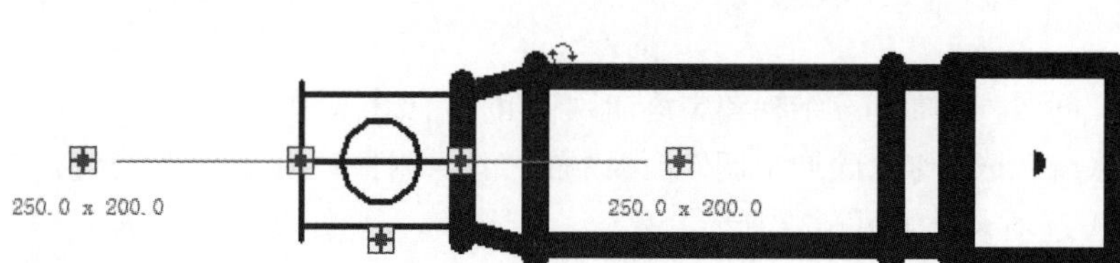

图 6-36 放置附件

6.6 风道末端

利用“风道末端”命令可以添加风口、格栅或散流器。

（1）单击“系统”选项卡“暖通空调”面板中的“风道末端”按钮（快捷键：AT），打开“修改|放置风道末端装置”选项卡，如图 6-37 所示。

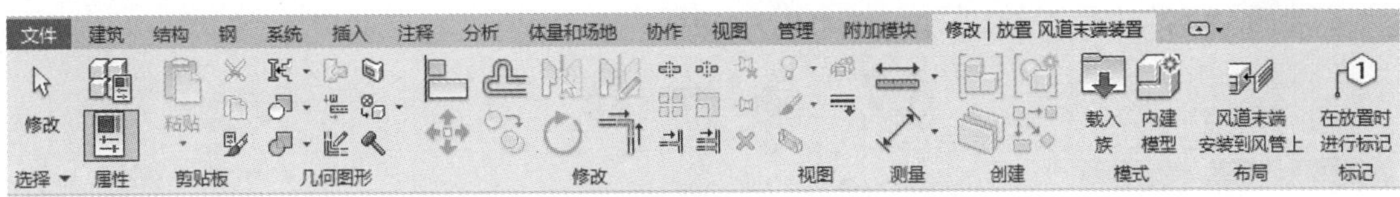

图 6-37　“修改|放置风道末端装置”选项卡

（2）在“属性”选项板中选择所需的风道末端类型，如图 6-38 所示。

（3）单击“风道末端安装到风管上”按钮，在风管上的适当位置单击放置风道末端，如图 6-39 所示。

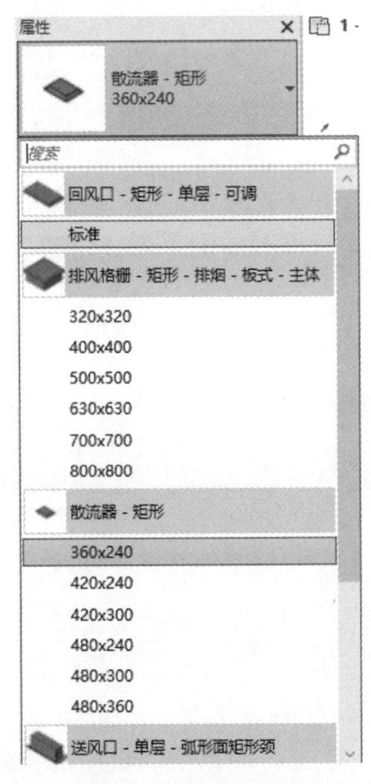

图 6-38　“属性”选项板

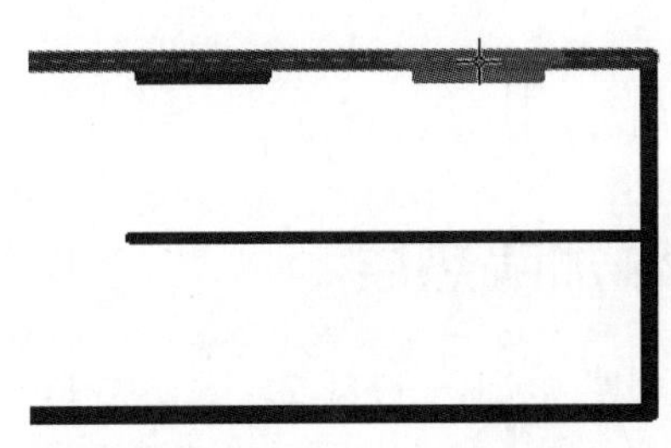

图 6-39　风道末端

（4）对于不需要安装在风管上的末端，取消激活“风道末端安装到风管上”按钮，需要在“属性”选项板中设定其偏移值，在风管上单击放置风管末端，系统会自动根据风管末端的位置匹配相应的风管与主风管连接，如图 6-40 所示。

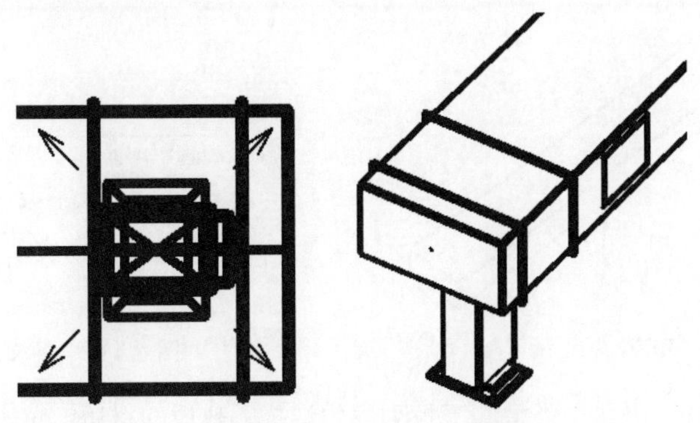

图 6-40　放置风道末端

Note

6.7 添加管帽

1. 将管帽添加到风管

选取风管，打开如图6-41所示的“修改|风管”选项卡，单击“编辑”面板中的“管帽开放端点”按钮，管帽将添加到所选图元的所有开放端点。

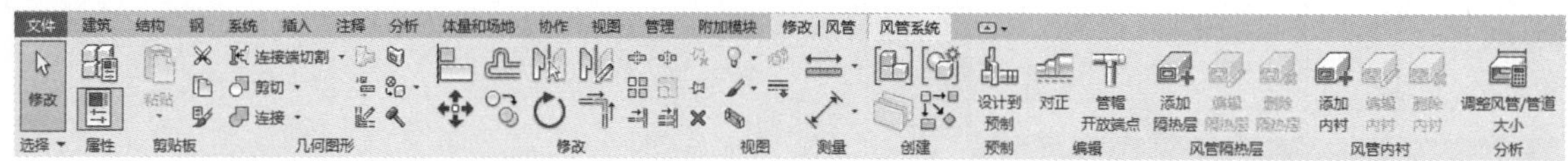

图6-41 “修改|风管”选项卡

2. 将管帽添加到风管管网

选取风管管网，单击“修改|风管”选项卡“编辑”面板中的“管帽开放端点”按钮，管帽将被添加到所选管网的所有开放端点。

6.8 风管隔热层和内衬

可以对风管添加隔热层和内衬。

6.8.1 添加隔热层

（1）在视图中绘制一段风管，或者打开已经绘制好的风管，如图6-42所示。

（2）选取风管，打开如图6-41所示的“修改|风管”选项卡，单击“编辑”面板中的“添加隔热层”按钮，打开如图6-43所示的“添加风管隔热层”对话框。

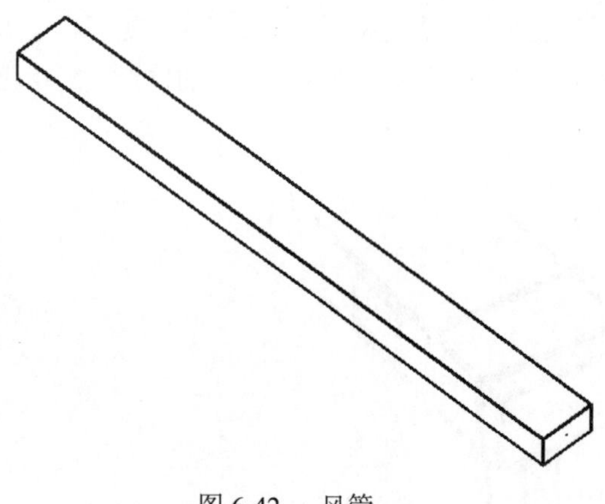

图6-42 风管

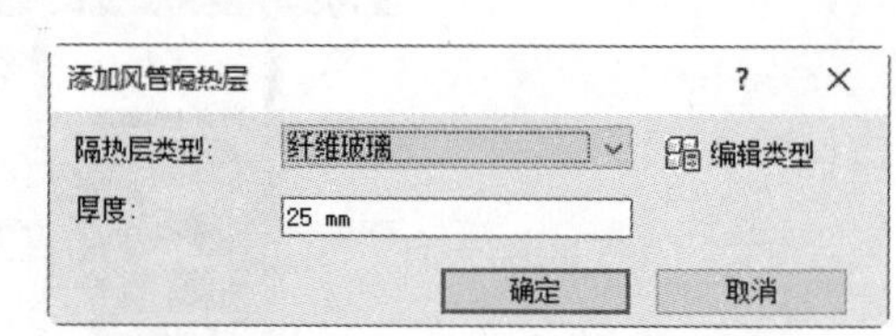

图6-43 “添加风管隔热层”对话框

（3）在该对话框中的“隔热层类型”下拉列表中选择隔热层的材质，单击“编辑类型”按钮，打开“类型属性”对话框，编辑隔热层类型。

（4）在“厚度”文本框中输入隔热层的厚度，单击“确定”按钮，对风管添加隔热层，如图 6-44 所示。

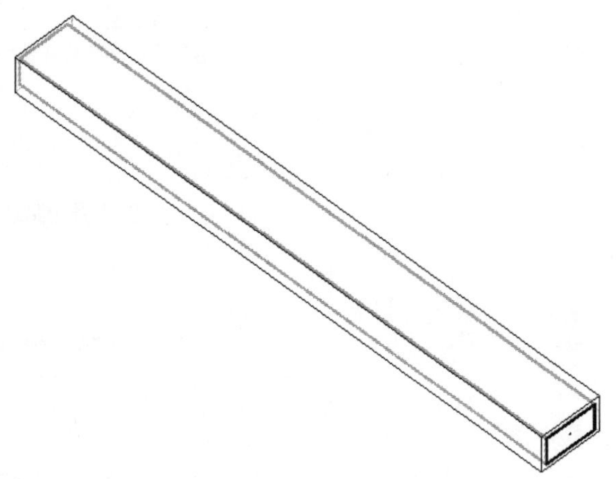

图 6-44　添加隔热层

6.8.2　新建隔热层类型

（1）在项目浏览器中选取“族”→“管道隔热层”→“管道隔热层”节点下的任意一种隔热层类型，右击，打开如图 6-45 所示的快捷菜单。

（2）在打开的快捷菜单中选择“复制”选项，复制隔热层类型。选取复制后的隔热层类型后右击，在打开的快捷菜单中选择“重命名”选项，更改名称为“泡沫”，如图 6-46 所示。

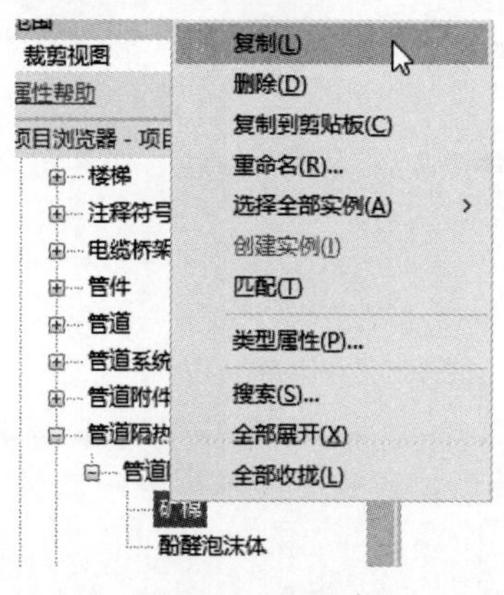

图 6-45　快捷菜单

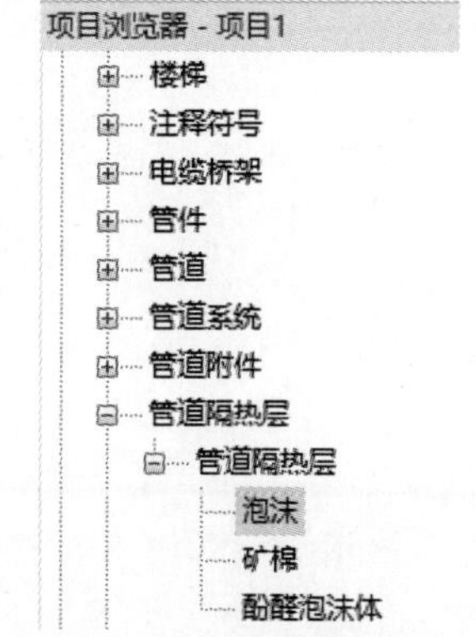

图 6-46　新建泡沫隔热层类型

（3）在新建的泡沫隔热层类型上右击，在打开的快捷菜单中选择“类型属性”选项，打开“类型属性”对话框，在“材质”栏中单击▭按钮，打开“材质浏览器”对话框，在材质库中选取“AEC 材质”→“塑料”→“聚氨酯泡沫”材质，单击“将材质添加到文档中”按钮⬆，将“聚氨酯泡沫”材质添加至“项目材质”列表中并选取，如图 6-47 所示，连续单击“确定”按钮，完成泡沫隔热层类型的创建。

Note

图 6-47　“材质浏览器”对话框

6.8.3　编辑隔热层

（1）选取添加隔热层的风管，单击“修改|风管”选项卡“风管隔热层”面板中的“编辑隔热层”按钮，打开如图 6-48 所示的“属性”选项板。

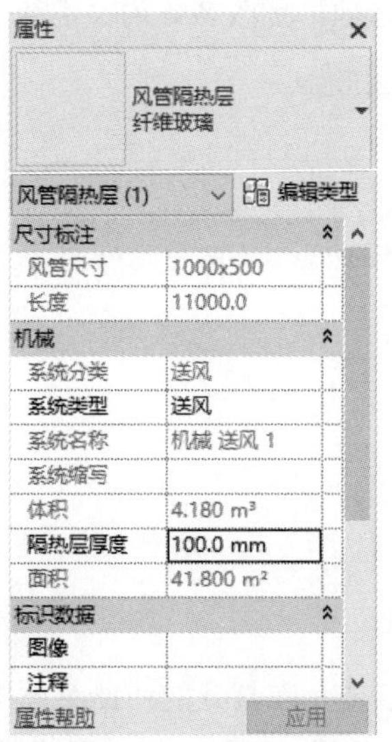

图 6-48　“属性”选项板

（2）在“属性”选项板中单击“编辑类型”按钮，打开如图 6-49 所示的“类型属性”对话框，单击“复制”按钮，打开“名称”对话框，输入名称为“岩棉”，如图 6-50 所示。

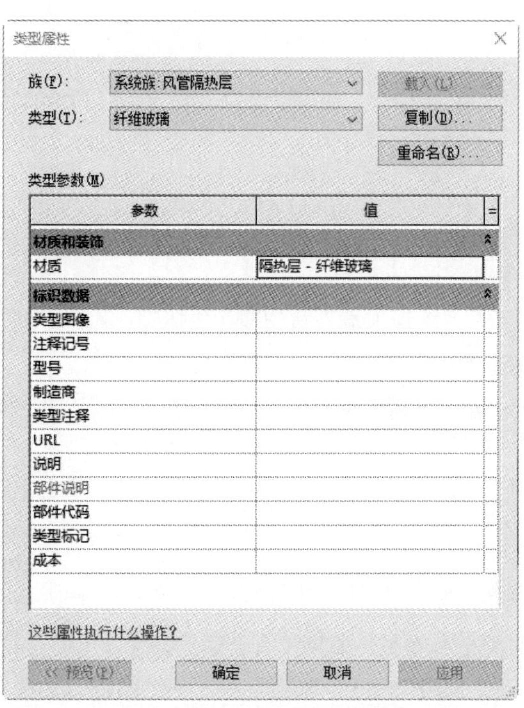

图 6-49　“类型属性”对话框

图 6-50　“名称”对话框

（3）单击“确定”按钮，返回“类型属性”对话框，在“材质”栏中单击按钮，打开“材质浏览器”对话框，在材质库中选取“AEC 材质”→“塑料”→“岩棉”材质，单击“将材质添加到文档中”按钮，将“岩棉”材质添加至“项目材质”列表中并选取，连续单击“确定”按钮。

（4）在“属性”选项板中设置隔热层厚度为 30 mm，单击“应用”按钮，完成风管隔热层的编辑。

（5）选取添加隔热层的风管，单击“修改|风管”选项卡“风管隔热层”面板中的“删除隔热层”按钮，弹出如图 6-51 所示的“删除风管隔热层”提示对话框，单击“是”按钮，删除风管隔热层。

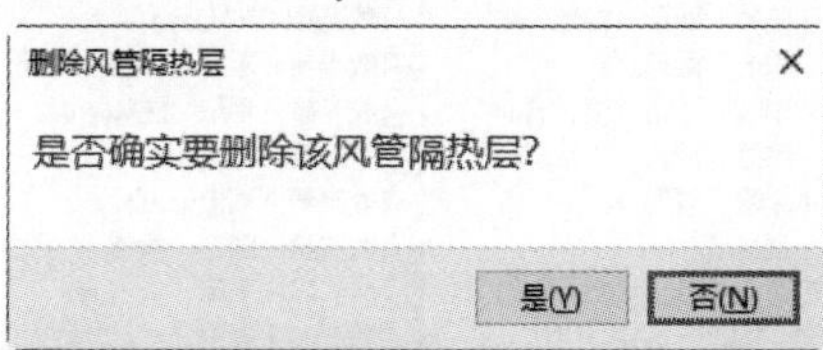

图 6-51　“删除风管隔热层”提示对话框

风管内衬的添加、创建以及编辑方法和隔热层类似，这里不再一一进行介绍。

6.9　风管系统

将风口和机械设备放置到项目中之后，就可以创建送风、回风和排风系统，以连接风管系统的各个构件。

可采用以下两种方法来创建风管系统。

方法一：最初将风口和机械设备放置到项目中时，它们不会被指定给任何系统。而当添加风管以

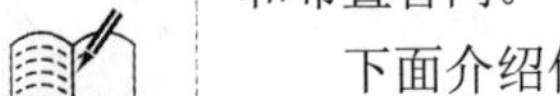

Note

连接构件时，它们将自动指定给系统。

方法二：可以选择构件，然后手动将其添加到系统。在构件都指定给系统后，可以让 Revit 生成和布置管网。

下面介绍使用方法一创建风管系统。

6.9.1 创建风管系统

（1）单击“系统”选项卡“暖通空调”面板中的“风管末端”按钮▣（快捷键：AT），打开“修改|放置风道末端装置”选项卡和选项栏，如图 6-52 所示。

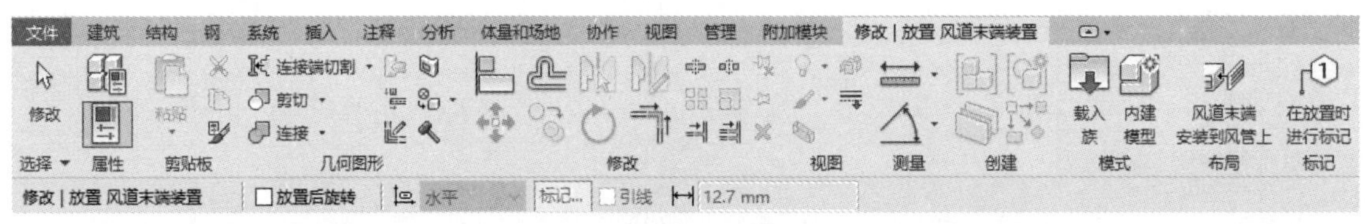

图 6-52 “修改|放置风道末端装置”选项卡和选项栏

（2）在“属性”选项板中选择风道末端装置的类型和参数，如果没有合适的，可以单击“载入族”按钮▣，打开“载入族”对话框，选择“China”→“MEP” →“风管附件”→“风口”文件夹中的“散流器-圆形.rfa”族文件，如图 6-53 所示，单击“打开”按钮，将其载入当前项目中。

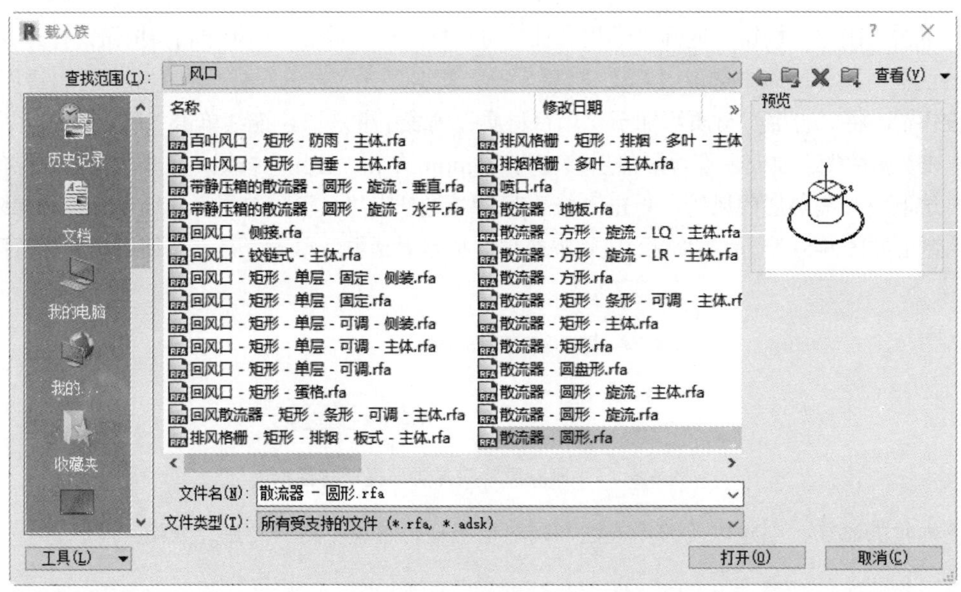

图 6-53 “载入族”对话框

（3）在“属性”选项板中选择“散流器-圆形 D205”，设置标高中的高程为 3000，其他参数采用默认设置，如图 6-54 所示。

（4）在平面视图中适当位置单击以放置散流器，如图 6-55 所示，按 Esc 键退出风管末端的创建。

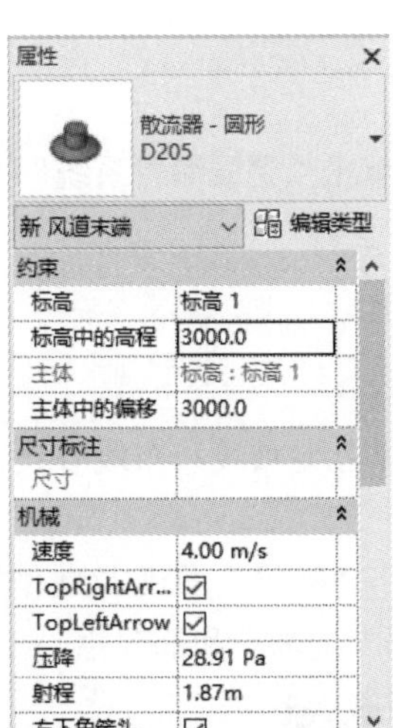

图 6-54　“属性”选项板

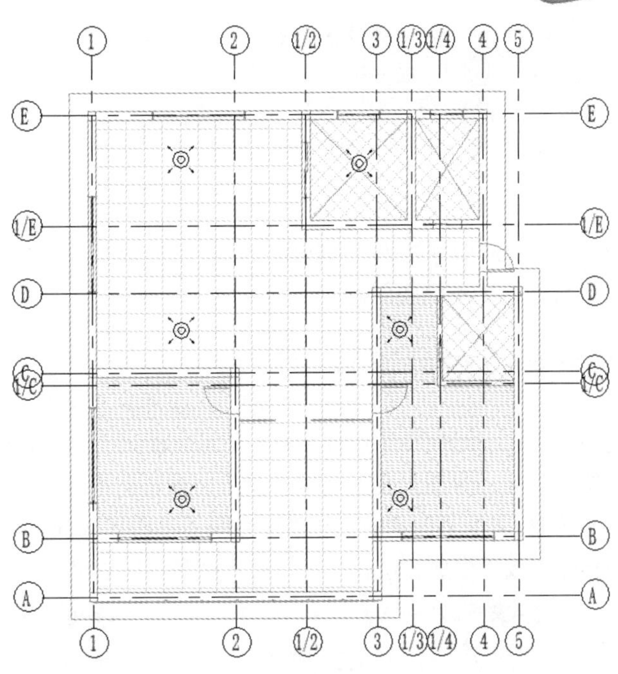

图 6-55　放置散流器

（5）选择图 6-55 中的任意一个散流器，在打开的“修改|风道末端”选项卡的“创建系统”面板中单击“风管”按钮，打开如图 6-56 所示的“创建风管系统”对话框，采用默认名称，单击“确定”按钮。

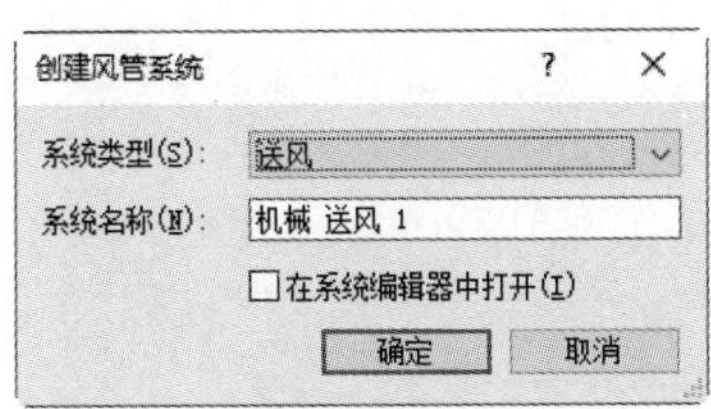

图 6-56　“创建风管系统”对话框

“创建风管系统”对话框中的选项说明如下。

☑ 系统类型：在视图中选择的风道末端的类型将决定可以将其指定给哪个类型的系统。对于风管系统，默认的系统类型包括“送风”“回风”“排风”3 种。如果选择了送风风道末端，“系统类型”将自动设置为“送风”。

☑ 系统名称：系统唯一标识。系统会提供一个系统名称建议，也可以输入一个名称。

（6）选取上一步创建的“机械 送风 1”风管系统，打开如图 6-57 所示的“风管系统”选项卡。单击“编辑系统”按钮，打开如图 6-58 所示的“编辑风管系统”选项卡。

图 6-57　“风管系统”选项卡

图 6-58 “编辑风管系统”选项卡

Note

（7）单击“添加到系统”按钮，在视图中选取其余的 5 个散流器，单击“完成编辑系统”按钮，完成机械送风系统的创建。

6.9.2 生成布局设置

无论何时在平面视图中选择系统，都可以使用“生成布局”工具为管网指定坡度和布线参数、查看不同的布局解决方案以及手动修改系统的布局解决方案。

（1）选取 6.9.1 节创建的机械送风系统，单击“修改|风道末端”选项卡“布局”面板中的“生成布局”按钮或“生成占位符”按钮，打开如图 6-59 所示的“生成布局”选项卡和选项栏。

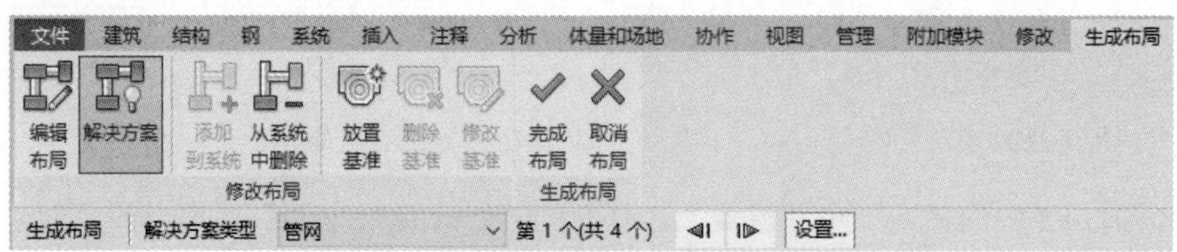

图 6-59 “生成布局”选项卡和选项栏

（2）默认生成如图 6-60 所示的布局。

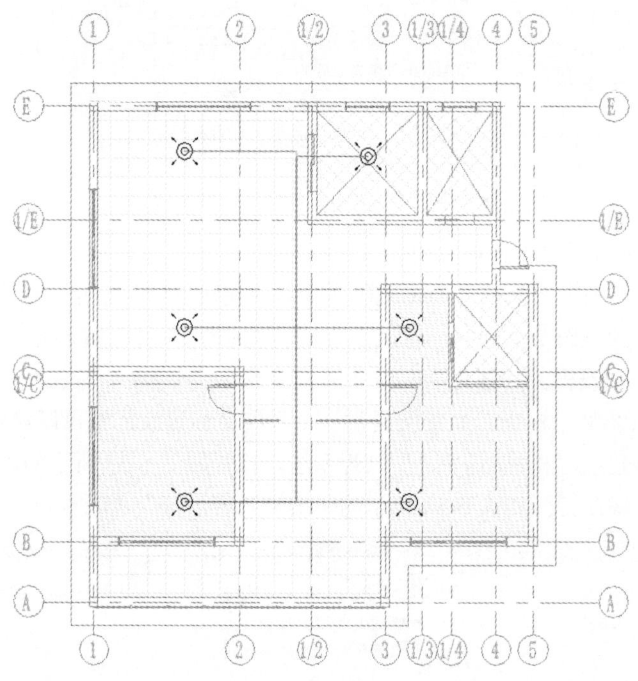

图 6-60 生成布局

注意：布局路径以单线显示，其中绿色布局线代表支管，蓝色布局线代表干管。

（3）单击“修改布局”面板中的“从系统中删除”按钮，在视图中选择要删除的构件，将其删除，此时构件显示为灰色，布局和解决方案也随之更新。

（4）单击“修改布局”面板中的“添加到系统”按钮，可以添加之前从布局中删除的构件。该构件不再显示为灰色，布局和解决方案也随之更新。

（5）单击“修改布局”面板中的“放置基准”按钮，将基准控制放置在布局中开发风管连接所在的位置，放置基准后，布局和解决方案即随之更新。

注意：可以将基准控制与构件放置在同一标高上，也可以放置在不同标高上，基准控制类似于临时基准构件，建议在放置基准控制后再对其进行修改。也可以使用基准控制在一个或多个标高上创建更小的子部件布局。

（6）单击“编辑布局”按钮，通过重新定位各布局线或合并各布局线来修改布局。首先选择要合并的布局线，然后拖曳其弯头/端点控制，直到该控制捕捉到相邻的布局线。修改后的布局线将自动被删除，并添加其他布局线，以表示对与修改后的布局线相关联的构件的物理连接。所有与修改后的布局线相关联的构件都保持其初始位置不变。通过合并布局线，可以重新定义布局。

注意：只有相邻的布局线才能合并。但是，无法修改连接到系统构件的布局线，因为必须通过它们将构件连接到布局。

（7）要修改布局，应单击并选择要重新定位或合并的布局线，如图 6-61 所示。选取✣并拖动，使右侧布局线与左侧布局线重合，如图 6-62 所示。

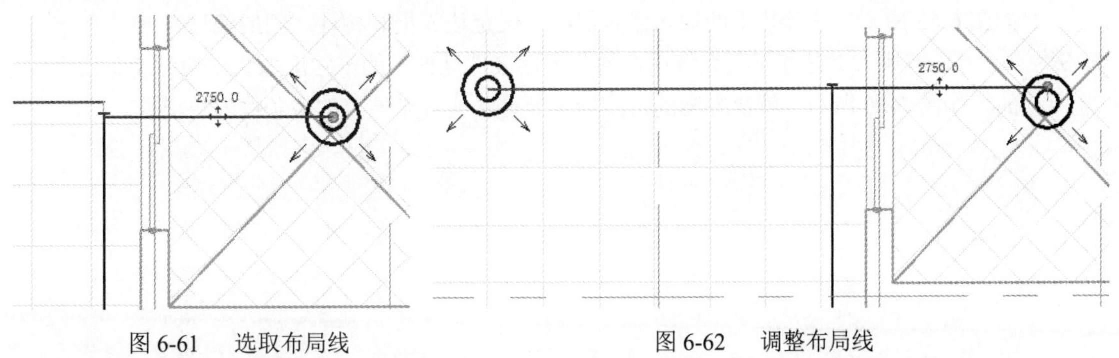

图 6-61　选取布局线　　　　图 6-62　调整布局线

可以使用下列控制完成所需设置。

☑　平移控制✣：以将整条布局线沿着与该布局线垂直的轴移动。如果需要维持系统的连接，将自动添加其他线。

☑　连接控制：┬表示 T 形三通，┼表示四通。通过这些连接控制，可以在干管和支管分段之间将 T 形三通或四通连接向左、右或上、下移动。

☑　弯头/端点控制：可以使用该控制移动两条布局线之间的交点或布局线的端点。

注意：一次操作最多只能将一条布局线移动到 T 形三通或四通管件处。

（8）单击“解决方案”按钮，在选项栏中选择解决方案类型和建议的解决方案，如图 6-63 所

示。每个布局解决方案均包含一个干管（蓝色）和一个支管（绿色）。

解决方案类型包括管网、周长、交点和自定义4类。

☑ 管网：该解决方案围绕为风管系统选择的构件创建一个边界框，然后基于沿着边界框中心线的干管分段提出解决方案，其中，支管与干管分段形成90°的夹角，如图6-64所示。

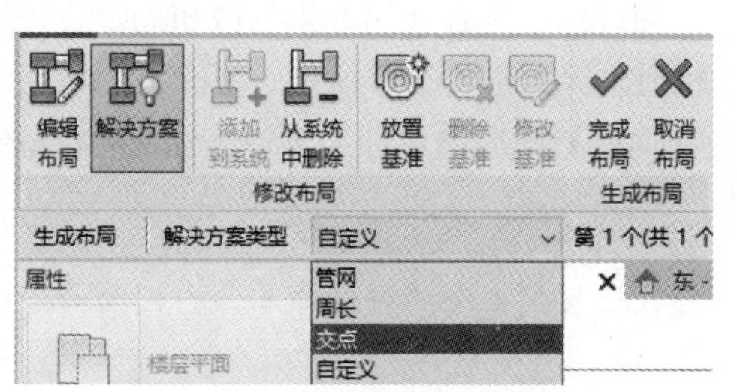

图6-63 解决方案类型

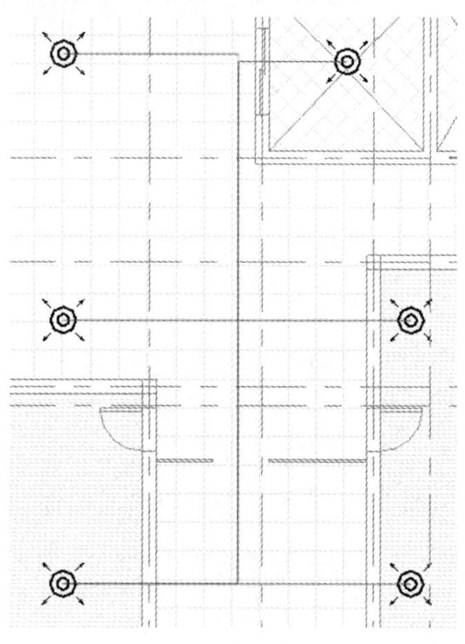

图6-64 管网解决方案

☑ 周长：该解决方案围绕为系统选定的构件创建一个边界框，并提出5个可能的布线解决方案，如图6-65所示。选项栏中的输入嵌入值用于确定边界框和构件之间的偏移。

☑ 交点：该解决方案是基于从系统构件的各个连接件延伸出的一对虚拟线作为可能布线而创建的，如图6-66所示。解决方案的可能接合处是从构件延伸出的多条线的相交处。

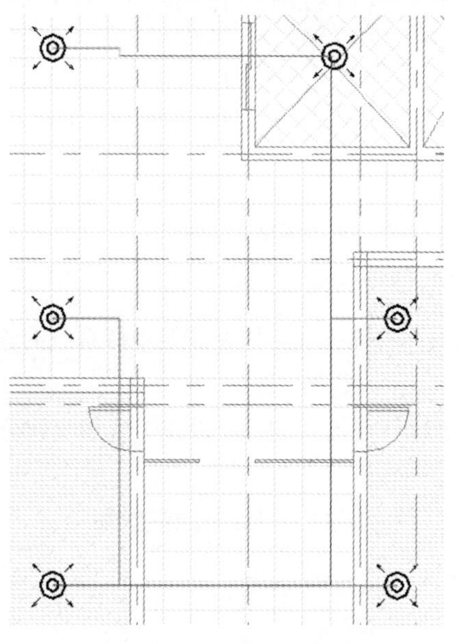

图6-65 周长解决方案

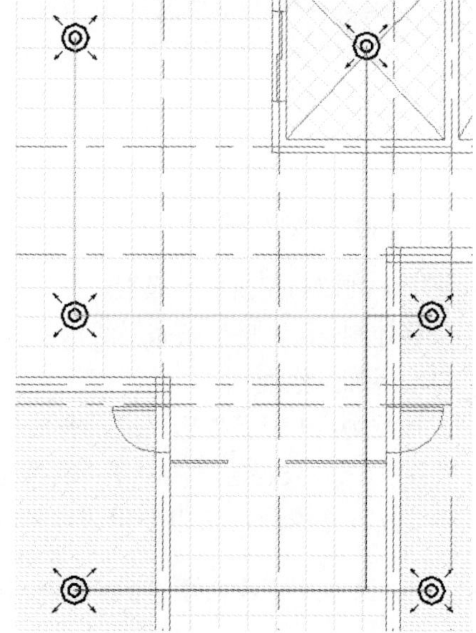

图6-66 交点解决方案

☑　自定义：根据用户需要调整布局线，如图 6-67 所示。

（9）单击“上一个解决方案”按钮◄或“下一个解决方案”按钮►，循环显示所建议的布线解决方案。

（10）在这里选择“管网”解决方案，单击“设置”按钮设置...，打开如图 6-68 所示的“风管转换设置”对话框，在对话框中指定干管的风管类型为“圆形风管：T 形三通”，偏移值为“3400”，指定支管的风管类型为“圆形风管：T 形三通”，偏移值为“3400”，其他参数采用默认设置，单击“确定”按钮。

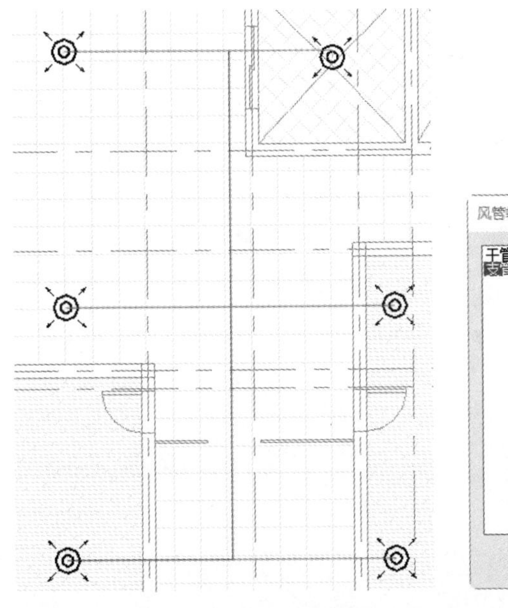

图 6-67　自定义布局

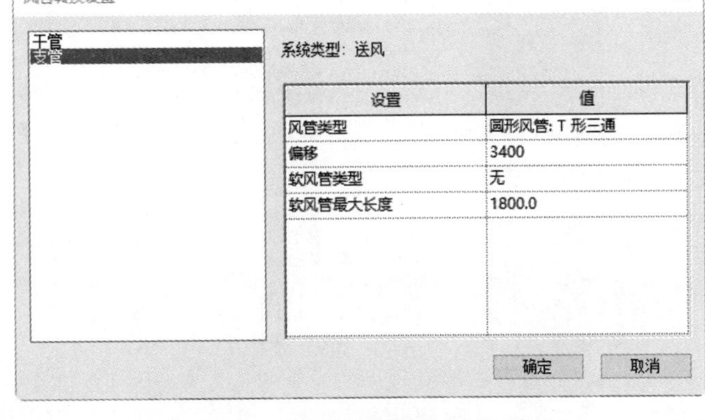

图 6-68　“风管转换设置”对话框

（11）单击“完成布局”按钮✔，根据规格将布局转换为刚性管网，如图 6-69 所示。

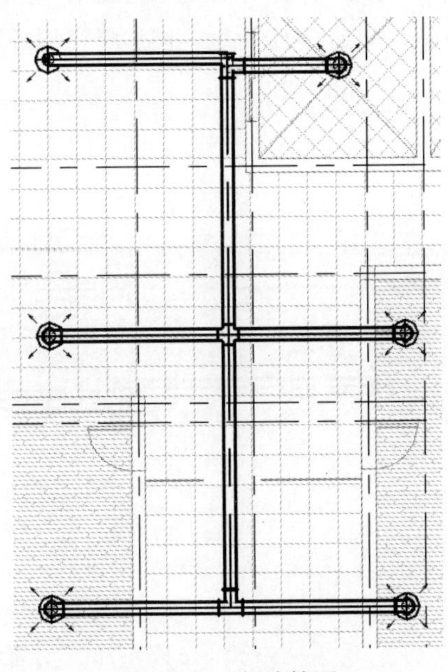

图 6-69　创建管网

Note

6.9.3 将构件连接到风管系统

使用“连接到”工具，可以自动将构件添加到系统中，并在新构件与现有系统之间创建管网。

（1）单击“系统”选项卡“机械”面板中的“机械设备”按钮（快捷键：ME），在打开的选项卡中单击“载入族”按钮，打开“载入族”对话框，选择“Chinese”→“MEP”→“空气调节”→“组合式空调机组”文件夹中的“AHU-吊装式-1000-3000CMH.rfa”族文件，如图 6-70 所示，单击“打开”按钮，将其载入当前项目中。

图 6-70 “载入族”对话框

（2）在“属性”选项板中选择“AHU-吊装式-1000-3000CMH 1000CMH”类型，设置标高中的高程为 3400，其他参数采用默认设置，如图 6-71 所示。然后将空调机组放置在如图 6-72 所示的位置。

图 6-71 “属性”选项板

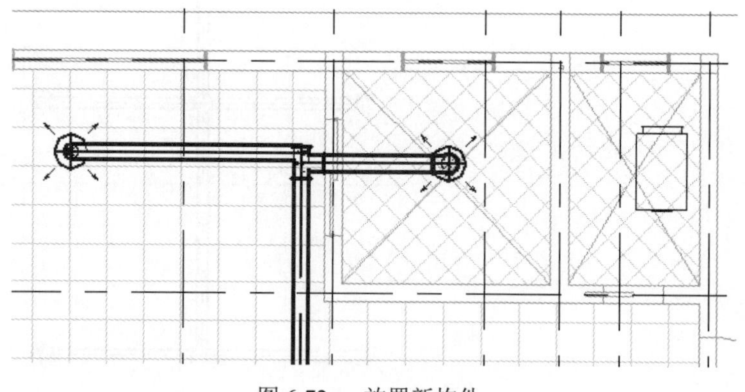

图 6-72 放置新构件

（3）选取上一步添加的新构件，单击“修改|风道末端”选项卡“布局”面板中的“连接到”按钮，打开“选择连接件”对话框，选择“连接件 4：送风：矩形：235×248：送风出口：流动方向”，如图 6-73 所示，单击“确定”按钮。

（4）在图中拾取主风管以连接到构件，如图 6-74 所示。

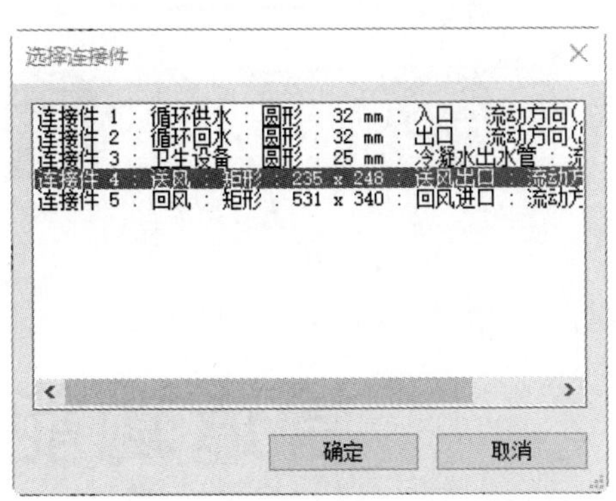

图 6-73 “选择连接件”对话框

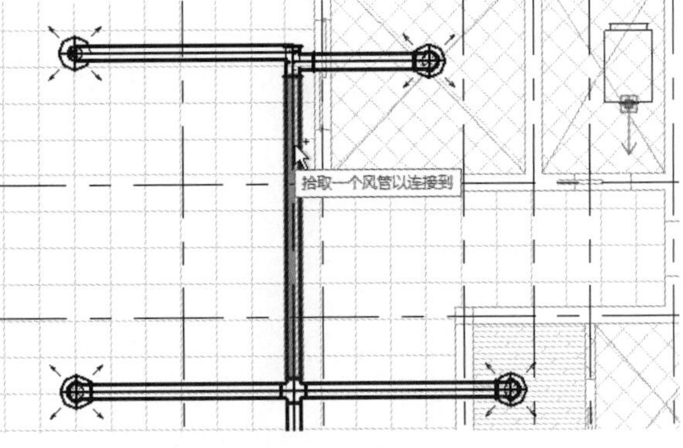

图 6-74 拾取风管

（5）新构件自动添加到系统中，并生成管网，如图 6-75 所示。

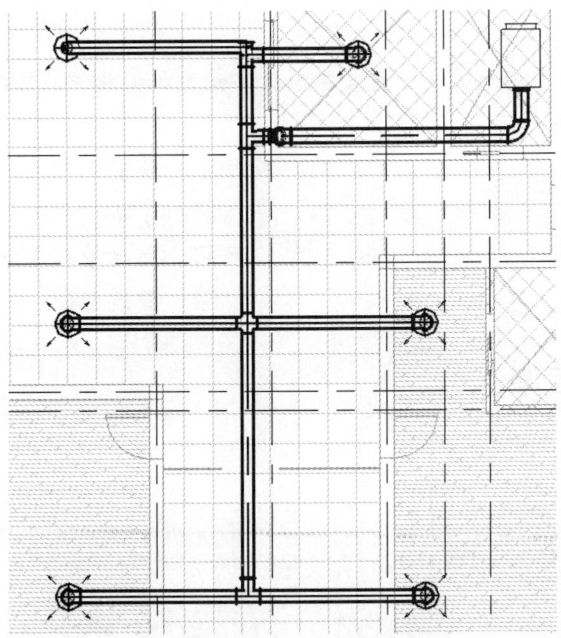

图 6-75 生成管网

第7章

管道功能

知识导引

管道设计属于MEP中的一部分，通过在项目中放置机械构件，并指定管道附件、管件，然后绘制管道来创建管道系统。

- ☑ 管道
- ☑ 管件
- ☑ 末端装置
- ☑ 隔热层
- ☑ 软管
- ☑ 管路附件
- ☑ 创建管道系统
- ☑ 管道标注

任务驱动&项目案例

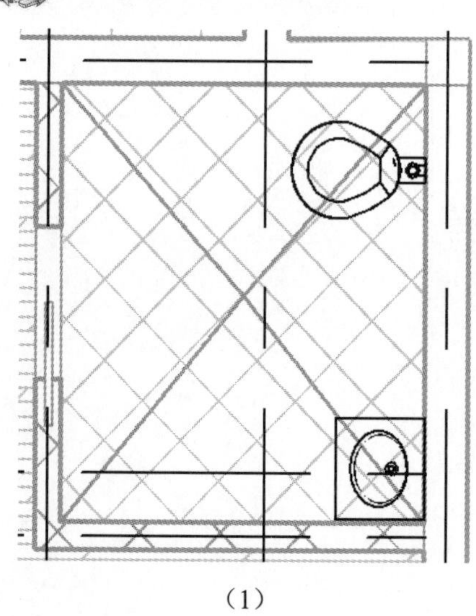

（1）

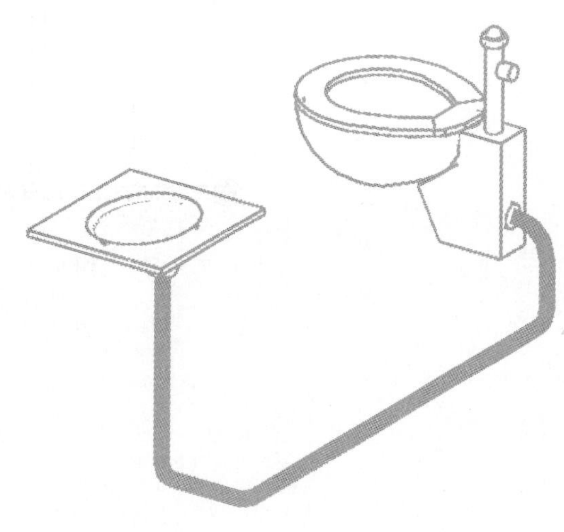

（2）

7.1 管　　道

7.1.1 管道类型设置

管道和软管都属于系统族，无法自行创建，但可以创建、修改和删除族类型。

单击“系统”选项卡“卫浴和管道”面板中的“管道”按钮（快捷键：PI），在“属性”选项板中单击“编辑类型”按钮，打开如图 7-1 所示的“类型属性”对话框，单击“布管系统配置”栏中的“编辑”按钮 编辑... ，打开如图 7-2 所示的“布管系统配置”对话框。

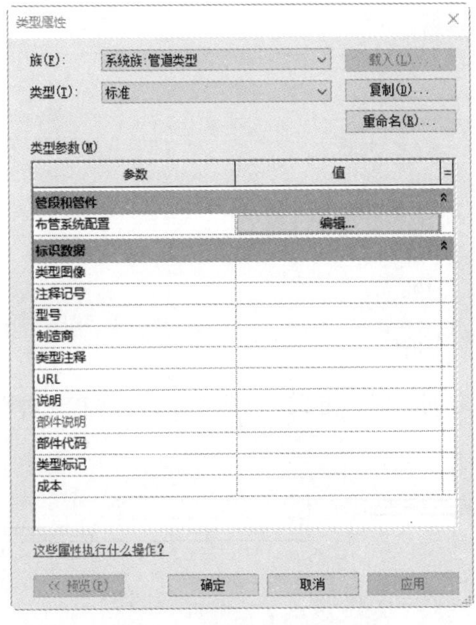

图 7-1　“类型属性”对话框

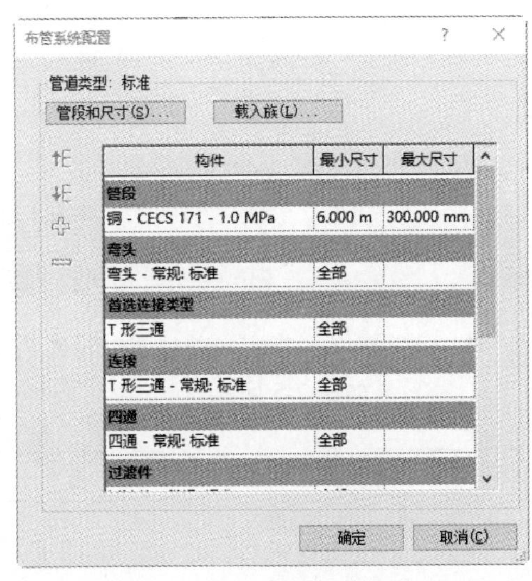

图 7-2　“布管系统配置”对话框

一个布管系统配置中可以添加多个管段。各个零件类型的部分可以添加多个管件（弯头、连接、四通、过渡件、活接头、管帽）。

“布管系统配置”对话框中的选项说明如下。

☑ 管段和尺寸：单击此按钮，打开“机械设置”对话框的“管段和尺寸”面板，在其中可以添加或删除管段、修改其属性，或者添加或删除可用的尺寸。

☑ 载入族：单击此按钮，打开“载入族”对话框，选取需要的管件，将其载入到当前项目中。

☑ 向上移动行/向下移动行：选取行，单击此按钮，调整行的位置。

☑ 添加行：选取行，单击此按钮，在选取行下方生成新行。

☑ 删除行：选取行，单击此按钮，删除选取的行。

7.1.2 绘制水平管道

（1）单击“系统”选项卡“卫浴和管道”面板中的“管道”按钮（快捷键：PI），打开“修改|

放置管道”选项卡和选项栏，如图 7-3 所示。

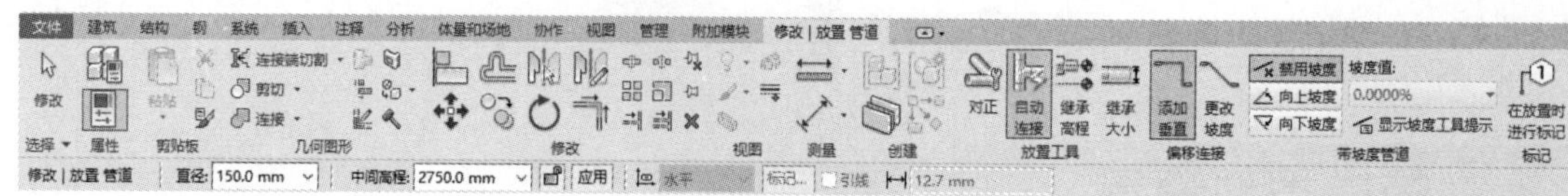

图 7-3 “修改|放置管道”选项卡和选项栏

“修改|放置管道”选项卡和选项栏中的选项说明如下。

☑ 对正：单击此按钮，打开如图 7-4 所示的“对正设置”对话框，设置水平和垂直方向的对正和偏移。

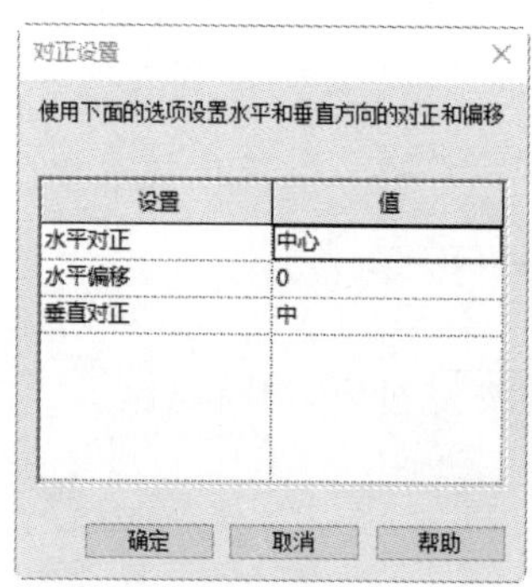

图 7-4 “对正设置”对话框

- 水平对正：指定当前视图中相邻两段管道之间的对齐方式，包括中心、左和右 3 种形式，效果如图 7-5 所示。

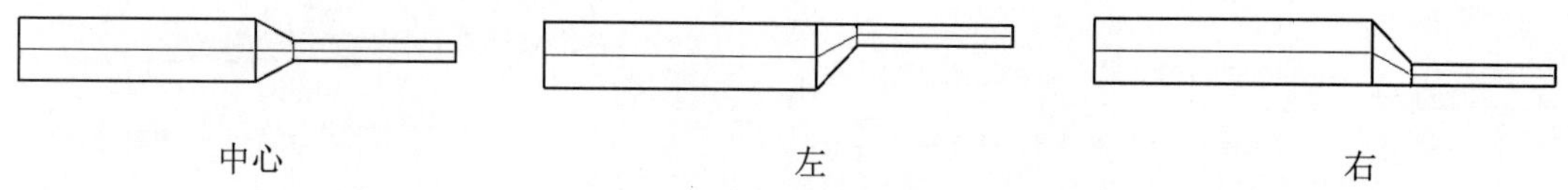

图 7-5 水平对正方式

- 水平偏移：用于指定管道绘制起始点位置与实际管道绘制位置之间的偏移距离。例如，设置水平偏移值为 300，沿着墙中心线绘制管道，采用 3 种水平对正方式绘制管道的效果如图 7-6 所示。

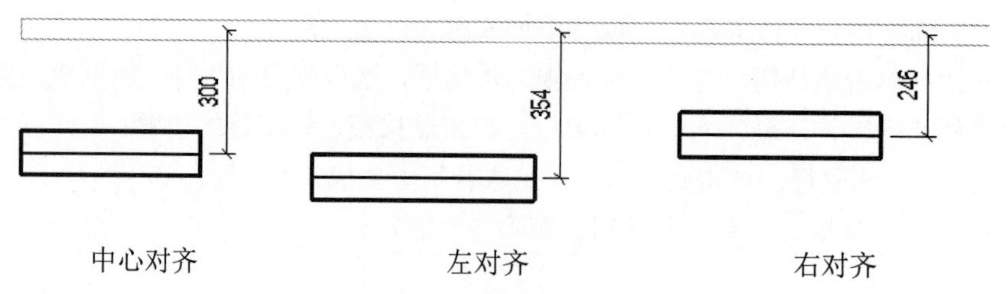

图 7-6 水平偏移示意图

- 垂直对正：指定当前视图中相邻两段管道之间的垂直对齐方式，包括中、底和顶 3 种形式。

☑ 自动连接：在开始或结束管道管段时，可以自动连接构件。该选项对于连接不同高程的管段非常有用。但是，当沿着与另一条管道相同的路径以不同偏移量绘制管道时，应取消激活“自动连接”按钮，以避免生成意外连接。

☑ 继承高程：继承捕捉到的图元的高程。

☑ 继承大小：继承捕捉到的图元的大小。

☑ 添加垂直：使用当前坡度值来倾斜管道连接。

☑ 更改坡度：不考虑坡度值来倾斜管道连接。

☑ 禁用坡度：绘制不带坡度的管道。

☑ 向上坡度：绘制向上倾斜的管道。

☑ 向下坡度：绘制向下倾斜的管道。

☑ 坡度值：指定绘制倾斜管道时的坡度值。

☑ 显示坡度工具提示：在绘制倾斜管道时显示坡度信息。

☑ 在放置时进行标记：在视图中放置管段时，将默认注释标记应用到管段。

☑ 直径：指定管道的直径。

☑ 中间高程：指定管道相对于当前标高的垂直高程。

☑ 锁定/解锁指定高程/：锁定后，管段会始终保持原高程，不能连接处于不同高程的管段。

（2）在“属性”选项板中选择所需的管道类型，默认只有“管道类型 标准”，或者选择所需的系统类型。

（3）在选项栏的“直径”下拉列表中选择管道尺寸，也可以直接输入所需的尺寸，这里设置直径为 150 mm。

（4）在选项栏或“属性”选项板中输入中间高程，这里采用默认的中间高程。

（5）在“属性”选项板中设置水平对正和垂直对正，如图 7-7 所示；也可以在“对正设置”对话框中设置水平和垂直方向的对正和偏移。

（6）在绘图区域中适当位置单击以指定管道的起点，移动鼠标到适当位置单击以确定管道的终点，完成一段管道的绘制，完成绘制后，按 Esc 键退出管道的绘制，如图 7-8 所示。

图 7-7　“属性”选项板

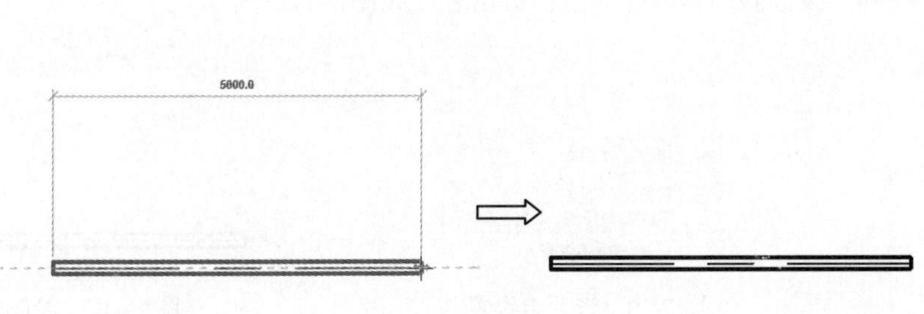

图 7-8　绘制管道

注意：管道在粗略和中等详细程度下默认显示为单线，在精细程度下默认显示为双线。所以创建管件和管路附件等相关组时，应配合管道显示特性，尽量使管件和管路附件在粗略和中等详细程度下单线显示，在精细程度下双线显示，确保管路看起来协调一致。

Note

7.1.3 绘制立管

（1）单击“系统”选项卡“卫浴和管道”面板中的“管道”按钮（快捷键：PI），在出现的选项栏中输入管道的管径为150 mm和中间高程值为2750 mm，绘制一段管道。

（2）在选项栏中输入中间高程值为 0[只要中间高程值与步骤（1）中的高程值不一样即可]，单击“应用”按钮，在变高程的地方自动生成一段立管，如图7-9所示。

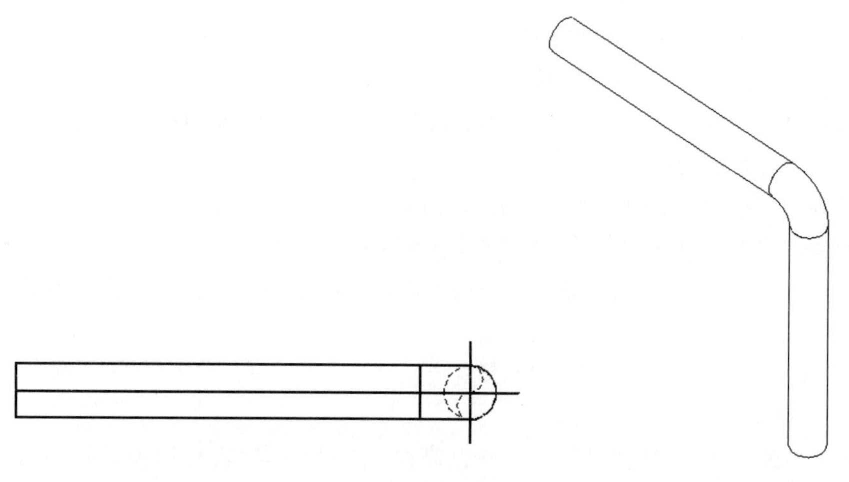

图7-9　绘制立管

7.1.4 绘制倾斜管道

（1）单击“系统”选项卡“卫浴和管道”面板中的“管道”按钮（快捷键：PI），在出现的选项卡中单击“向上坡度”按钮和“显示坡度工具提示”按钮，在“坡度值”下拉列表中选择坡度值为1.5 000%，如图7-10所示。

（2）在绘图区域中适当位置单击以指定管道的起点，移动鼠标到适当位置单击以确定管道的终点，绘制一段倾斜的管道并显示管道信息，如图7-11所示。

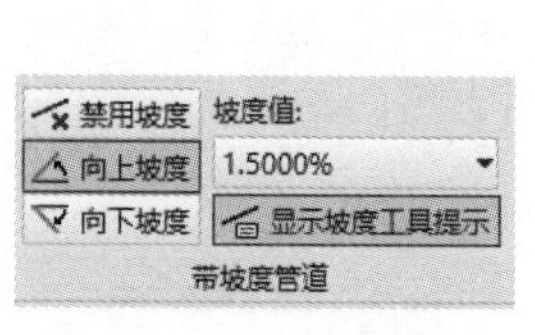

图7-10　选项卡设置

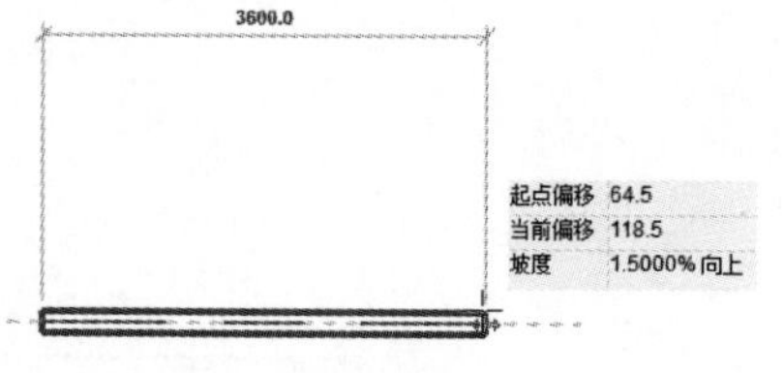

图7-11　绘制倾斜管道

（3）选取上一步绘制的倾斜管道，管道上显示端点高程和坡度值，如图7-12所示。

Note

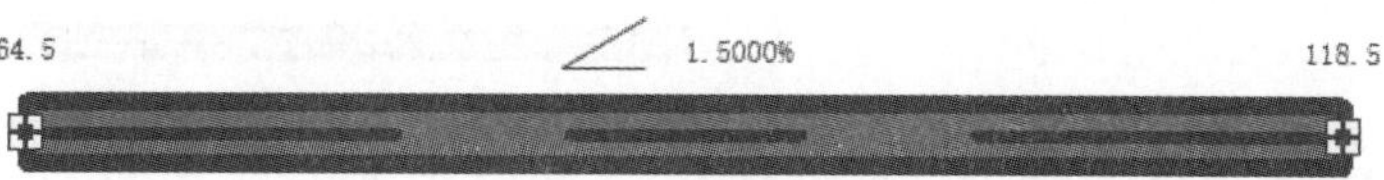

图 7-12 选取倾斜管道

（4）单击管道任意一端的高程，输入大于或小于初始值的值作为偏移，然后按 Enter 键，坡度值会根据输入的高程进行更改，如图 7-13 所示。

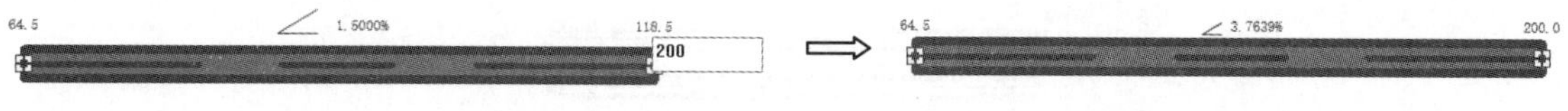

图 7-13 更改高程

（5）单击管道上的坡度值，输入新坡度值，然后按 Enter 键，坡度值发生变化时，参照端点仍然会保持其当前高程不变，如图 7-14 所示。

图 7-14 更改坡度

（6）参照端点一般为绘制原始管道时使用的起点。单击“切换参照端点”按钮，以切换坡度的参照端点，如图 7-15 所示。

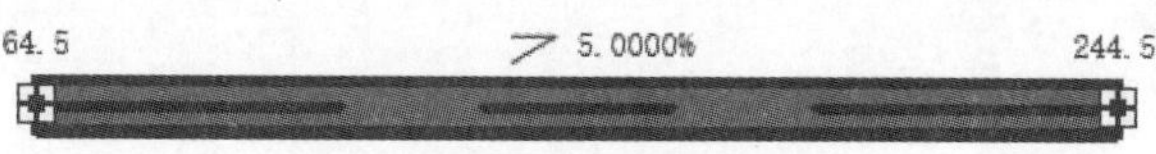

图 7-15 切换参照端点

7.1.5 绘制平行管道

可以向包含管道和弯头的现有管道管路中添加平行管道。

（1）单击“系统”选项卡“卫浴和管道”面板中的“平行管道”按钮，打开“修改|放置平行管道”选项卡，如图 7-16 所示。

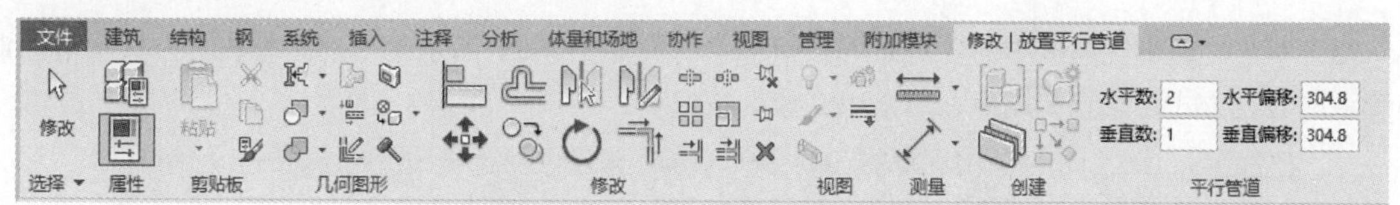

图 7-16 “修改|放置平行管道”选项卡

（2）在选项卡中输入水平数为 4，水平偏移为 400，其他参数采用默认设置。

（3）在绘图区域中，将光标移动到现有管道以高亮显示一段管段。将光标移动到现有管道的任一侧时，将显示平行管道的轮廓，如图 7-17 所示。

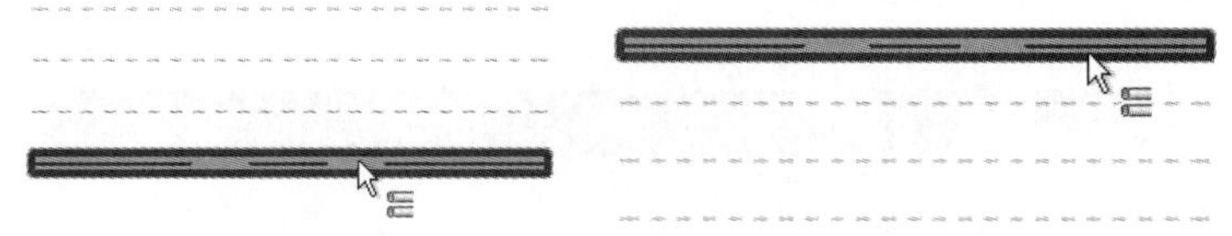

图 7-17　显示平行管道

（4）按 Tab 键选取整个管道管路。

（5）单击放置平行管道，如图 7-18 所示，按 Esc 键退出平行管道的绘制。

图 7-18　平行管道

7.1.6　编辑管道

（1）选取要修改的管道，打开如图 7-19 所示的“修改|管道”选项卡和选项栏，在选项栏中修改管道的直径和中间高程。

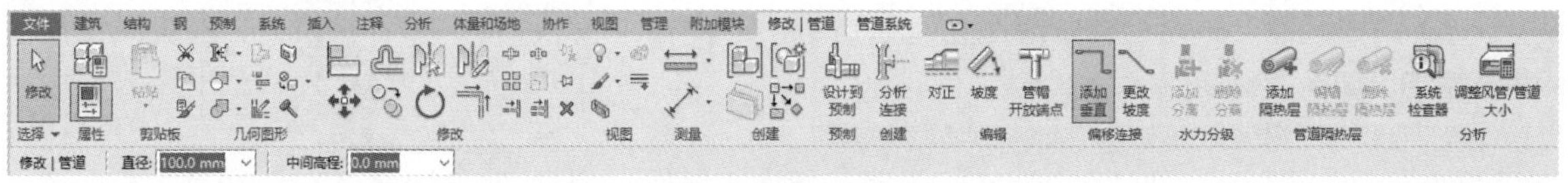

图 7-19　“修改|管道”选项卡和选项栏

（2）单击“编辑”面板中的“坡度”按钮，打开如图 7-20 所示的“坡度编辑器”选项卡，对管道的坡度进行编辑，设置完成后，单击“完成”按钮。

图 7-20　“坡度编辑器”选项卡

（3）单击“编辑”面板中的“对正”按钮，打开如图 7-21 所示的“对正编辑器”选项卡，调整管道的对正方式，设置完成后，单击“完成”按钮。

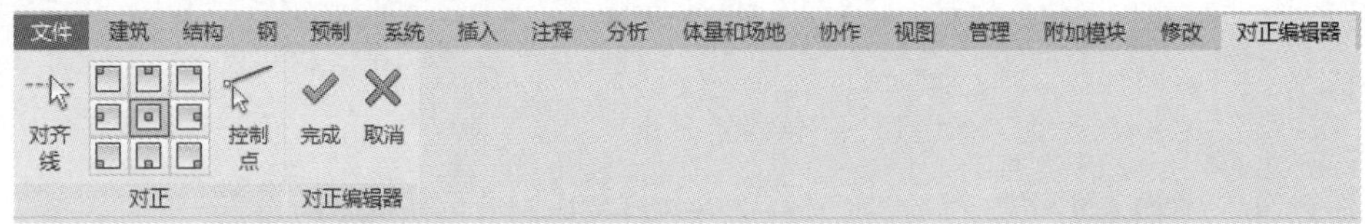

图 7-21　“对正编辑器”选项卡

（4）分别拖动管道两端的控制点，调整管道的长度。

7.2 软 管

7.2.1 绘制软管

（1）单击“系统”选项卡“卫浴和管道”面板中的“软管”按钮（快捷键：FP），打开“修改|放置软管”选项卡和选项栏，如图 7-22 所示。

（2）在“属性”选项板中选择所需的软管类型，默认为“圆形软管 软管-圆形”，设置软管样式，如图 7-23 所示。

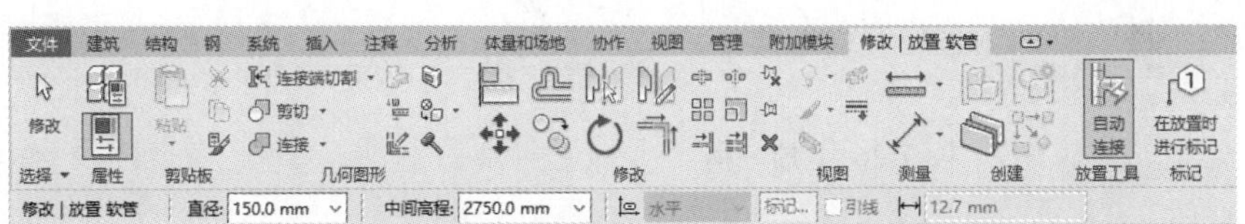

图 7-22 “修改|放置软管”选项卡和选项栏

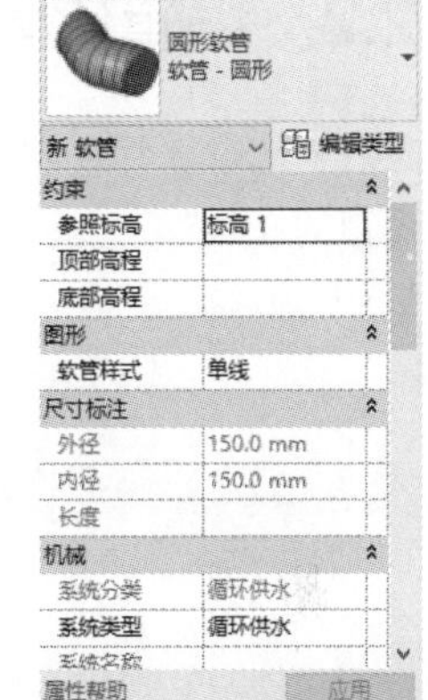

图 7-23 “属性”选项板

系统提供了 8 种软管样式，包括单线、圆形、椭圆形、软管、软管 2、曲线、单线 45 和未定义，如图 7-24 所示。通过选取不同的样式，可以改变软管在平面视图中的显示。

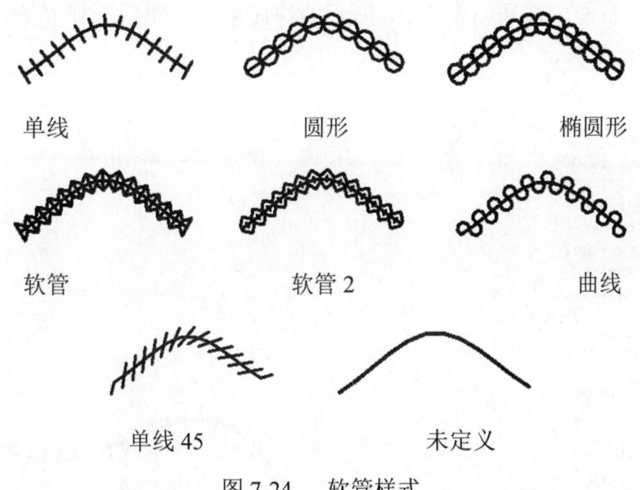

图 7-24 软管样式

（3）在选项栏中输入直径和中间高程。

（4）在绘图区域中适当位置单击以指定软管的起点，沿着希望软管经过的路径拖曳管道端点，单

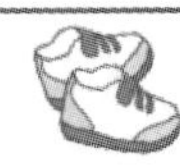

击管道弯曲所在位置的各个点，最后指定管道的端点，如图 7-25 所示。完成后，按 Esc 键退出软管的绘制。

Note

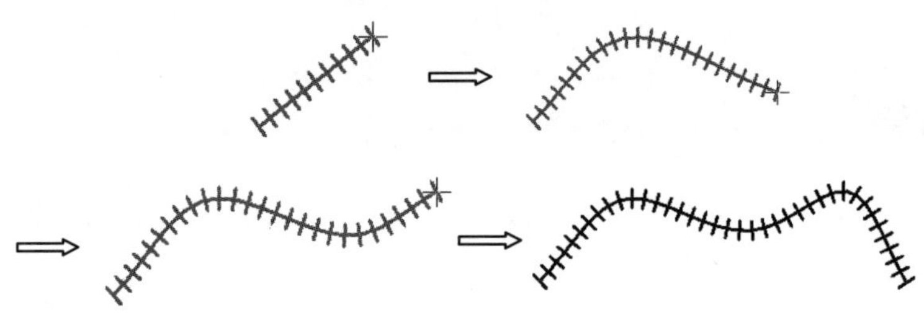

图 7-25　绘制软管

7.2.2　编辑软管

（1）选取软管，软管上显示控制柄，如图 7-26 所示，使用顶点、修改切点和连接件控制柄来调整软管的布线。

图 7-26　控制柄

☑　顶点：沿着软管的走向分布，可以用它来修改软管弯曲位置处的点。

☑　修改切点：出现在软管的起点和终点处，可以用它来调整首个和最后一个弯曲处的切点。

☑　连接件：出现在软管的两端点，可以用它来重新定位软管的端点，也可以通过它将软管连接到另一个构件上，或断开软管与另一个构件的连接。

（2）在软管管段上右击，打开如图 7-27 所示的快捷菜单，然后选择“插入顶点”选项，根据需要添加顶点，如图 7-28 所示。

图 7-27　快捷菜单

图 7-28　插入顶点

（3）拖曳顶点，调整软管的布线，如图 7-29 所示。在软管管段上右击，打开如图 7-27 所示的快捷菜单，选择“删除顶点”选项，在软管上单击要删除的顶点，结果如图 7-30 所示。

图 7-29　调整软管　　图 7-30　删除顶点

7.3 管　　件

水管的三通、四通、弯头等都属于管件。

7.3.1 自动添加管件

1. 绘制弯头

单击“系统”选项卡“卫浴和管道”面板中的“管道”按钮（快捷键：PI），在绘制管道时直接改变方向，在改变方向的地方会自动生成弯头，如图 7-31 所示。

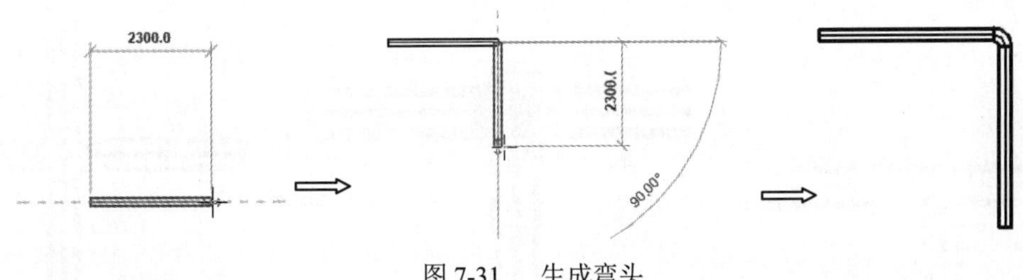

图 7-31　生成弯头

2. 绘制管道三通

（1）单击“系统”选项卡“卫浴和管道”面板中的“管道”按钮（快捷键：PI），在出现的选项栏中输入直径和中间高程值，绘制一段主管道。

（2）在选项栏中输入支管的管径和中间高程值，移动光标到主管道合适位置的中心处，单击以确定支管的起点，移动光标到适当位置单击以确定支管的终点，在主管和支管的连接处会自动生成三通，如图 7-32 所示。

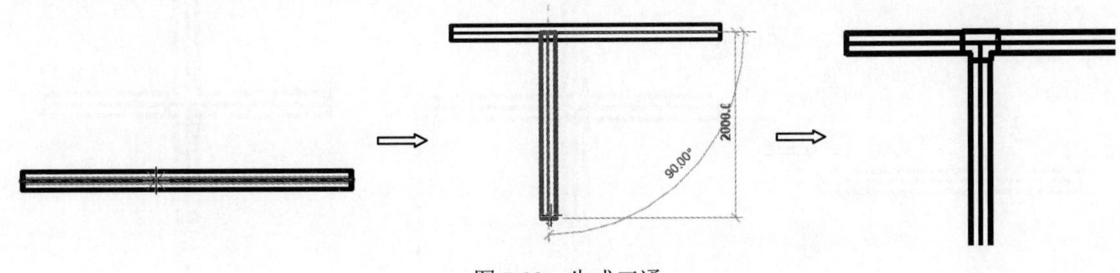

图 7-32　生成三通

Note

（3）也可以在选项栏中输入支管的管径和中间高程值，先在支管的终点处单击，再拖动鼠标至与之相交的管道中心线处，单击生成三通，如图 7-33 所示。

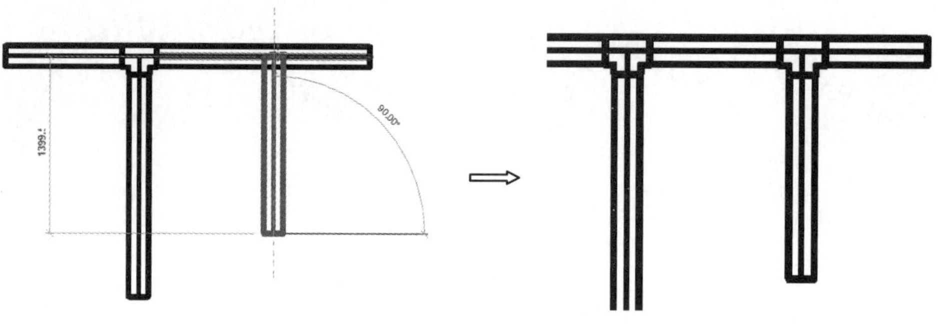

图 7-33　生成三通

3. 绘制管道四通

方法一：先绘制一个管道三通，再转换成管道四通。

（1）绘制完三通后，选择三通，单击三通处的“四通”图标+，三通变成四通。

（2）单击“系统”选项卡“卫浴和管道”面板中的“管道”按钮（快捷键：PI），移动光标到四通的连接处，捕捉四通的端点为管道起点，移动光标到适当位置单击以确定终点，完成管道的绘制，如图 7-34 所示。

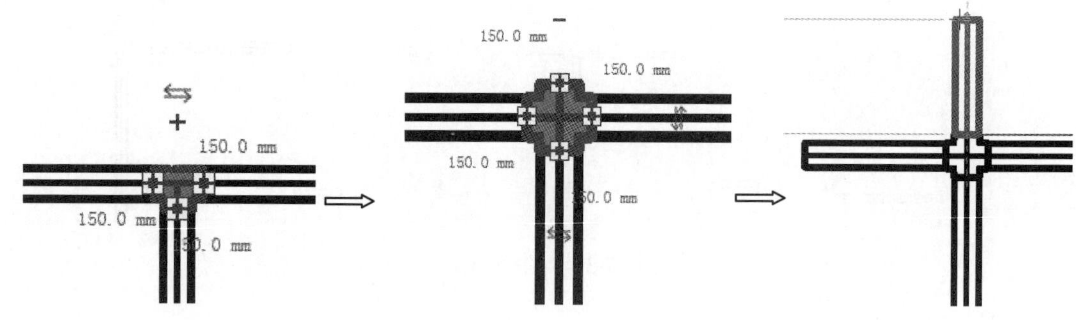

图 7-34　三通转换为四通

方法二：直接绘制两个相交的管道，生成四通。

单击“系统”选项卡“卫浴和管道”面板中的“管道”按钮（快捷键：PI），先绘制一根管道，然后再绘制另一根管道与之相交，注意两根管道的中间高程一致，第二根管道横贯第一根管道，可以自动生成四通，如图 7-35 所示。

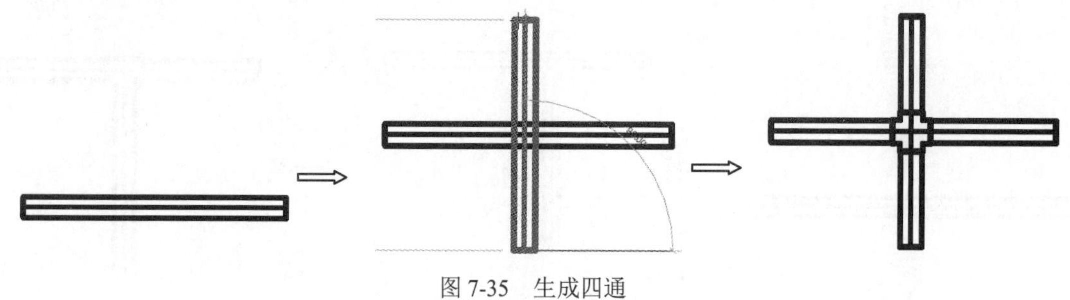

图 7-35　生成四通

7.3.2　手动添加管件

（1）单击“系统”选项卡“卫浴和管道”面板中的“管件”按钮（快捷键：PF），打开“修改|放置管件”选项卡和选项栏，如图 7-36 所示。

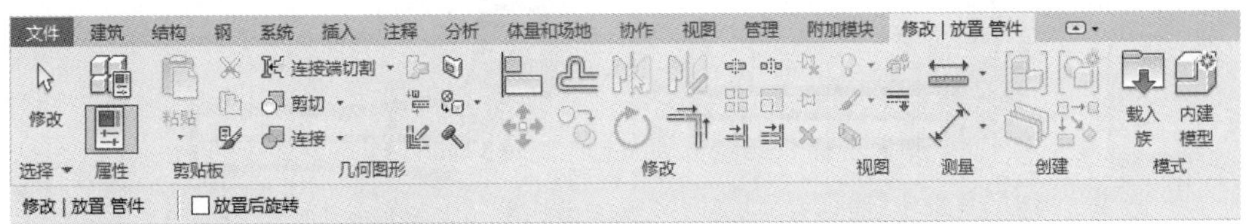

图 7-36　“修改|放置管件”选项卡和选项栏

“修改|放置管件”选项栏中的选项说明如下。

放置后旋转：选中此复选框，构件放置在视图中后会进行旋转。

（2）在“属性”选项板中选择所需的管件类型，并设置管件的尺寸和高程，如图 7-37 所示。

（3）在视图中单击以放置管件，如图 7-38 所示。

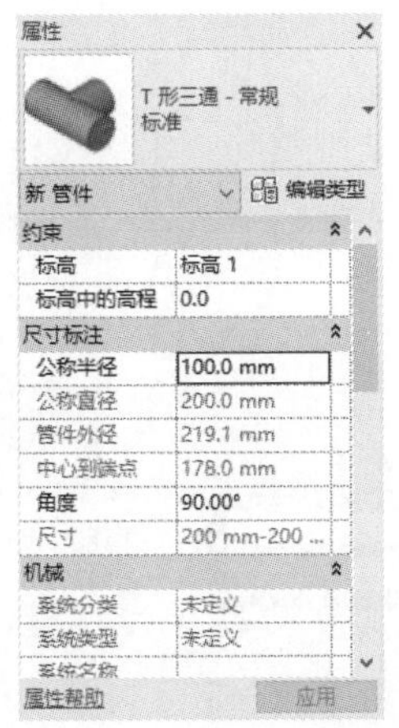

图 7-37　“属性”选项板

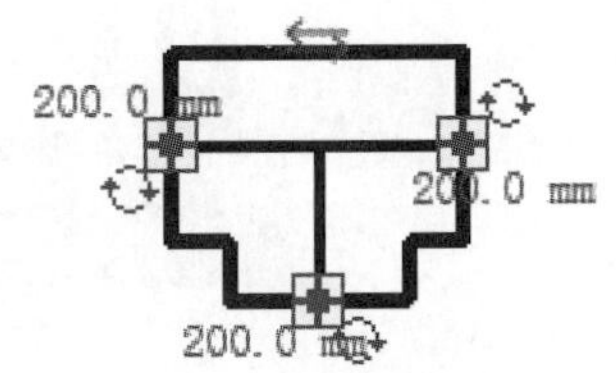

图 7-38　管道管件

（4）如果在现有管道中放置管件，应将光标移动到要放置管件的位置，然后单击管道以放置管件，如图 7-39 所示。绘制管件的大小取决于管道的大小，如图 7-40 所示。

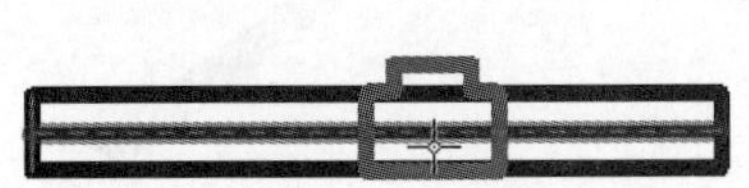

图 7-39　选取管件

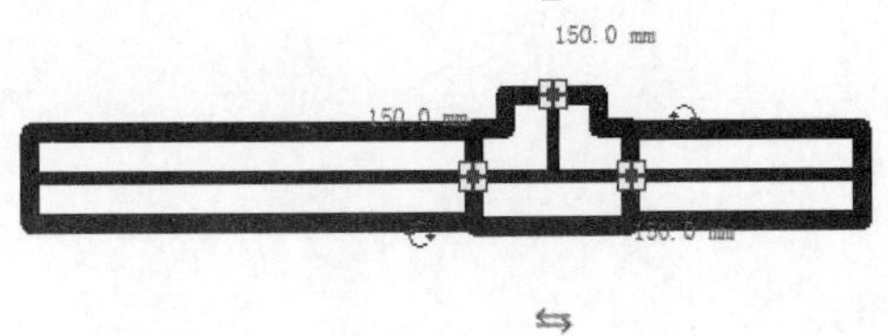

图 7-40　放置管件

（5）从图 7-38 和图 7-40 中可以看出，管件提供了一组可用于在视图中修改管件的控制柄。

☑　管件尺寸显示在各个支架的连接件的附近。可以单击该尺寸，并输入值以指定大小，如图 7-41 所示。如果尺寸显示为灰色，则不能更改。

Note

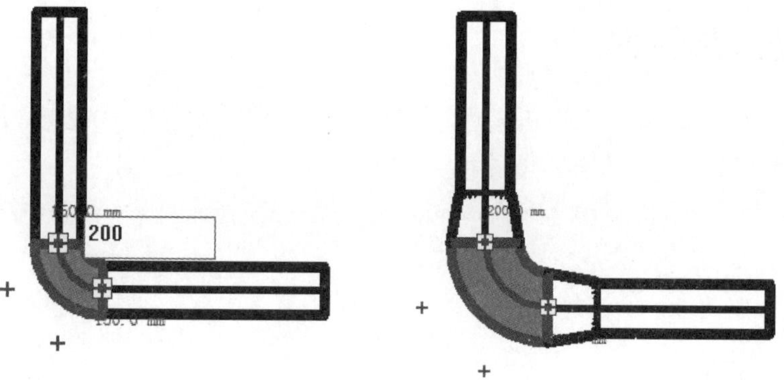

图 7-41　更改尺寸

☑ 当管件的旁边出现蓝色的管道管件控制柄时，加号按钮✚表示可以升级该管件。例如，弯头可以升级为 T 形三通，T 形三通可以升级为四通，如图 7-42 所示。减号按钮━表示可以删除该支架以使管件降级。

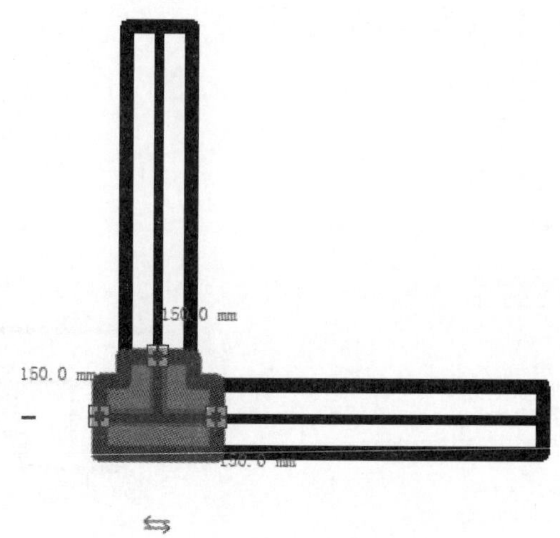

图 7-42　管件升级

☑ 单击“翻转管件”按钮⇆，在系统中水平或垂直翻转该管件，以便根据气流确定管件的方向。

☑ 单击“旋转”按钮↻，可以修改管件的方向，每次单击“旋转”按钮↻，都将使管件旋转 90°，如图 7-43 所示。

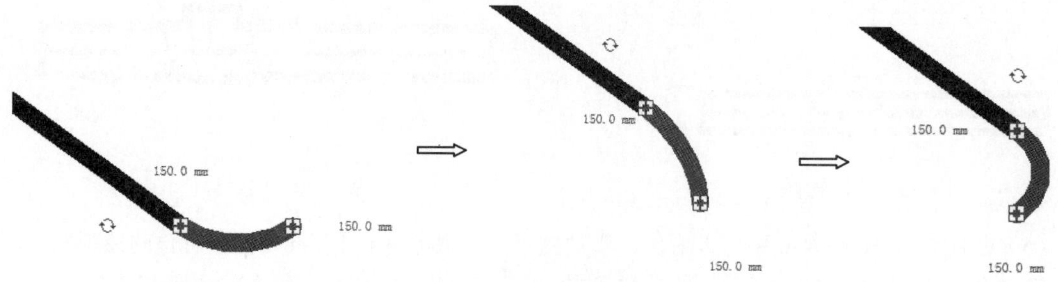

图 7-43　旋转管件

7.4 管路附件

管路附件是指安装在管道或设备上的起起闭、调节作用的装置的总称。一般情况下，管路附件包括两部分：一部分是配水附件，用于调节和分配水流，如水嘴、水龙头等；另一部分是控制附件，用来调节水量和水压、判断和改变水流方向等，如各类闸阀、截止阀等。

（1）单击“系统”选项卡“卫浴和管道”面板中的“管件附件”按钮（快捷键：PA），打开“修改|放置管道附件”选项卡和选项栏，如图 7-44 所示。

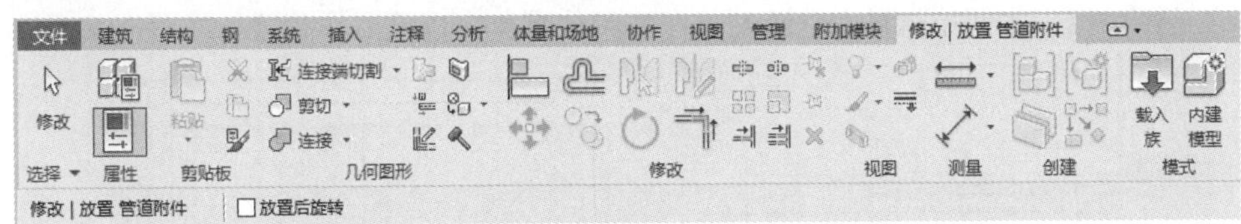

图 7-44　“修改|放置管道附件”选项卡和选项栏

（2）在“属性”选项板中选择所需的管道管件类型和高程，如图 7-45 所示。

（3）在视图中单击以放置管道附件，如图 7-46 所示。

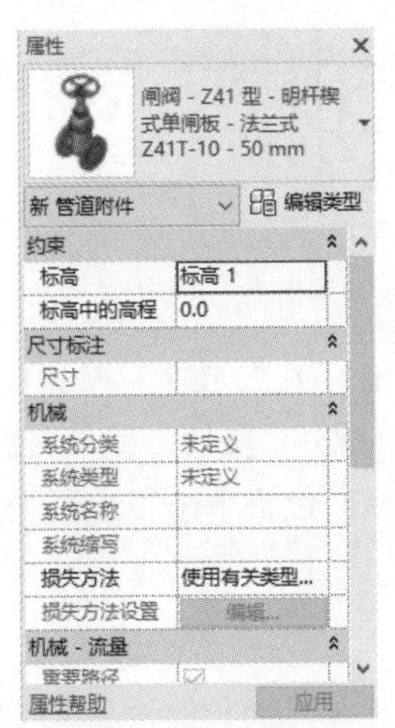

图 7-45　“属性”选项板

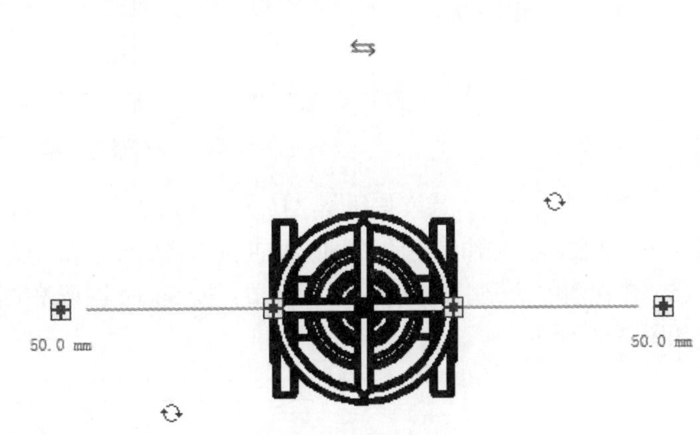

图 7-46　管道附件

（4）如果在现有管道中放置附件，可以将光标移动到要放置附件的位置，然后单击管道的中心线以放置管道附件，如图 7-47 所示。附件会自动调整其高程，直至与管道匹配为止，如图 7-48 所示。

图 7-47　捕捉管道中心线

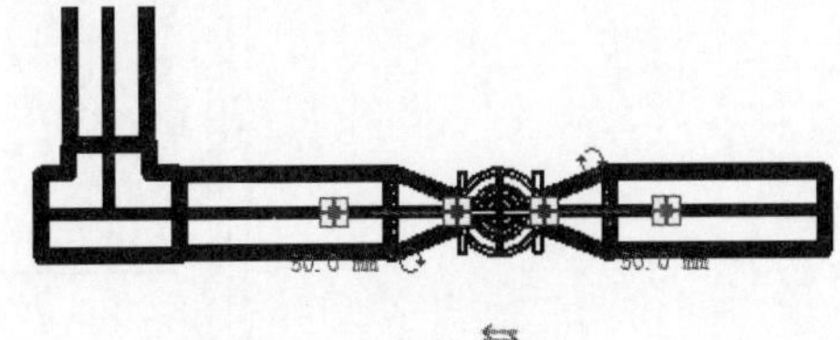

图 7-48　放置附件

7.5 末端装置

Note

末端装置包括卫浴装置（洗脸盆、小便池等）、喷头和消火栓。

（1）单击“系统”选项卡“卫浴和管道”面板中的“卫浴装置”按钮（快捷键：PX），打开“Revit”提示对话框，提示“当前项目中未载入卫浴装置族，是否要现在载入？”，单击“是”按钮。

（2）此时系统打开“载入族”对话框，选择“Chinese”→“MEP”→“卫生器具”→“洗脸盆”文件夹中的“洗脸盆-椭圆形.rfa”族文件，单击“打开”按钮，载入文件。

（3）在视图中沿卫生间墙体显示洗脸盆，在适当位置单击以放置洗脸盆，如图 7-49 所示。

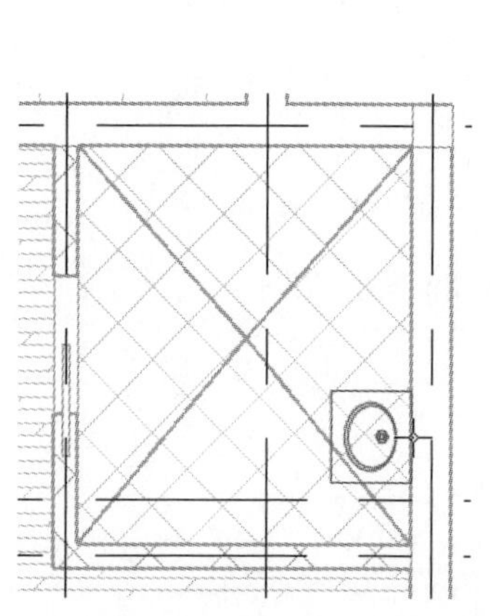
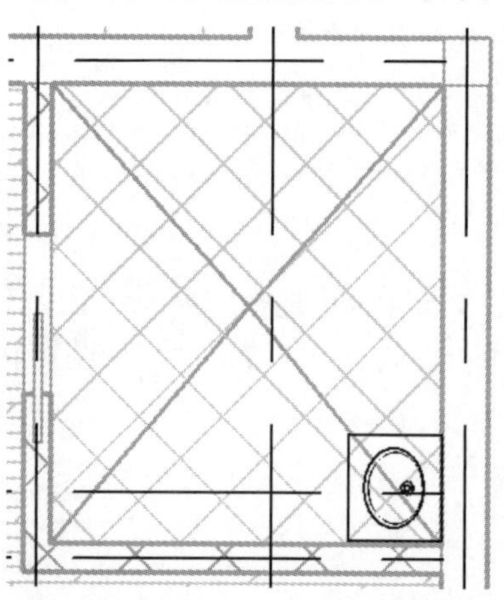

图 7-49　放置洗脸盆

（4）继续单击“载入族”按钮，打开“载入族”对话框，选择“China”→“MEP”→“卫生器具”→“大便器”文件夹中的“坐便器-冲洗阀-壁挂式.rfa”族文件，单击“打开”按钮，载入文件。

（5）在视图中沿卫生间墙体显示坐便器，按 Space 键调整放置方向，在适当位置单击以放置坐便器，如图 7-50 所示。

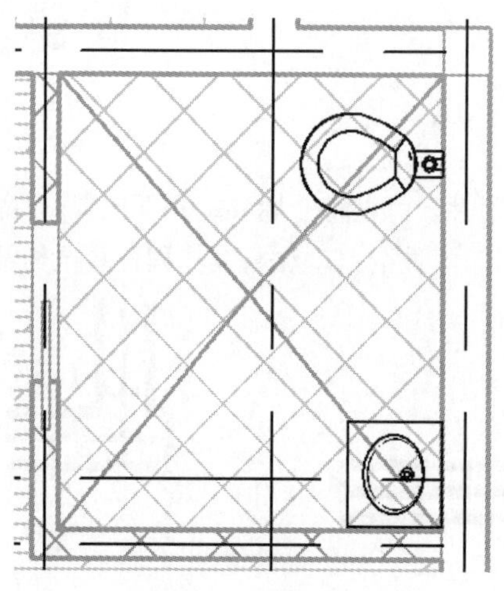

图 7-50　放置坐便器

7.6　创建管道系统

（1）选取 7.5 节布置的洗脸盆和坐便器，单击“修改|卫浴装置”选项卡“创建系统”面板中的“管道”按钮，打开“创建管道系统”对话框，输入系统名称为“卫生系统”，如图 7-51 所示。单击“确定”按钮，创建卫生系统。

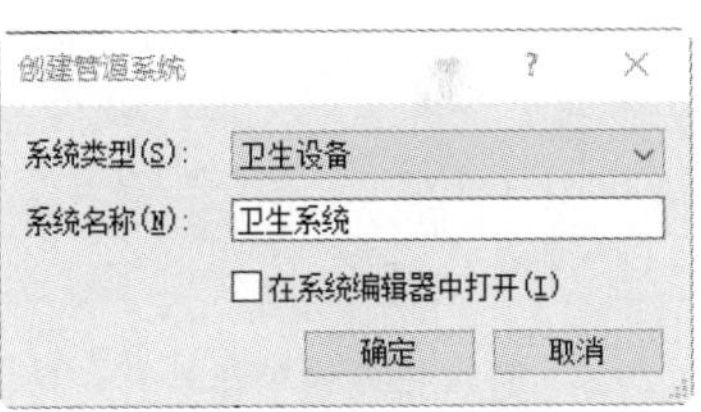

图 7-51　“创建管道系统”对话框

（2）单击“修改|管道系统”选项卡“布局”面板中的“生成布局”按钮，打开“生成布局”选项卡和选项栏，如图 7-52 所示。

图 7-52　“生成布局”选项卡和选项栏

（3）在选项卡的“坡度值”下拉列表中选择坡度值为 0.8 000%，设置解决方案类型为管网，单击“下一个解决方案”按钮，在所建议的布线解决方案中循环，以选择一个最适合该平面的解决方案，如图 7-53 所示。

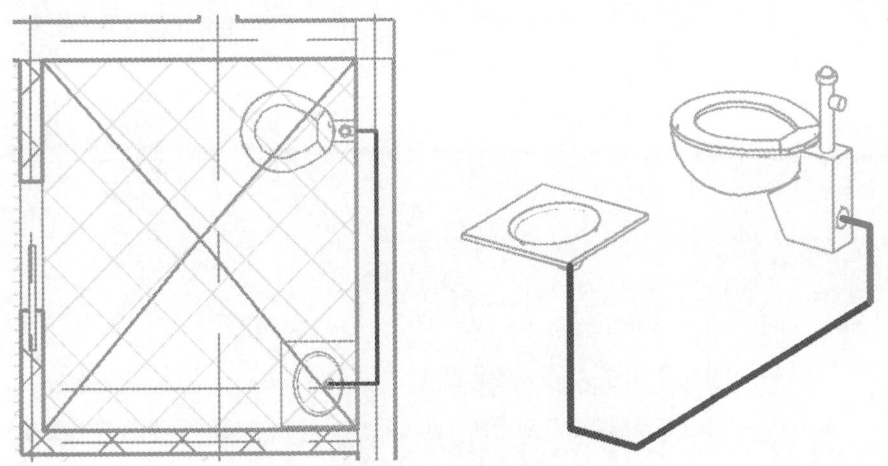

图 7-53　解决方案

（4）单击“完成布局”按钮，生成如图 7-54 所示的卫生系统。

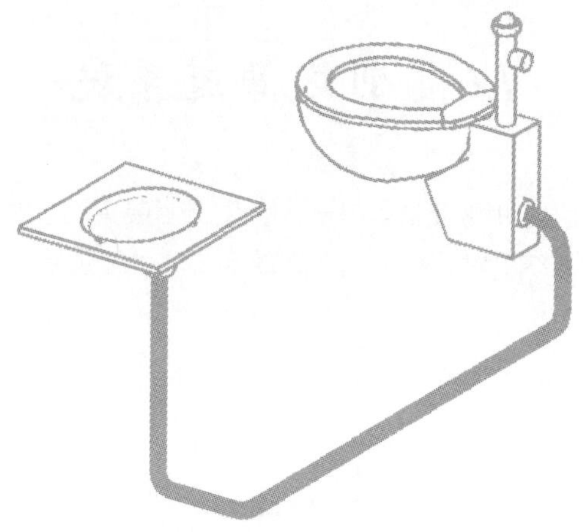

图 7-54　卫生系统

7.7　隔　热　层

（1）按 Tab 键一次或多次可高亮显示要添加隔热层的管道。

（2）单击"修改|管道"选项卡"管道隔热层"面板中的"添加隔热层"按钮，打开"添加管道隔热层"对话框，在对话框中设置隔热层类型为矿棉，输入厚度为 25 mm，如图 7-55 所示。

（3）单击"确定"按钮，对所选的管道添加隔热层。

（4）选取添加隔热层的管道，单击"修改|管道"选项卡"管道隔热层"面板中的"编辑隔热层"按钮，打开如图 7-56 所示的"属性"选项板。

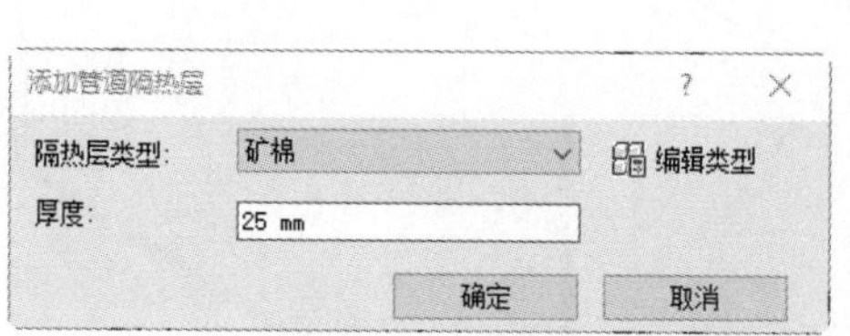

图 7-55　"添加管道隔热层"对话框

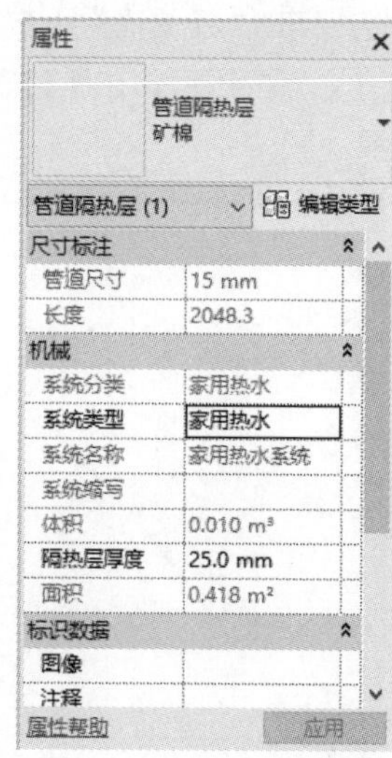

图 7-56　"属性"选项板

（5）在"属性"选项板中单击"编辑类型"按钮，打开如图 7-57 所示的"类型属性"对话框，单击"复制"按钮，打开"名称"对话框，输入名称为"纤维玻璃"，如图 7-58 所示，单击"确定"按钮。

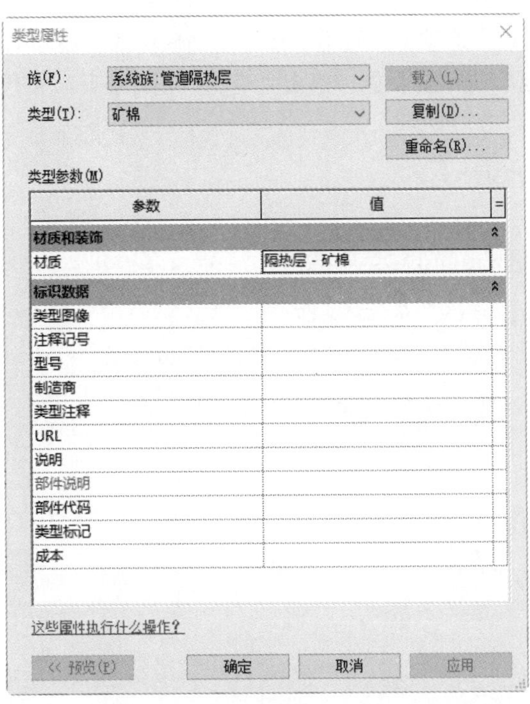

图 7-57　“类型属性”对话框

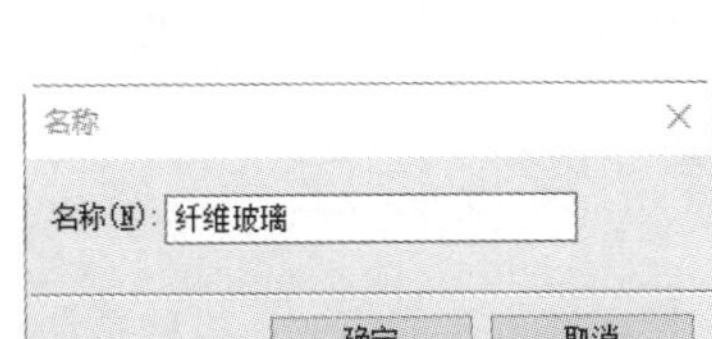

图 7-58　“名称”对话框

（6）此时系统返回“类型属性”对话框，在“材质”栏中单击□按钮，打开“材质浏览器”对话框，选择“隔热层-纤维玻璃”材质，其他参数采用默认设置，如图 7-59 所示，连续单击“确定”按钮。

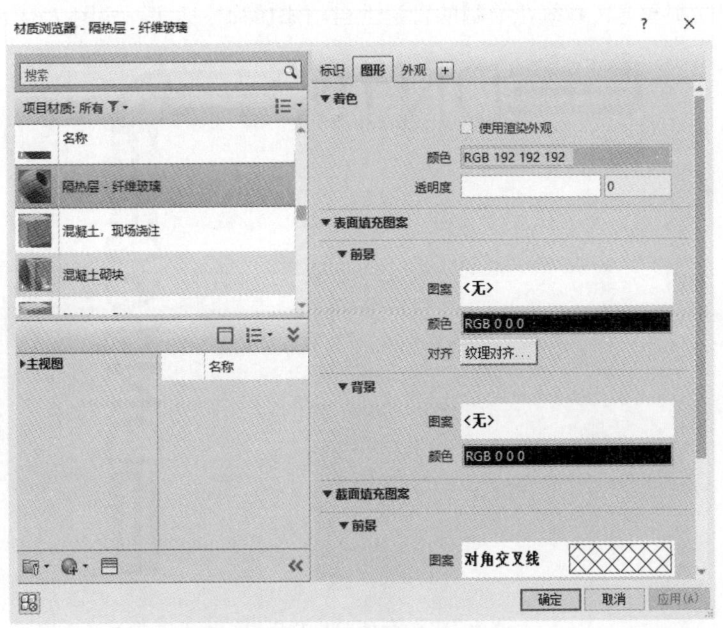

图 7-59　“材质浏览器”对话框

（7）在“属性”选项板中设置隔热层厚度为 30 mm，单击“应用”按钮，完成管道隔热层的编辑。

Note

（8）选取添加隔热层的管道，单击“修改|管道”选项卡“管道隔热层”面板中的“删除隔热层”按钮，打开如图 7-60 所示的“删除管道隔热层”提示对话框，单击“是”按钮，删除隔热层。

图 7-60　“删除管道隔热层”提示对话框

7.8　管 道 标 注

管道标注包括管径标注、高程标注和坡度标注。

7.8.1　管径标注

管径标注有两种方式：一种是在绘制管道时添加管径标注：另一种是完成管道绘制后再添加管径标注。

1. 在绘制管道时添加管径标注

（1）单击“系统”选项卡“卫浴和管道”面板中的“管道”按钮（快捷键：PI），打开“修改|放置管道”选项卡和选项栏，单击“在放置时进行标记”按钮。

（2）在视图中绘制管道，系统在绘制的管道上自动添加管径标注，如图 7-61 所示。

图 7-61　自动添加管径标注

2. 完成管道绘制后再添加管道标注

（1）单击“注释”选项卡“标记”面板中的“按类别标记”按钮①，在出现的选项栏中设置标记放置方向为水平，选中“引线”复选框，设置引线的放置方式为附着端点，如图 7-62 所示。

图 7-62　选项栏

“按类别标记”选项栏中的选项说明如下。

☑ 附着端点：引线的一个端点被固定在被标记的图元上。

☑ 自由端点：引线的两个端点都不固定，可随意调整。

（2）移动光标到要标注的水平管道，单击确认标注位置，即可完成管径标注，如图 7-63 所示。

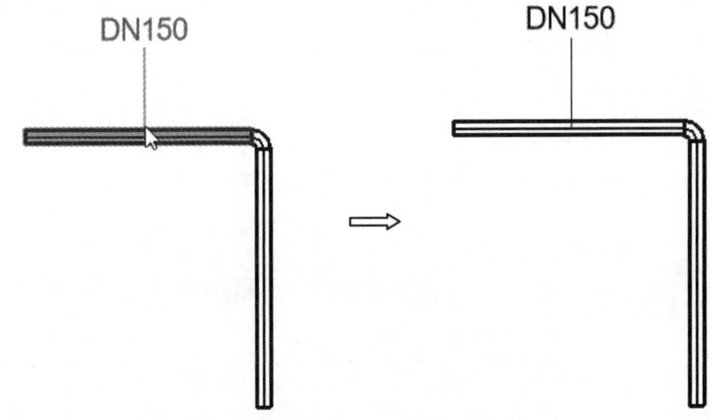

图 7-63　标注水平管径

（3）在选项栏中设置标记放置方向为垂直，其他参数采用默认设置，移动光标到要标注的水平管道，单击确认标注位置，即可完成管径标注，如图 7-64 所示。

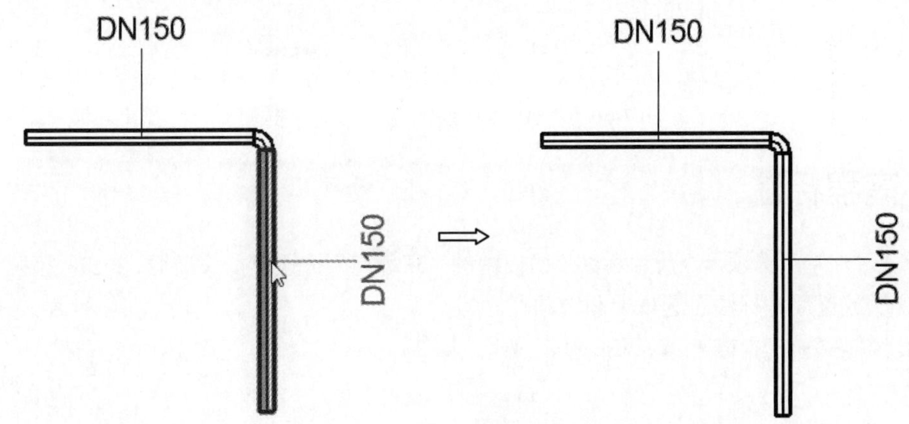

图 7-64　标注垂直管径

（4）在选项栏中设置引线的放置方式为自由端点，指定引线的放置点，完成管径标注，如图 7-65 所示。

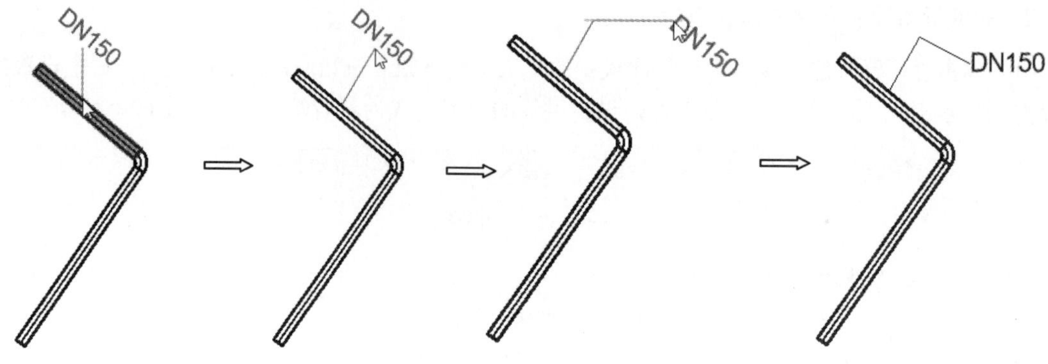

图 7-65　自由端点标注管径

（5）在选项栏中单击“标记”按钮，打开如图 7-66 所示的“载入的标记和符号”对话框，可以在对话框中设置管道/管道占位符标记，如果缺少需要的标记，可单击“载入族”按钮，打开“载入族”对话框，载入需要的标记。

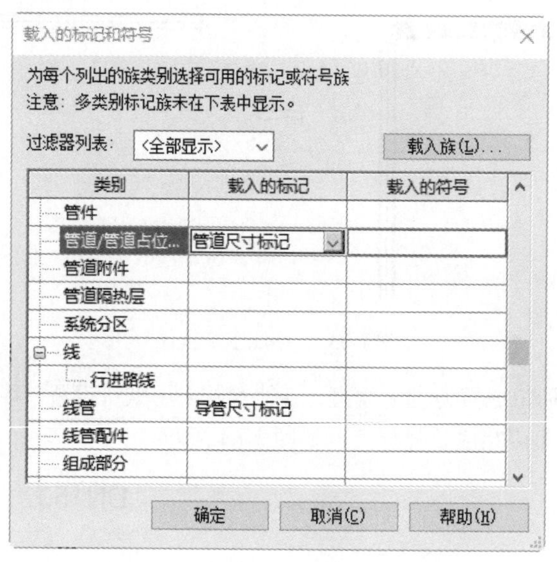

图 7-66　“载入的标记和符号”对话框

7.8.2　高程标注

（1）单击“注释”选项卡“尺寸标注”面板中的“高程点”按钮（快捷键：EL），打开如图 7-67 所示的“修改|放置尺寸标注”选项卡和选项栏。

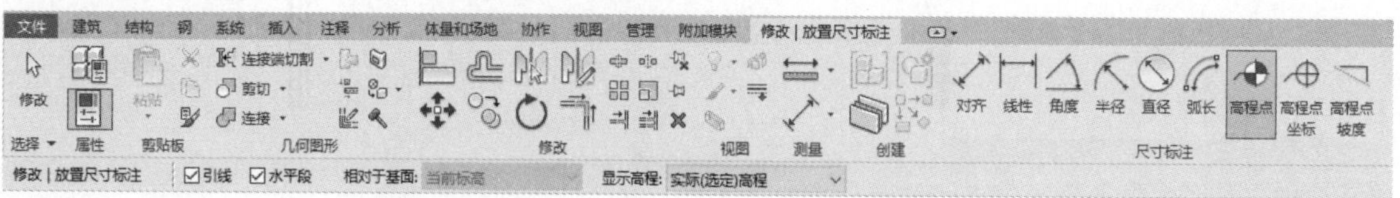

图 7-67　“修改|放置尺寸标注”选项卡和选项栏

（2）在“属性”选项板中选择高程点类型，如图 7-68 所示。

（3）单击“编辑类型”按钮，打开如图 7-69 所示的“类型属性”对话框，用户可以通过该对话框设置相应的参数。

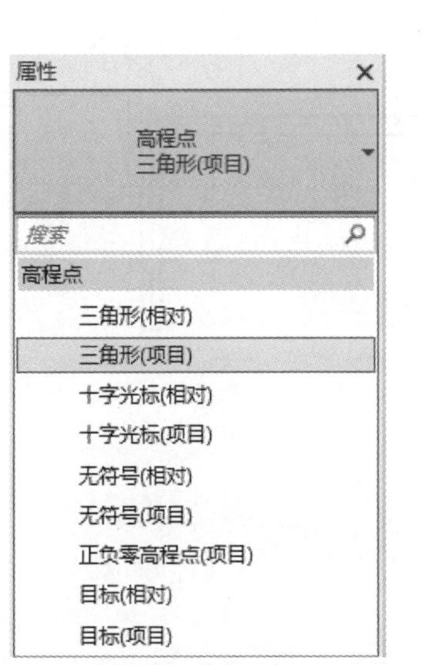

图 7-68　选择高程点类型

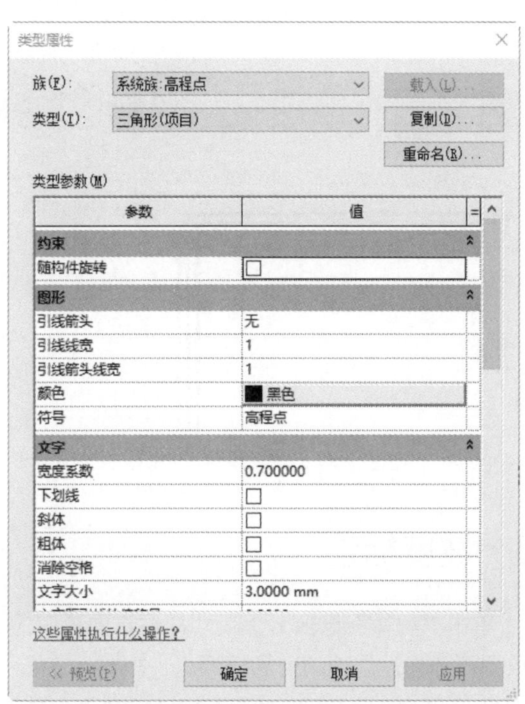

图 7-69　“类型属性”对话框

“类型属性”对话框中的主要选项说明如下。

☑　随构件旋转：选中此复选框，高程点随构件旋转。

☑　引线箭头：在该下拉列表中选择引线端点样式。

☑　符号：在该下拉列表中选择高程点的符号标头的外观。

☑　文字距引线的偏移：指文字与引线之间的偏移，如图 7-70 所示。

图 7-70　文字距引线的偏移示意图

☑　文字与符号的偏移：指文字与符号之间的偏移。该参数如果为正值，表示将文字向靠近引线的方向移动；如果为负值，则表示将文字向远离引线的方向移动，如图 7-71 所示。

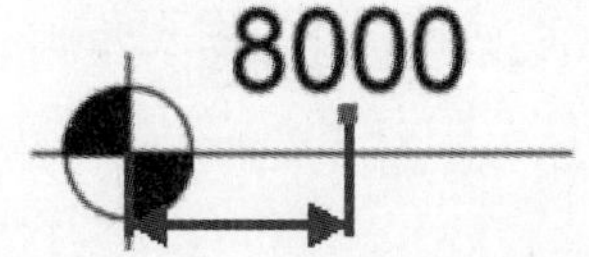

图 7-71　文字与符号的偏移示意图

Note

（4）选取管道进行高程标注，其中，标注管道两侧高程时，系统默认显示的是管道中心高程；标注管道中心高程时，系统默认显示的是管道顶部外侧高程，如图7-72所示。

（5）可以在选项栏中选择显示高程的方式，包括顶部高程、底部高程、顶部高程和底部高程，如图7-73所示。

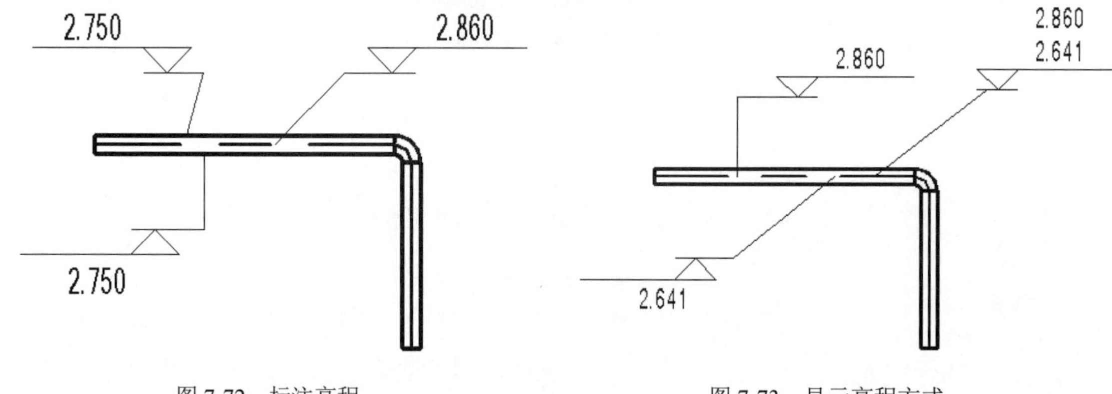

图7-72　标注高程　　　　图7-73　显示高程方式

7.8.3　坡度标注

（1）单击“注释”选项卡“尺寸标注”面板中的“高程点坡度”按钮，打开如图7-74所示的“修改|放置尺寸标注”选项卡和选项栏。

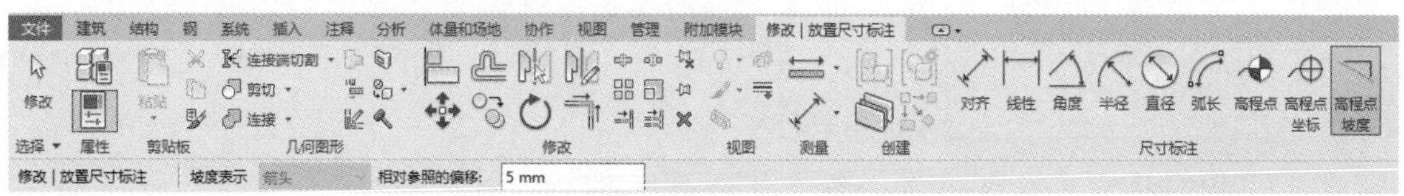

图7-74　“修改|放置尺寸标注”选项卡和选项栏

（2）选取管道，放置坡度标注，如图7-75所示。

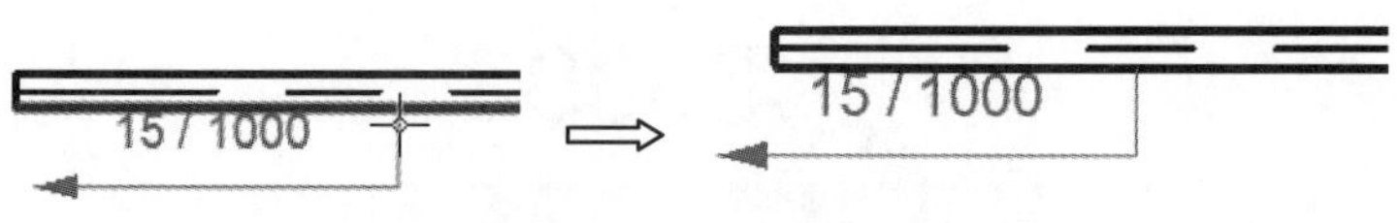

图7-75　坡度标注

（3）从图7-75中可以看出，管道的坡度标注不符合要求。在“属性”选项板中单击“编辑类型”按钮，打开如图7-76所示的“类型属性”对话框，单击“单位格式”栏中的1235 / 1000按钮，打开“格式”对话框，设置单位为“百分比”，舍入为“3个小数位”，单位符号为“%”，其他参数采用默认设置，如图7-77所示，单击“确定”按钮，坡度标注如图7-78所示。

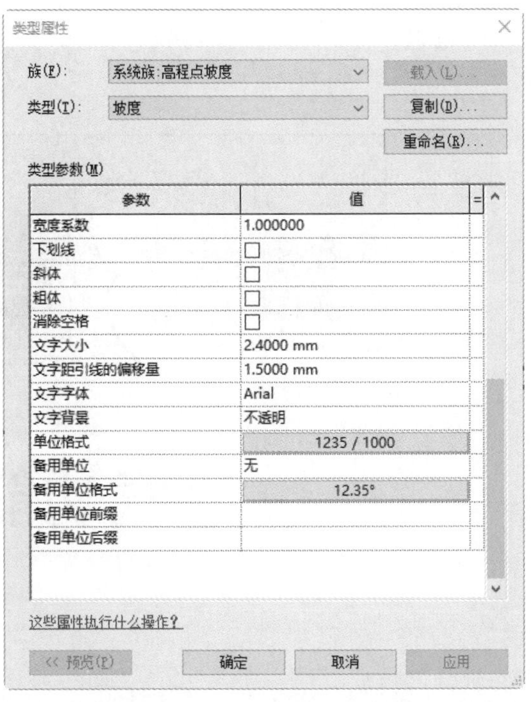

图 7-76　“类型属性”对话框

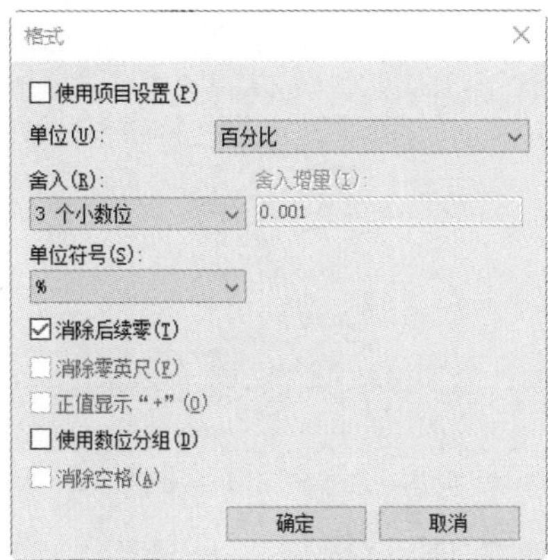

图 7-77　“格式”对话框

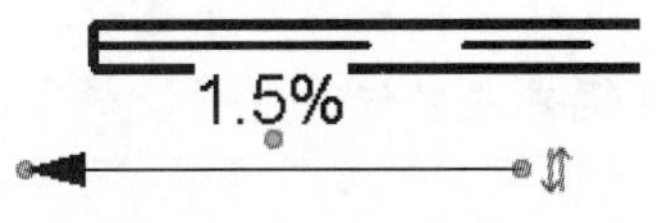

图 7-78　坡度标注

（4）在选项栏中输入相对参照的偏移值 7 mm，单击“修改高程点坡度方向”图标⇅，修改坡度标注的位置，如图 7-79 所示。

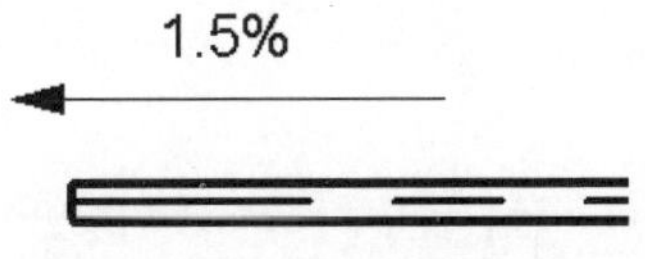

图 7-79　修改坡度标注

第8章

电气功能

知识导引

在建筑工程设计中，电气设计需要根据建筑规模、功能定位及使用要求确定电气系统，常见的电气系统包括配电系统、照明设计系统和弱电系统等。

本章将主要介绍电缆桥架、电缆桥架配件、线管、线管配件、导线的创建方法以及电力、照明和开关系统的创建。

- ☑ 电缆桥架
- ☑ 电缆桥架配件
- ☑ 线管
- ☑ 线管配件
- ☑ 布置电气构件
- ☑ 导线
- ☑ 创建系统

任务驱动&项目案例

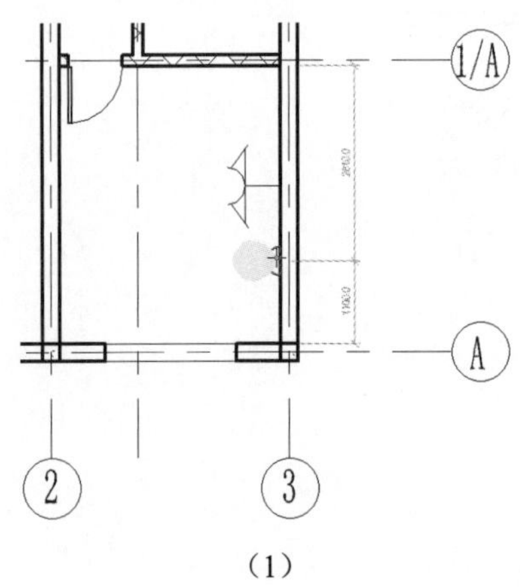

（1）

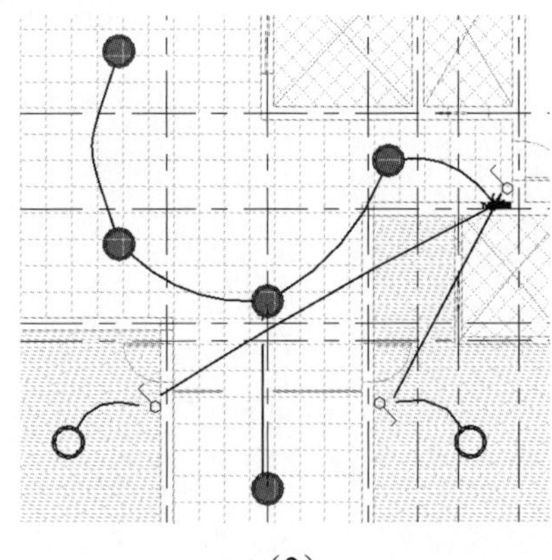

（2）

8.1 电缆桥架

Revit MEP 提供了两种不同的电缆桥架形式：带配件的电缆桥架和无配件的电缆桥架。带配件的电缆桥架是作为两种不同的系统族来实现的，并在这两个系统族下面添加不同的类型。

在平面、立面、剖面视图以及三维视图中都可以绘制水平、垂直和倾斜的电缆桥架。

8.1.1 无配件的电缆桥架

无配件的电缆桥架适用于设计中不明显区分配件的情况。

绘制无配件的电缆桥架时，转弯处和直段之间并没有分隔，桥架交叉时，桥架自动被打断，桥架分支时也是直接相连而不插入任何配件。

（1）单击“系统”选项卡“电气”面板中的“电缆桥架”按钮（快捷键：CT），打开“修改|放置电缆桥架”选项卡和选项栏，如图 8-1 所示。

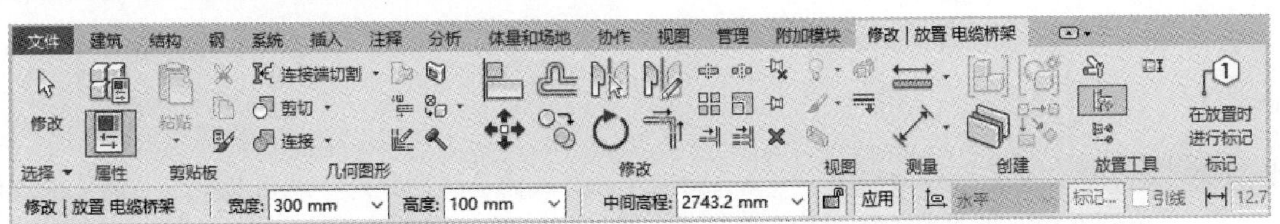

图 8-1 “修改|放置电缆桥架”选项卡和选项栏

（2）在“属性”选项板中选择电缆桥架类型，电气样板中默认的无配件的电缆桥架有两种类型：单轨电缆桥架和金属丝网电缆桥架。这里选择“无配件的电缆桥架 单轨电缆桥架”类型，设置电缆桥架的宽度、高度和高程，如图 8-2 所示。

（3）在绘图区域中单击以指定电缆桥架的起点，然后移动光标，到终点位置再次单击，完成一段电缆桥架的绘制，如图 8-3 所示。

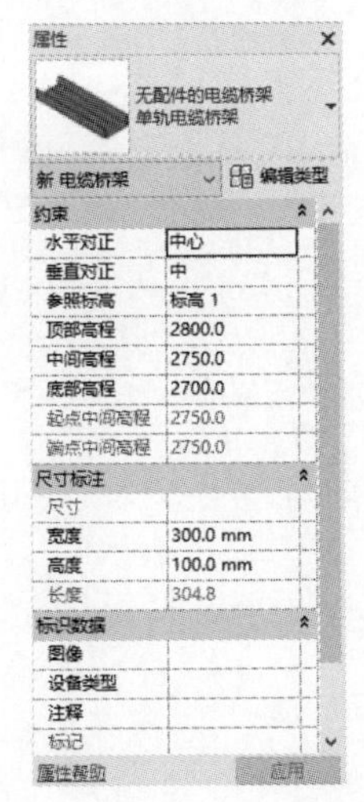

图 8-2 “属性”选项板

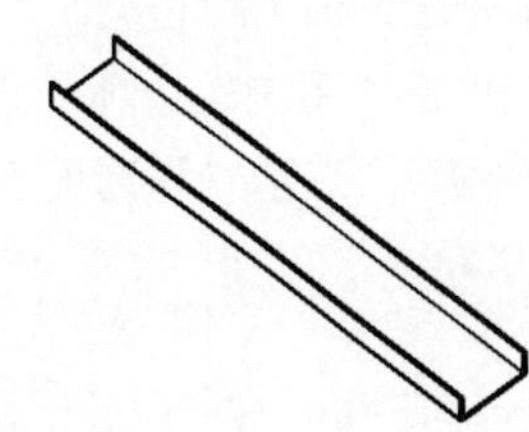

图 8-3 绘制无配件的电缆桥架

（4）可以继续移动鼠标绘制下一段电缆桥架，如图 8-4 所示。

（5）在选项栏中更改中间高程值［只要中间高程值与步骤（2）中的高程值不一样即可］，单击“应用”按钮，在变高程的地方自动生成一段垂直电缆桥架，如图 8-5 所示。

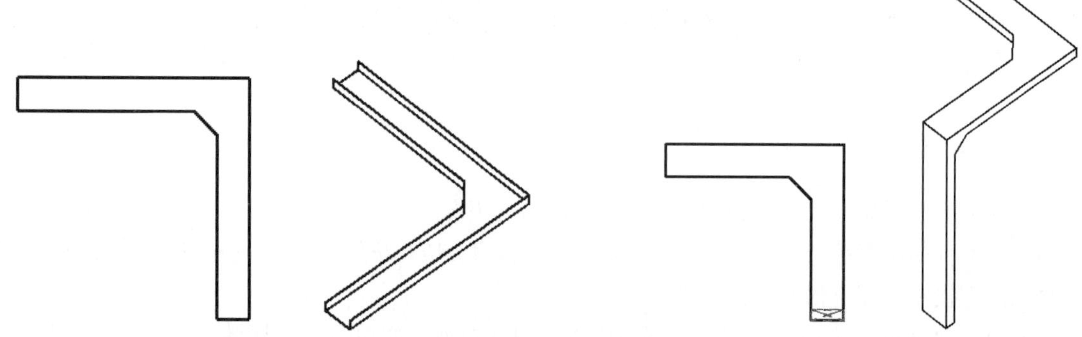

图 8-4　绘制第二段电缆桥架　　图 8-5　绘制垂直电缆桥架

注意：电缆桥架在粗略详细程度下默认显示为单线，在中等详细程度下默认显示为电缆桥架最外面的轮廓，在精细详细程度下默认显示为电缆桥架的实际模型，如图 8-6 所示。

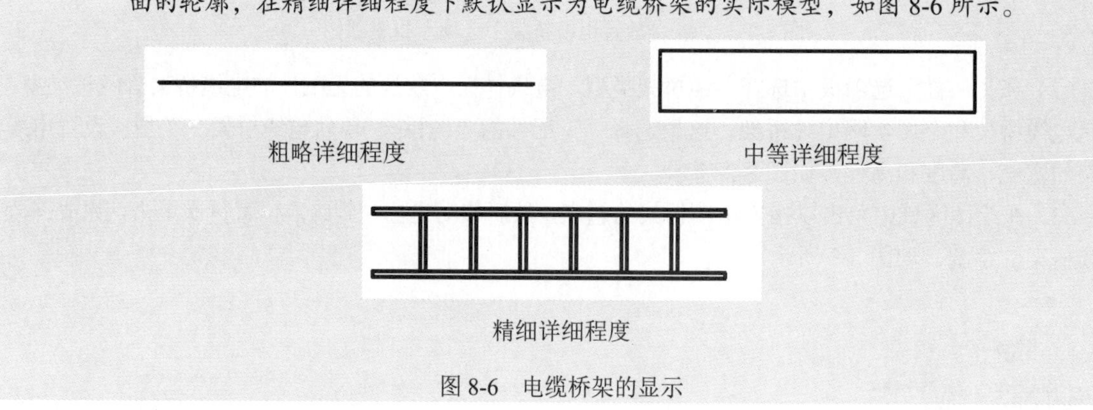

图 8-6　电缆桥架的显示

8.1.2　带配件的电缆桥架

绘制带配件的电缆桥架时，桥架直段和配件间有分隔线，分为各自的几段。

（1）单击“系统”选项卡“电气”面板中的“电缆桥架”按钮（快捷键：CT），打开“修改|放置电缆桥架”选项卡和选项栏，如图 8-7 所示。

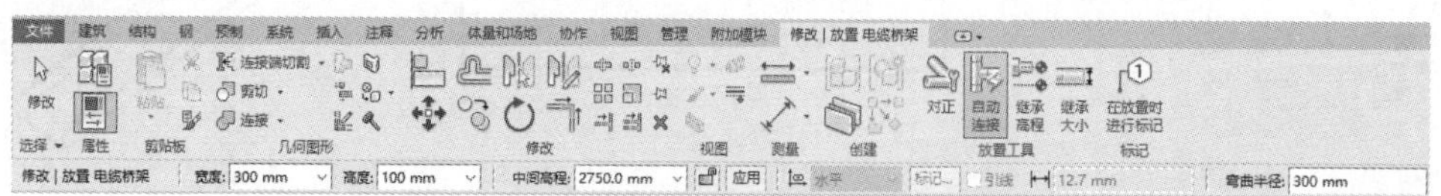

图 8-7　“修改|放置电缆桥架”选项卡和选项栏

“修改|放置电缆桥架”选项栏中的选项说明如下。

弯曲半径：指定电缆桥架的弯曲半径。默认弯曲半径被设置为电缆桥架的宽度，可以在“类型属性”对话框中设置其他的弯曲半径乘数。

（2）在“属性”选项板中选择“带配件的电缆桥架 槽式电缆桥架”类型，单击“编辑类型”按钮，打开“类型属性”对话框，设置电缆桥架接头处的配件，如图 8-8 所示，单击“确定”按钮。

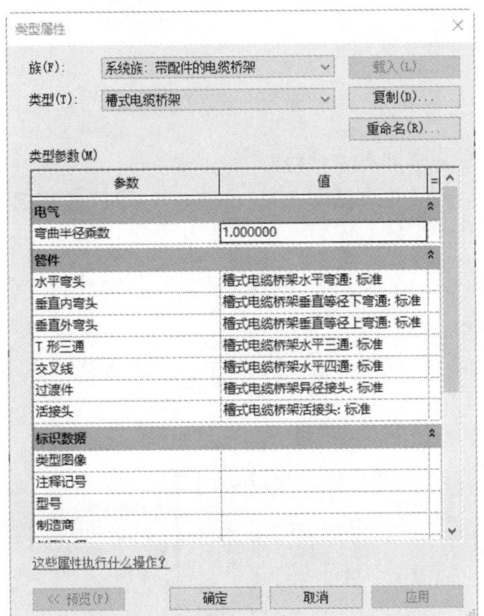

图 8-8　“类型属性”对话框

（3）在选项栏中设置电缆桥架的高度、宽度和中间高程。

（4）在绘图区域中单击以指定电缆桥架的起点，然后移动光标，并单击以指定管路上的端点，完成一段电缆桥架的绘制，继续绘制电缆桥架，系统在电缆桥架的转弯或连接处自动生成相应的电缆桥架配件，如图 8-9 所示。按 Esc 键退出电缆桥架的绘制命令。

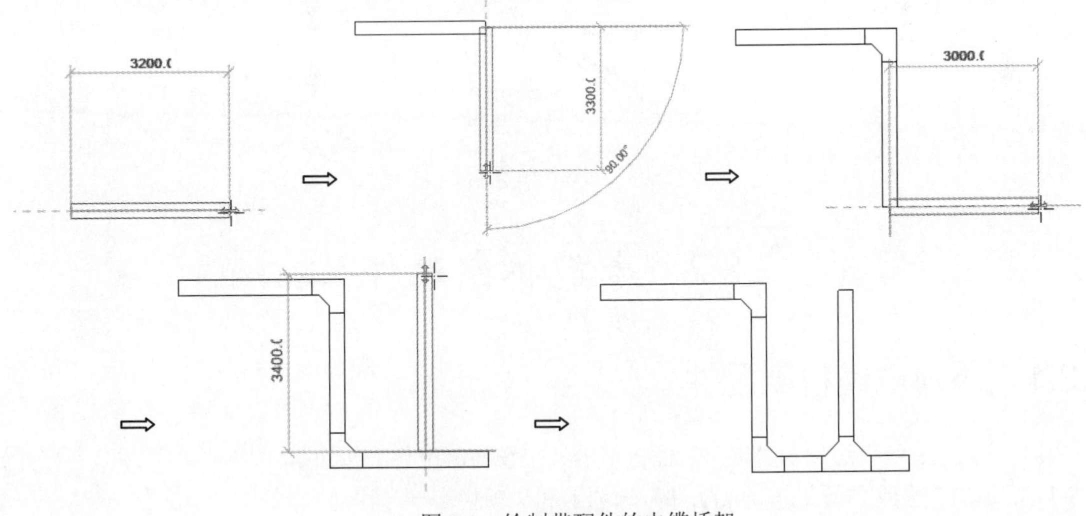

图 8-9　绘制带配件的电缆桥架

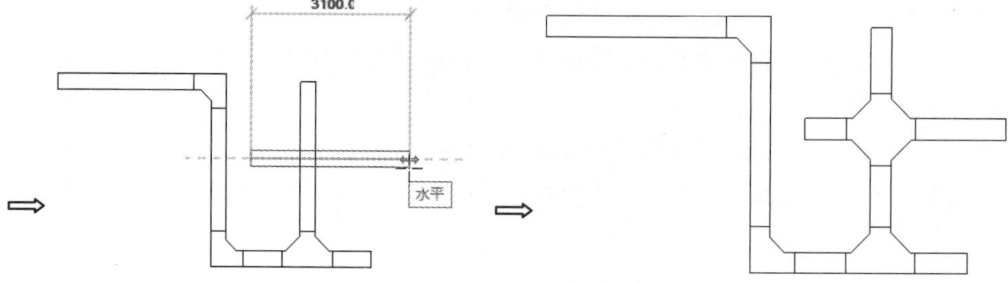

图 8-9　绘制带配件的电缆桥架（续）

注意：电缆桥架及配件的建模原则和说明如下。

（1）电缆桥架建模时，应确保其类型属性中的管件参数设置与桥架类型匹配。

（2）高压电缆桥架尽量不折弯。

（3）强电桥架与弱电桥架若分布在同一走道，宜分两侧布置，若无空间，两者间距要求不小于 300 mm。

（4）母线槽尺寸常规为 150×200/200×300，具体尺寸数值参照项目要求。

注意：电缆桥架的安装示意图如图 8-10 所示。

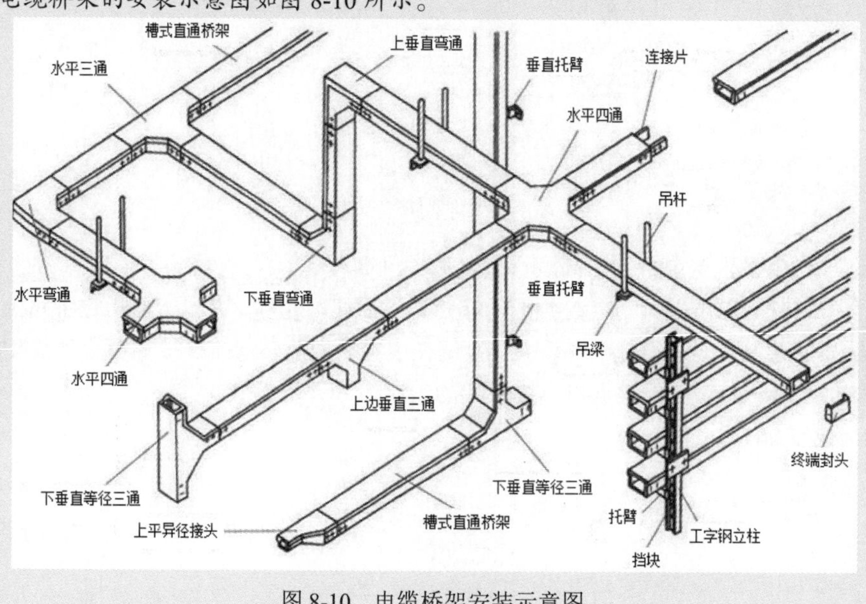

图 8-10　电缆桥架安装示意图

8.2　电缆桥架配件

8.2.1　添加电缆桥架配件

（1）单击“系统”选项卡“电气”面板中的“电缆桥架配件”按钮（快捷键：TF），打开如图 8-11 所示的“修改|放置电缆桥架配件”选项卡和选项栏。

（2）在“属性”选项板中有多种系统自带的配件类型，这里选择“槽式电缆桥架水平三通 标准”

类型，设置电缆桥架配件的尺寸和放置高程，如图 8-12 所示。

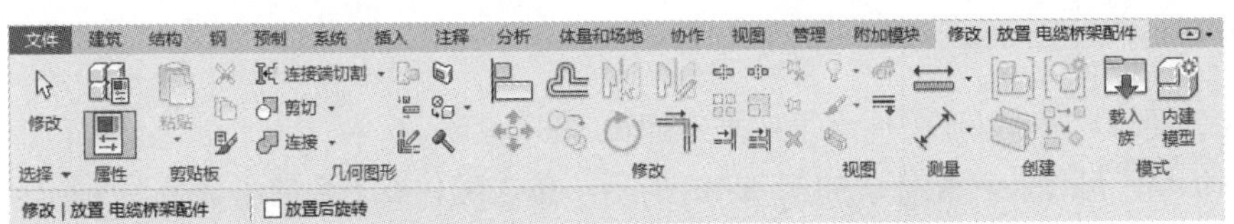

图 8-11　“修改|放置电缆桥架配件”选项卡和选项栏

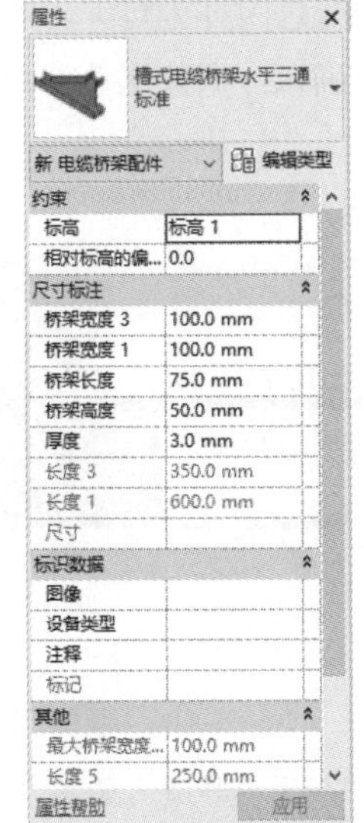
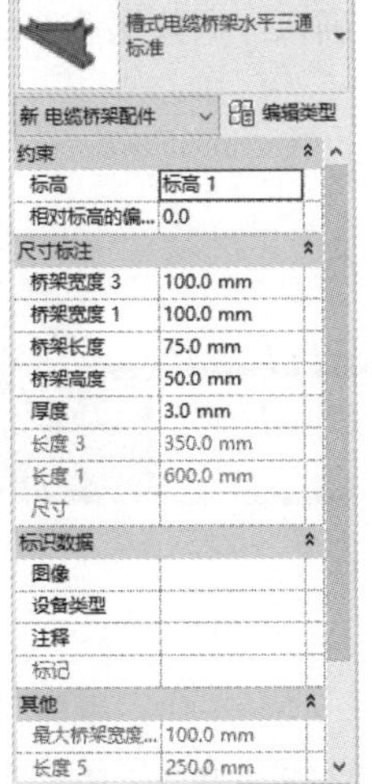

图 8-12　“属性”选项板

（3）捕捉电缆桥架的中线单击放置水平三通，如图 8-13 所示。也可以将水平三通放置在其他位置，然后拖曳其控制点与电缆桥架连接，按 Esc 键退出电缆桥架配件的绘制命令。

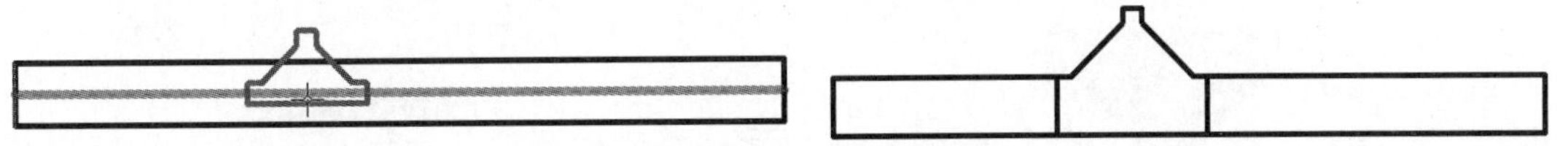

图 8-13　放置电缆桥架配件

8.2.2　编辑电缆桥架配件

选取电缆桥架配件，周围会显示一组控制柄，可用于修改尺寸、调整方向和进行升级或降级，如图 8-14 所示。

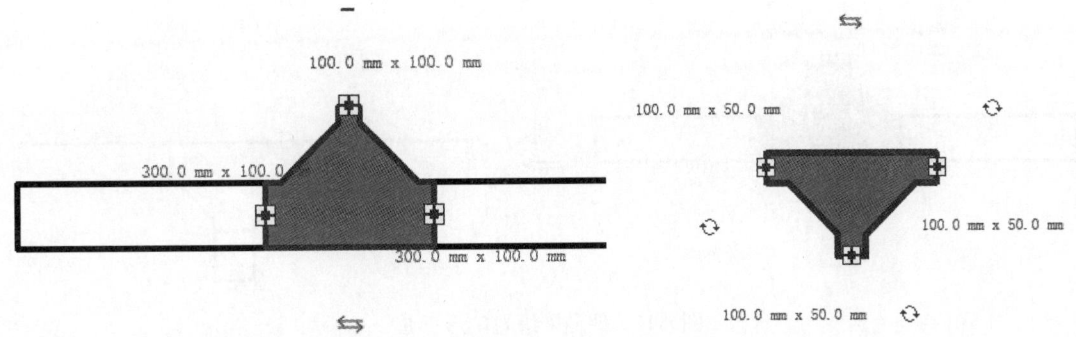

图 8-14　控制柄显示

Note

（1）在配件的连接件没有连接时，可以单击尺寸标注调整其宽度和高度。如图 8-15 所示，其中的蓝色字样为可编辑的，双击蓝色“100.0 mm”字样，弹出编辑框，输入新的尺寸值 200.0，按 Enter 键确认，调整配件大小，如图 8-15 所示。

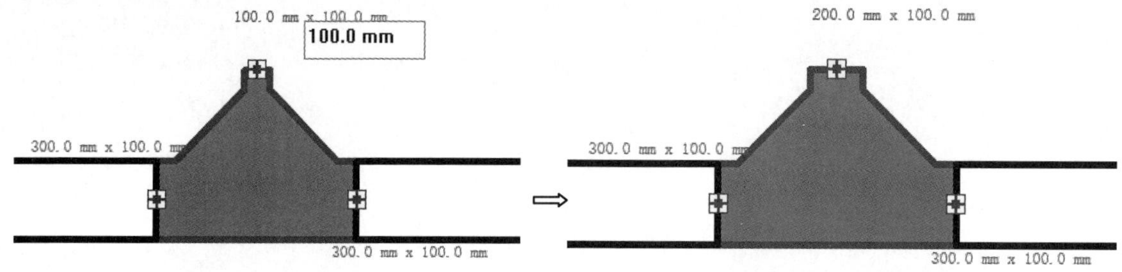

图 8-15　调整配件大小

（2）单击“翻转管件”图标⇵，可以使配件水平或垂直翻转 180°。

（3）单击“旋转”图标↻，可以旋转配件。如图 8-16 所示，单击配件右上角的“旋转”图标，旋转配件。但是，当配件连接电缆桥架后，该图标不会出现。

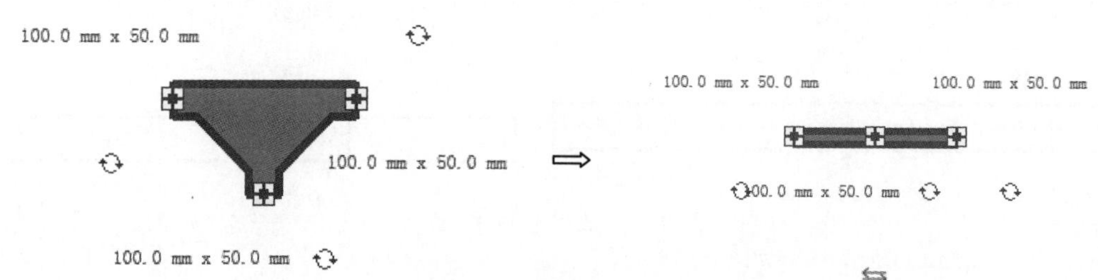

图 8-16　旋转配件

（4）单击减号图标 −，可将配件降级。例如，将未使用连接件的四通降级为 T 形三通，如图 8-17 所示；将未使用连接件的 T 形三通降级为弯头。

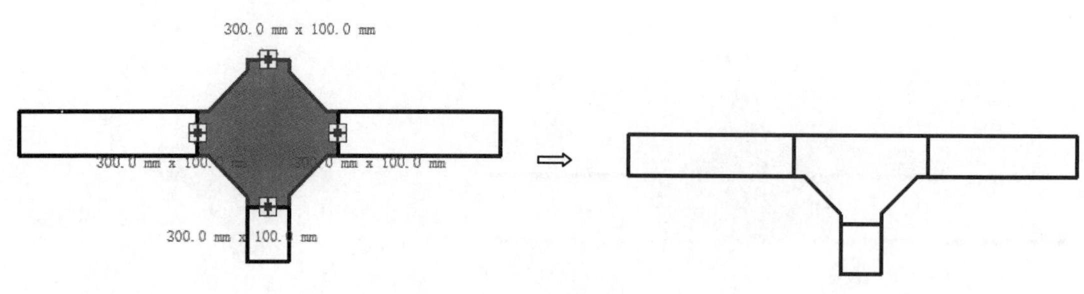

图 8-17　四通降级为 T 形三通

（5）单击加号图标+，可将配件升级。例如，将未使用连接件的 T 形三通升级为四通；将未使用连接件的弯头升级为 T 形三通。

8.3 线　　管

8.3.1 绘制无配件的线管

（1）单击“系统”选项卡“电气”面板中的“线管”按钮（快捷键：CN），打开“修改|放置线管”选项卡和选项栏，如图 8-18 所示。

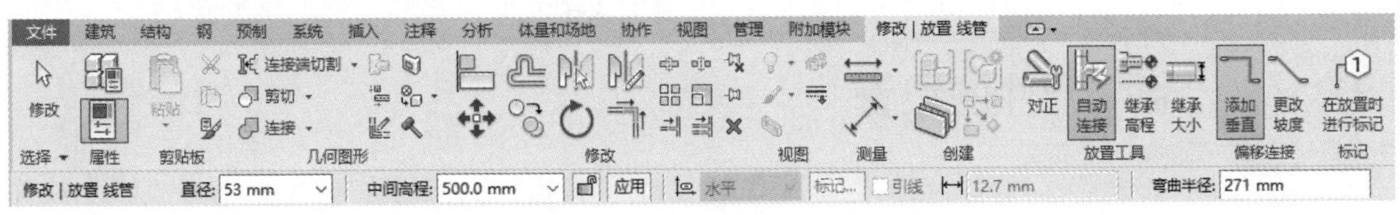

图 8-18 “修改|放置线管”选项卡和选项栏

（2）在“属性”选项板中选择线管类型，这里选择“无配件的线管 刚性非金属导管（RNC Sch 40）”类型，设置线管的直径和高程，如图 8-19 所示。

（3）在绘图区域中单击以指定线管的起点，然后移动光标到终点单击，完成一段线管的绘制，如图 8-20 所示。

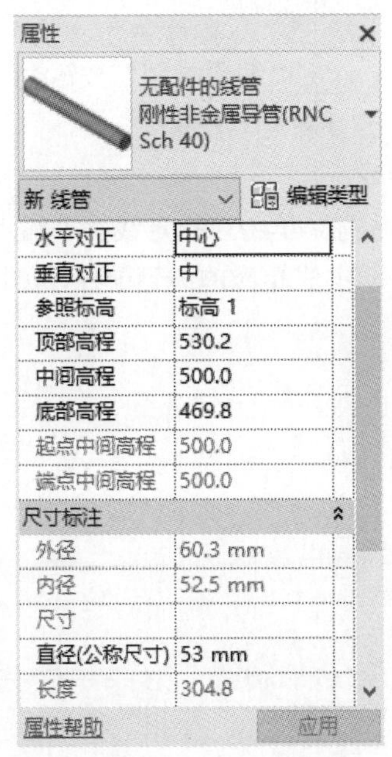

图 8-19 “属性”选项板

图 8-20 绘制无配件的线管

（4）在选项栏中更改中间高程值［只要中间高程值与步骤（3）中的高程值不一样即可］，单击“应用”按钮，在变高程的地方自动生成一段垂直线管，如图 8-21 所示。

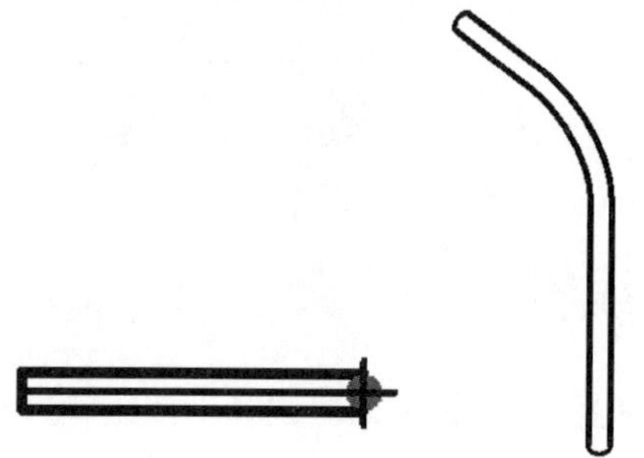

图 8-21 绘制垂直线管

8.3.2 绘制带配件的线管

（1）单击“系统”选项卡“电气”面板中的“线管”按钮（快捷键：CN），打开“修改|放置线管”选项卡和选项栏，如图 8-22 所示。

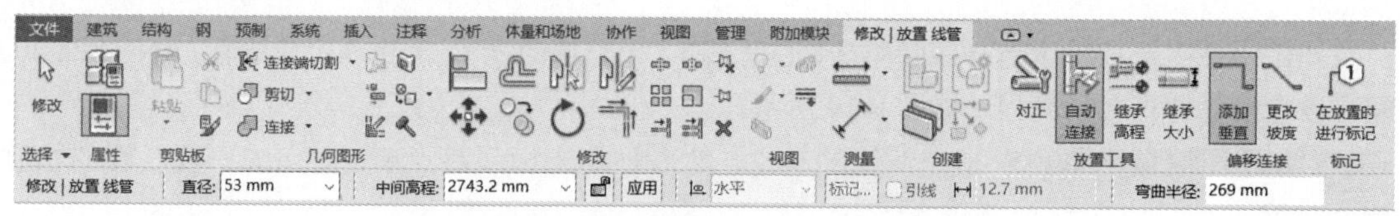

图 8-22 “修改|放置线管”选项卡和选项栏

（2）在“属性”选项板中选择“带配件的线管”类型，单击“编辑类型”按钮，打开如图 8-23 所示的“类型属性”对话框，设置线管接头处的配件，单击“确定”按钮。

（3）在选项栏中设置线管的直径、中间高程和弯曲半径。

（4）在绘图区域中单击以指定线管的起点，然后移动光标，单击以指定线管的端点，完成一段线管的绘制，继续绘制线管，系统在线管的转弯或连接处自动生成相应的线管配件，如图 8-24 所示。按 Esc 键退出带配件的线管的绘制命令。

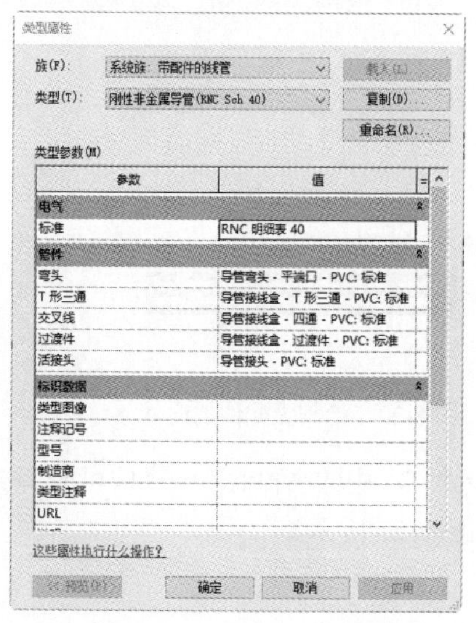

图 8-23 “类型属性”对话框

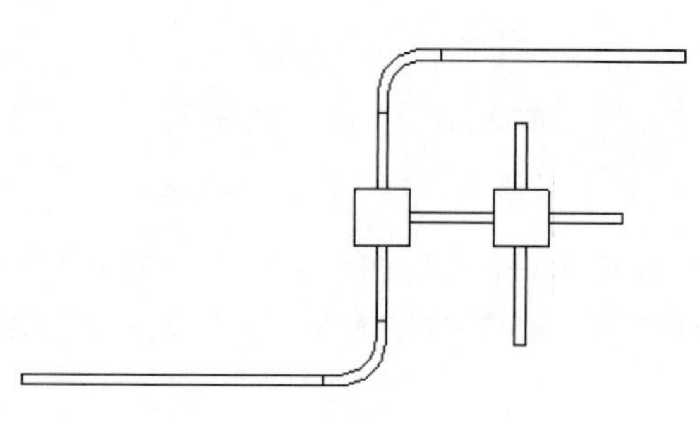

图 8-24 绘制带配件的线管

8.3.3　绘制平行线管

可以将平行线管添加到通过设备表面连接件连接的现有线管上，也可以添加到与电缆桥架连接的现有线管上。

（1）单击“系统”选项卡“电气”面板中的“平行线管”按钮，打开“修改|放置平行线管”选项卡，如图 8-25 所示。

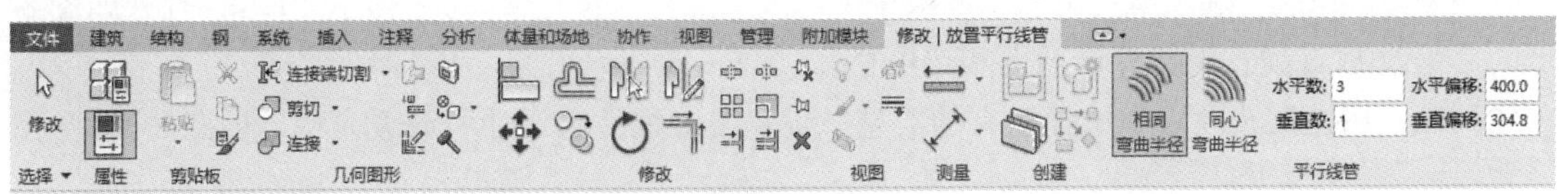

图 8-25　“修改|放置平行线管”选项卡

“修改|放置平行线管”选项卡中的选项说明如下。

☑　相同弯曲半径：使用原始线管的弯曲半径绘制平行线管。

☑　同心弯曲半径：使用不同的弯曲半径绘制平行线管，此选项仅适用于无管件的线管。

☑　水平数：设置水平方向的管道个数。

☑　水平偏移：设置水平方向管道之间的距离。

☑　垂直数：设置竖直方向的管道个数。

☑　垂直偏移：设置竖直方向管道之间的距离。

（2）在选项卡中输入水平数为 3，水平偏移为 400，其他参数采用默认设置。

（3）在绘图区域中，将光标移动到现有线管以高亮显示一段线管。将光标移动到现有线管的任一一侧时，将显示平行线管的轮廓，如图 8-26 所示。

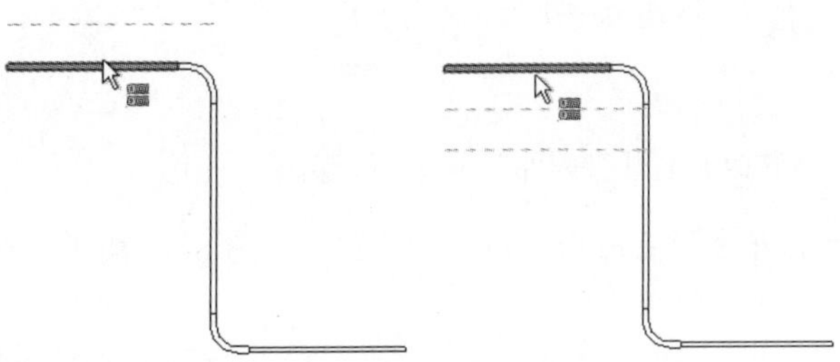

图 8-26　显示平行管道

（4）按 Tab 键选取整个线管，如图 8-27 所示。

（5）单击以放置平行线管，按 Esc 键退出平行线管的绘制命令，如图 8-28 所示。

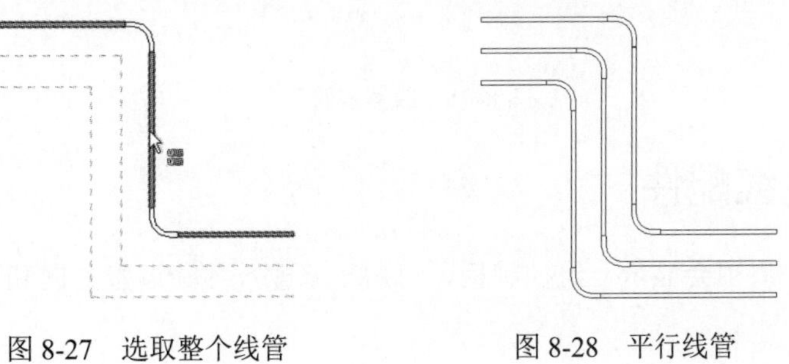

图 8-27　选取整个线管　　　　图 8-28　平行线管

Note

8.4 线 管 配 件

8.4.1 添加线管配件

（1）单击“系统”选项卡“电气”面板中的“线管配件”按钮（快捷键：NF），打开如图 8-29 所示的“修改|放置线管配件”选项卡和选项栏。

（2）在“属性”选项板中选择已有的类型，设置线管配件的尺寸和放置高程，如图 8-30 所示。

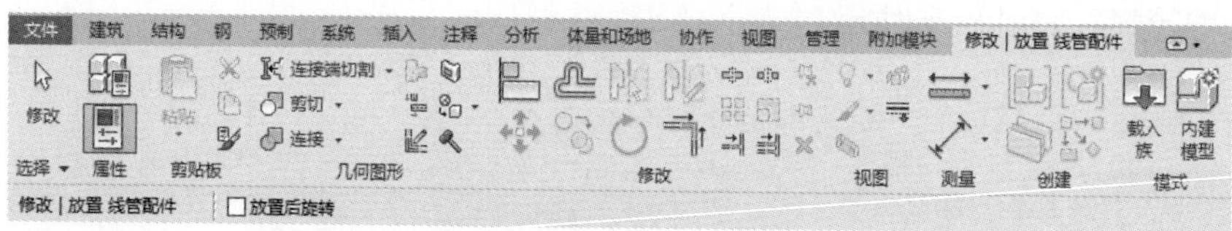

图 8-29 “修改|放置线管配件”选项卡和选项栏

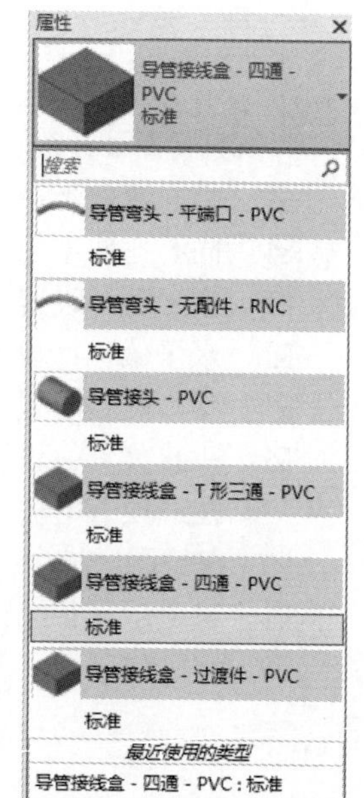

图 8-30 “属性”选项板

（3）捕捉线管的端点，单击以完成导管弯头的放置，如图 8-31 所示。按 Esc 键退出线管配件的绘制命令。

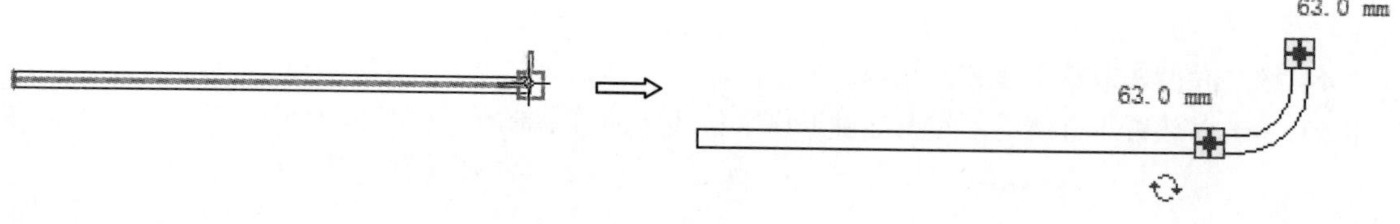

图 8-31 放置线管配件

8.4.2 编辑线缆配件

选取线缆配件，周围会显示一组控制柄，可用于修改尺寸、调整方向和进行升级或降级，如图 8-32 所示。

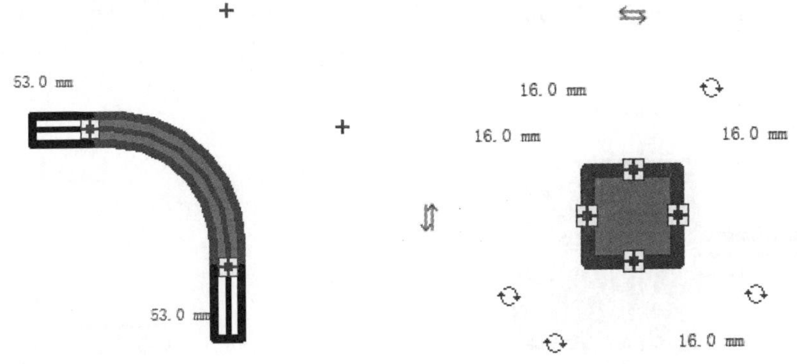

图 8-32 控制柄显示

（1）可以单击尺寸标注调整配件大小，也可以在“属性”选项板中更改尺寸标注值调整配件大小。

（2）单击“翻转管件”图标⇵，可以使配件水平或垂直翻转 180°。

（3）单击“旋转”图标，可以旋转配件。如图 8-33 所示，单击配件右上角的“旋转”图标，旋转配件。

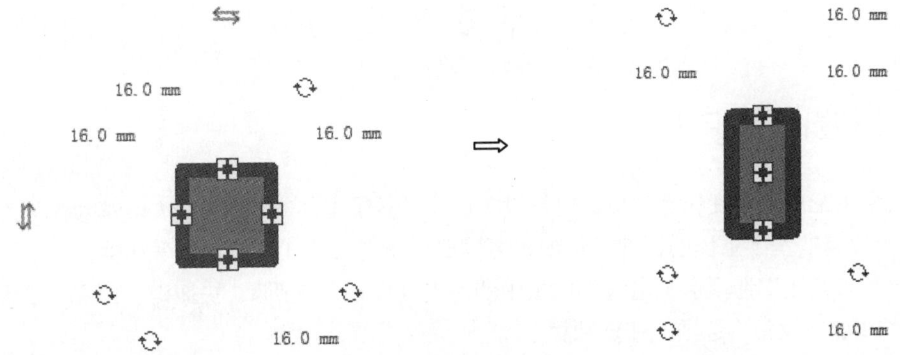

图 8-33 旋转配件

（4）单击加号图标+，可将配件升级。例如，将 T 形三通升级为四通；将弯头升级为 T 形三通，如图 8-34 所示。

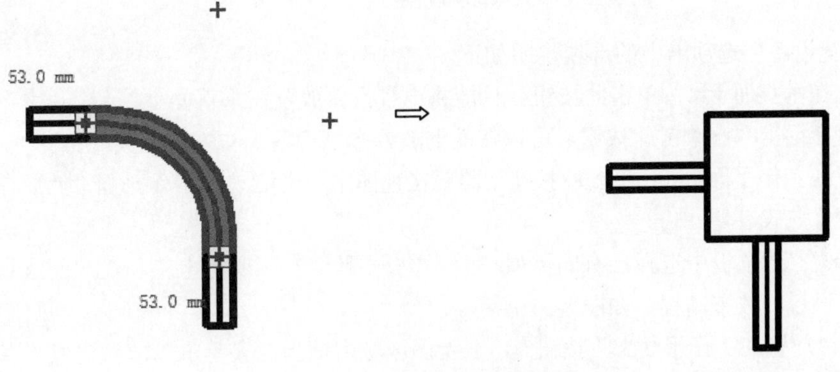

图 8-34 弯头升级为 T 形三通

Note

（5）单击减号图标 **–**，可将配件降级。例如，将四通降级为T形三通；将T形三通降级为弯头，如图8-35所示。

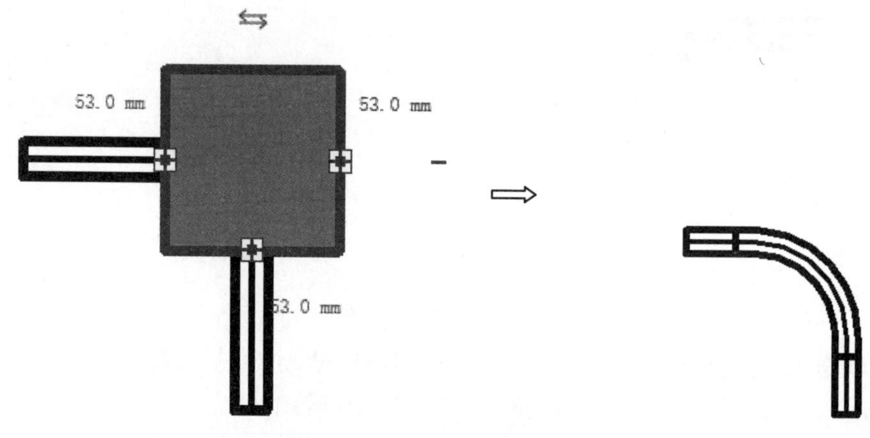

图8-35　T形三通降级为弯头

8.5　布置电气构件

8.5.1　放置电气设备

电气设备由配电盘和变压器组成。电气设备可以是基于主体的构件（例如，必须放置在墙上的配电盘），也可以是非基于主体的构件（例如，可以放置在视图中任何位置的变压器）。

（1）单击“系统”选项卡“电气”面板中的“电气设备”按钮（快捷键：EE），打开如图8-36所示的“修改|放置设备”选项卡和选项栏。

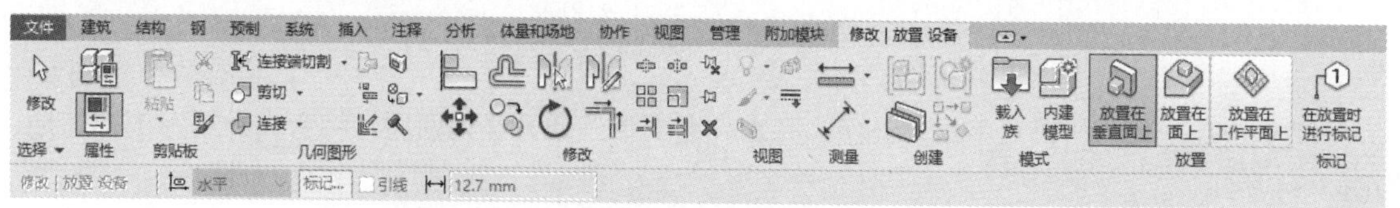

图8-36　“修改|放置设备”选项卡和选项栏

“修改|放置设备”选项卡中的选项说明如下。

☑　放置在垂直面上：单击此按钮，只能将电气设备放置在垂直面上。

☑　放置在面上：单击此按钮，可以在面上放置电气设备，与方向无关。

☑　放置在工作平面上：单击此按钮，需要在视图中定义活动的工作平面，然后在工作平面上放置电气设备。

（2）在“属性”选项板中选择已有的类型（电气样板中默认有照明配电箱和住户配线箱两种类型），然后设置电气设备的放置高程，如图8-37所示。

（3）单击“放置在工作平面上”按钮，在绘图区域中适当位置单击以放置电气设备，如图8-38所示。按Esc键退出电气设备的绘制命令。

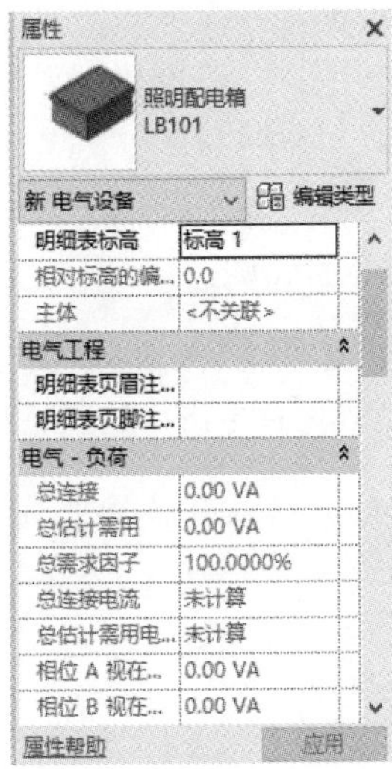

图 8-37　“属性”选项板

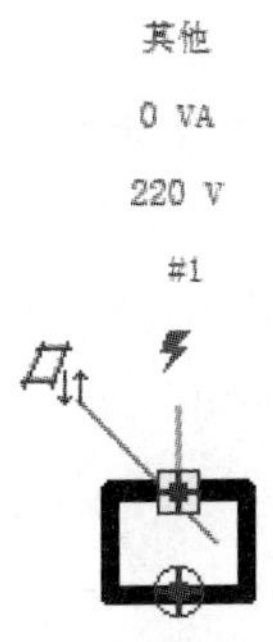

图 8-38　放置电气设备

8.5.2　放置装置

装置由插座、开关、接线盒、电话、通信、数据终端设备、护理呼叫设备、壁装扬声器、启动器、烟雾探测器和手拉式火警箱组成。电气装置通常是基于主体的构件（例如，必须放置在墙上或工作平面上的插座）。

下面以放置单极照明开关为例，介绍放置设备的具体步骤。

（1）单击“系统”选项卡“电气”面板中的“设备”下拉按钮，系统打开如图 8-39 所示的下拉列表，单击“照明”按钮。

图 8-39　“设备”下拉列表

（2）打开如图 8-40 所示的“修改|放置灯具”选项卡和选项栏，默认激活“放置在垂直面上”按钮。

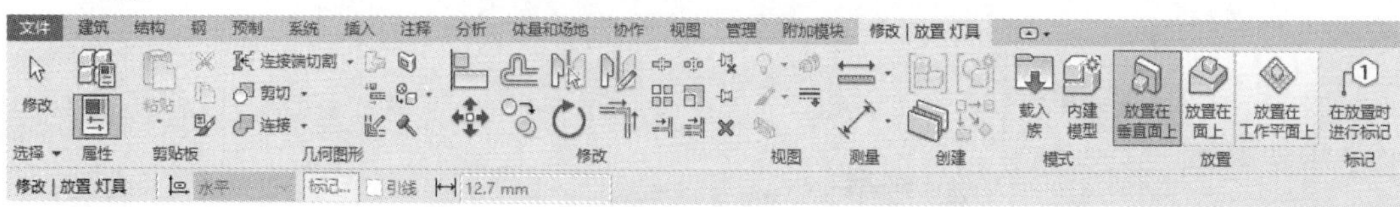

图 8-40 “修改|放置灯具”选项卡和选项栏

Note

（3）在“属性”选项板中选择“照明开关 单极”类型，设置照明开关的放置高程，如图 8-41 所示。

（4）单击“放置在工作平面上”按钮，在绘图区的适当位置单击，放置照明开关，如图 8-42 所示。按 Esc 键退出电气装置的绘制命令。

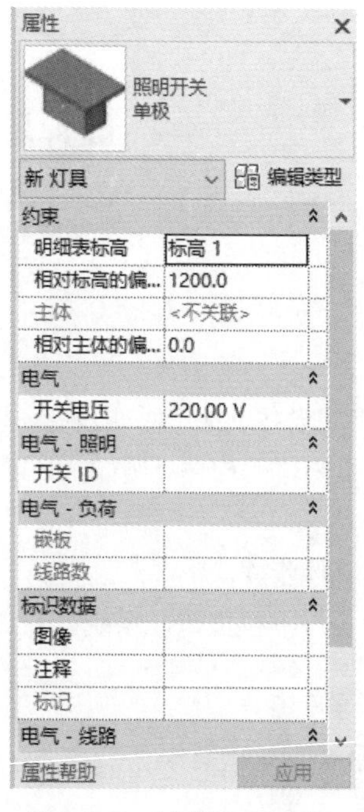

图 8-41 “属性”选项板

图 8-42 放置电气装置

8.5.3 放置照明设备

大多数照明设备是必须放置在主体构件（如天花板或墙）上的基于主体的构件。

（1）单击“系统”选项卡“电气”面板中的“照明设备”按钮（快捷键：LF），打开如图 8-43 所示的“修改|放置设备”选项卡和选项栏，默认激活“放置在垂直面上”按钮。

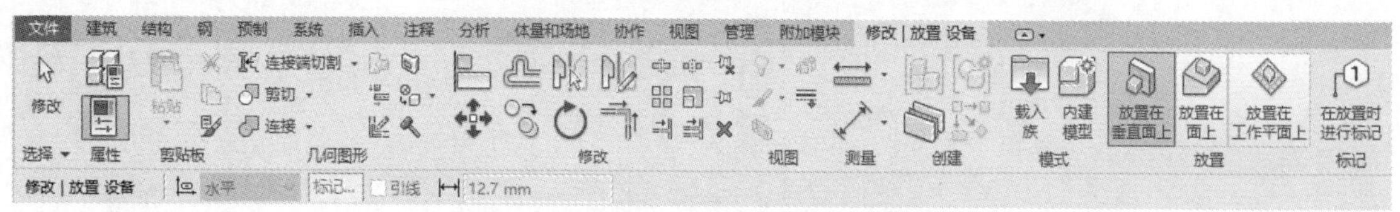

图 8-43 “修改|放置设备”选项卡和选项栏

（2）电气样板中默认的灯具为无装饰安装照明设备，需要其他灯具时可以单击“载入族”按钮，打开“载入族”对话框，选择“Chinese”→“MEP”→“照明”→“室内灯”→“花灯和壁灯”文件夹中的“托架壁灯-球形.rfa”族文件，如图 8-44 所示。

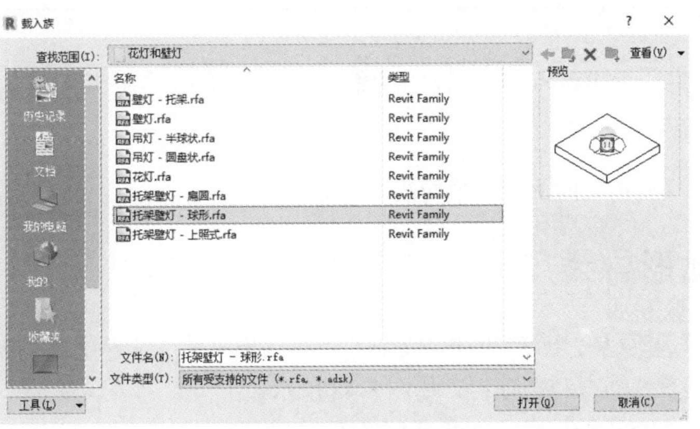

图 8-44 “载入族”对话框

（3）在“属性”选项板中选择已有的类型，设置照明设备的放置高程，如图 8-45 所示。

（4）将光标移至绘图区域中的某一有效主体或位置上时，可以预览照明设备，如图 8-46 所示。在墙体上的适当位置单击，放置照明设备，如图 8-47 所示。按 Esc 键退出照明设备的绘制命令。

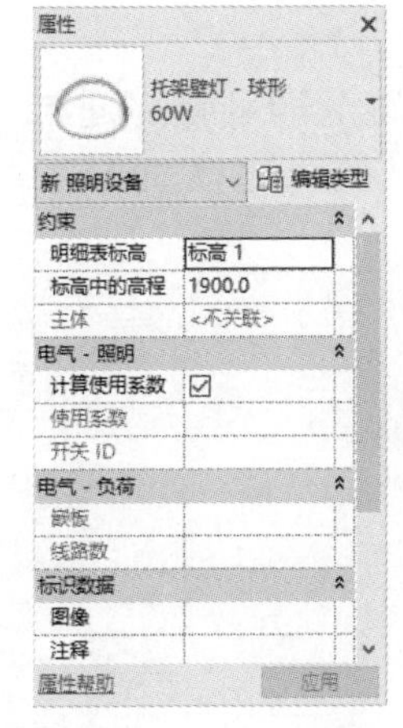

图 8-45 “属性”选项板

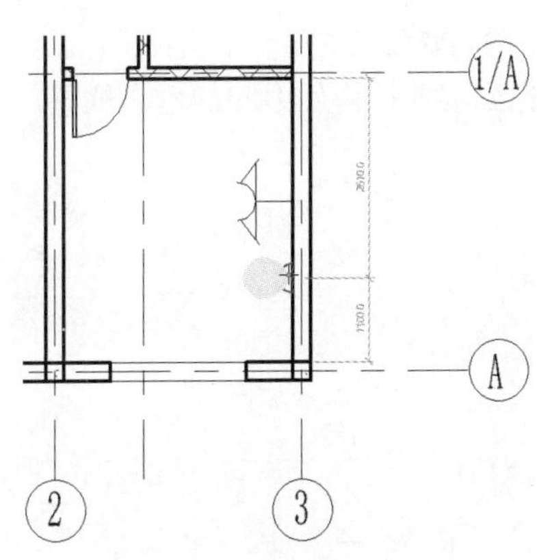

图 8-46 预览照明设备

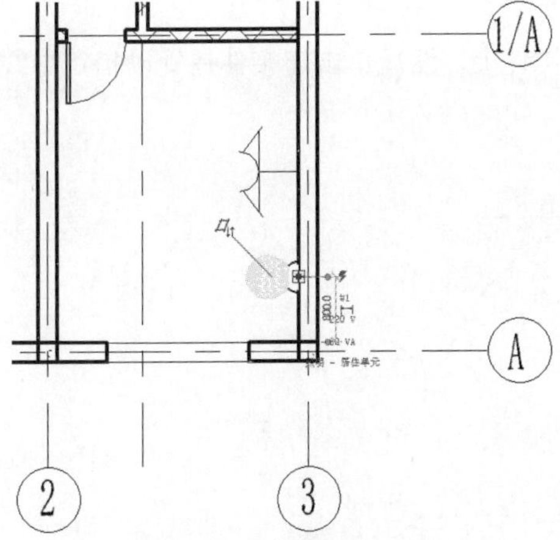

图 8-47 放置照明设备

8.6 导　　线

可以在设计的电气构件之间手动创建配线。

8.6.1 绘制弧形导线

（1）单击“系统”选项卡“电气”面板“导线”下拉列表中的“弧形导线”按钮（快捷键：EW），打开“修改|放置导线”选项卡和选项栏，如图 8-48 所示。

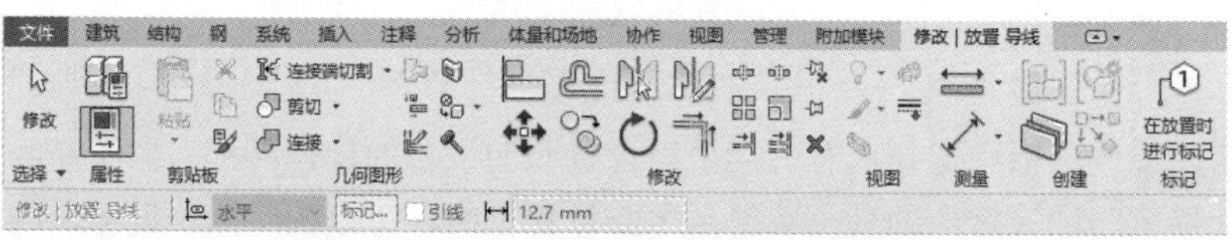

图 8-48　“修改|放置导线”选项卡和选项栏

（2）在“属性”选项板中选择导线类型，这里采用默认设置。

（3）将光标移动到要连接的第一个构件上，显示捕捉。单击以确定导线回路的起点，如图 8-49 所示。

（4）移动光标到要连接构件中间的适当位置，单击以确定中点，如图 8-50 所示。

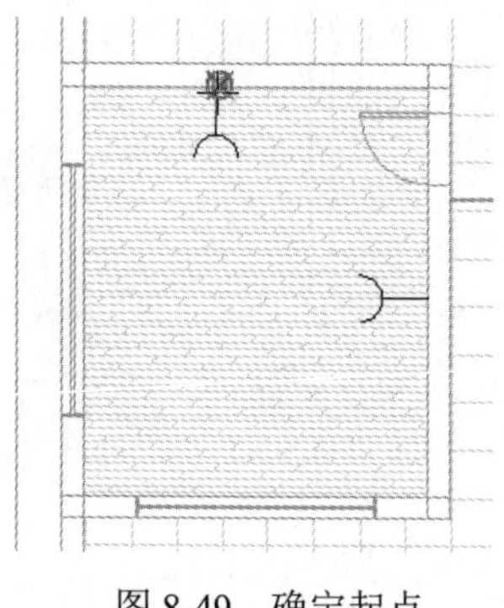

图 8-49　确定起点

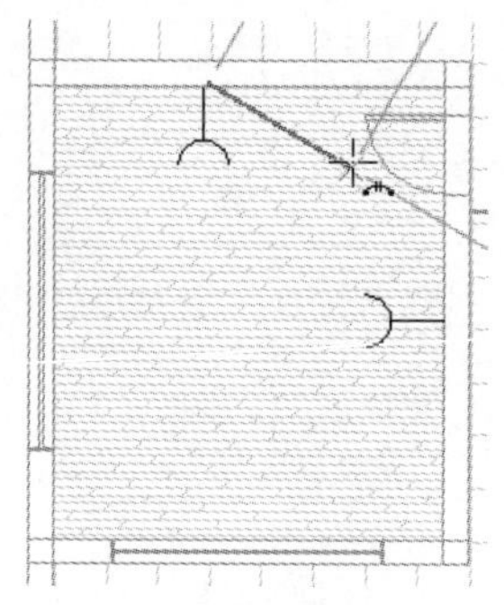

图 8-50　确定中点

（5）将光标移动到下一个构件上，然后单击连接件捕捉以指定导线回路的终点，如图 8-51 所示。结果如图 8-52 所示。

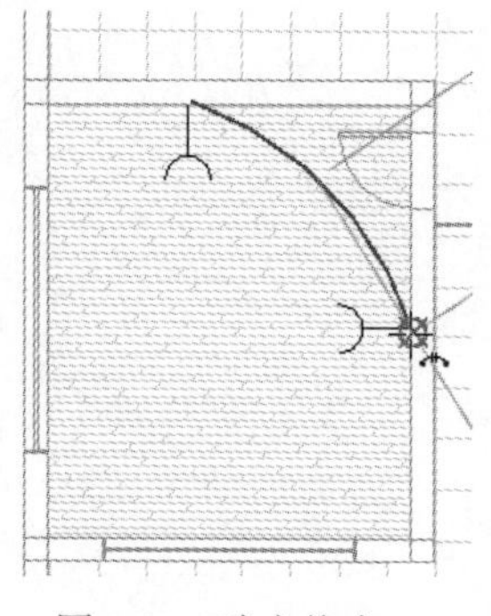

图 8-51　确定终点

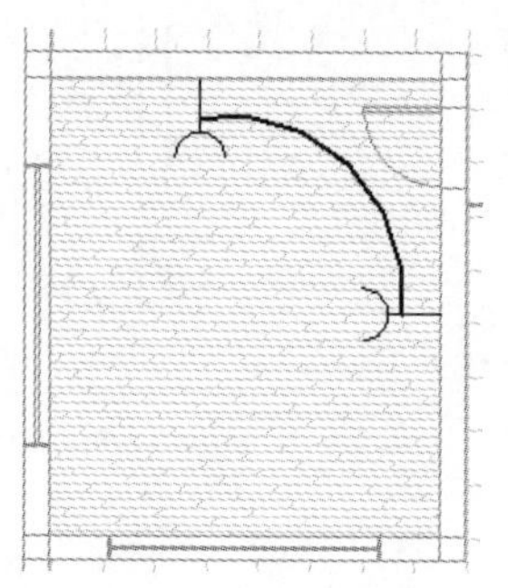

图 8-52　圆弧导线

8.6.2　绘制样条曲线导线

（1）单击“系统”选项卡“电气”面板“导线”下拉列表中的“样条曲线导线”按钮，打开“修改|放置导线”选项卡和选项栏。

（2）在“属性”选项板中选择导线类型，这里采用默认设置。

（3）将光标移动到要连接的第一个构件上，显示捕捉，单击以确定导线回路的起点。

（4）移动光标到要连接构件中间的适当位置，单击以确定第二点，如图 8-53 所示。

（5）继续移动鼠标，在适当位置单击以确定第三点，如图 8-54 所示。继续移动鼠标，在适当位置单击以确定第四点。

（6）将光标移动到下一个构件上，然后单击连接件捕捉以指定导线回路的终点，结果如图 8-55 所示。

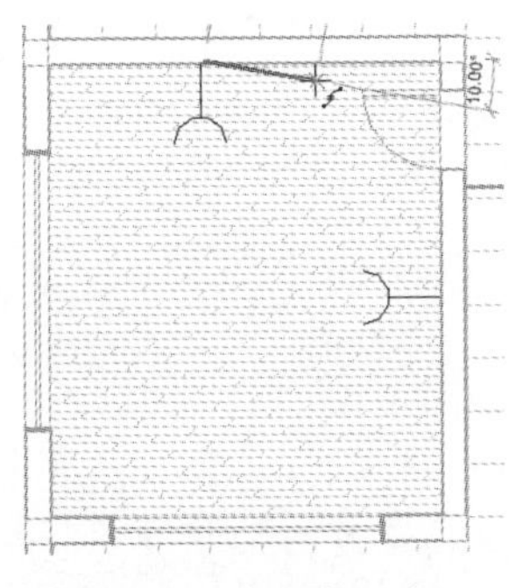

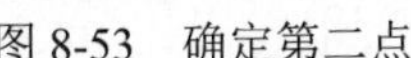

图 8-53　确定第二点

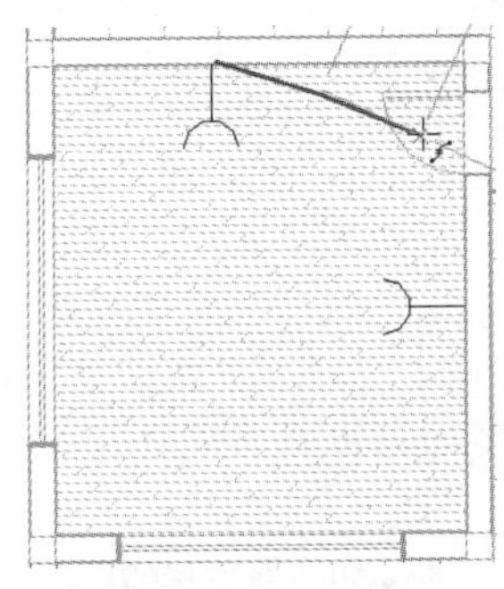

图 8-54　确定第三点

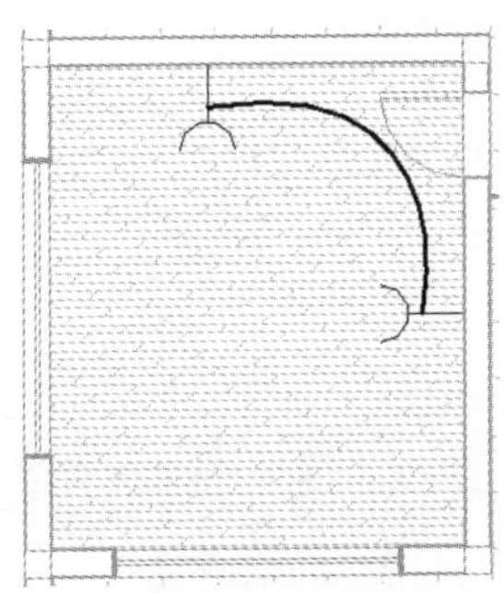

图 8-55　样条曲线导线

8.6.3　绘制带倒角导线

（1）单击“系统”选项卡“电气”面板“导线”下拉列表中的“带倒角导线”按钮，打开“修改|放置导线”选项卡和选项栏。

（2）在“属性”选项板中选择导线类型，这里采用默认设置。

（3）将光标移动到要连接的第一个构件上，显示捕捉，单击以确定导线回路的起点。

（4）移动光标到要连接构件中间的适当位置，单击以确定第二点，如图 8-56 所示。

（5）将光标移动到下一个构件上，然后单击连接件捕捉以指定导线回路的终点，如图 8-57 所示。结果如图 8-58 所示。

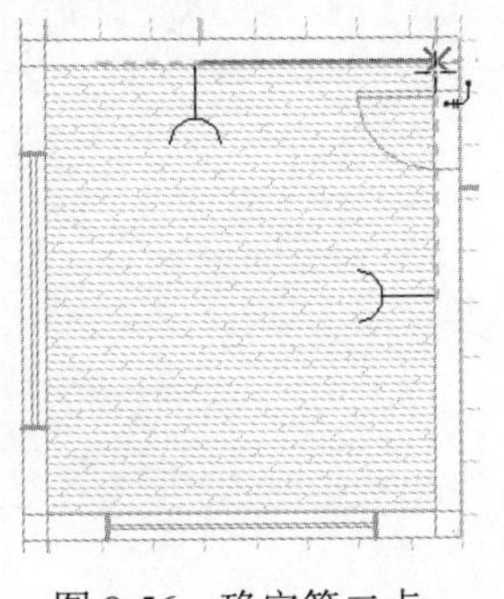

图 8-56　确定第二点

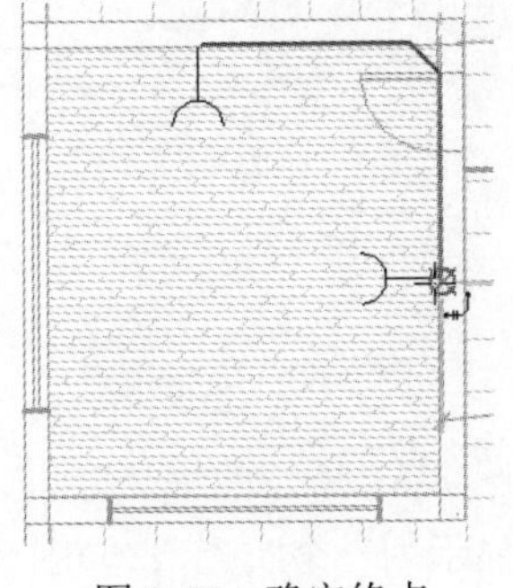

图 8-57　确定终点

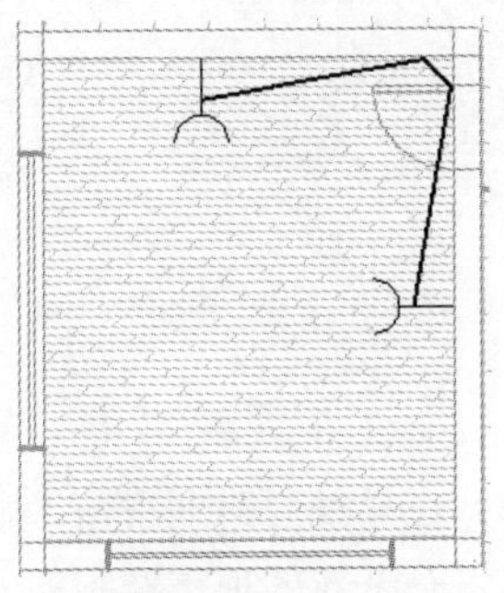

图 8-58　带倒角导线

注意：导线在三维视图中是不可见的。

Note

8.6.4 编辑导线

可以添加或删除导线、改变导线形状和布线以及修改项目中导线回路的记号位置。

（1）在视图中选取一个导线回路，如图 8-59 所示。

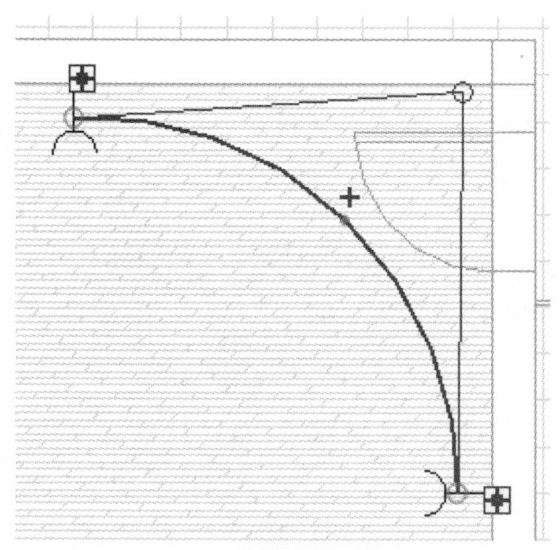

图 8-59　选取导线回路

（2）导线回路的控制柄会以蓝色显示。使用加号和减号图标可以修改回路中导线的数量。单击加号图标+可增加导线的数量，每次单击会给回路添加一个记号，一个记号表示一根导线；单击减号图标━可减少导线的数量，每次单击会从回路中删除一个记号，一个记号表示一根导线。达到导线的最小数量时，会禁用减号图标。

（3）拖曳顶点以修改导线回路的形状，如图 8-60 所示。

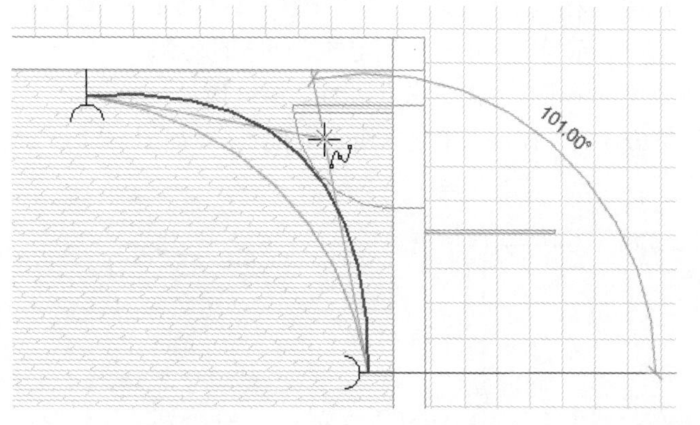

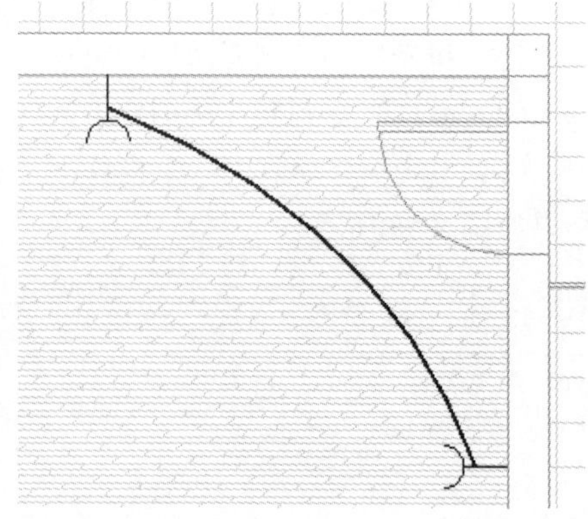

图 8-60　拖曳顶点

（4）在导线回路上右击，弹出如图 8-61 所示的快捷菜单，选择“插入顶点”选项，在导线回路上将显示一个新的顶点控制柄（最初显示为一个实点），如图 8-62 所示。

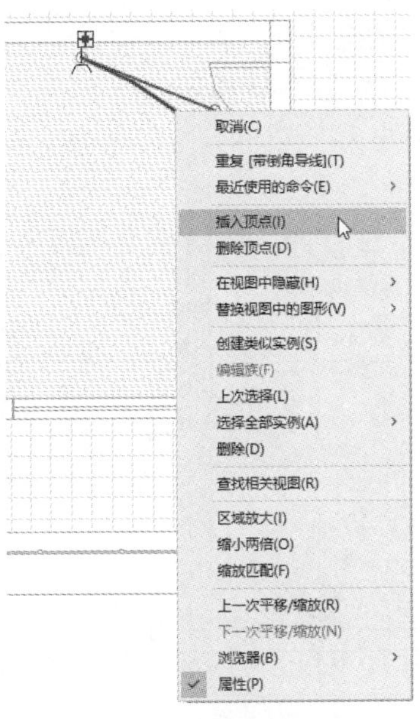

图 8-61　快捷菜单

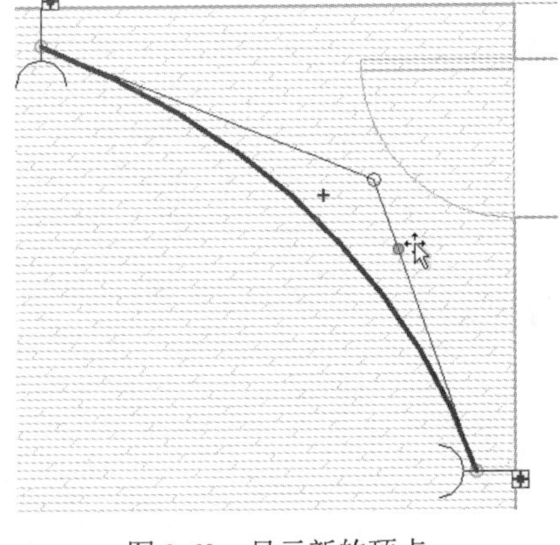

图 8-62　显示新的顶点

（5）移动鼠标，在所需的位置单击以放置顶点，拖曳新顶点可以修改导线回路的形状，如图 8-63 所示。

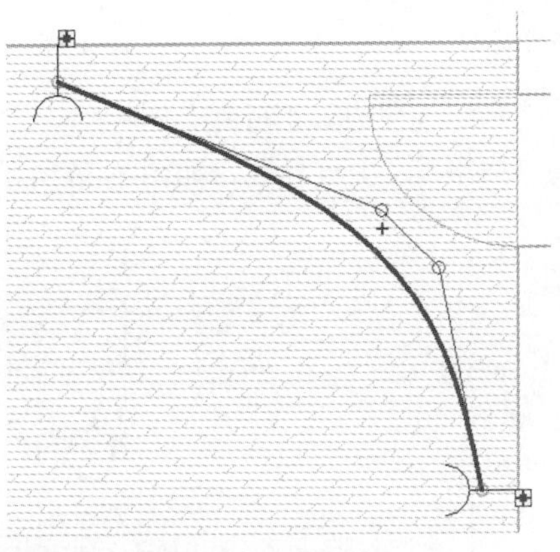

图 8-63　添加顶点

（6）采用相同的方法，添加其他的顶点。

（7）在导线回路上右击，弹出如图 8-61 所示的快捷菜单，选择“删除顶点”选项，移动光标到要删除的顶点上，当顶点显示为一个实点时单击，删除顶点。

8.7　创建系统

8.7.1　创建电力和照明系统

可以为连接兼容电气装置和照明设备的电力系统创建线路，然后将线路连接到电气设备配电盘。

Note

Revit 会自动为电力和照明线路计算导线尺寸以保持低于3%的电压降。

（1）按住Ctrl键，选取房间内的开关、环形吸顶灯和配电箱，如图8-64所示。

（2）单击“修改|照明设备”选项卡“创建系统”面板中的“电力”按钮，生成如图8-65所示的临时配线，打开“修改|电路”选项卡。

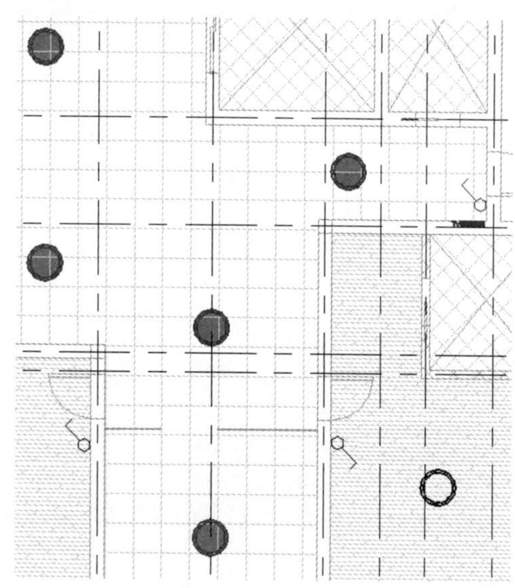

图8-64　选取设备和灯具

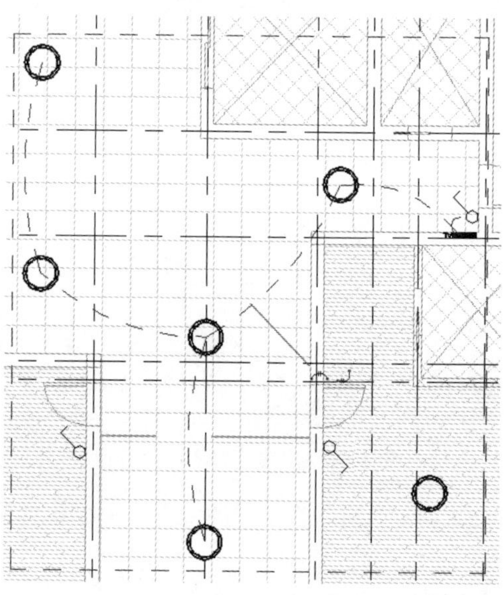

图8-65　生成临时配线

（3）单击图8-65中的“从此临时配线生成弧形配线”图标，或者单击“修改|电路”选项卡“转换为导线”面板中的“弧形导线”按钮，生成导线，如图8-66所示。

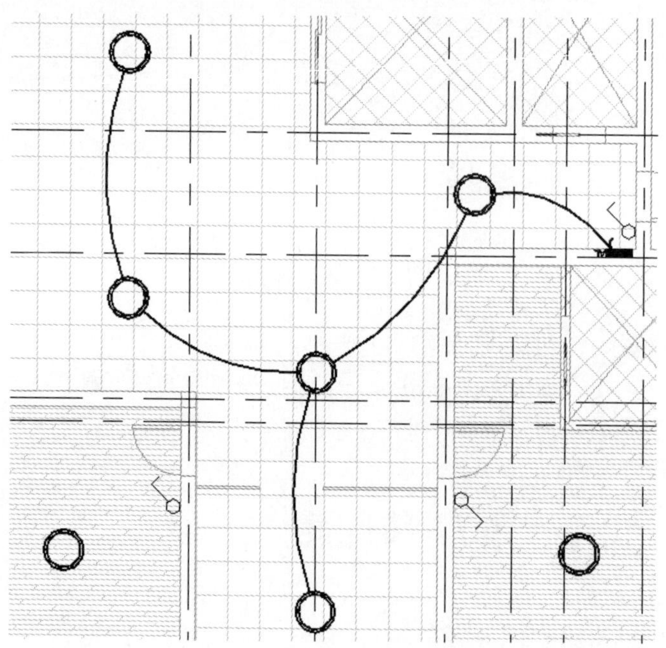

图8-66　生成导线

（4）采用相同的方法，创建房间内灯具与开关的导线，如图 8-67 所示。

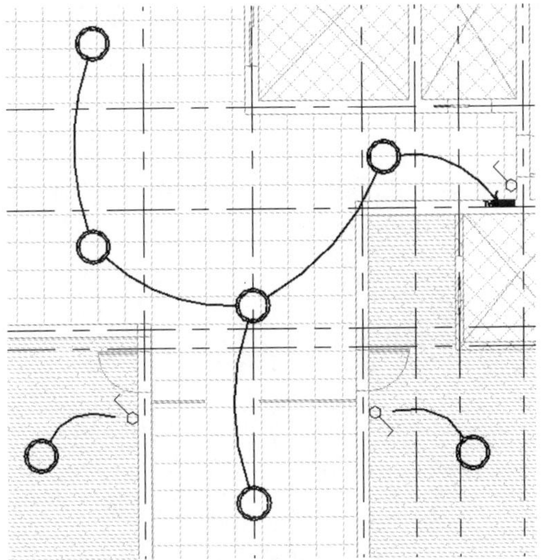

图 8-67　卧室导线的创建

注意：弧形配线通常用于表示在墙、天花板或楼板内隐藏的配线。带倒角的配线通常用于表示外露的配线。

8.7.2　创建开关系统

可以将照明设备指定给项目中的特定开关。开关系统与照明线路和配线不相关。

（1）选择一个或多个电气装置或照明设备，这里选取客厅的环形吸顶灯，如图 8-68 所示。

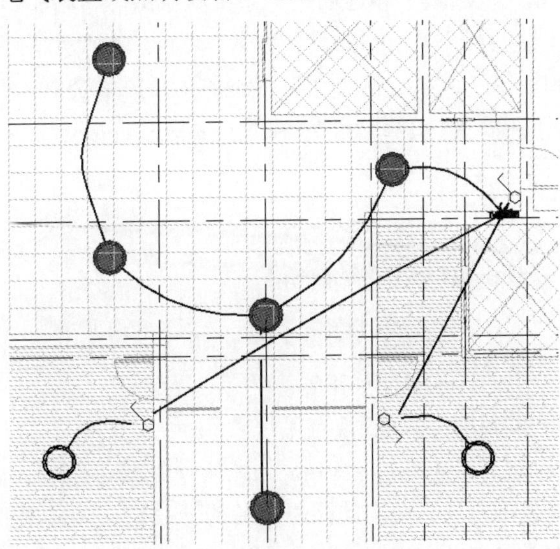

图 8-68　选取照明设备

（2）单击“修改|照明设备”选项卡“创建系统”面板中的“开关”按钮，创建开关系统，并打开如图 8-69 所示的“修改|开关系统”选项卡。

Note

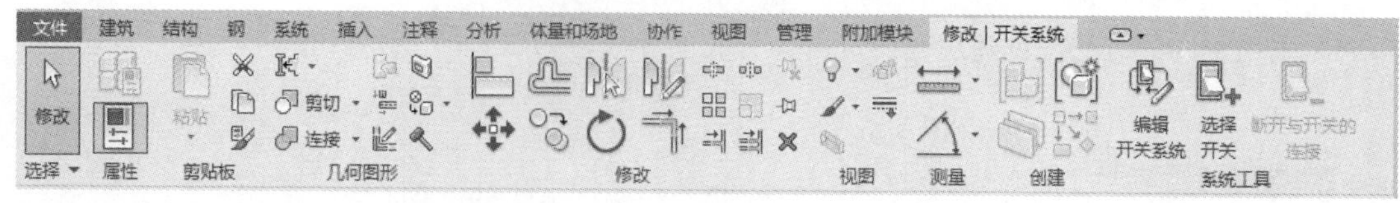

图 8-69 “修改|开关系统”选项卡

（3）单击“修改|开关系统”选项卡“系统工具”面板中的“选择开关”按钮，选择视图中的开关，将其指定给开关系统，结果如图 8-70 所示。

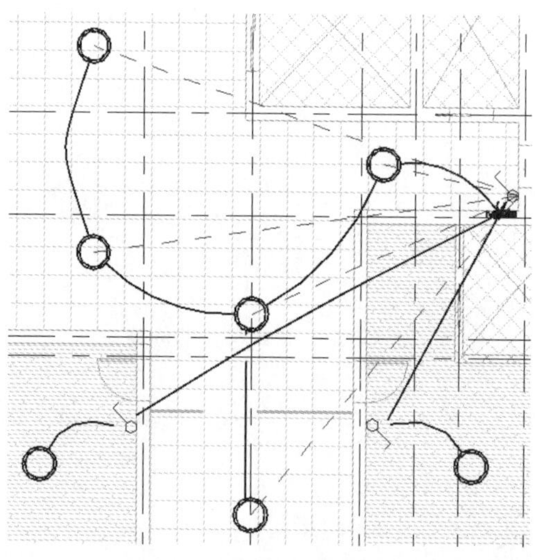

图 8-70 创建开关系统

（4）单击“修改|开关系统”选项卡“系统工具”面板中的“编辑开关系统”按钮，打开如图 8-71 所示的“编辑开关系统”选项卡和选项栏。系统默认激活“添加到系统”按钮，选项栏中将显示开关系统中开关的名称以及开关控制的设备数量。还可以在照明设备的连接件上右击，在弹出的快捷菜单中选择“添加到系统”选项，将照明设备添加到开关系统中。

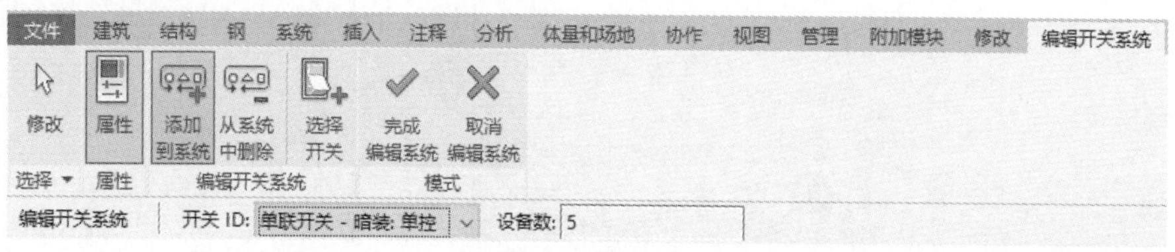

图 8-71 “编辑开关系统”选项卡和选项栏

“编辑开关系统”选项卡中的选项说明如下。

☑ 添加到系统：将兼容构件添加到现有系统中。

☑ 从系统中删除：从现有系统中删除构件。如果从一个系统中删除所有构件，则会删除该系统。

☑ 选择开关：选择控制所选系统中的照明设备的开关。

（5）在绘图区域中选择要添加的构件（绘图区域中除所选线路中的构件之外的所有构件都会变暗），单击“完成编辑系统”按钮，完成构件的添加。

第9章 系统检查

知识导引

通过碰撞检查，可以对水暖电模型进行管线的综合检查，找出并调整有碰撞的管线。

通过创建明细表可以统计工程量，在明细表中也可以修改参数，并将修改的参数反映到项目文件中。

☑ 检查管道、风管和电力系统　　☑ 碰撞检查

☑ 系统分析

任务驱动&项目案例

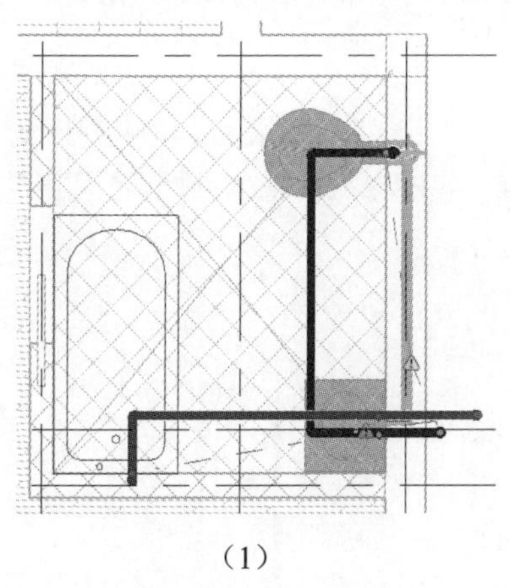

(1)

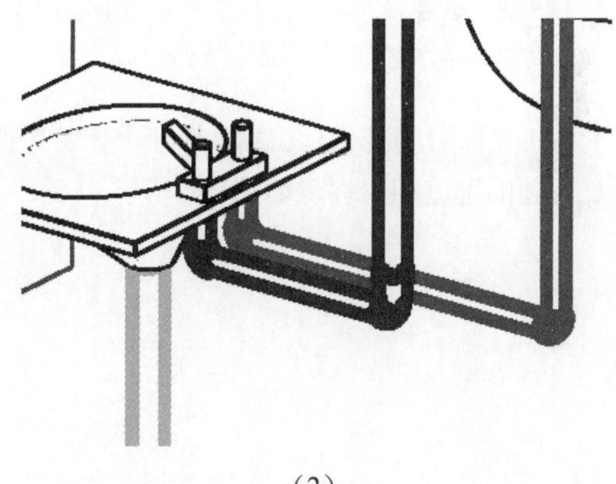

(2)

9.1 检查管道、风管和电力系统

Note

本节将介绍如何检查在项目中创建的管道、风管和电力系统，以确认各个系统都被指定给用户定义的系统，并已准确连接。

9.1.1 检查管道系统

（1）单击快速访问工具栏中的“打开”按钮（快捷键：Ctrl+O），打开已经创建好的管道系统文件。

（2）单击“分析”选项卡“检查系统”面板中的“检查管道系统”按钮（快捷键：PC），Revit为当前视图中的无效管道系统显示警告标记和腹杆线，如图9-1所示。

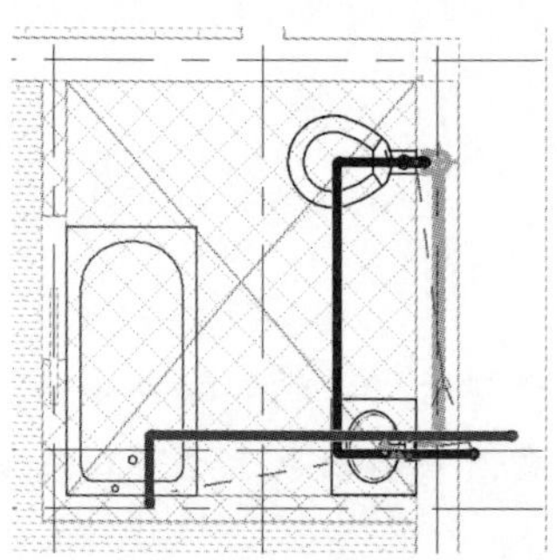

图9-1 显示警告标记和腹杆线

注意：如果发现以下状况，则会显示警告信息。

（1）系统未连接好：当系统中的图元未连接到任何物理管网时，则认为系统未连接好。例如，如果系统的一个或多个设备未连接到任何一个管网，则视为没有连接好。

（2）存在流量/需求配置不匹配问题。

（3）存在流动方向不匹配问题。

（3）单击视图中的警示标记，打开“警告”提示对话框，显示系统存在的问题，并高亮显示系统中存在问题的管道和附件，如图9-2所示。

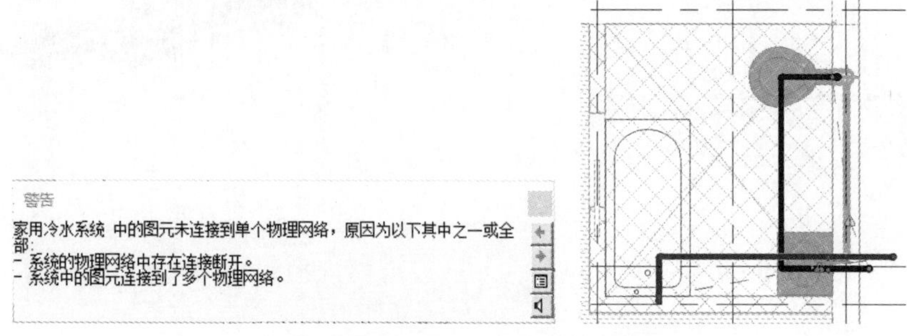

图9-2 “警告”提示对话框及问题显示

（4）根据需要单击箭头按钮 / 以滚动浏览警告消息列表。单击“展开警告对话框”按钮，展开如图 9-3 所示的“警告”对话框，查看警告消息的详细信息。单击“导出”按钮，打开如图 9-4 所示的“导出 Revit 错误报告”对话框，设置保存路径并输入文件名称，单击“保存”按钮，保存错误报告，返回“警告”对话框。单击“关闭”按钮，关闭对话框。

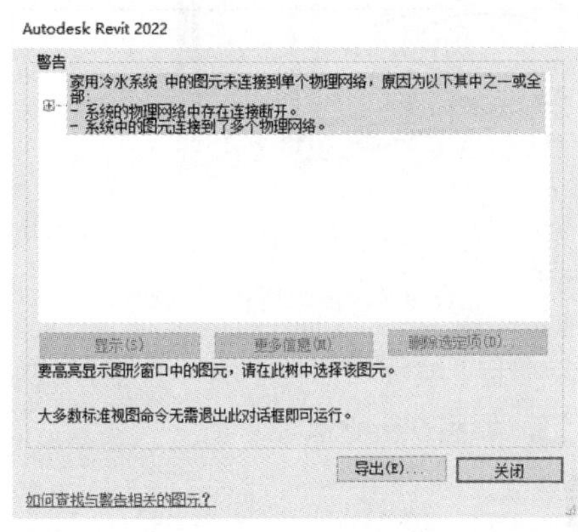

图 9-3 “警告”对话框

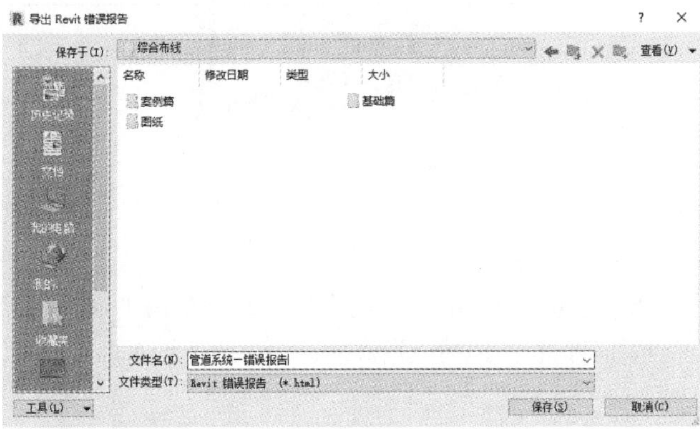

图 9-4 “导出 Revit 错误报告”对话框

（5）单击“分析”选项卡“检查系统”面板中的“显示隔离开关”按钮，打开“显示断开连接选项”对话框，选中“管道”复选框，如图 9-5 所示。单击“确定”按钮，显示管道断开标记，单击警告标记以显示相关警告消息，如图 9-6 所示。

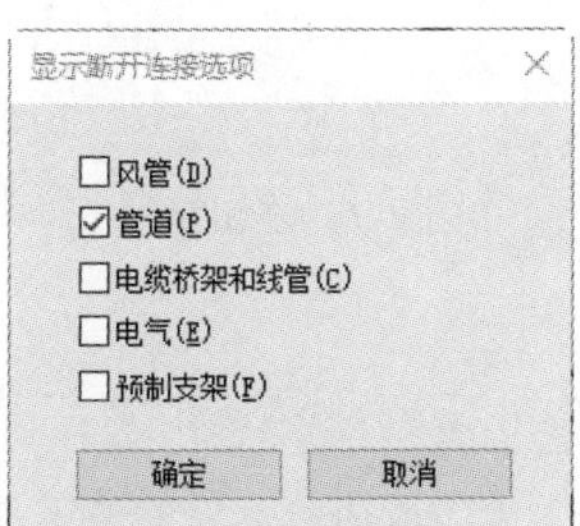

图 9-5 “显示断开连接选项”对话框

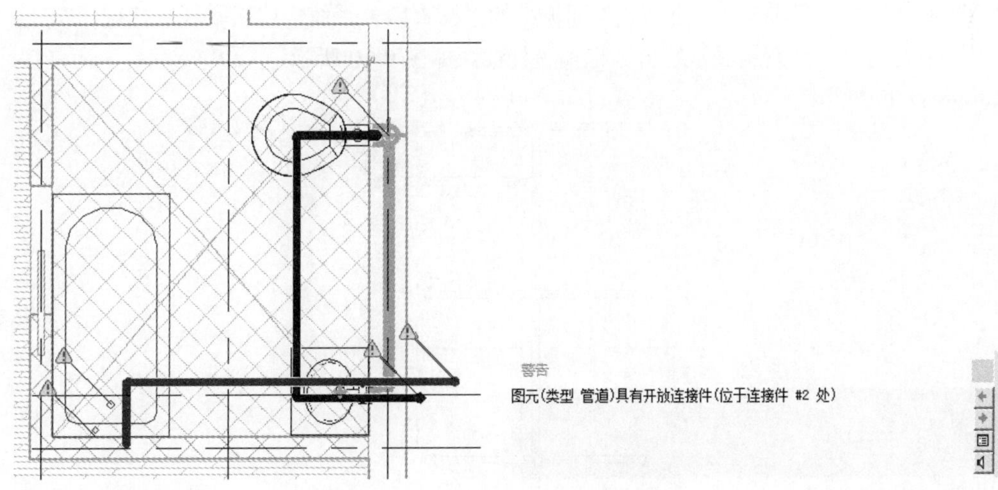

图 9-6 显示断开标记和警告信息

Note

（6）将视图切换到三维视图，放大警告标记处，观察图形可以看出，从洗手盆出来的冷热水管道连接不符合要求，如图 9-7 所示。

（7）将此处的管道重新进行连接，此处将不再显示警告标记，如图 9-8 所示。

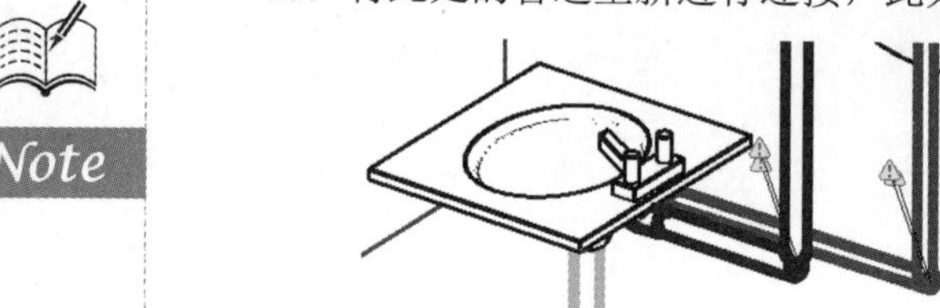

图 9-7　管道连接不正确

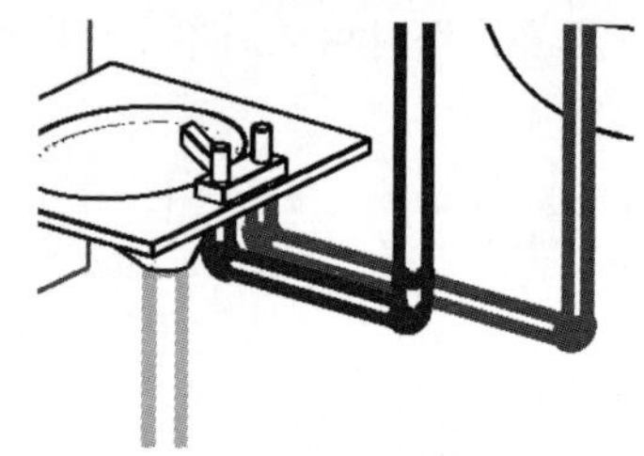

图 9-8　正确连接

（8）选取坐便器排水管道上的三通，单击“修改|管径”选项卡“编辑”面板中的“管帽开放端点”按钮，在三通的上端添加管帽，此处将不再显示警告标记，如图 9-9 所示。

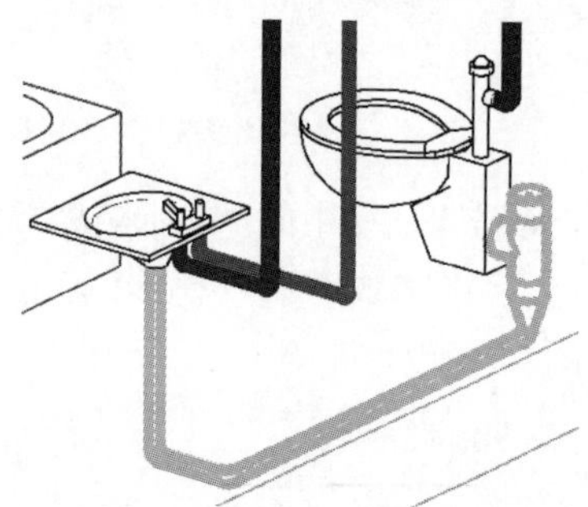

图 9-9　添加管帽

9.1.2　检查风管系统

（1）单击快速访问工具栏中的“打开”按钮（快捷键：Ctrl+O），打开已经创建好的风管系统文件。

（2）单击“分析”选项卡“检查系统”面板中的“检查风管系统”按钮（快捷键：DC），Revit 为当前视图中的无效风管系统显示警告标记和腹杆线，如图 9-10 所示。

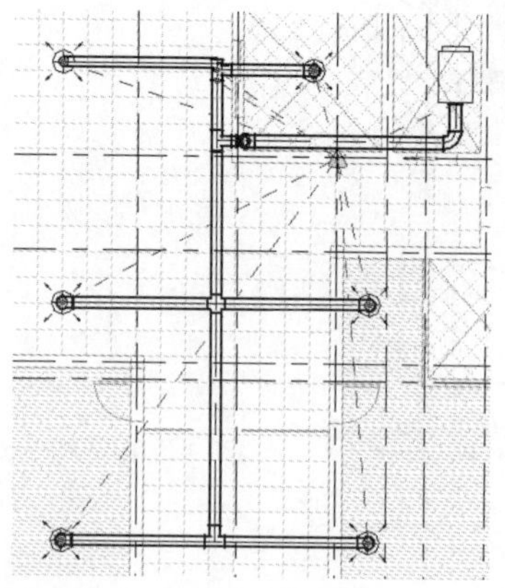

图 9-10　显示警告标记和腹杆线

（3）单击视图中的警示标记，打开“警告”提示对话框，显示系统存在的问题，并高亮显示系统中存在问题的风管和附件，如图 9-11 所示。

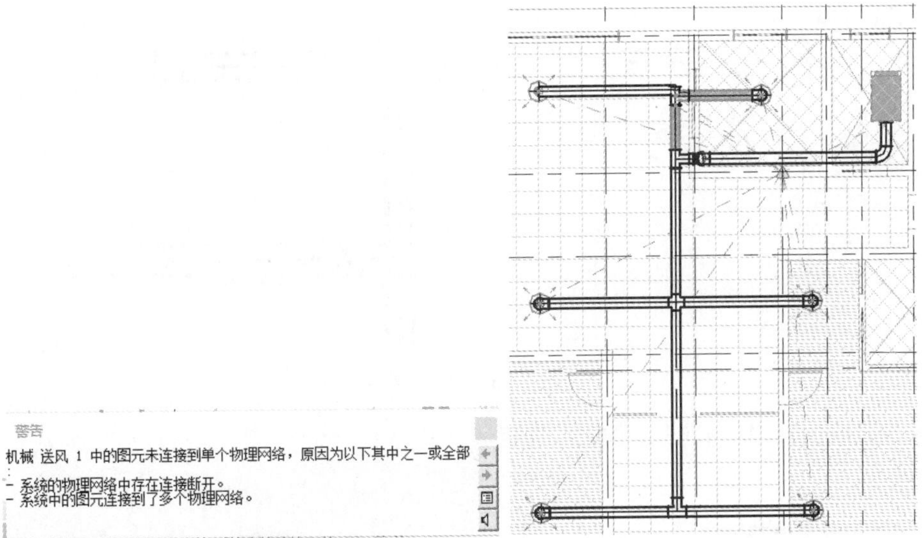

图 9-11　“警告”提示对话框及问题显示

（4）对机械送风系统进行调整。删除错误的三通和风管，如图 9-12 所示。

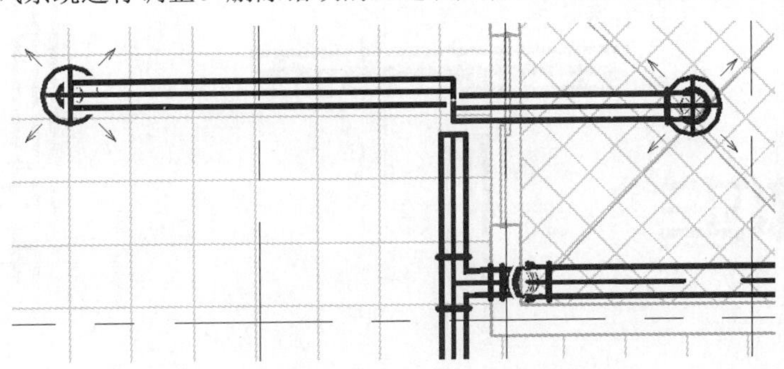

图 9-12　删除错误的三通和风管

（5）单击“修改”选项卡“修改”面板中的“对齐”按钮（快捷键：AL），先选取左侧的风管，然后选取右侧的风管，使风管对齐，如图 9-13 所示。

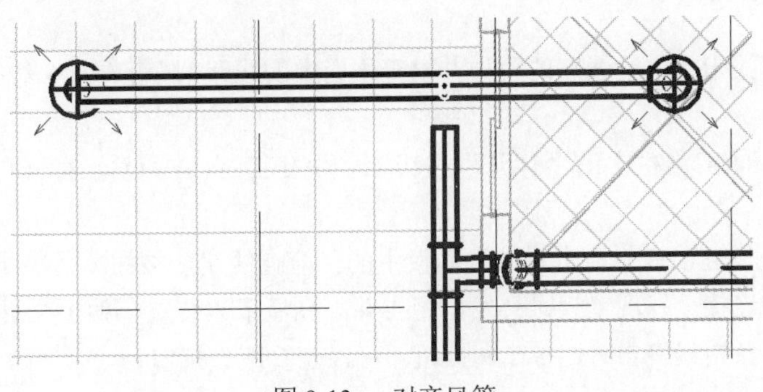

图 9-13　对齐风管

（6）单击“修改”选项卡“修改”面板中的“修剪/延伸为角”按钮，选取对齐后的两根风管，使其合并为一根，如图 9-14 所示。

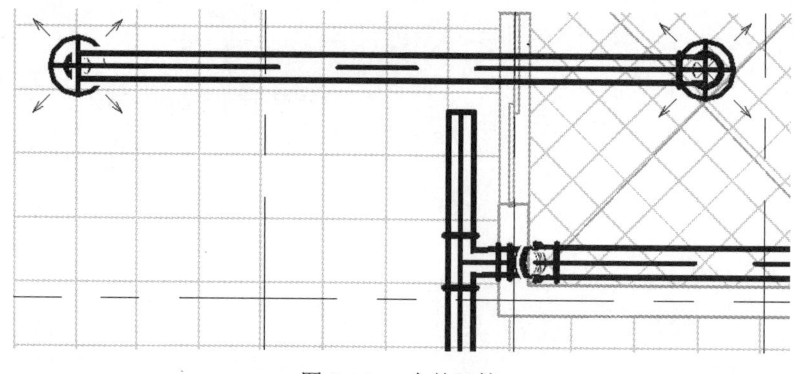

图 9-14　合并风管

（7）选取竖向风管，拖动其上的控制点直至上一步合并的水平风管，系统自动在连接处生成三通，如图 9-15 所示。

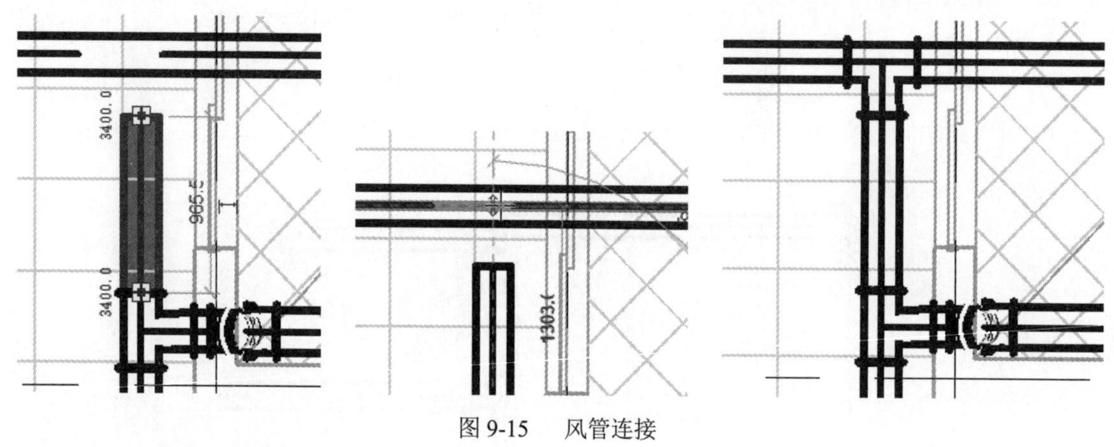

图 9-15　风管连接

（8）再次单击“分析”选项卡“检查系统”面板中的“检查风管系统”按钮（快捷键：DC），视图中没有显示警告标记，表示系统没有问题。

9.1.3　检查线路

使用此命令可查找未指定给线路的构件并检查平面中的线路，以查看每个线路是否已正确连接到配电盘。

（1）单击快速访问工具栏中的“打开”按钮（快捷键：Ctrl+O），打开已经创建的电气系统文件。

（2）单击“分析”选项卡“检查系统”面板中的“检查线路”按钮（快捷键：EC），Revit 会验证该项目中线路的连接。发现错误时会发出警告并高亮显示该装置，如图 9-16 所示。

（3）如果存在多条错误警告时，单击按钮，可以查看下一条警告。

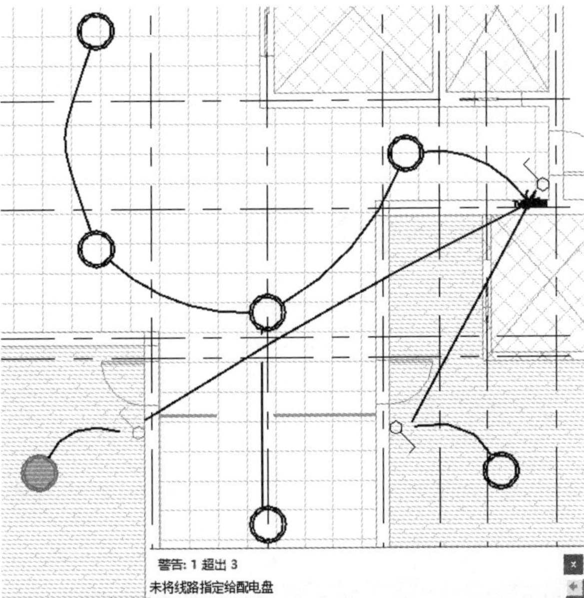

图 9-16　警告

9.2　碰撞检查

使用“碰撞检查”工具可以快速准确地查找出项目中图元之间或主体项目和链接模型的图元之间的碰撞并加以解决。

在绘制管道的过程中发现有管道发生碰撞时，需及时进行修改，以减少设计、施工中出现的错误，提高工作效率。

9.2.1　运行碰撞检查

（1）单击“协作”选项卡“坐标”面板“碰撞检查”下拉列表中的“运行碰撞检查”按钮，打开如图 9-17 所示的“碰撞检查”对话框。

通过该对话框可以检查如下图元类别。

☑　“当前选择”与“链接模型（包括嵌套链接模型）”之间的碰撞检查。

☑　“当前项目”与“链接模型（包括嵌套链接模型）”之间的碰撞检查。

注意：不能进行两个“链接模型”之间的碰撞检查。

（2）在“类别来自”下拉列表框中分别选择图元类别以进行碰撞检查，如在左侧“类别来自”下拉列表框中选择“当前项目”选项，在其下侧列表框中选中“管件”和“管道”复选框。在右侧“类别来自”下拉列表框中选择“当前项目”选项，在其下侧列表框中选中“管件”和“管道”复选框，如图 9-18 所示。单击“确定”按钮，则对同一项目中的管件和管道执行碰撞检查操作。

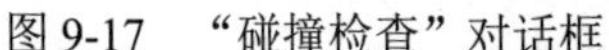

图 9-17 “碰撞检查”对话框

图 9-18 选择同一类别

注意： 碰撞检查提示如下。

（1）碰撞检查的处理时间可能会有很大不同。在大模型中，对所有类别进行相互检查费时较长，不建议进行此类操作。要缩减处理时间，应选择有限的图元集或有限数量的类别。

（2）若要对所有可用类别运行检查，应在“碰撞检查”对话框中单击“全选”按钮，然后选中其中一个类别的复选框。

（3）单击“全部不选”按钮，将清除所有类别的选择。

（4）单击“反选”按钮，将在当前选定类别与未选定类别之间切换选择。

（3）如在左侧“类别来自”下拉列表框中选择“链接模型（居室）”选项，在其下侧列表框中选中“管件”和“管道”复选框，单击“确定”按钮，表示模型与管件和管道之间进行碰撞检查。

（4）如果先在绘图区域中选择需要进行碰撞检查的图元，如图 9-19 所示，然后单击“协作”选项卡“坐标”面板“碰撞检查”下拉列表中的“运行碰撞检查”按钮，打开如图 9-20 所示的“碰撞检查”对话框，则在该对话框中仅显示所选图元的名称。单击“确定”按钮，仅对所选图元进行碰撞检查。

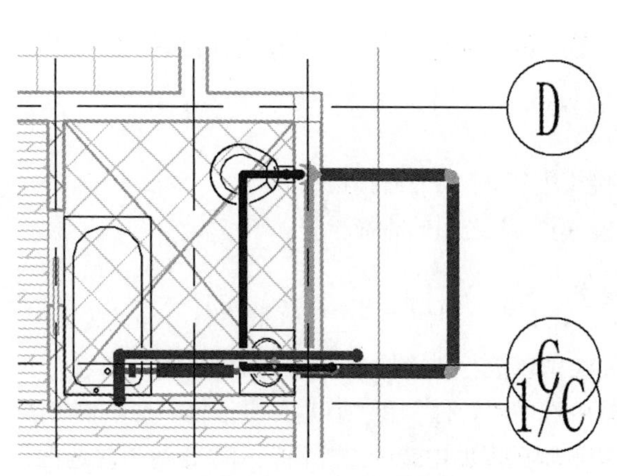

图 9-19 选择图元

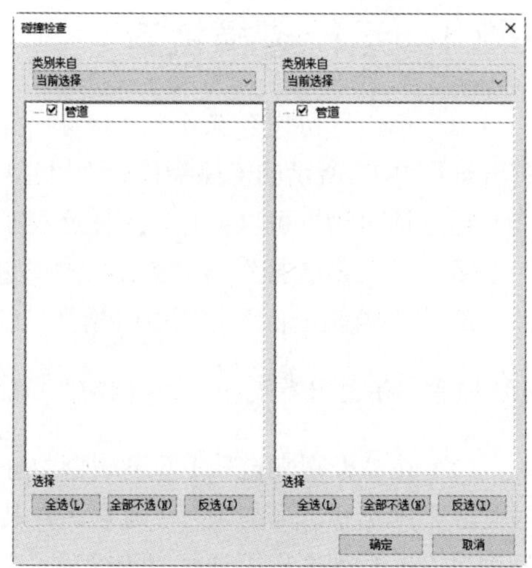

图 9-20 “碰撞检查”对话框

9.2.2 冲突报告

（1）如果管道之间没有碰撞，则执行上述操作后，打开如图 9-21 所示的提示对话框，显示当前所选图元之间未检测到冲突。

（2）如果管道之间有碰撞，则执行上述操作后，打开如图 9-22 所示的“冲突报告”对话框，对话框的列表框中会显示发生冲突的图元。

图 9-21　提示对话框

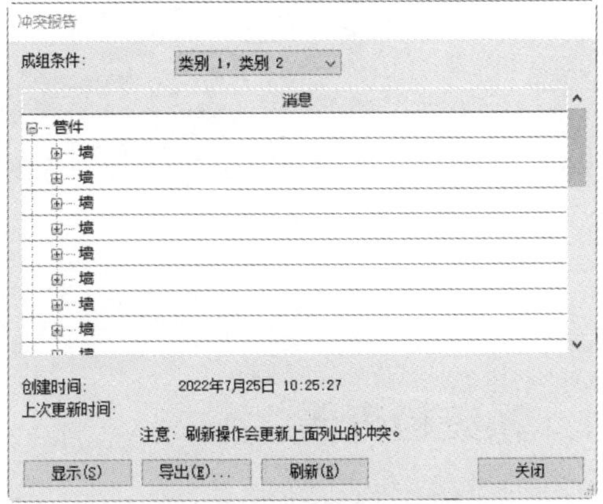

图 9-22　“冲突报告”对话框

（3）在该对话框中选择有冲突的图元，单击“显示”按钮，该图元在视图中高亮显示，如图 9-23 所示。可在视图中修改图元解决冲突。

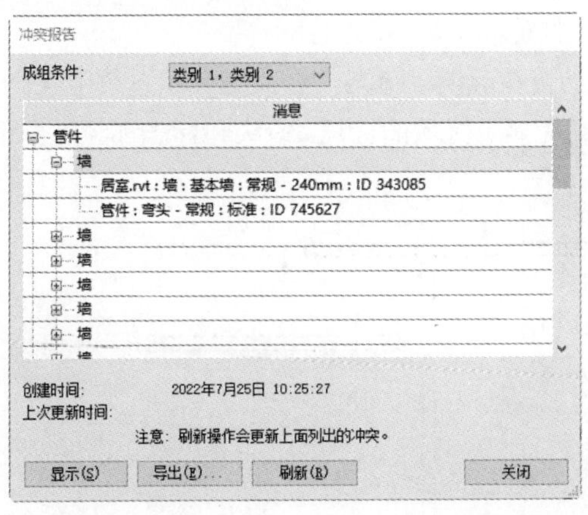

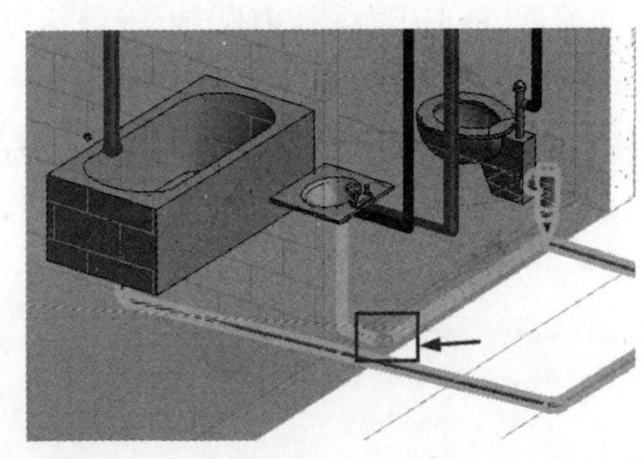

图 9-23　显示冲突

（4）解决问题后，单击“刷新”按钮，如果问题已解决，则会从冲突列表框中删除发生冲突的图元。“刷新”操作仅重新检查当前报告中的冲突，不会重新运行碰撞检查。

（5）单击“导出”按钮，打开“将冲突报告导出为文件”对话框，在该对话框中设置保存报告的位置，并输入文件名，如图 9-24 所示，单击“保存”按钮，生成 HTML 报告文件。

（6）在“冲突报告”对话框中单击“关闭”按钮，退出对话框。

（7）单击“协作”选项卡“坐标”面板“碰撞检查”下拉列表中的“显示上一个报告”按钮，打开“冲突报告”对话框，可以查看上一次碰撞检查的结果。

图 9-24 “将冲突报告导出为文件”对话框

9.3 系统分析

9.3.1 系统检查器

使用“系统检查器”可检查系统的特定部分或子部分。当某个部分或子部分高亮显示时，检查器会显示该部分的压力损失、静压和流量的相关信息。系统的连接情况必须保持良好，这样才能访问“系统检查器”工具。

（1）选取机械送风系统中的任意支管，单击“修改|风管”选项卡“分析”面板中的“系统检查器”按钮，打开如图 9-25 所示的“系统检查器”面板。

（2）单击“检查”按钮，沿着系统长度显示的箭头标明了流向，并高亮显示系统中某个部分或子部分。该流量、静态压力和压力损失信息显示为高亮显示区域的标记。箭头和标志都经过彩色编码。红色表示静压较大的分段，如图 9-26 所示。

检查 完成 取消

系统检查器

图 9-25 “系统检查器”面板

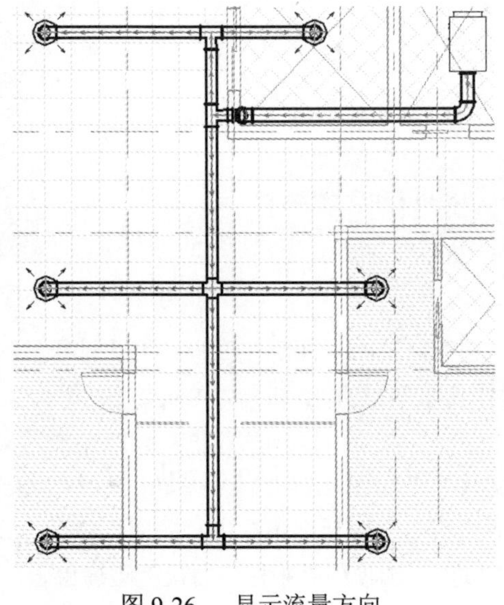

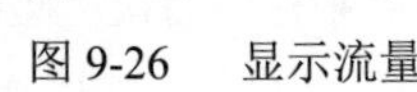

图 9-26 显示流量方向

（3）单击管道可显示视图中的流量信息，如图 9-27 所示。在单击另一个部分或子部分和关闭系统检查器之前，将一直显示该信息。

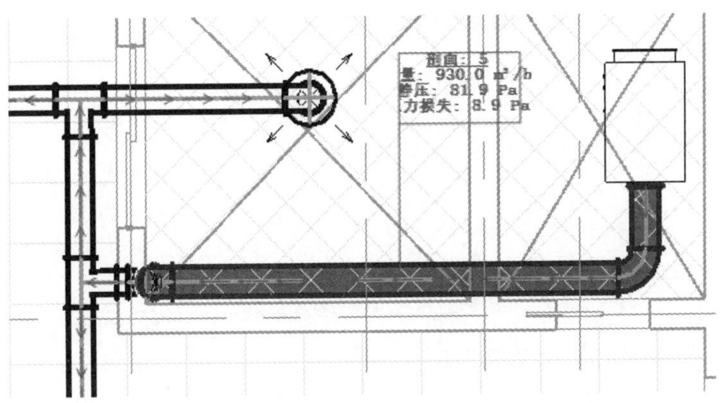

图 9-27　显示流量信息

（4）单击“完成”按钮✔，应用修改；如果单击“取消”按钮✖，则退出系统检查器，不会将这些修改应用到系统。

9.3.2　调整风管/管道大小

（1）选取机械送风系统中的任意支管，单击“修改|风管”选项卡“分析”面板中的“调整风管/管道大小”按钮，打开如图 9-28 所示的“调整风管大小”对话框。

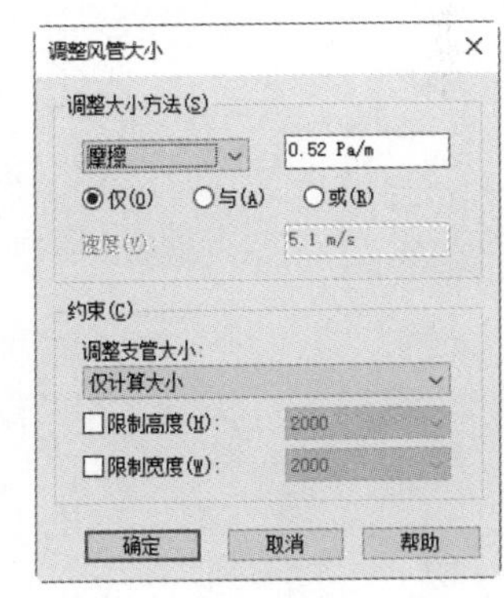

图 9-28　“调整风管大小”对话框

Revit 提供了 4 种调整风管尺寸的标准方法：摩擦、速度、相等摩擦和静态恢复。如果仅选择了“摩擦”和“速度”调整方法中的一种，则只能基于其中的一种方法或者基于摩擦和/或速度方法的逻辑组合来调整大小；如果同时选择了这两种方法，则风管尺寸必须同时满足摩擦和速度值。如图 9-29 所示，显示了“或”大小调整方法和“与”大小调整方法的区别。

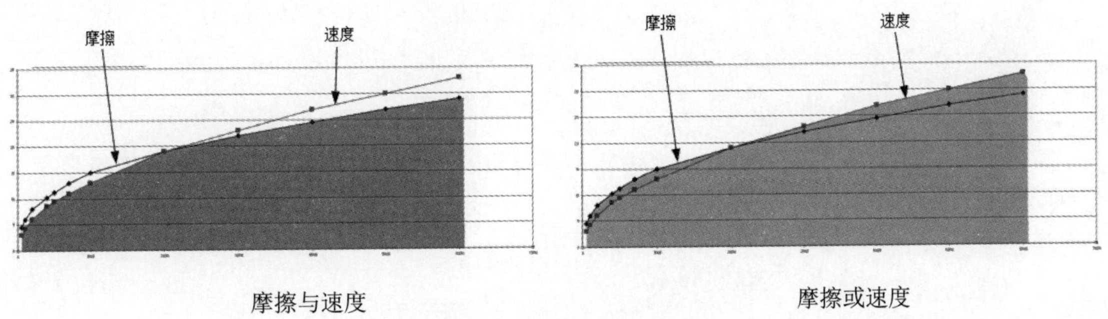

图 9-29　风管大小调整方法

Note

“相等摩擦”方法根据指定的每单位风管长度的压力损失常量（默认值为0.10 in-wg/100 ft或25 Pa/30 m）来估计风管的初始尺寸。

（2）在对话框中设置调整大小的方法，输入数值，系统会根据输入的数值重新计算并调整风管大小，如图9-30所示。

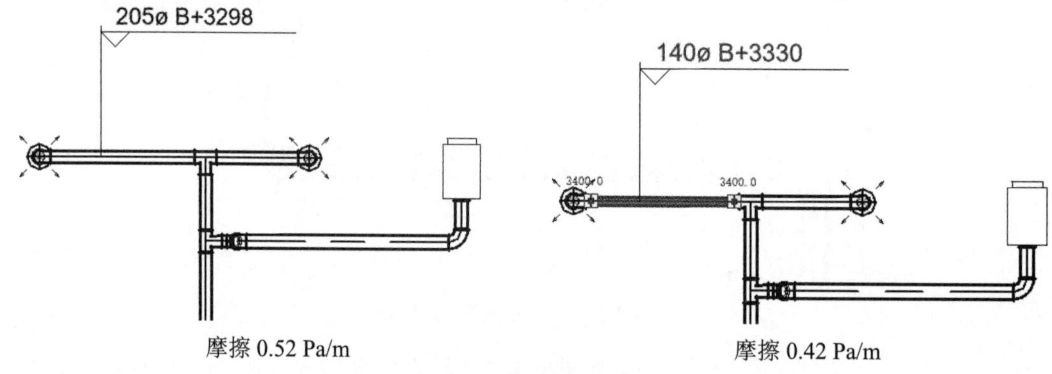

图9-30　调整风管大小

第10章

工程量统计

知识导引

工程量统计通过明细表来实现。通过定制明细表，用户可以从所创建的模型中获取项目应用中所需要的各类项目信息，然后以表格的形式表达。

本章主要介绍风管压力损失报告、管道压力损失报告以及明细表的创建、修改和导出方法。

☑ 报告　　☑ 明细表

任务驱动&项目案例

<管道明细表>

A	B	C	D	E	F
		尺寸			
类型	材质	直径	长度	隔热层类型	系统分类
标准	铜	15.0 mm	472		家用冷水
标准	铜	15.0 mm	1592		家用冷水
标准	铜	15.0 mm	748		家用冷水
标准	铜	25.0 mm	25		家用冷水
标准	铜	25.0 mm	1900		家用冷水
标准	铜	25.0 mm	300		家用冷水
标准	铜	15.0 mm	7		家用冷水
标准	铜	25.0 mm	1900		家用冷水

（1）

Microsoft Excel - 管道明细表.xls

文件(F) 编辑(E) 视图(V) 插入(I) 格式(O) 工具(T) 数据(D) 窗口(W)

A1 | 管道明细表

	A	B	C	D	E	F
1	管道明细表					
2	类型	材质	尺寸		隔热层类	系统分类
3			直径	长度		
4	标准	铜	15 mm	472		家用冷水
5	标准	铜	15 mm	1592		家用冷水
6	标准	铜	15 mm	748		家用冷水
7	标准	铜	25 mm	25		家用冷水
8	标准	铜	25 mm	1900		家用冷水
9	标准	铜	25 mm	300		家用冷水
10	标准	铜	15 mm	7		家用冷水
11	标准	铜	25 mm	1900		家用冷水

（2）

10.1 报 告

可以为项目中的风管或管道系统生成压力损失报告。

10.1.1 风管压力损失报告

（1）单击快速访问工具栏中的“打开”按钮（快捷键：Ctrl+O），打开风管系统文件。

（2）单击“分析”选项卡“报告和明细表”面板中的“风管压力损失报告”按钮，或按F9键，打开系统浏览器，如图10-1所示。在风管系统上右击，打开如图10-2所示的快捷菜单，选择“风管压力损失报告”选项。

图10-1 系统浏览器

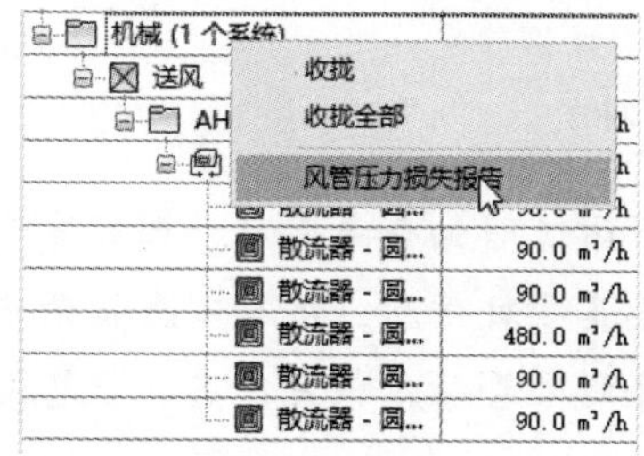

图10-2 快捷菜单

（3）此时系统打开“风管压力损失报告-系统选择器”对话框，在该对话框中选择一个或多个系统，因为本项目文件中只有一个风管系统，所以系统自动选取风管系统，如图10-3所示。

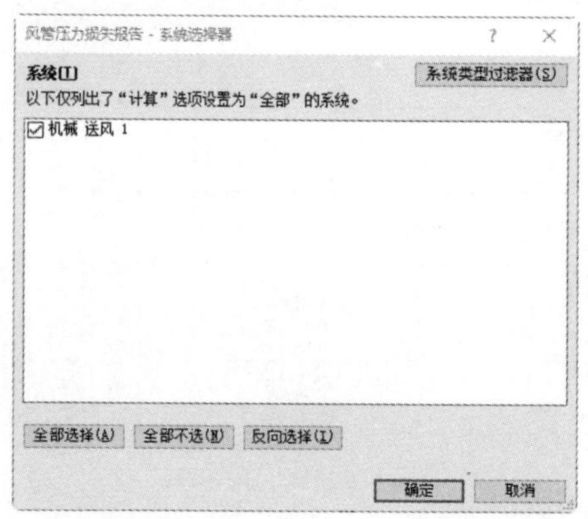

图10-3 “风管压力损失报告-系统选择器”对话框

注意：系统的连接必须完好，这样才能生成压力损失报告。

（4）单击“确定”按钮，打开如图10-4所示的“风管压力损失报告设置”对话框，如果以前在

“风管压力损失报告设置”对话框中保存了报告格式，则可以从列表中选择一个。

（5）也可以新建报告格式，单击“保存”按钮，打开如图 10-5 所示的“保存报告格式”对话框，输入格式名称，单击“确定”按钮。

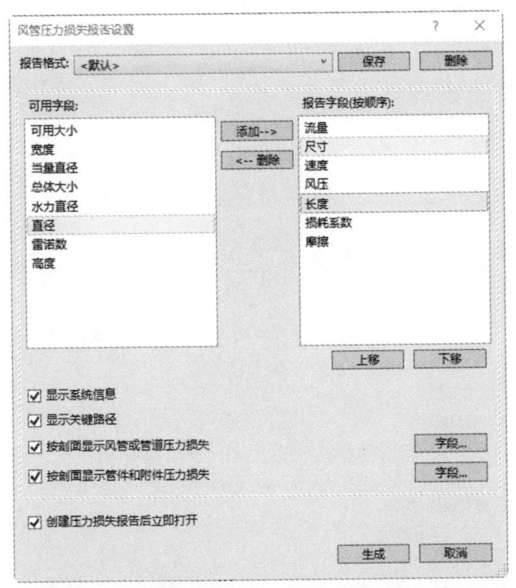

图 10-4 “风管压力损失报告设置”对话框

图 10-5 “保存报告格式”对话框

（6）在“可用字段”列表中选择要包含在报告中的字段，这里选取“直径”字段，单击“添加”按钮 添加-->，将其添加到“报告字段”列表中。也可以将“报告字段”列表中不需要的字段选中，单击“删除”按钮 <-- 删除，将其从“报告字段”列表中删除。

（7）其他参数采用默认设置，单击“生成”按钮，打开如图 10-6 所示的“另存为”对话框，输入文件名，将文件扩展名指定为 HTML 或 CSV，单击“保存”按钮，生成的风管压力损失报告如图 10-7 所示。

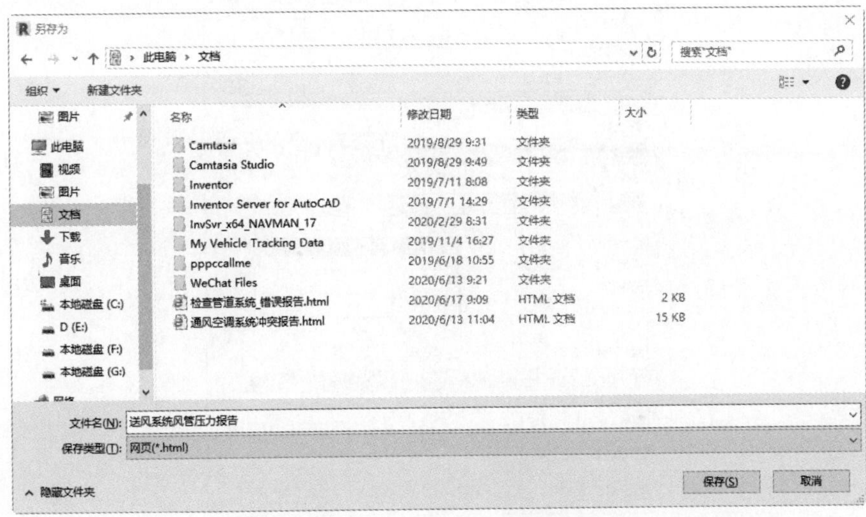

图 10-6 “另存为”对话框

风管压力损失报告

项目名称	项目名称
项目发布日期	出图日期
项目状态	项目状态
客户姓名	所有者
项目地址	请在此处输入地址
项目编号	项目编号
组织名称	
组织描述	
建筑名称	
作者	
运行时间	2022/6/18 10:15:25

机械 送风 1

系统信息	
系统分类	送风
系统类型	送风
系统名称	机械 送风 1
缩写	

总压力损失(按剖面)

剖面	图元	流量	尺寸	速度	风压	长度	损耗系数	摩擦	直径	总压力损失	剖面压力损失
1	风管	90.0 m^3/h	205ø	0.8 m/s	-	2710	-	0.05 Pa/m	205	0.1 Pa	8.4 Pa
	管件	90.0 m^3/h	-	0.8 m/s	0.3 Pa	-	2.966194	-	-	1.0 Pa	
	风道末端	90.0 m^3/h	-	-	-	-	-	-	-	7.3 Pa	
2	风管	180.0 m^3/h	205ø	1.5 m/s	-	4117	-	0.18 Pa/m	205	0.7 Pa	1.0 Pa
	管件	180.0 m^3/h	-	1.5 m/s	1.4 Pa	-	0.2	-	-	0.3 Pa	
3	风管	360.0 m^3/h	205ø	3.0 m/s	-	2762	-	0.60 Pa/m	205	1.6 Pa	31.2 Pa
	管件	360.0 m^3/h	-	3.0 m/s	5.5 Pa	-	5.349356	-	-	29.5 Pa	
4	风管	930.0 m^3/h	205ø	7.8 m/s	-	90	-	3.17 Pa/m	205	0.3 Pa	1.3 Pa
	管件	930.0 m^3/h	-	7.8 m/s	36.8 Pa	-	0.026286	-	-	1.0 Pa	
5	风管	930.0 m^3/h	235ø	6.0 m/s	-	4335	-	1.64 Pa/m	235	7.1 Pa	8.9 Pa
	管件	930.0 m^3/h	-	6.0 m/s	21.3 Pa	-	0.085408	-	-	1.8 Pa	

图 10-7　风管压力损失报告

10.1.2　管道压力损失报告

管道压力损失报告的创建方法和风管压力损失报告的创建方法一样，这里不再进行详细介绍，但是需要注意以下几点。

（1）如果系统中类型属性的计算被设置为“仅流量”或“无”，如图 10-8 所示，则会显示一条警告，或者系统不会显示在列表中。

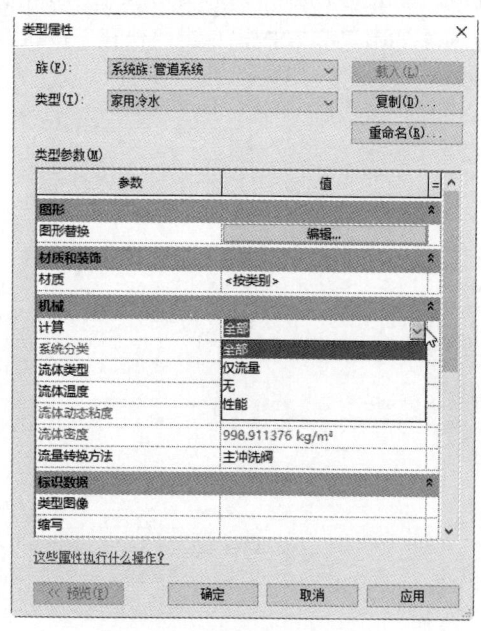

图 10-8　设置计算方式

（2）无法为消防系统或自流管系统（如卫生系统）生成压力损失报告。在系统浏览器的卫生系统上右击，在弹出的快捷菜单中没有“管道压力损失报告”选项，如图 10-9 所示，无法生成压力损失报告。

图 10-9 快捷菜单

10.2 明 细 表

明细表以表格形式显示信息，这些信息是从项目中的图元属性中提取的。明细表中可以列出要编制明细表的图元类型的每个实例，或根据明细表的成组标准将多个实例压缩到一行中。

明细表是模型的另一种视图。可以在设计过程中的任何时候创建明细表，可以将明细表添加到图纸中，还可以将明细表导出到其他软件程序中，如电子表格程序。

如果对模型的修改会影响明细表，则明细表将自动更新以反映这些修改。例如，如果调整管道的高程或管径大小，则管道明细表中的高程和大小也会相应更新。

修改模型中建筑构件的属性时，相关明细表会自动更新。例如，可以在模型中选择某一管道并修改其制造商属性。管道明细表将反映制造商属性的变化。

与其他任何视图一样，可以在 Revit 中创建和修改明细表视图。

10.2.1 创建明细表

（1）单击“视图”选项卡“创建”面板“明细表”下拉列表中的“明细表/数量”按钮，打开“新建明细表”对话框，如图 10-10 所示。

（2）在“类别”列表中选择“管道”对象类型，输入名称为“管道明细表”，单击“建筑构件明细表”单选按钮，其他参数采用默认设置，如图 10-11 所示。

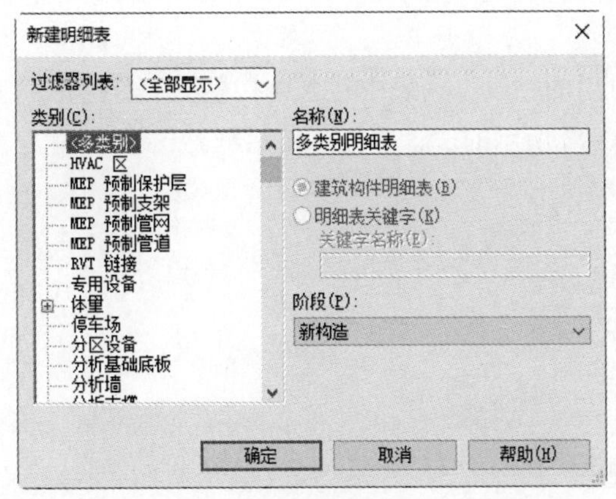

图 10-10 “新建明细表”对话框

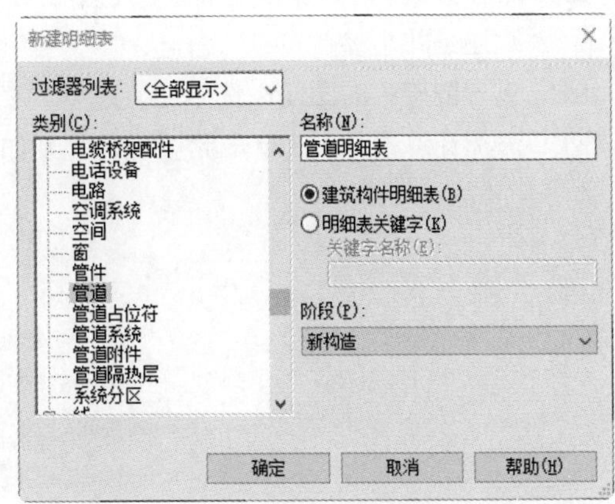

图 10-11 设置参数

Note

（3）单击“确定”按钮，打开“明细表属性”对话框，在“选择可用的字段”下拉列表中选择“管道”，在“可用的字段”列表中依次选择“类型”“材质”“直径”“长度”“隔热层类型”字段，单击“添加参数”按钮，将其添加到“明细表字段（按顺序排列）”列表中，单击“上移”按钮和“下移”按钮，调整“明细表字段”列表中字段的排序，如图 10-12 所示。

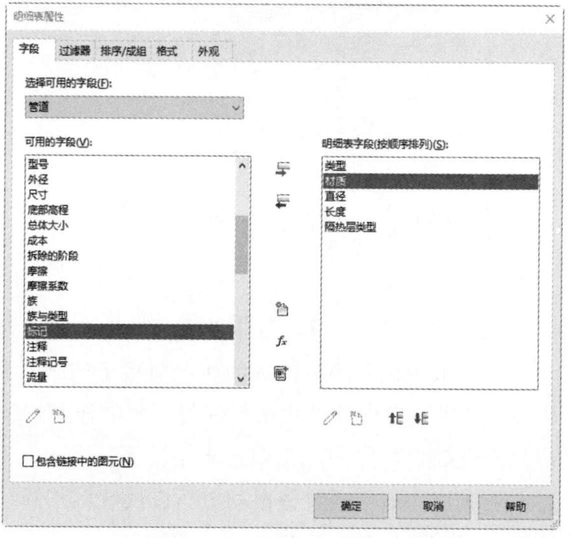

图 10-12 “明细表属性”对话框

“明细表属性”对话框中的选项说明如下。

- ☑ “可用的字段”列表：显示“选择可用的字段”下拉列表中设置的类别中所有可以在明细表中显示的实例参数和类型参数。
- ☑ “明细表字段（按顺序排列）”列表：显示添加到明细表的参数。
- ☑ 添加参数：将字段添加到“明细表字段（按顺序排列）”列表中。
- ☑ 移除参数：从“明细表字段（按顺序排列）”列表中删除字段，移除合并参数时，合并参数会被删除。
- ☑ 上移和下移：将列表中的字段上移或下移。
- ☑ 新建参数：添加自定义字段。单击此按钮，打开“参数属性”对话框，选择是添加项目参数还是共享参数。
- ☑ 包含链接中的图元：选中此复选框，在“可用的字段”列表中包含链接模型中的图元。
- ☑ 添加计算参数：单击此按钮，打开如图 10-13 所示的“计算值”对话框。

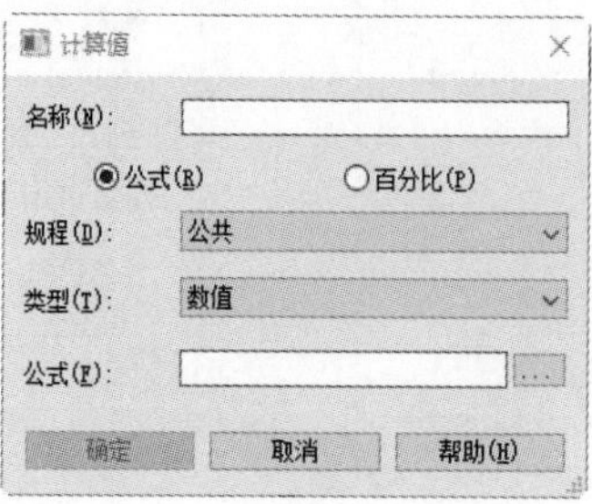

图 10-13 “计算值”对话框

- 在对话框中输入字段的名称，设置其类型为公式，然后输入使用明细表中现有字段的公式。例如，如果要根据房间面积计算占用负荷，可以添加一个根据“面积”字段计算而来的名为“占用负荷”的自定义字段。公式支持和族编辑器一样的数学功能。
- 在对话框中输入字段的名称，将其类型设置为百分比，然后输入要取其百分比的字段的名称。例如，如果按楼层对房间明细表进行成组，则可以显示该房间占楼层总面积的百分比。默认情况下，百分比是根据整个明细表的总数计算出来的。如果在“明细表属性”对话框的“排序/成组”选项卡中设置成组字段，则可以选择此处的一个字段。

☑ 合并参数：合并单个字段中的参数。单击此按钮，打开如图 10-14 所示的“合并参数”对话框，选择要合并的参数以及可选的前缀、后缀和分隔符等。

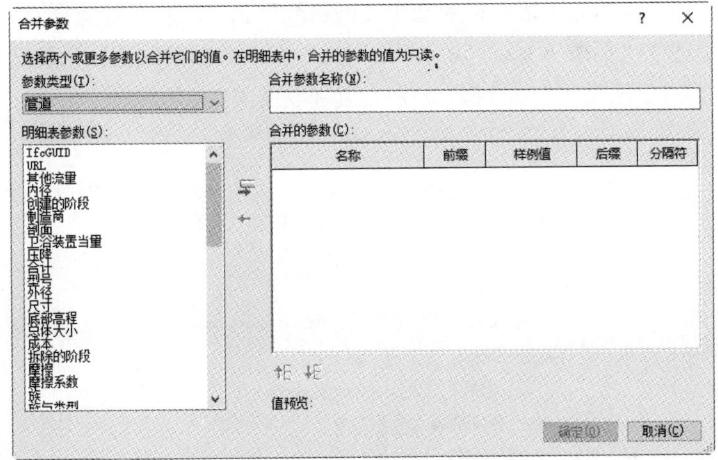

图 10-14 “合并参数”对话框

（4）在“排序/成组”选项卡中设置排序方式为“类型”和“升序”，选中“逐项列举每个实例”复选框，如图 10-15 所示。

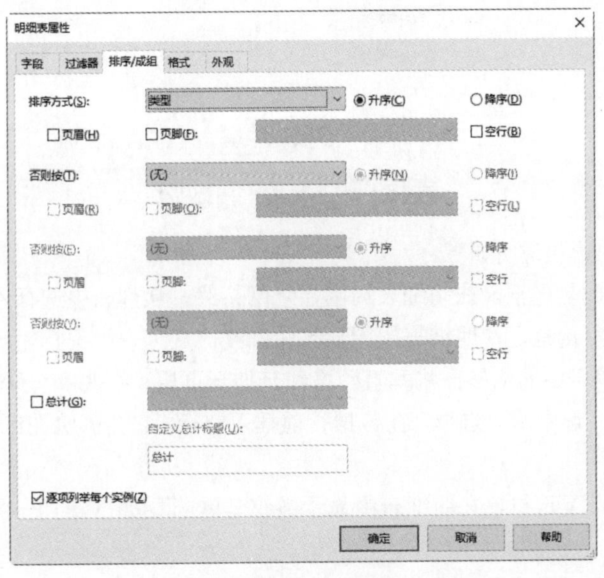

图 10-15 “排序/成组”选项卡

Note

“排序/成组”选项卡中的选项说明如下。

☑ 排序方式：选择“升序”或“降序”选项。

☑ 页眉：选中此复选框，将排序参数值添加作为排序组的页眉。

☑ 页脚：选中此复选框，在排序组下方添加页脚信息。

☑ 空行：选中此复选框，在排序组间插入一空行。

☑ 否则按：在此栏中设置的条件作为第二种排序方式对明细表进行升序和降序排列。

☑ 总计：选中此复选框，在明细表的底部显示总计的概要。

☑ 逐项列举每个实例：选中此复选框，在单独的行中显示图元的所有实例。如若取消选中此复选框，则多个实例会根据排序参数压缩到同一行中。

（5）在“外观”选项卡的“图形”栏中选中“网格线”和“轮廓”复选框，设置网格线为细线、轮廓为中粗线，取消选中“页眉/页脚/分隔符中的网格”和“数据前的空行”复选框，在“文字”栏中选中“显示标题”和“显示页眉”复选框，分别设置标题文本、标题和正文为“3.5 mm 常规_仿宋”，如图10-16所示。

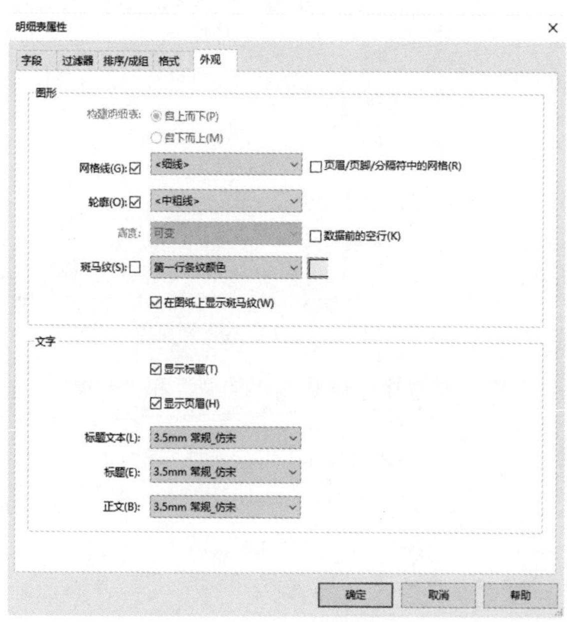

图10-16 “外观”选项卡

“外观”选项卡中的选项说明如下。

☑ 网格线：选中此复选框，在明细表周围显示网格线。从列表中选择网格线样式。

☑ 轮廓：选中此复选框，在明细表周围显示轮廓线。从列表中选择轮廓线样式。

☑ 页眉/页脚/分隔符中的网格：将垂直网格线延伸至页眉、页脚和分隔符。

☑ 数据前的空行：选中此复选框，在数据行前插入空行。它会影响图纸上的明细表部分和明细表视图。

☑ 斑马纹：选中此复选框，在明细表中显示条纹。单击□按钮，打开“颜色”对话框，可以设置条纹颜色。

☑ 显示标题：显示明细表的标题。

☑　显示页眉：显示明细表的页眉。

☑　标题文本/标题/正文：在其下拉列表中选择文字类型。

（6）在对话框中单击“确定”按钮，完成明细表属性设置。系统自动生成“管道明细表”，如图 10-17 所示。

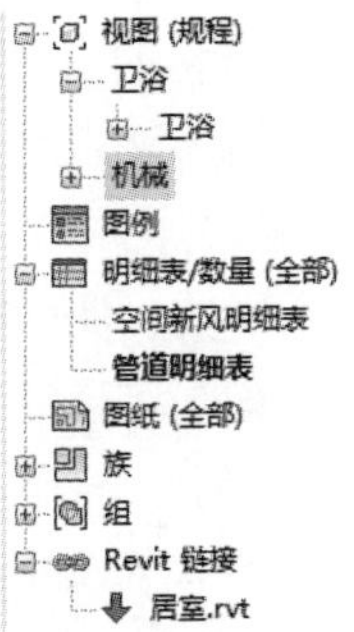

- 视图 (规程)
  - 卫浴
    - 卫浴
  - 机械
- 图例
- 明细表/数量 (全部)
  - 空间新风明细表
  - 管道明细表
- 图纸 (全部)
- 族
- 组
- Revit 链接
  - 居室.rvt

<管道明细表>

A	B	C	D	E
类型	材质	直径	长度	隔热层类型
标准	铜	32.0 mm	1519	
标准	铜	32.0 mm	241	
标准	铜	32.0 mm	616	
标准	铜	100.0 mm	22	
标准	铜	100.0 mm	64	
标准	铜	15.0 mm	472	
标准	铜	15.0 mm	1592	
标准	铜	15.0 mm	748	
标准	铜	25.0 mm	25	
标准	铜	25.0 mm	1900	
标准	铜	25.0 mm	300	
标准	铜	15.0 mm	7	
标准	铜	25.0 mm	1900	
标准	铜	15.0 mm	349	矿棉
标准	铜	15.0 mm	2048	玻璃纤维
标准	铜	15.0 mm	2198	矿棉
标准	铜	15.0 mm	25	矿棉
标准	铜	15.0 mm	585	
标准	铜	15.0 mm	7	
标准	铜	15.0 mm	2244	矿棉
标准	铜	50.0 mm	1219	
标准	铜	50.0 mm	2934	
标准	铜	50.0 mm	152	
标准	铜	50.0 mm	1560	

图 10-17　生成管道明细表

（7）执行“文件”→“另存为”→“项目”命令，打开“另存为”对话框，指定文件保存位置并输入文件名，单击“保存”按钮。

10.2.2　修改明细表

修改明细表并设置其格式可提高可读性，以及提供所需的特定信息以记录和管理模型。其中，图形柱明细表是视觉明细表的一个独特类型，不能像标准明细表那样修改。

（1）按住鼠标左键并拖动鼠标选取“直径”和“长度”页眉，如图 10-18 所示，打开如图 10-19 所示的“修改明细表/数量”选项卡。

<管道明细表>

A	B	C	D	E
类型	材质	直径	长度	隔热层类型
标准	铜	32.0 mm	1519	
标准	铜	32.0 mm	241	
标准	铜	32.0 mm	616	
标准	铜	100.0 mm	22	
标准	铜	100.0 mm	64	
标准	铜	15.0 mm	472	
标准	铜	15.0 mm	1592	
标准	铜	15.0 mm	748	
标准	铜	25.0 mm	25	

图 10-18　选取页眉

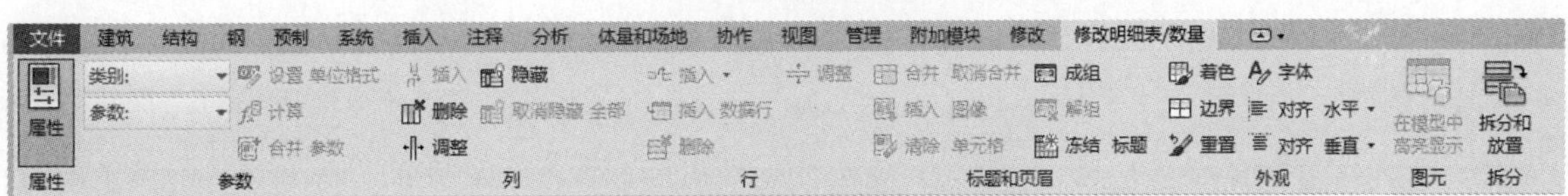

图 10-19　“修改明细表/数量”选项卡

“修改明细表/数量”选项卡中的选项说明如下。

☑ 插入（列）：将列添加到正文。单击此按钮，打开“选择字段”对话框，其作用类似于“明细表属性”对话框中的“字段”选项卡。添加新的明细表字段，并根据需要调整字段的顺序。

☑ 插入数据行：将数据行添加到房间明细表、面积明细表、关键字明细表、空间明细表或图纸列表。新行显示在明细表的底部。

☑ 在选定位置上方插入（行）或在选定位置下方插入（行）：在选定位置的上方或下方插入空行。需要注意的是，在“配电盘明细表样板”中插入行的方式有所不同。

☑ 删除（列）：选择多个单元格，单击此按钮，删除列。

☑ 删除（行）：选择一行或多行中的单元格，单击此按钮，删除行。

☑ 隐藏：选择一个单元格或列页眉，单击此按钮，隐藏选中单元格的一列，单击“取消隐藏全部”按钮，显示隐藏的列。需要注意的是，隐藏的列不会显示在明细表视图或图纸中，位于隐藏列中的值可以用于过滤、排序和分组明细表中的数据。

☑ 调整（列）：选取单元格，单击此按钮，打开如图10-20所示的“调整柱尺寸”对话框，输入尺寸，单击“确定”按钮，根据对话框中的值调整列宽。如果选择多个列，则将它们全部设置为一个尺寸。

☑ 调整（行）：选择标题部分中的一行或多行，单击此按钮，打开如图10-21所示的“调整行高”对话框，输入尺寸，单击“确定”按钮，根据对话框中的值调整行高。

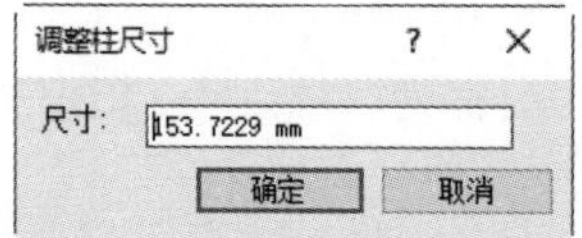

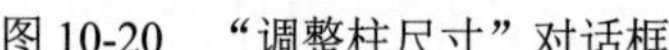

图10-20 “调整柱尺寸”对话框

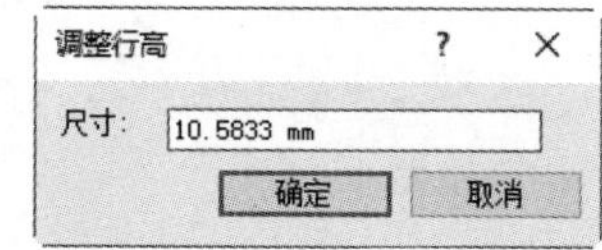

图10-21 “调整行高”对话框

☑ 合并/取消合并：选择要合并的页眉单元格，单击此按钮，合并单元格；再次单击此按钮，分离合并的单元格。

☑ 插入图像：将图形插入标题部分的单元格中。

☑ 清除单元格：删除标题单元格中的参数。

☑ 着色：设置单元格的背景颜色。

☑ 边界：单击此按钮，打开如图10-22所示的“编辑边框”对话框，为单元格指定线样式和边框。

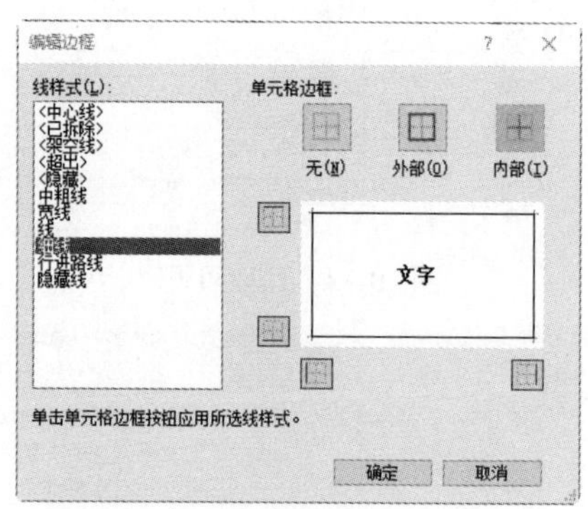

图10-22 “编辑边框”对话框

☑　重置：删除与选定单元格相关联的所有格式，条件格式将保持不变。

☑　拆分和放置：将明细表拆分为多个段，并放置在选定图纸上的相同位置。

（2）单击“修改明细表/数量”选项卡“标题和页眉”面板中的“成组”按钮，合并生成新表头单元格，如图 10-23 所示。

（3）单击新表头单元格，进入文字输入状态，输入文字为“尺寸”，如图 10-24 所示。

<管道明细表>				
A	B	C	D	E
类型	材质	直径	长度	隔热层类型
标准	铜	32.0 mm	1519	
标准	铜	32.0 mm	241	
标准	铜	32.0 mm	616	
标准	铜	100.0 mm	22	
标准	铜	100.0 mm	64	
标准	铜	15.0 mm	472	
标准	铜	15.0 mm	1592	
标准	铜	15.0 mm	748	
标准	铜	25.0 mm	25	
标准	铜	25.0 mm	1900	

图 10-23　生成新表头

<管道明细表>				
A	B	C	D	E
		尺寸		
类型	材质	直径	长度	隔热层类型
标准	铜	32.0 mm	1519	
标准	铜	32.0 mm	241	
标准	铜	32.0 mm	616	
标准	铜	100.0 mm	22	
标准	铜	100.0 mm	64	
标准	铜	15.0 mm	472	
标准	铜	15.0 mm	1592	
标准	铜	15.0 mm	748	
标准	铜	25.0 mm	25	
标准	铜	25.0 mm	1900	
标准	铜	25.0 mm	300	
标准	铜	15.0 mm	7	
标准	铜	25.0 mm	1900	
标准	铜	15.0 mm	349	矿棉
标准	铜	15.0 mm	2048	玻璃纤维

图 10-24　输入文字

（4）在“属性”选项板的格式栏中单击“编辑”按钮 编辑... ，打开“明细表属性”对话框的“格式”选项卡，在“字段”列表中选择“材质”字段，设置对齐为“中心线”，如图 10-25 所示。单击“确定”按钮，“材质”列的数值全部居中显示，如图 10-26 所示。

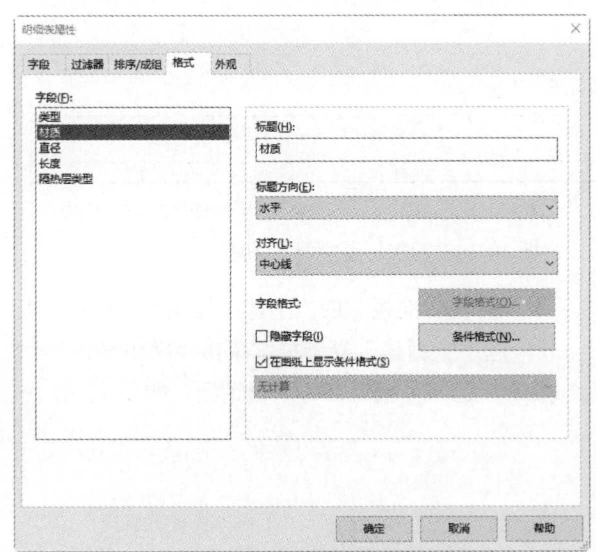

图 10-25　“格式”选项卡

<管道明细表>				
A	B	C	D	E
		尺寸		
类型	材质	直径	长度	隔热层类型
标准	铜	32.0 mm	1519	
标准	铜	32.0 mm	241	
标准	铜	32.0 mm	616	
标准	铜	100.0 mm	22	
标准	铜	100.0 mm	64	
标准	铜	15.0 mm	472	
标准	铜	15.0 mm	1592	
标准	铜	15.0 mm	748	
标准	铜	25.0 mm	25	
标准	铜	25.0 mm	1900	
标准	铜	25.0 mm	300	
标准	铜	15.0 mm	7	
标准	铜	25.0 mm	1900	
标准	铜	15.0 mm	349	矿棉
标准	铜	15.0 mm	2048	玻璃纤维
标准	铜	15.0 mm	2198	矿棉
标准	铜	15.0 mm	25	矿棉
标准	铜	15.0 mm	585	
标准	铜	15.0 mm	7	
标准	铜	15.0 mm	2244	矿棉
标准	铜	50.0 mm	1219	
标准	铜	50.0 mm	2934	
标准	铜	50.0 mm	152	
标准	铜	50.0 mm	1560	

图 10-26　居中显示

（5）单击“修改明细表/数量”选项卡“列”面板中的“插入”按钮，打开“选择字段”对话框，在“可用的字段”列表中选择“系统分类”字段，单击“添加参数”按钮，将其添加到“明细表字段（按顺序排列）”列表中，如图 10-27 所示，单击“确定”按钮，在管道明细表中添加“系统分类”列，如图 10-28 所示。

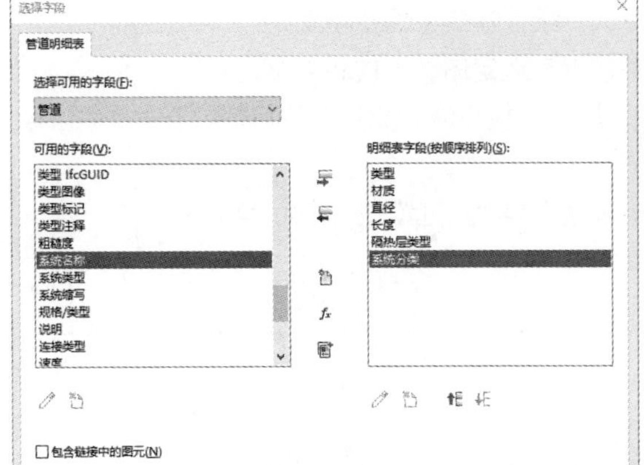

图 10-27　“选择字段”对话框

<管道明细表>					
A	B	C	D	E	F
		尺寸			
类型	材质	直径	长度	隔热层类型	系统分类
标准	铜	32.0 mm	1519		卫生设备
标准	铜	32.0 mm	241		卫生设备
标准	铜	32.0 mm	616		卫生设备
标准	铜	100.0 mm	22		卫生设备
标准	铜	100.0 mm	64		卫生设备
标准	铜	15.0 mm	472		家用冷水
标准	铜	15.0 mm	1592		家用冷水
标准	铜	15.0 mm	748		家用冷水
标准	铜	25.0 mm	25		家用冷水
标准	铜	25.0 mm	1900		家用冷水
标准	铜	25.0 mm	300		家用冷水
标准	铜	15.0 mm	7		家用冷水
标准	铜	25.0 mm	1900		家用冷水
标准	铜	15.0 mm	349	矿棉	家用热水
标准	铜	15.0 mm	2048	玻璃纤维	家用热水
标准	铜	15.0 mm	2198	矿棉	家用热水
标准	铜	15.0 mm	25	矿棉	家用热水
标准	铜	15.0 mm	585		家用热水
标准	铜	15.0 mm	7		家用热水
标准	铜	15.0 mm	2244	矿棉	家用热水
标准	铜	50.0 mm	1219		卫生设备
标准	铜	50.0 mm	2934		卫生设备
标准	铜	50.0 mm	152		卫生设备
标准	铜	50.0 mm	1560		卫生设备

图 10-28　添加列

（6）选取明细表的标题栏，单击“修改明细表/数量”选项卡“外观”面板中的“着色”按钮，打开如图 10-29 所示的“颜色”对话框，选取颜色，单击“确定”按钮，为标题栏添加背景颜色，如图 10-30 所示。

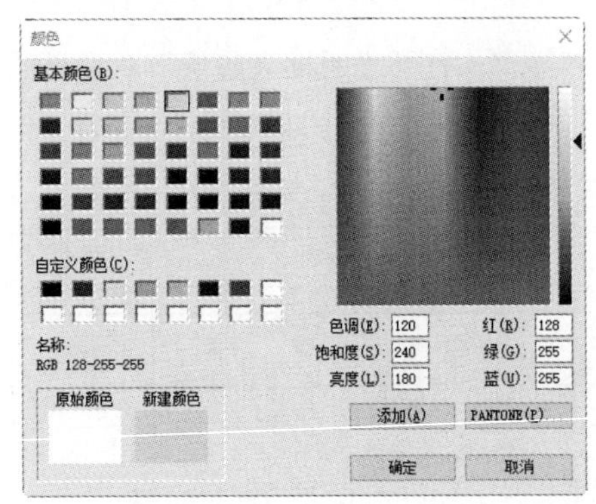

图 10-29　“颜色”对话框

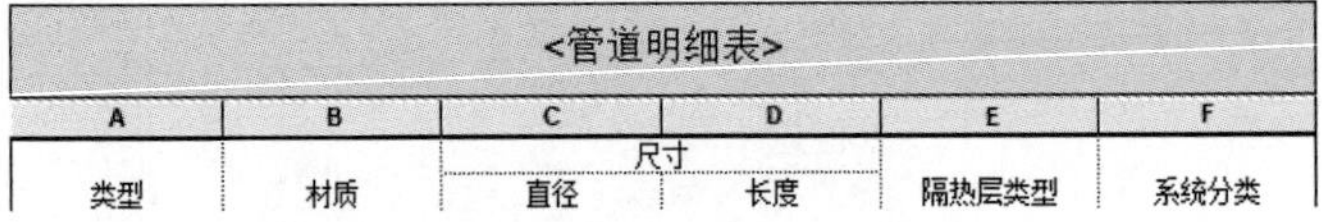

<管道明细表>					
A	B	C	D	E	F
		尺寸			
类型	材质	直径	长度	隔热层类型	系统分类

图 10-30　添加标题栏背景颜色

（7）选取表头栏，单击“修改明细表/数量”选项卡“外观”面板中的“字体”按钮，打开“编辑字体”对话框，设置字体为宋体、字体大小为 7 mm，选中“粗体”复选框，单击“字体颜色”色块，打开“颜色”对话框，选取红色，单击“确定”按钮，返回“编辑字体”对话框，如图 10-31 所示，单击“确定”按钮，更改字体，如图 10-32 所示。

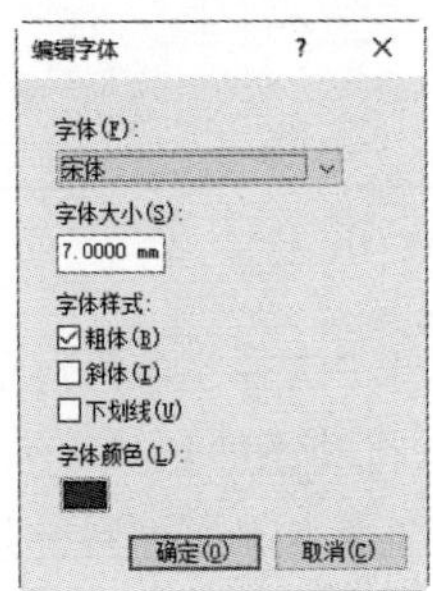

<管道明细表>					
A	B	C	D	E	F
		尺寸			
类型	材质	直径	长度	隔热层类型	系统分类
标准	铜	32.0 mm	1519		卫生设备

图 10-31　“编辑字体”对话框　　　　图 10-32　更改字体

（8）在“属性”选项板中的“过滤器”栏中单击“编辑”按钮 编辑... ，打开“明细表属性”对话框，设置过滤条件为“系统分类”“等于”“家用冷水”，如图 10-33 所示，单击“确定”按钮，明细表中只显示“家用冷水”系统的管道，其他不属于“家用冷水”系统的管道被排除在外，隐藏显示，如图 10-34 所示。

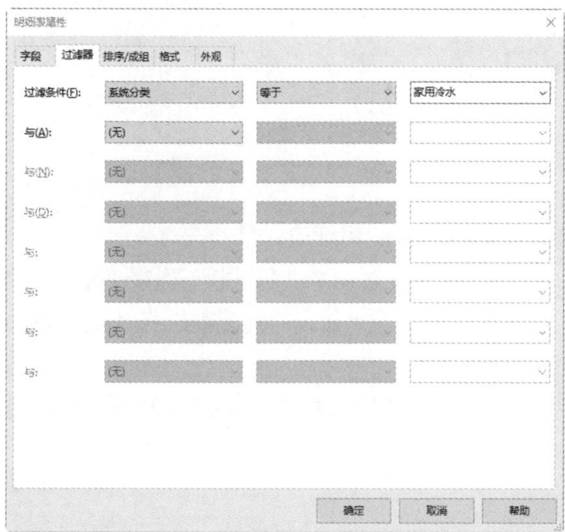

图 10-33 “明细表属性”对话框

<管道明细表>					
A	B	C	D	E	F
		尺寸			
类型	材质	直径	长度	隔热层类型	系统分类
标准	铜	15.0 mm	472		家用冷水
标准	铜	15.0 mm	1592		家用冷水
标准	铜	15.0 mm	748		家用冷水
标准	铜	25.0 mm	25		家用冷水
标准	铜	25.0 mm	1900		家用冷水
标准	铜	25.0 mm	300		家用冷水
标准	铜	15.0 mm	7		家用冷水
标准	铜	25.0 mm	1900		家用冷水

图 10-34 过滤显示

10.2.3 将明细表导出到 CAD

（1）打开明细表文件，在明细表视图中执行“文件”→“导出”→“CAD 格式”命令，导出 CAD 格式的选项不可用，如图 10-35 所示。

（2）执行“文件”→“导出”→“报告”→“明细表”命令，打开“导出明细表”对话框，设置文件保存位置，并输入文件名，如图 10-36 所示。

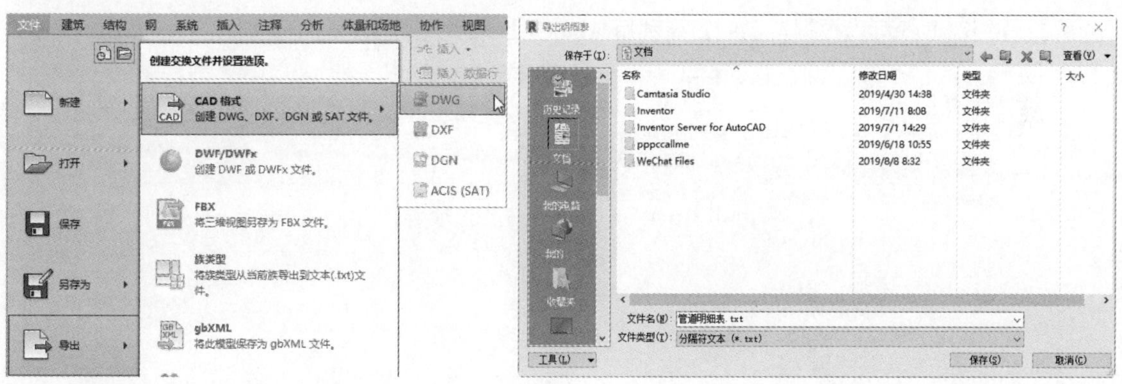

图 10-35 CAD 格式选项不可用　　　　图 10-36 “导出明细表”对话框

（3）单击“保存”按钮，打开如图 10-37 所示的“导出明细表”对话框，这里采用默认设置，单击“确定”按钮。

（4）将上一步保存的“管道明细表.txt”文件的后缀名改为“xls”，然后将其打开，如图 10-38 所示。

Note

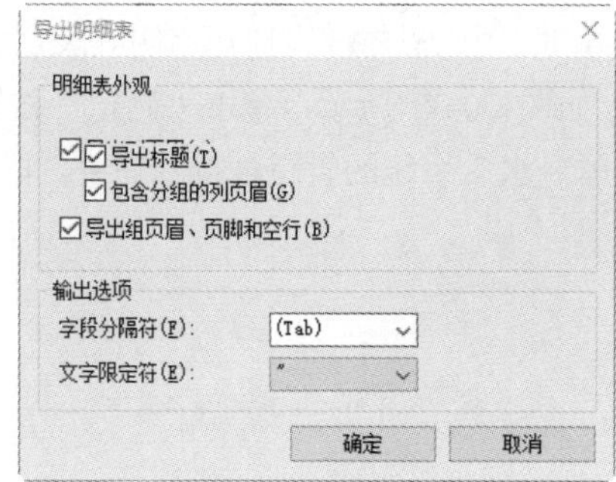

图 10-37 “导出明细表”对话框

	A	B	C	D	E	F
1	管道明细表					
2	类型	材质	尺寸		隔热层类型	系统分类
3			直径	长度		
4	标准	铜	15 mm	472		家用冷水
5	标准	铜	15 mm	1592		家用冷水
6	标准	铜	15 mm	748		家用冷水
7	标准	铜	25 mm	25		家用冷水
8	标准	铜	25 mm	1900		家用冷水
9	标准	铜	25 mm	300		家用冷水
10	标准	铜	15 mm	7		家用冷水
11	标准	铜	25 mm	1900		家用冷水

图 10-38 Excel 表格

（5）框选明细表中的内容，执行“编辑”→“复制”命令，复制明细表。

（6）打开 AutoCAD 软件，并新建一个空白文件。单击“默认”选项卡“剪贴板”面板“粘贴”下拉列表中的“选择性粘贴”按钮，打开“选择性粘贴”对话框，在“作为”列表中选择“AutoCAD 图元”选项，如图 10-39 所示，单击“确定”按钮。

（7）系统命令行中提示“指定插入点或[作为文字粘贴]”，在绘图区域中适当位置单击，插入明细表，如图 10-40 所示。

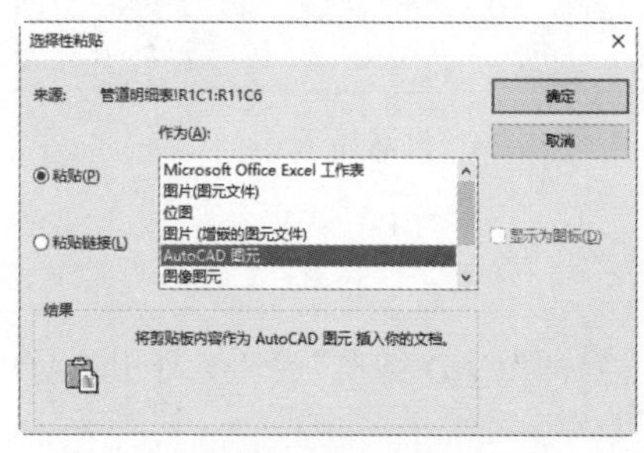

图 10-39 “选择性粘贴”对话框

管道明细表					
类型	材质	尺寸		隔热层类型	系统分类
直径	长度				
标准	铜	15 mm	472.0000		家用冷水
标准	铜	15 mm	1592.0000		家用冷水
标准	铜	15 mm	748.0000		家用冷水
标准	铜	25 mm	25.0000		家用冷水
标准	铜	25 mm	1900.0000		家用冷水
标准	铜	25 mm	300.0000		家用冷水
标准	铜	15 mm	7.0000		家用冷水
标准	铜	25 mm	1900.0000		家用冷水

图 10-40 AutoCAD 中的明细表

（8）选取单元格，打开如图 10-41 所示的“表格单元”选项卡，可以对明细表进行编辑，这里就不再详细介绍，读者可以根据自己的需要利用 AutoCAD 软件进行编辑。

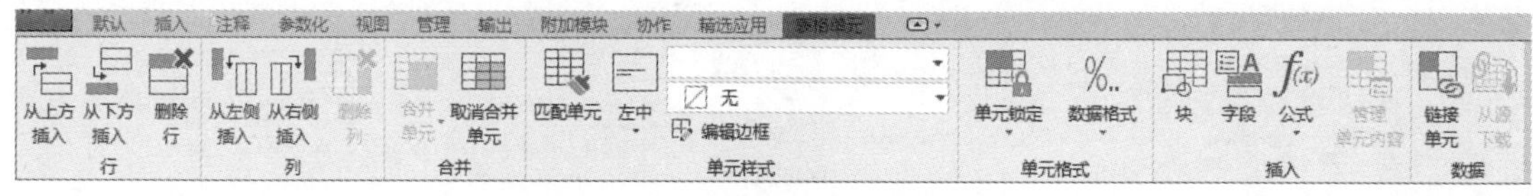

图 10-41 “表格单元”选项卡

▶▶第 2 篇

案例篇

本篇将通过某后勤大楼水暖电综合布线设计实例完整地介绍 Revit MEP 综合布线设计全过程。通过本篇的学习，读者将掌握 Revit MEP 综合布线设计中工程设计实践的操作方法。

☑ 创建某后勤大楼机电样板

☑ 某后勤大楼给排水系统

☑ 某后勤大楼空调通风系统

☑ 某后勤大楼电气系统

☑ 某后勤大楼综合布线检查

创建某后勤大楼机电样板

知识导引

在Revit中，建筑样板对应建筑专业，结构样板对应结构专业，机械样板对应机电专业，如果一个项目中有多个专业，就要使用构造样板。但是，软件自带的机械样板不适合我国的相关制图与设计规范，因此需要设计师自己定义机电专业的样板文件。

- ☑ 绘制标高
- ☑ 绘制轴网
- ☑ 系统设置
- ☑ 设置过滤器
- ☑ 创建视图样板
- ☑ 链接模型

任务驱动&项目案例

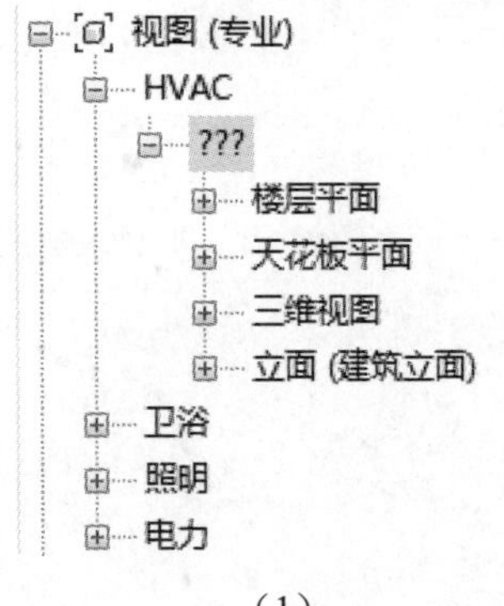

（1）

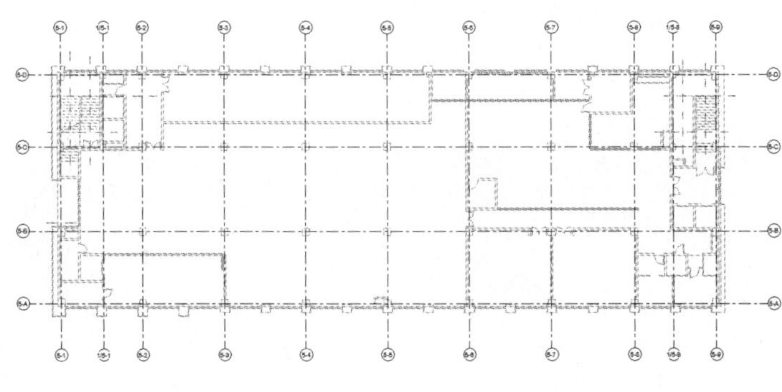

（2）

11.1 绘制标高

（1）单击主页面中的“模型”→“新建”按钮或执行“文件”→“新建”→“项目”命令，打开“新建项目”对话框，如图 11-1 所示。

（2）单击“浏览”按钮，打开如图 11-2 所示的“选择样板”对话框，选择“Systems-DefaultCHSCHS.rte”样板文件，单击“打开”按钮。

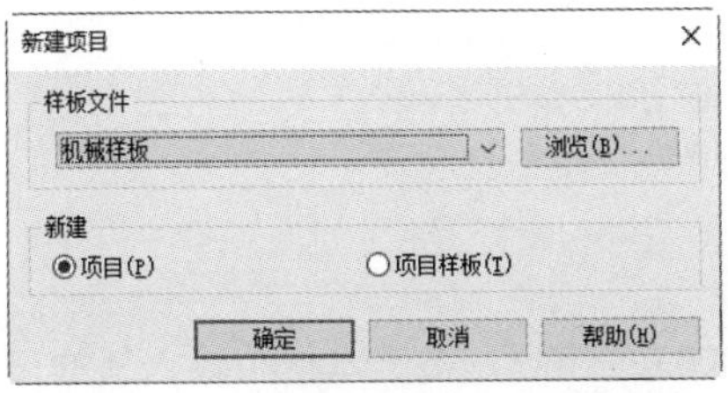

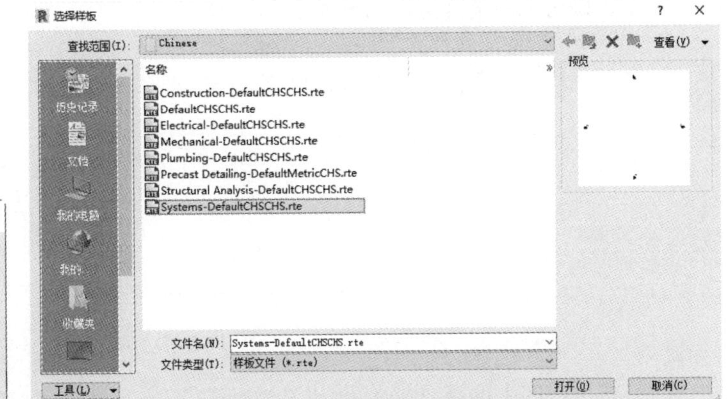

图 11-1　“新建项目”对话框

图 11-2　“选择样板”对话框

（3）此时系统返回“新建项目”对话框，单击“项目样板”单选按钮，然后单击“确定”按钮，创建一个新项目样板文件。项目浏览器如图 11-3 所示，从图中可以看出视图是按规程分类的，并且类别有点少，跟项目中的类别不一致。

（4）在项目浏览器“机械”→“HVAC”→“立面（建筑立面）”节点下双击“东-机械”，切换到“东-机械”立面视图，系统默认有标高 1 和标高 2，如图 11-4 所示。

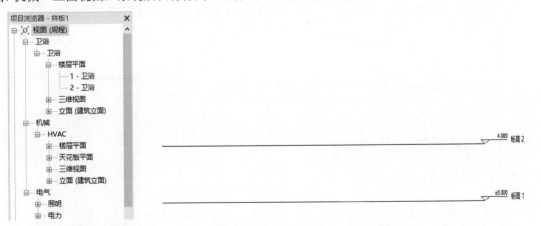

图 11-3　项目浏览器

图 11-4　默认标高

（5）单击“结构”选项卡“基准”面板中的“标高”按钮（快捷键：LL），打开“修改|放置标高”选项卡和选项栏，如图 11-5 所示。默认激活“线”按钮。

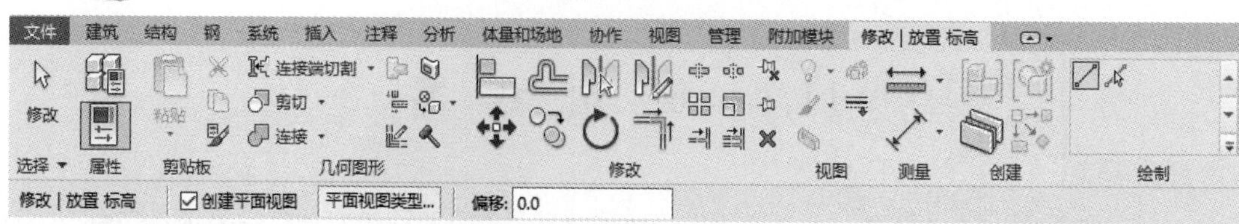

图 11-5 “修改|放置标高”选项卡和选项栏

（6）当放置光标以创建标高时，如果光标与现有标高线对齐，则光标和该标高线之间会显示一个临时的垂直尺寸标注，单击以确定标高的起点。通过水平移动光标绘制标高线，直到捕捉到另一侧标头，单击以确定标高的终点，结果如图 11-6 所示。

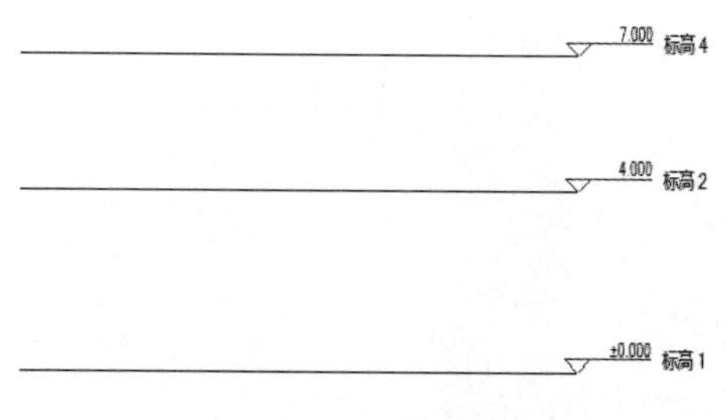

图 11-6 绘制标高

（7）选中视图中标高 2，显示临时尺寸值，双击尺寸值“4000.0”字样，在文本框中输入新的尺寸值 4450，按 Enter 键更改标高的高度，系统将自动调整标高线的位置，如图 11-7 所示。

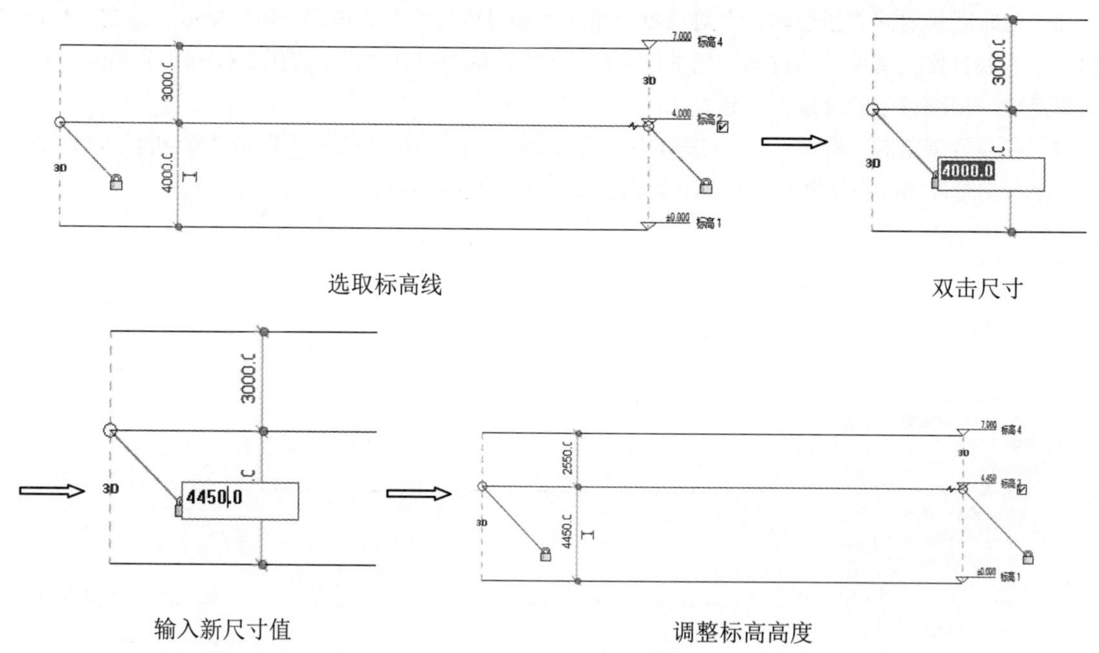

图 11-7 更改标高线的位置

（8）选中视图中标高 4，在“属性”选项板中更改立面为 8950，系统将自动调整标高线的位置，如图 11-8 所示。

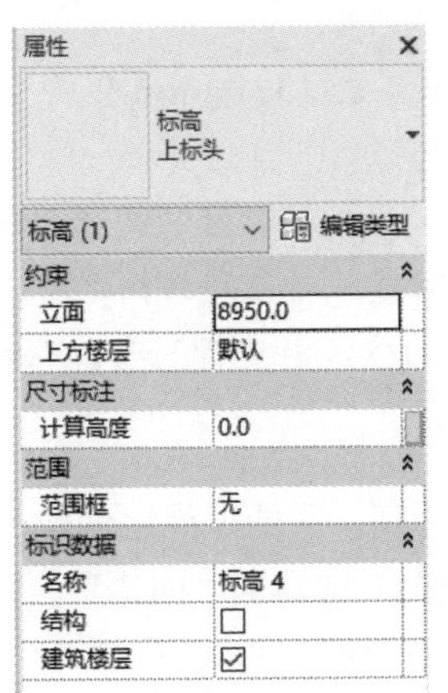

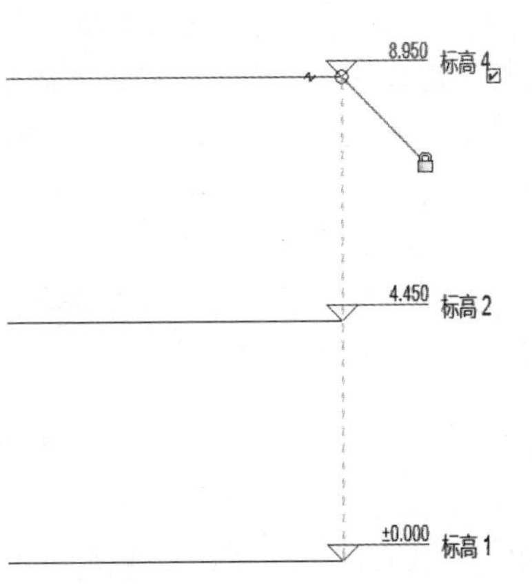

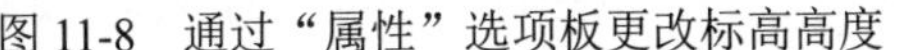

图 11-8　通过“属性”选项板更改标高高度

（9）双击标高 1 标头上的尺寸值“±0.000”字样，在文本框中输入新的尺寸值-0.05（标头上显示的尺寸值是以 m 为单位），按 Enter 键更改标高的高度，系统会自动调整标高线位置，如图 11-9 所示。

（10）单击“修改”选项卡“修改”面板中的“复制”按钮（快捷键：CO），选取视图中的标高 4，然后按 Enter 键，显示选项栏，选中“约束”和“多个”复选框，指定起点，根据显示的临时尺寸移动鼠标到适当位置，单击以确定终点，也可以直接输入尺寸值确定两轴线之间的距离（即 3900），如图 11-10 所示。复制的轴线编号是自动排序的。

（11）单击“修改”选项卡“修改”面板中的“阵列”按钮（快捷键：AR），选取视图中的标高 5，然后按 Enter 键，在选项栏中取消选中“成组并关联”复选框，选择“第二个”选项，输入项目数为 5，指定阵列起点，拖动鼠标向上移动，根据显示的临时尺寸移动鼠标到适当位置，也可以直接输入尺寸值确定两轴线之间的距离（即 3900），结果如图 11-11 所示。

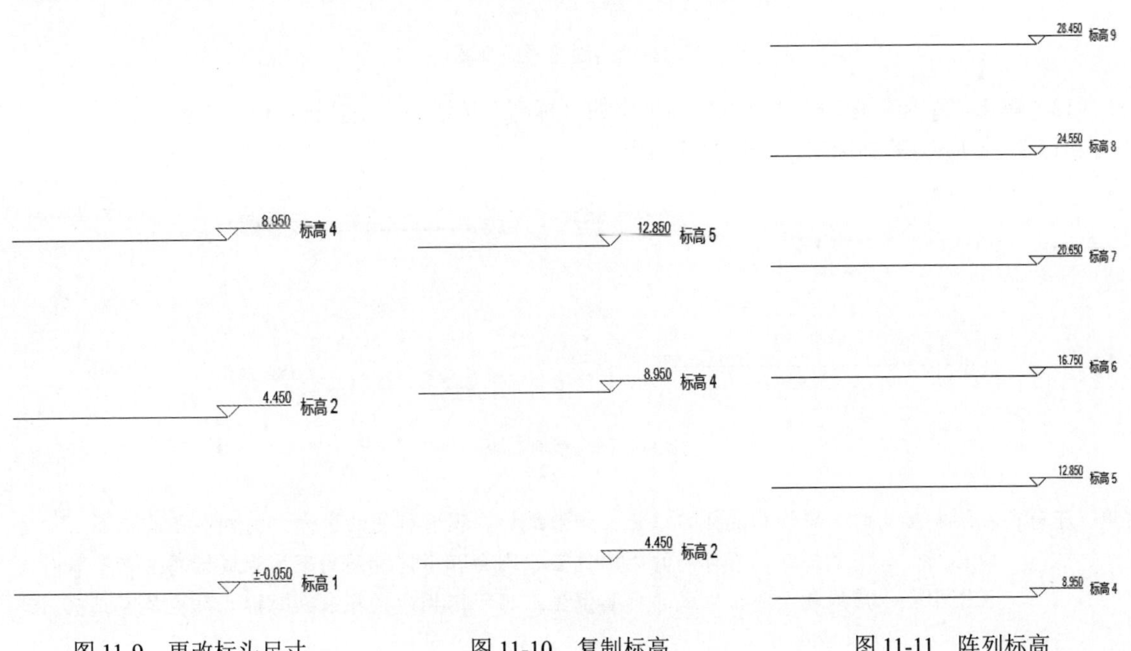

图 11-9　更改标头尺寸　　图 11-10　复制标高　　图 11-11　阵列标高

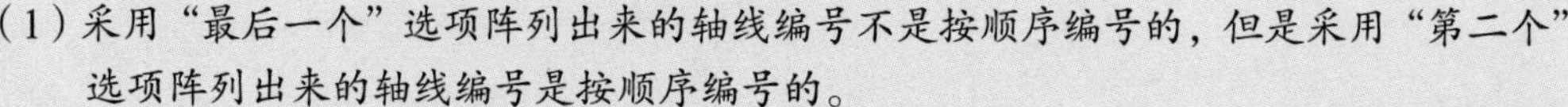
注意：使用“阵列”工具时有以下注意事项。

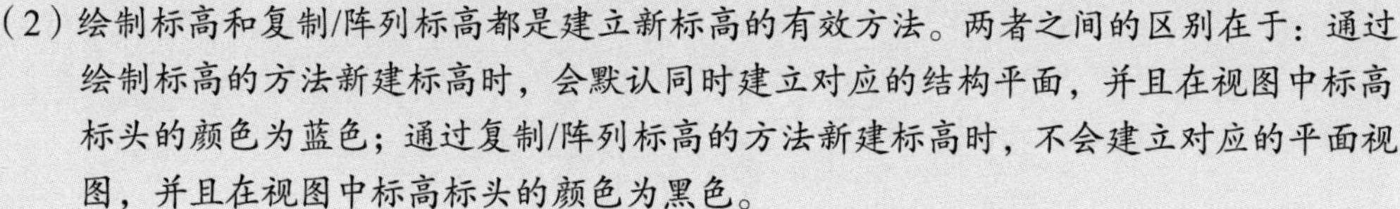
（1）采用“最后一个”选项阵列出来的轴线编号不是按顺序编号的，但是采用“第二个”选项阵列出来的轴线编号是按顺序编号的。

（2）绘制标高和复制/阵列标高都是建立新标高的有效方法。两者之间的区别在于：通过绘制标高的方法新建标高时，会默认同时建立对应的结构平面，并且在视图中标高标头的颜色为蓝色；通过复制/阵列标高的方法新建标高时，不会建立对应的平面视图，并且在视图中标高标头的颜色为黑色。

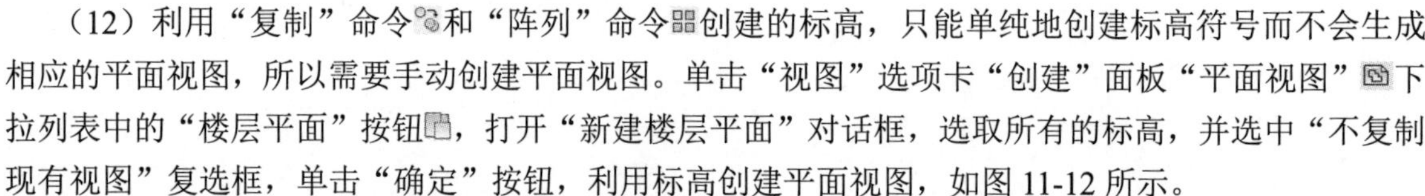
（12）利用“复制”命令和“阵列”命令创建的标高，只能单纯地创建标高符号而不会生成相应的平面视图，所以需要手动创建平面视图。单击“视图”选项卡“创建”面板“平面视图”下拉列表中的“楼层平面”按钮，打开“新建楼层平面”对话框，选取所有的标高，并选中“不复制现有视图”复选框，单击“确定”按钮，利用标高创建平面视图，如图 11-12 所示。

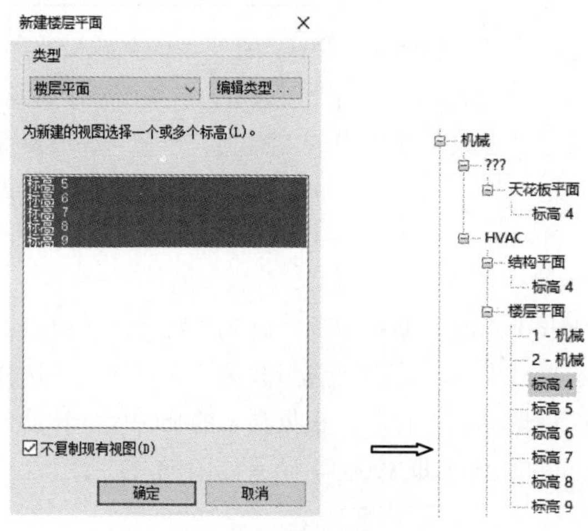

图 11-12　创建平面视图

（13）单击“结构”选项卡“基准”面板中的“标高”按钮（快捷键：LL），分别在标高 9 的上方和标高 1 的下方绘制标高，如图 11-13 所示。

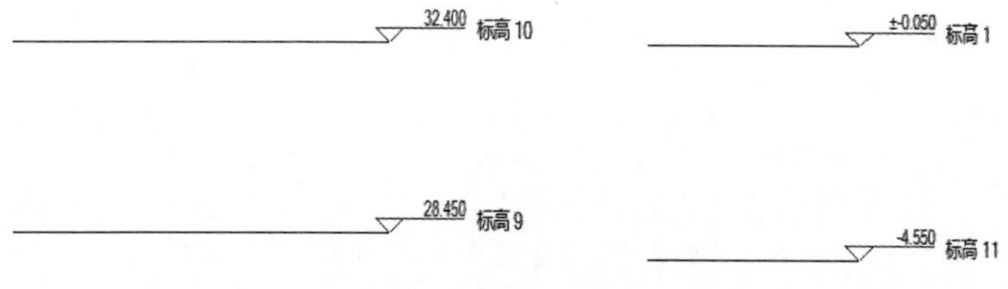

图 11-13　绘制标高

注意：在绘制标高时，要注意鼠标的位置，如果鼠标在现有标高的上方，则会在当前标高上方生成标高；如果鼠标在现有标高的下方位置，则会在当前标高的下方生成标高。在拾取时，视图中会以虚线表示即将生成的标高位置，可以根据此预览来判断标高位置是否正确。

（14）选取视图中标高 1 和标高 11，在“属性”选项板中更改类型为下标头，结果如图 11-14 所示。

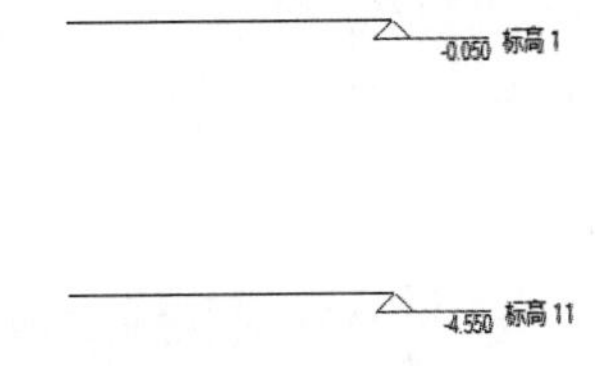

图 11-14　更改标高类型

（15）选取标高 11，单击标高的名称，在文本框中输入新的名称“-1F”，按 Enter 键，打开如图 11-15 所示的“确认标高重命名”提示对话框，单击“是”按钮，则相关的楼层平面的名称也将随之更新，如图 11-16 所示。

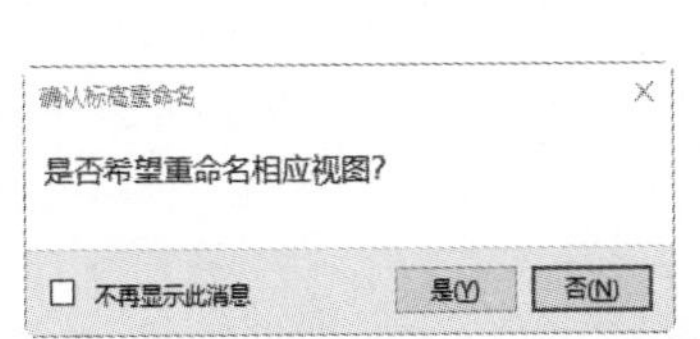

图 11-15 “确认标高重命名”提示对话框

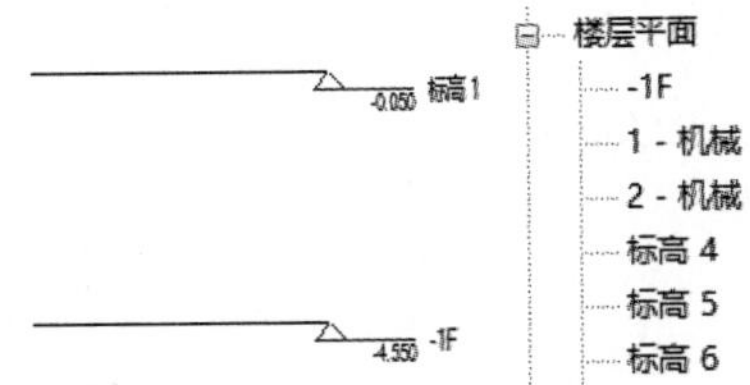

图 11-16　更改标高名称

（16）采用相同的方法，更改其他标高名称，结果如图 11-17 所示。

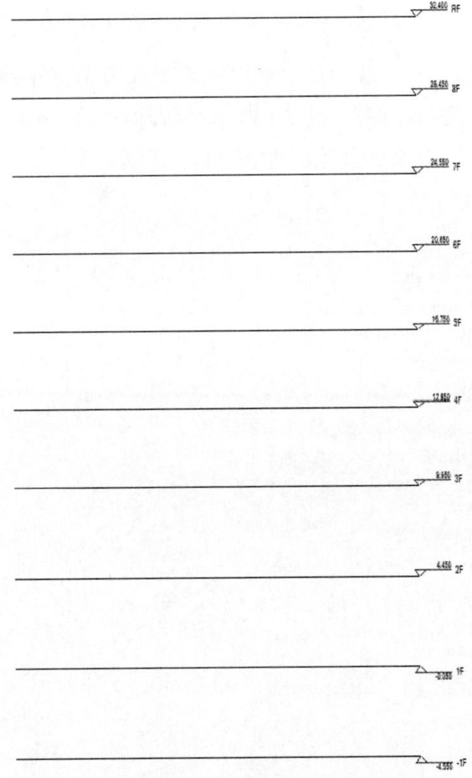

图 11-17　更改标高名称

Note

注意：如果输入的名称已存在，则会打开如图 11-18 所示的“Autodesk Revit 2022”错误提示对话框，单击“取消”按钮，重新输入名称。

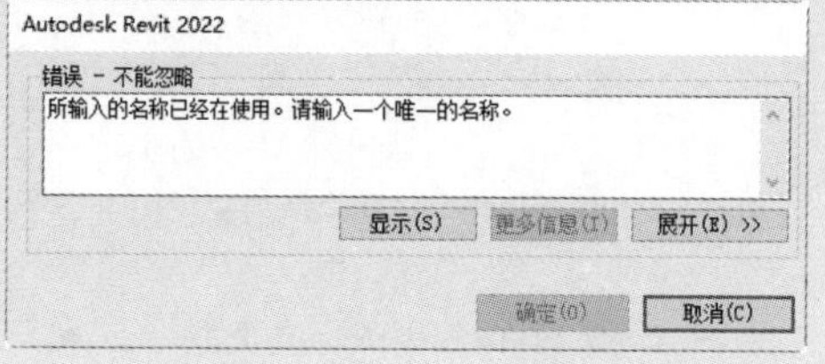

图 11-18 “Autodesk Revit 2022”错误提示对话框

（17）单击“结构”选项卡“基准”面板中的“标高”按钮（快捷键：LL），在 RF 标高线的上方绘制标高线并修改名称为“屋顶”，如图 11-19 所示。

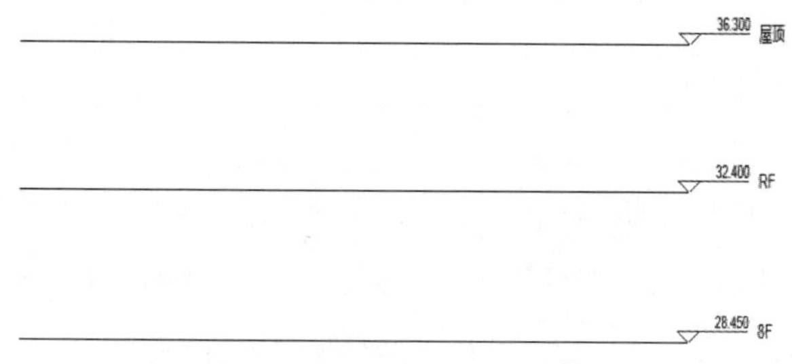

图 11-19 绘制屋顶标高线

（18）在项目浏览器“机械”→“HVAC”→“结构平面”节点下选取“-1F”字样，右击，在弹出的快捷菜单中选择“删除”选项，如图 11-20 所示，删除-1F 结构平面。采用相同的方法，将其他不需要的平面删除，删除平面后的项目浏览器如图 11-21 所示。

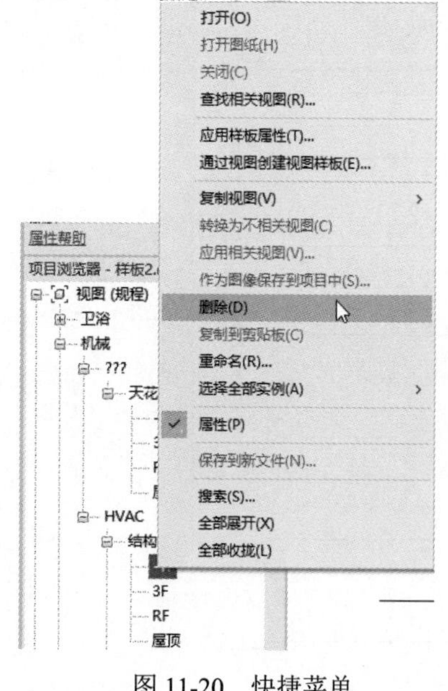

图 11-20 快捷菜单

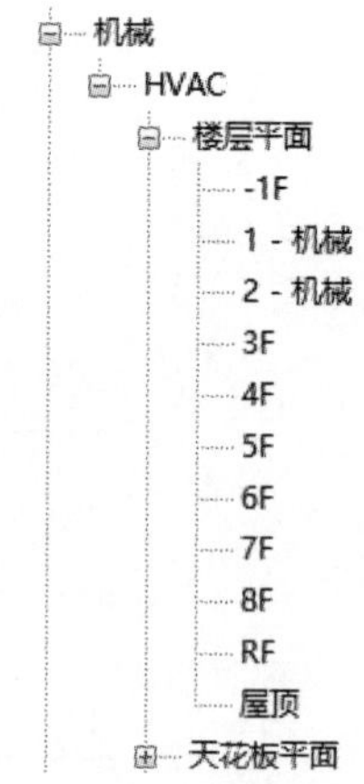

图 11-21 删除后的项目浏览器

11.2 绘制轴网

在 Revit 中，轴网用于为构件定位，且确定了一个不可见的工作平面。软件目前可以绘制弧形和直线轴网，不支持折线轴网。

在 Revit 中，轴网只需要在任意剖面视图中绘制一次，其他平面、立面、剖面视图中都将自动显示。具体操作步骤如下。

（1）打开 11.1 节绘制的文件，在项目浏览器中的“楼层平面”节点下双击“1-机械层”字样，将视图切换至 1-机械层平面。

（2）单击“建筑”选项卡“基准”面板中的“轴网”按钮（快捷键：GR），打开“修改|放置轴网”选项卡和选项栏，如图 11-22 所示。系统默认激活“线”按钮。

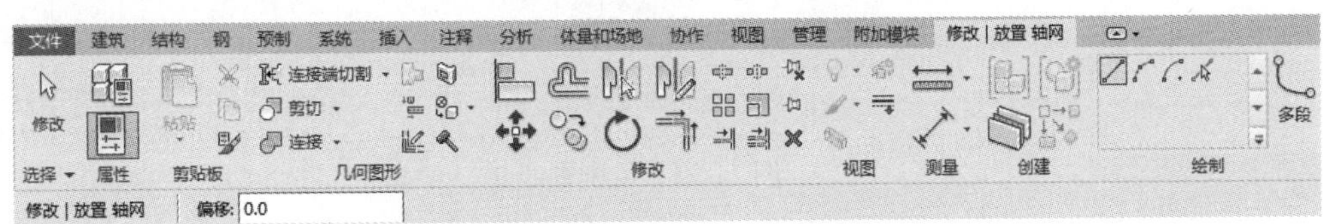

图 11-22　“修改|放置轴网”选项卡和选项栏

（3）单击以确定轴线的起点，向下移动鼠标，系统将在鼠标位置和起点之间显示轴线预览，并给出当前轴线方向与水平方向的临时角度，移动鼠标到适当位置处单击以确定轴线的终点，完成一条竖直轴线的绘制，如图 11-23 所示。

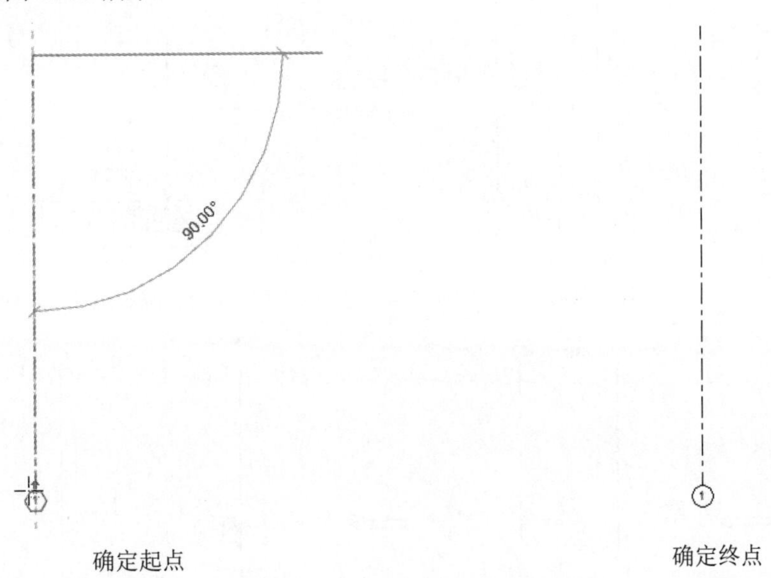

图 11-23　绘制轴线 1

（4）移动鼠标到轴线 1 起点的右侧，系统将自动捕捉该轴线的起点，给出端点对齐捕捉参考线，并在鼠标和轴线之间显示临时尺寸，单击以确定轴线的起点，向下移动鼠标，直到捕捉轴线 1 另一侧端点时单击以确定轴线的端点，完成轴线 2 的绘制，系统自动对轴线编号为 2，如图 11-24 所示。

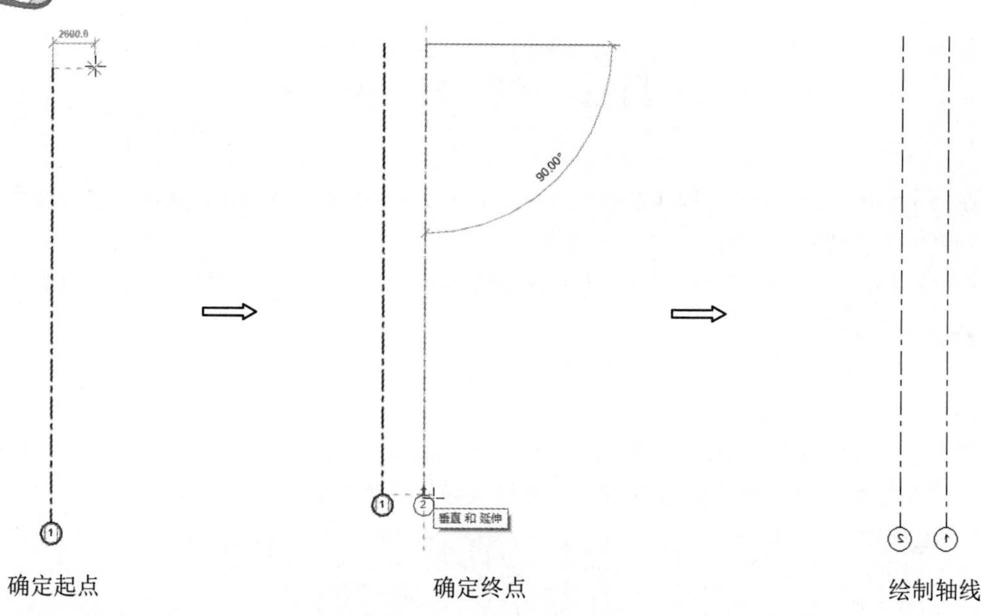

图 11-24　绘制轴线 2

（5）选取轴线 2，图中将会显示临时尺寸，单击轴线 2 左侧的临时尺寸“2600.0”字样，输入新的尺寸值 4400，按 Enter 键确认，轴线会根据新的尺寸值移动位置，如图 11-25 所示。

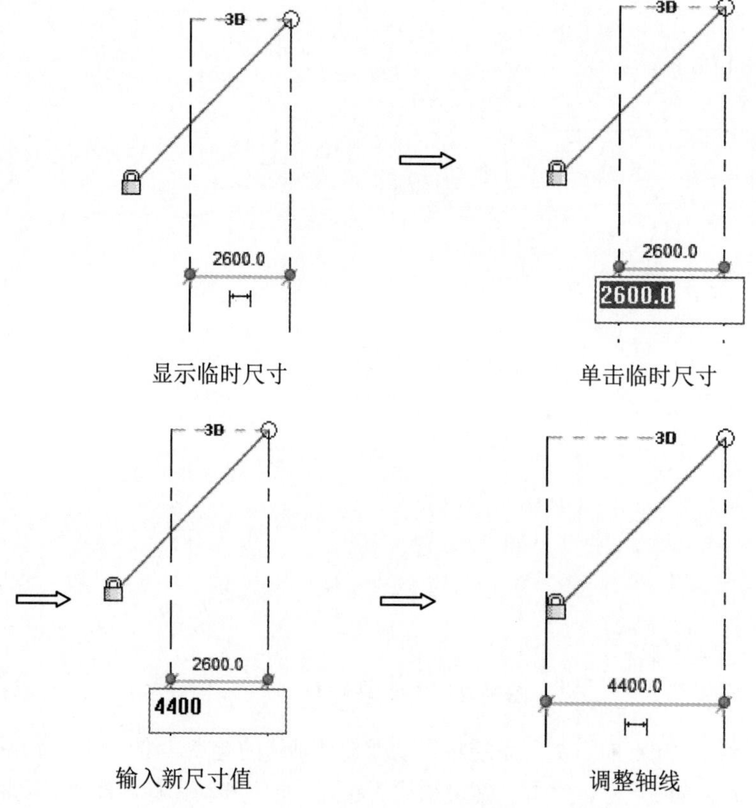

图 11-25　修改轴线之间的尺寸过程

> 注意：如果轴线是对齐的，则选择线时会出现一个锁以指明对齐。如果移动轴网范围，则所有对齐的轴线都会随之移动。

（6）单击“建筑”选项卡“基准”面板中的“轴网”按钮（快捷键：GR），移动鼠标到轴线 2 起点的右侧，系统将自动捕捉该轴线的起点，给出端点对齐捕捉参考线，并在鼠标和轴线之间显示临时尺寸，直接输入尺寸值 4000，按 Enter 键确定轴线的起点，向下移动鼠标，在适当位置确定终点，完成轴线 3 的绘制，如图 11-26 所示。系统将按照轴线编号累计 1 的方式自动命名轴线编号为 3。

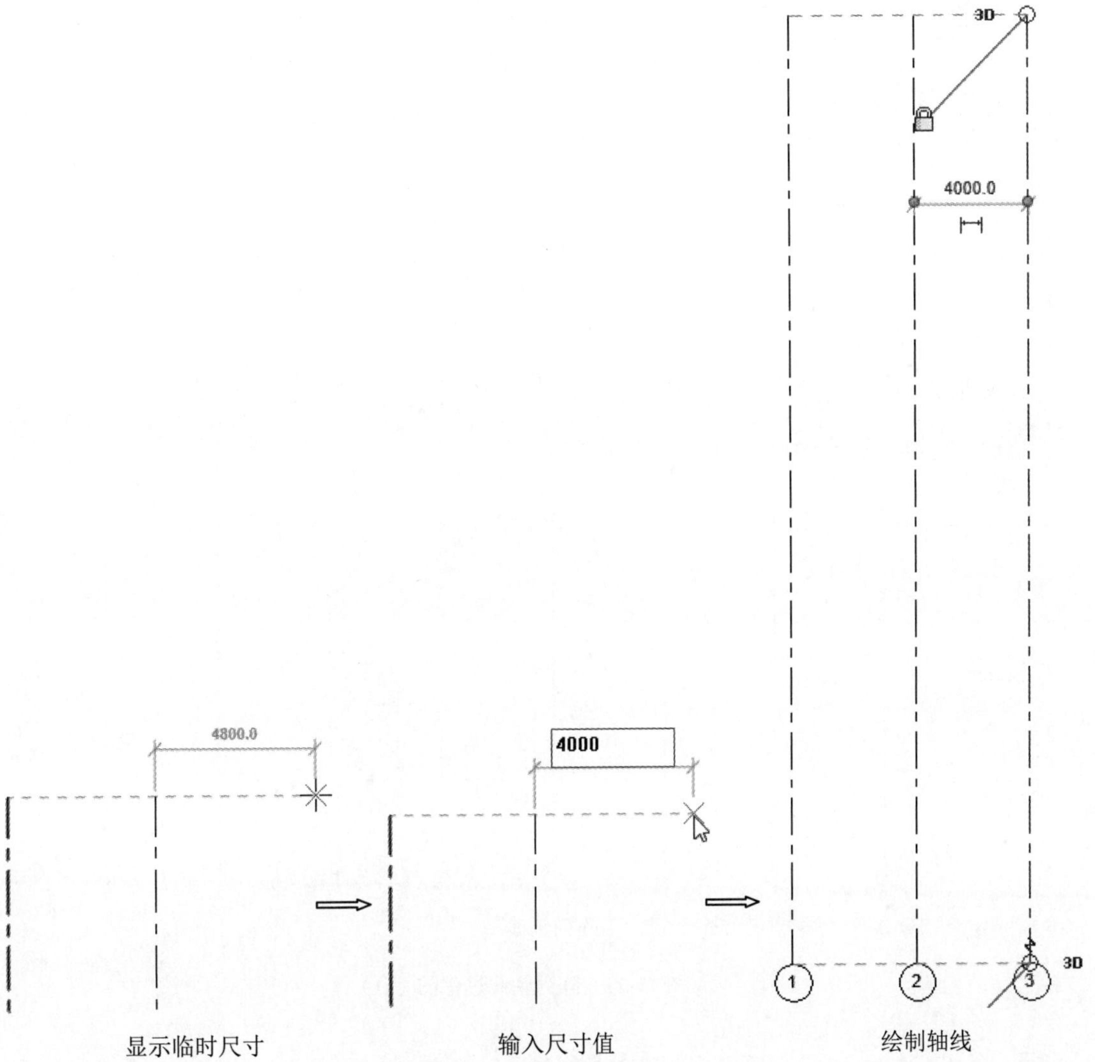

显示临时尺寸　　输入尺寸值　　绘制轴线

图 11-26　绘制轴线 3

（7）单击“修改”选项卡“修改”面板中的“阵列”按钮（快捷键：AR），选取上一步绘制的竖直轴线 3，在选项栏中取消选中“成组并关联”复选框，选择“第二个”选项，输入项目数为 7，选中“约束”复选框，指定阵列起点，拖动鼠标向右移动，输入阵列间距为 8400，按 Enter 键确定，绘制过程如图 11-27 所示。

Note

8400

选取轴线　　指定起点　　输入阵列间距

阵列轴线

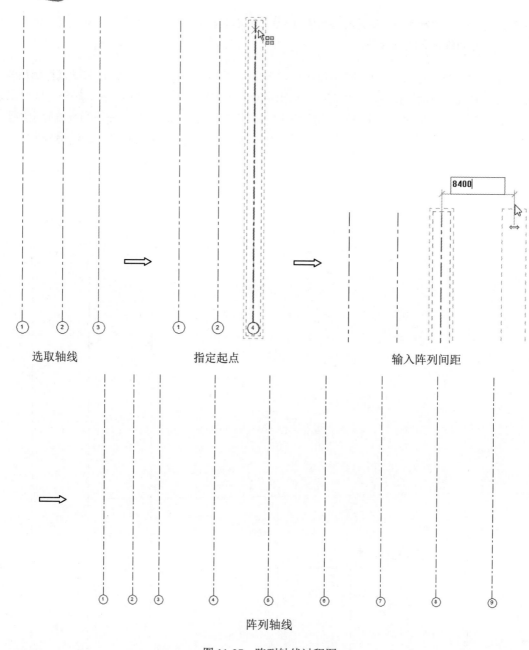

图 11-27　阵列轴线过程图

注意： 采用“最后一个”选项阵列出来的轴线编号不是按顺序编号的，但是采用“第二个”选项阵列出来的轴线编号是按顺序编号的。

（8）单击“修改”选项卡“修改”面板中的“复制”按钮（快捷键：CO），选取上一步绘制的轴线 9，在选项栏中选中“多个”和“约束”复选框，指定起点，向右移动鼠标到适当位置或直接输入间距为 4000，按 Enter 键，继续向右移动鼠标，输入间距为 4400，按 Enter 键，完成轴线 10 和轴线 11 的绘制，如图 11-28 所示。复制的轴线编号是自动排序的。

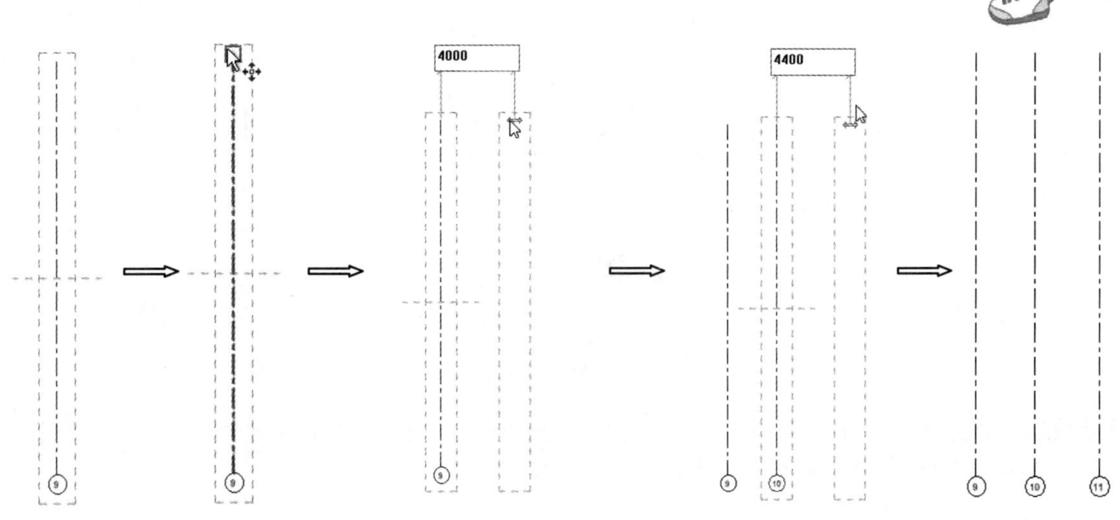

选取轴线　　指定起点　　确定轴线 9 至轴线 10 的间距　　确定轴线 10 至轴线 11 的间距　　复制轴线

图 11-28　复制轴线 10 和轴线 11

（9）单击“建筑”选项卡“基准”面板中的“轴网”按钮（快捷键：GR），指定轴线的起点，水平移动鼠标到适当位置单击以确定终点，绘制一条水平轴线，如图 11-29 所示。

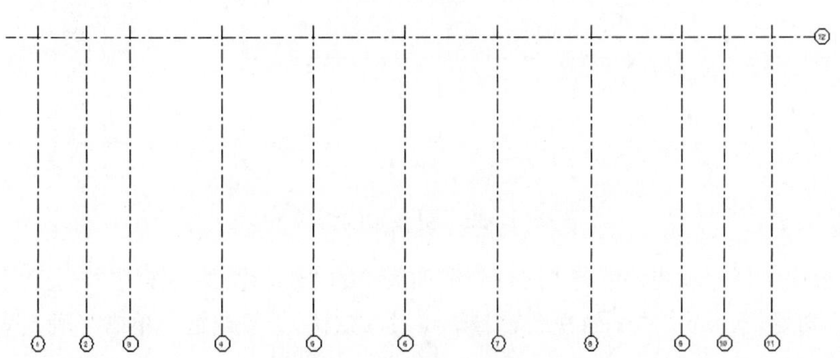

图 11-29　绘制水平轴线

（10）重复上述方法，绘制其他水平轴线，具体尺寸如图 11-30 所示。

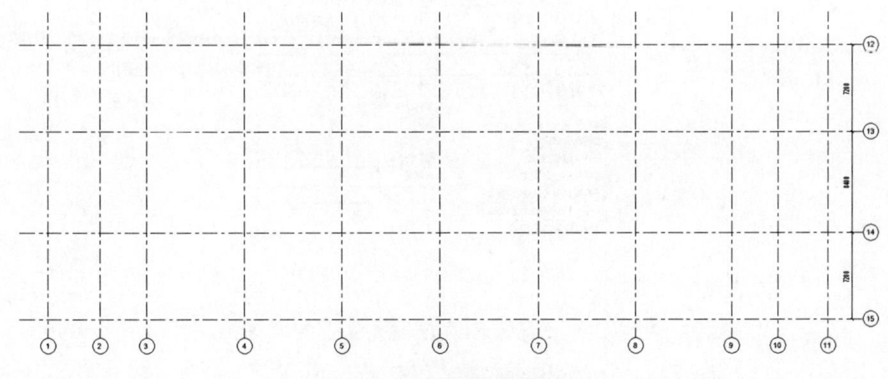

图 11-30　绘制水平轴线

（11）选择水平轴线 15，单击“15”数字，更改为“5-A”，按 Enter 键确认，如图 11-31 所示。

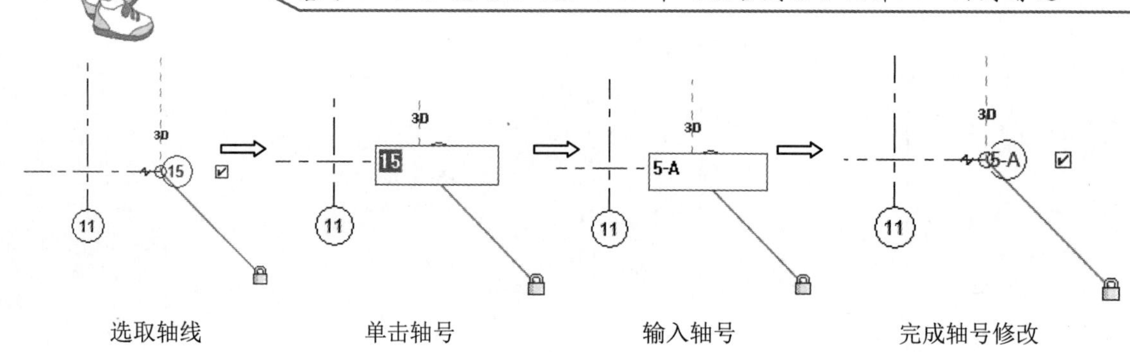

图 11-31　修改轴号过程

> 注意：一般情况下，横向轴线的编号是按照从左到右的顺序编写，纵向轴线的编号则使用大写的拉丁字母从下到上编写，不能用 I 和 O 字母。

（12）采用相同的方法更改其他轴线的编号，结果如图 11-32 所示。

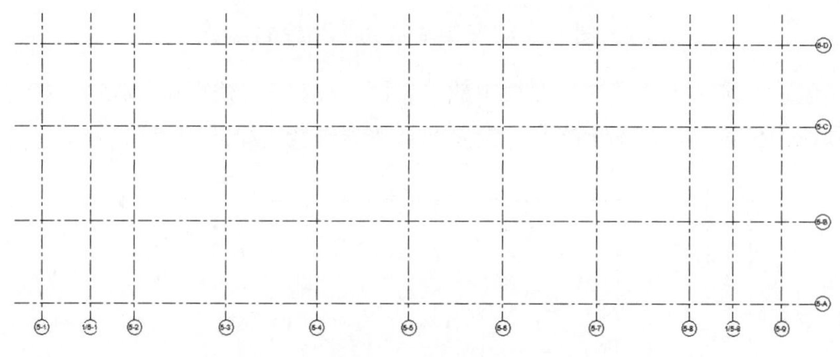

图 11-32　更改轴线编号

（13）选取视图中任一轴线，单击“属性”选项板中的“编辑类型”按钮，打开如图 11-33 所示的“类型属性”对话框，选中“平面视图轴号端点 1（默认）”复选框，单击“确定”按钮，结果如图 11-34 所示。

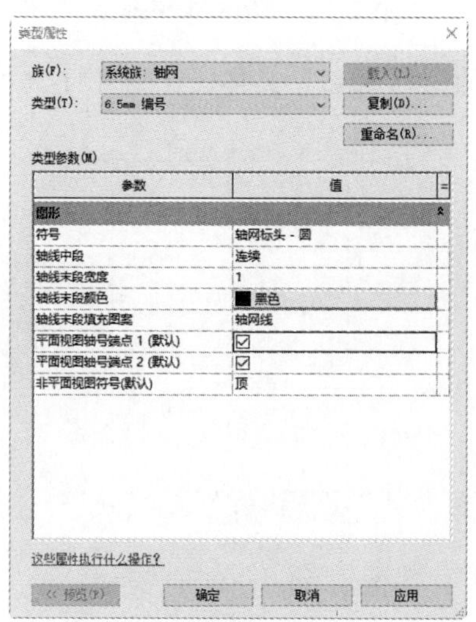

图 11-33　“类型属性”对话框

Note

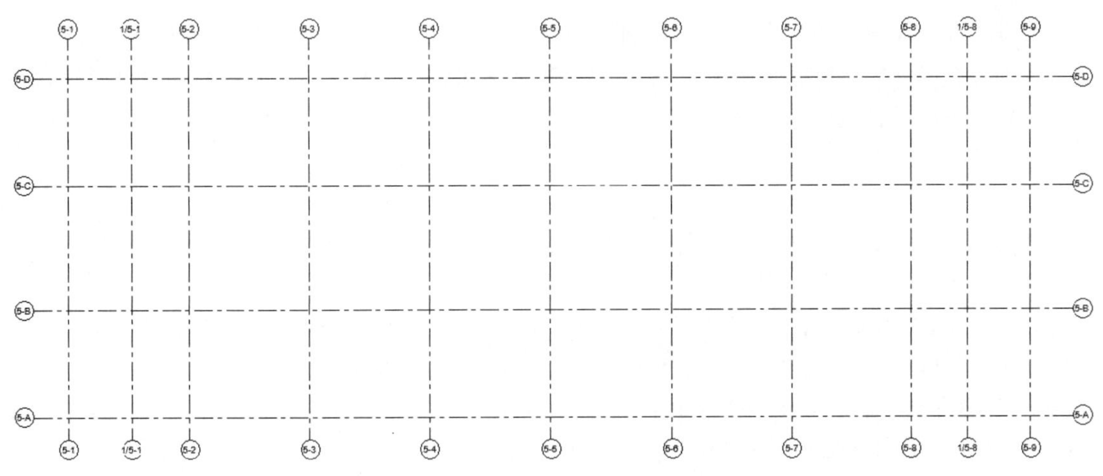

图 11-34　显示端点 1 的轴号

“类型属性”对话框中的选项说明如下。

☑　符号：用于轴线端点的符号。

☑　轴线中段：在轴线中显示的轴线中段的类型，包括“无”、“连续”和“自定义”，如图 11-35 所示。

☑　轴线末段宽度：表示连续轴线的线宽，或者在“轴线中段”为“无”或“自定义”的情况下表示轴线末段的线宽，如图 11-36 所示。

图 11-35　轴线中段形式　　图 11-36　轴线末段宽度

☑　轴线末段颜色：表示连续轴线的线颜色，或者在“轴线中段”为“无”或“自定义”的情况下表示轴线末段的线颜色，如图 11-37 所示。

☑　轴线末段填充图案：表示连续轴线的线样式，或者在“轴线中段”为“无”或“自定义”的情况下表示轴线末段的线样式，如图 11-38 所示。

图 11-37　轴线末段颜色　　图 11-38　轴线末段填充图案

☑　平面视图轴号端点 1（默认）：在平面视图中，在轴线的起点处显示编号的默认设置。也就是说，在绘制轴线时，编号在其起点处显示。

☑　平面视图轴号端点 2（默认）：在平面视图中，在轴线的终点处显示编号的默认设置。也就是说，在绘制轴线时，编号在其终点处显示。

☑ 非平面视图符号（默认）：在非平面视图的项目视图（如立面视图和剖面视图）中，轴线上显示编号的默认位置："顶"、"底"、"两者"（顶和底）或"无"。 如果需要，可以显示或隐藏视图中各轴网线的编号。

Note

11.3 系统设置

视频讲解

（1）在项目浏览器的"族"→"管道系统"→"管道系统"节点下选择"家用冷水"字样，右击，在弹出的快捷菜单中选择"复制"选项，如图 11-39 所示，系统自动生成"家用冷水 2"，然后在"家用冷水 2"系统上右击，在弹出的快捷菜单中选择"重命名"选项，更改名称为"生活给水冷水"，按 Enter 键确认，如图 11-40 所示。

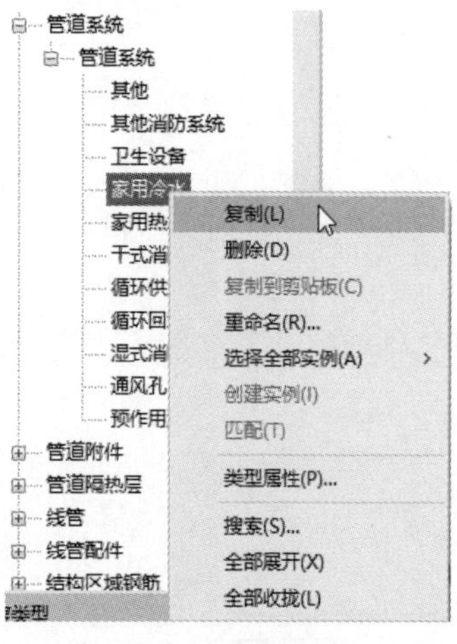

图 11-39 快捷菜单

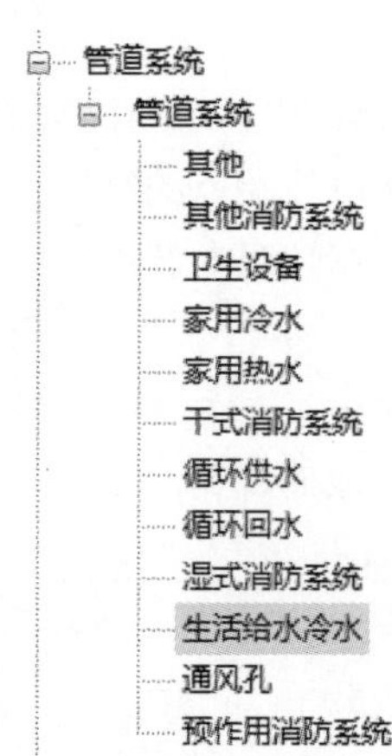

图 11-40 创建"生活给水冷水"系统

（2）在项目浏览器的"族"→"管道系统"→"管道系统"节点下选择"家用热水"字样，右击，在弹出的快捷菜单中选择"复制"选项，系统自动生成"家用热水 2"，然后在"家用热水 2"系统上右击，在弹出的快捷菜单中选择"重命名"选项，更改名称为"生活给水热水"，按 Enter 键确认。

（3）在项目浏览器的"族"→"管道系统"→"管道系统"节点下选择"卫生设备"字样，右击，在弹出的快捷菜单中选择"复制"选项，系统自动生成"卫生设备 2"，然后在"卫生设备 2"系统上右击，在弹出的快捷菜单中选择"重命名"选项，更改名称为"污废水"，按 Enter 键确认。

（4）在项目浏览器的"族"→"管道系统"→"管道系统"节点下选择"卫生设备"字样，右击，在弹出的快捷菜单中选择"复制"选项，系统自动生成"卫生设备 2"，然后在"卫生设备 2"系统上右击，在弹出的快捷菜单中选择"重命名"选项，更改名称为"雨水"，按 Enter 键确认。

（5）在项目浏览器的"族"→"管道系统"→"管道系统"节点下选择"其他消防系统"字样，右击，在弹出的快捷菜单中选择"复制"选项，系统自动生成"其他消防系统 2"，然后在"其他消防系统 2"系统上右击，在弹出的快捷菜单中选择"重命名"选项，更改名称为"消火栓给水系统"，按 Enter 键确认。

（6）在项目浏览器的"族"→"管道系统"→"管道系统"节点下选择"湿式消防系统"字样，右击，在弹出的快捷菜单中选择"复制"选项，系统自动生成"湿式消防系统 2"，然后在"湿式消

防系统 2”系统上右击，在弹出的快捷菜单中选择“重命名”选项，更改名称为“自动喷淋系统”，按 Enter 键确认，如图 11-41 所示。

（7）在项目浏览器的“族”→“电缆桥架配件”→“槽式电缆桥架垂直等径上弯通”节点下选择“标准”字样，右击，在弹出的快捷菜单中选择“复制”选项，系统自动生成“标准 2”，将其重命名为“强电”，按 Enter 键确认。继续复制“强电”，将其重命名为“弱电”。

（8）在项目浏览器的“族”→“电缆桥架配件”→“槽式电缆桥架垂直等径下弯通”节点下选择“标准”字样，右击，在弹出的快捷菜单中选择“复制”选项，系统自动生成“标准 2”，将其重命名为“强电”，按 Enter 键确认。继续复制“强电”，将其重命名为“弱电”。

（9）采用相同的方法，在槽式电缆桥架的配件下创建强电和弱电两种类型，如图 11-42 所示。

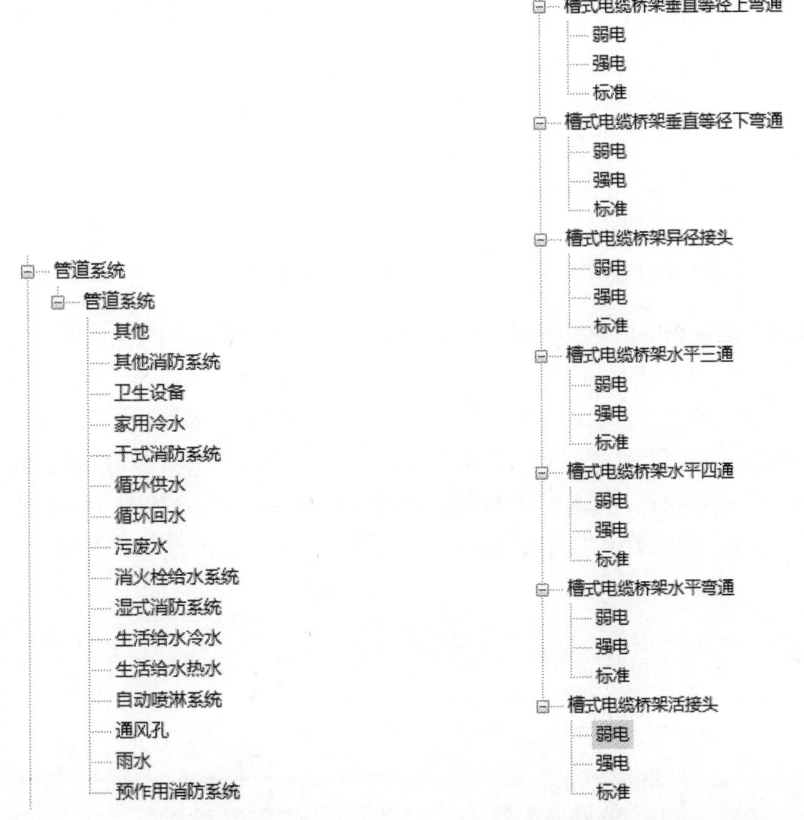

图 11-41　创建管道系统　　　图 11-42　创建电缆桥架配件类型

（10）单击“系统”选项卡“电气”面板中的“电缆桥架”按钮，在“属性”选项板中选择“带配件的电缆桥架 槽式电缆桥架”类型，单击“编辑类型”按钮，打开“类型属性”对话框，单击“复制”按钮，打开“名称”对话框，输入名称为“强电”，如图 11-43 所示。单击“确定”按钮，返回“类型属性”对话框，在“水平弯头”下拉列表中选择“槽式电缆桥架水平弯通：强电”选项，在“垂直内弯头”下拉列表中选择“槽式电缆桥架垂直等径下弯通：强电”选项，采用相同的方法，设置其他管件为带强电的槽式电缆桥架配件，如图 11-44 所示，单击“确定”按钮，完成“强电”电缆桥架类型的创建。

图 11-43 “名称”对话框

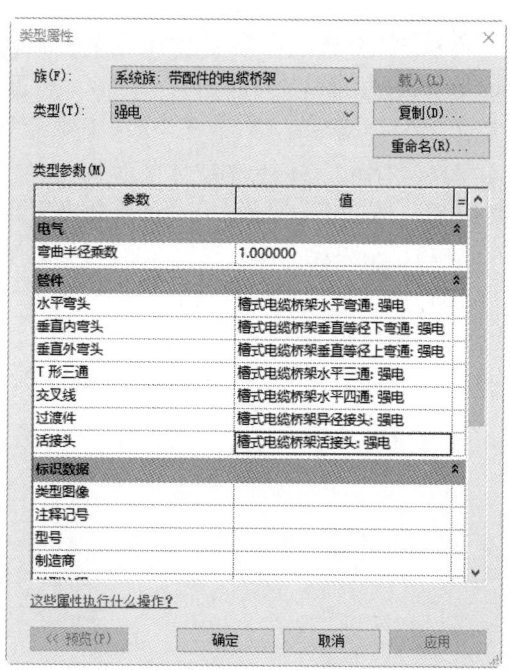

图 11-44 创建“强电”电缆桥架类型

（11）在“属性”选项板中选择“带配件的电缆桥架 槽式电缆桥架”类型，单击“编辑类型”按钮，打开“类型属性”对话框，单击“复制”按钮，打开“名称”对话框，输入名称为“弱电”，如图 11-43 所示。单击“确定”按钮，返回“类型属性”对话框，在“水平弯头”下拉列表中选择“槽式电缆桥架水平弯通：弱电”，在“垂直内弯头”下拉列表中选择“槽式电缆桥架垂直等径下弯通：弱电”，采用相同的方法，设置其他管件为带弱电的槽式电缆桥架配件，如图 11-45 所示，单击“确定”按钮，完成“弱电”电缆桥架类型的创建。按 Esc 键，退出电缆桥架的创建命令。

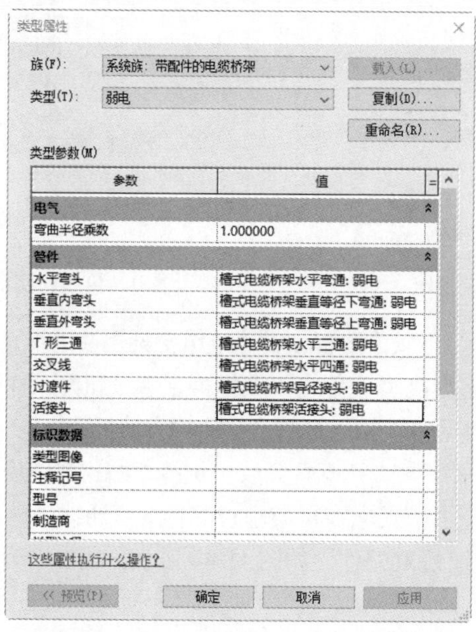

图 11-45 创建“弱电”电缆桥架类型

（12）在项目浏览器的“族”→“线管配件”→“导管弯头-平端口-PVC”节点下选择“标准”字样，右击，在弹出的快捷菜单中选择“复制”选项，系统自动生成“标准 2”，将其重命名为“强电”，按 Enter 键确认。继续复制“强电”，将其重命名为“弱电”。

Note

（13）在项目浏览器的“族”→“线管配件”→“导管弯头-无配件-RNC”节点下选择“标准”字样，右击，在弹出的快捷菜单中选择“复制”选项，系统自动生成“标准 2”，将其重命名为“强电”，按 Enter 键确认。继续复制“强电”，将其重命名为“弱电”。

（14）采用相同的方法，在线管配件下创建强电和弱电两种类型，如图 11-46 所示。

（15）单击“系统”选项卡“电气”面板中的“线管”按钮，在“属性”选项板中选择“带配件的线管 刚性非金属导管（RNC Sch 40）”类型，单击“编辑类型”按钮，打开“类型属性”对话框，单击“复制”按钮，打开“名称”对话框，输入名称为“强电”，单击“确定”按钮，返回“类型属性”对话框，在“弯头”下拉列表中选择“导管弯头-平端口-PVC：强电”选项，在“T 形三通”下拉列表中选择“导管接线盒-T 形三通-PVC：强电”选项，采用相同的方法，设置其他管件为带强电的线管配件，如图 11-47 所示，单击“确定”按钮，完成“强电”线管类型的创建。

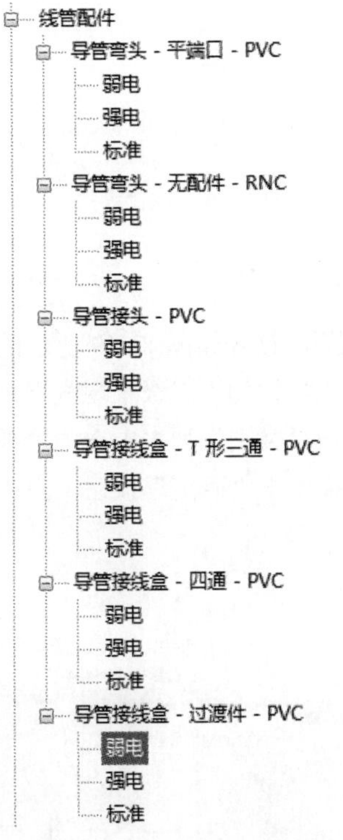

图 11-46　创建线管配件类型

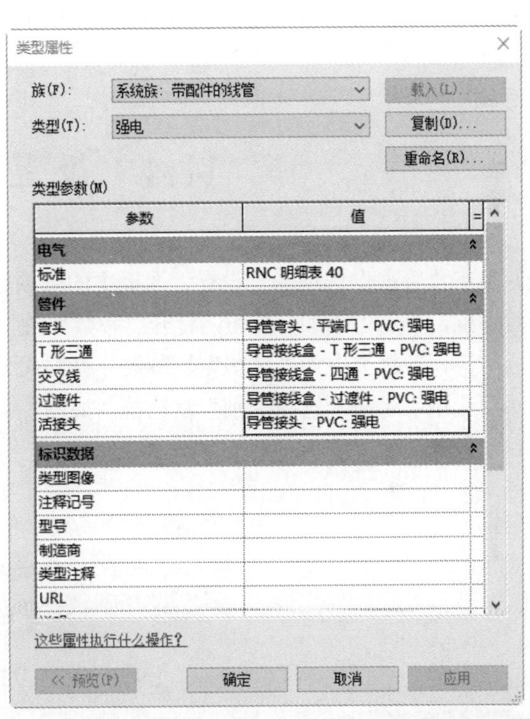

图 11-47　创建“强电”线管类型

（16）在“属性”选项板中选择“带配件的线管 刚性非金属导管（RNC Sch 80）”类型，单击“编辑类型”按钮，打开“类型属性”对话框，单击“复制”按钮，打开“名称”对话框，输入名称为“弱电”，单击“确定”按钮，返回“类型属性”对话框，在“弯头”下拉列表中选择“导管弯头-平端口-PVC：弱电”选项，在“T 形三通”下拉列表中选择“导管接线盒-T 形三通-PVC：弱电”选项，采用相同的方法，设置其他管件为带弱电的线管配件，如图 11-48 所示，单击“确定”按钮，完成“弱电”线管类型的创建。按 Esc 键，退出线管的创建命令。

Note

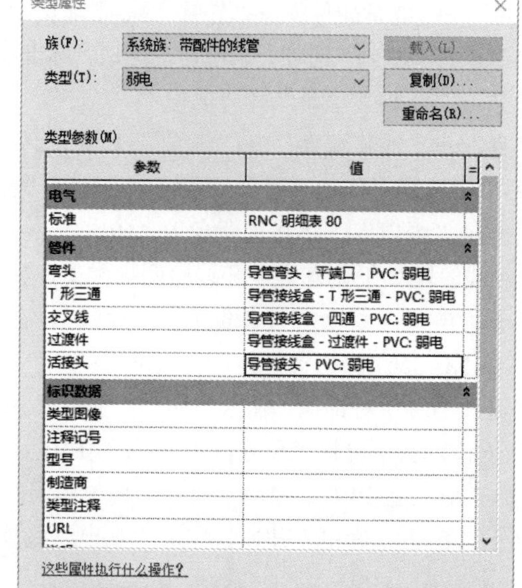

图 11-48 创建“弱电”线管类型

视频讲解

11.4 设置过滤器

（1）单击“管理”选项卡“设置”面板中的“项目参数”按钮，打开如图 11-49 所示的“项目参数”对话框，单击“添加”按钮，打开“参数属性”对话框。输入名称为“二级子规程”，设置规程为“通用”、参数类型为“文字”、参数分组方式为“图形”，在“类别”列表中选中“视图”复选框，然后选中“隐藏未选中类别”复选框，如图 11-50 所示，连续单击“确定”按钮，完成二级子规程项目参数的创建。

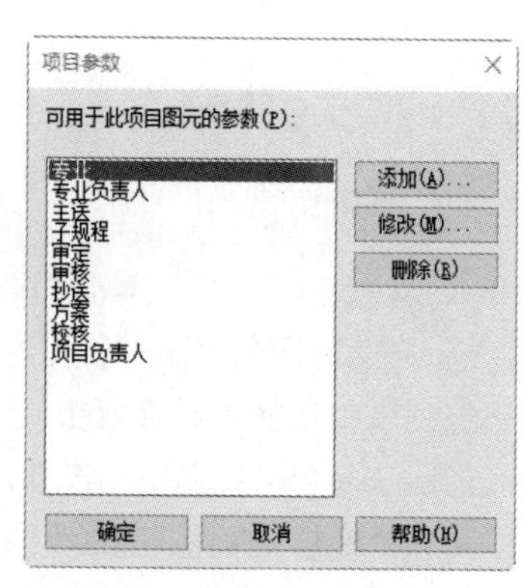

图 11-49 “项目参数”对话框

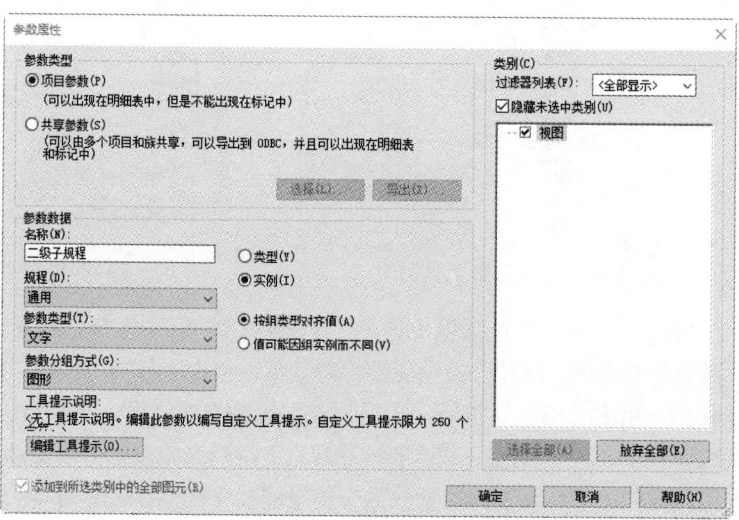

图 11-50 “参数属性”对话框

（2）在项目浏览器的“视图（规程）”字样上右击，打开如图 11-51 所示的快捷菜单，选择“浏览器组织”选项，打开如图 11-52 所示的“浏览器组织”对话框，单击“新建”按钮，打开“创建新的浏览器组织”对话框，输入名称为“专业”，如图 11-53 所示。

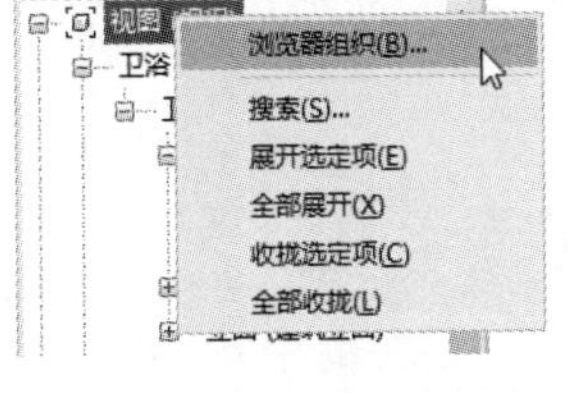

图 11-51　快捷菜单

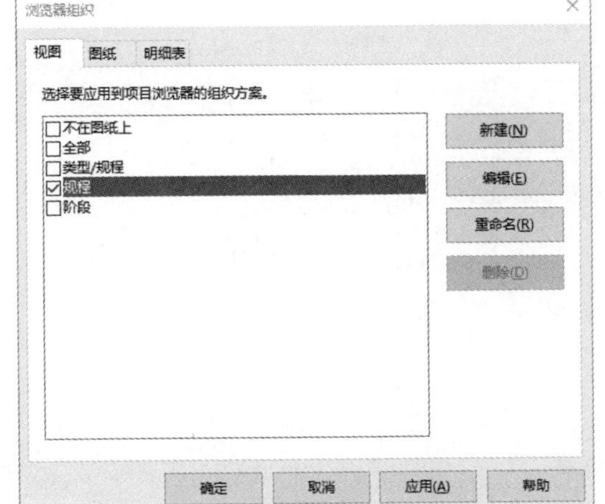

图 11-52　“浏览器组织”对话框

图 11-53　“创建新的浏览器组织”对话框

（3）单击“确定”按钮，返回“浏览器组织”对话框，单击“编辑”按钮，打开“浏览器组织属性”对话框，在“成组和排序”选项卡中设置成组条件为“子规程”，第一个否则按为“二级子规程”，第二个否则按为“族与类型”，其他参数采用默认设置，如图 11-54 所示，单击“确定”按钮，返回“浏览器组织”对话框，选中“专业”复选框，单击“确定”按钮，项目浏览器按专业分类排序，如图 11-55 所示。

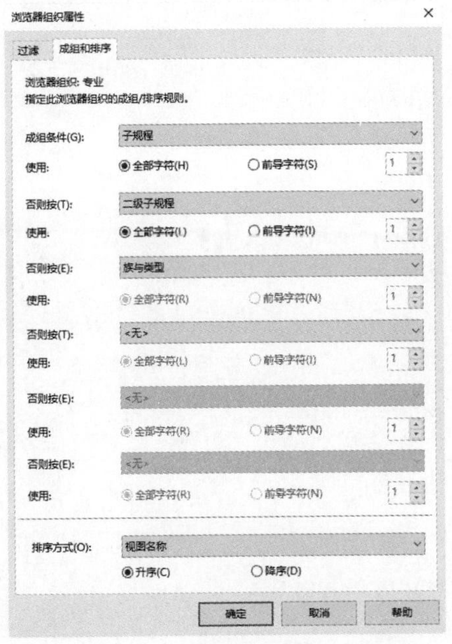

图 11-54　“浏览器组织属性”对话框

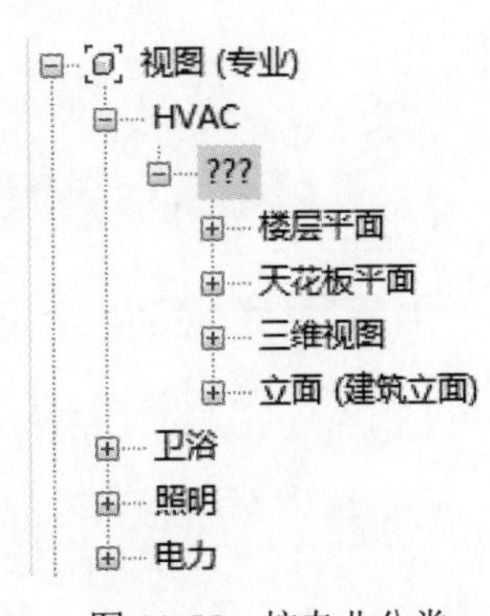

图 11-55　按专业分类

Note

（4）选择“1-机械”楼层平面，在“属性”选项板的“视图样板”栏中单击“机械平面”按钮，打开“指定视图样板”对话框，在“名称”栏中选择“无”选项，如图11-56所示，单击“确定”按钮，采用相同的方法将“2-机械”楼层平面的视图样板设置为无。

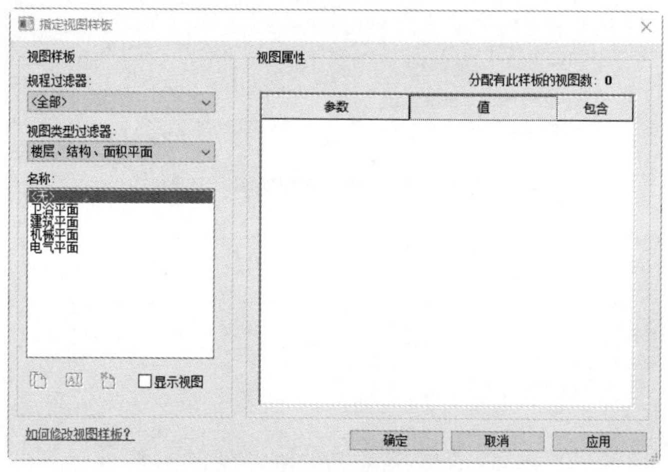

图11-56 “指定视图样板”对话框

（5）单击“视图”选项卡“图形”面板中的“可见性/图形”按钮，打开“楼层平面：1-机械的可见性/图形替换”对话框，选择“过滤器”选项卡，如图11-57所示，选择“家用”选项，单击“删除”按钮将其删除；采用相同的方法，删除“卫生设备”和“通风孔”选项。

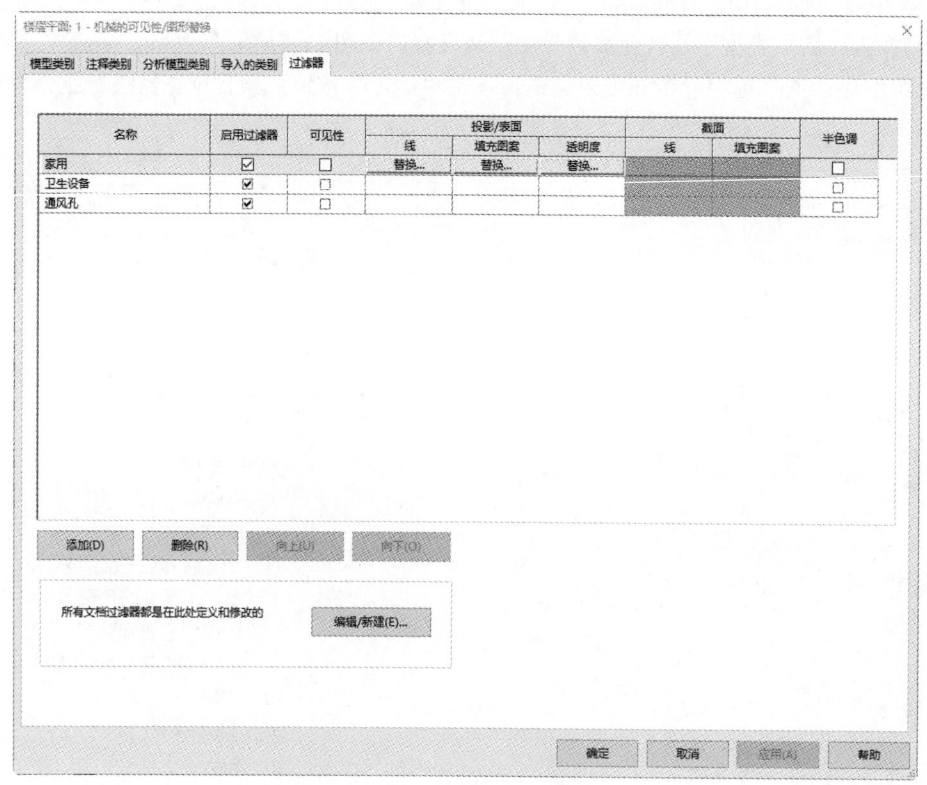

图11-57 “过滤器”选项卡

注意：如果“楼层平面：1-机械的可见性/图形替换”对话框中的选项不可用，需要在“属性”选项板中设置视图样板为无。

（6）单击“添加”按钮，打开如图 11-58 所示的“添加过滤器”对话框，单击“编辑/新建”按钮 编辑/新建(E)...，打开如图 11-59 所示的“过滤器”对话框，在“基于规则的过滤器”列表中选择“卫生设备”选项，单击“删除”按钮，打开如图 11-60 所示的“删除过滤器”提示对话框，单击“是”按钮，删除“卫生设备”过滤器。

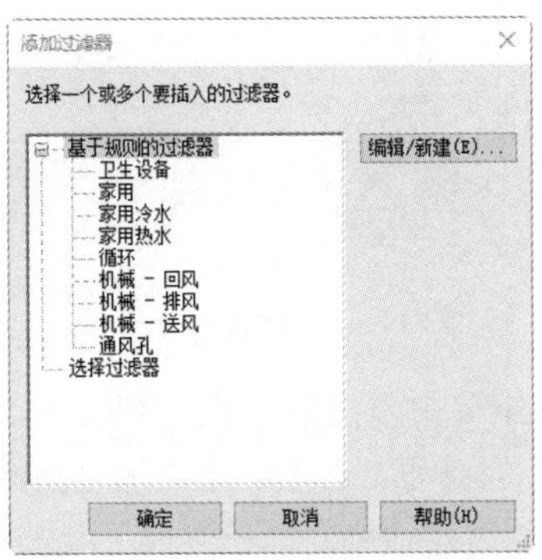

图 11-58 “添加过滤器”对话框

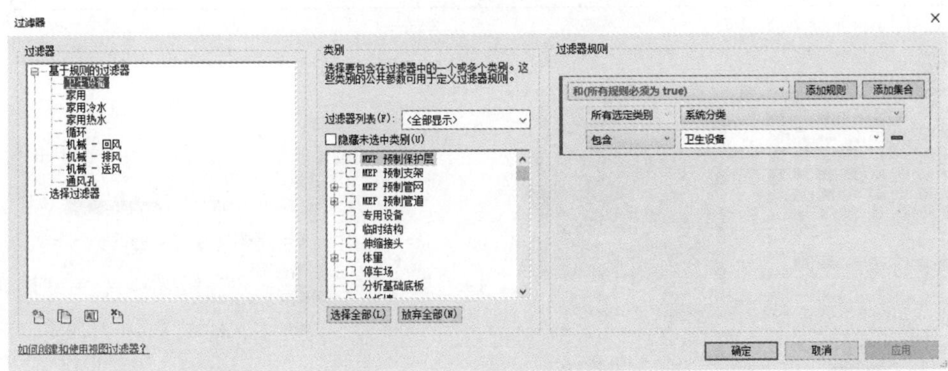

图 11-59 “过滤器”对话框

（7）采用相同的方法，将“基于规则的过滤器”列表中的所有过滤器删除。

（8）在“过滤器”对话框中单击“新建”按钮，打开“过滤器名称”对话框，输入名称为“送风”，如图 11-61 所示，单击“确定”按钮。

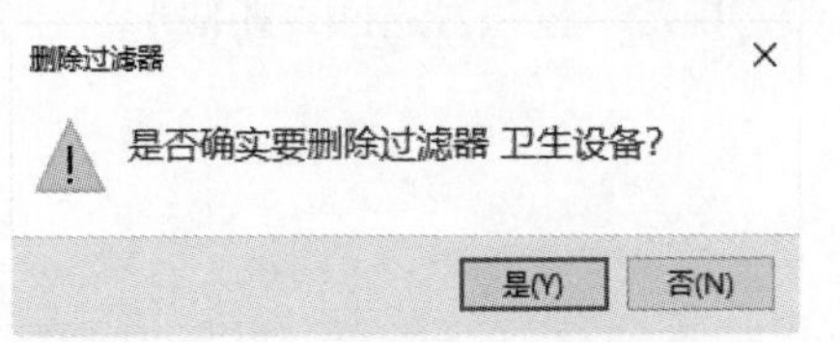

图 11-60 “删除过滤器”提示对话框

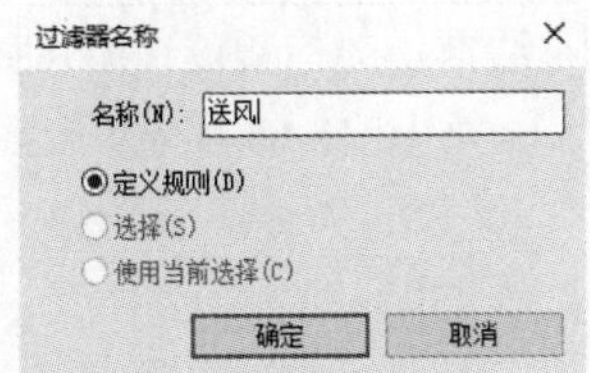

图 11-61 “过滤器名称”对话框

（9）返回“过滤器”对话框，在“过滤器列表”框中选中“软风管”“风管”“风管内衬”“风管管件”“风管附件”和“风管隔热层”类别，在“过滤器规则”组中设置过滤条件为系统类型、等于、

送风，如图 11-62 所示，单击“确定”按钮，返回“添加过滤器”对话框，选择“送风”选项，单击“确定”按钮，在“楼层平面：1-机械的可见性/图形替换”对话框中添加“送风”过滤器。

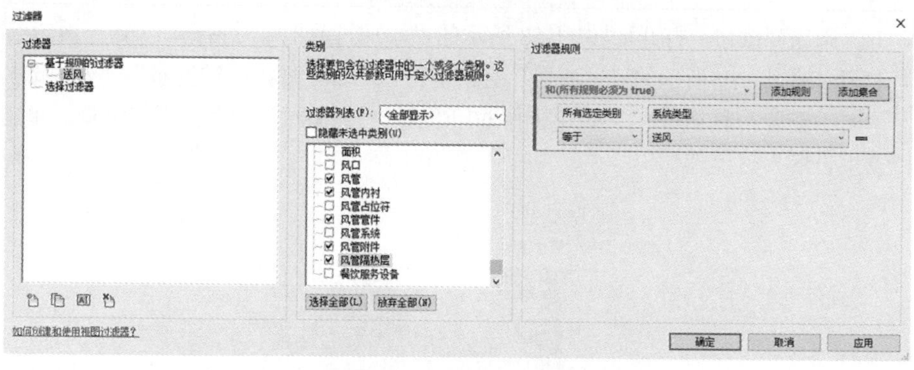

图 11-62　设置过滤条件

（10）在图 11-57 所示的选项卡中单击“投影/表面”列表下“图案填充”单元格中的“替换”按钮 替换... ，打开“填充样式图形”对话框，在第一个“填充图案”下拉列表中选择“实体填充”选项，单击“颜色”色块，打开“颜色”对话框，选择紫色（RGU 值为 128,0,255），如图 11-63 所示，单击“确定”按钮，返回“填充样式图形”对话框，其他参数采用默认设置，如图 11-64 所示，单击“确定”按钮。

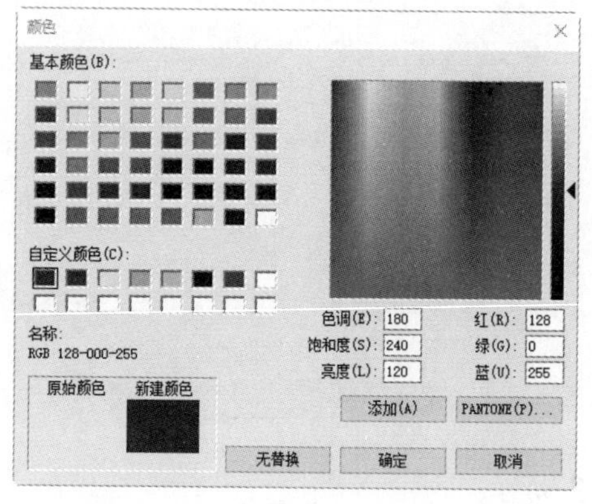

图 11-63　“颜色”对话框

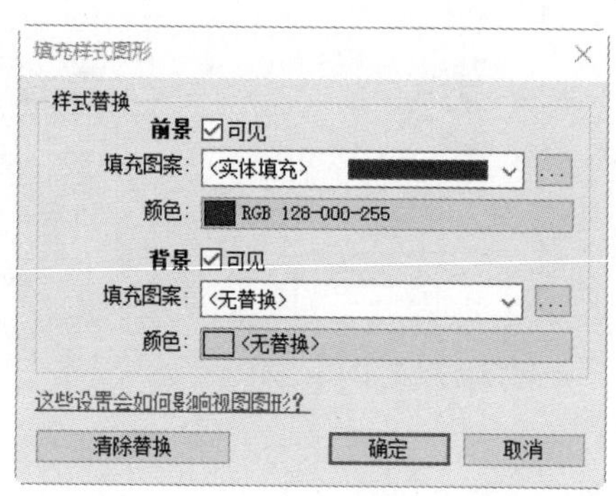

图 11-64　“填充样式图形”对话框

（11）在图 11-57 所示的选项卡中单击“投影/表面”列表下“线”单元格中的“替换”按钮 替换... ，打开“线图形”对话框，在“填充图案”下拉列表中选择“无替换”选项，单击“颜色”色块，打开“颜色”对话框，选择紫色（RGU 值为 128,0,255），单击“确定”按钮，返回“线图形”对话框，宽度设置为 1，如图 11-65 所示，连续单击“确定”按钮。

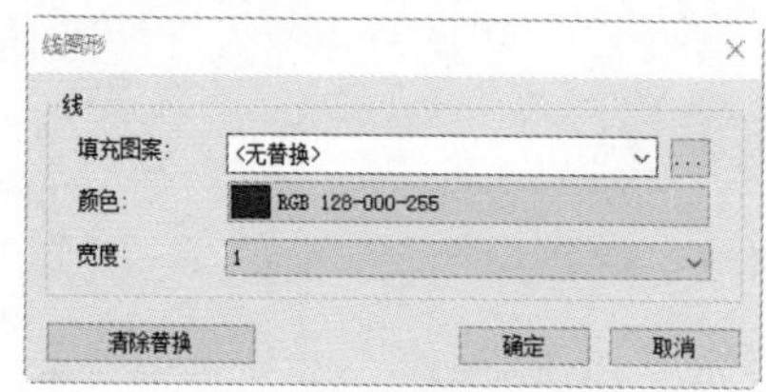

图 11-65　“线图形”对话框

（12）采用相同的方法，添加“排风”过滤器，如图 11-66 所示，颜色为绿色（RGU 值为 0,255,128）。

（13）单击“添加”按钮，打开如图 11-67 所示的“添加过滤器”对话框，单击“编辑/新建”按钮，打开“过滤器”对话框，单击“新建”按钮，打开“过滤器名称”对话框，输入名称为“消火栓给水系统”，单击“确定”按钮。

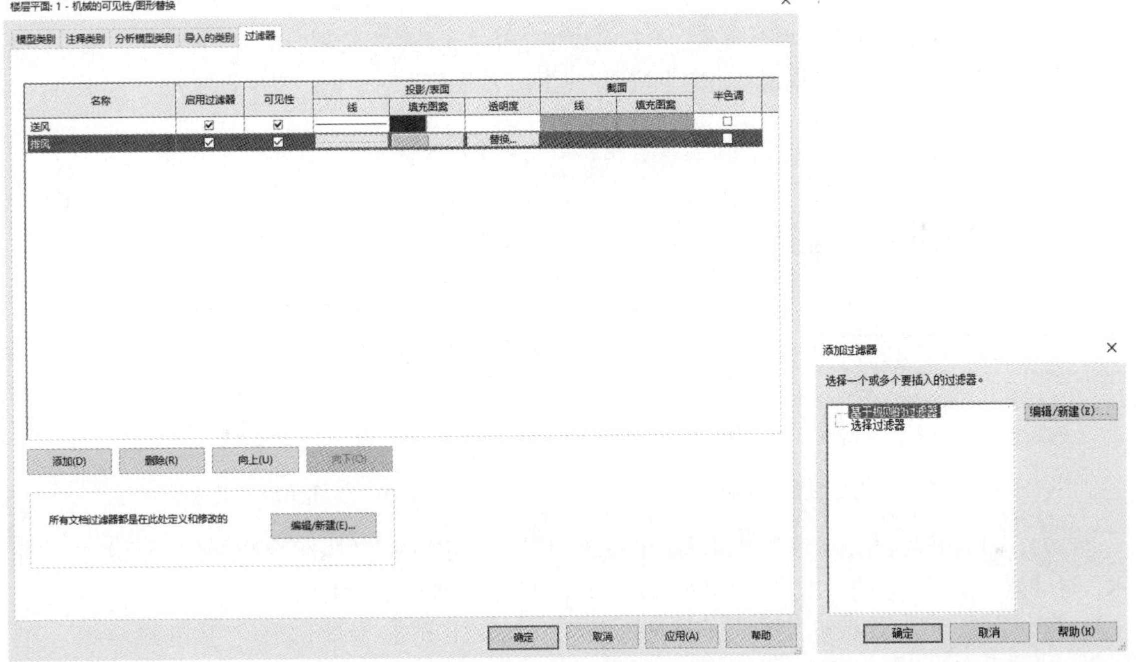

图 11-66　创建“排风”过滤器

图 11-67　“添加过滤器”对话框

（14）返回“过滤器”对话框，在“过滤器列表”框中选中“管件”、“管道”、“管道附件”、“管道隔热层”和“机械设备”类别，在“过滤器规则”组中设置过滤条件为系统类型、等于、消火栓给水系统，如图 11-68 所示，单击“确定”按钮，返回“添加过滤器”对话框，选择“消火栓给水系统”选项，单击“确定”按钮，在“楼层平面：1-机械的可见性/图形替换”对话框中添加“消火栓给水系统”过滤器。

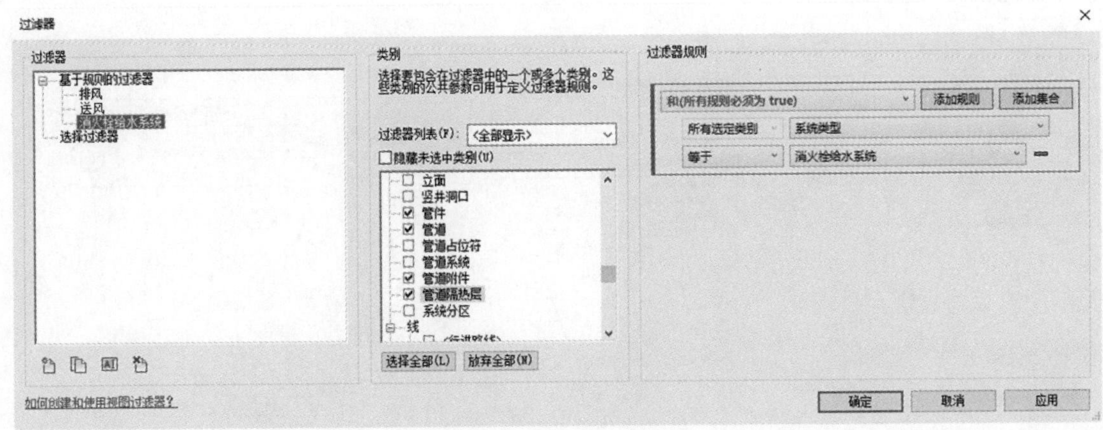

图 11-68　设置过滤条件

Note

（15）在图 11-57 所示的选项卡中单击“投影/表面”列表下“图案填充”单元格中的“替换”按钮 替换... ，打开“填充样式图形”对话框，在第一个“填充图案”下拉列表中选择“实体填充”选项，单击“颜色”色块，打开“颜色”对话框，选择红色，单击“确定”按钮，返回“填充样式图形”对话框，其他参数采用默认设置，如图 11-69 所示，连续单击“确定”按钮。

（16）在图 11-57 所示的选项卡中单击“投影/表面”列表下“线”单元格中的“替换”按钮 替换... ，打开“线图形”对话框，在“填充图案”下拉列表中选择“无替换”选项，单击“颜色”色块，打开“颜色”对话框，选择红色，单击“确定”按钮，返回“线图形”对话框，宽度设置为 1，如图 11-70 所示，连续单击“确定”按钮。

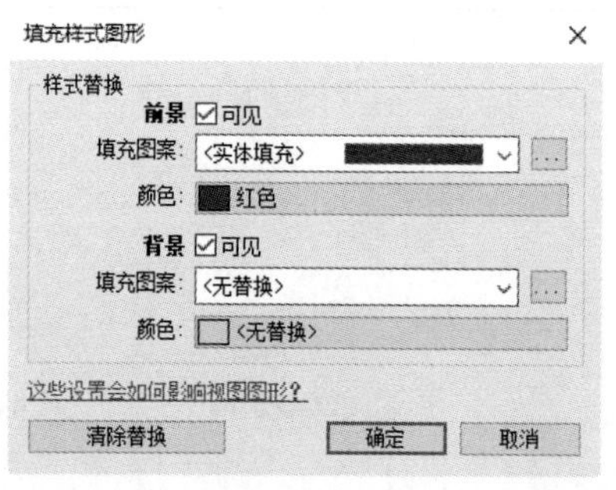

图 11-69 “填充样式图形”对话框

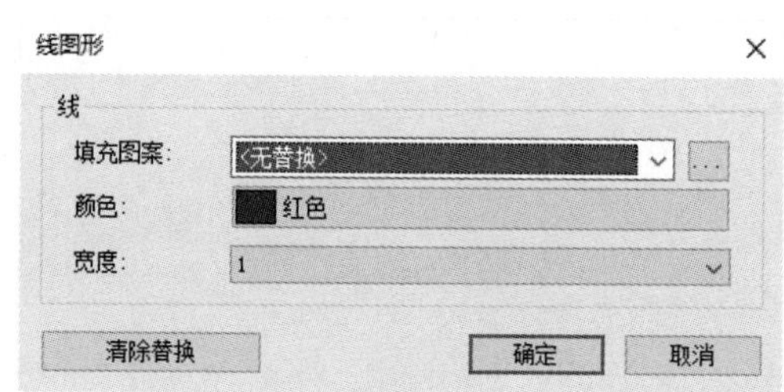

图 11-70 “线图形”对话框

（17）采用相同的方法，添加“自动喷淋系统”“生活给水冷水”“生活给水热水”“污废水”“雨水”过滤器。需要注意的是，“自动喷淋系统”中的过滤类别要选上“喷头”。

（18）单击“添加”按钮，打开 “添加过滤器”对话框，单击“编辑/新建”按钮 编辑/新建(E)... ，打开“过滤器”对话框，单击“新建”按钮，打开“过滤器名称”对话框，输入名称为“强电”，单击“确定”按钮。

（19）返回“过滤器”对话框中，在“过滤器列表”框中选中“电缆桥架”“电缆桥架配件”“线管”和“线管配件”类别，然后选中“隐藏未选中类别”复选框，在“过滤器规则”组中设置过滤条件为类型名称、等于、强电，如图 11-71 所示，单击“确定”按钮，返回“添加过滤器”对话框，选择“强电”选项，单击“确定”按钮，在“楼层平面：1-机械的可见性/图形替换”对话框中添加“强电”过滤器。

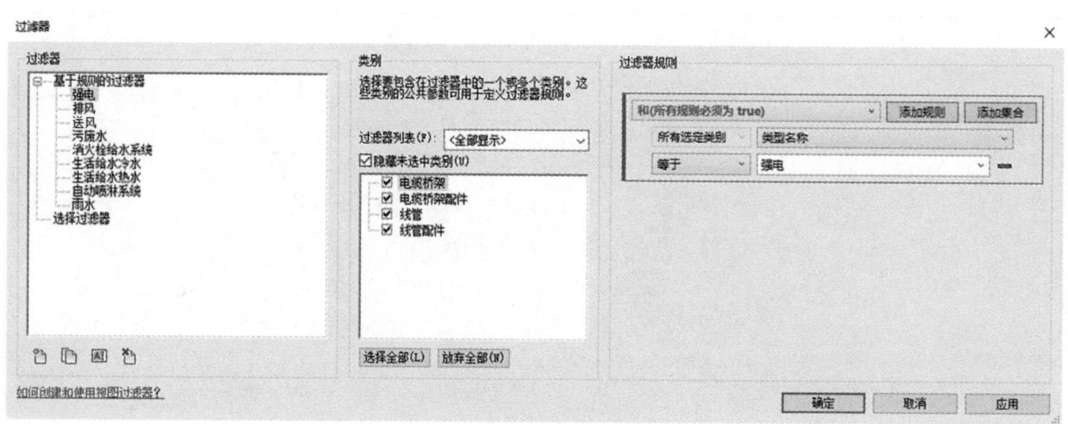

图 11-71 设置过滤条件

（20）在图 11-57 所示的选项卡中单击"投影/表面"列表下"图案填充"单元格中的"替换"按钮，打开"填充样式图形"对话框，在第一个"填充图案"下拉列表中选择"实体填充"选项，单击"颜色"色块，打开"颜色"对话框，选择蓝色，单击"确定"按钮，返回"填充样式图形"对话框，其他参数采用默认设置，如图 11-72 所示，连续单击"确定"按钮。

（21）在图 11-57 所示的选项卡中单击"投影/表面"列表下"线"单元格中的"替换"按钮，打开"线图形"对话框，在"填充图案"下拉列表中选择"无替换"选项，单击"颜色"色块，打开"颜色"对话框，选择蓝色，单击"确定"按钮，返回"线图形"对话框，宽度设置为 1，如图 11-73 所示，连续单击"确定"按钮。

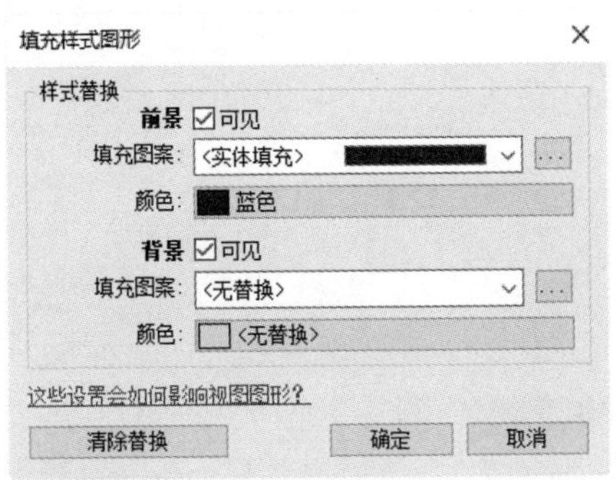

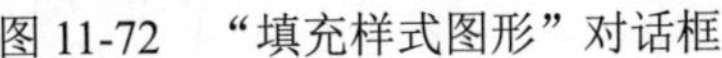

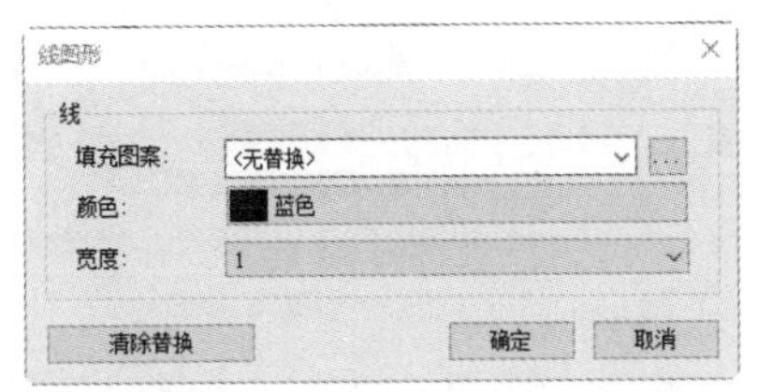

图 11-72　"填充样式图形"对话框

图 11-73　"线图形"对话框

（22）采用相同的方法，添加"弱电"过滤器，设置参数如图 11-74 所示。

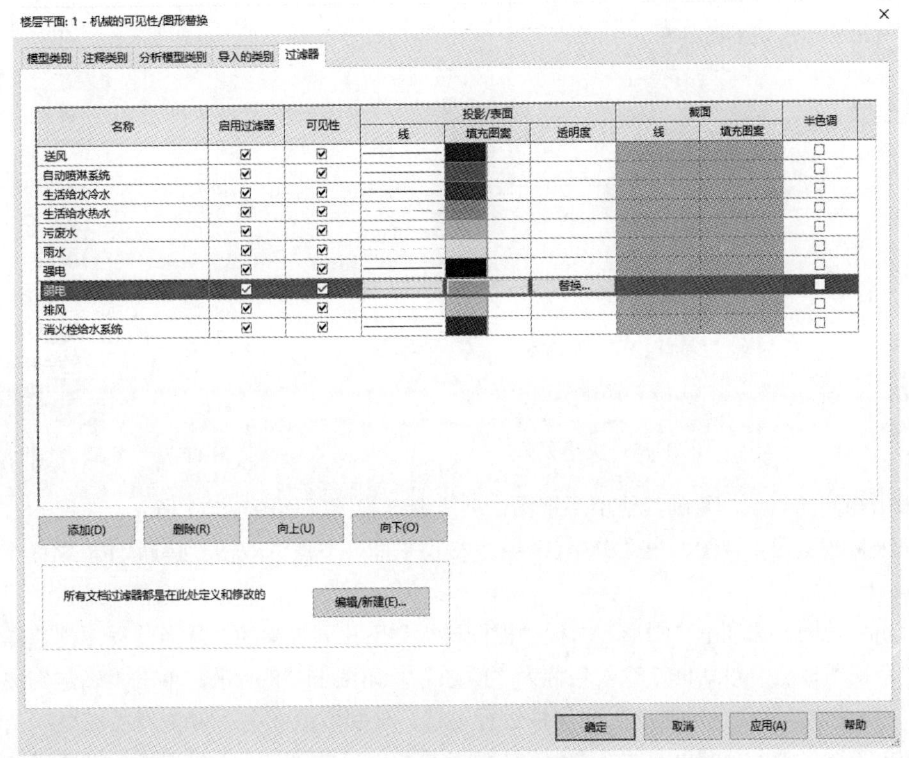

图 11-74　创建其他过滤器

Note

视频讲解

11.5 创建视图样板

11.5.1 创建平面视图样板

（1）在项目浏览器“视图”→“HVAC”→“楼层平面”节点下选择“1-机械”字样，右击，在弹出的快捷菜单中选择“复制视图”→“带细节复制”选项，如图11-75所示，系统自动生成“1-机械 副本1”，继续复制两次视图，然后依次更改名称为“暖通1F”“给排水1F”“电气1F”，然后删除“1-机械”视图，如图11-76所示。

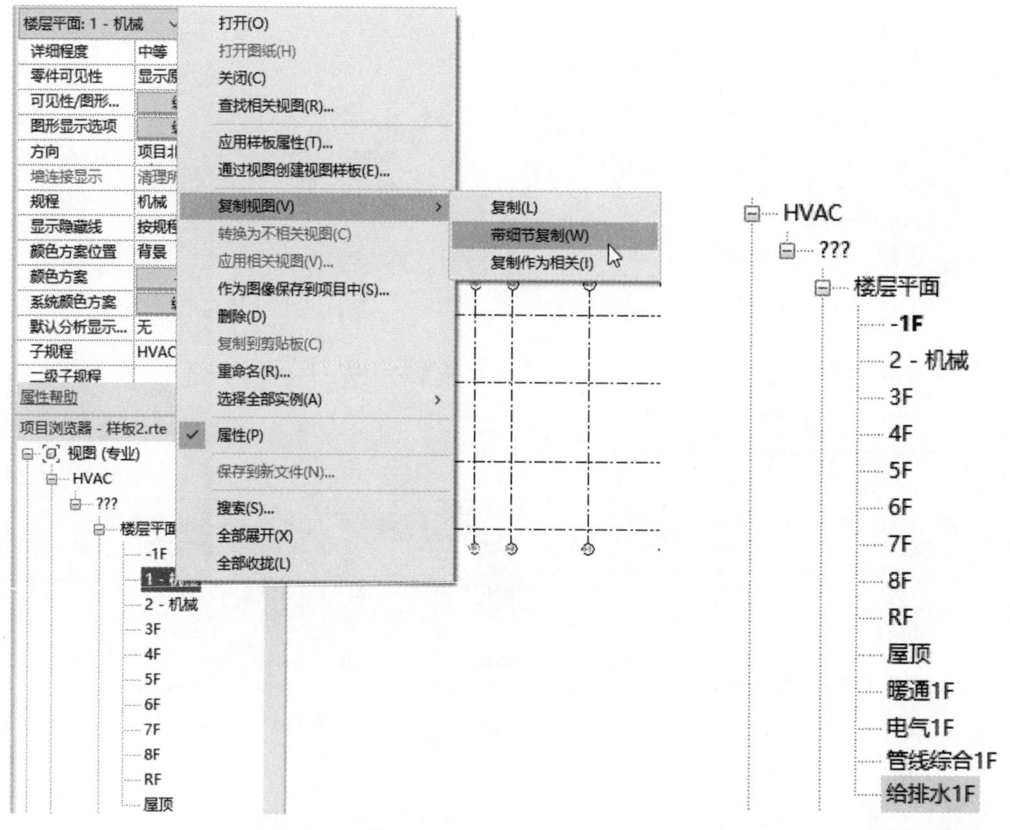

图11-75 快捷菜单　　　　图11-76 复制“1-机械”视图

（2）采用相同的方法，复制其他楼层视图，并重命名视图，如图11-77所示。

（3）在项目浏览器“视图”→“HVAC”→“楼层平面”节点下双击“暖通1F”字样，打开“暖通1F”视图。

（4）单击“视图”选项卡“图形”面板“视图样板”下拉列表中的“从当前视图创建样板”按钮，打开“新视图样板”对话框，输入名称为“暖通”，如图11-78所示，单击“确定”按钮，打开“视图样板”对话框，对新建的暖通平面属性进行设置，分别取消选中“V/G替换模型”“V/G替换导入”“颜色方案”“系统颜色方案”“颜色方案位置”对应的“包含”复选框，设置详细程度为精细，输入子规程为暖通，二级子规程为暖通，其他参数采用默认设置，如图11-79所示。

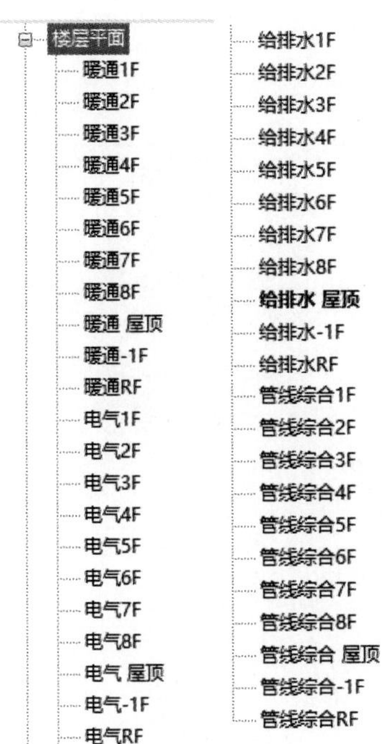

图 11-77 复制视图

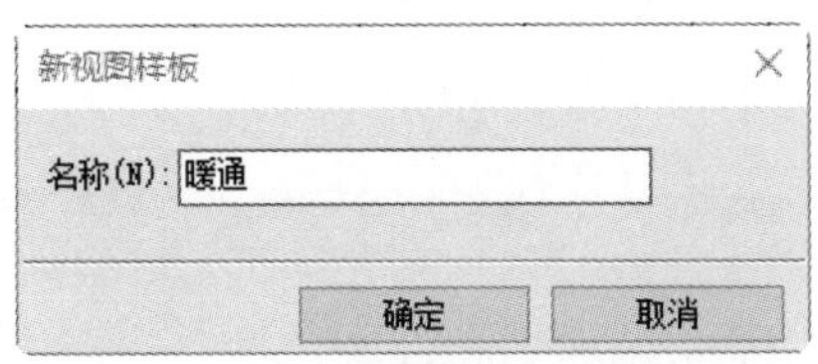

图 11-78 “新视图样板”对话框

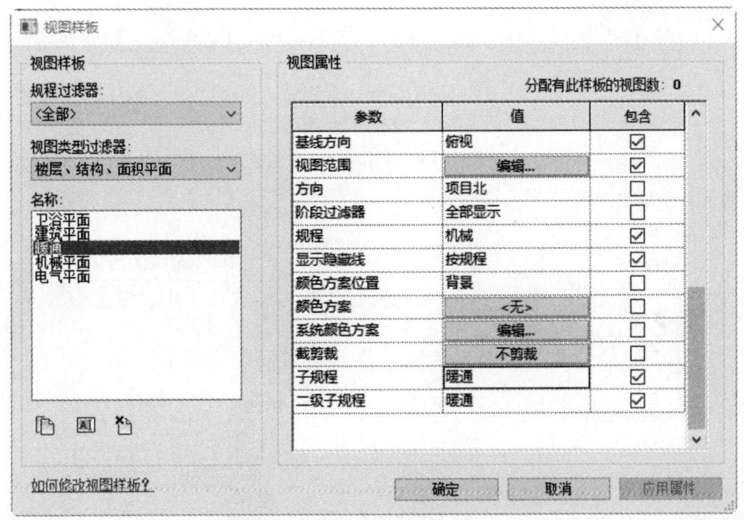

图 11-79 “视图样板”对话框

（5）在“V/G 替换过滤器”栏中单击“编辑”按钮，打开“暖通的可见性/图形替换”对话框，切换至“过滤器”选项卡，取消选中除“送风”和“排风”之外的“可见性”复选框，如图 11-80 所示，连续单击“确定”按钮，完成暖通视图样板的创建。

（6）在项目浏览器“视图”→“HVAC”→“楼层平面”节点下选择“暖通 1F”字样，单击“视图”选项卡“图形”面板“视图样板”下拉列表中的“将样板属性应用于当前视图”按钮，打开“应用视图样板”对话框，在“名称”列表框中选择“暖通”，如图 11-81 所示，单击“确定”按钮，将“暖通”视图样板应用到“暖通 1F”视图。采用相同的方法，将“暖通”视图样板应用到“暖通 2F”视图。

Note

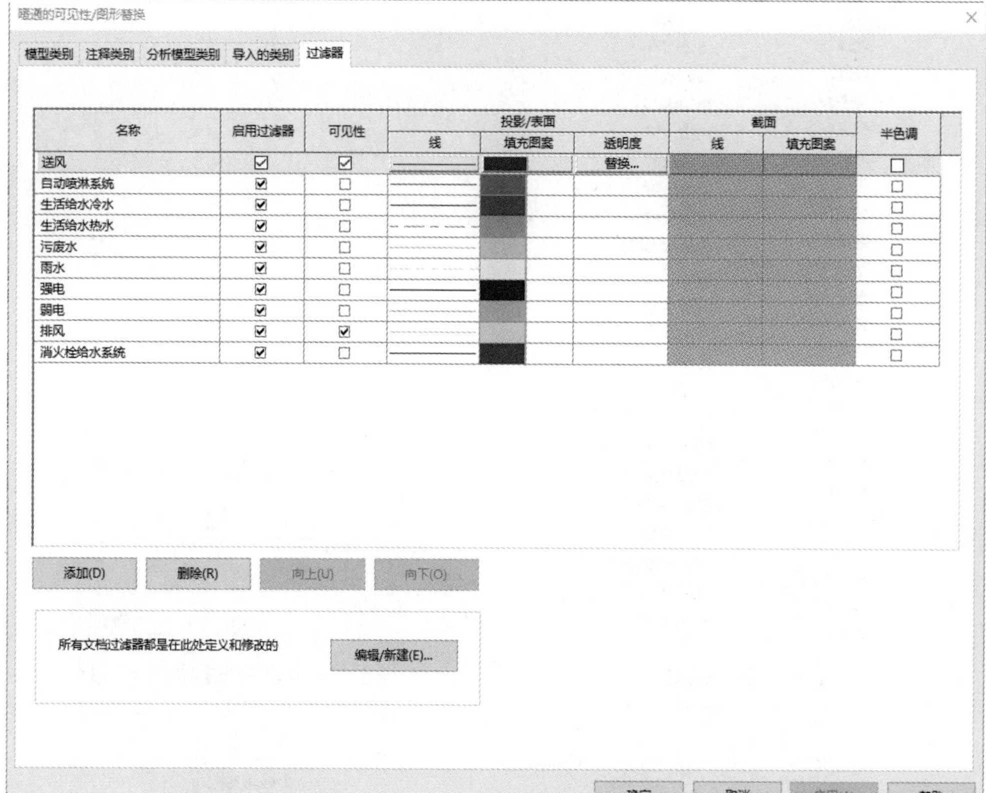

图 11-80　修改过滤器

参数	值	包含
视图比例	1 : 100	☑
比例值 1:	100	
显示模型	标准	☑
详细程度	中等	☑
零件可见性	显示原状态	☑
V/G 替换模型	编辑...	☑
V/G 替换注释	编辑...	☑
V/G 替换分析模型	编辑...	☑
V/G 替换导入	编辑...	☐
V/G 替换过滤器	编辑...	☑
模型显示	编辑...	☑
阴影	编辑...	☑
勾绘线	编辑...	☑

应用视图样板：视图样板；规程过滤器：<全部>；视图类型过滤器：楼层、结构、面积平面；名称：卫浴平面、建筑平面、暖通、机械平面、电气平面；显示视图；视图属性；分配有此样板的视图数：0；如何修改视图样板？；确定；取消；应用属性

图 11-81　“应用视图样板”对话框

（7）在项目浏览器“视图”→“HVAC”→“楼层平面”节点下选择“暖通 3F”字样，单击“属性”选项板“视图样板”栏中的“机械平面”按钮，打开“指定视图样板”对话框，在“名称”列表框中选择“暖通”，单击“确定”按钮，将“暖通 3F”视图指定为“暖通”视图样板。采用相同的方法，将其他的暖通楼层视图指定为“暖通”视图样板，如图 11-82 所示。

Note

（8）单击“视图”选项卡“图形”面板“视图样板”下拉列表中的“管理视图创建样板”按钮，打开“视图样板”对话框，在“名称”列表框中选择“暖通”视图样板，然后单击“复制”按钮，打开“新视图样板”对话框，输入名称为“给排水”，单击“确定”按钮，返回“视图样板”对话框，输入子规程为给排水，二级子规程为给排水，如图 11-83 所示。

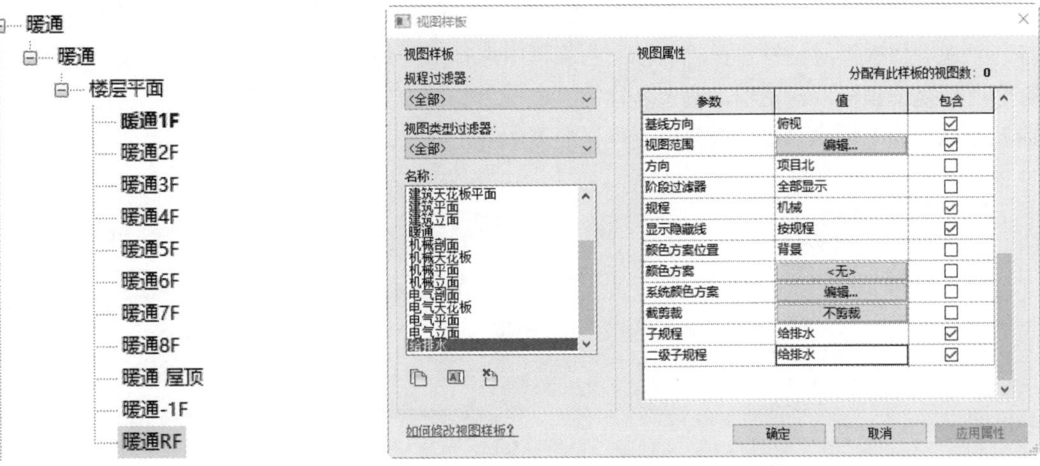

图 11-82　指定“暖通”视图样板　　　　图 11-83　“视图样板”对话框

（9）在“V/G 替换过滤器”栏中单击“编辑”按钮，打开“给排水的可见性/图形替换”对话框，切换至“过滤器”选项卡，选中“自动喷淋系统”“生活给水冷水”“生活给水热水”“污废水”“雨水”“消火栓给水系统”栏对应的“可见性”复选框，如图 11-84 所示，连续单击“确定”按钮，完成给排水视图样板的创建。

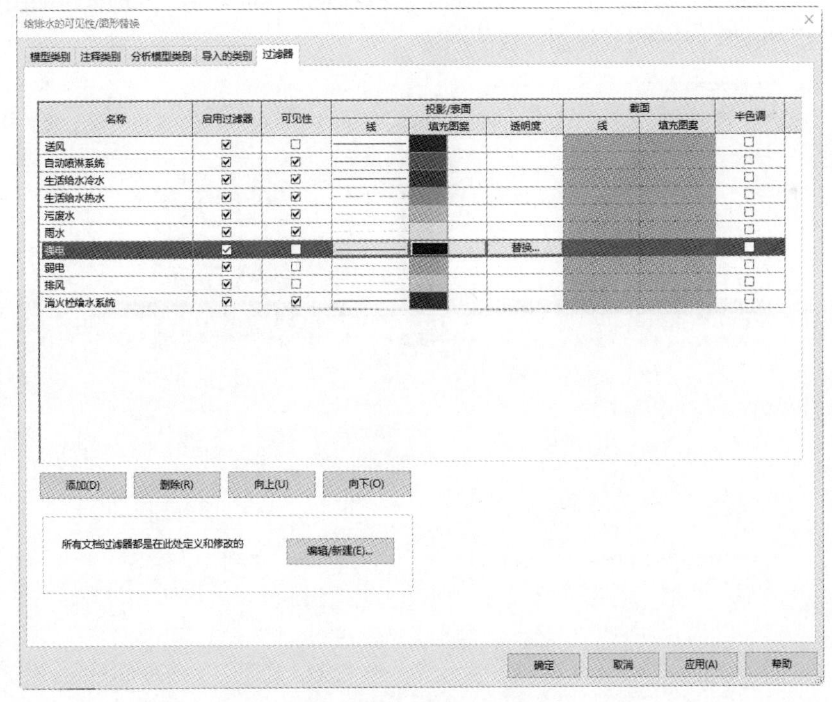

图 11-84　修改过滤器

Note

（10）在项目浏览器“视图”→“HVAC”→“楼层平面”节点下选择“给排水 1F”字样，单击“属性”选项板“视图样板”栏中的“无”按钮，打开“指定视图样板”对话框，在“名称”列表框中选择“给排水”视图样板，单击“确定”按钮，将“给排水 1F”视图指定为“给排水”视图样板。采用相同的方法，将其他的给排水楼层视图指定为“给排水”视图样板，如图 11-85 所示。

（11）单击“视图”选项卡“图形”面板“视图样板”下拉列表中的“管理视图创建样板”按钮，打开“视图样板”对话框，在“名称”列表框中选择“暖通”视图样板，然后单击“复制”按钮，打开“新视图样板”对话框，输入名称为“电气”，单击“确定”按钮，返回“视图样板”对话框，输入子规程为电气，二级子规程为电气，如图 11-86 所示。

图 11-85　指定“给排水”视图样板

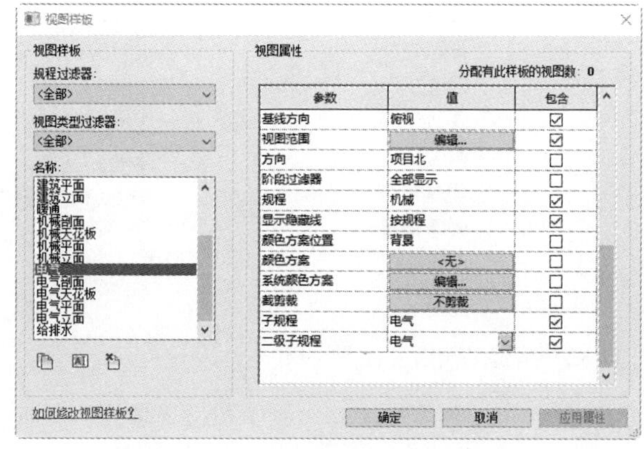

图 11-86　“视图样板”对话框

（12）在“V/G 替换过滤器”栏中单击“编辑”按钮，打开“电力的可见性/图形替换”对话框，切换至“过滤器”选项卡，选中“强电”和“弱电”栏对应的“可见性”复选框，如图 11-87 所示，连续单击“确定”按钮，完成电气视图样板的创建。

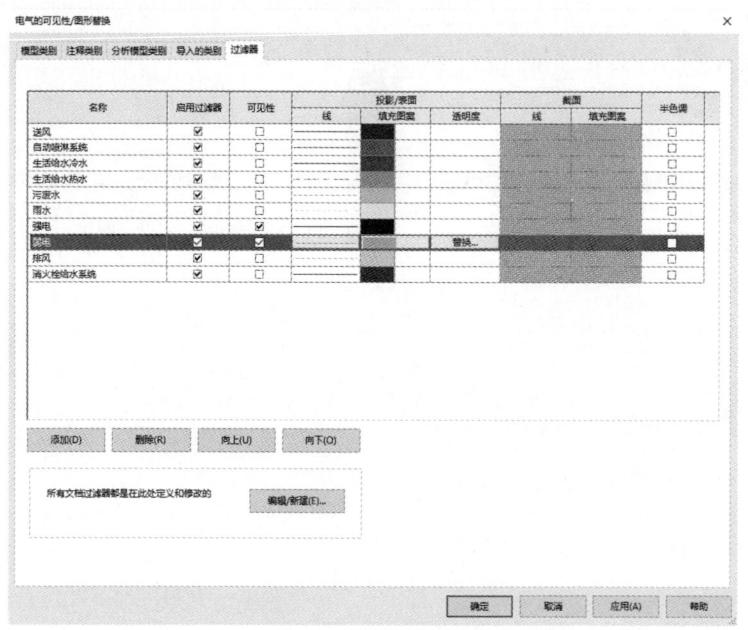

图 11-87　修改过滤器

（13）在项目浏览器“视图”→“HVAC”→“楼层平面”节点下选择“电气 1F”字样，单击“属性”选项板“视图样板”栏中的“无”按钮，打开“指定视图样板”对话框，在“名称”列表框中选择“电气”视图样板，单击“确定”按钮，将“电气 1F”视图指定为“电气”视图样板。采用相同的方法，将其他的电气楼层视图指定为“电气”视图样板，如图 11-88 所示。

（14）在项目浏览器“视图”→“HVAC”→“楼层平面”节点下选择“管线综合 3F”字样，单击“属性”选项板“视图样板”栏中的“暖通”按钮，打开“指定视图样板”对话框，在“名称”列表框中选择“无”视图样板，单击“确定”按钮。采用相同的方法，将所有管线综合视图指定为“无”视图样板。

（15）选取所有的管线综合平面视图，在“属性”选项板中设置子规程和二级子规程为管线综合，结果如图 11-89 所示。

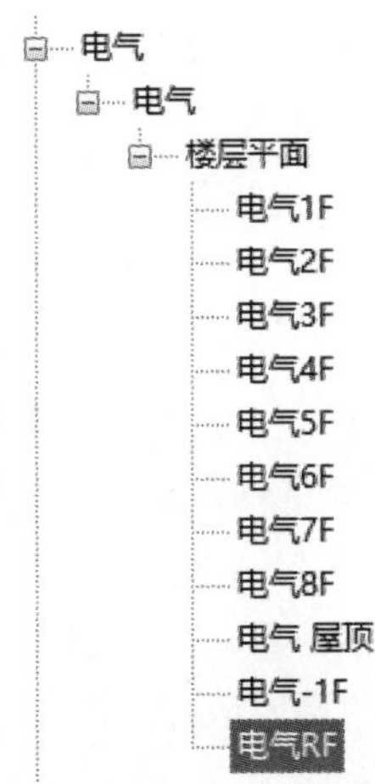

图 11-88 指定“电气”视图样板

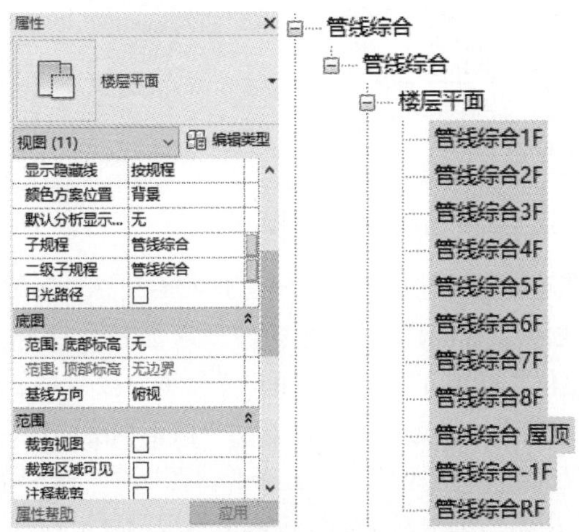

图 11-89 设置“管线综合”视图

11.5.2 创建三维视图样板

视频讲解

（1）在项目浏览器“视图”→“HVAC”→“三维视图”节点下选择“{3D}”字样，右击，在弹出的快捷菜单中选择“复制视图”→“带细节复制”选项，系统自动生成“{3D} 副本 1”，继续复制 3 次视图，然后依次更改名称为“三维-暖通”“三维-电气”“三维-给排水”“三维管线综合”，然后删除“{3D}”视图，如图 11-90 所示。

（2）在项目浏览器“视图”→“HVAC”→“三维视图”节点下选择“三维-管线综合”字样，在“属性”选项板中设置子规程和二级子规程为管线综合，如图 11-91 所示。

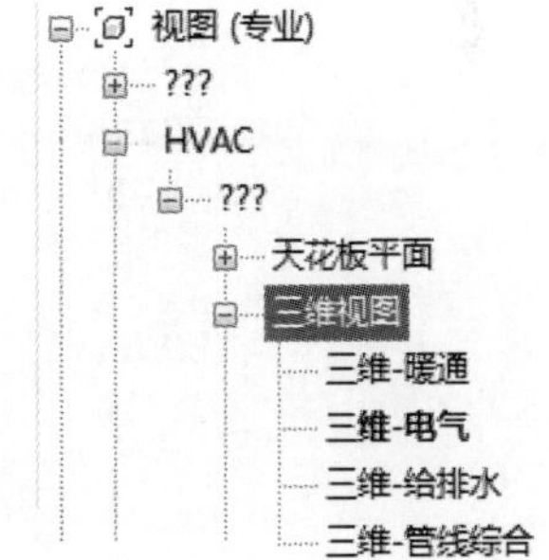

图 11-90 复制“{3D}”视图

（3）在项目浏览器“视图”→“HVAC”→“三维视图”节点下选择“三维-暖通”字样，单击“属性”选项板“视图样板”栏中的“无”按钮，打开“指定视图样板”对话框，在“名称”列表框中选择“暖通”视图样板，然后单击“复制”按钮，打开“新视图样板”对话框，输入名称为“三维-暖通”，单击“确定”按钮，返回“指定视图样板”对话框，对新建的三维-暖通视图属性

Note

进行设置，分别取消选中“阴影”“勾绘线”“照明”“摄影曝光”“基线方向”栏对应的“包含”复选框，如图11-92所示，单击“确定”按钮。

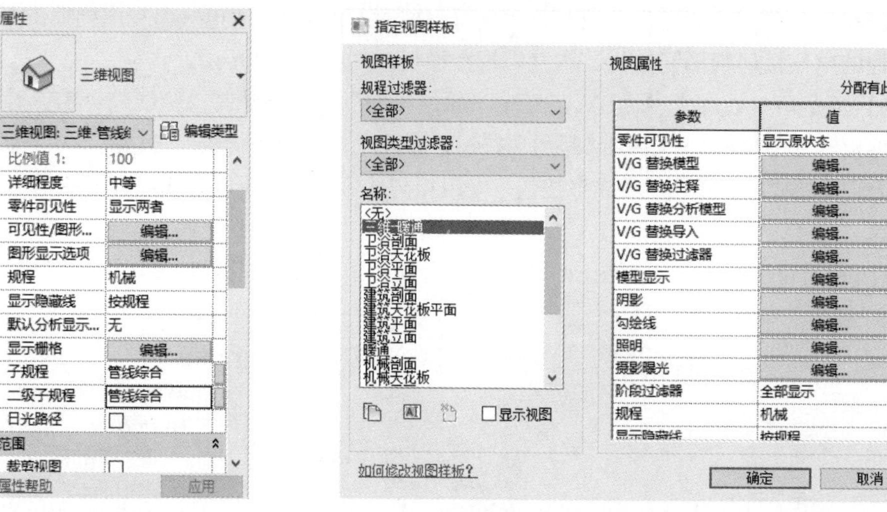

图11-91　设置“三维-管线综合”视图　　　　图11-92　“指定视图样板”对话框（1）

（4）在项目浏览器“视图”→“HVAC”→“三维视图”节点下选择“三维-电气”字样，单击“属性”选项板“视图样板”栏中的“无”按钮，打开“指定视图样板”对话框，在“名称”列表框中选择“电气”视图样板，然后单击“复制”按钮，打开“新视图样板”对话框，输入名称为“三维-电气”，单击“确定”按钮，返回“指定视图样板”对话框，对新建的三维-电气视图属性进行设置，分别取消选中“阴影”“勾绘线”“照明”“摄影曝光”“基线方向”栏对应的“包含”复选框，如图11-93所示，单击“确定”按钮指定视图样板。

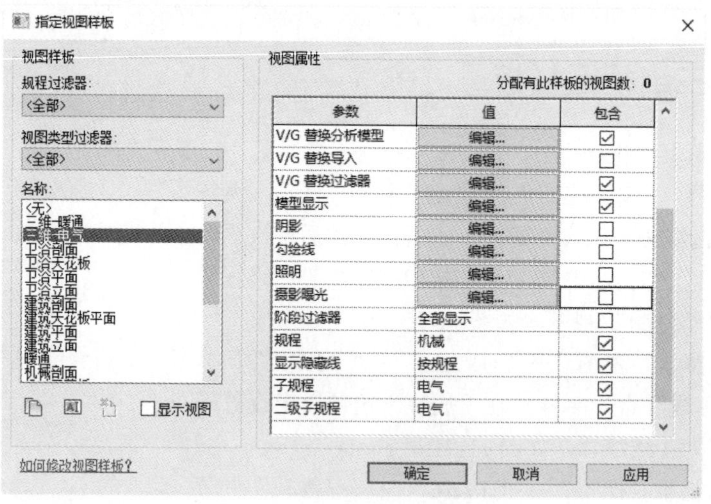

图11-93　“指定视图样板”对话框（2）

（5）在项目浏览器“视图”→“HVAC”→“三维视图”节点下选择“三维-给排水”字样，单击“属性”选项板“视图样板”栏中的“无”按钮，打开“指定视图样板”对话框，在“名称”列表框中选择“给排水”视图样板，然后单击“复制”按钮，打开“新视图样板”对话框，输入名称为

"三维-给排水"，单击"确定"按钮，返回"指定视图样板"对话框，对新建的三维-给排水视图属性进行设置，分别取消选中"阴影""勾绘线""照明""摄影曝光""基线方向"栏对应的"包含"复选框，如图 11-94 所示，单击"确定"按钮指定视图样板。

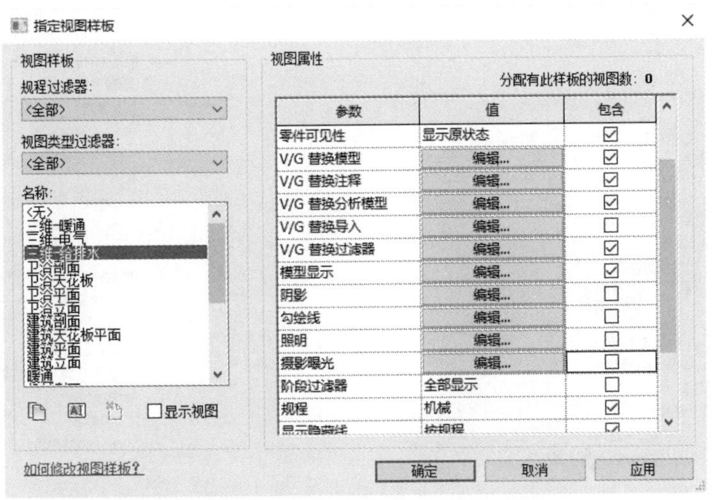

图 11-94 "指定视图样板"对话框（3）

11.5.3 创建立面视图样板

视频讲解

（1）按住 Ctrl 键，在项目浏览器"视图"→"HVAC"→"立面（建筑立面）"节点下选择"东-机械""北-机械""西-机械""南-机械"字样，在"属性"选项板中设置子规程和二级子规程为管线综合，如图 11-95 所示。

（2）选取"东-机械"立面视图，在"属性"选项板的"视图名称"栏中更改名称为"东-管线综合"，或右击，在弹出的快捷菜单中选择"重命名"选项，将其更改为"东-管线综合"。采用相同的方法，更改其他立面视图的名称，结果如图 11-96 所示。

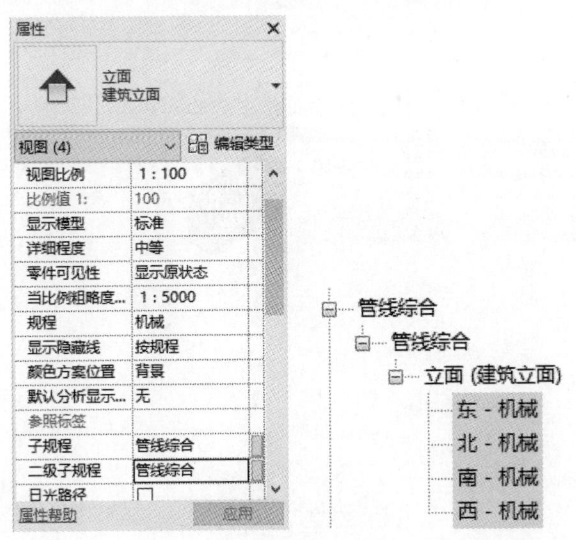

图 11-95 设置立面视图

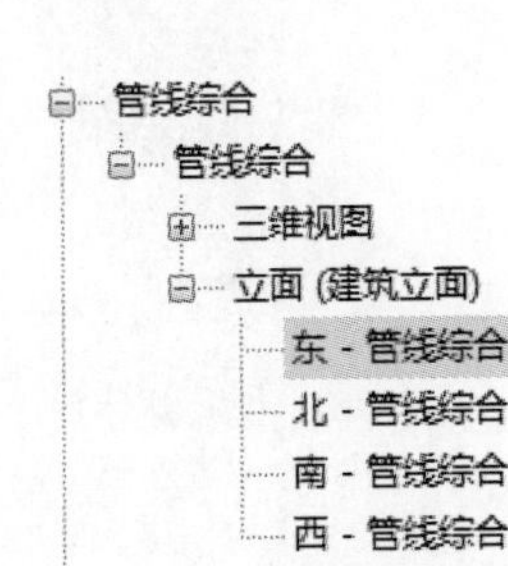

图 11-96 更改立面视图名称

Note

（3）按住Ctrl键，在项目浏览器“视图”→“卫浴”→“楼层平面”节点下选择“1-卫浴”和“2-卫浴”两个视图，右击，在弹出的快捷菜单中选择“删除”选项，如图11-97所示，删除视图，同时删除“楼层平面”节点。采用相同的方法，删除“HVAC”“卫浴”“照明”“电力”节点，整理后的项目浏览器如图11-98所示。

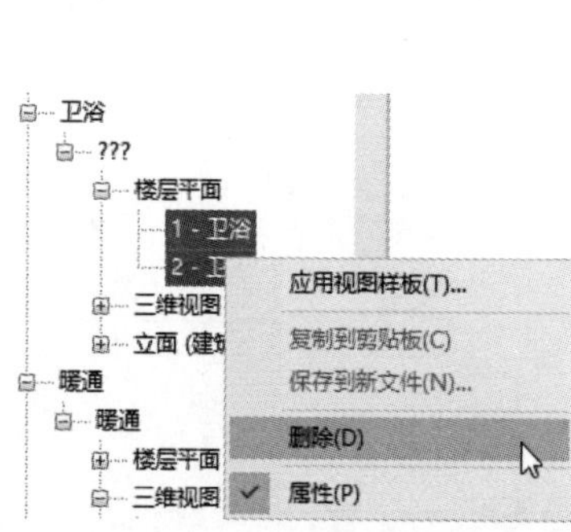

图11-97　快捷菜单

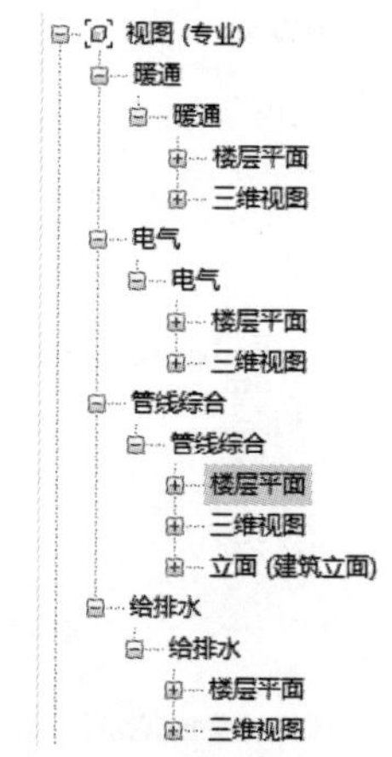

图11-98　整理后的项目浏览器

视频讲解

11.6　链接模型

（1）单击“插入”选项卡“链接”面板中的“链接Revit”按钮，打开“导入/链接RVT”对话框，选取“后勤大楼-建筑模型.rvt”文件，在“定位”下拉列表中选择“自动-内部原点到内部原点”选项，其他采用默认设置，如图11-99所示，单击“打开”按钮，将建筑模型链接至项目文件中，如图11-100所示。

（2）单击“修改”选项卡“修改”面板中的“移动”按钮（快捷键：MV），移动建筑模型使其轴线与视图中的轴线重合，如图11-101所示。

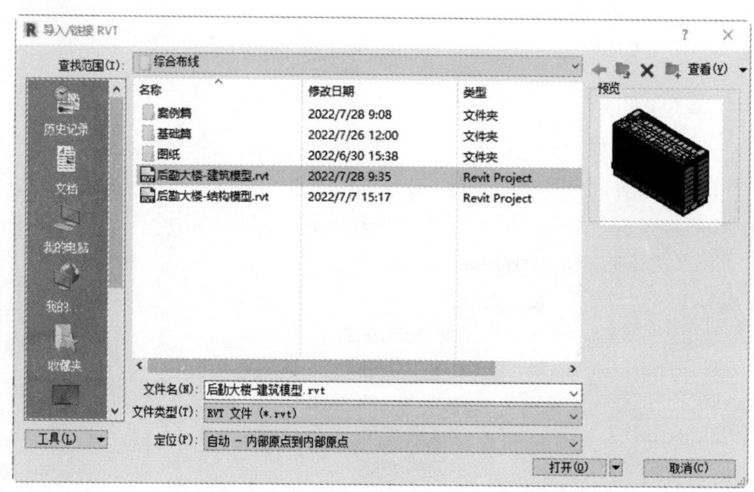

图11-99　“导入/链接RVT”对话框

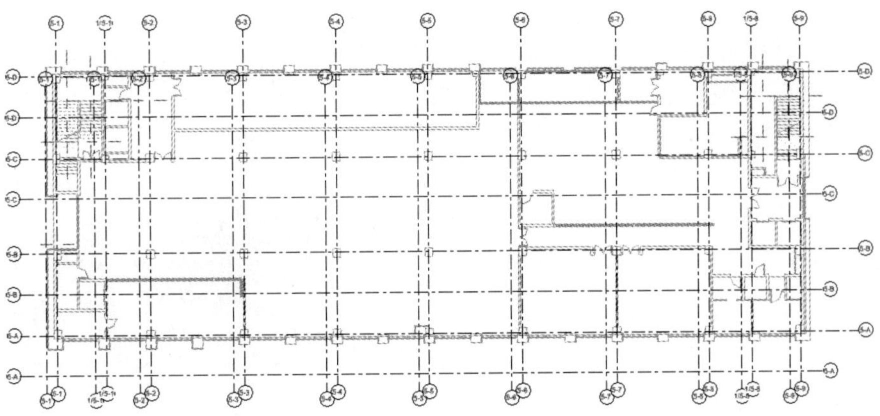

图 11-100　链接建筑模型

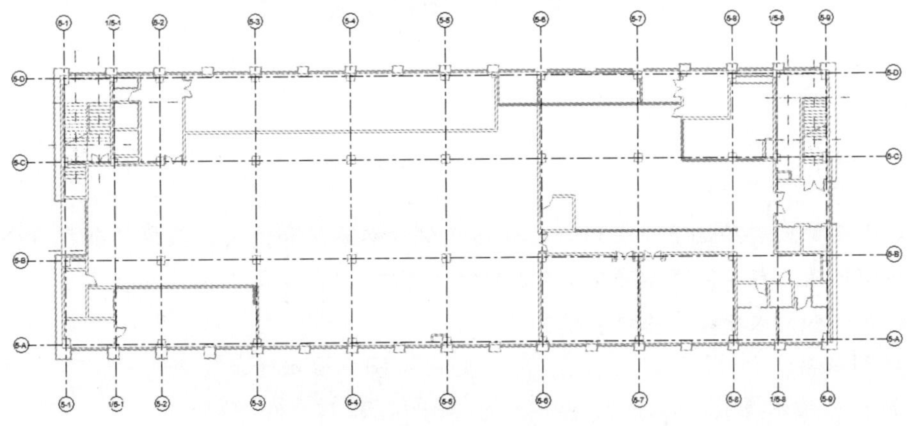

图 11-101　移动建筑模型

（3）单击快速访问工具栏中的“另存为”按钮（快捷键：Ctrl+S），打开“另存为”对话框，设置文件保存位置，输入文件名为“机电专业样板”，如图 11-102 所示。单击“保存”按钮，保存样板文件。

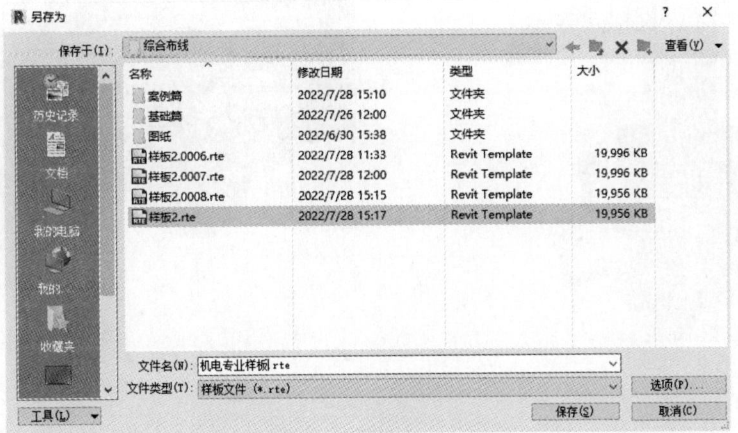

图 11-102　“另存为”对话框

第12章

某后勤大楼给排水系统

知识导引

本章以某后勤大楼的地下一层为例，介绍消防喷淋系统和消火栓系统的创建方法。首先打开已经创建好的专业样板，然后导入CAD图纸，再以CAD图纸为参考布置管道、设备等，创建自动喷淋系统和消火栓给水系统。

☑ 绘图准备

☑ 自动喷淋系统

☑ 消火栓给水系统

任务驱动&项目案例

（1）

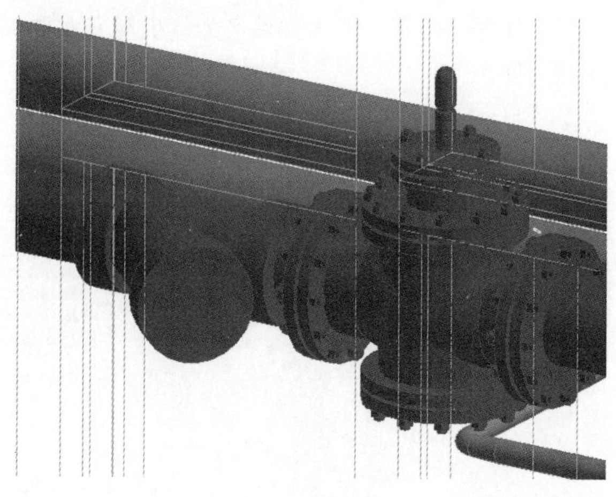

（2）

视频讲解

12.1　绘 图 准 备

本建筑所在地块内各单体建筑消防供水按一次火灾考虑，消火栓及喷淋系统均设置两条供水管接至室外。

（1）单击主页面中的“模型”→“打开”按钮或执行“文件”→“打开”→“项目”命令，打开“打开”对话框，如图 12-1 所示，单击“打开”按钮，打开第 11 章创建的“机电专业样板.rte”文件。

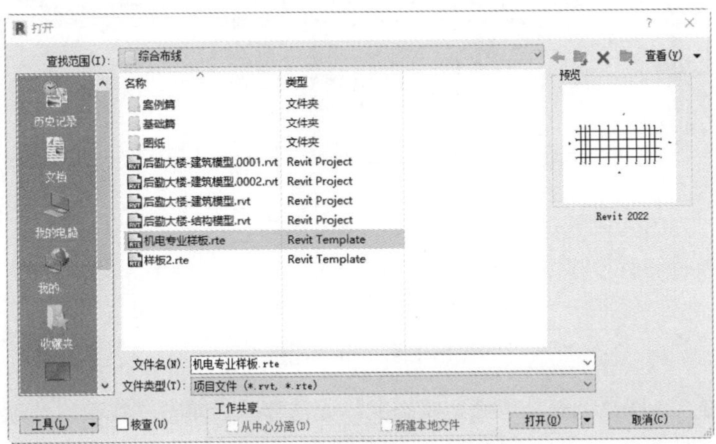

图 12-1　“打开”对话框

（2）在项目浏览器“视图”→“给排水”→“楼层平面”节点下选择“给排水-1F”字样，双击鼠标，打开“给排水-1F”视图。

（3）单击“插入”选项卡“导入”面板中的“链接 CAD”按钮，打开“链接 CAD 格式”对话框，选择“地下一层给排水平面图.dwg”文件，选中“仅当前视图”复选框，设置定位为“自动-原点到内部原点”，导入单位为“毫米”，其他参数采用默认设置，如图 12-2 所示，单击“打开”按钮，导入 CAD 图纸，如图 12-3 所示。

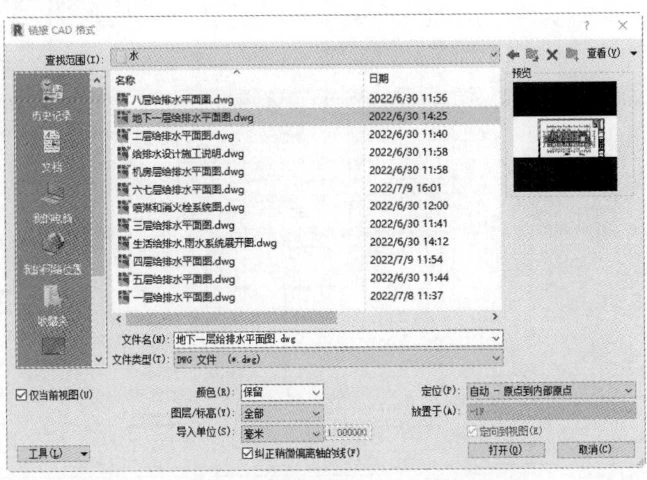

图 12-2　“链接 CAD 格式”对话框

Note

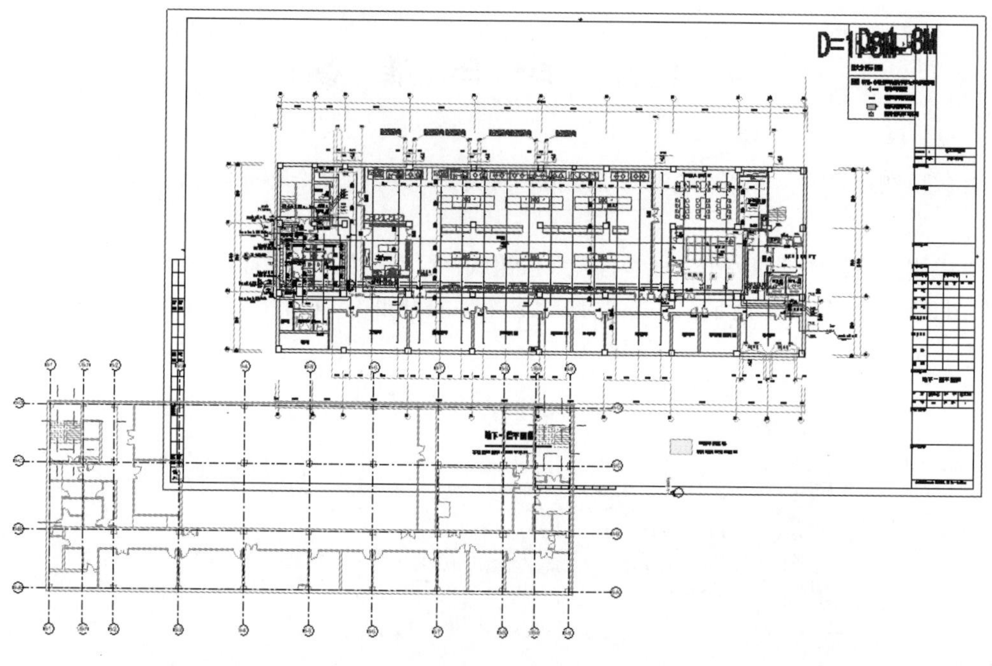

图 12-3　链接图纸

（4）默认链接的 CAD 图纸是处于锁定状态的，无法移动。单击“修改”选项卡“修改”面板中的“解锁”按钮（快捷键：UP），将 CAD 图纸解锁。

（5）单击“修改”选项卡“修改”面板中的“对齐”按钮（快捷键：AL），在视图中单击 5-1 轴线，然后单击链接的 CAD 图纸中的 5-1 轴线，将 5-1 轴线对齐；接着在视图中单击 5-A 轴线，然后单击链接的 CAD 图纸中的 5-A 轴线，将 5-A 轴线对齐。此时，CAD 文件中的轴网与视图中的轴网重合，如图 12-4 所示。

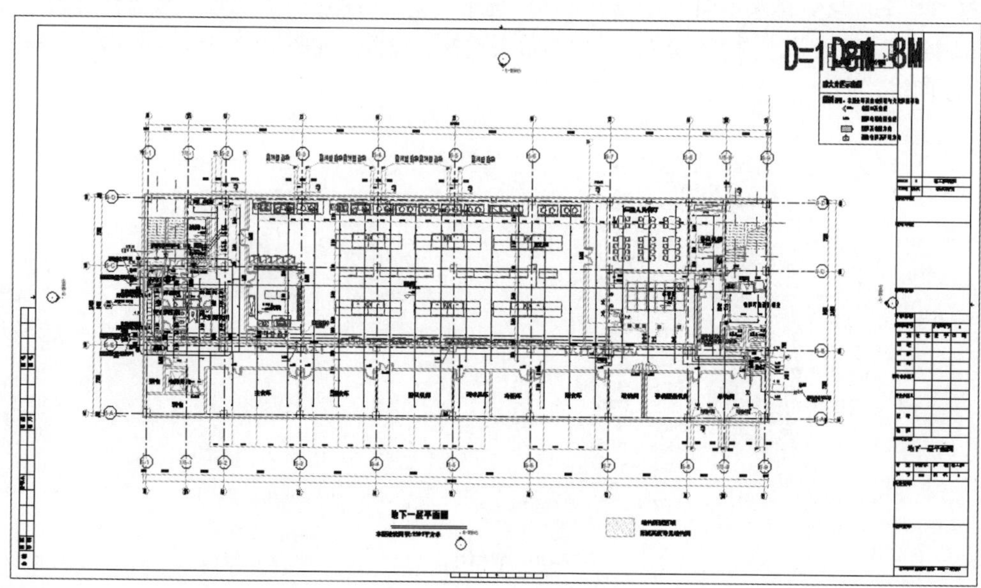

图 12-4　对齐图纸

（6）单击“修改”选项卡“修改”面板中的“锁定”按钮（快捷键：PN），选择 CAD 图纸，将其锁定，以免在布置管道和设备的过程中移动图纸，产生混淆。

（7）选取图纸，打开“修改|地下一层给排水平面图”选项卡，单击“查询”按钮，在图纸中选取要查询的图形，打开如图 12-5 所示的“导入实例查询”对话框，单击“在视图中隐藏”按钮，将选取的图层隐藏。采用相同的方法，隐藏其他的图形，整理后的图形如图 12-6 所示。

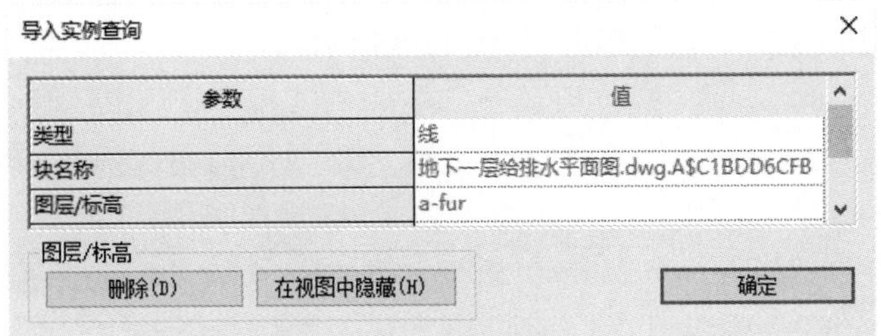

图 12-5　“导入实例查询”对话框

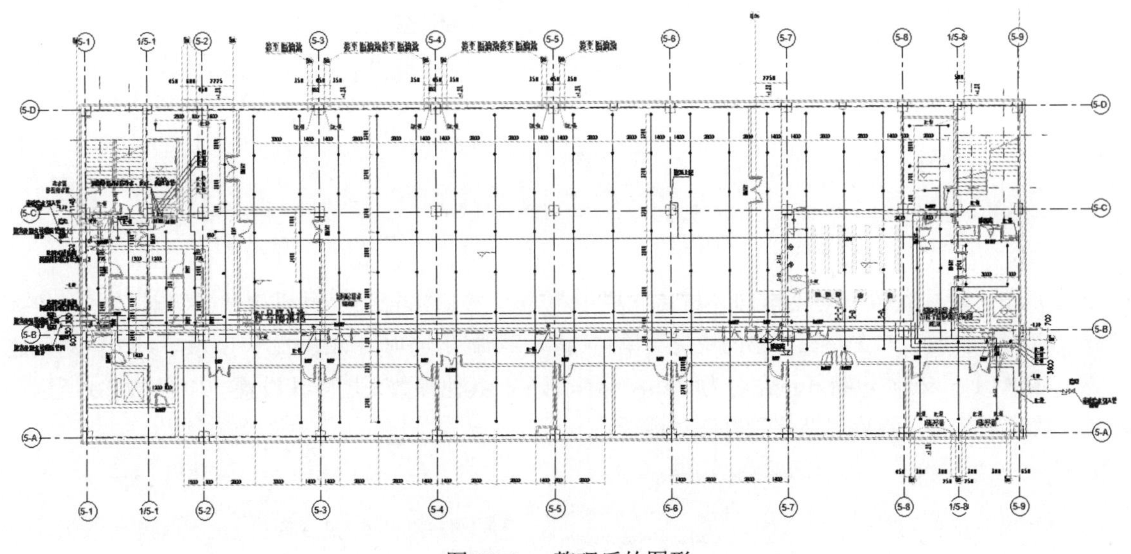

图 12-6　整理后的图形

12.2　自动喷淋系统

本工程内设置自动喷水灭火系统；一层层高超过 8 m 的门厅按非仓库类高大净空场所设计，设计喷水强度为 6 L/（min • m^2），作用面积为 260 m^2；其余设置场所为中危险级 I 级，设计喷水强度为 6 L/（min • m^2），作用面积为 160 m^2。水力报警阀设置于水设备机房及水管井；其显示信号接至防灾中心并启动喷淋泵。水力报警阀安装喷头数不超过 800 个。吊顶下的喷头为下垂型喷头，其余均为直立型喷头；直立型喷头溅水盘距顶板的距离为 150 mm；喷头动作温度均为 68 ℃。喷头应具有备用，其数量不得小于总数的 1%，且每种型号的喷头不得少于 10 只。

12.2.1 管道配置

（1）单击“系统”选项卡“卫浴和管道”面板中的“机械设置”按钮，打开“机械设置”对话框，如图12-7所示，单击“管道设置”→“管段和尺寸”字样，切换到“管段和尺寸”面板，在“管段”下拉列表中选择“钢塑复合-CECS 125”，然后单击“新建管段”按钮，打开“新建管段”对话框，单击“材质和规格/类型”单选按钮，如图12-8所示。

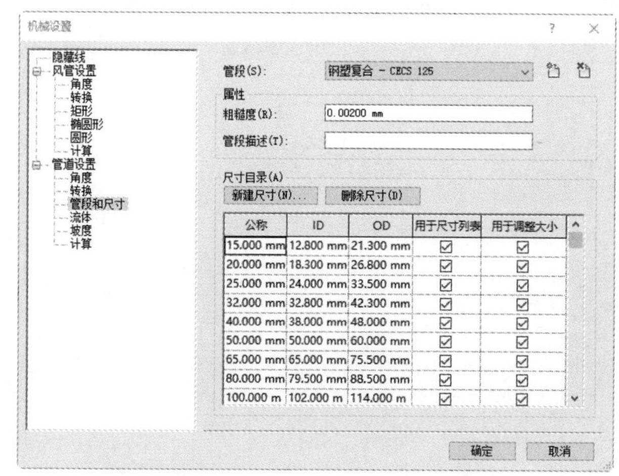

图12-7 “机械设置”对话框

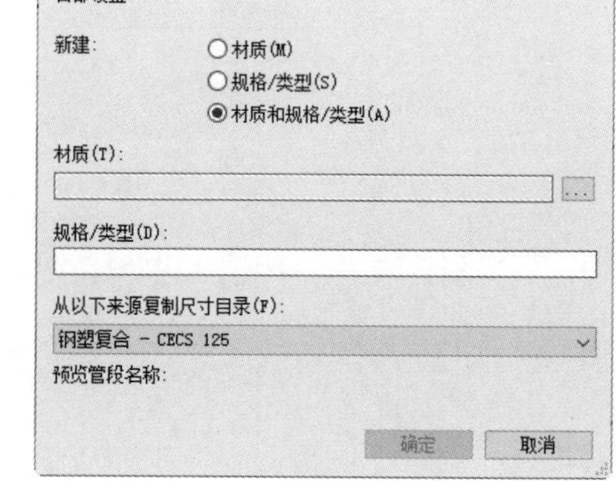

图12-8 “新建管段”对话框

（2）在“新建管段”对话框的“材质”栏中单击按钮，打开“材质浏览器”对话框，选择“钢，碳钢”材质，右击，在弹出的快捷菜单中选择“复制”选项，如图12-9所示，系统自动创建“钢，碳钢(1)”材质，将其重命名为“热浸镀锌钢”，其他参数采用默认设置，如图12-10所示，单击“确定”按钮，返回“新建管段”对话框。

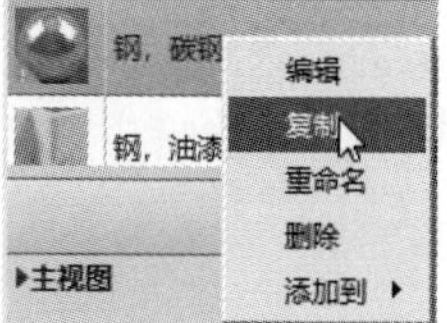

图12-9 快捷菜单

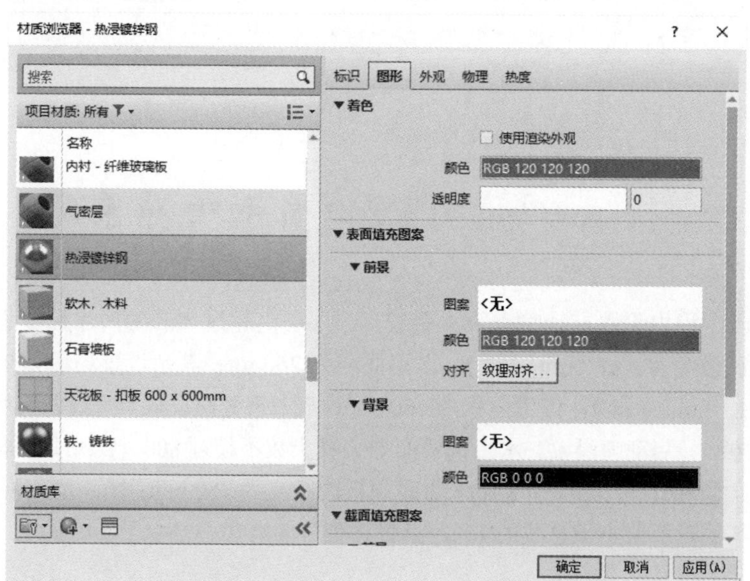

图12-10 “材质浏览器”对话框

（3）在“新建管段”对话框的“规格/类型”栏中输入规格为“GB/T 21835—2008”，单击“确定”按钮，返回“机械设置”对话框，采用默认尺寸，单击“确定”按钮，完成“热浸镀锌钢”管段的设置。

Note

注意：“钢塑复合-CECS 125”管段的尺寸与“热浸镀锌钢”管段的尺寸一样，所以这里选择在“钢塑复合-CECS 125”的基础上创建“热浸镀锌钢”管段。

12.2.2　布置管道

（1）单击“系统”选项卡“卫浴和管道”面板中的“管道”按钮（快捷键：PI），打开“修改|放置管道”选项卡，激活“自动连接”按钮、“添加垂直”按钮和“禁止坡度”按钮。

（2）在“属性”选项板中单击“编辑类型”按钮，打开如图 12-11 所示的“类型属性”对话框，单击“复制”按钮，打开“名称”对话框，输入名称为“消防”，如图 12-12 所示，单击“确定”按钮，返回“类型属性”对话框。

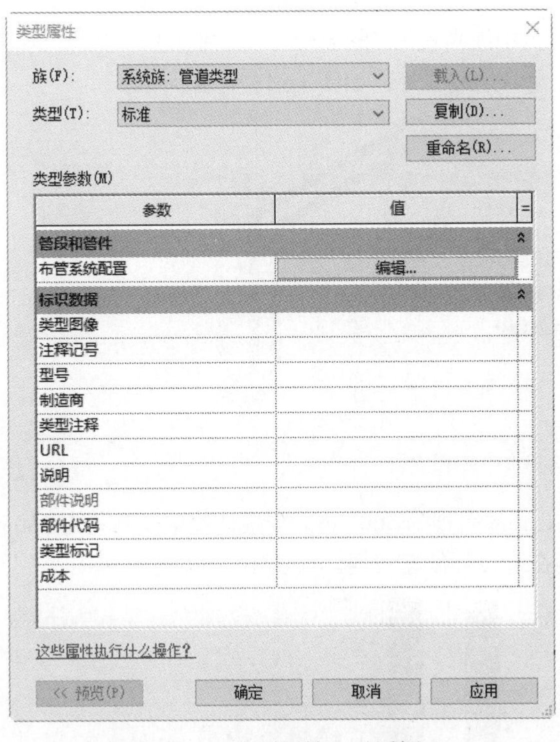

图 12-11　“类型属性”对话框

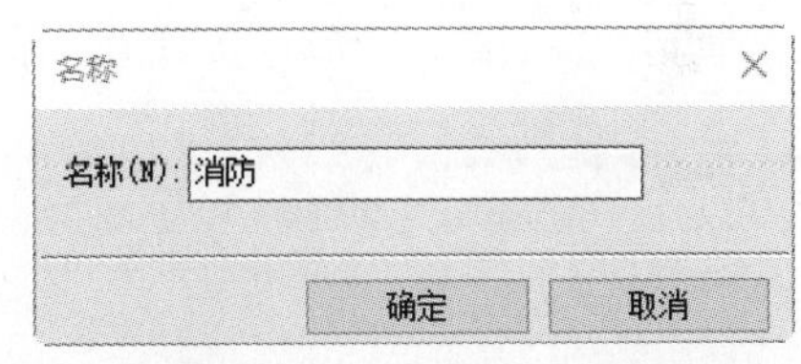

图 12-12　“名称”对话框

（3）在“类型属性”对话框的“布管系统配置”栏中单击“编辑”按钮，打开“布管系统配置”对话框，在“管段”下拉列表中选择“热浸镀锌钢-GB/T21835 2008”，连续单击“确定”按钮，完成“消防”管道类型的创建。

（4）在“属性”选项板中设置直径为 150 mm，中间高程为 3450 mm，系统类型为“自动喷淋系统”，其他参数采用默认设置，如图 12-13 所示。

（5）根据 CAD 图纸绘制接室外喷淋增压管网的管道，如图 12-14 所示。

Note

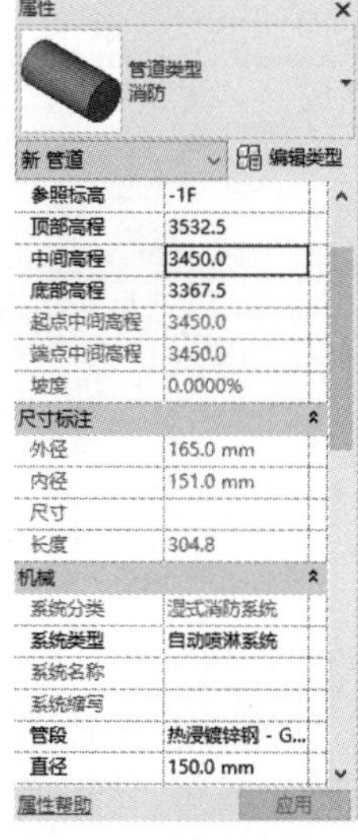

图 12-13 “属性”选项板

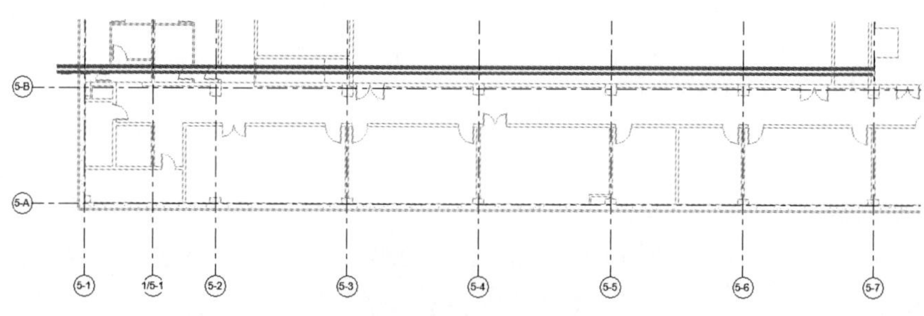

图 12-14 绘制接室外喷淋增压管网的管道

（6）在“属性”选项板中设置直径为 150 mm，中间高程为 500 mm，分别捕捉上一步绘制的两根管道右端端点绘制管道，系统自动在高程变化的地方生成立管，如图 12-15 所示。

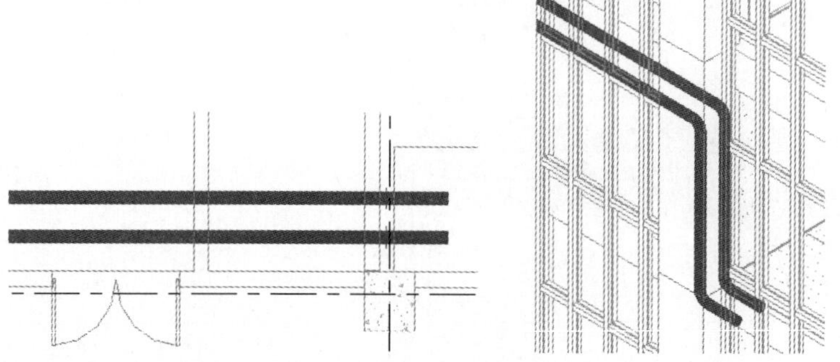

图 12-15 绘制水平管和立管

（7）在“属性”选项板中设置直径为 150 mm，底部高程为 500 mm，分别捕捉中间高程为 500 mm 的水平管道的中心线，绘制连接管道，系统自动在连接处创建三通，如图 12-16 所示。

图 12-16 绘制连接管道

Note

（8）在选项栏中设置直径为 150 mm，中间高程为 16 500 mm，捕捉上一步绘制的管道端点，单击选项栏中的“应用”按钮，创建低区配水干管（用于地下一层到五层的自动喷淋系统的供水），如图 12-17 所示。

（9）在选项栏中设置直径为 150 mm，中间高程为 2800 mm，根据 CAD 图纸，在水平配水管的位置单击以确定管道起点，连接到配水干管上，绘制竖直配水管，系统自动在连接处生成三通，如图 12-18 所示。

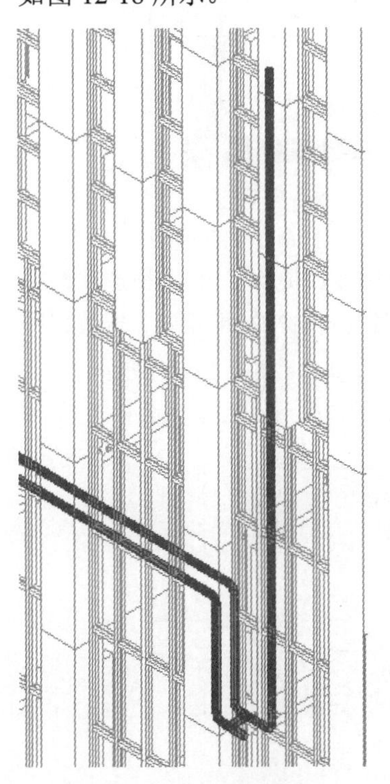

图 12-17　低区配水干管

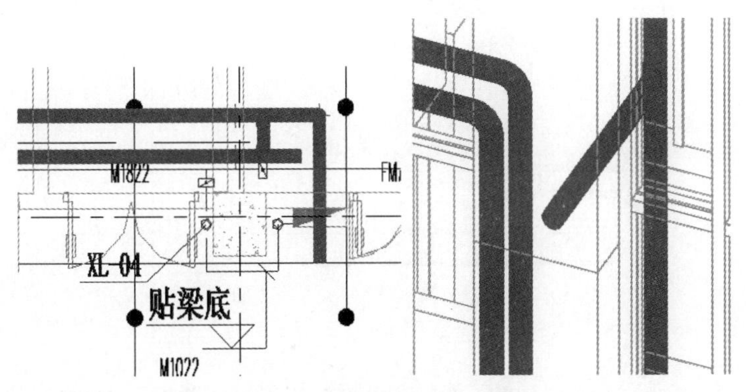

图 12-18　绘制竖直配水管

（10）在选项栏中设置直径为 100 mm，中间高程为 2800 mm，根据 CAD 图纸，捕捉上一步绘制的管道端点向左绘制配水管，系统自动在连接处生成弯头；更改直径为 100 mm，继续向左绘制配水管；更改直径为 80 mm，继续向左绘制配水管；更改直径为 65 mm，继续向左绘制配水管；更改直径为 40 mm，继续向左绘制配水管，如图 12-19 所示。

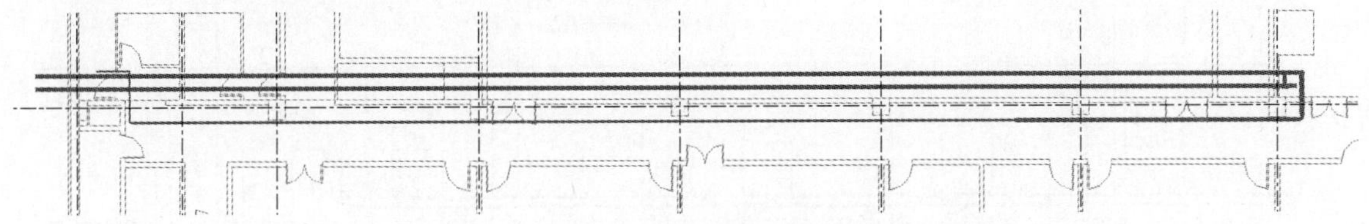

图 12-19　绘制左侧的配水管

注意： 配水管变径的位置最好不要设置在支管与配水管连接处。

（11）因为还要连接右侧的配水管，所以这里要将弯头更改为三通。选取弯头，单击右下方的“T 形三通”图标+，将弯头转为三通，如图 12-20 所示。

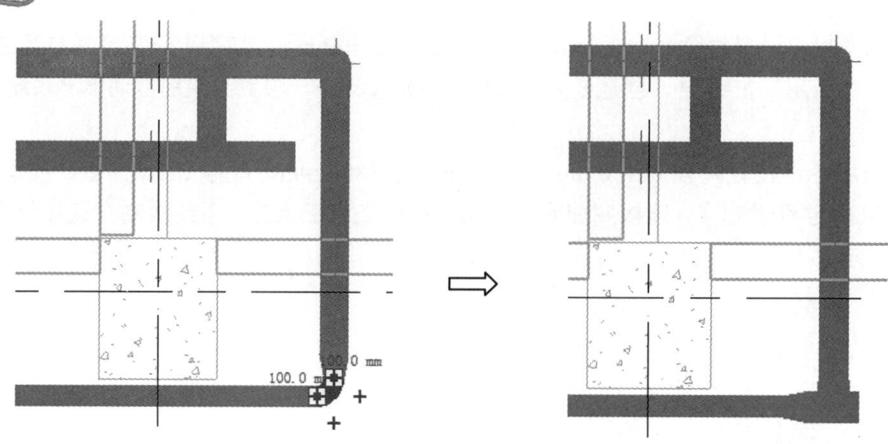

图 12-20　弯头转为三通

（12）单击“系统”选项卡“卫浴和管道”面板中的“管道”按钮（快捷键：PI），在选项栏中设置直径为 80 mm，中间高程为 2800 mm，捕捉上一步创建的三通右端点向右绘制配水管；更改直径为 65 mm，继续向右绘制配水管；更改直径为 40 mm，继续向右绘制配水管，如图 12-21 所示。

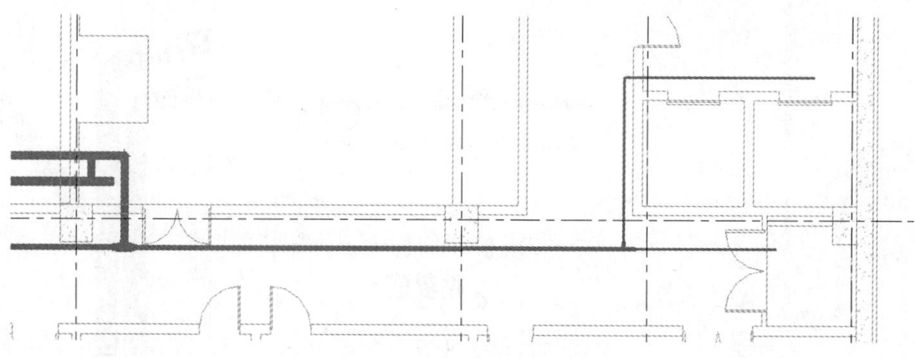

图 12-21　绘制右侧的配水管

（13）在选项栏中设置直径为 40，中间高程为 3800，根据 CAD 图纸绘制直径为 40 的配水支管，如图 12-22 所示。

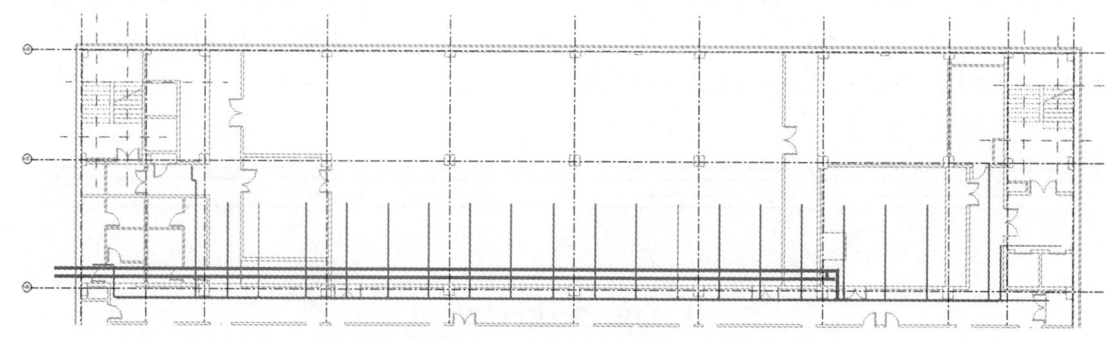

图 12-22　绘制直径为 40 的配水支管

（14）因为还要连接配水管下方的配水支管，所以这里要将 T 形三通更改为四通。选取 T 形三通，单击“四通”图标+，将 T 形三通转为四通，如图 12-23 所示。采用相同的方法，将配水管上的 T 形三通转为四通。

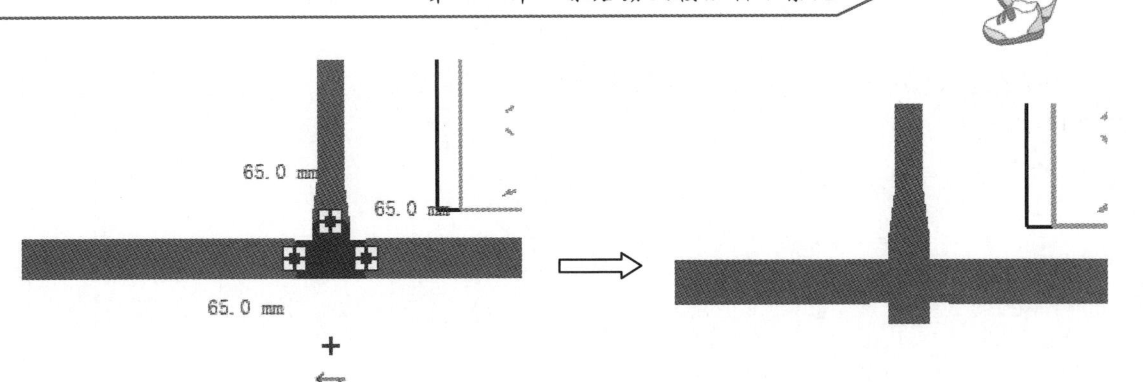

图 12-23 T 形三通转为四通

（15）在选项栏中设置直径为 32，中间高程为 2800，根据 CAD 图纸绘制直径为 32 的配水支管，如图 12-24 所示。

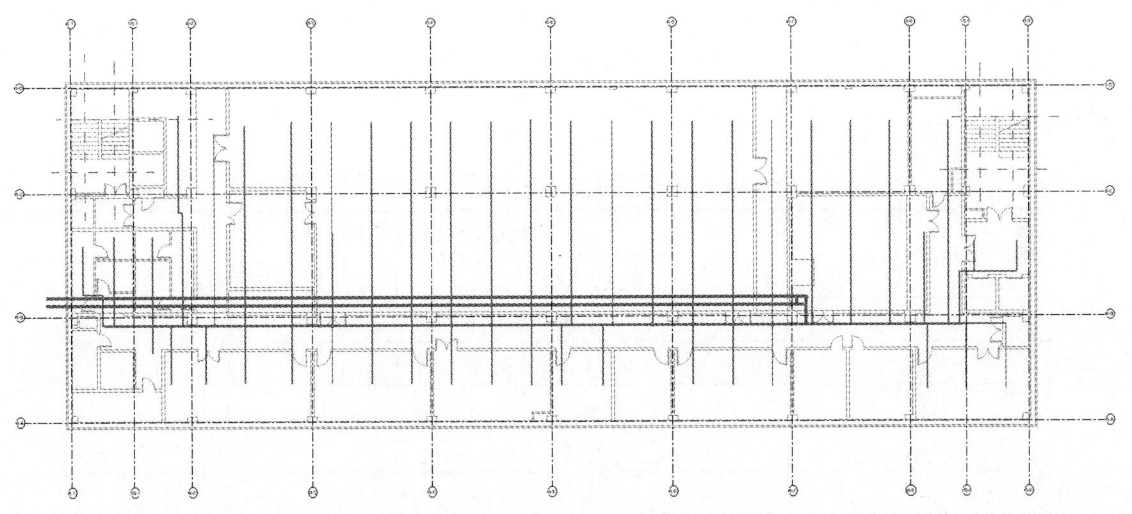

图 12-24 绘制直径为 32 的配水支管

注意：捕捉四通端点绘制直径为 32 的支管时，四通管径有可能会变成 32，如图 12-25 所示，可以看出四通管径不符合要求。选取四通，然后在选项栏中更改直径，保证与配水管的直径一样即可。

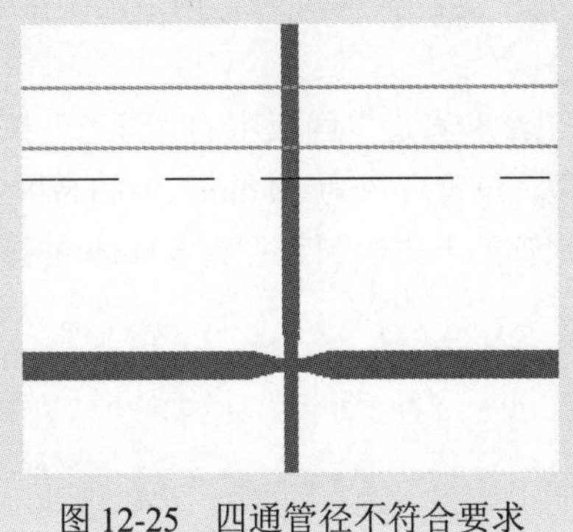

图 12-25 四通管径不符合要求

Note

（16）在选项栏中设置直径为25，中间高程为2800，根据CAD图纸绘制直径为25的配水支管，如图12-26所示。

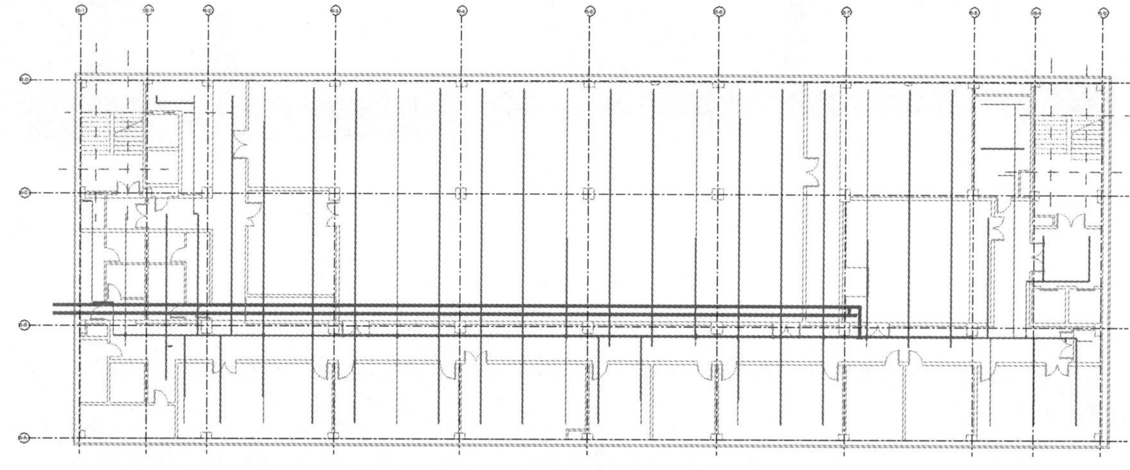

图12-26　绘制直径为25的配水支管

注意：配水管和配水支管的管径可以参照表12-1确定。

表12-1　轻危险级场所、中危险级场所中配水支管、配水管控制的标准喷头数

公称直径/mm	控制的标准喷头数/只	
	轻危险级	中危险级
25	1	1
32	3	3
40	5	4
50	10	8
65	18	12
80	48	32
100	—	64

（17）将视图切换至“三维-给排水”视图，在选项栏中输入直径为25 mm，中间高程为1500 mm，根据CAD图纸捕捉最末端端点，单击“应用”按钮，向下绘制直径为25 mm的试水管，如图12-27所示。

（18）单击“系统”选项卡“卫浴和管道”面板中的“管道”按钮（快捷键：PI），在“属性”选项板中选择“PVC-U-排水”类型，设置直径为80 mm，中间高程为0，捕捉最末端端点，单击“应用”按钮，删除变径管，在试水管的下方绘制直径为80 mm的排水立管，如图12-28所示。

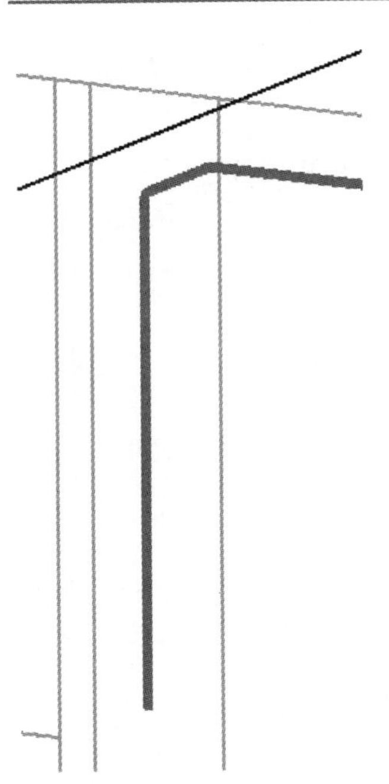

图 12-27 绘制试水管

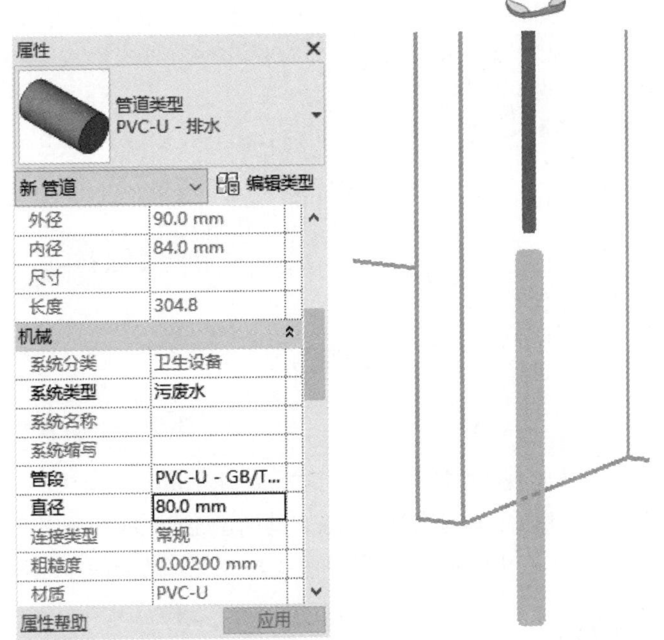

图 12-28 绘制排水立管

12.2.3 布置设备及附件

（1）单击“系统”选项卡“卫浴和管道”面板中的“喷头”按钮（快捷键：SK），在“属性”选项板中选择“喷淋头-ZST 型-闭式-下垂型 ZSTX-20-68 ℃”，设置相对标高的偏移为 2650，如图 12-29 所示。

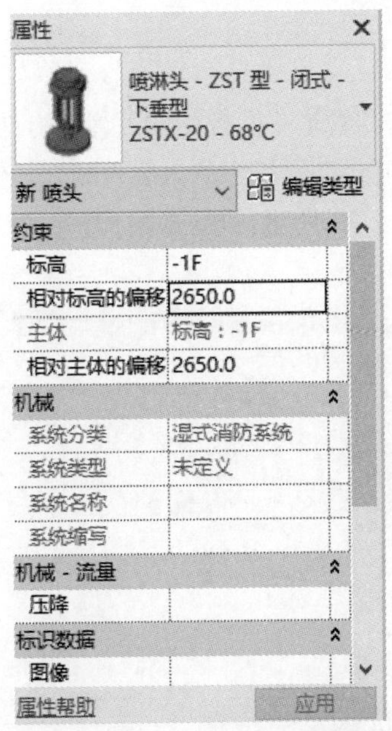

图 12-29 “属性”选项板

（2）根据 CAD 图纸，在分支管处放置喷头，如图 12-30 所示。

Note

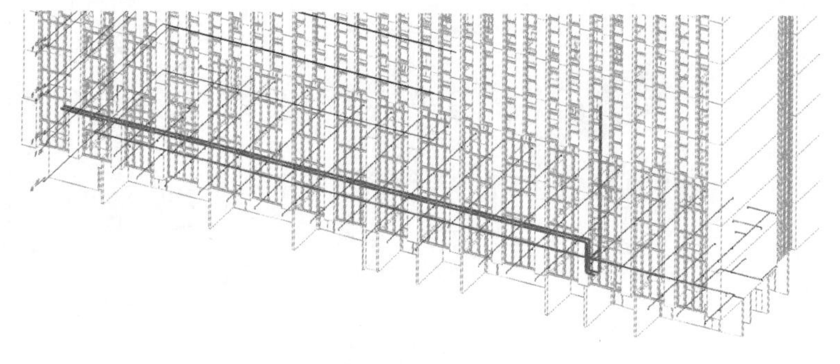

喷头总布置图　　　　喷头布置放大图

图 12-30　放置喷头

（3）将视图切换至“三维-给排水”视图，选取喷头，在打开的“修改|喷头”选项卡中单击“连接到”按钮，然后选取分支管，系统自动创建连接喷头和分支管的短立管和连接件，如图 12-31 所示。

（4）采用上述方法，绘制喷头与分支管之间的短立管，如图 12-32 所示。

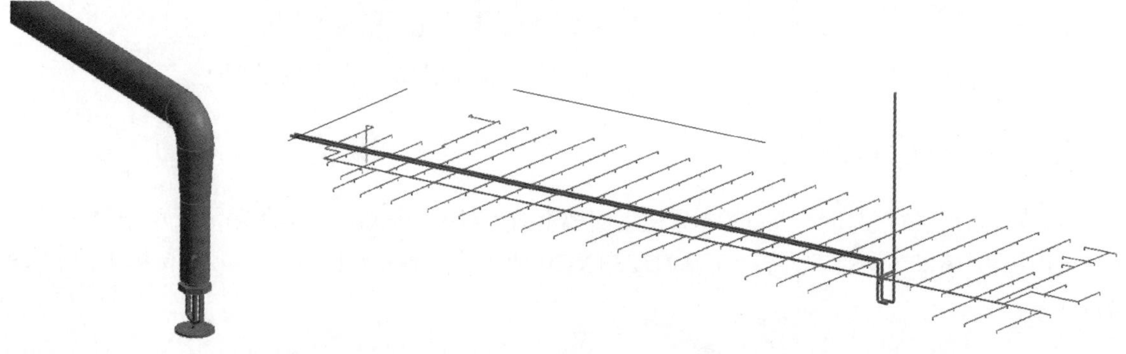

图 12-31　创建短立管　　　　图 12-32　绘制短立管

（5）单击“系统”选项卡“卫浴和管道”面板中的“管路附件”按钮（快捷键：PA），打开“修改|放置管道附件”选项卡，单击“模式”面板中的“载入族”按钮，打开“载入族”对话框，选择“湿式报警阀组.rfa”族文件，如图 12-33 所示，单击“打开”按钮，载入文件。

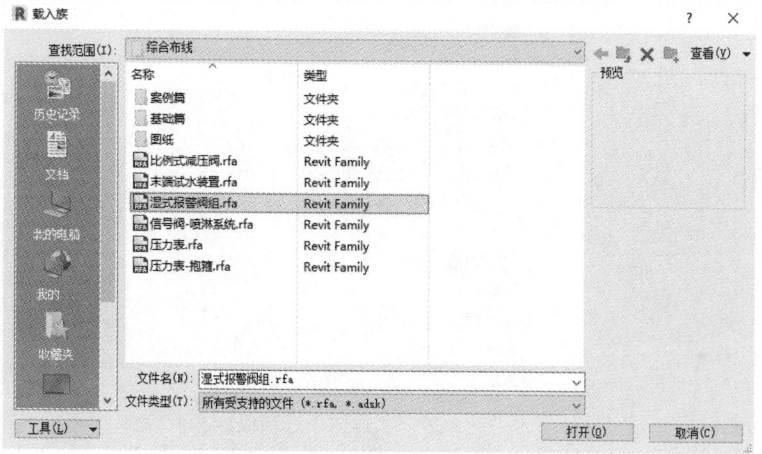

图 12-33　“载入族”对话框

（6）在“属性”选项板中选择“湿式报警阀组-ZSFZ 系列 ZSFZ150”类型，移动鼠标到配水干管上，当高亮显示管道主线时（见图 12-34），单击鼠标将湿式报警阀组放置在配水干管上，如图 12-35 所示。

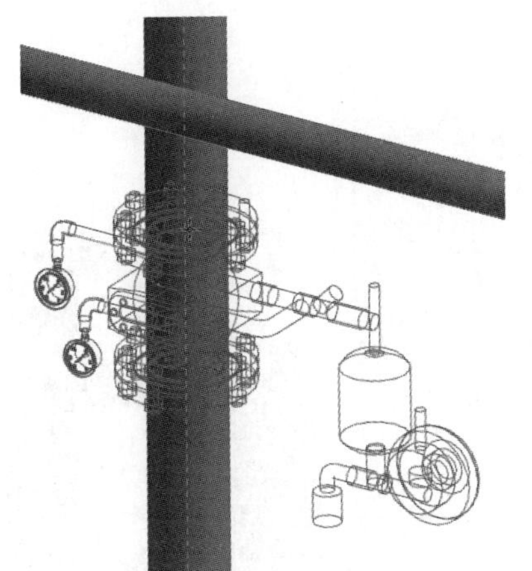

图 12-34　选取配水干管

图 12-35　放置湿式报警阀组

（7）选取上一步放置的湿式报警阀组，在“属性”选项板中更改标高中的高程为 1200，单击“旋转”按钮，可以调整方向，使报警阀组朝外，以方便操作和读取数据，如图 12-36 所示。

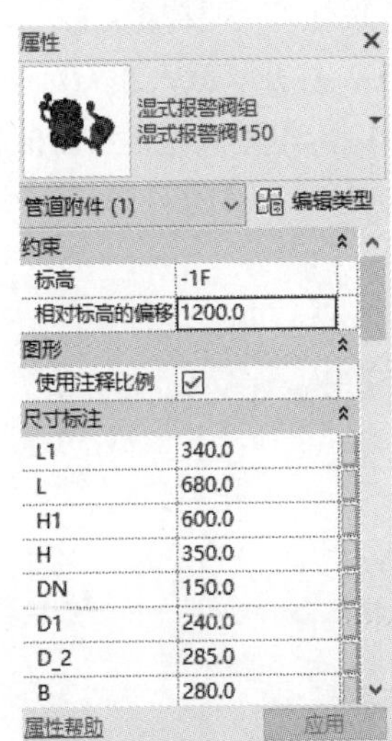

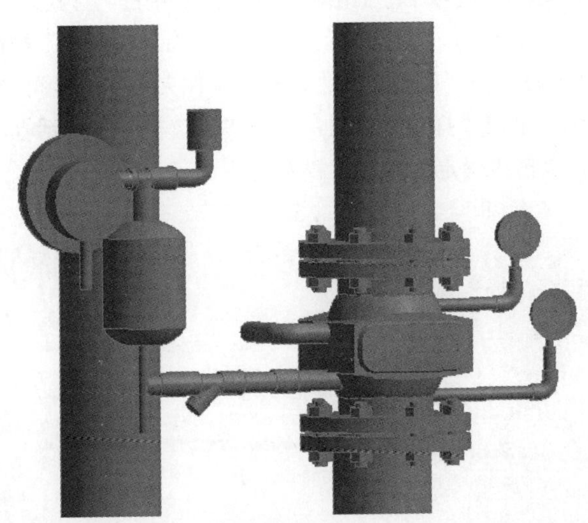

图 12-36　调整湿式报警阀组

注意：报警阀组安装的位置应符合设计要求，当设计无要求时，报警阀组应安装在便于操作的明显位置，距室内地面高度宜为 1.2 m，两侧与墙的距离不应小于 0.5 m；正面与墙的距离不应小于 1.2 m，报警阀组凸出部位之间的距离不应小于 0.5 m。

（8）单击“系统”选项卡“卫浴和管道”面板中的“管路附件”按钮（快捷键：PA），打开“修改|放置管道附件”选项卡，单击“模式”面板中的“载入族”按钮，打开“载入族”对话框，选择“Chinese”→“消防”→“给水和灭火”→“阀门”文件夹中的“蝶阀-65-300 mm-法兰式-消防.rfa”

Note

族文件，如图 12-37 所示，单击“打开”按钮，载入文件。

（9）在“属性”选项板中选择“蝶阀-65-300 mm-法兰式-消防 150 mm”类型，将蝶阀放置在湿式报警阀组的下方，单击“旋转”图标和“翻转管件”图标，调整蝶阀的放置方向，使蝶阀的手轮朝外方便操作，如图 12-38 所示。

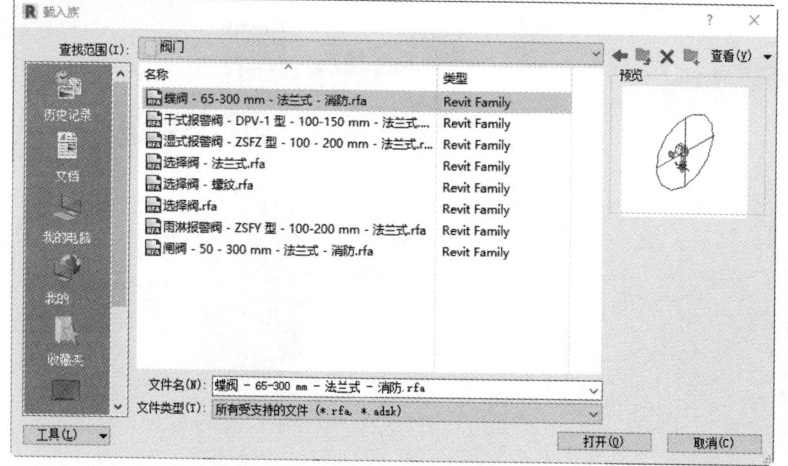

图 12-37 “载入族”对话框

图 12-38 放置蝶阀

（10）单击“系统”选项卡“卫浴和管道”面板中的“管路附件”按钮（快捷键：PA），打开“修改|放置管道附件”选项卡，单击“模式”面板中的“载入族”按钮，打开“载入族”对话框，选择“Chinese”→“MEP”→“阀门”→“蝶阀”文件夹中的“蝶阀-D941 型-电动式-法兰式.rfa”族文件，如图 12-39 所示，单击“打开”按钮，打开“指定类型”对话框，选择“D941-6-150 mm”类型，如图 12-40 所示，单击“确定”按钮，载入文件。

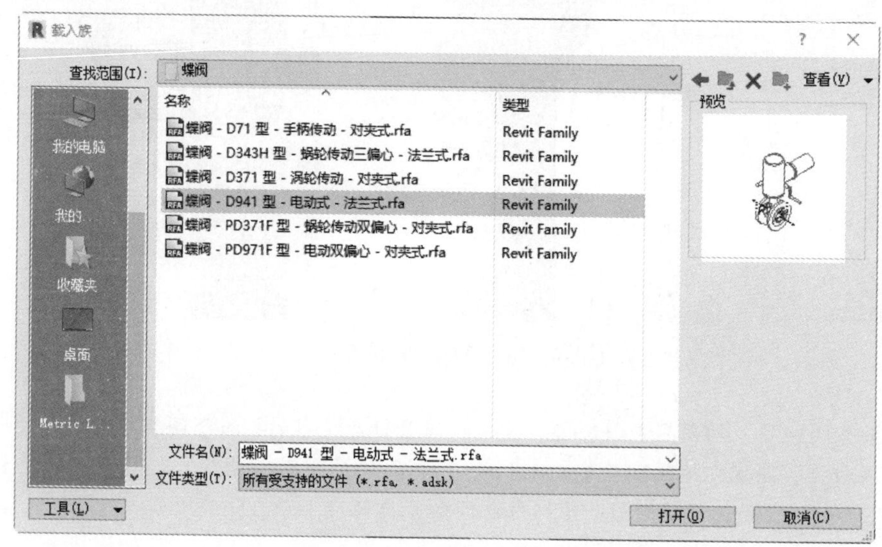

图 12-39 “载入族”对话框

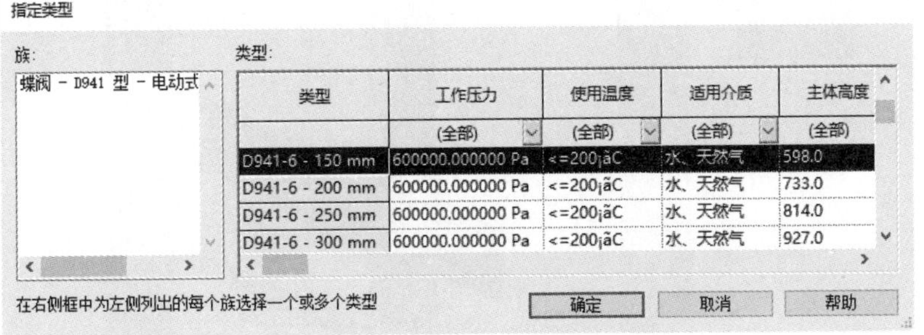

图 12-40　“指定类型”对话框

（11）将蝶阀放置在连接水平管上，如图 12-41 所示。

图 12-41　放置蝶阀

（12）单击“系统”选项卡“卫浴和管道”面板中的“管路附件”按钮（快捷键：PA），打开“修改|放置管道附件”选项卡，单击“模式”面板中的“载入族”按钮，打开“载入族”对话框，选择“Chinese”→“消防”→“给水和灭火”→“附件”文件夹中的“水流指示器-100-150 mm-法兰式.rfa”族文件，如图 12-42 所示，单击“打开”按钮，载入文件。

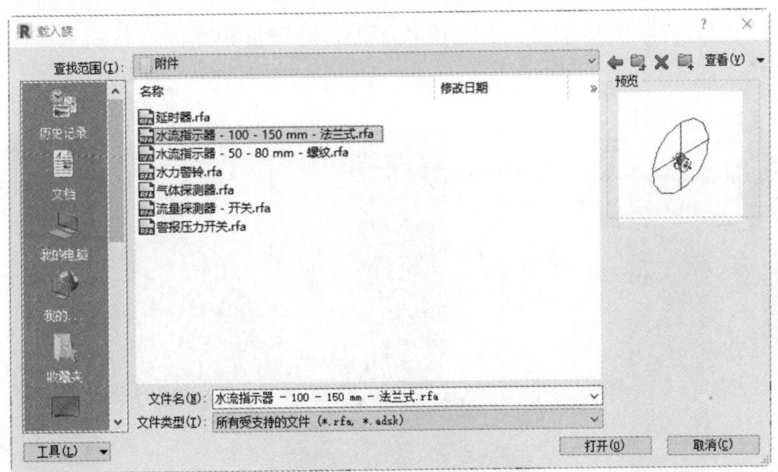

图 12-42　“载入族”对话框

（13）在“属性”选项板中选择“水流指示器-100-150 mm-法兰式 150 mm”，将水流指示器放置在水平配水管上，如图 12-43 所示。

Note

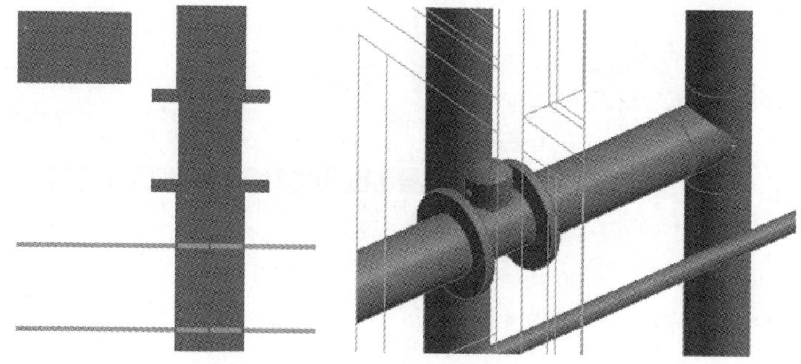

图 12-43　放置水流指示器

（14）单击“系统”选项卡“卫浴和管道”面板中的“管路附件”按钮（快捷键：PA），打开“修改|放置管道附件”选项卡，单击“模式”面板中的“载入族”按钮，打开“载入族”对话框，选择源文件中的“信号阀-喷淋系统.rfa”族文件，如图 12-44 所示，单击“打开”按钮，载入文件。

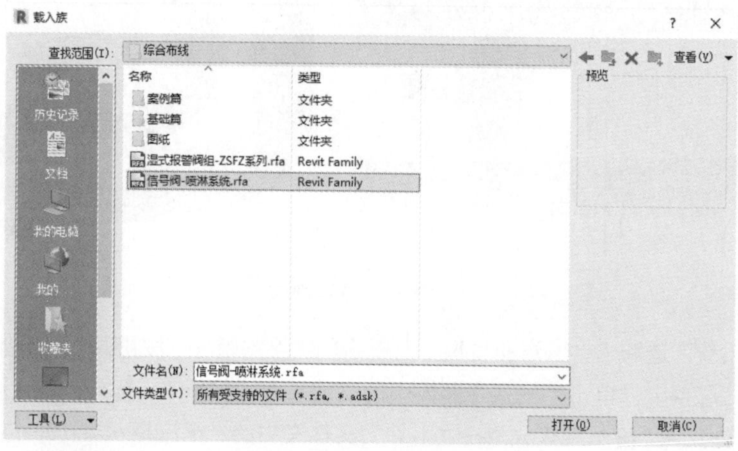

图 12-44　“载入族”对话框

（15）将信号阀放置在水流指示器前方的配水管上，并调整距离，使其与水流指示器的间距大于 300 mm，如图 12-45 所示。

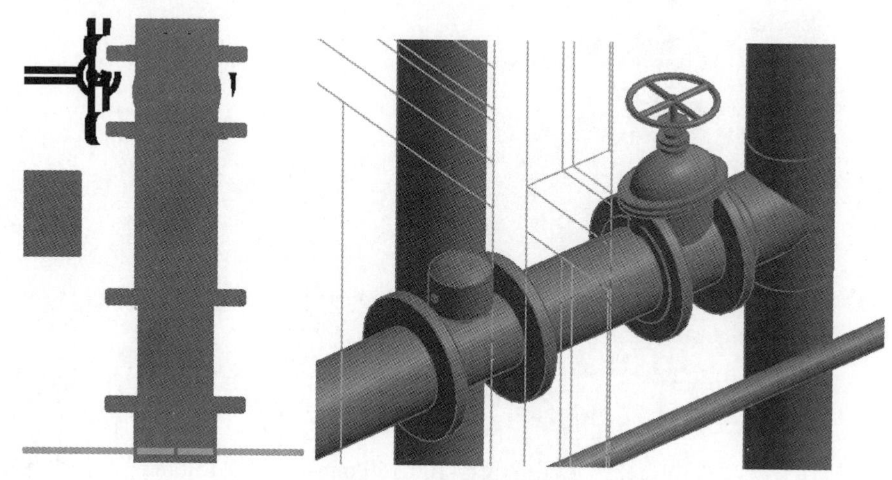

图 12-45　放置信号阀

注意：根据《自动喷水灭火系统施工及验收规范》(GB 50261—2017)，水流指示器和信号阀的安装应符合下列要求。

(1) 水流指示器的安装应在管道试压和冲洗合格后进行，水流指示器的规格、型号应符合设计要求。

(2) 水流指示器应使电器元件部位竖直安装在水平管道上侧，其动作方向和水流方向一致，安装后的水流指示器桨片、膜片应动作灵活，不应与管壁发生碰撞与摩擦。

(3) 信号阀应安装在水流指示器前方的管道上，与水流指示器之间的距离不应小于 300 mm。

(4) 压力开关、信号阀、水流指示器的引出线应用防止套管锁定。

（16）单击"系统"选项卡"卫浴和管道"面板中的"管路附件"按钮（快捷键：PA），打开"修改|放置管道附件"选项卡，单击"模式"面板中的"载入族"按钮，打开"载入族"对话框，选择源文件中的"末端试水装置.rfa"族文件，单击"打开"按钮，载入文件。将末端试水装置放置在试水管路上，如图 12-46 所示。

（17）选取末端试水装置，单击"翻转管件"图标，调整末端试水装置的方向，使压力表处于阀的上方，如图 12-47 所示。

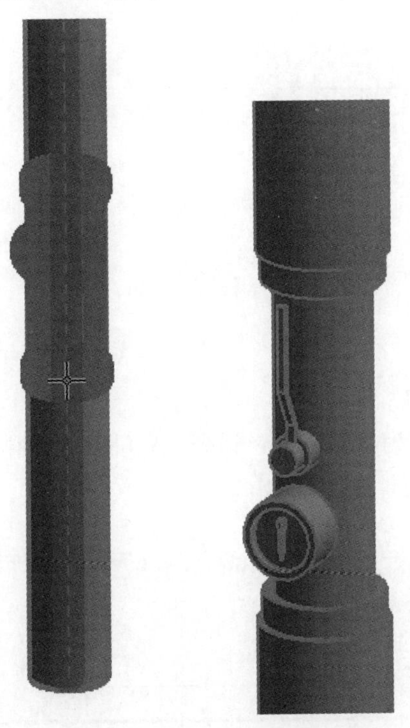

图 12-46　放置末端试水装置

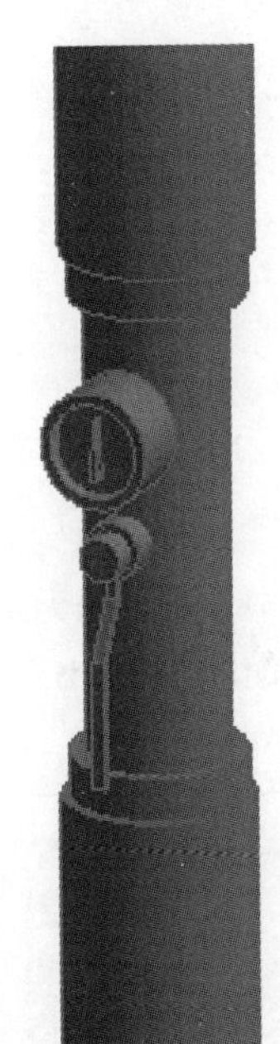

图 12-47　调整末端试水装置

读者可以根据源文件中的 CAD 图纸绘制其他楼层的自动喷淋系统，这里不再一一介绍绘制过程。

12.3　消火栓给水系统

视频讲解

本工程中消火栓给水系统消防用水由 3：2 比例式减压阀减压后供给，阀后压力 0.7 MPa。建筑物内每层设置单栓自救式消防卷盘组合型消火栓箱，内配φ65 mm室内消火栓、φ65 mm/25 m衬胶水龙带及φ19 mm水枪各一副，JPS0.8-19型自救式消防卷盘一套，启泵按钮一只。

Note

12.3.1 布置管道

（1）将视图切换至“给排水-1F”视图，单击“系统”选项卡“卫浴和管道”面板中的“管道”按钮（快捷键：PI），在“属性”选项板中选择“消防”管道类型，设置系统类型为“消火栓给水系统”，其他参数采用默认设置，如图12-48所示。

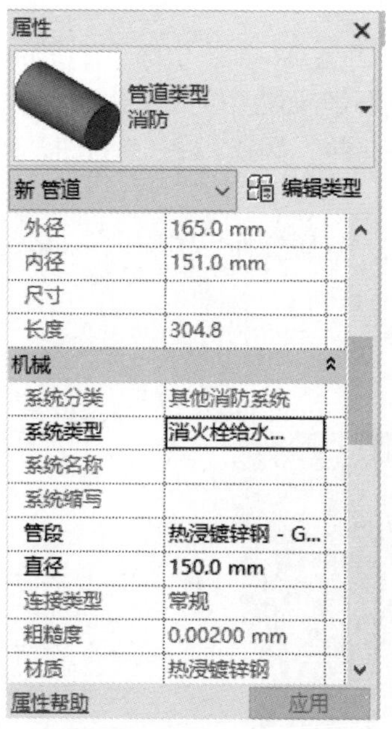

图12-48 “属性”选项板

（2）在选项栏中设置直径为150 mm、中间高程为3450 mm，根据CAD图纸绘制接室外消火栓增压管网的管道，如图12-49所示。

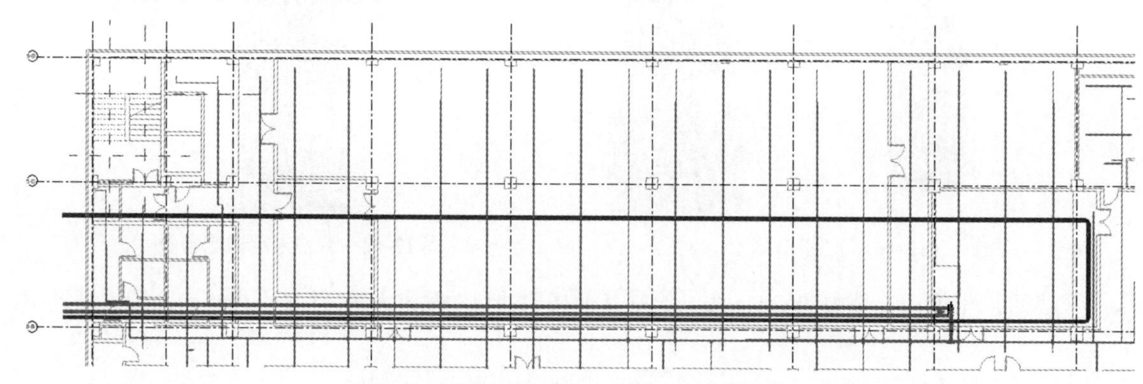

图12-49 绘制接室外消火栓增压管网的管道

（3）选取消火栓给水管网右上端的弯头，单击“T形三通”图标＋，将弯头转为三通，如图12-50所示。

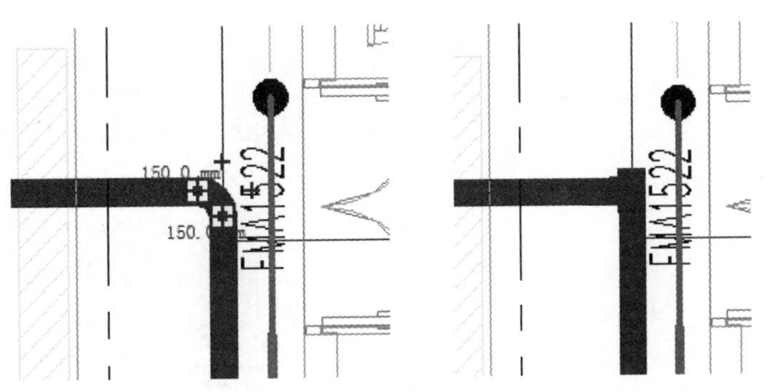

图 12-50　弯头转为三通

（4）在选项栏中设置直径为 150 mm、中间高程为 3450 mm，捕捉三通的端点，根据 CAD 图纸绘制直径为 150 mm 的消火栓给水支管，如图 12-51 所示。

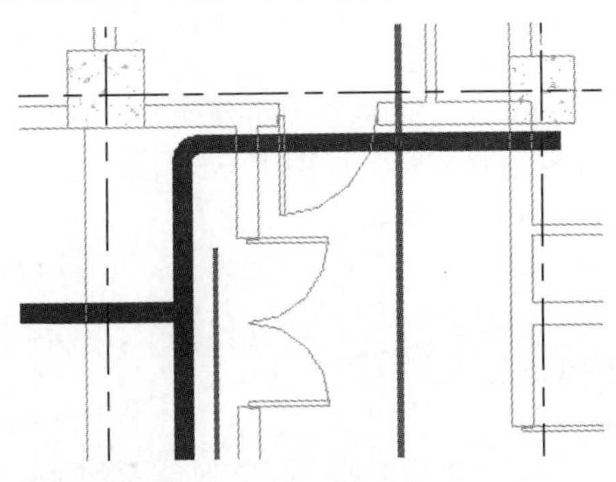

图 12-51　绘制消火栓给水支管

（5）采用相同的方法，根据 CAD 图纸继续绘制直径为 150 mm 的消火栓给水支管，如图 12-52 所示。

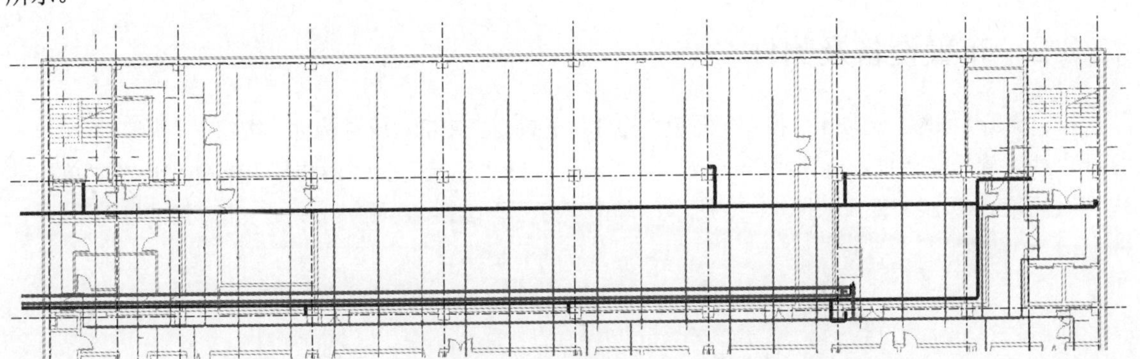

图 12-52　绘制消火栓给水支管

（6）在“属性”选项板中单击“编辑类型”按钮，打开“类型属性”对话框，单击“布管系统配置”栏中的“编辑”按钮，打开“布管系统配置”对话框，单击“管段和尺寸”按钮，打开“机械设置”对话框，在“管段”下拉列表中选择“热浸镀锌钢-GB/T 21835—2008”，单击“新建尺寸”按钮，打开“添加管道尺寸”对话框，输入公称直径、内径和外径，如图 12-53 所示，单击“确定”按钮，返回“机械设置”对话框，新建的尺寸已添加到列表中，如图 12-54 所示。单击“确定”按钮，完成管道尺寸的设置。

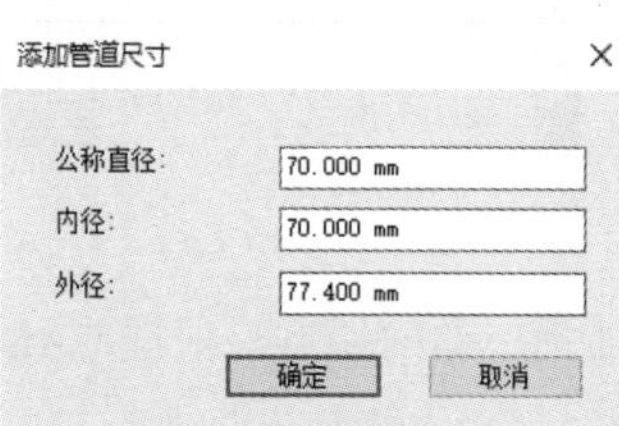

图 12-53 “添加管道尺寸”对话框

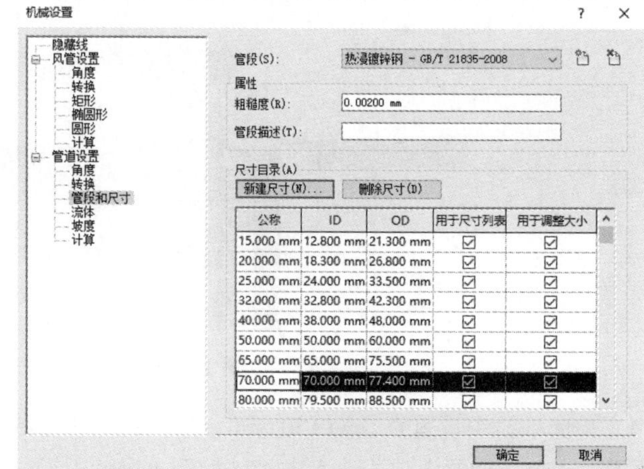

图 12-54 “机械设置”对话框

（7）在选项栏中设置直径为 70 mm、中间高程为 1100 mm，捕捉消火栓给水支管的管道端点，根据 CAD 图纸绘制地下一层的消火栓给水立管，如图 12-55 所示。

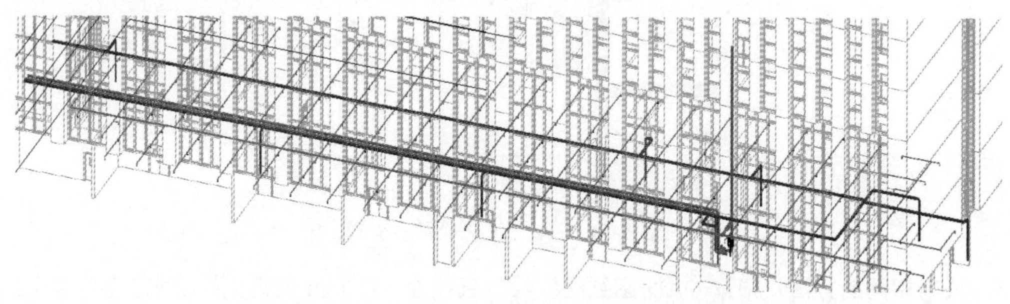

图 12-55 绘制地下一层的消火栓给水立管

12.3.2 布置设备及附件

（1）单击“系统”选项卡“模型”面板“构件”下拉列表中的“放置构件”按钮（快捷键：CM），打开“载入族”对话框，选择“Chinese”→“消防”→“建筑”→“消防柜”文件夹中的“单栓室内消火栓箱.rfa”族文件，如图 12-56 所示，单击“打开”按钮。

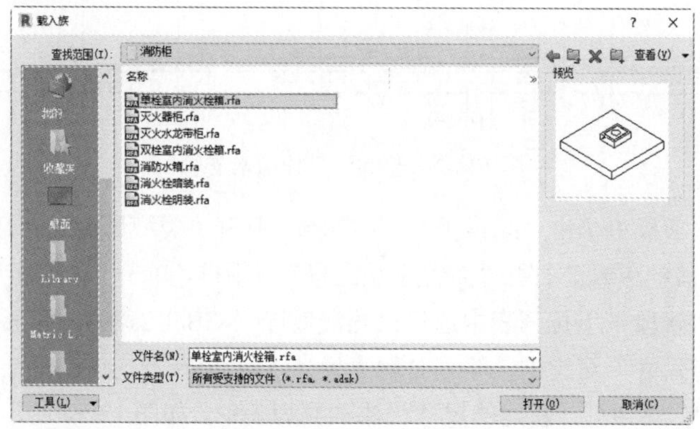

图 12-56 “载入族”对话框

（2）此时系统打开如图 12-57 所示的“指定类型”对话框，选取“800×650×240mm-明装”和“800×650×240mm-半暗装”两种类型，单击“确定”按钮。

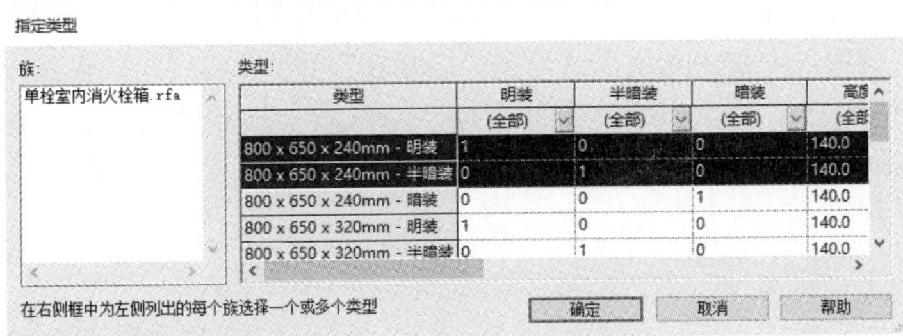

图 12-57　“指定类型”对话框

（3）在“属性”选项板中选择“800×650×240mm-明装”类型，设置标高中的高程为 1100 mm，在选项卡中单击“放置在垂直面上”按钮，根据 CAD 图纸，选取墙放置明装的消火栓箱，如图 12-58 所示。

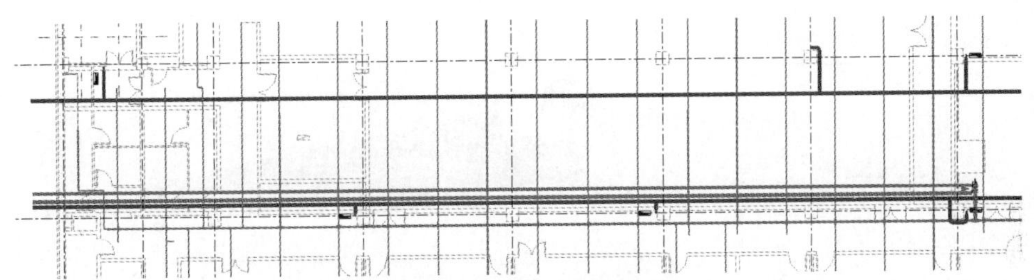

图 12-58　放置明装的消火栓箱

（4）在“属性”选项板中选择“800×650×240mm-半暗装”类型，设置标高中的高程为 1100 mm，在选项卡中单击“放置在垂直面上”按钮，根据 CAD 图纸，在墙体中放置半暗装的消火栓箱，如图 12-59 所示。

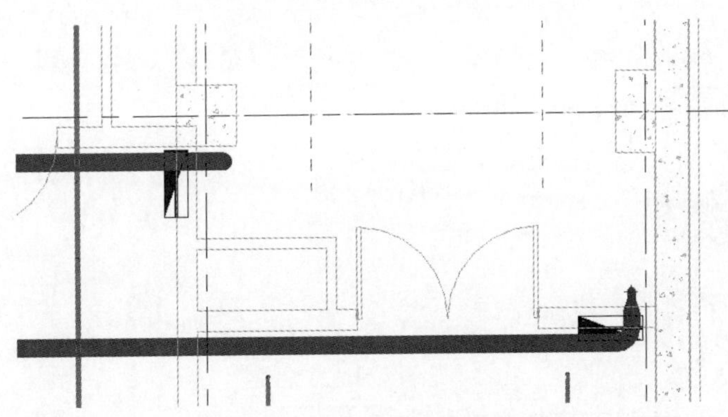

图 12-59　放置半暗装的消火栓箱

（5）因为消火栓箱属于机械设备，在第 11 章设置过滤器时，“机械设备”类别没有设置在消火栓给水系统中，所以这里需要对消火栓箱进行修改。双击视图中的任一消火栓箱，打开消火栓箱的族编辑界面，单击“创建”选项卡“属性”面板中的“族类别和族参数”按钮，打开“族类别和族参数”对话框，在“族类别”列表框中选择“管道附件”，如图 12-60 所示，单击“确定”按钮。

Note

（6）单击“创建”选项卡“族编辑器”面板中的“载入到项目并关闭”按钮，系统提示是否保存和替换现有文件，单击“是”按钮，关闭族文件并返回机械专业样板文件中。

（7）单击“系统”选项卡“卫浴和管道”面板中的“管路附件”按钮（快捷键：PA），在“属性”选项板中选择“蝶阀-65-300mm-法兰式-消防 150mm”类型，将蝶阀放置在接室外消火栓增压管网的管道端点，单击“旋转”图标和“翻转管件”图标，调整蝶阀的放置方向，使蝶阀的手轮朝外以方便操作，如图 12-61 所示。

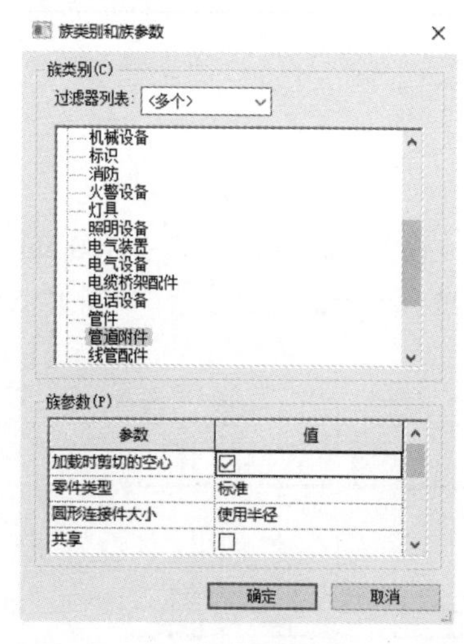

图 12-60 “族类别和族参数”对话框

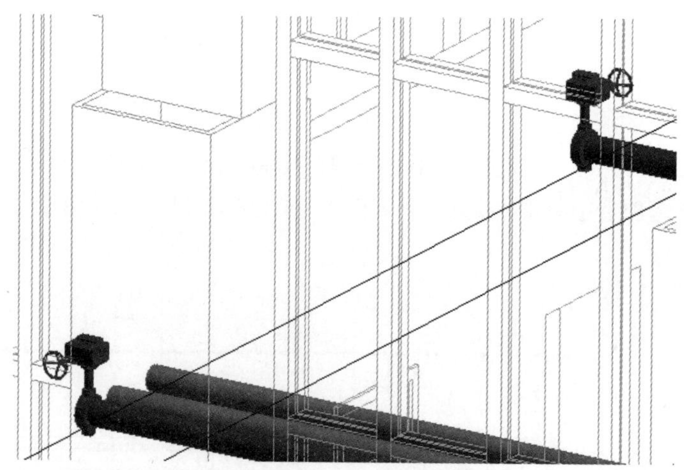

图 12-61 放置蝶阀

（8）单击“系统”选项卡“卫浴和管道”面板中的“管路附件”按钮（快捷键：PA），打开“修改|放置管道附件”选项卡，单击“模式”面板中的“载入族”按钮，打开“载入族”对话框，选择“Chinese”→“MEP”→“卫浴附件”→“过滤器”文件夹中的“Y 型过滤器-50-500 mm-法兰式.rfa”族文件，如图 12-62 所示，单击“打开”按钮，载入文件。

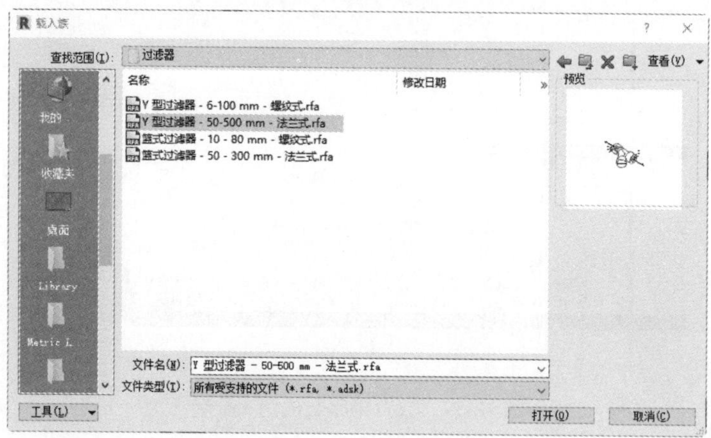

图 12-62 “载入族”对话框

（9）在“属性”选项板中选择“Y 型过滤器-50-500mm-法兰式 150 mm”类型，移动鼠标到水平管道上，当过滤器与管道平行并高亮显示管道主线时（见图 12-63），单击鼠标将过滤器放置在水平管道上，单击“旋转”图标和“翻转管件”图标，调整过滤器的方向，如图 12-64 所示。

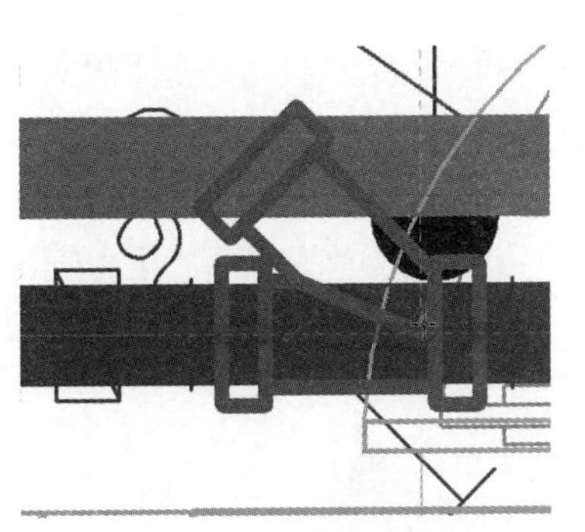

图 12-63　选取水平管道

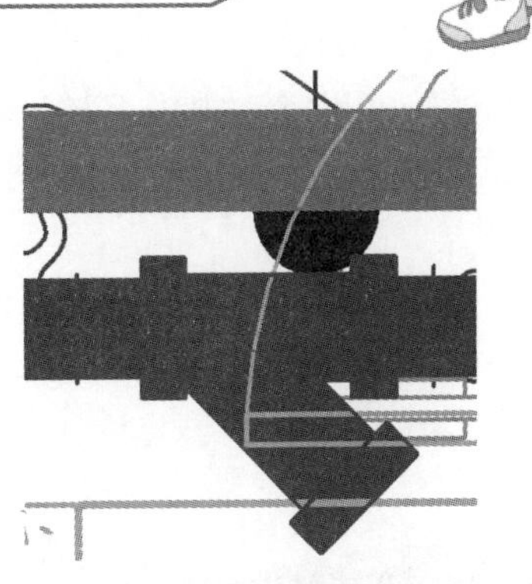

图 12-64　放置过滤器

（10）重复利用“管路附件”按钮（快捷键：PA），单击“模式”面板中的“载入族”按钮，打开“载入族”对话框，选择“比例式减压阀.rfa”族文件，单击“打开”按钮，载入文件。将减压阀放置在水平管道上，如图 12-65 所示。

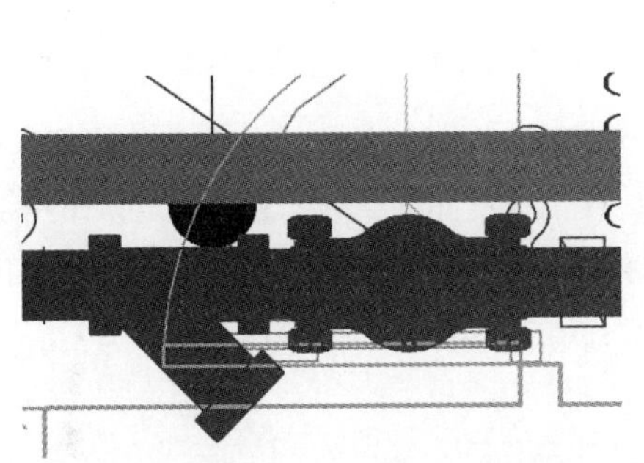

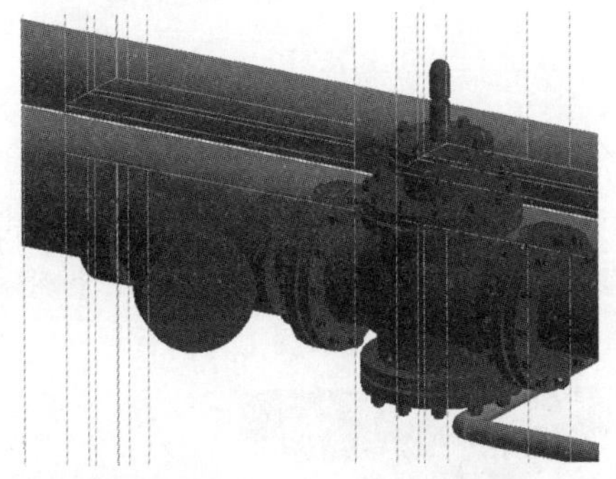

图 12-65　放置减压阀

（11）重复利用“管路附件”按钮（快捷键：PA），单击“模式”面板中的“载入族”按钮，打开“载入族”对话框，选择“压力表-抱箍.rfa”族文件，单击“打开”按钮，载入文件。

（12）在“属性”选项板中更改公称半径为 75 mm，其他参数采用默认设置，如图 12-66 所示。

（13）将压力表放置在过滤器和减压阀的两端的水平管道上，如图 12-67 所示。

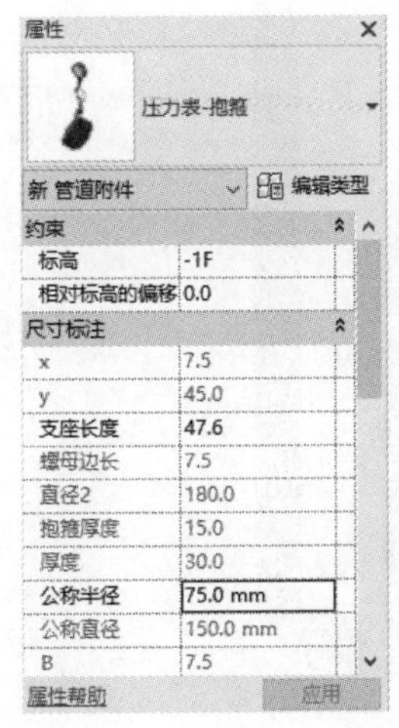

图 12-66　“属性”选项板

图 12-67　放置压力表

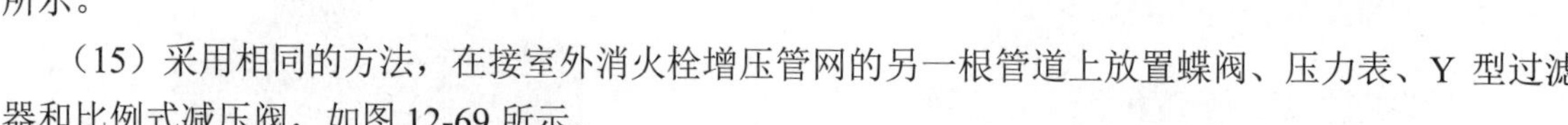

Note

（14）重复利用“管路附件”按钮（快捷键：PA），在“属性”选项板中选择“蝶阀-65-300mm-法兰式-消防 150mm”类型，将其放置在压力表的两侧，单击“旋转”图标，调整位置，如图 12-68 所示。

（15）采用相同的方法，在接室外消火栓增压管网的另一根管道上放置蝶阀、压力表、Y 型过滤器和比例式减压阀，如图 12-69 所示。

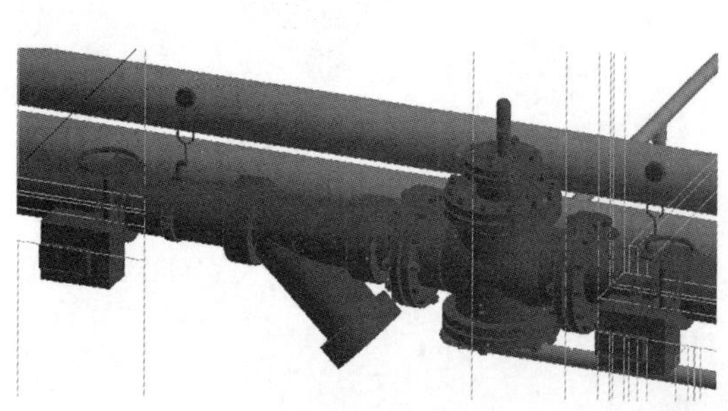

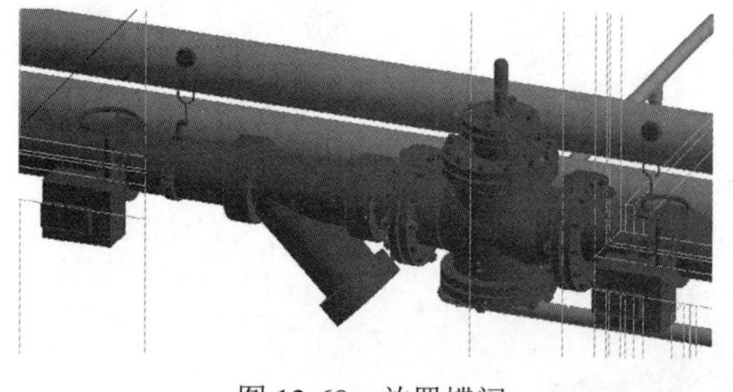

图 12-68　放置蝶阀

图 12-69　另一个管道上的管路附件

（16）将视图切换至“三维-给排水”视图，选取消火栓，在打开的“修改|喷头”选项卡中单击“连接到”按钮，然后选取消火栓立管，系统自动创建连接消火栓和立支管的连接管道，如图 12-70 所示。

（17）选取立管上多余的管道，按 Delete 键将其删除，然后选取立管上的 T 形三通，单击“弯头”图标，将三通转为弯头，如图 12-71 所示。

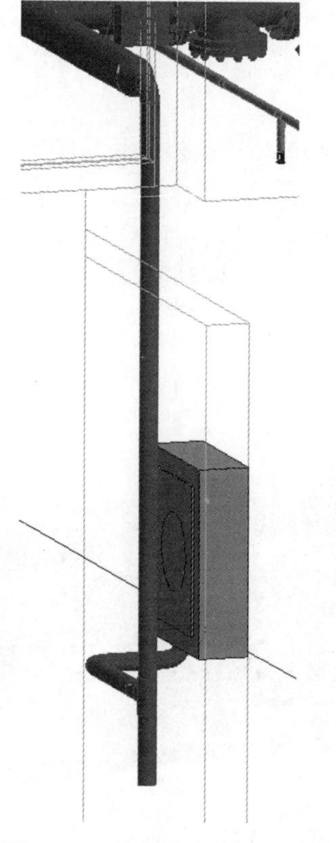

图 12-70　绘制消火栓连接管道

图 12-71　三通转为弯头

（18）采用相同的方法，根据 CAD 图纸，绘制与消火栓箱相连的支管，如图 12-72 所示。

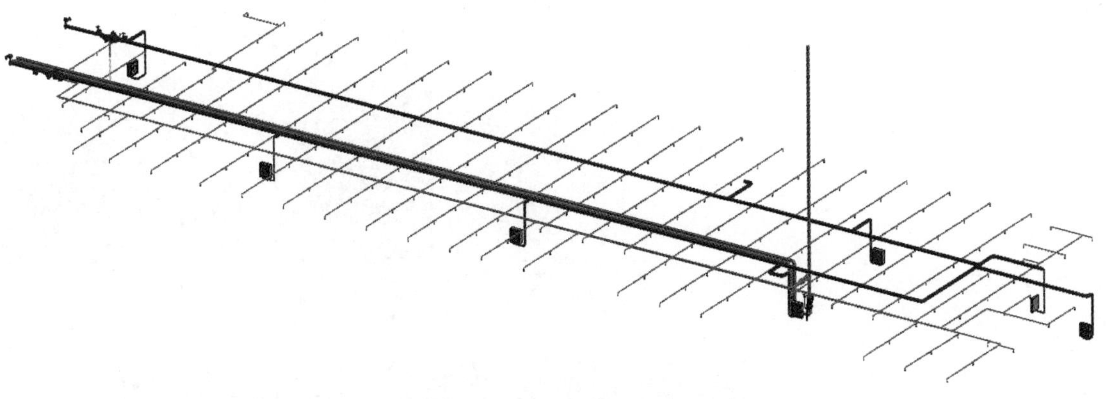

图 12-72　与消火栓箱相连的支管

（19）重复利用“管路附件”按钮（快捷键：PA），在“属性”选项板中选择“蝶阀-65-300mm-法兰式-消防 150mm”类型，将其放置在消火栓箱的支管上，单击“旋转”图标，调整其位置，如图 12-73 所示。

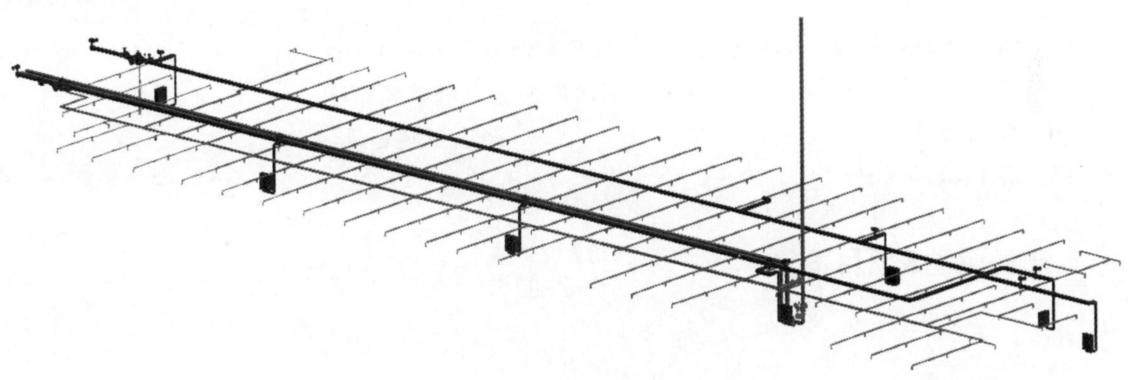

图 12-73　放置蝶阀

其他层的消火栓给水系统是在地下一层的消火栓立管上直接绘制直径为 100 mm 的立管，然后连接消火栓即可，比较简单。读者可以根据源文件中的 CAD 图纸绘制其他楼层的消防给水系统，这里不再一一介绍绘制过程。

第13章

某后勤大楼空调通风系统

知识导引

本章以某后勤大楼地下一层为例，介绍创建空调通风系统的方法。首先导入CAD图纸，然后以CAD图纸为参考布置风管、设备等，创建送风系统和排风系统。

☑ 绘图准备

☑ 创建送风系统

☑ 创建排风系统

任务驱动&项目案例

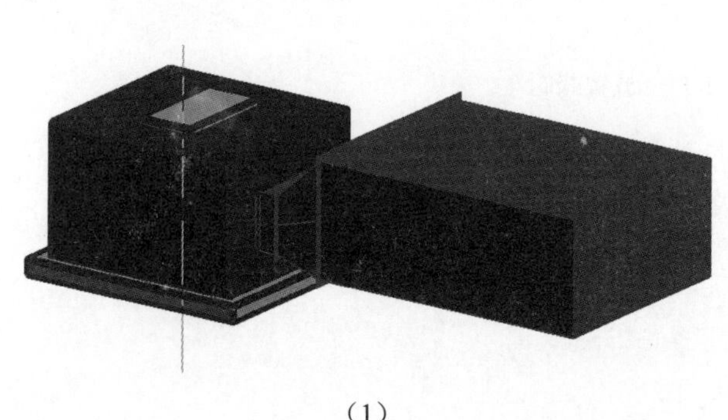

(1)

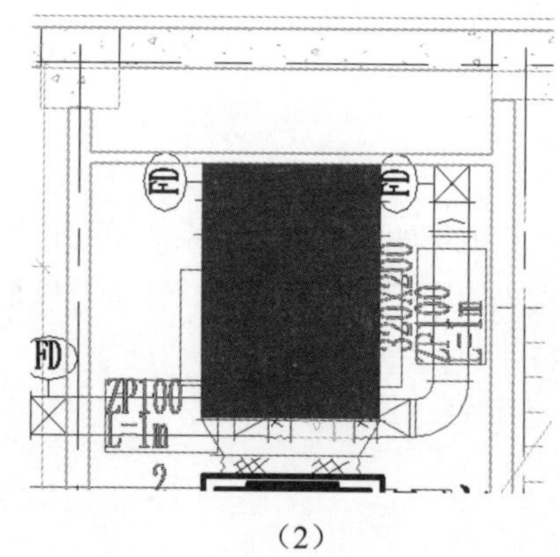

(2)

13.1　绘图准备

Note

视频讲解

在进行系统创建之前，先导入 CAD 图纸，然后进行风管属性配置。

13.1.1　导入 CAD 图纸

（1）在项目浏览器中双击“暖通”→“楼层平面”节点下的“暖通-1F”字样，将视图切换到暖通-1F 楼层平面视图。

（2）单击“插入”选项卡“导入”面板中的“链接 CAD”按钮，打开“链接 CAD 格式”对话框，选择“地下一层空调通风平面图.dwg”文件，设置定位为“自动-原点到内部原点”，选中“仅当前视图”复选框，设置导入单位为“毫米”，其他参数采用默认设置，单击“打开”按钮，链接 CAD 图纸。

（3）默认链接的 CAD 图纸处于锁定状态，无法移动。单击“修改”选项卡“修改”面板中的“解锁”按钮（快捷键：UP），将 CAD 图纸解锁。

（4）单击“修改”选项卡“修改”面板中的“对齐”按钮（快捷键：AL），在视图中单击 5-1 轴线，然后单击链接的 CAD 图纸中的 5-1 轴线，将 5-1 轴线对齐；接着在视图中单击 5-A 轴线，然后单击链接的 CAD 图纸中的 5-A 轴线，将 5-A 轴线对齐。此时，CAD 文件中的轴网与视图中的轴网重合。

（5）单击“修改”选项卡“修改”面板中的“锁定”按钮（快捷键：PN），选择 CAD 图纸，将其锁定，以免在布置风管和设备的过程中移动图纸，产生混淆。

（6）选取图纸，打开“修改|地下一层空调通风平面图”选项卡，单击“查询”按钮，在图纸中选取要查询的图形，打开“导入实例查询”对话框，单击“在视图中隐藏”按钮，将选取的图层隐藏，采用相同的方法，隐藏其他的图层，整理后的图形如图 13-1 所示。

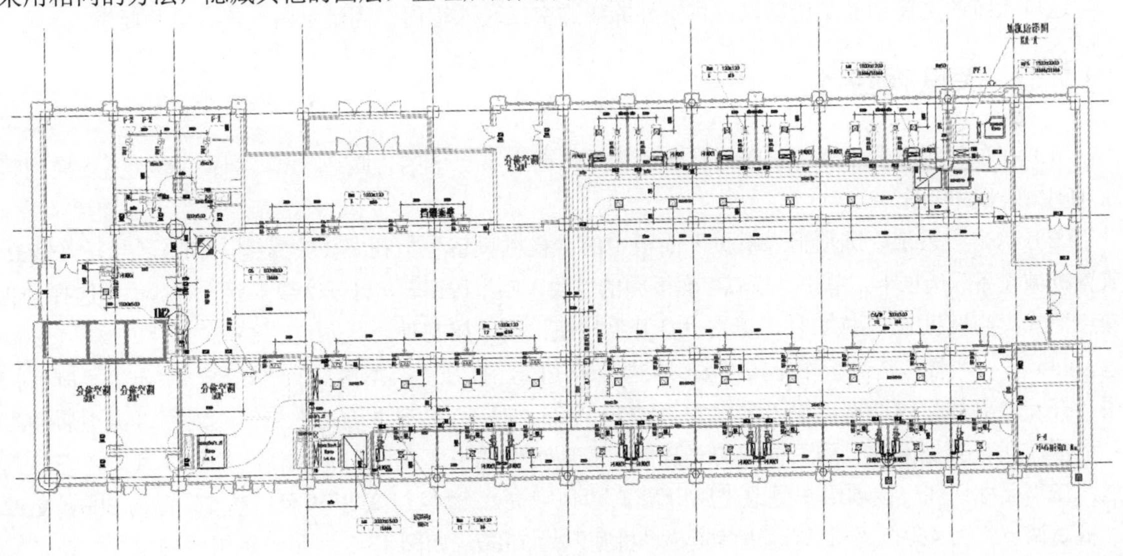

图 13-1　整理后的图形

Note

13.1.2　风管属性配置

（1）单击“系统”选项卡“暖通空调”面板中的“风管”按钮（快捷键：DT），在“属性”选项板中单击“编辑类型”按钮，打开“类型属性”对话框，单击“布管系统配置”栏中的“编辑”按钮，打开“布管系统配置”对话框。

（2）在“布管系统配置”对话框中设置弯头为“矩形弯头-弧形-法兰：1.0W”，过渡件为“矩形变径管-角度-法兰：60 度”，其他参数采用默认设置，如图 13-2 所示，连续单击“确定”按钮。

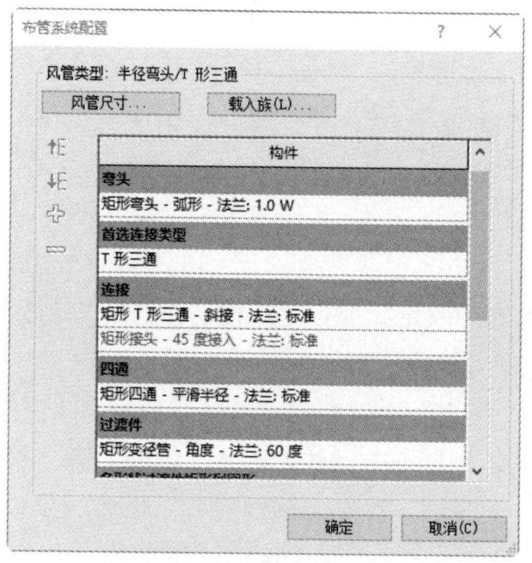

图 13-2　设置参数

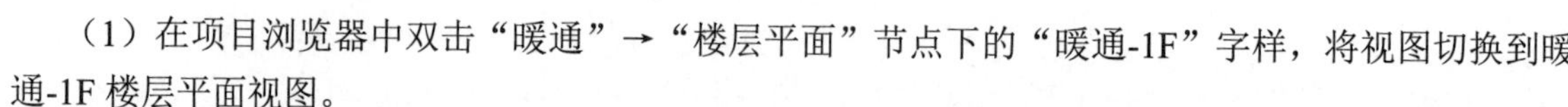

13.2　创建送风系统

送风系统的主要功能是送新风，将室外的新鲜空气送入室内，满足室内空气含量的要求。

视频讲解

13.2.1　送风系统 1

（1）在项目浏览器中双击“暖通”→“楼层平面”节点下的“暖通-1F”字样，将视图切换到暖通-1F 楼层平面视图。

（2）单击“系统”选项卡“机械”面板中的“机械设备”按钮（快捷键：ME），打开“修改|放置机械设备”选项卡，单击“模式”面板中的“载入族”按钮，打开“载入族”对话框，选择“低噪声柜式离心风机.rfa”族文件，单击“打开”按钮，载入族文件。

（3）在“属性”选项板中单击“编辑类型”按钮，打开“类型属性”对话框，单击“复制”按钮，打开“名称”对话框，输入名称为“HTFC-I-25 型”，单击“确定”按钮，返回“类型属性”对话框，在“类型属性”列表框中的“其他”选项组中选中“底座”、“风口 1”和“风口 2”复选框，在“尺寸标注”选项组中更改“风口宽 1”“风口高 1”“风口宽 2”“风口高 2”都为 800，更改“机高调节”为 460，“机长”为 1460，“机宽”为 1380，如图 13-3 所示，单击“确定”按钮，完成“HTFC-I-25 型”离心风机的创建。

（4）在“属性”选项板中设置标高为-1F，相对标高的偏移为 0，按 Space 键调整离心风机的方向，根据 CAD 图纸放置离心风机，如图 13-4 所示。

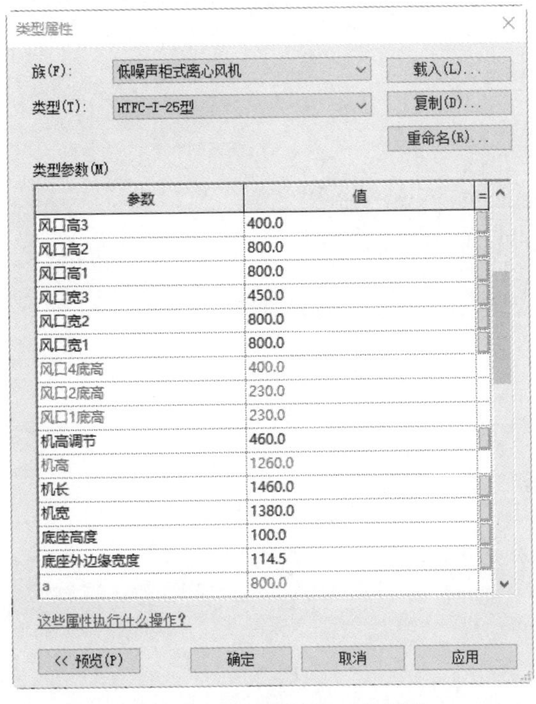

图 13-3　“类型属性”对话框

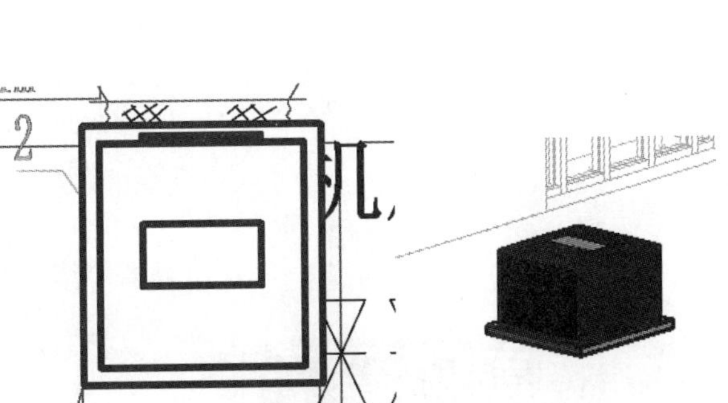

图 13-4　放置离心风机

（5）单击“系统”选项卡“暖通空调”面板中的“风管”按钮（快捷键：DT），在“属性”选项板中选择“矩形风管 半径弯头/T 形三通”类型，更改参照标高为-1F，输入宽度为 1600，高度为 800，底部高程为 410，系统类型为送风，如图 13-5 所示。

（6）根据 CAD 图纸绘制水平风管，如图 13-6 所示。

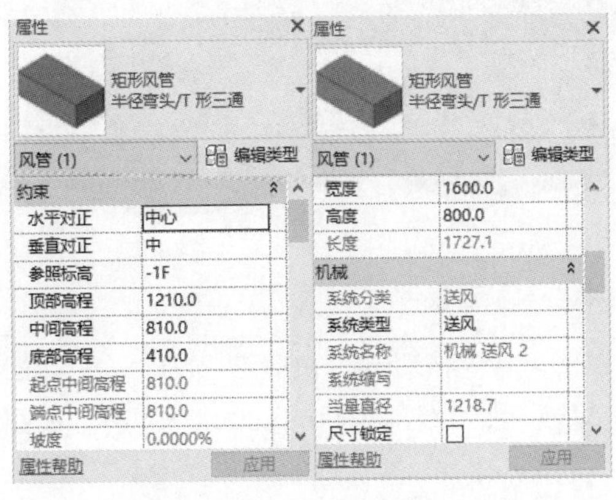

图 13-5　“属性”选项板

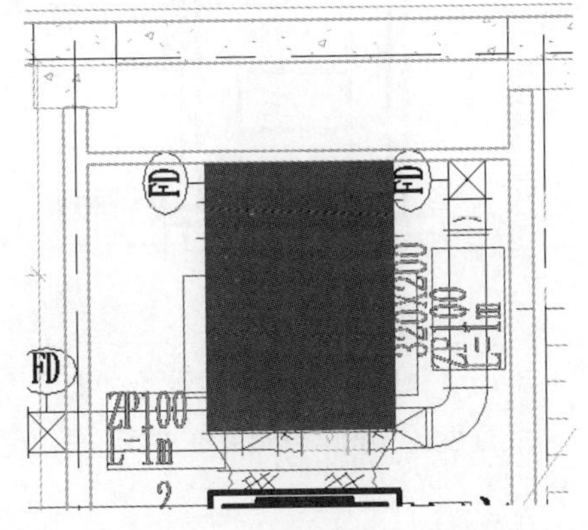

图 13-6　绘制 1600×800 风管

（7）选取离心风机，打开如图 13-7 所示的“修改|机械设备”选项卡，单击“连接到”按钮，打开“选择连接件”对话框，选择连接件 2，如图 13-8 所示，单击“确定”按钮，然后选择上一步绘制的风管，系统自动在离心风机与风管之间采用矩形变径管连接，如图 13-9 所示。

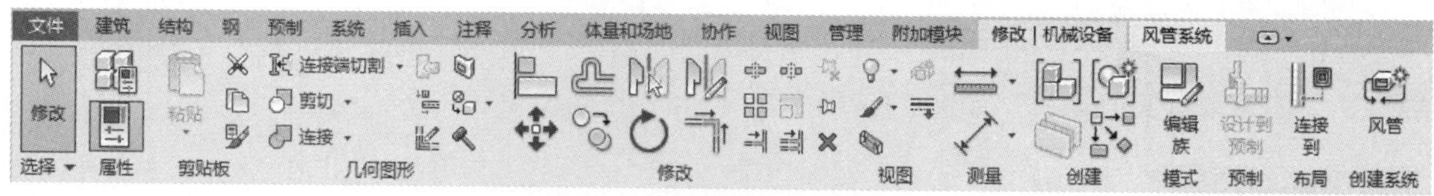

图 13-7 “修改|机械设备”选项卡

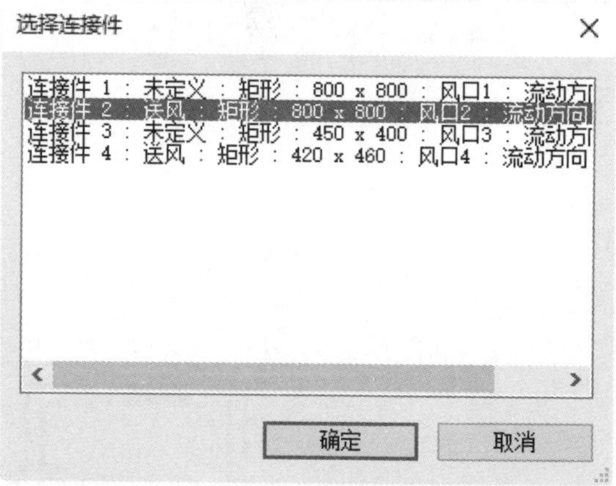

图 13-8 “选择连接件”对话框

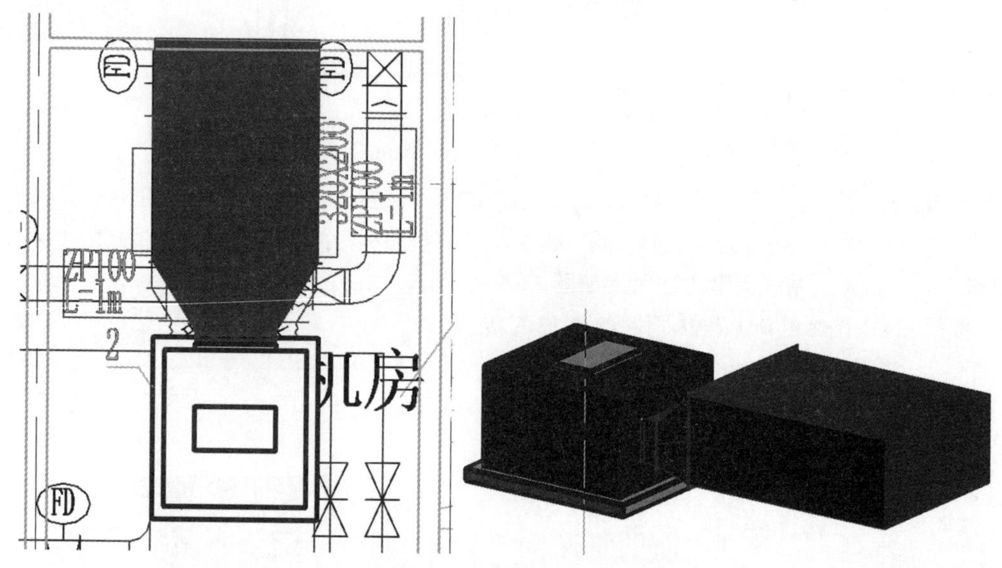

图 13-9 离心风机与风管连接

（8）单击“系统”选项卡“暖通空调”面板中的“风管”按钮（快捷键：DT），在“属性”选项板中设置宽度为1600，高度为800，底部高程为2850，然后绘制1600×800水平风管，如图13-10所示。

（9）选取离心风机，打开如图13-7所示的“修改|机械设备”选项卡，单击“连接到”按钮，打开“选择连接件”对话框，选择连接件3，单击“确定”按钮，然后选择上一步绘制的风管，使离心风机连接到水平风管上，如图13-11所示。

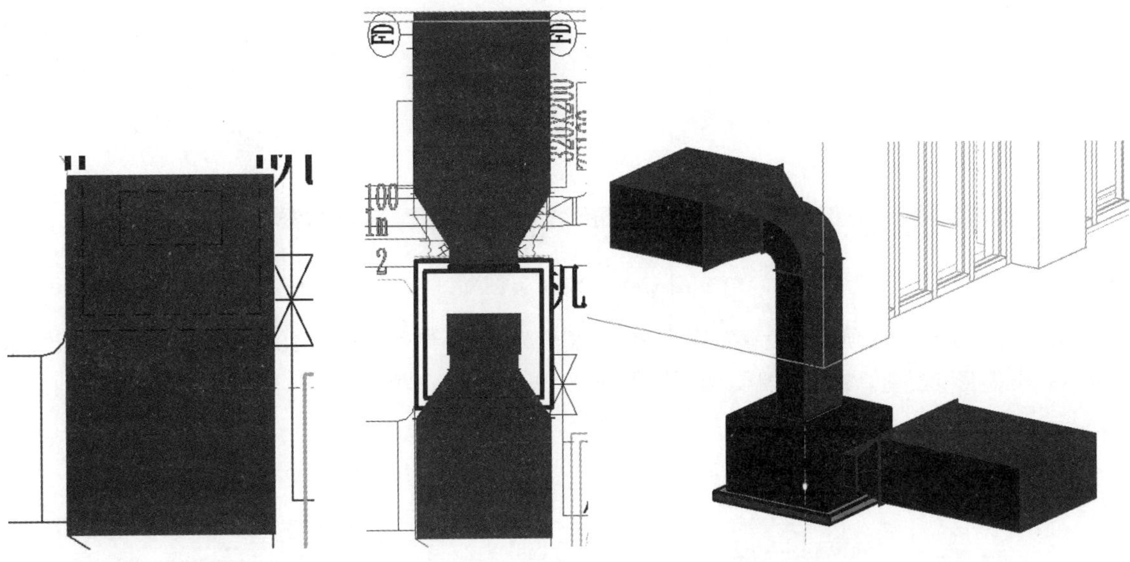

图 13-10　绘制 1600×800 风管　　　　图 13-11　离心风机与风管连接

（10）选取视图中任意矩形变径管，在“属性”选项板中单击“编辑类型”按钮，打开“类型属性”对话框，单击“复制”按钮，打开“名称”对话框，输入名称为“90 度”，单击“确定”按钮，返回“类型属性”对话框，更改角度为 90°，如图 13-12 所示，单击“确定”按钮，完成矩形变径管的更改。选取另一个矩形变径管，在“属性”选项板中选择“矩形变径管-角度-法兰 90 度”类型，如图 13-13 所示。

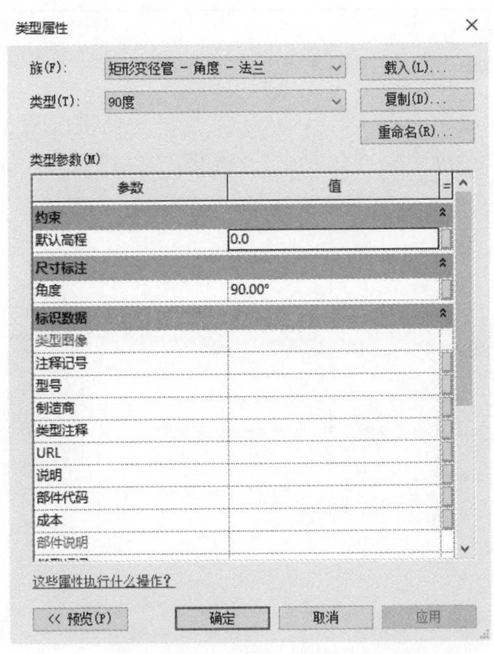

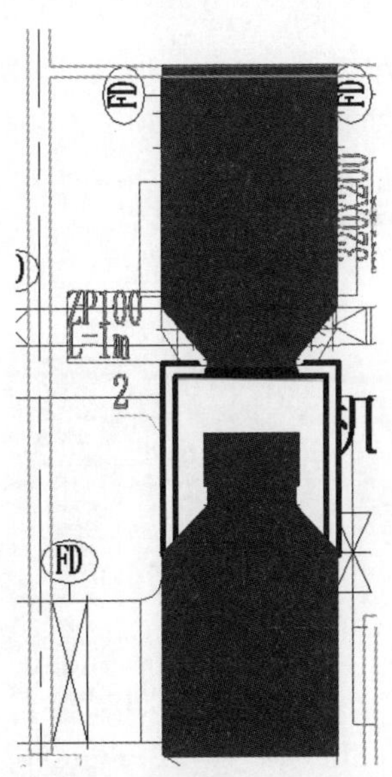

图 13-12　“类型属性”对话框　　　　图 13-13　更改矩形变径管

（11）在“属性”选项板中设置宽度为 1250，高度为 800，底部高程为 2850，随后绘制 1250×800 水平风管；然后更改宽度为 1250，高度为 400，继续绘制 1250×400 的水平风管，如图 13-14 所示。

Note

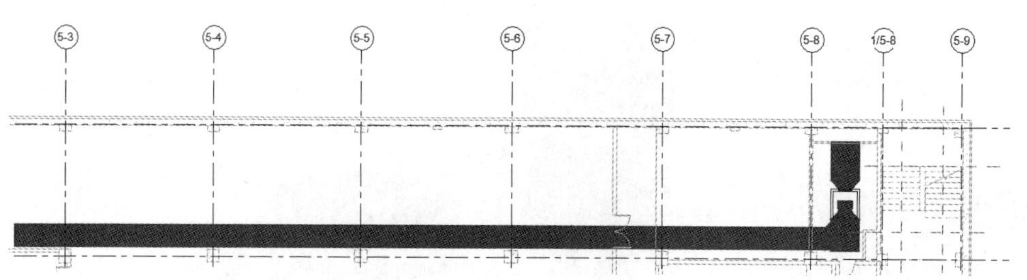

图 13-14　绘制水平风管

（12）在“属性”选项板中设置宽度为 800，高度为 320，底部高程为 3000，根据 CAD 图纸绘制风管，选取矩形变径管，在“属性”选项板中选择“矩形变径管-角度-法兰 90 度”类型，如图 13-15 所示。

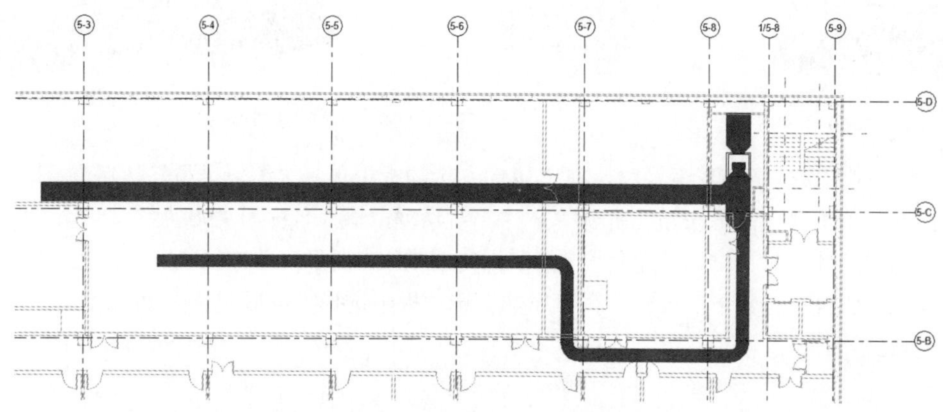

图 13-15　绘制 800×320 的风管

（13）单击“系统”选项卡“暖通空调”面板中的“风道末端”按钮（快捷键：AT），打开“修改|放置风道末端装置”选项卡，单击“模式”面板中的“载入族”按钮，打开“载入族”对话框，选择“Chinese”→“MEP”→“风管附件”→“风口”文件夹中的“散流器-方形.rfa”族文件，如图 13-16 所示，单击“打开”按钮，载入文件。

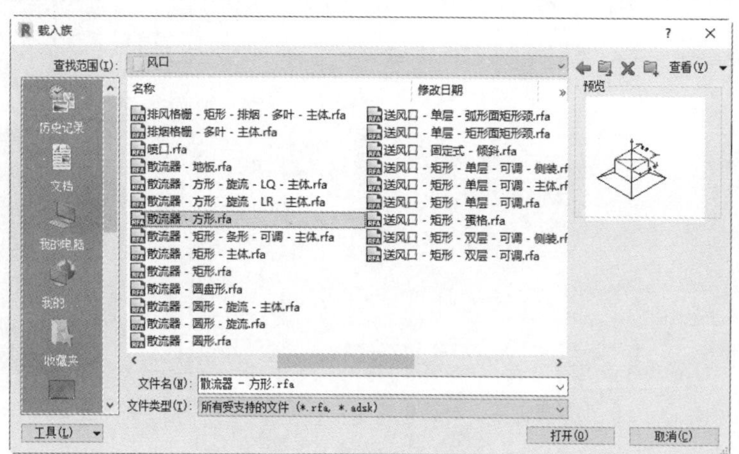

图 13-16　“载入族”对话框

（14）在“属性”选项板中单击“编辑类型”按钮，打开“类型属性”对话框，单击“复制”按钮，打开“名称”对话框，输入名称为“700×700”，单击“确定”按钮，返回“类型属性”对话框，更改“风管宽度”和“风管高度”均为700，如图13-17所示，单击“确定”按钮，完成“散流器-方形 700×700”类型的创建。

（15）在“属性”选项板中设置相对标高的偏移为2650，如图13-18所示，将散流器放置在风道上的适当位置，如图13-19所示。系统根据放置的散流器自动生成连接管道，如图13-20所示。

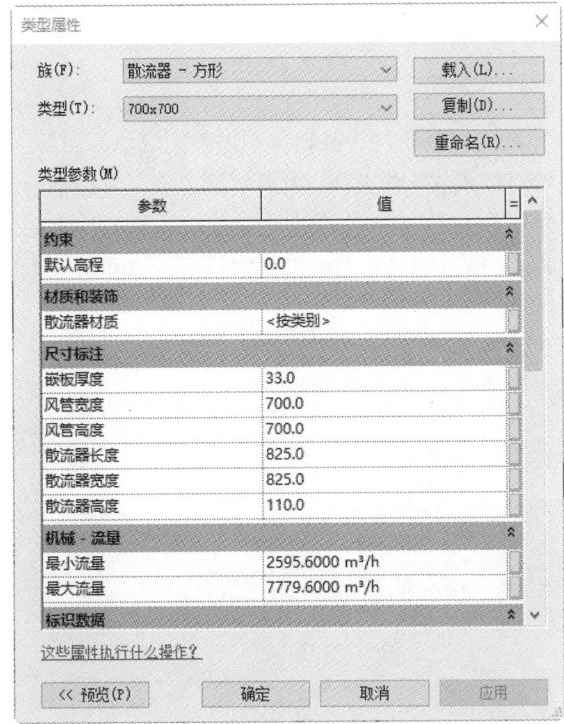

图 13-17　“类型属性”对话框

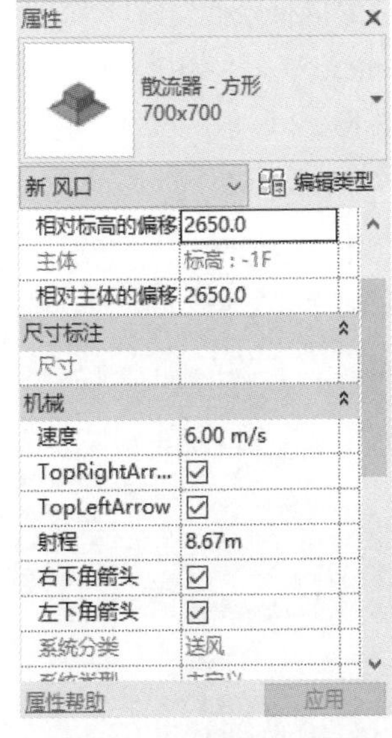

图 13-18　“属性”选项板

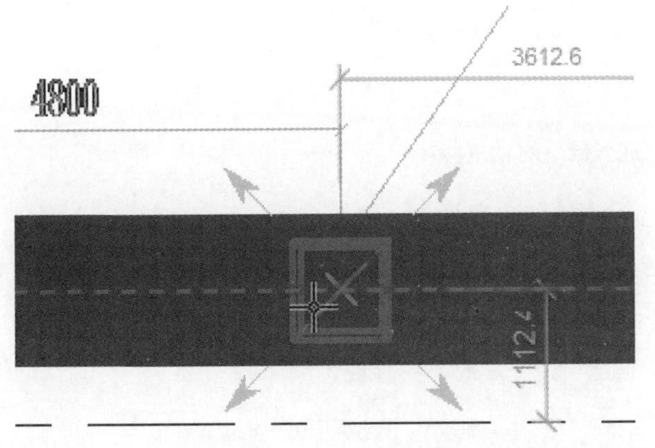

图 13-19　选取风管

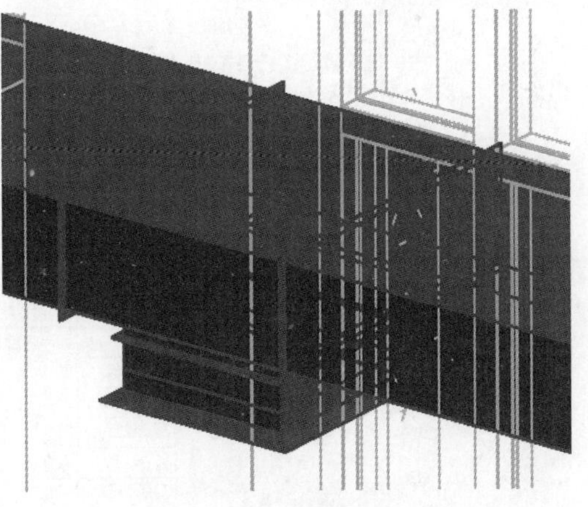

图 13-20　放置散流器

（16）采用相同的方法，根据CAD图纸，在风管上放置散流器，其中，支管上散流器的高度为2650，将视图切换至三维视图观察图形，结果如图13-21所示。

Note

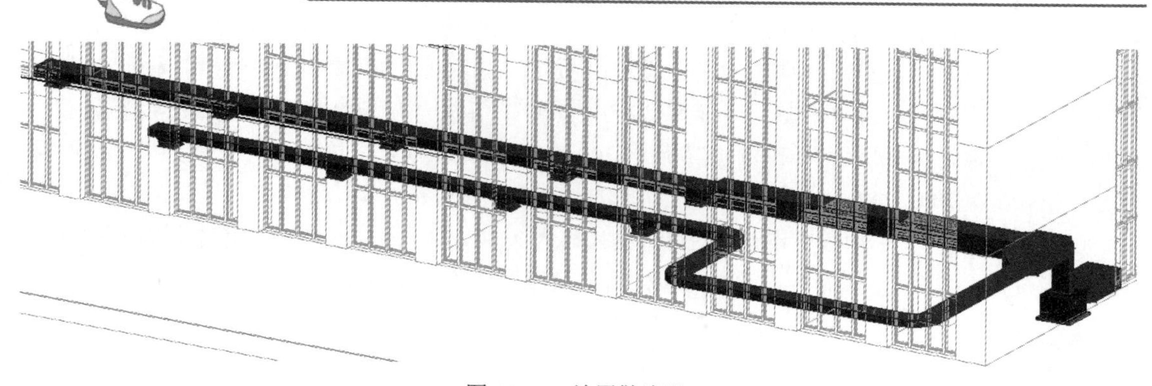

图 13-21　放置散流器

（17）单击“系统”选项卡“暖通空调”面板中的“风管附件”按钮（快捷键：DA），打开“修改|放置风管附件”选项卡，单击“模式”面板中的“载入族”按钮，打开“载入族”对话框，选择“Chinese”→“MEP”→“风管附件”→“消声器”文件夹中的“消声器-ZP100 片式.rfa”族文件，如图 13-22 所示，单击“打开”按钮，打开如图 13-23 所示的“指定类型”对话框，选择所有类型，单击“确定”按钮，载入所有类型。

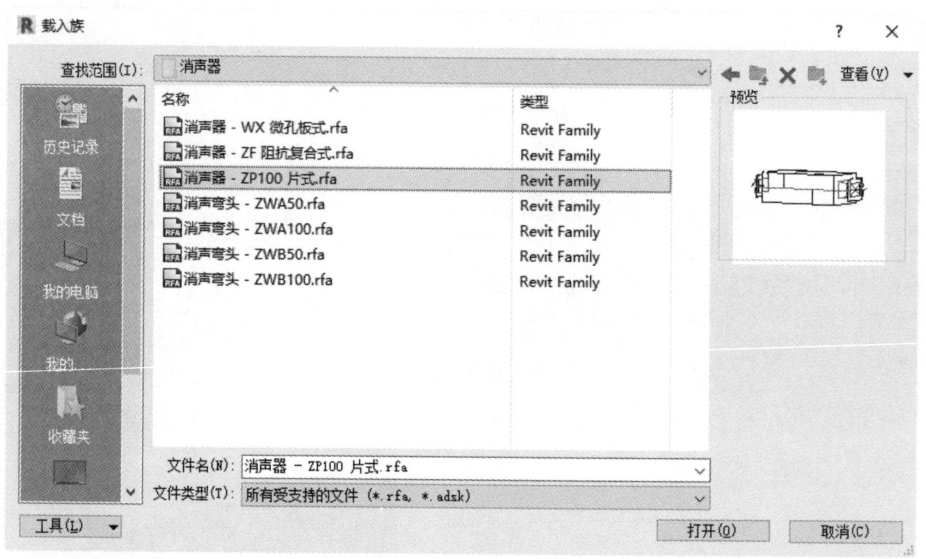

图 13-22　“载入族”对话框

类型	A	B	消声器材质	Ao	Bo
	(全部)	(全部)	(全部)	(全部)	(全部)
250x160	250.0	160.0	<按类别>	550.0	360.0
250x200	250.0	200.0	<按类别>	550.0	400.0
250x250	250.0	250.0	<按类别>	550.0	450.0
320x160	320.0	160.0	<按类别>	620.0	360.0
320x200	320.0	200.0	<按类别>	620.0	400.0

图 13-23　“指定类型”对话框

（18）在“属性”选项板中选择“1600×800”类型，捕捉 1600 mm×800 mm 风管的中心线，将其放置在风管上的适当位置，如图 13-24 所示。

（19）采用相同的方法，根据 CAD 图纸，分别在 1250 mm×800 mm 和 800 mm×320 mm 风管上放置消声器，如图 13-25 所示。

Note

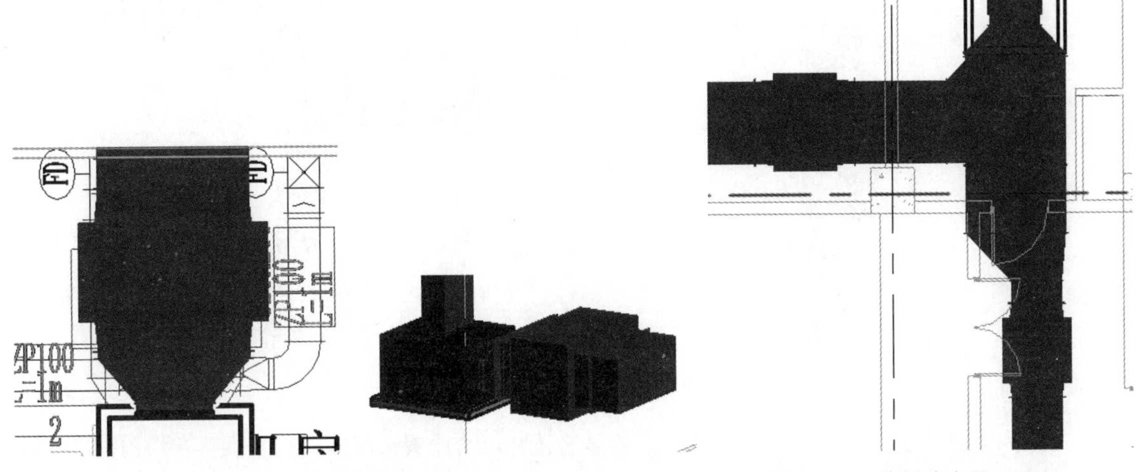

图 13-24　放置消声器（1）　　　　图 13-25　放置消声器（2）

（20）单击“系统”选项卡“暖通空调”面板中的“风管附件”按钮（快捷键：DA），打开“修改|放置风管附件”选项卡，单击“模式”面板中的“载入族”按钮，打开“载入族”对话框，选择“Chinese”→“消防”→“防排烟”→“风阀”文件夹中的“防火阀-矩形-电动-70 摄氏度.rfa”族文件，如图 13-26 所示，单击“打开”按钮，载入文件。

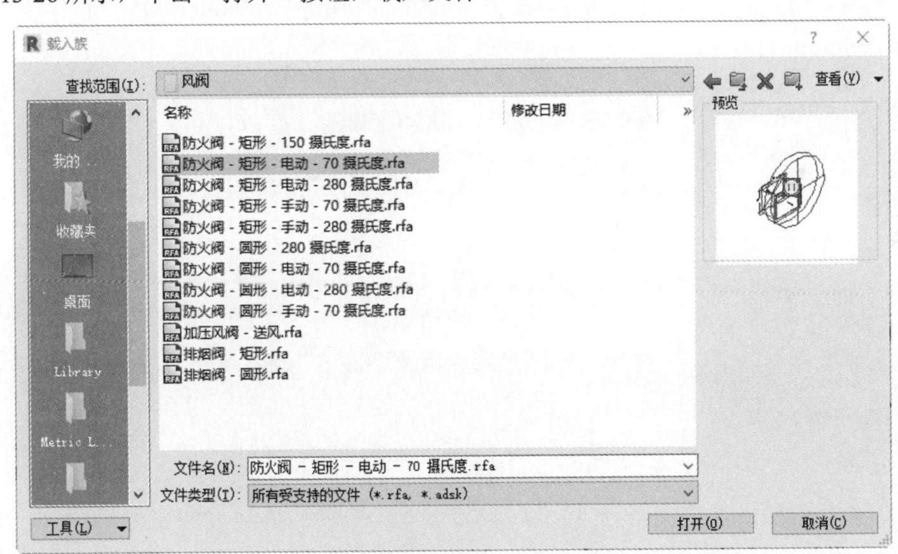

图 13-26　“载入族”对话框

（21）根据 CAD 图纸，将防火阀放置在风管上，如图 13-27 所示。

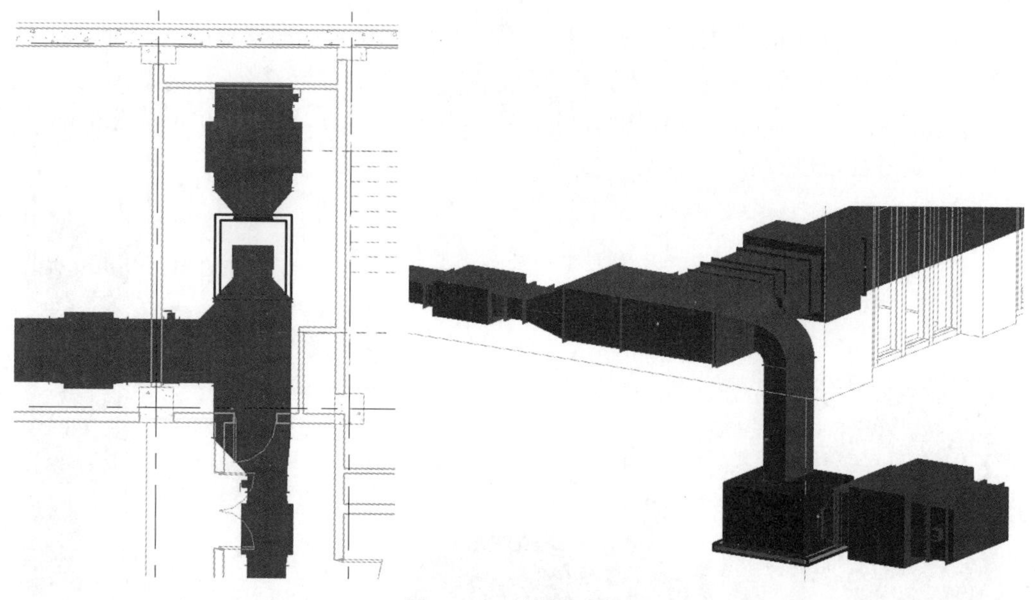

图 13-27　放置防火阀

（22）为了放置止回阀，这里需要调整消声器的长度，给放置止回阀留出位置。选取 1600×800 的消声器，在“属性”选项板中单击“编辑类型”按钮，打开“类型属性”对话框，更改 Lo 为 1200，如图 13-28 所示，单击“确定”按钮，调整消声器的长度。

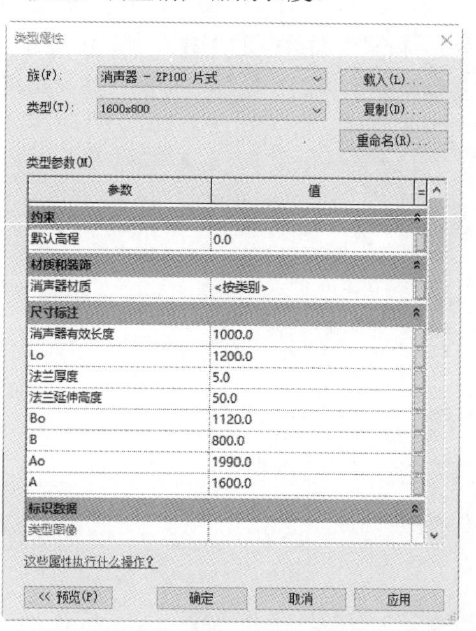

图 13-28　“类型属性”对话框

（23）单击“系统”选项卡“暖通空调”面板中的“风管附件”按钮（快捷键：DA），打开“修改|放置风管附件”选项卡，单击“模式”面板中的“载入族”按钮，打开“载入族”对话框，选择“Chinese”→“MEP”→“风管附件”→“风阀”文件夹中的“止回阀-矩形.rfa”族文件，如图 13-29 所示，单击“打开”按钮，打开如图 13-30 所示的“指定类型”对话框，单击“确定”按钮，载入文件。

图 13-29　“载入族”对话框

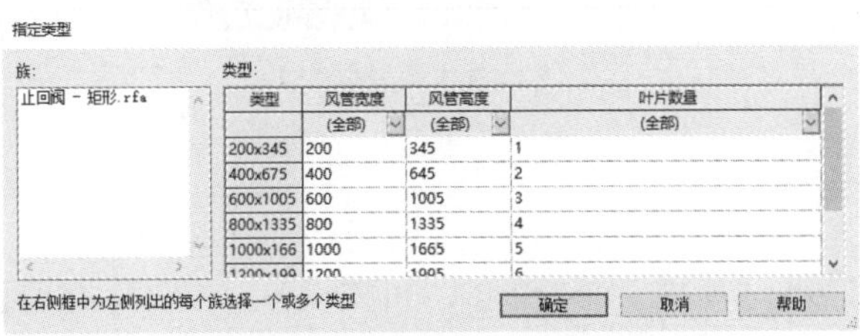

图 13-30　“指定类型”对话框

（24）在“属性”选项板中单击“编辑类型”按钮，打开“类型属性”对话框，新建“1600×800”类型，更改风管宽度为 1600，风管高度为 800，其他参数采用默认设置，如图 13-31 所示，单击“确定”按钮。

（25）根据 CAD 图纸，将止回阀放置在 1600×800 的管道上，如图 13-32 所示。

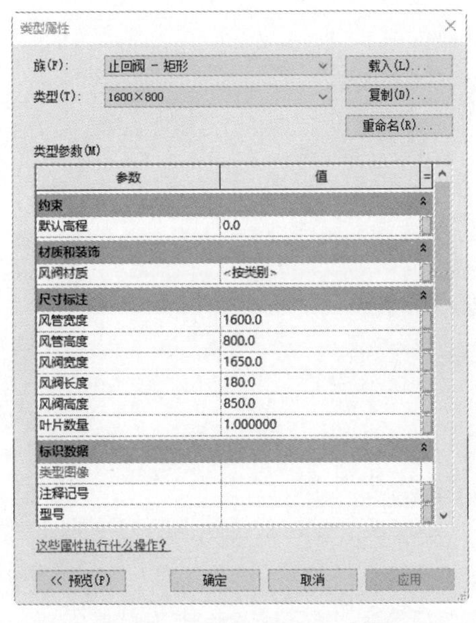

图 13-31　“类型属性”对话框

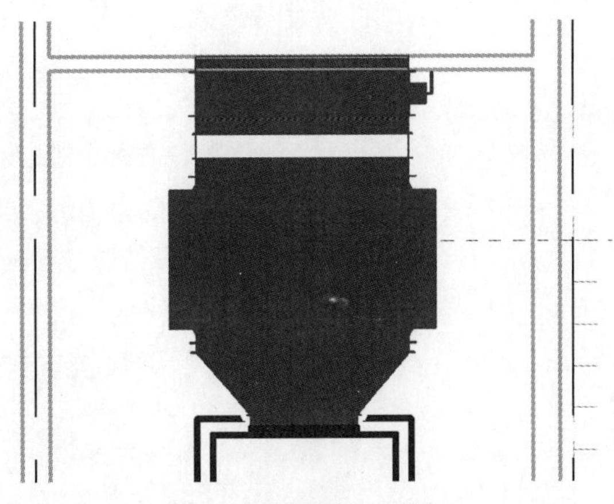

图 13-32　放置止回阀

（26）选取系统的末端风管，打开“修改|风管”选项卡，单击“编辑”面板中的“管帽 开放端

Note

点”按钮，在风管端部添加管帽，如图 13-33 所示。采用相同的方法，对系统中的其他风管端部添加管帽。

图 13-33　添加管帽

视频讲解

13.2.2　送风系统 2

（1）单击“系统”选项卡“机械”面板中的“机械设备”按钮（快捷键：ME），打开“修改|放置机械设备”选项卡，单击“模式”面板中的“载入族”按钮，打开“载入族”对话框，选择“排风机.rfa”族文件，单击“打开”按钮，载入族文件。

（2）在“属性”选项板中单击“编辑类型”按钮，打开“类型属性”对话框，单击“复制”按钮，打开“名称”对话框，输入名称为“PYHL-14A-No.3A”，单击“确定”按钮，返回“类型属性”对话框，更改“风管半径”为 160，“风机长度”为 560，如图 13-34 所示，单击“确定”按钮，完成“PYHL-14A-No.3A”排风机的创建。

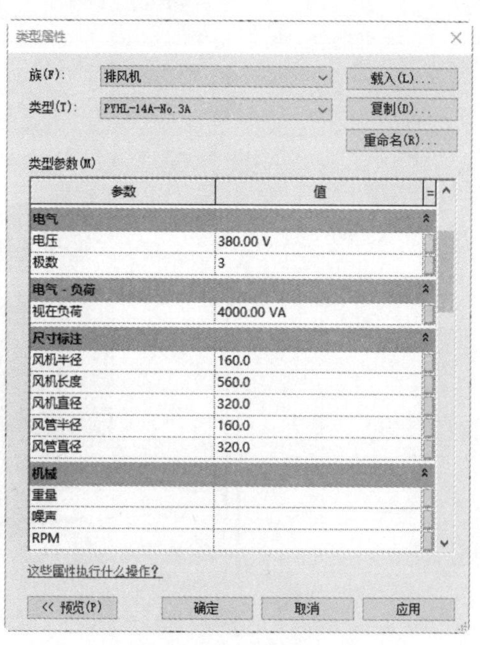

图 13-34 “类型属性”对话框

（3）在“属性”选项板中设置标高为-1F，相对标高的偏移为 3240，根据 CAD 图纸放置排风机，如图 13-35 所示。

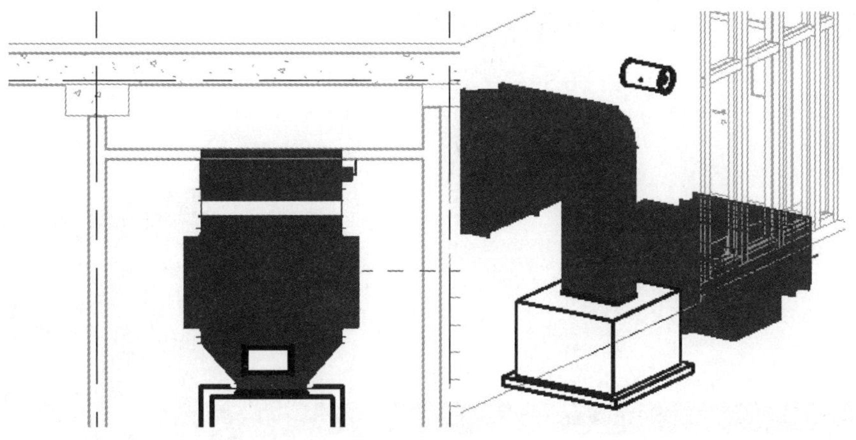

图 13-35　放置排风机

（4）选取上一步放置的排风机，单击一侧的“创建风管”图标⊞，在“属性”选项板中选择“矩形风管 半径弯头/T 形三通”类型，在选项板中设置宽度为 320，高度为 200，根据 CAD 图纸，绘制 320×200 的风管。采用相同的方法，绘制另一侧的 320×200 的风管，如图 13-36 所示。

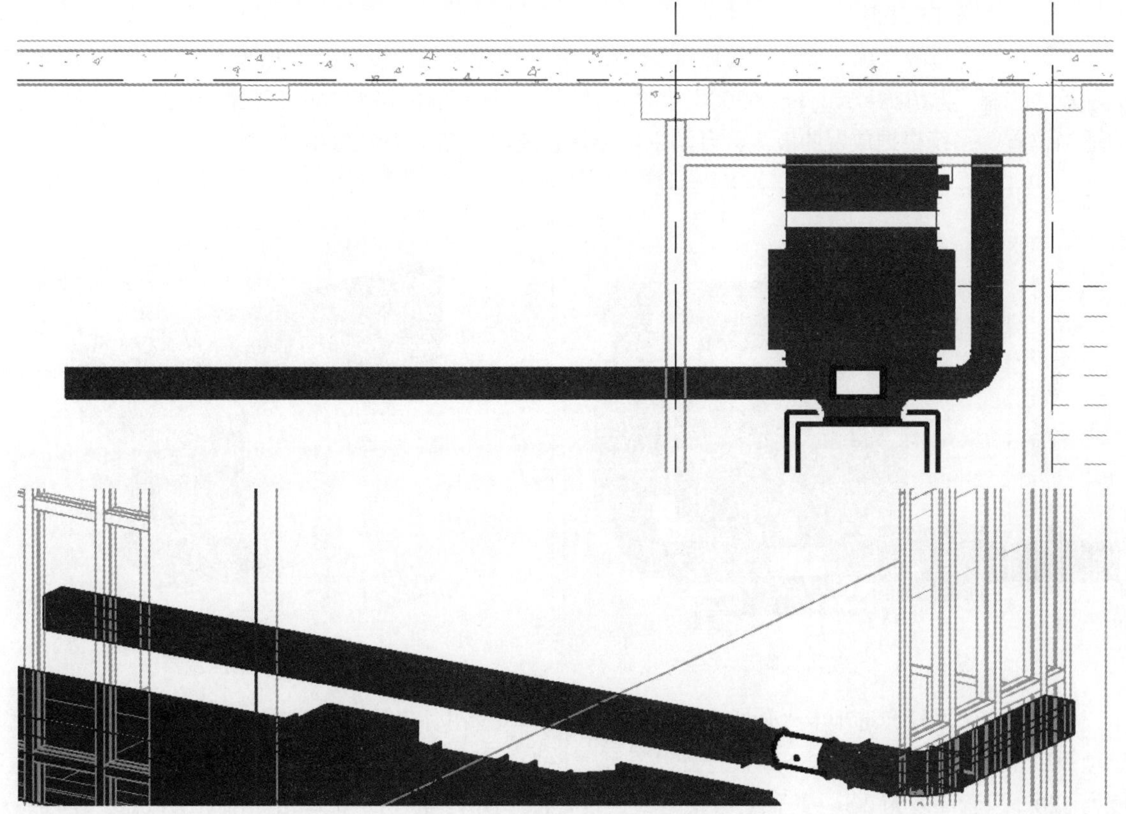

图 13-36　绘制 320×200 风管

Note

（5）单击“系统”选项卡“暖通空调”面板中的“风管附件”按钮（快捷键：DA），在“属性”选项板中选择“消声器 ZP100-片式 320×200”类型，捕捉 320 mm×200mm 风管的中心线，根据 CAD 图纸，将其放置在风管上的适当位置，如图 13-37 所示。

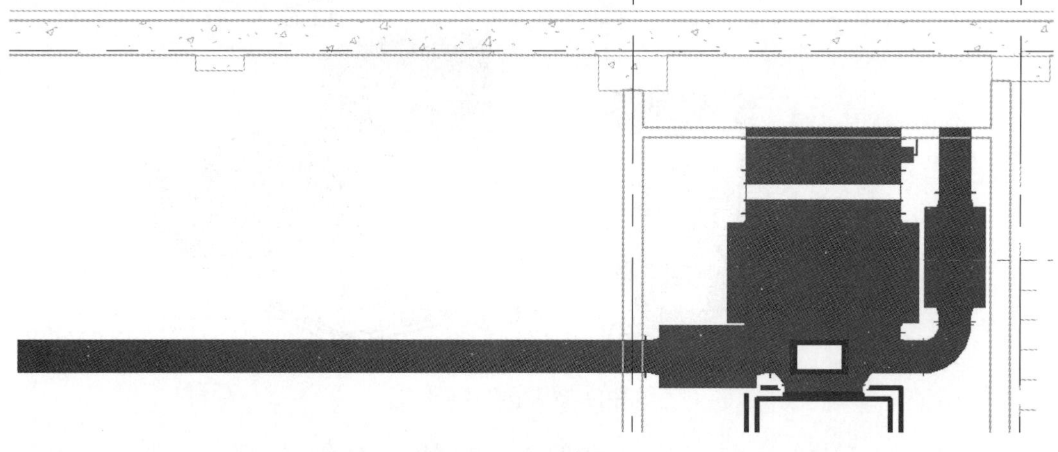

图 13-37　放置消声器

（6）单击“系统”选项卡“暖通空调”面板中的“风管附件”按钮（快捷键：DA），在“属性”选项板中选择“防火阀-矩形-电动-70 摄氏度 标准”类型，根据 CAD 图纸，将防火阀放置在 320×200 的风管上，如图 13-38 所示。

（7）单击“系统”选项卡“暖通空调”面板中的“风道末端”按钮（快捷键：AT），在“属性”选项板中选择“散流器-方形 300×300”类型，设置相对标高的偏移为 2650，将散流器放置在风道上的适当位置，系统根据放置的散流器自动生成连接管道，如图 13-39 所示。

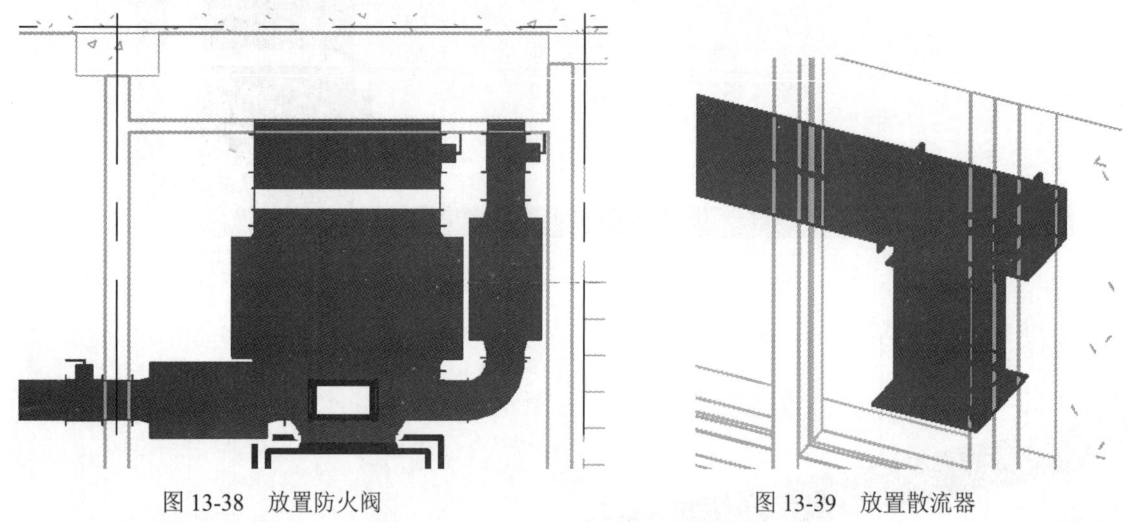

图 13-38　放置防火阀　　图 13-39　放置散流器

（8）单击“系统”选项卡“暖通空调”面板中的“风管附件”按钮（快捷键：DA），在“属性”选项板中单击“编辑类型”按钮，打开“类型属性”对话框，新建“320×200”类型，更改风管宽度为 320，风管高度为 200，其他参数采用默认设置，如图 13-40 所示，单击“确定”按钮。

（9）根据 CAD 图纸，将止回阀放置在 320×200 的管道上，如图 13-41 所示。

Note

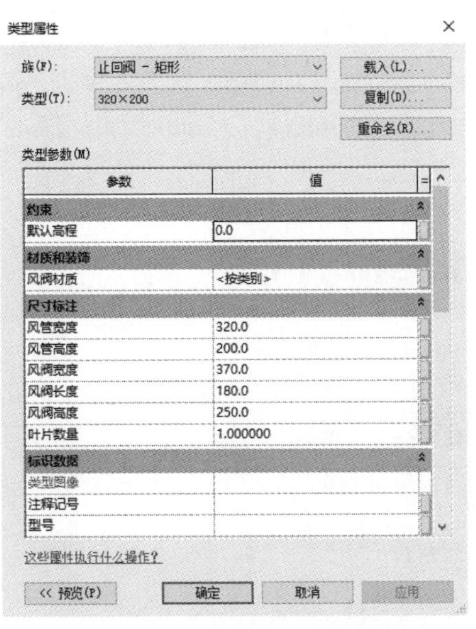

图 13-40　“类型属性”对话框

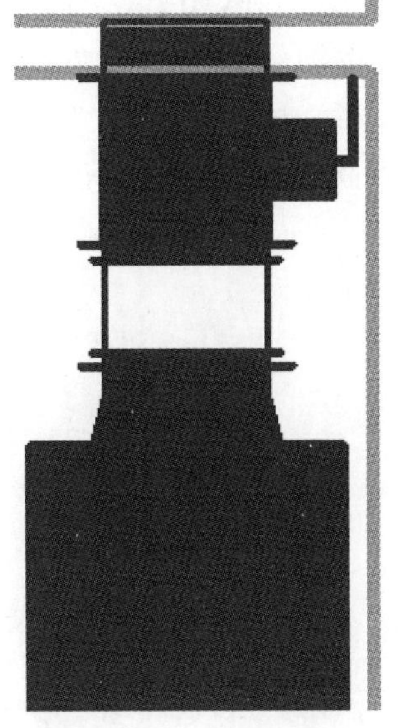

图 13-41　放置止回阀

（10）选取系统中的末端风管，打开“修改|风管”选项卡，单击“编辑”面板中的“管帽开放端点”按钮，在风管端部添加管帽，如图 13-42 所示。

图 13-42　添加管帽

读者可以根据源文件中的 CAD 图纸绘制其他楼层的送风系统，这里不再一一介绍绘制过程。

视频讲解

13.3　创建排风系统

排风系统的主要功能是排出室内不洁空气，防止爆炸、中毒、空气不洁净等。

13.3.1　排风系统 1

（1）单击“系统”选项卡“机械”面板中的“机械设备”按钮（快捷键：ME），在“属性”选项板中选择"排风机 PYHL-14A-No.3A"类型，单击"编辑类型"按钮，打开"类型属性"对话框，单击"复制"按钮，打开"名称"对话框，输入名称为"HL3-2A-No.3.5A"，单击"确定"按钮，返回"类型属性"对话框，更改"风管半径"为200，"风机长度"为600，如图13-43所示，单击"确定"按钮，完成"HL3-2A-No.3.5A"排风机的创建。

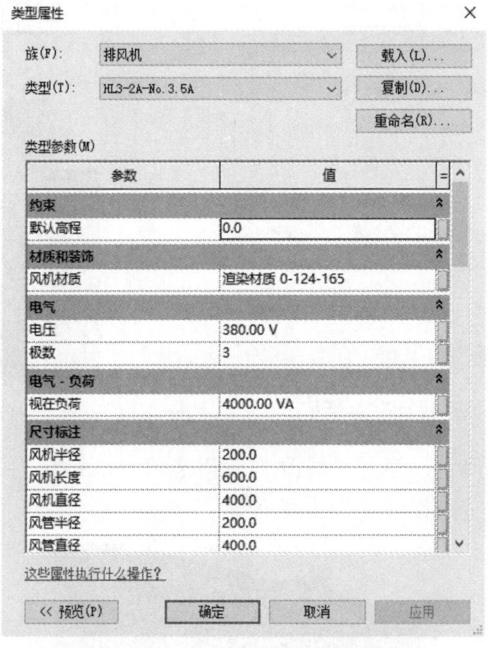

图13-43 "类型属性"对话框

（2）在"属性"选项板中设置标高为-1F，相对标高的偏移为3160，全压272 Pa，如图13-44所示，根据CAD图纸放置"HL3-2A-No.3.5A"排风机，如图13-45所示，在放置过程中按Space键调整放置方向。

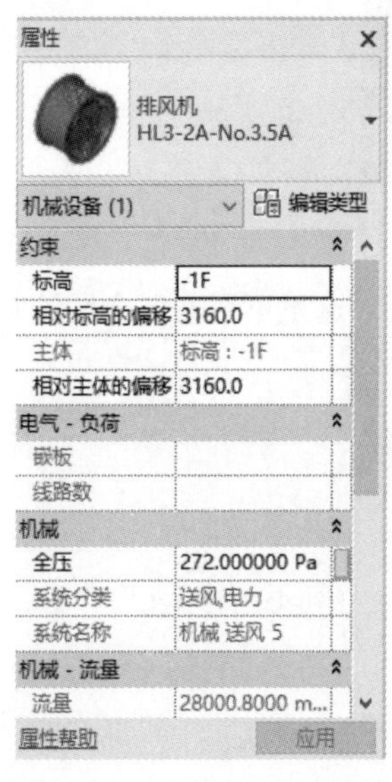

图13-44 "属性"选项板

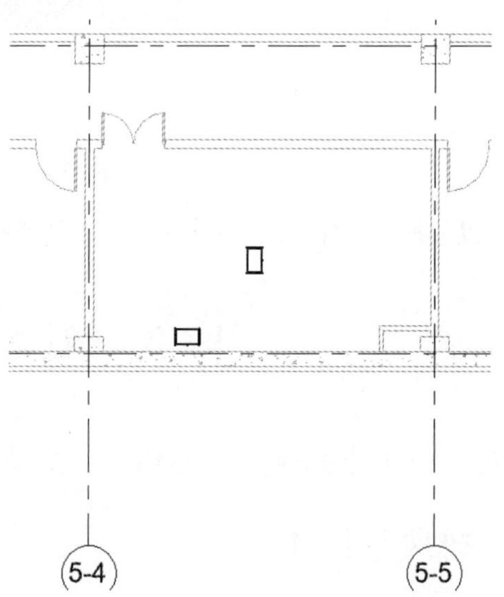

图13-45 放置"HL3-2A-No.3.5A"排风机

在“属性”选项板中选择“排风机.rfa”族文件，单击“编辑类型”按钮，打开“类型属性”对话框，单击“复制”按钮，打开“名称”对话框，输入名称为“PYHL-14A-No.5A”，单击“确定”按钮，返回“类型属性”对话框，更改“风管半径”为 250，“风机长度”为 750，如图 13-46 所示，单击“确定”按钮，完成“PYHL-14A-No.5A”排风机的创建。

Note

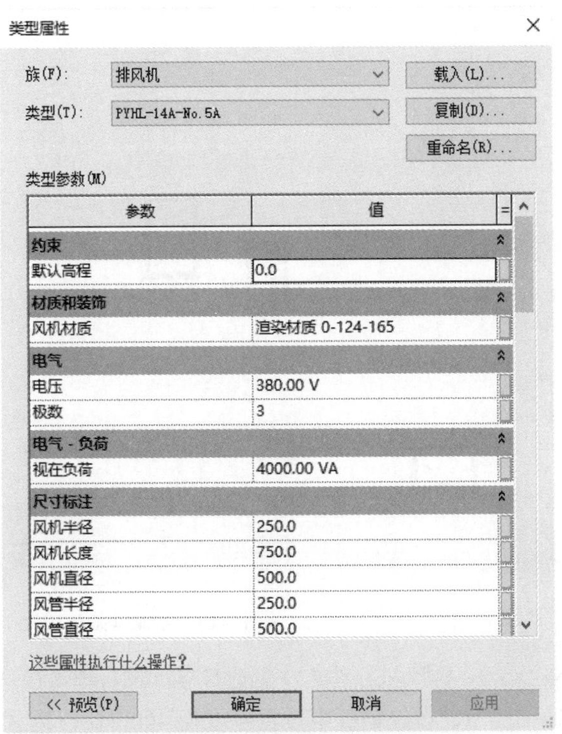

图 13-46 “类型属性”对话框

(3)在“属性”选项板中设置标高为-1F，相对标高的偏移为 3145 mm，全压 453 Pa，然后根据 CAD 图纸放置“PYHL-14A-No.5A”排风机，如图 13-47 所示，在放置过程中按 Space 键调整放置方向。

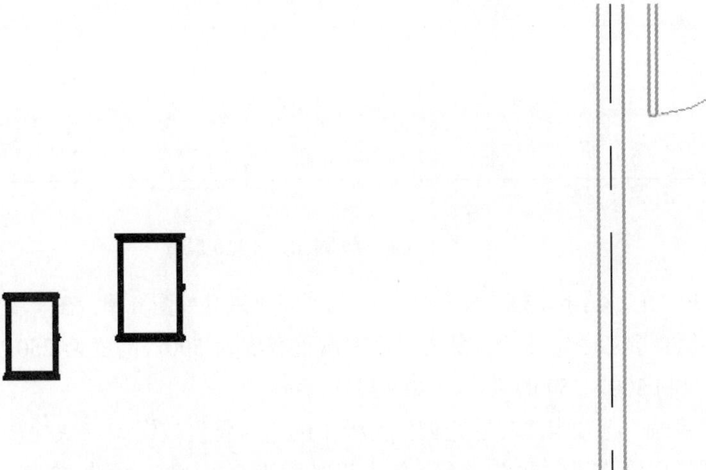

图 13-47 放置“PYHL-14A-No.5A”排风机

Note

（4）单击“系统”选项卡“暖通空调”面板中的“风管”按钮（快捷键：DT），在“属性”选项板中选择“矩形风管 半径弯头/T 形三通”，设置系统类型为排风，输入底部高程为 2400，宽度为 400，高度为 1250，如图 13-48 所示。

（5）根据 CAD 图纸，绘制 400×1250 的排风管道，如图 13-49 所示。

图 13-48 “属性”选项板

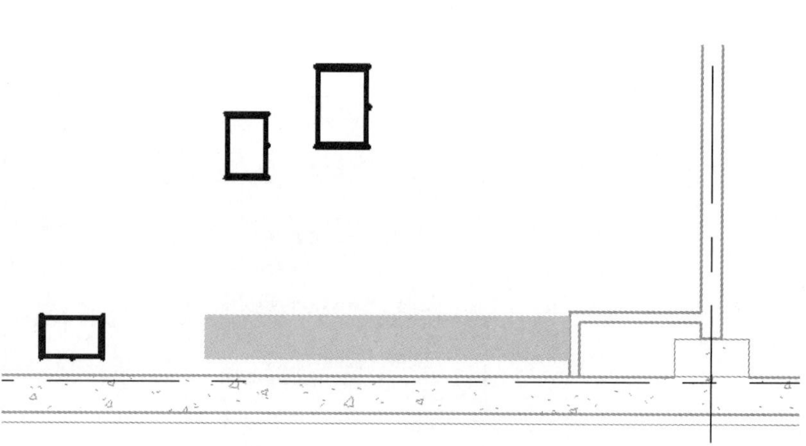

图 13-49 绘制 400×1250 风管

（6）选取“HL3-2A-No.3.5A”排风机，单击“创建风管”图标，在“属性”选项板中选择“矩形风管 半径弯头/T 形三通”类型，在选项板中设置宽度为 400，高度为 320，中间高程为 3360，根据 CAD 图纸，绘制 400×320 的风管，如图 13-50 所示。

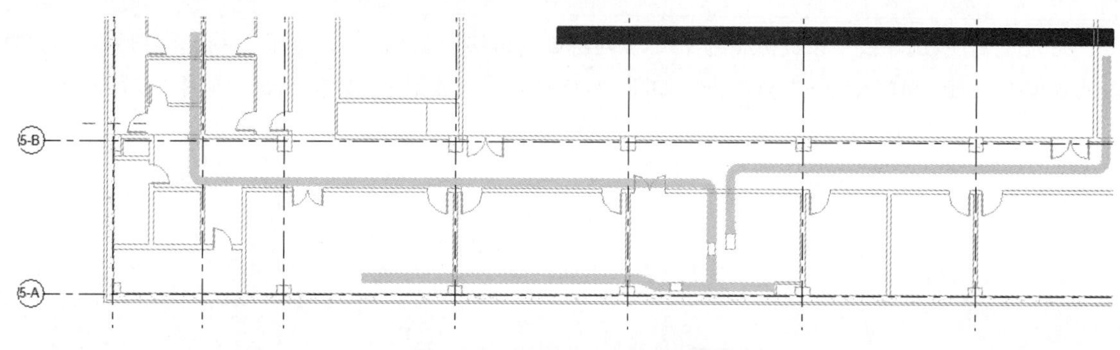

图 13-50 绘制 400×320 风管

（7）选取“PYHL-14A-No.5A”排风机，单击“创建风管”图标，在“属性”选项板中选择“矩形风管 半径弯头/T 形三通”类型，在选项板中设置宽度为 500，高度为 250，中间高程为 3395，根据 CAD 图纸，绘制 500×250 的风管，如图 13-51 所示。

（8）单击“系统”选项卡“暖通空调”面板中的“风管”按钮（快捷键：DT），在“属性”选项板中选择“圆形风管 T 形三通”类型，输入直径为 150，中间高程为 3360，根据 CAD 图纸，捕捉矩形风管绘制圆形风管，如图 13-52 所示。

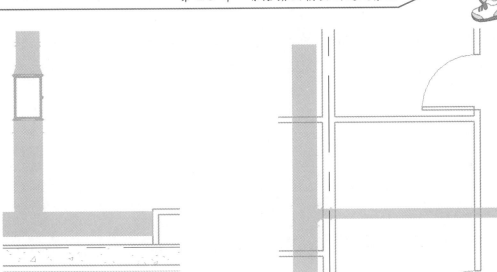

图 13-51　绘制 500×250 的风管　　　　图 13-52　绘制圆形风管

（9）因为还要连接左侧的支管，所以这里要将 T 形三通更改为四通。选取矩形 T 形三通，单击左侧“四通”图标✚，将 T 形三通转为四通，如图 13-53 所示。

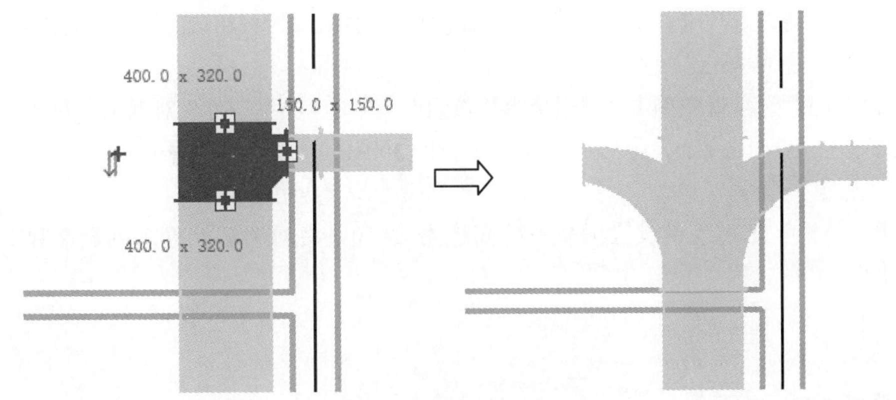

图 13-53　T 形三通转为四通

（10）单击“系统”选项卡“暖通空调”面板中的“风管”按钮（快捷键：DT），选取矩形四通的左侧端点，继续绘制直径为 150 的圆形风管，如图 13-54 所示。

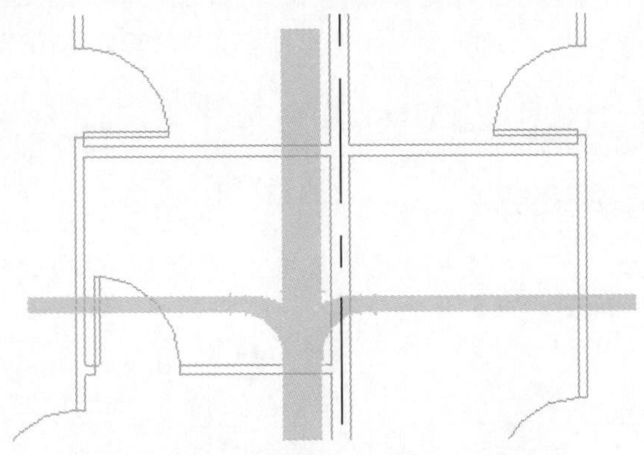

图 13-54　绘制直径为 150 的圆形风管

（11）重复步骤（8）～步骤（10），绘制其他的直径为150的圆形支管，如图13-55所示。

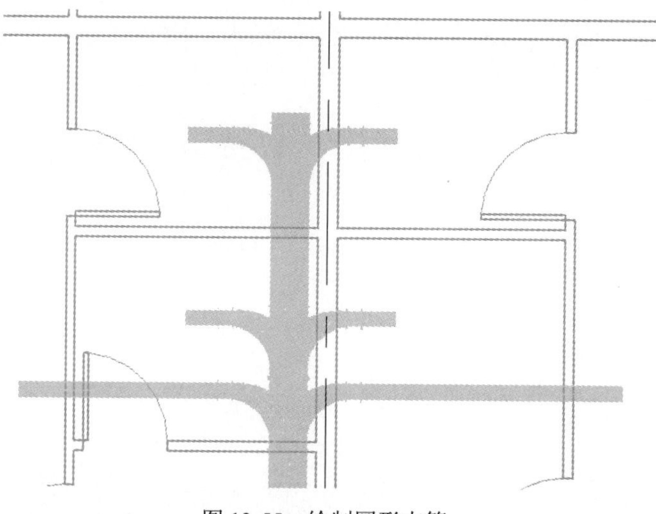

图13-55　绘制圆形支管

（12）单击“系统”选项卡“暖通空调”面板中的“风道末端”按钮（快捷键：AT），打开“修改|放置风道末端装置”选项卡，单击“模式”面板中的“载入族”按钮，打开“载入族”对话框，载入源文件中的“通风器.rfa”文件。

（13）在“属性”选项板中单击“编辑类型”按钮，打开“类型属性”对话框，新建“BLD-300”类型，更改接管直径为150 mm，功率为35 W，风量为300 m³/h，其他参数采用默认设置，如图13-56所示，单击“确定”按钮。

（14）在“属性”选项板中设置标高中的高程为 2650，将通风器放置在风道支管上的端部，如图13-57所示。

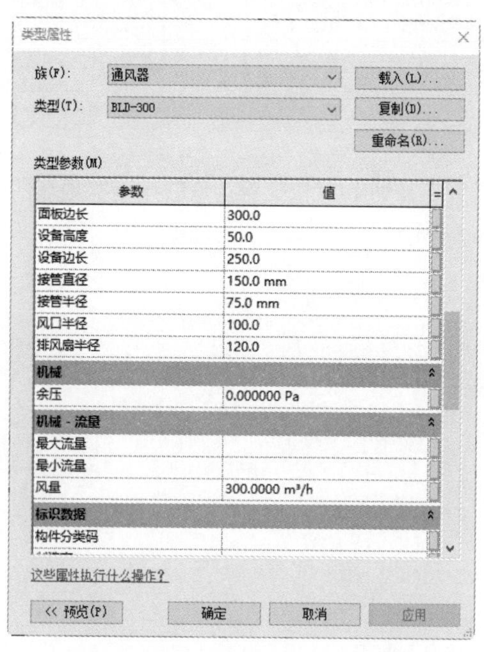

图13-56　“类型属性”对话框

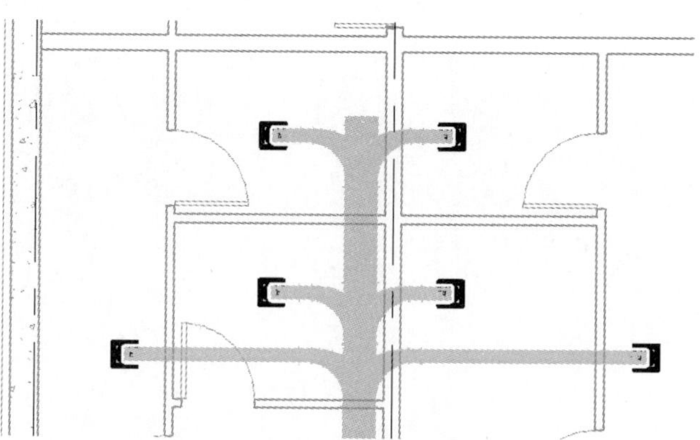

图13-57　放置通风器

（15）将视图切换至“三维-暖通”视图，选取通风器，在打开的“修改|风口”选项卡中单击“连接到”按钮，然后选取支管，系统自动创建连接通风器和支管的立管和连接件，如图 13-58 所示。

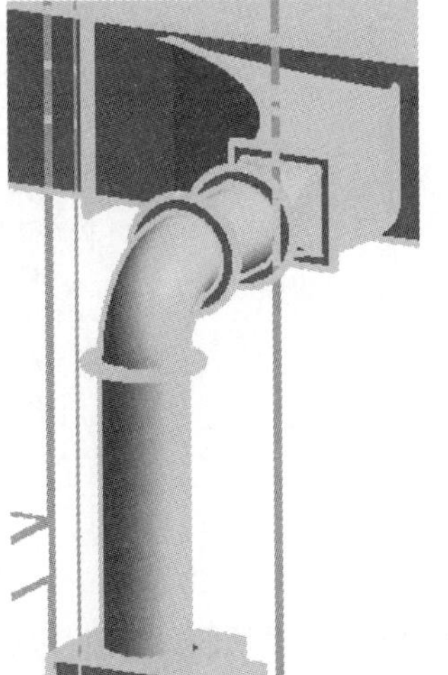

图 13-58　创建立管和连接件

（16）采用上述方法，绘制通风器与分支管之间的立管，如图 13-59 所示。

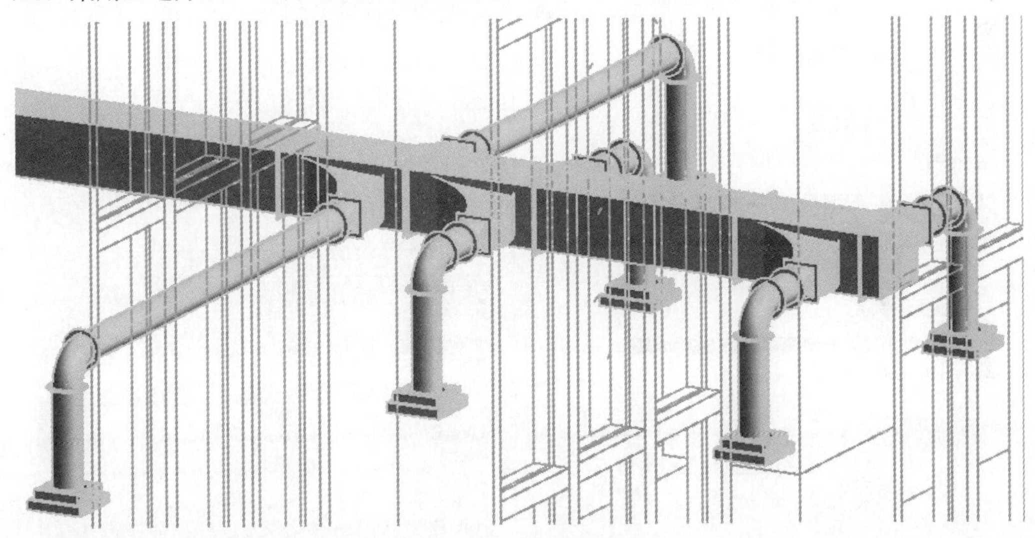

图 13-59　绘制立管

（17）在项目浏览器中双击“管线综合”→“立面”节点下的“东-管线综合”字样，将视图切换到东立面视图。

（18）单击“系统”选项卡“工作平面”面板中的“参照平面”按钮（快捷键：RP），在立面图中的-1F 标高线的上方绘制水平参照平面，并修改临时尺寸为 2650，如图 13-60 所示。

（19）单击“系统”选项卡“工作平面”面板中的“设置”按钮，打开“工作平面”对话框，单击“拾取一个平面”单选按钮，如图 13-61 所示，单击“确定”按钮。

Note

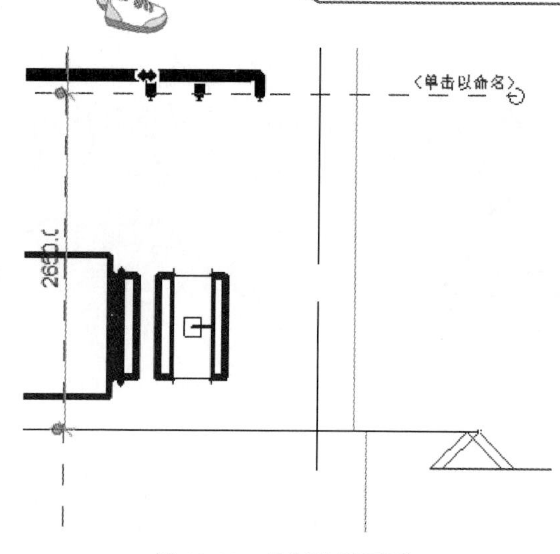

图 13-60　绘制参照平面

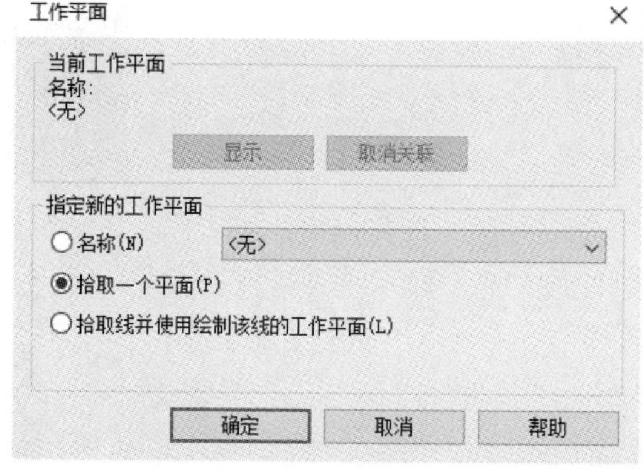

图 13-61　“工作平面”对话框

（20）在视图中拾取步骤（18）绘制的参照平面，打开“转到视图”对话框，选择“楼层平面：暖通-1F”视图，如图 13-62 所示，单击“打开视图”按钮，切换至“暖通-1F”视图，工作平面为步骤（18）绘制的参照平面。

（21）单击“系统”选项卡“暖通空调”面板中的“风道末端”按钮（快捷键：AT），在“属性”选项板中选择“排风格栅-矩形-排烟-板式-主体 320×320”类型，单击“编辑类型”按钮，打开“类型属性”对话框，新建“300×300”类型，更改风管高度和风管宽度均为 300，其他参数采用默认设置，如图 13-63 示，单击“确定”按钮。

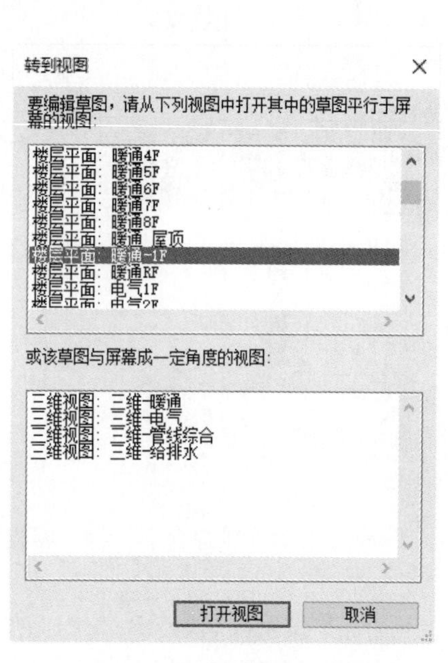

图 13-62　“转到视图”对话框

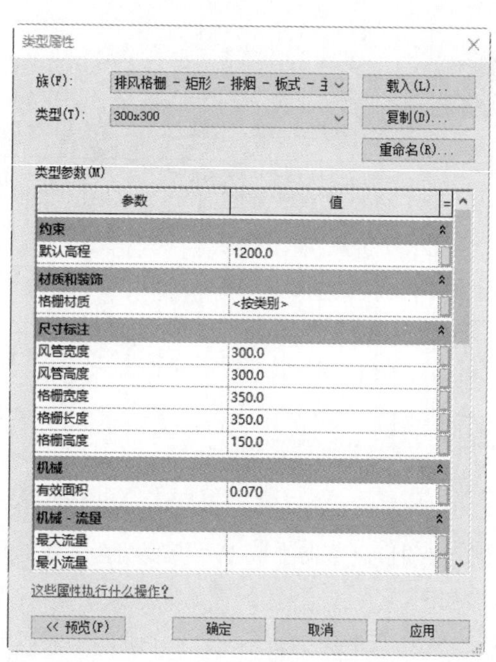

图 13-63　“类型属性”对话框

（22）在“修改|放置风口装置”选项卡“放置”面板中单击“放置在工作平面上”按钮，根据 CAD 图纸，将排风格栅放置在适当位置，如图 13-64 所示。

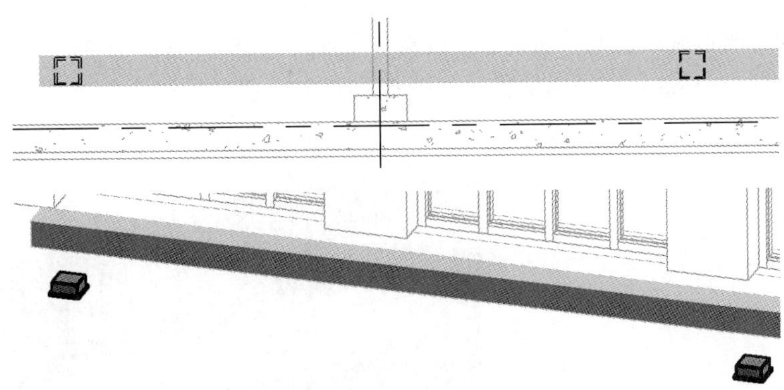

图 13-64　放置排风格栅

（23）将视图切换至“三维-暖通”视图，选取排风格栅，在打开的“修改|风口”选项卡中单击“连接到”按钮，然后选取风管，系统自动创建连接排风格栅和风管的立管和连接件，如图 13-65 所示。

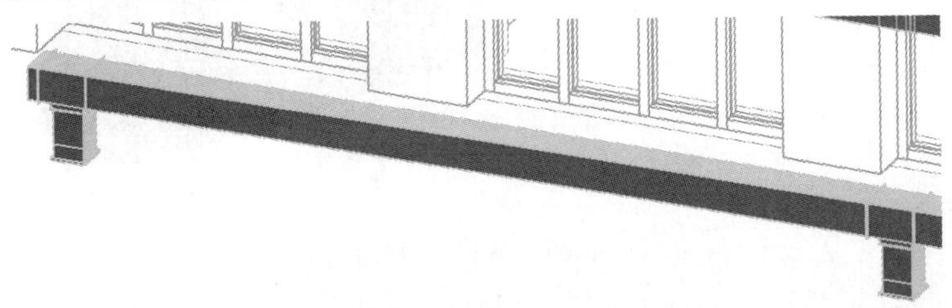

图 13-65　排风格栅和风管的连接

（24）单击“系统”选项卡“暖通空调”面板中的“风道末端”按钮（快捷键：AT），打开“修改|放置风道末端装置”选项卡，单击“模式”面板中的“载入族”按钮，打开“载入族”对话框，载入源文件中的“多叶排烟口.rfa”文件。

（25）在“属性”选项板中单击“编辑类型”按钮，打开“类型属性”对话框，新建“1000×300”类型，更改风管宽度为 1000，风管高度为 300，其他参数采用默认设置，如图 13-66 所示，单击“确定”按钮。

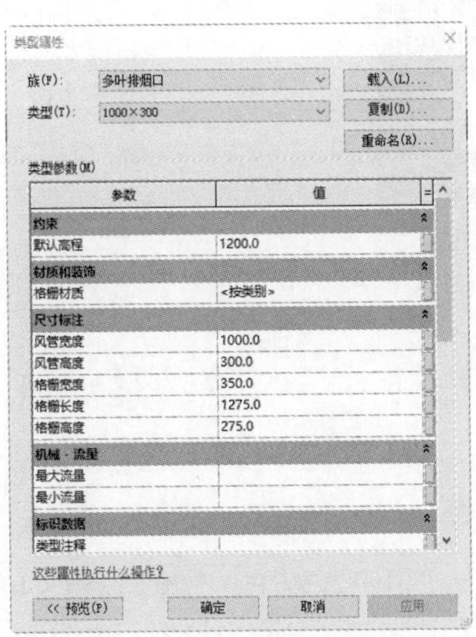

图 13-66　“类型属性”对话框

Note

（26）在“修改|放置风口装置”选项卡“放置”面板中单击“放置在工作平面上”按钮，根据CAD图纸，将多叶排烟口放置在适当位置，如图13-67所示。

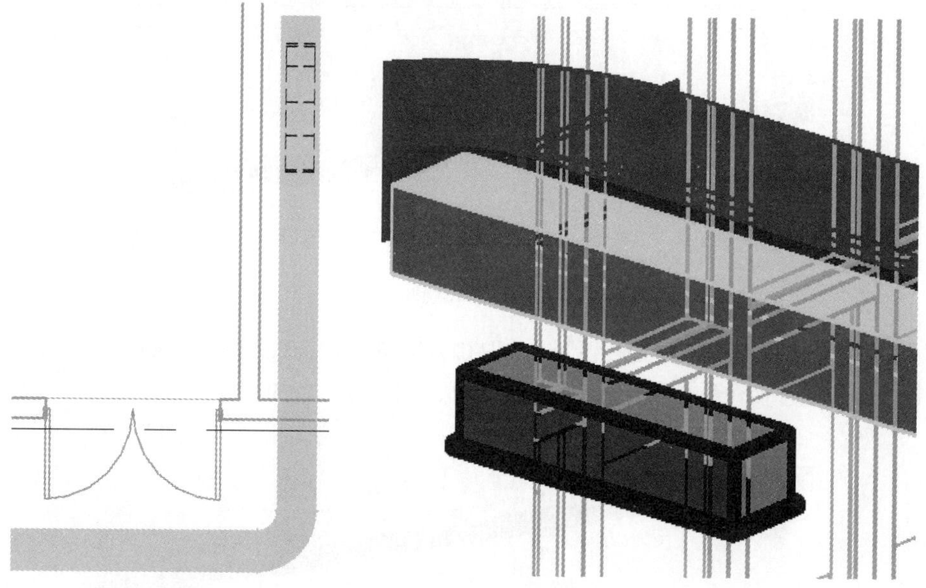

图13-67　放置多叶排烟口

（27）将视图切换至“三维-暖通”视图，选取多叶排烟口，在打开的“修改|风口”选项卡中单击“连接到”按钮，然后选取风管，系统自动创建连接多叶排烟口和风管的立管和连接件，如图13-68所示。

（28）单击“系统”选项卡“暖通空调”面板中的“风管附件”按钮（快捷键：DA），在“属性”选项板中选择“消声器 ZP100-片式 400×320”类型，捕捉400×320风管的中心线，根据CAD图纸，将其放置在风管上的适当位置，如图13-69所示。

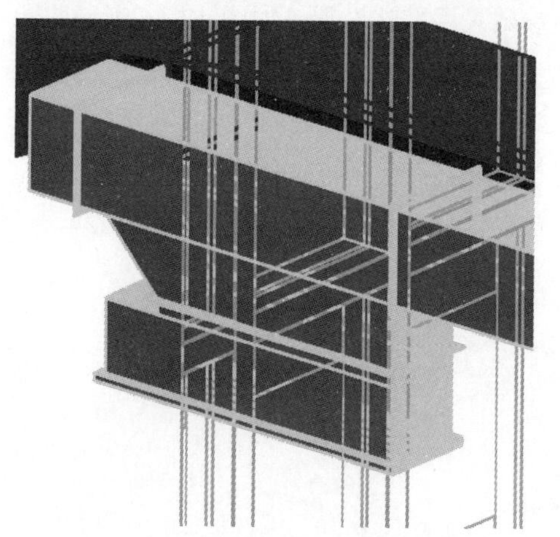

图13-68　多叶排烟口和风管的连接

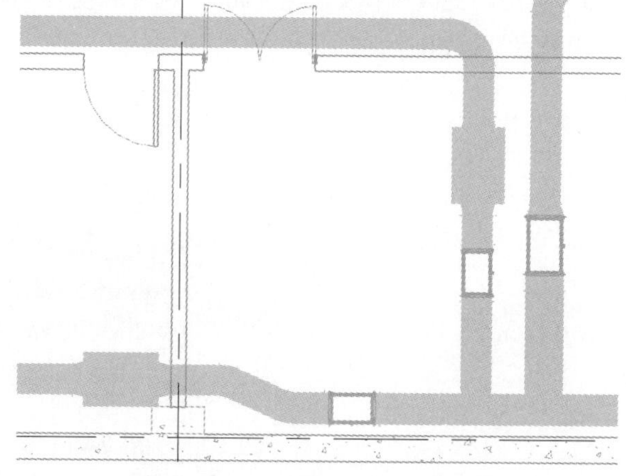

图13-69　放置400×320消声器

（29）在“属性”选项板中选择“消声器ZP100-片式 1250×400”类型，捕捉1250×400风管的中心线，根据CAD图纸，将其放置在风管上的适当位置，如图13-70所示。

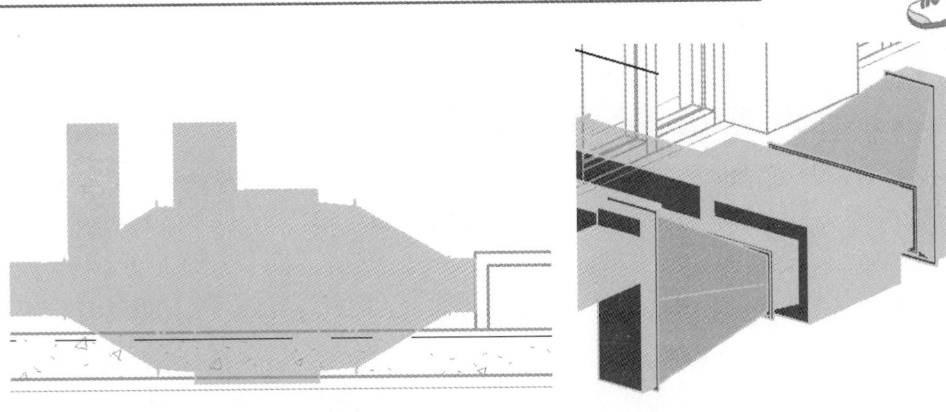

图 13-70　放置 1250×400 消声器

（30）选取上一步放置的 1250×400 消声器，单击“旋转”图标，调整消声器的放置方向，如图 13-71 所示。

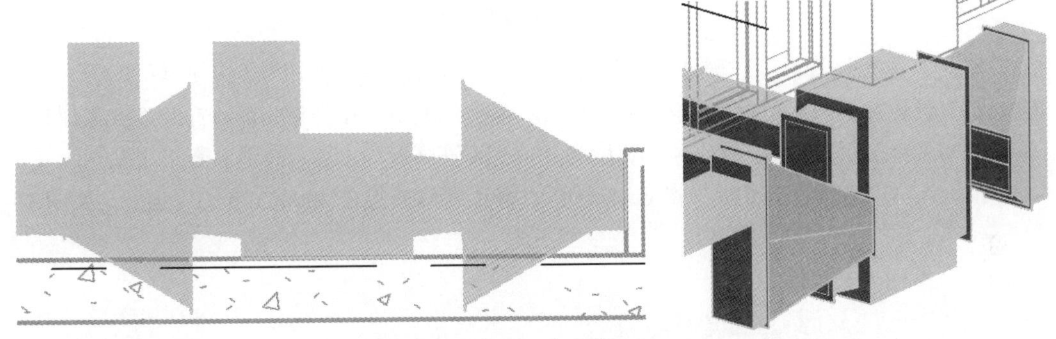

图 13-71　调整消声器的放置方向

（31）选取消声器两端的矩形变径管，按 Delete 键删除，然后选取 400×1250 的风管，单击“风管”图标，按住鼠标并拖动，调整风管长度使风管与消声器相连，如图 13-72 所示。

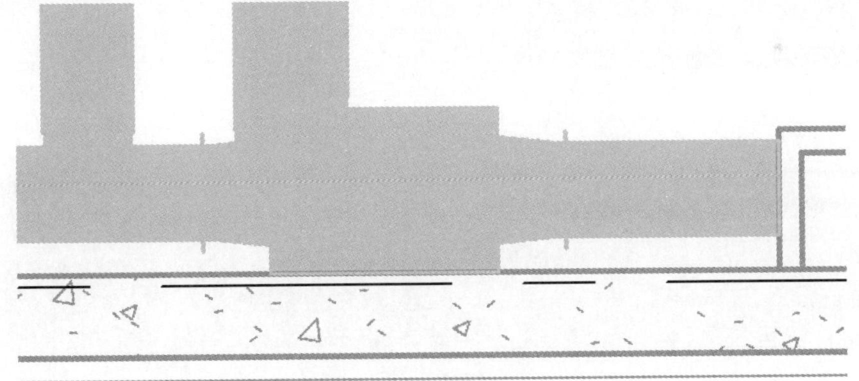

图 13-72　调整风管长度

（32）单击“系统”选项卡“暖通空调”面板中的“风管附件”按钮（快捷键：DA），在“属性”选项板中选择“防火阀-矩形-电动-70 摄氏度 标准”类型，根据 CAD 图纸，将防火阀放置在风管穿墙前的位置，如图 13-73 所示。

Note

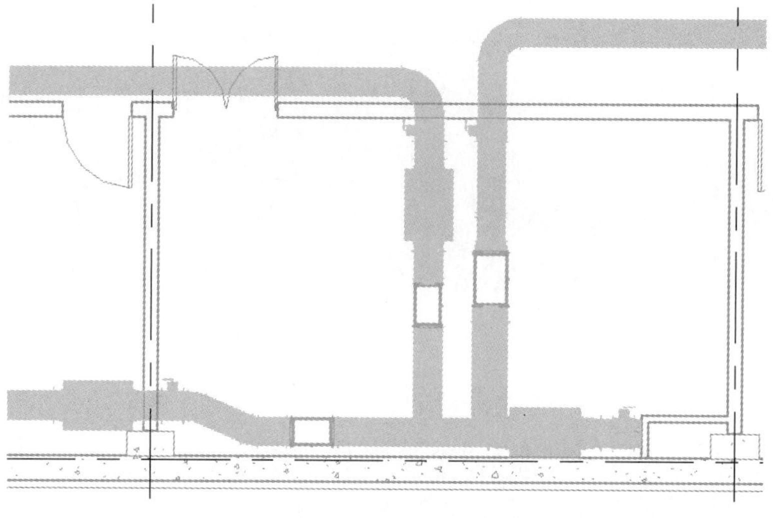

图 13-73　放置防火阀

（33）单击“系统”选项卡“暖通空调”面板中的“风管附件”按钮（快捷键：DA），在“属性”选项板中选择“止回阀-矩形 320×200”类型，单击“编辑类型”按钮，打开“类型属性”对话框，新建“400×320”类型，更改风管宽度为 400，风管高度为 320，其他参数采用默认设置，如图 13-74 所示，单击“确定”按钮。根据 CAD 图纸，将止回阀放置在 400×320 的管道上，如图 13-75 所示。

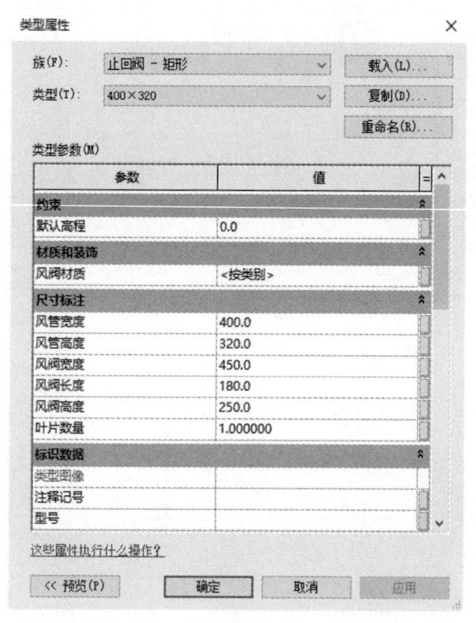

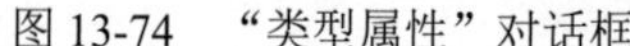

图 13-74　“类型属性”对话框

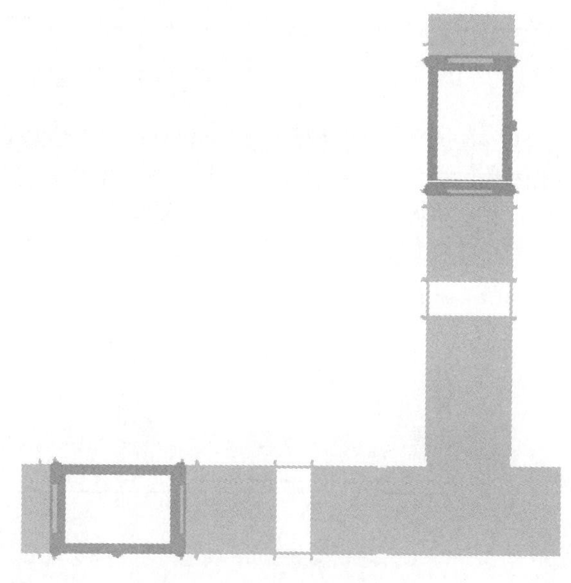

图 13-75　放置止回阀（1）

（34）单击“系统”选项卡“暖通空调”面板中的“风管附件”按钮（快捷键：DA），在“属性”选项板中单击“编辑类型”按钮，打开“类型属性”对话框，新建“500×250”类型，更改风管宽度为 500，风管高度为 250，其他参数采用默认设置，单击“确定”按钮。根据 CAD 图纸，将止回阀放置在 500×250 的管道上，如图 13-76 所示。

Note

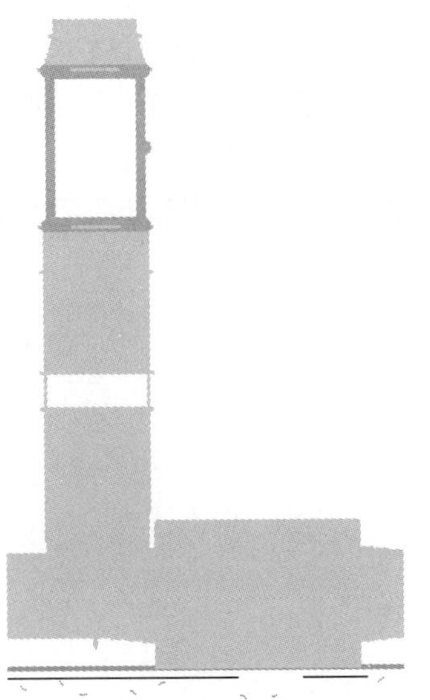

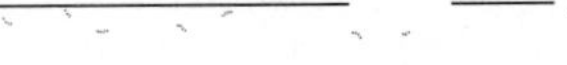

图 13-76　放置止回阀（2）

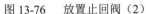

（35）选取系统的末端风管，打开“修改|风管”选项卡，单击“编辑”面板中的“管帽开放端点”按钮，在风管端部添加管帽。

13.3.2　排风系统 2

（1）单击“系统”选项卡“机械”面板中的“机械设备”按钮（快捷键：ME），在“属性”选项板中选择“排风机 HL3-2A-No.3.5A”类型，然后设置标高为-1F，相对标高的偏移为 3220，全压 272Pa，如图 13-77 所示，根据 CAD 图纸放置“HL3-2A-No.3.5A”排风机，如图 13-78 所示，在放置过程中按 Space 键调整放置方向。

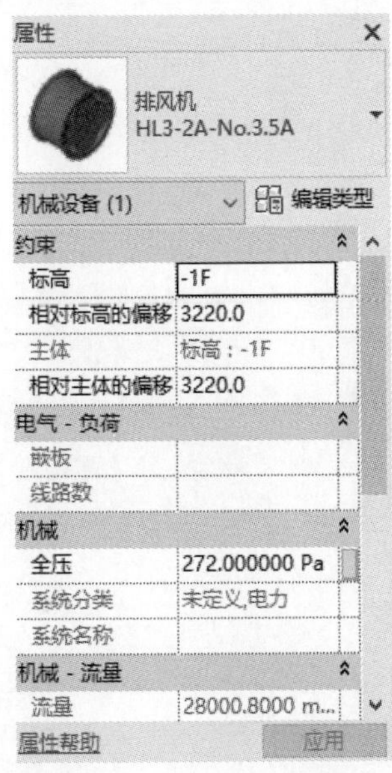

图 13-77　“属性”选项板

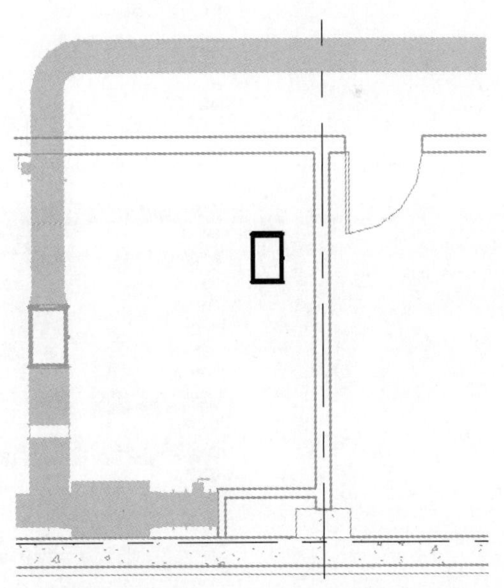

图 13-78　放置“HL3-2A-No.3.5A”排风机

Note

（2）选取“HL3-2A-No.3.5A”排风机，单击“创建风管”图标，在“属性”选项板中选择“矩形风管 半径弯头/T 形三通”类型，在选项板中设置宽度为 400，高度为 200，中间高程为 3420，根据 CAD 图纸，绘制 400×200 的风管，如图 13-79 所示。

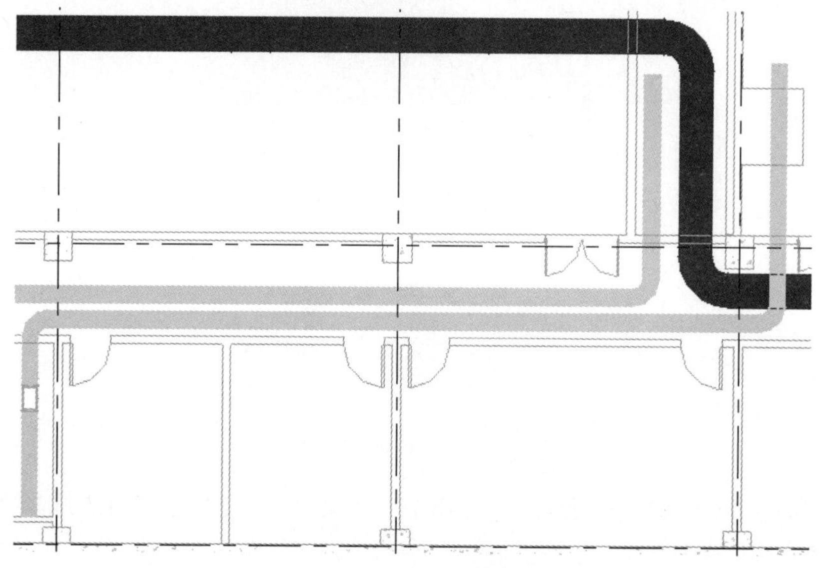

图 13-79　绘制 400×200 风管

（3）单击“系统”选项卡“暖通空调”面板中的“风道末端”按钮（快捷键：AT），在“属性”选项板中选择“排风格栅-矩形-排烟-板式-主体 320×320”类型，单击“编辑类型”按钮，打开“类型属性”对话框，新建“300×400”类型，更改风管高度为 300，风管宽度为 400，其他参数采用默认设置，如图 13-80 所示，单击“确定”按钮。

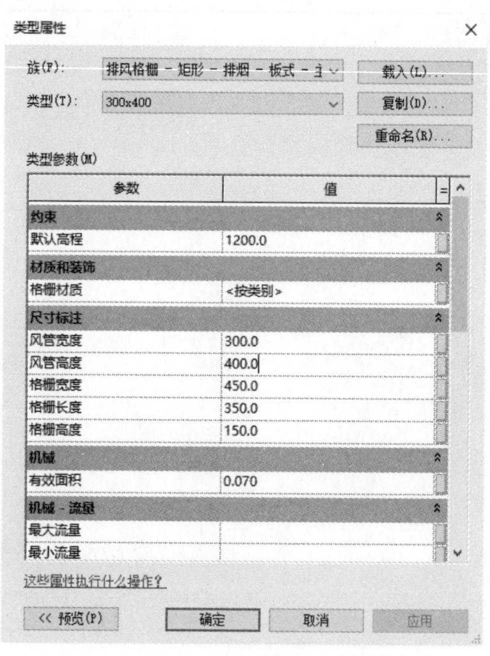

图 13-80　“类型属性”对话框

（4）在“修改|放置风口装置”选项卡“放置”面板中单击“放置在工作平面上”按钮，根据CAD 图纸，将排风格栅放置在适当位置，如图 13-81 所示。

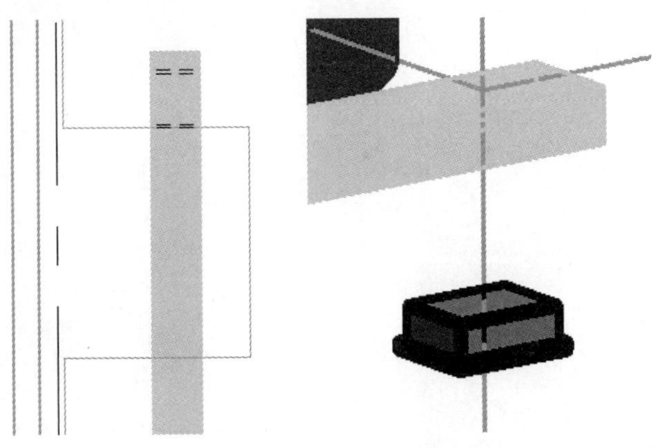

图 13-81　放置排风格栅

（5）将视图切换至“三维-暖通”视图，选取排风格栅，在打开的“修改|风口”选项卡中单击“连接到”按钮，然后选取风管，系统自动创建连接排风格栅和风管的立管和连接件，如图 13-82 所示。

（6）单击“系统”选项卡“暖通空调”面板中的“风管附件”按钮（快捷键：DA），在“属性”选项板中选择“消声器 ZP100-片式 400×200”类型，捕捉 400 mm×200mm 风管的中心线，根据CAD 图纸，将其放置在风管上的适当位置，如图 13-83 所示。

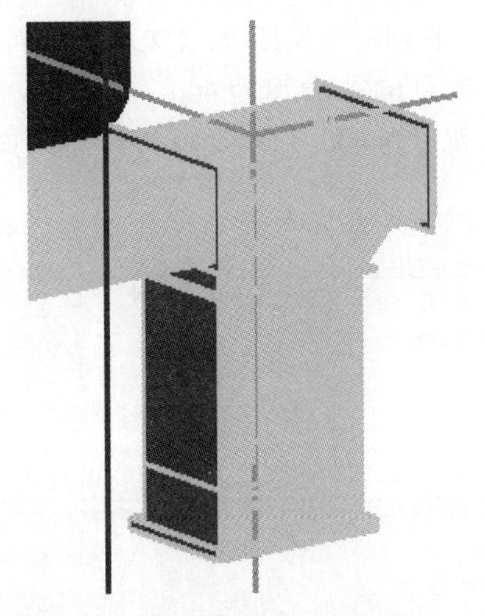

图 13-82　排风格栅和风管的连接

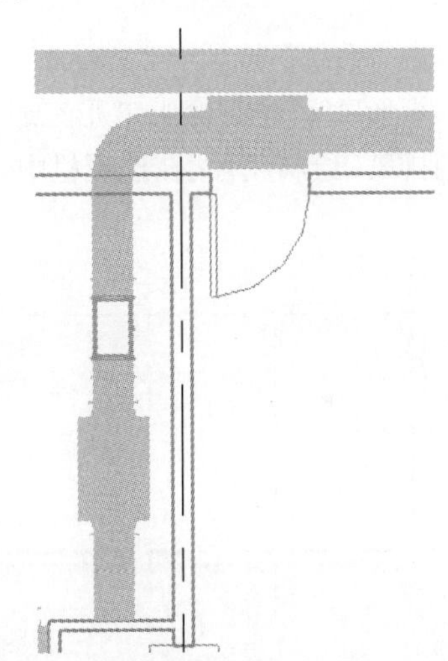

图 13-83　放置 400 mm×200 mm 消声器

（7）单击“系统”选项卡“暖通空调”面板中的“风管附件”按钮（快捷键：DA），在“属性”选项板中选择“防火阀-矩形-电动-70 摄氏度 标准”类型，根据 CAD 图纸，将防火阀放置在风管穿墙前的位置，如图 13-84 所示。

（8）单击“系统”选项卡“暖通空调”面板中的“风管附件”按钮（快捷键：DA），在“属性”选项板中选择“止回阀-矩形 400×320”类型，单击“编辑类型”按钮，打开“类型属性”对话框，新建“400×200”类型，更改风管宽度为 400，风管高度为 200，其他参数采用默认设置，单击“确定”按钮。根据 CAD 图纸，将止回阀放置在 400×200 的管道上，如图 13-85 所示。

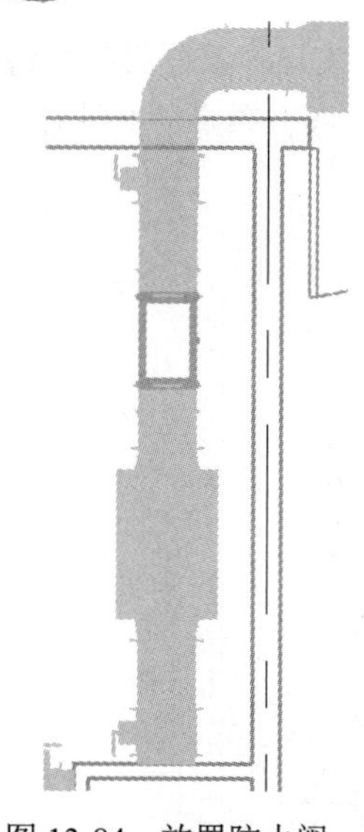

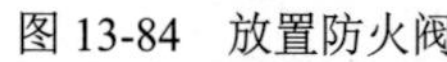
图 13-84　放置防火阀

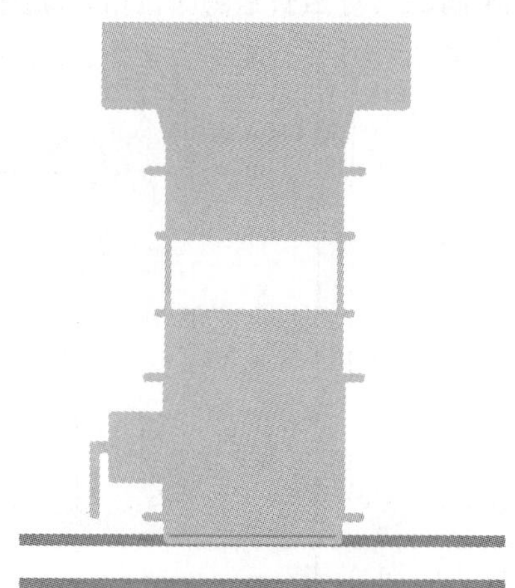
图 13-85　放置止回阀

（9）选取系统的末端风管，打开“修改|风管”选项卡，单击“编辑”面板中的“管帽开放端点”按钮，在风管端部添加管帽。

13.3.3　排风系统 3

（1）单击“系统”选项卡“HVAC”面板中的“风管”按钮（快捷键：DT），在“属性”选项板中选择“矩形风管 半径弯头/T 形三通”类型，输入宽度为 630、高度为 400、底部高程为 3600，系统类型为排风，绘制风管；在选项栏中设置宽度为 320，高度为 400，继续绘制水平风管，如图 13-86 所示。

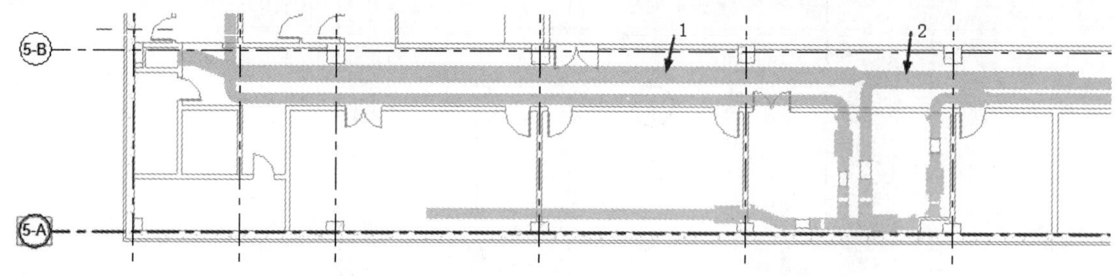

图 13-86　绘制水平风管

（2）选取图 13-86 中的水平管道 1 和水平风管 2，打开“修改|风管”选项卡，单击“编辑”面板中的“对正”按钮，打开如图 13-87 所示的“对正编辑器”选项卡，单击“左上对齐”按钮，然后单击“完成”按钮，结果如图 13-88 所示。

图 13-87　“对正编辑器”选项卡

Note

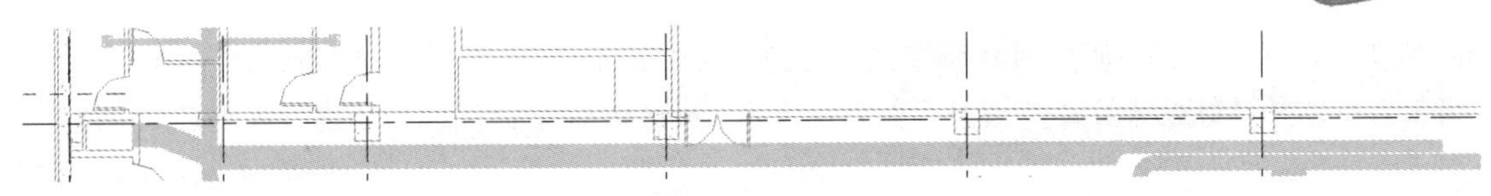

图 13-88　对齐风管

（3）单击“系统”选项卡“暖通空调”面板中的“风道末端”按钮（快捷键：AT），在“属性”选项板中选择“多叶排烟口 1000×300”类型，单击“编辑类型”按钮，打开“类型属性”对话框，新建“1000×200”类型，更改风管宽度为1000，风管高度为200，其他参数采用默认设置，如图 13-89 所示，单击“确定”按钮。

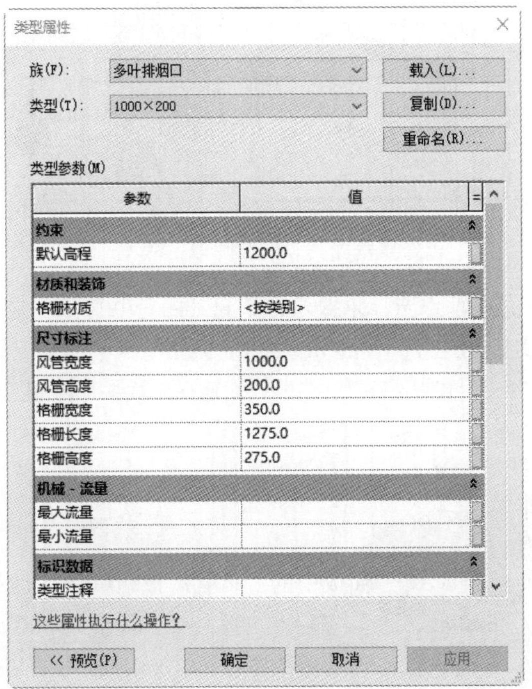

图 13-89　“类型属性”对话框

（4）在“修改|放置风口装置”选项卡“放置”面板中单击“放置在工作平面上”按钮，根据CAD 图纸，将多叶排烟口放置在适当位置，如图 13-90 所示。

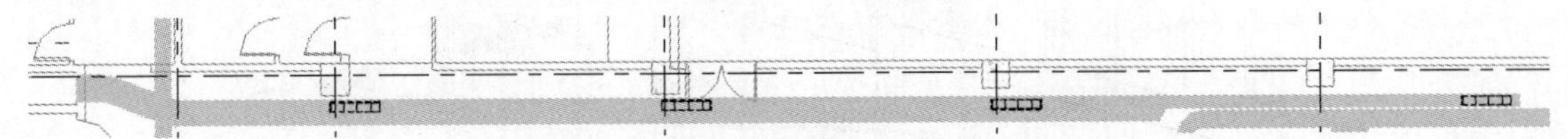

图 13-90　放置多叶排烟口

（5）将视图切换至“三维-暖通”视图，选取多叶排烟口，在打开的“修改|风口”选项卡中单击“连接到”按钮，然后选取风管，系统自动创建连接多叶排烟口和风管的立管和连接件，如图 13-91 所示。

（6）单击“系统”选项卡“暖通空调”面板中的“风管附件”按钮（快捷键：DA），在“属性”选项板中选择“防火阀-矩形-电动-70 摄氏度 标准”类型，根据 CAD 图纸，将防火阀放置在合适的位置，如图 13-92 所示。

Note

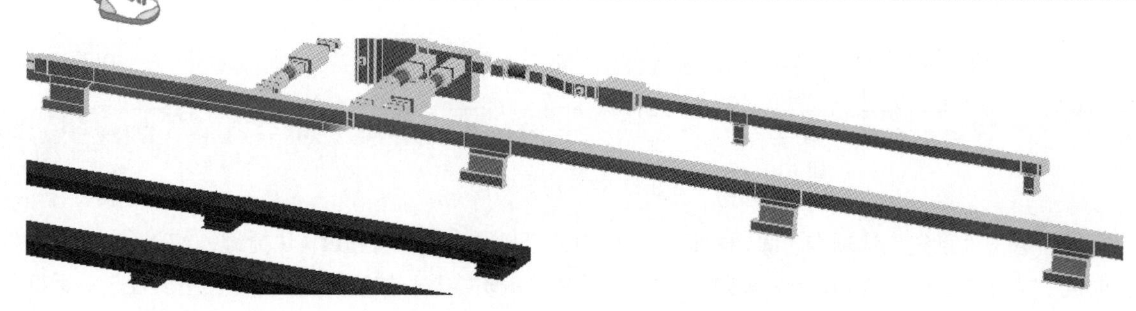

图 13-91 多叶排烟口和风管的连接

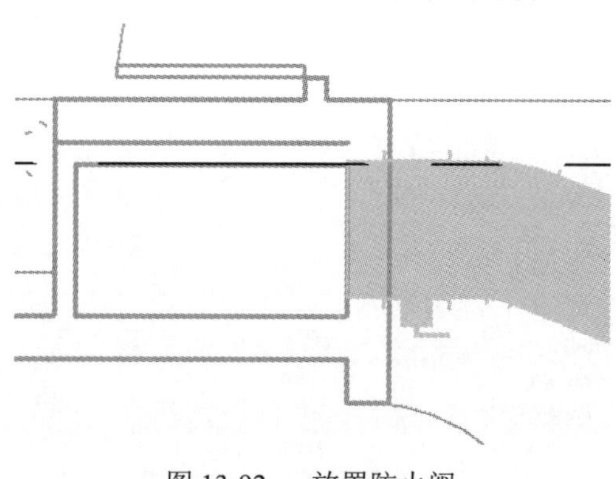

图 13-92 放置防火阀

（7）选取系统的末端风管，打开“修改|风管”选项卡，单击“编辑”面板中的“管帽开放端点”按钮，在风管端部添加管帽。

13.3.4 排风系统 4

（1）单击“系统”选项卡“HVAC”面板中的“风管”按钮（快捷键：DT），在“属性”选项板中选择“矩形风管 半径弯头/T 形三通”，输入宽度为 800，高度为 500，底部高程为 3000，系统类型为排风，根据 CAD 图纸，绘制风管；然后更改宽度为 1000，根据 CAD 图纸，继续绘制风管，如图 13-93 所示。

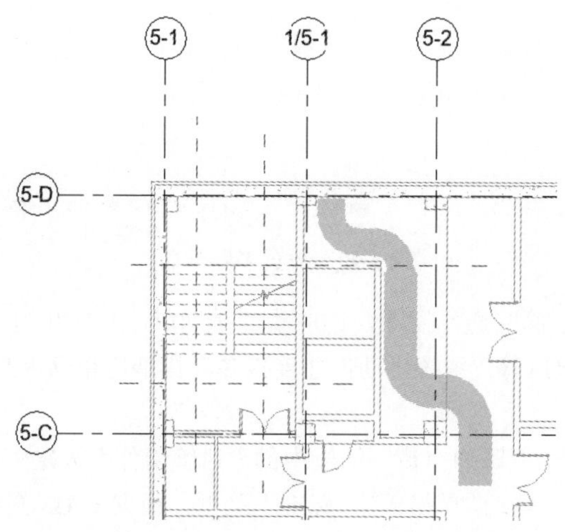

图 13-93 绘制底部高程为 3000 的风管

（2）在选项栏中设置宽度为 1000，高度为 500，中间高程为 3350，继续绘制风管，如图 13-94 所示。

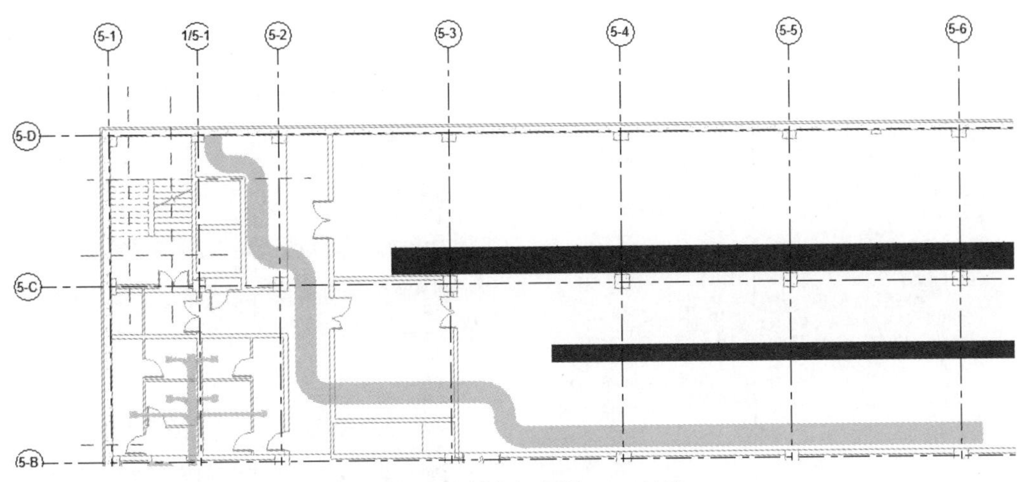

图 13-94　绘制底部高程 3100 风管

（3）在选项栏中设置宽度为 400，高度为 200，中间高程为 3200，继续绘制风管支管，如图 13-95 所示。

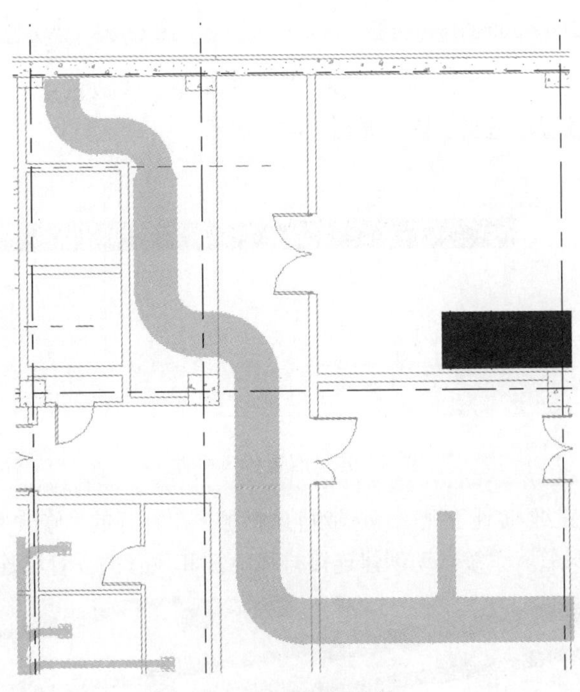

图 13-95　绘制支管

（4）单击“系统”选项卡“暖通空调”面板中的“风道末端”按钮（快捷键：AT），在“属性”选项板中选择“排风格栅-矩形-排烟-板式-主体 300×300”类型，在“修改|放置风口装置”选项卡“放置”面板中单击“放置在工作平面上”按钮，根据 CAD 图纸，将排风格栅放置在上一步绘制的支管处，如图 13-96 所示。

（5）单击“编辑类型”按钮，打开“类型属性”对话框，新建“1000×700”类型，更改风管宽度为1000，风管高度为700，其他参数采用默认设置，如图13-97所示，单击“确定”按钮。

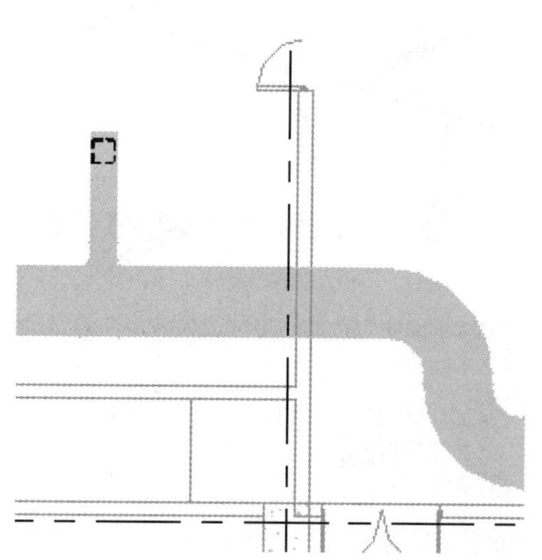

图13-96　布置300×300的排风格栅

类型属性

族(F)：排风格栅 - 矩形 - 排烟 - 板式 - 主　　载入(L)...

类型(T)：1000x700　　复制(D)...

重命名(R)...

类型参数(M)

参数	值
约束	
默认高程	1200.0
材质和装饰	
格栅材质	<按类别>
尺寸标注	
风管宽度	1000.0
风管高度	700.0
格栅宽度	350.0
格栅长度	1050.0
格栅高度	150.0
机械	
有效面积	0.070
机械 - 流量	
最大流量	
最小流量	

这些属性执行什么操作？

<< 预览(P)　确定　取消　应用

图13-97　“类型属性”对话框

（6）在“修改|放置风口装置”选项卡“放置”面板中单击“放置在工作平面上”按钮，根据CAD图纸，将排风格栅放置在适当位置，如图13-98所示。

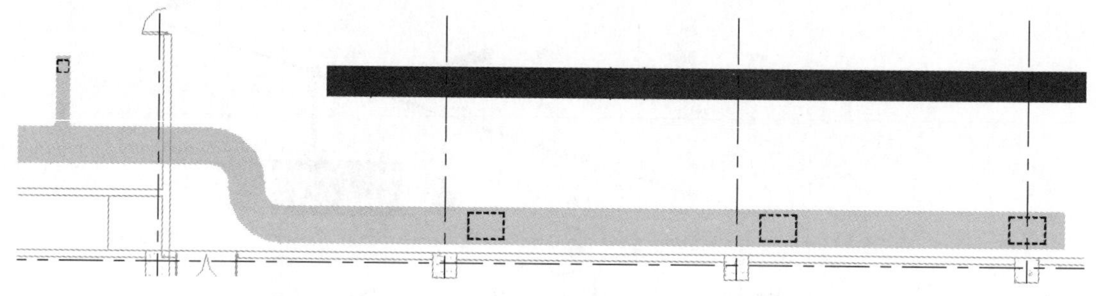

图13-98　放置排风格栅

（7）将视图切换至“三维-暖通”视图，选取排风格栅，在打开的“修改|风口”选项卡中单击“连接到”按钮，然后选取风管，系统自动创建连接排风格栅和风管的立管和连接件，如图13-99所示。

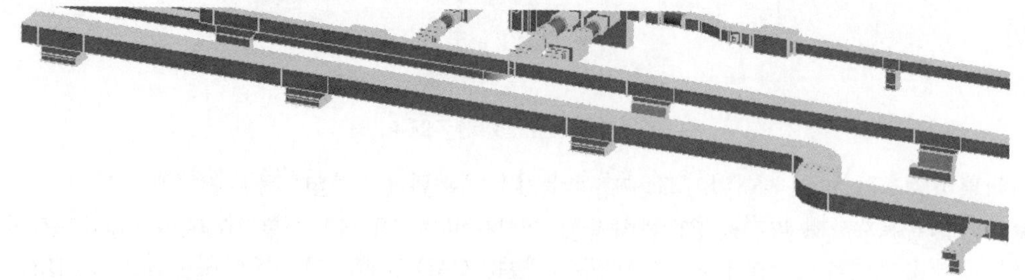

图13-99　排风格栅和风管的连接

（8）单击“系统”选项卡“暖通空调”面板中的“风管附件”按钮（快捷键：DA），在“属性”选项板中选择“防火阀-矩形-电动-70 摄氏度 标准”类型，根据 CAD 图纸，将防火阀放置在合适的位置，如图 13-100 所示。

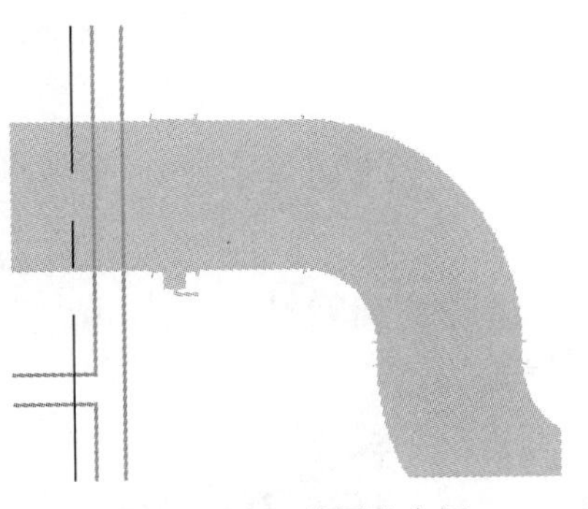

图 13-100　放置防火阀

（9）选取系统的末端风管，打开“修改|风管”选项卡，单击“编辑”面板中的“管帽开放端点”按钮，在风管端部添加管帽。

读者可以根据源文件中的 CAD 图纸绘制本楼层中的其他排风系统和其他楼层的排风系统，这里不再一一介绍绘制过程。

第14章

某后勤大楼电气系统

知识导引

本章以某后勤大楼地下一层电气系统为例，介绍创建强电系统和弱电系统的方法。首先导入CAD图纸，然后以CAD图纸为参考布置照明设备、电气设备，绘制电缆桥架和线管，以创建电气系统。

☑ 强电系统　　　　☑ 弱电系统

任务驱动&项目案例

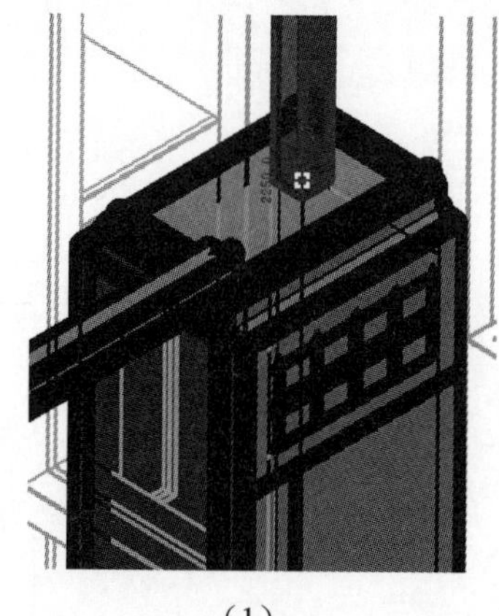

(1)

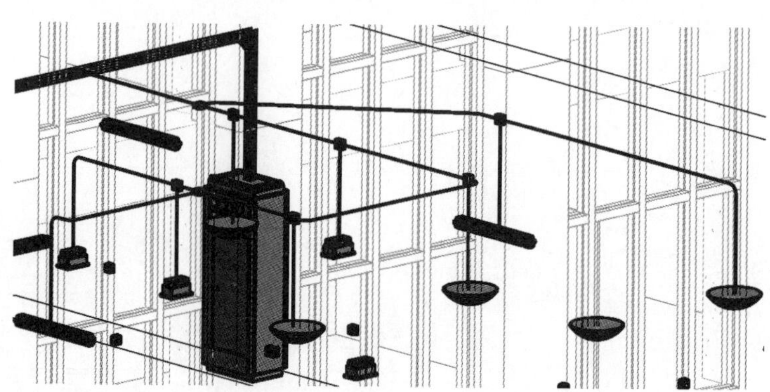

(2)

Note

视频讲解

14.1　强 电 系 统

后勤大楼中强电系统包括一般照明系统、应急照明系统、电力系统和防雷接地系统，本节以地下一层的一般照明系统为例介绍强电系统的绘制方法。

14.1.1　绘图前准备

（1）在项目浏览器中双击“电气”→“楼层平面”节点下的“电气-1F”字样，将视图切换到电气-1F 楼层平面视图。

（2）单击“插入”选项卡“链接”面板中的“链接 CAD”按钮，打开“链接 CAD 格式”对话框，选择“地下一层照明平面图.dwg”文件，设置定位为“自动-原点到内部原点”，选中“仅当前视图”复选框，设置导入单位为“毫米”，其他参数采用默认设置，单击“打开”按钮，链接 CAD 图纸。

（3）默认链接的 CAD 图纸处于锁定状态，无法移动。单击“修改”选项卡“修改”面板中的“解锁”按钮（快捷键：UP），将 CAD 图纸解锁。

（4）单击“修改”选项卡“修改”面板中的“对齐”按钮（快捷键：AL），在视图中单击 5-1 轴线，然后单击链接的 CAD 图纸中的 5-1 轴线，将 5-1 轴线对齐；接着在视图中单击 5-A 轴线，然后单击链接的 CAD 图纸中的 5-A 轴线，将 5-A 轴线对齐。此时，CAD 文件中的轴网与视图中的轴网重合。

（5）单击“修改”选项卡“修改”面板中的“锁定”按钮（快捷键：PN），选择 CAD 图纸，将其锁定，以免在布置风管和设备的过程中移动图纸，产生混淆。

（6）单击“视图”选项卡“图形”面板中的“可见性/图形”按钮（快捷键：VG），打开“楼层平面：电气-1F 的可见性/图形替换”对话框，在“导入的类别”选项卡中展开地下一层照明平面图的图层，选中“WIRE”、“文字”、“EQUIP”和“EQUIP-照明”图层复选框，取消选中其他图层复选框，如图 14-1 所示，单击“应用”按钮，整理后的图形如图 14-2 所示。

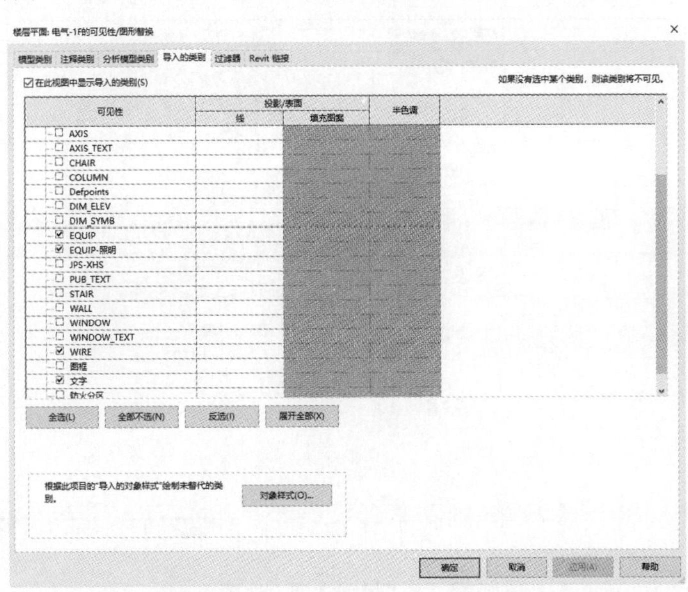

图 14-1　“楼层平面：电气-1F 的可见性/图形替换”对话框

Note

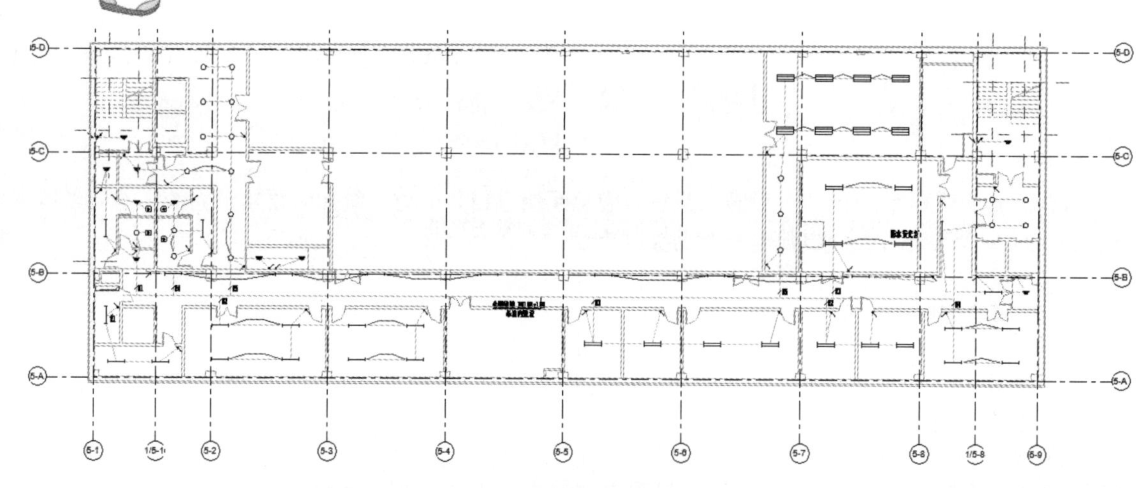

图 14-2　整理后的图形

（7）切换到“模型类别”选项卡，在“过滤器列表”中选择“电气”选项，选中“安全设备”“数据设备”“火警设备”“灯具”“照明设备”“电气设备”“电气装置”“电缆桥架”“电缆桥架配件”“线管”“线管配件”等复选框，如图 14-3 所示，单击“确定”按钮。

图 14-3　“模型类别”选项卡

14.1.2 布置设备

（1）单击“系统”选项卡“电气”面板中的“电气设备”按钮（快捷键：EE），打开“修改|放置设备”选项卡，单击“模式”面板中的“载入族”按钮，打开“载入族”对话框，选择“Chinese”→“MEP”→“供配电”→“配电设备”→“箱柜”文件夹中的“GGD 型低压配电柜.rfa”族文件，单击“打开”按钮，载入文件。

（2）在“属性”选项板中选择“类型 2”类型，设置标高中的高程为 0，根据 CAD 图纸，在强电间靠墙体上放置配电柜，如图 14-4 所示。

（3）单击“系统”选项卡“电气”面板中的“照明设备”按钮（快捷键：LF），打开“修改|放置设备”选项卡，单击“模式”面板中的“载入族”按钮，打开“载入族”对话框，选择源文件中的“格栅式双管荧光灯.rfa”族文件，单击“打开”按钮，载入文件。

（4）在“属性”选项板中设置标高中的高程为 2650，根据 CAD 图纸，结合“复制”命令，在后勤人员用餐区布置格栅式双管荧光灯，如图 14-5 所示。

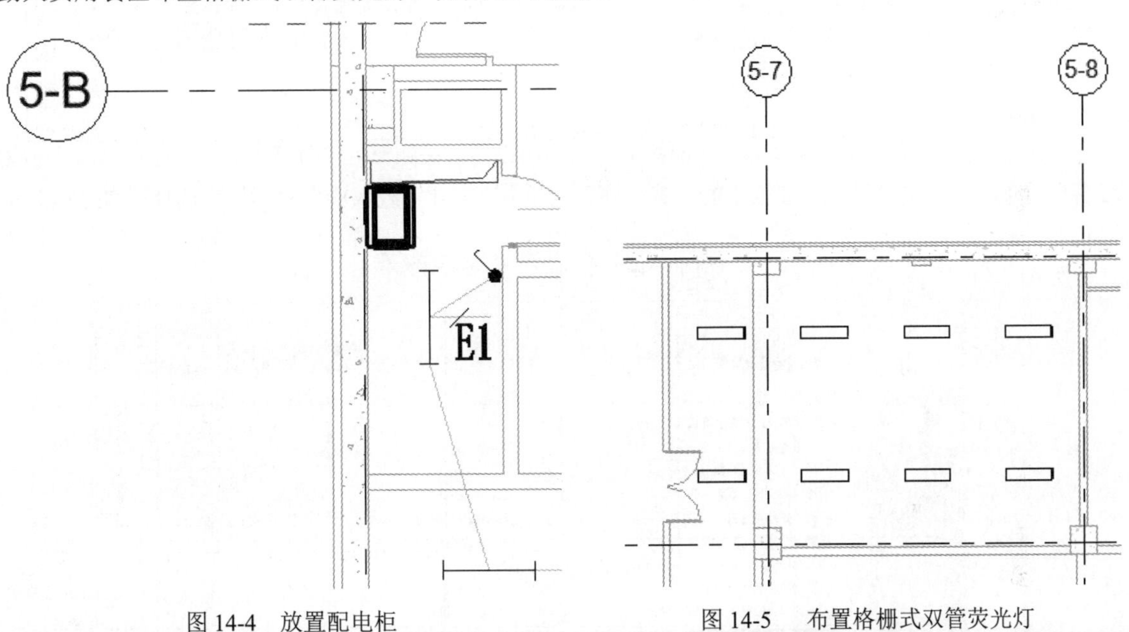

图 14-4 放置配电柜　　图 14-5 布置格栅式双管荧光灯

（5）在项目浏览器中双击“管线综合”→“立面”节点下的“东-管线综合”字样，将视图切换到东立面视图。

（6）单击“系统”选项卡“工作平面”面板中的“设置”按钮，打开“工作平面”对话框，单击“拾取一个平面”单选按钮，如图 14-6 所示，单击“确定”按钮。

（7）在视图中拾取高度为 2650 的参照平面，打开“转到视图”对话框，选择“楼层平面：电气-1F”视图，如图 14-7 所示，单击“打开视图”按钮，切换至“电气-1F”视图，工作平面为参照平面。

Note

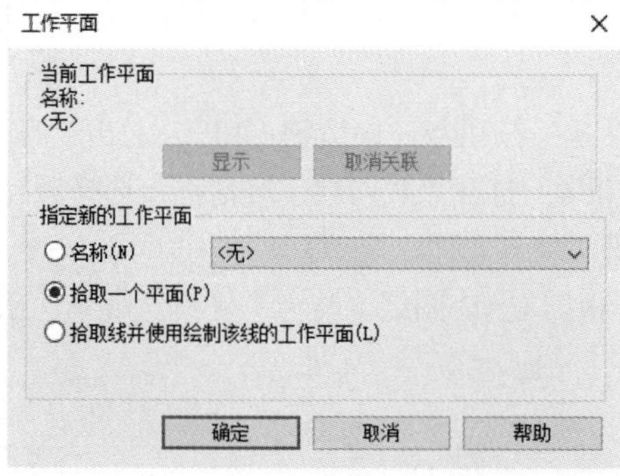

图 14-6 “工作平面”对话框

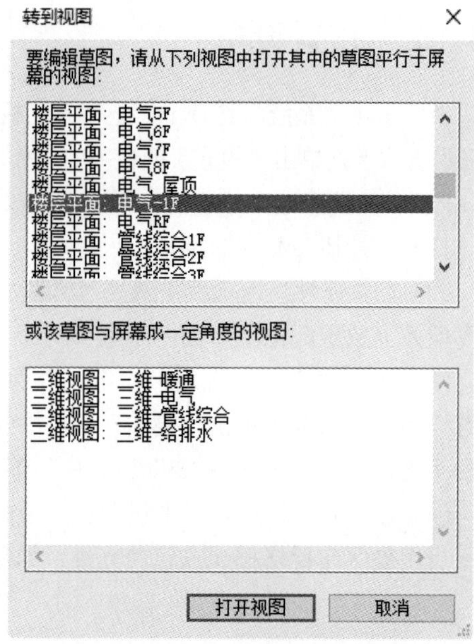

图 14-7 “转到视图”对话框

（8）单击“系统”选项卡“电气”面板中的“照明设备”按钮（快捷键：LF），打开“修改|放置设备”选项卡，单击“模式”面板中的“载入族”按钮，打开“载入族”对话框，选择“Chinese”→“MEP”→“照明”→“室内灯”→“导轨和支架式灯具”文件夹中的“单双管防水式灯具.rfa”族文件，如图 14-8 所示，单击“打开”按钮，载入文件。

图 14-8 “载入族”对话框

（9）在“属性”选项板中选择“36-T8×2 盏灯”类型，单击“放置”面板中的“放置在工作平面上”按钮，根据 CAD 图纸，结合“旋转”命令，布置双管吸顶灯，如图 14-9 所示。

（10）在“属性”选项板中选择“36-T8×1 盏灯”类型，根据 CAD 图纸，布置单管吸顶灯，如图 14-10 所示。

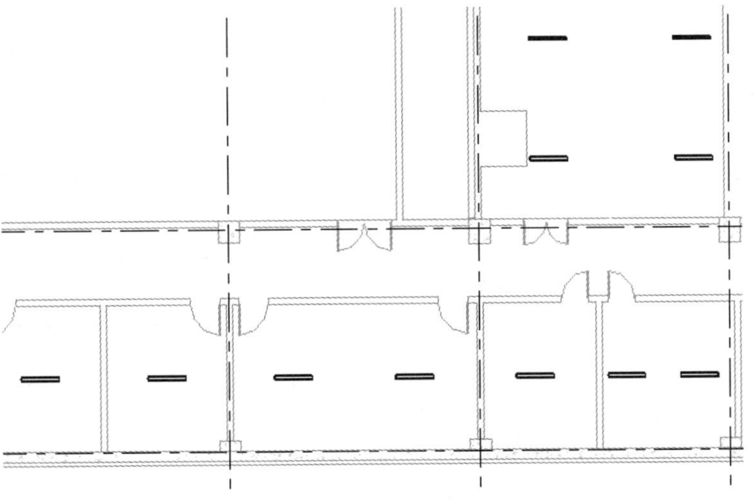

图 14-9 布置双管吸顶灯

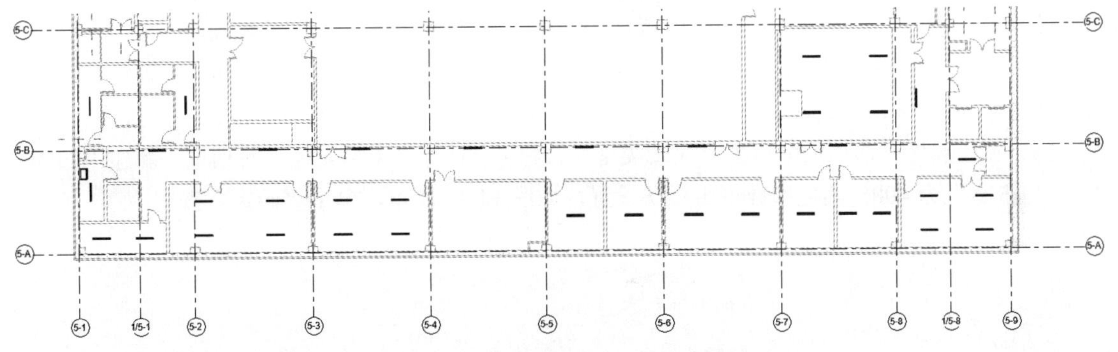

图 14-10 布置单管吸顶灯

（11）单击“系统”选项卡“电气”面板中的“照明设备”按钮（快捷键：LF），打开“修改|放置设备”选项卡，单击“模式”面板中的“载入族”按钮，打开“载入族”对话框，选择“China”→“MEP”→“照明”→“室内灯”→“筒灯”文件夹中的“筒灯-嵌入式-2 盏灯.rfa”族文件，单击“打开”按钮，载入文件。

（12）在“属性”选项板中单击“编辑类型”按钮，打开“类型属性”对话框，新建“13 W”类型，更改“视在负荷”为 26VA[①]，其他参数采用默认设置，如图 14-11 所示，单击“确定”按钮。

（13）单击“放置”面板中的“放置在工作平面上”按钮，根据 CAD 图纸，布置筒灯，如图 14-12 所示。

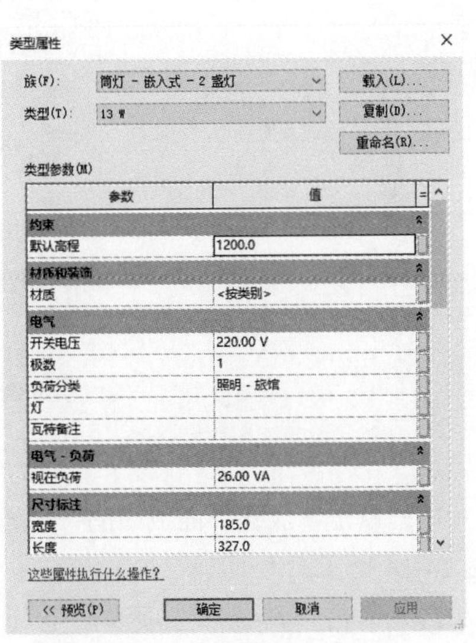

图 14-11 “类型属性”对话框

① 单位“VA”表示功率的量度，正确书写方式应为“V·A”，为与图 14-11 中保持一致，此处使用“VA”。

Note

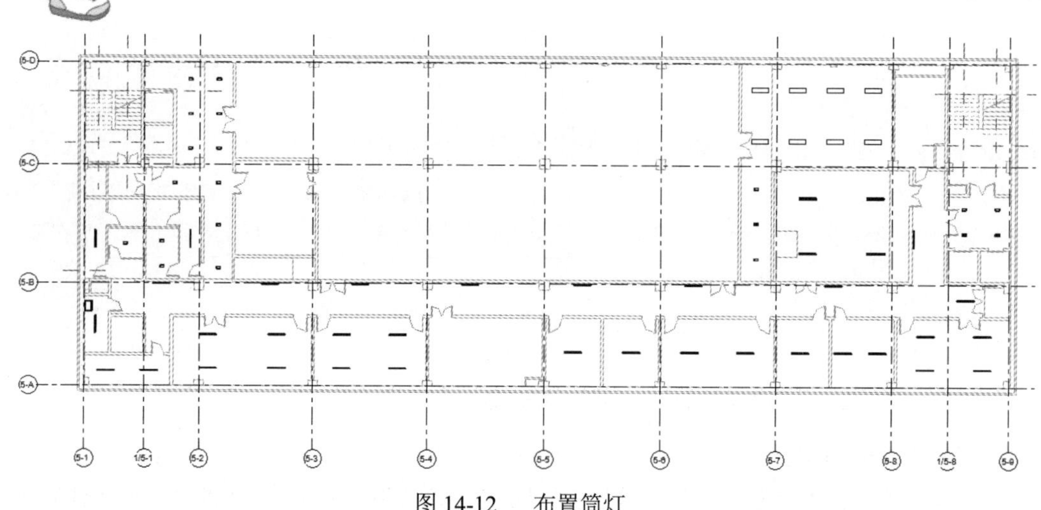

图 14-12　布置筒灯

（14）单击“系统”选项卡“电气”面板中的“照明设备”按钮（快捷键：LF），打开“修改|放置设备”选项卡，单击“模式”面板中的“载入族”按钮，打开“载入族”对话框，选择“China”→“MEP”→“照明”→“室内灯”→“环形吸顶灯”文件夹中的“环形吸顶灯.rfa”族文件，单击“打开”按钮，载入文件。

（15）在“属性”选项板中单击“编辑类型”按钮，打开“类型属性”对话框，新建“20 W”类型，更改直径为400，其他参数采用默认设置，如图 14-13 所示，单击“确定”按钮。

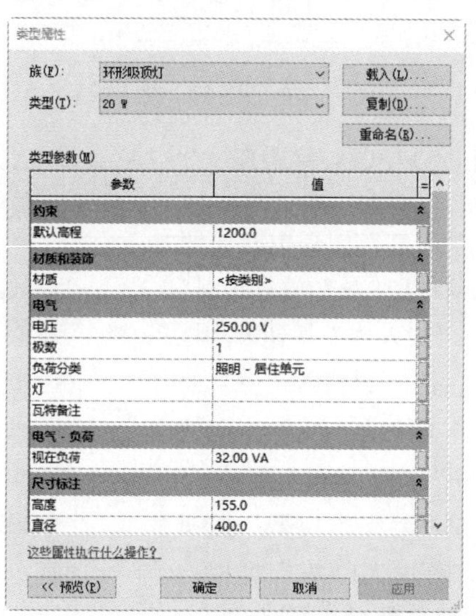

图 14-13　“类型属性”对话框

（16）单击“放置”面板中的“放置在工作平面上”按钮，根据 CAD 图纸，布置环形吸顶灯，如图 14-14 所示。

（17）单击“系统”选项卡“电气”面板“设备”下拉列表中的“照明”按钮，在打开的“修改|放置灯具”选项卡中单击“载入族”按钮，打开“载入族”对话框，选择“Chinese”→“MEP”→“供配电”→“终端”→“开关”文件夹中的“单联开关-暗装.rfa”和“双联开关-暗装.rfa”族文件，如图 14-15 所示，单击“打开”按钮，载入文件。

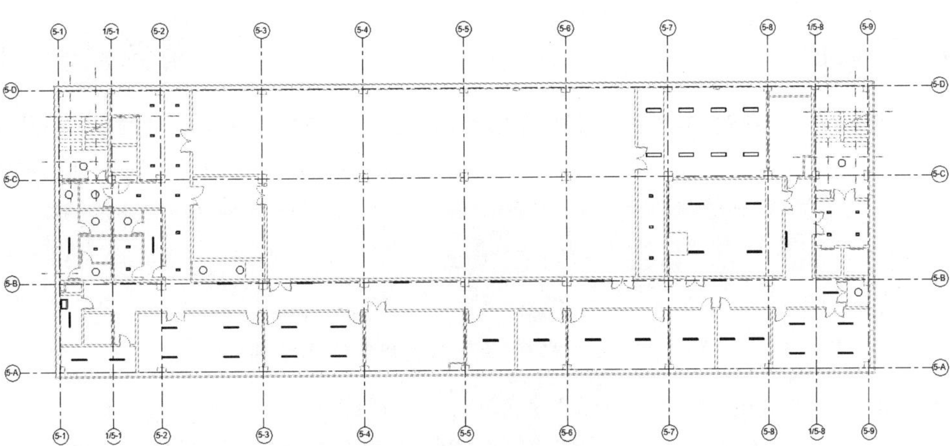

图 14-14　布置环形吸顶灯

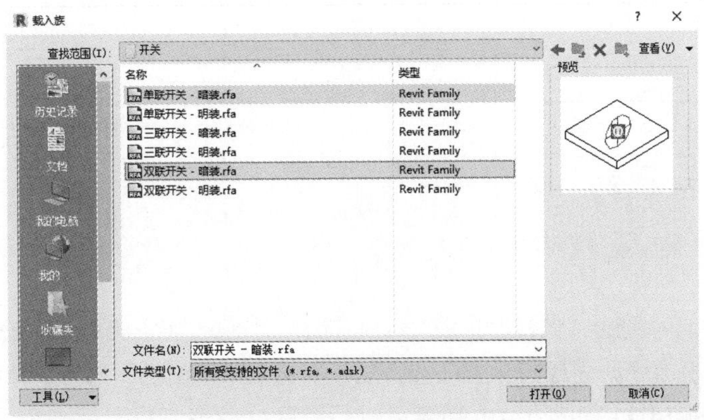

图 14-15　“载入族”对话框

（18）在“属性”选项板中选择“单联开关-暗装 单控”类型，设置相对标高的偏移为 1300，单击“放置”面板中的“放置在垂直面上”按钮，根据 CAD 图纸，在墙体上放置单联开关。

（19）在“属性”选项板中选择“双联开关-暗装 单控”类型，设置标高中的高程为 1300，单击“放置”面板中的“放置在垂直面上”按钮，根据 CAD 图纸，在墙体上放置双联开关，如图 14-16 所示。

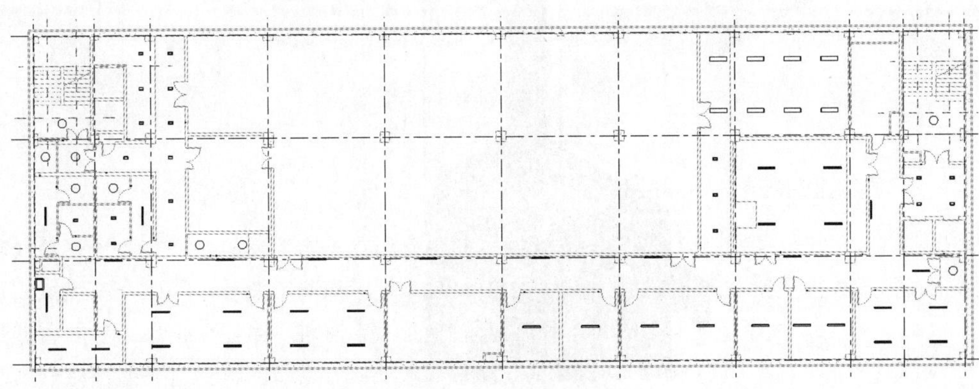

图 14-16　布置开关

14.1.3 布置桥架

（1）单击“系统”选项卡“电气”面板中的“电缆桥架”按钮（快捷键：CT），打开如图 14-17 所示的“修改|放置电缆桥架”选项卡和选项栏。

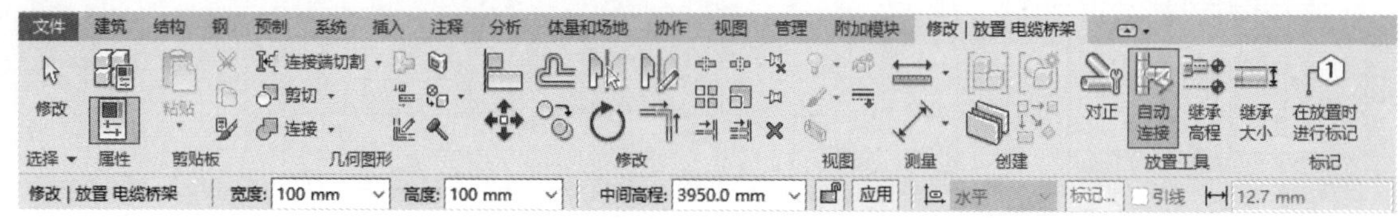

图 14-17 “修改|放置电缆桥架”选项卡和选项栏

（2）在“属性”选项板中选择“带配件的电缆桥架 强电”类型，设置宽度为 100，高度为 100，底部高程为 3900，根据 CAD 图纸绘制 100×100 的水平桥架，如图 14-18 所示。

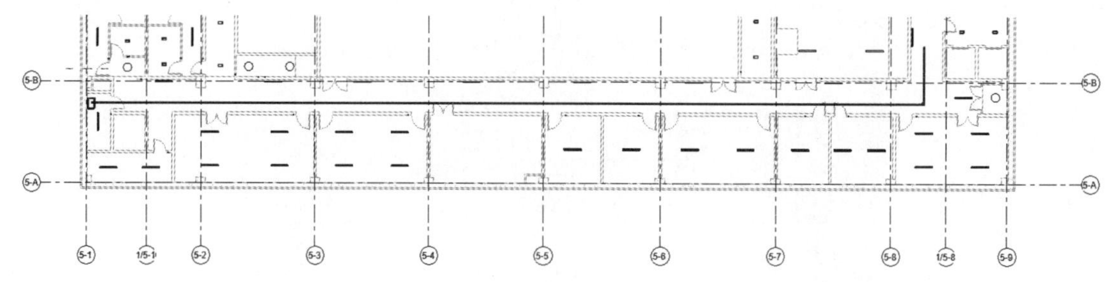

图 14-18 绘制水平桥架

（3）在选项栏中更改中间高程为 2250 mm，然后捕捉水平桥架的左端点，单击“应用”按钮，生成垂直桥架与配电柜相连，如图 14-19 所示。

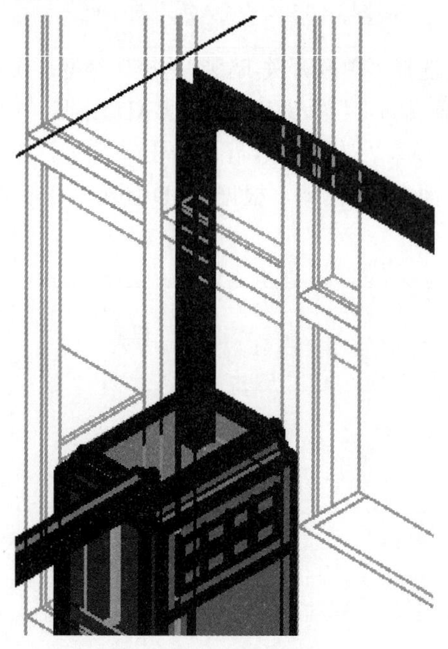

图 14-19 绘制垂直桥架

（4）将视图切换至“三维-电气”视图，从图中可以看出垂直桥架的长度不符合要求。选取垂直桥架，单击下端的尺寸，使尺寸处于可编辑状态，删除原尺寸，输入新的尺寸值 2250 mm，按 Enter 键确认，桥架根据新的尺寸值进行调整，如图 14-20 所示。

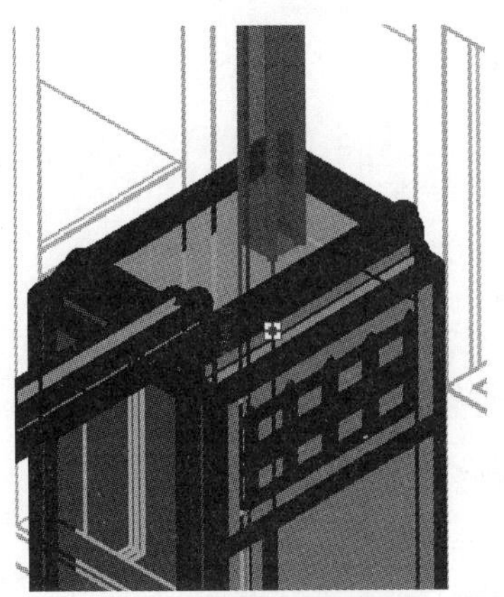

选取桥架

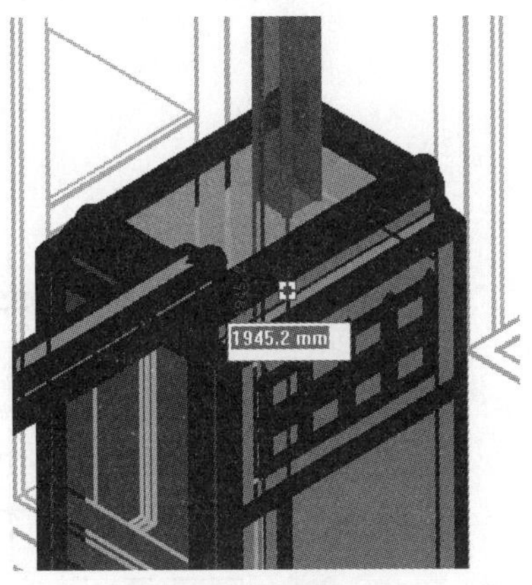

尺寸处于可编辑状态

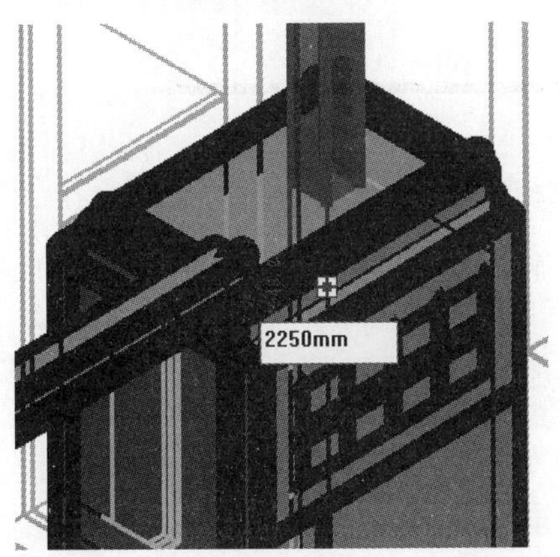

输入新尺寸

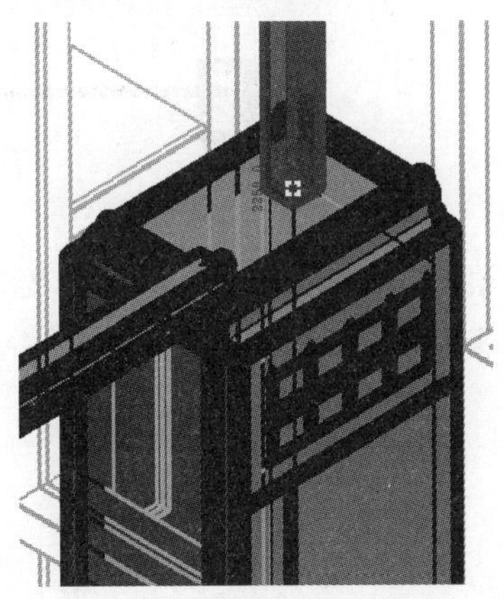

调整桥架

图 14-20　修改桥架的长度

14.1.4　布置线管

下面以 N1、N5 支线的线管布置为例，介绍照明系统中线管的布置。

1. 绘制 N1 支线

（1）单击“系统”选项卡“电气”面板中的“线管”按钮（快捷键：CN），打开如图 14-21 所示的“修改|放置线管”选项卡和选项栏。

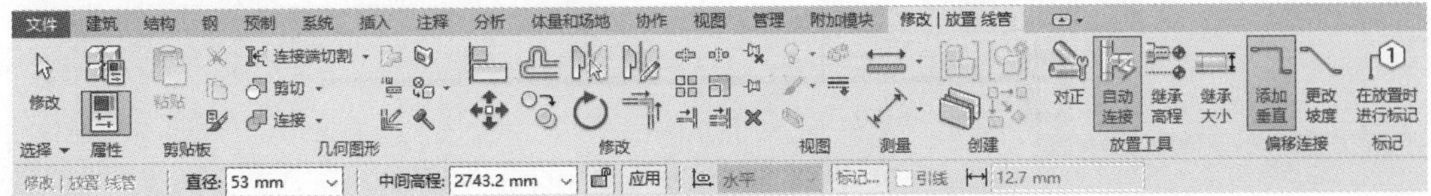

图 14-21　“修改|放置线管”选项卡和选项栏

Note

（2）在“属性”选项板中选择“带配件的线管 强电”类型，设置直径为 16 mm，底部高程为 3900 mm，捕捉水平电缆桥架，根据 CAD 图纸绘制卫生间和淋浴间内水平线管，如图 14-22 所示。

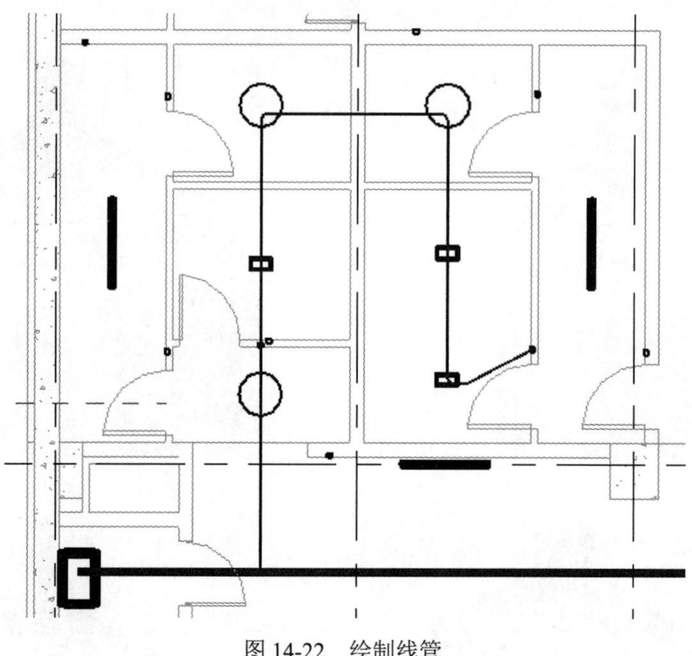

图 14-22　绘制线管

（3）根据 CAD 图纸，捕捉上一步绘制的线管，绘制更衣间和污水泵房内的线管。系统自动在连接处生成 T 形三通导线接线盒，如图 14-23 所示。

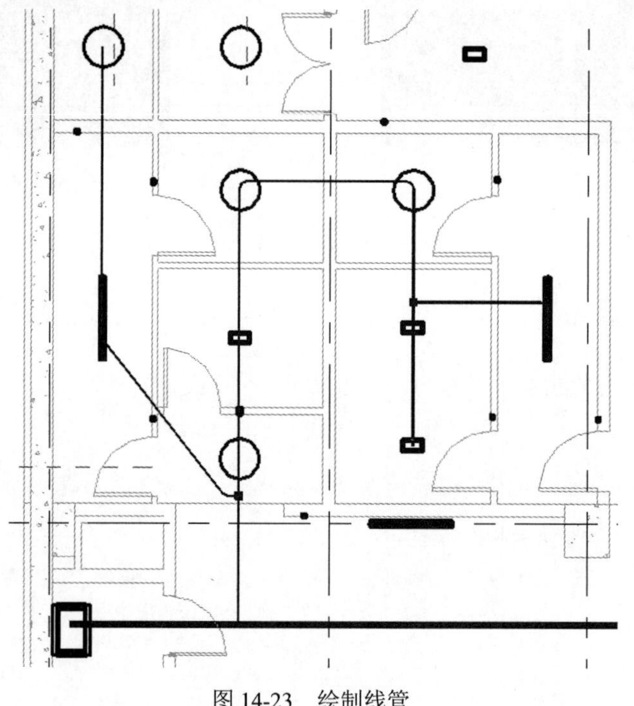

图 14-23　绘制线管

Note

（4）单击“系统”选项卡“电气”面板中的“线管”按钮（快捷键：CN），捕捉灯具处的线管，然后在选项栏中更改中间高程为 2650 mm，单击“应用”按钮，绘制连接灯具的垂直线管，如图 14-24 所示。

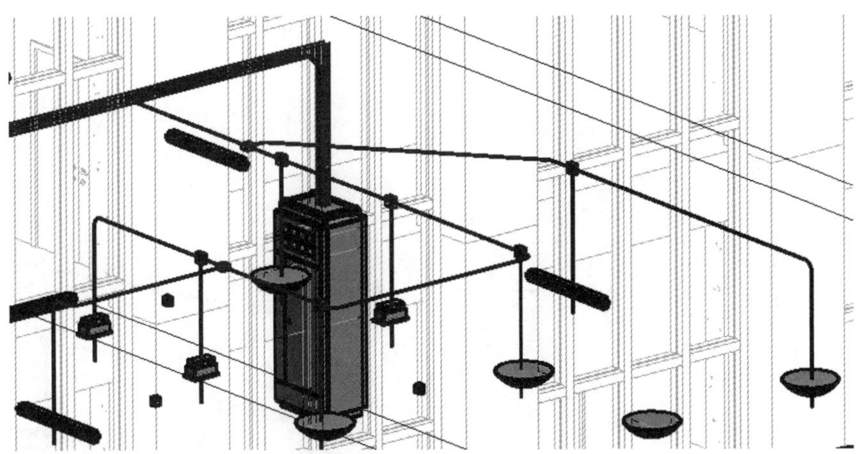

图 14-24　绘制连接灯具的垂直线管

（5）从图 14-24 中可以看出垂直线管的长度不符合要求。选取垂直线管，单击下端的尺寸，使尺寸处于可编辑状态，删除原尺寸，输入新的尺寸值 2650 mm，按 Enter 键确认，线管根据新的尺寸值进行调整，如图 14-25 所示。

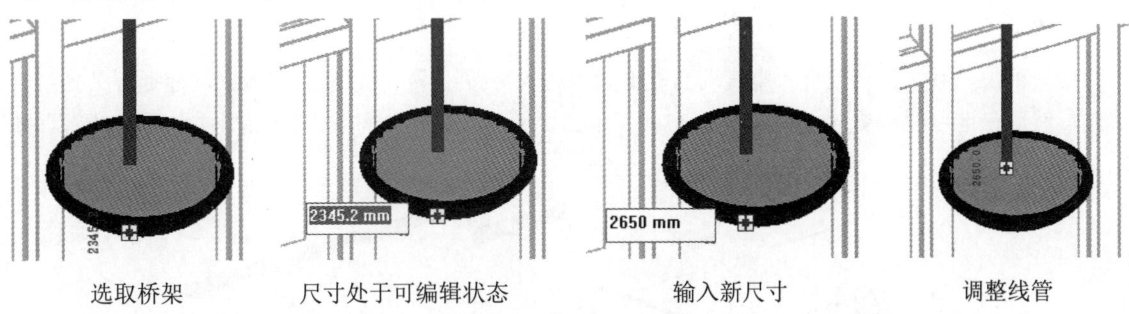

图 14-25　修改线管的长度

（6）采用相同的方法，修改所有连接灯具的垂直线管长度，结果如图 14-26 所示。

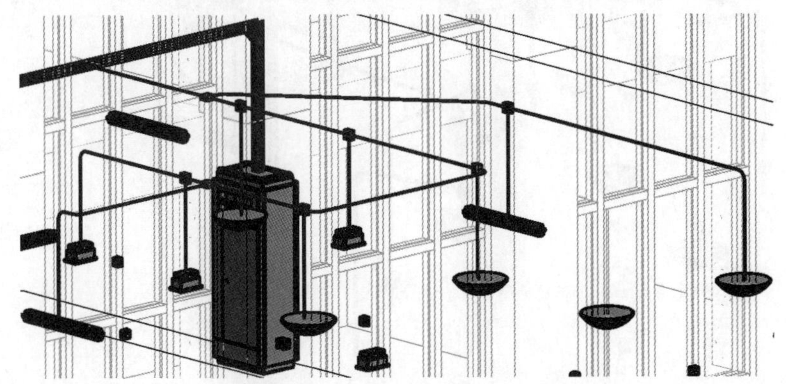

图 14-26　修改垂直线管的长度

Note

（7）单击“系统”选项卡“电气”面板中的“线管”按钮（快捷键：CN），在选项栏中更改中间高程为2900 mm，单击“应用”按钮，捕捉灯具处的垂直线管，绘制连接开关的水平线管，如图14-27所示。

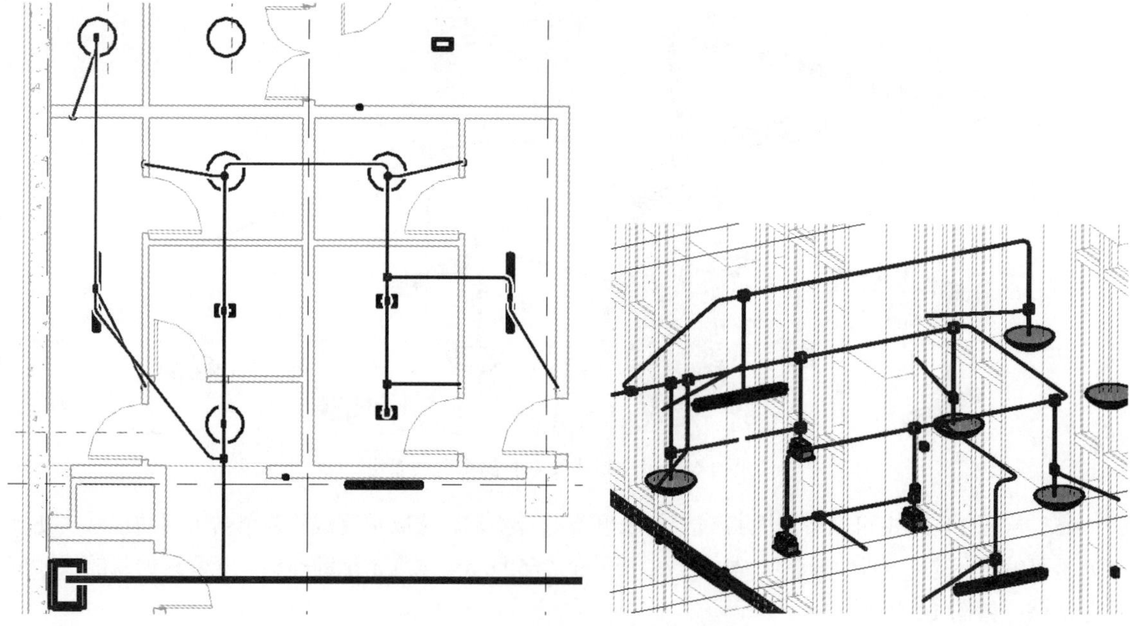

图14-27　绘制连接开关的水平线管

（8）单击“系统”选项卡“电气”面板中的“线管”按钮（快捷键：CN），捕捉开关处线管端点，然后在选项栏中更改中间高程为1360，单击“应用”按钮，绘制连接开关的垂直线管，如图14-28所示。

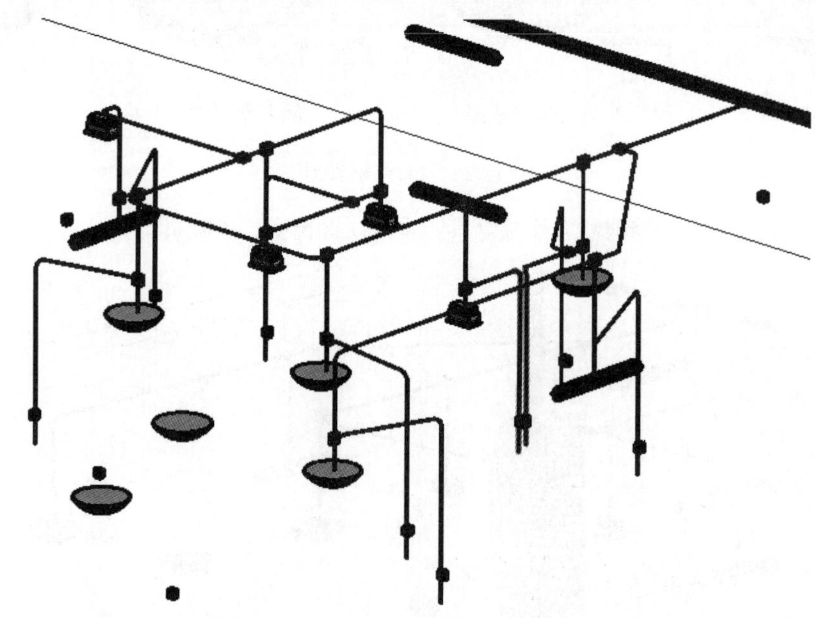

图14-28　绘制连接开关的垂直线管

（9）从图 14-28 中可以看出垂直线管的长度不符合要求。选取垂直线管，单击下端的尺寸，使尺寸处于可编辑状态，删除原尺寸，输入新的尺寸值 1360，按 Enter 键确认，线管根据新的尺寸值进行调整，如图 14-29 所示。

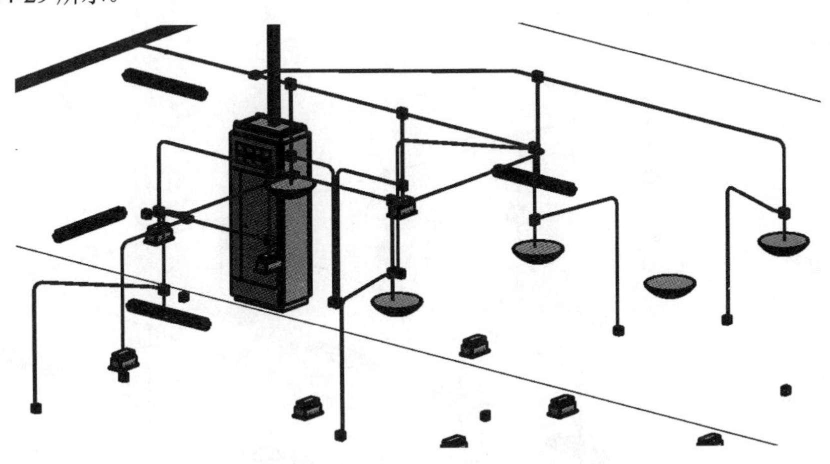

图 14-29　修改线管的长度

2. 绘制 N5 支线

（1）单击“系统”选项卡“电气”面板中的“线管”按钮（快捷键：CN），在“属性”选项板中选择“带配件的线管 强电”类型，设置直径为 16，底部高程为 3900，捕捉水平电缆桥架，根据 CAD 图纸绘制后勤人员餐厅内连接灯具的水平线管，如图 14-30 所示。

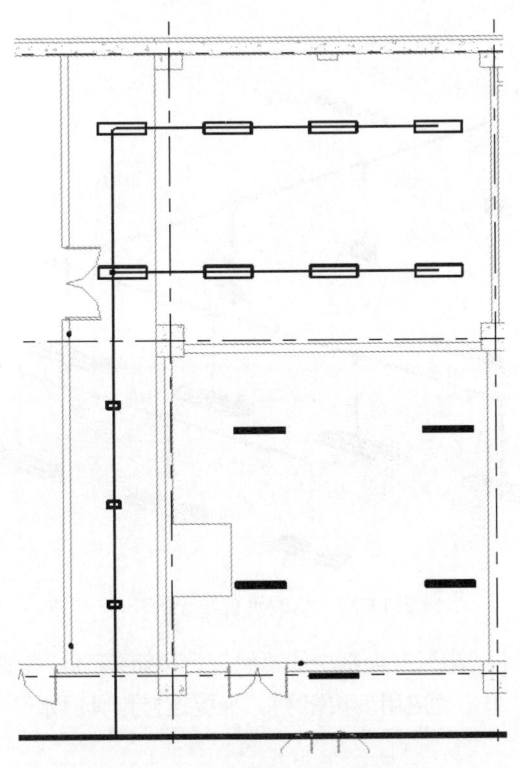

图 14-30　绘制连接灯具的水平线管

Note

（2）单击“系统”选项卡“电气”面板中的“线管”按钮（快捷键：CN），捕捉灯具处的线管，然后在选项栏中更改中间高程为 2750，单击“应用”按钮，绘制连接灯具的垂直线管，如图 14-31 所示。

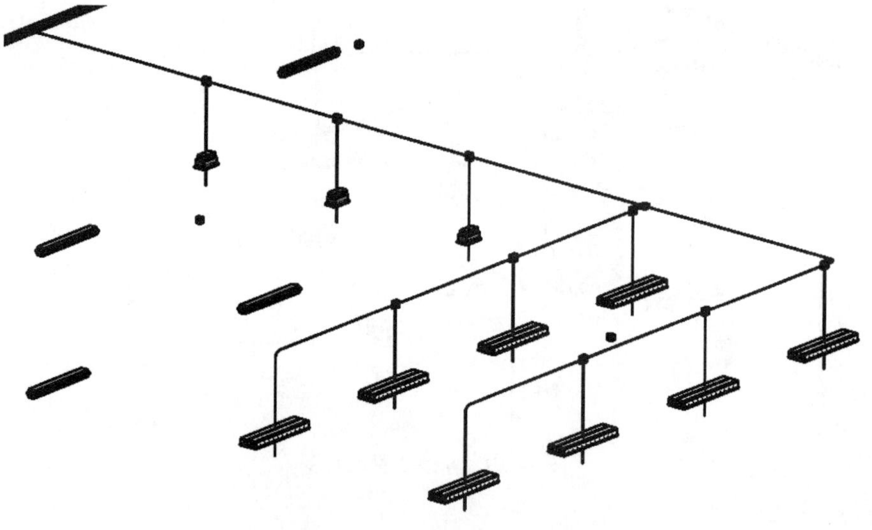

图 14-31　绘制连接灯具的垂直线管

（3）从图 14-31 中可以看出垂直线管的长度不符合要求。选取垂直线管，单击下端的尺寸，使尺寸处于可编辑状态，删除原尺寸，输入新的尺寸值 1300 mm，按 Enter 键确认，线管根据新的尺寸值进行调整，结果如图 14-32 所示。

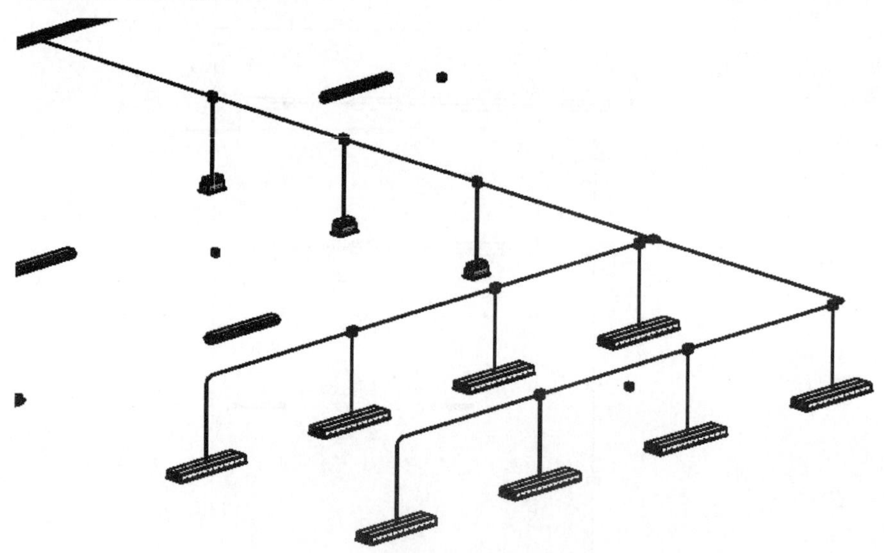

图 14-32　修改垂直线管的长度

（4）单击“系统”选项卡“电气”面板中的“线管”按钮（快捷键：CN），在“属性”选项板中更改底部高程为 3900，单击“应用”按钮，捕捉连接灯具的水平线管，绘制连接开关的水平线管，如图 14-33 所示。

（5）单击“系统”选项卡“电气”面板中的“线管”按钮（快捷键：CN），捕捉连接开关的

水平线管端点，然后在选项栏中更改中间高程为 1360，单击“应用”按钮，绘制连接开关的垂直线管，如图 14-34 所示。

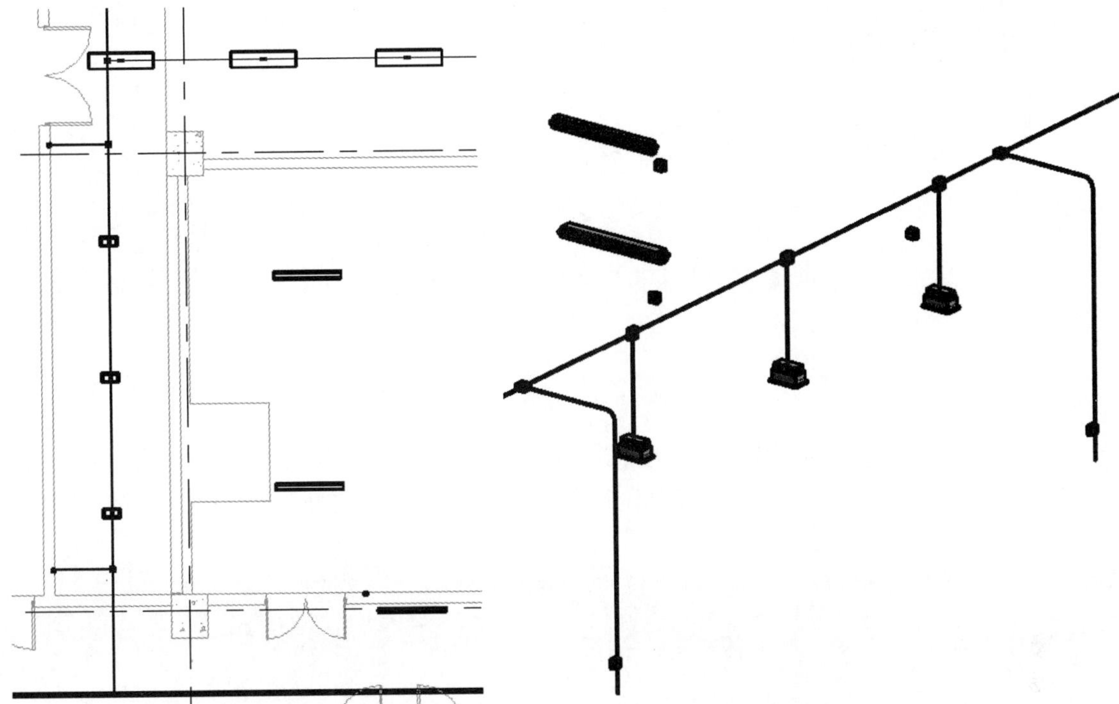

图 14-33　绘制连接开关的水平线管　　　　图 14-34　绘制连接开关的垂直线管

（6）从图 14-34 中可以看出垂直线管的长度不符合要求。选取垂直线管，单击下端的尺寸，使尺寸处于可编辑状态，删除原尺寸，输入新的尺寸值 1360 mm，按 Enter 键确认，线管根据新的尺寸值进行调整，如图 14-35 所示。

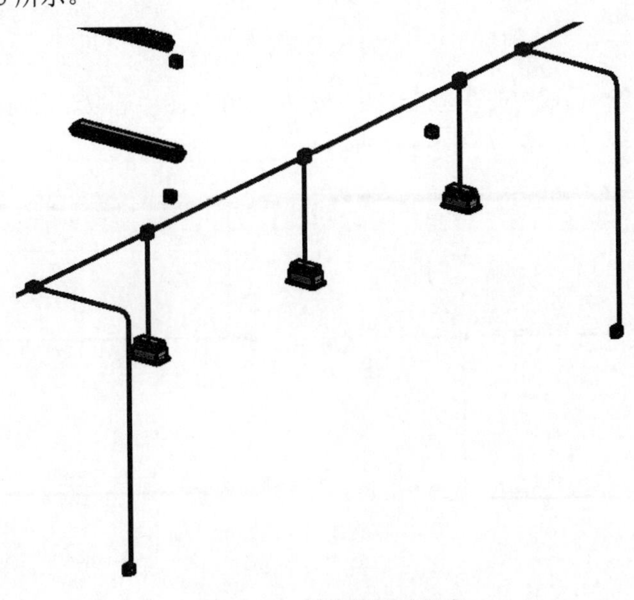

图 14-35　修改线管的长度

Note

（7）采用相同的方法，绘制地下一层照明系统中的线管，如图 14-36 所示。

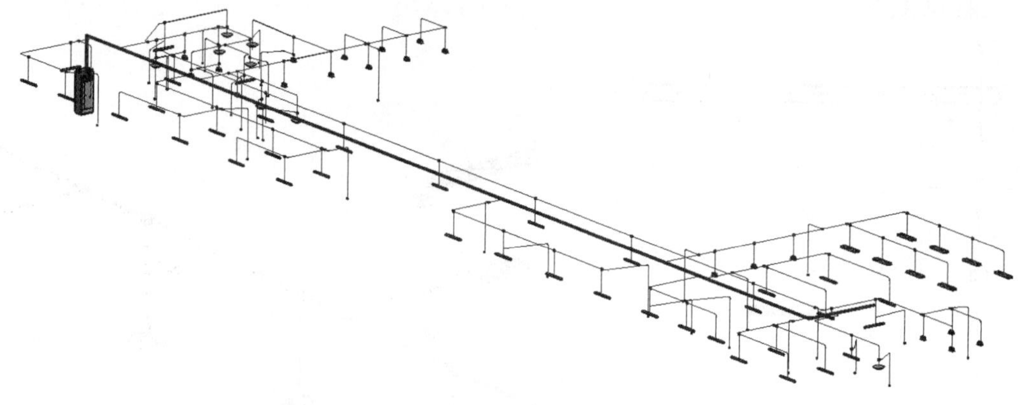

图 14-36　绘制线管

（8）按住 Ctrl 键，选取主食库房间内的灯具，打开如图 14-37 所示的“修改|照明设备”选项卡，单击“修改|照明设备”选项卡“创建系统”面板中的“开关”按钮，打开如图 14-38 所示的“修改|开关系统”选项卡。

图 14-37　“修改|照明设备”选项卡

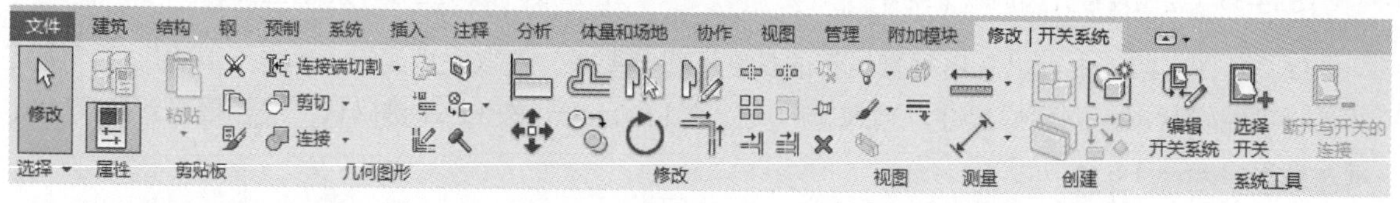

图 14-38　“修改|开关系统”选项卡

（9）单击“系统工具”面板中的“选择开关”按钮，在视图中选取该房间内的开关，如图 14-39 所示，即可完成开关系统的创建，如图 14-40 所示。

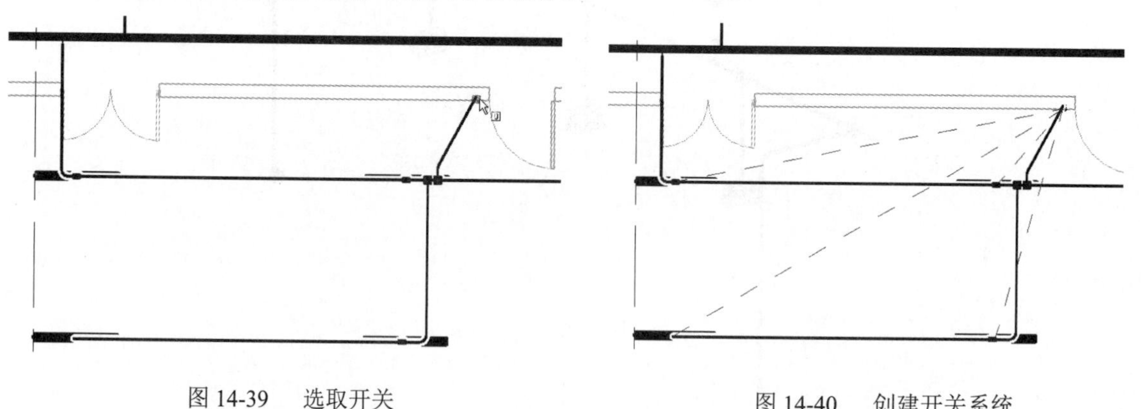

图 14-39　选取开关　　　　图 14-40　创建开关系统

（10）采用相同的方法，创建地下一层其他房间的开关系统。

读者可以根据源文件中的 CAD 图纸绘制其他楼层的照明系统，这里不再一一介绍其绘制过程。也可以参照照明系统的绘制方法绘制电力系统、应急照明系统等。

14.2　弱电系统

视频讲解

后勤大楼中弱电系统包括一般弱电系统和消防弱电系统，本节以地下一层的一般弱电系统为例介绍弱电系统的绘制方法。

14.2.1　绘图前准备

（1）在项目浏览器中双击“电气”→“楼层平面”节点下的“电气-1F”字样，将视图切换到电气-1F 楼层平面视图。

（2）为了方便绘图，先将照明系统中的电气设备、照明设备、电缆桥架以及线管隐藏。框选视图中所有图形，单击“修改|选择多个”选项卡中的“过滤器”按钮，打开“过滤器”对话框，选中“灯具”“照明设备”“电气设备”“电缆桥架”“电缆桥架配件”“线管”“线管配件”复选框，如图 14-41 所示，单击“确定”按钮，选取照明系统，如图 14-42 所示。

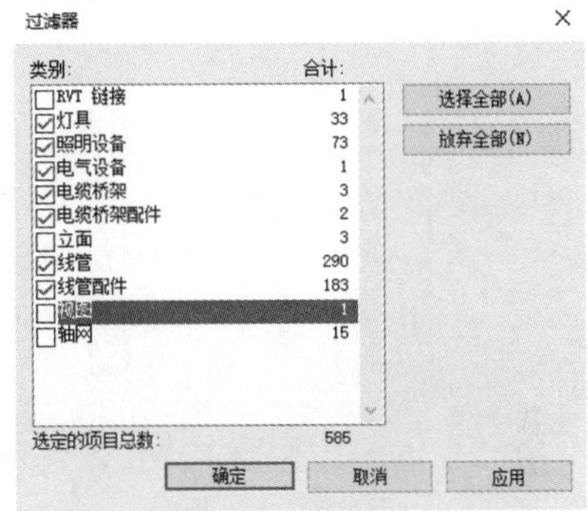

图 14-41　“过滤器”对话框

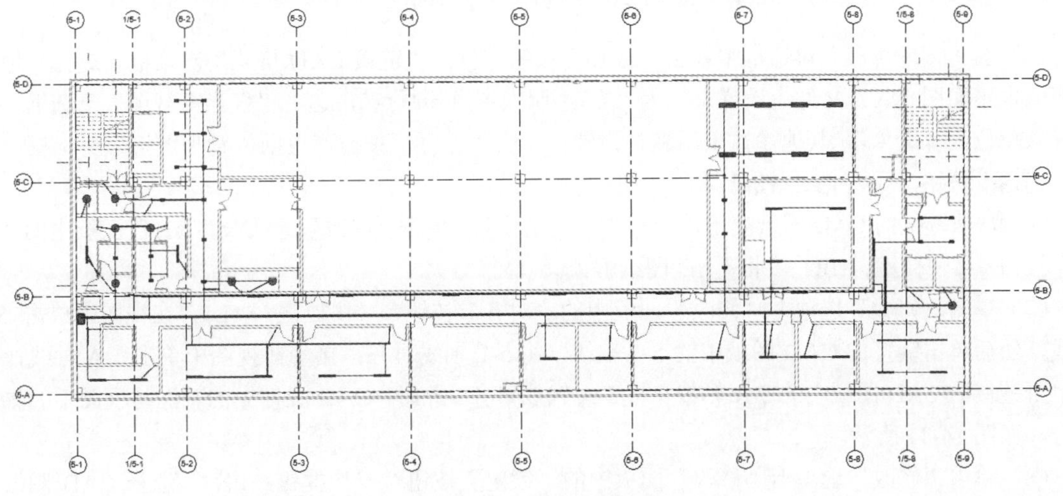

图 14-42　选取照明系统

（3）在“修改|选择多个”选项卡的“隐藏”下拉列表中选择“隐藏图元”按钮，隐藏照明系统。

（4）单击“插入”选项卡“链接”面板中的“管理链接”按钮，打开“管理链接”对话框，如图 14-43 所示，选择“地下一层照明平面图.dwg”文件，单击“卸载”按钮，然后单击“删除”按钮，

Note

删除“地下一层照明平面图.dwg”图纸。

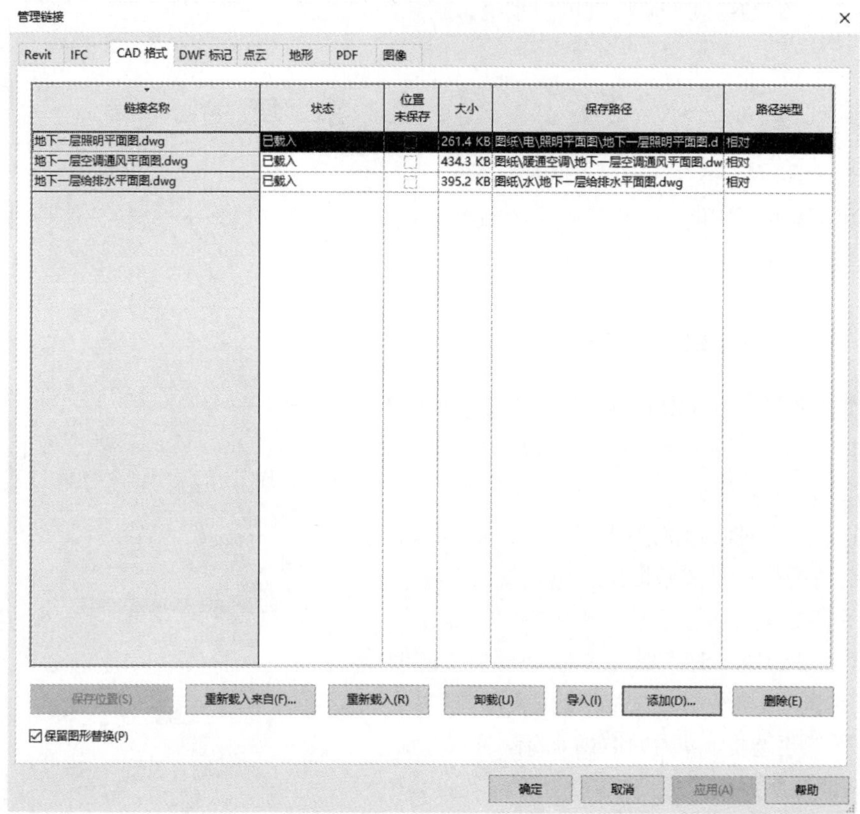

图 14-43　“管理链接”对话框

（5）在“管理链接”对话框中单击“添加”按钮，打开“链接 CAD 格式”对话框，选择“地下一层弱电平面图.dwg”文件，设置定位为“自动-原点到内部原点”，选中“仅当前视图”复选框，设置导入单位为“毫米”，其他参数采用默认设置，单击“打开”按钮，返回“管理链接”对话框，单击“确定”按钮，导入 CAD 图纸。

（6）默认链接的 CAD 图纸处于锁定状态，无法移动。单击“修改”选项卡“修改”面板中的“解锁”按钮（快捷键：UP），将 CAD 图纸解锁。

（7）单击“修改”选项卡“修改”面板中的“对齐”按钮（快捷键：AL），在视图中单击 5-1 轴线，然后单击链接的 CAD 图纸中的 5-1 轴线，将 5-1 轴线对齐；接着在视图中单击 5-A 轴线，然后单击链接的 CAD 图纸中的 5-A 轴线，将 5-A 轴线对齐。此时，CAD 文件中的轴网与视图中的轴网重合，如图 14-44 所示。

（8）单击“修改”选项卡“修改”面板中的“锁定”按钮（快捷键：PN），选择 CAD 图纸，将其锁定，以免在布置风管和设备的过程中移动图纸，产生混淆。

（9）单击“视图”选项卡“图形”面板中的“可见性/图形”按钮（快捷键：VG），打开“楼层平面：电气-1F 的可见性/图形替换”对话框，在“导入的类别”选项卡中展开地下一层弱电平面图的图层，选中“RD-equip”“RD-line”“RD-Text”图层复选框，取消选中其他图层复选框，单击“确定”按钮，整理后的图形如图 14-45 所示。

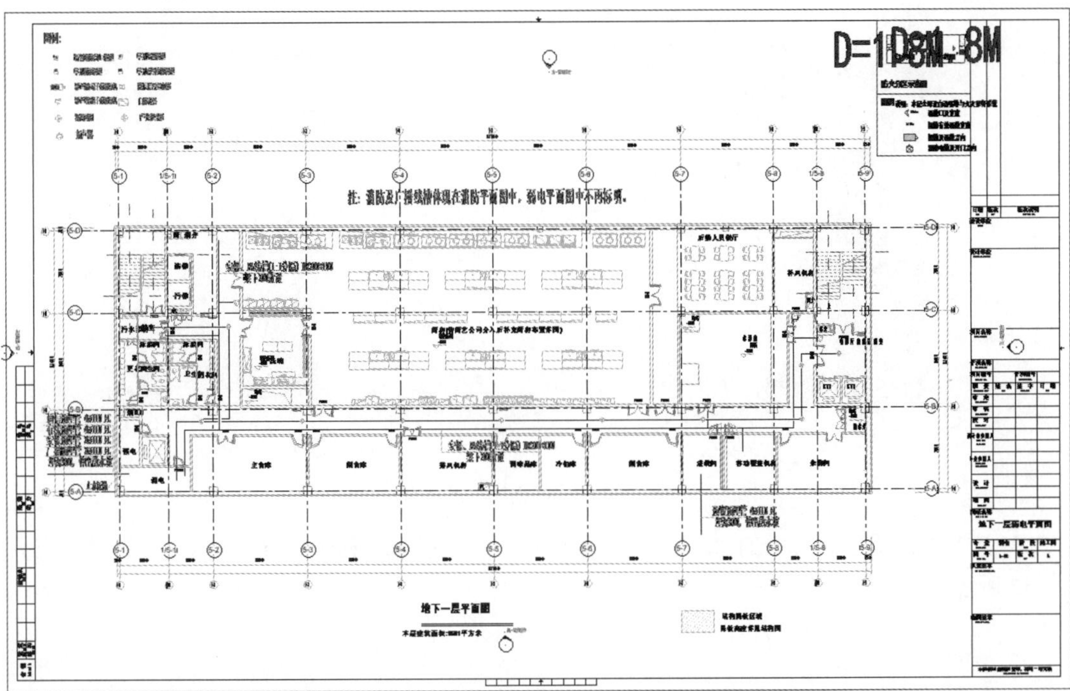

图 14-44　对齐图形

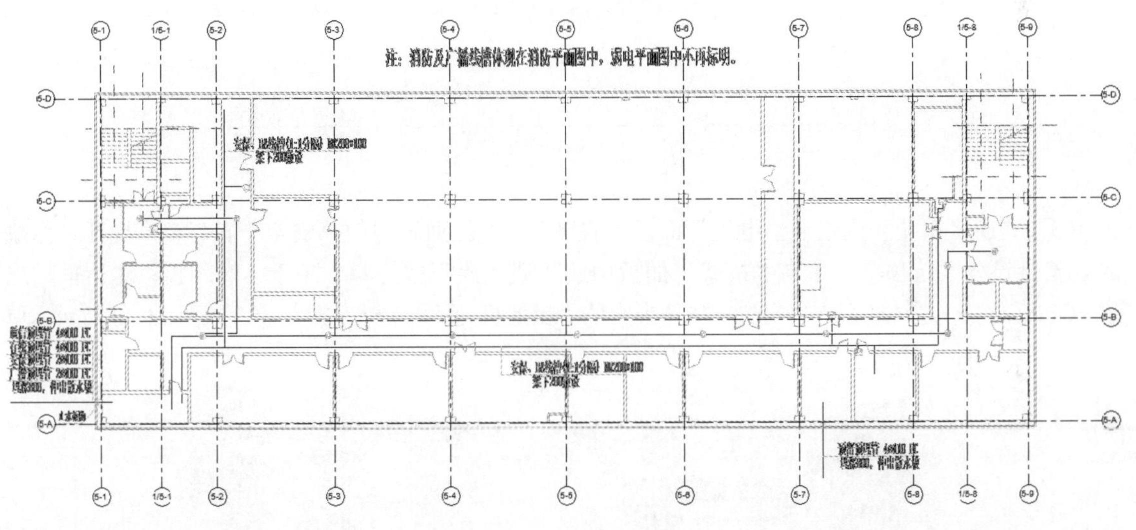

图 14-45　整理后的图形

14.2.2　布置照明设备

（1）单击“系统”选项卡“电气”面板“设备”下拉列表中的“通讯”按钮，打开“修改|放置通讯设备”选项卡，单击“模式”面板中的“载入族”按钮，打开“载入族”对话框，选择“Chinese”→“MEP”→“通讯”文件夹中的“吸顶式扬声器.rfa”族文件，如图 14-46 所示。单击“打开”按钮，载入文件。

Note

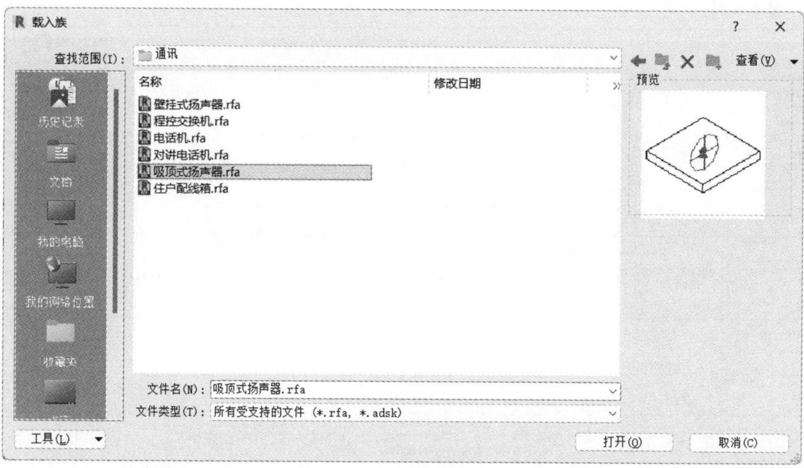

图 14-46 "载入族"对话框

（2）单击"放置"面板中的"放置在工作平面上"按钮，根据 CAD 图纸，布置扬声器，如图 14-47 所示。

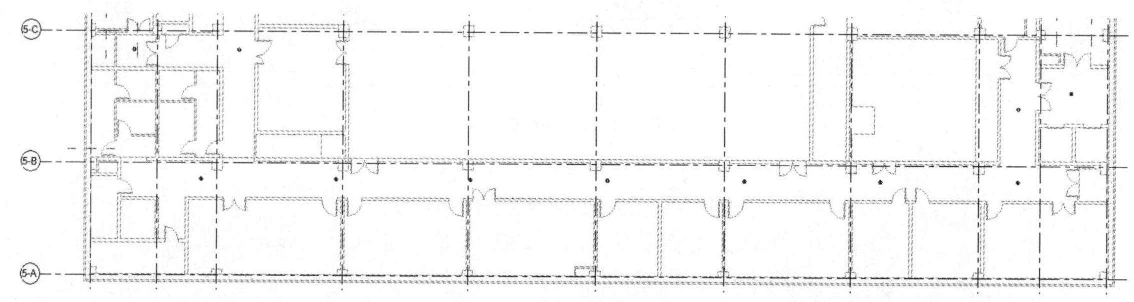

图 14-47 布置扬声器

（3）单击"系统"选项卡"电气"面板"设备"下拉列表中的"安全"按钮，打开"修改|放置安全设备"选项卡，单击"模式"面板中的"载入族"按钮，打开"载入族"对话框，选择"Chinese"→"MEP"→"安防"文件夹中的"摄像机-吸顶式.rfa"族文件，如图 14-48 所示。单击"打开"按钮，载入文件。

图 14-48 "载入族"对话框

Note

（4）单击“放置”面板中的“放置在工作平面上”按钮，根据 CAD 图纸，布置摄像头，如图 14-49 所示。

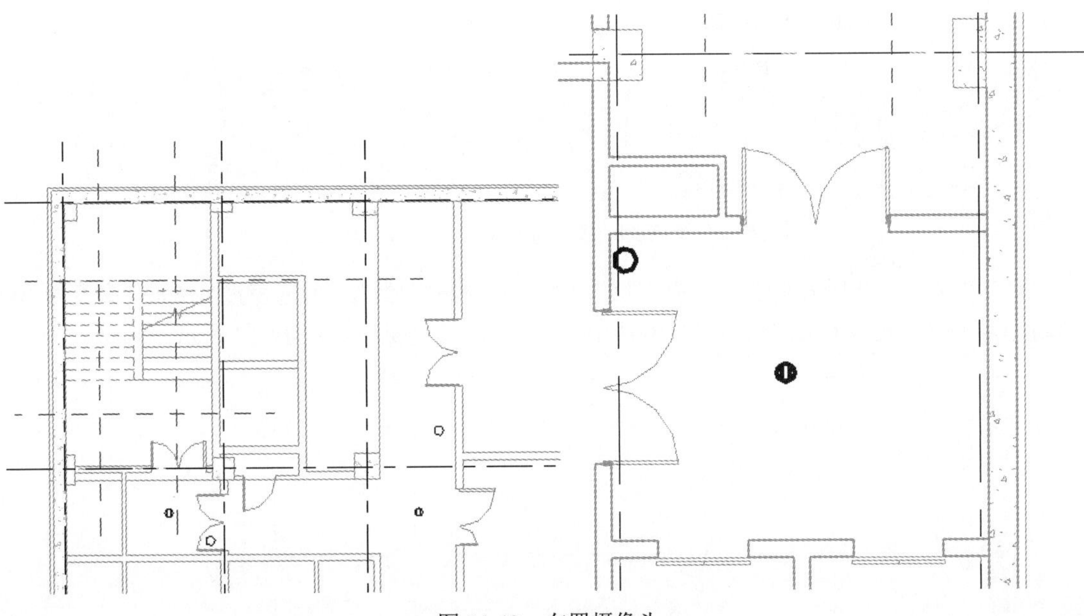

图 14-49　布置摄像头

（5）继续单击“模式”面板中的“载入族”按钮，打开“载入族”对话框，选择源文件中的“门禁.rfa”族文件，单击“打开”按钮，载入文件。

（6）在“属性”选项板中设置标高中的高程为 1200，根据 CAD 图纸，将其放置在门的位置，如图 14-50 所示。

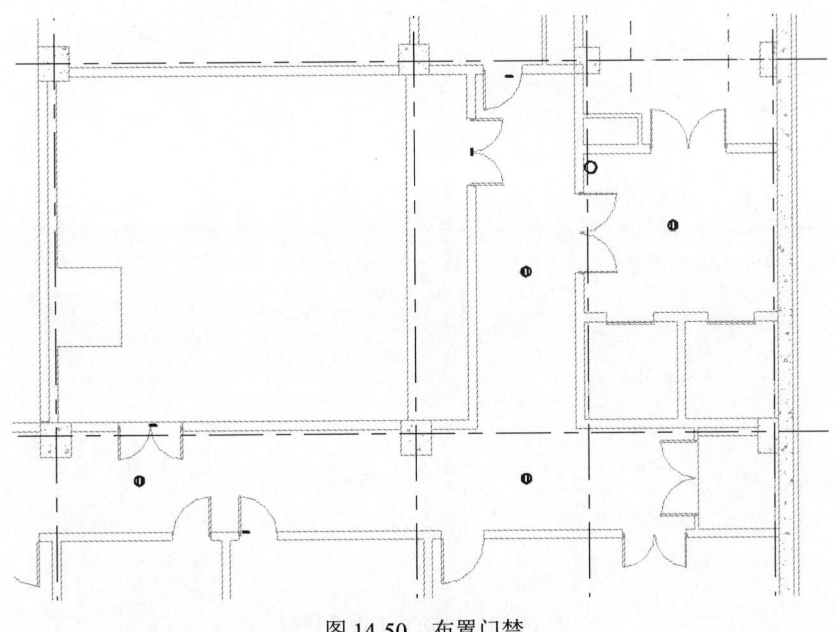

图 14-50　布置门禁

Note

14.2.3 布置桥架

（1）单击“系统”选项卡“电气”面板中的“电缆桥架”按钮（快捷键：CT），打开如图 14-51 所示的“修改|放置电缆桥架”选项卡和选项栏。

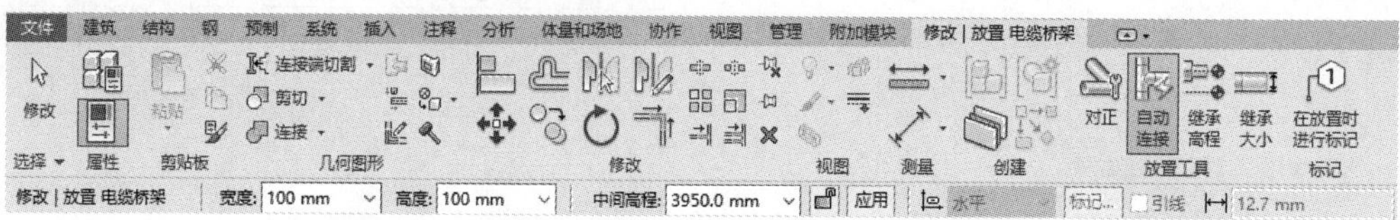

图 14-51 “修改|放置电缆桥架”选项卡和选项栏

（2）在“属性”选项板中选择“带配件的电缆桥架 弱电”类型，设置宽度为 200，高度为 100，底部高程为 3850，根据 CAD 图纸绘制 200×100 的弱电电缆桥架，如图 14-52 所示。

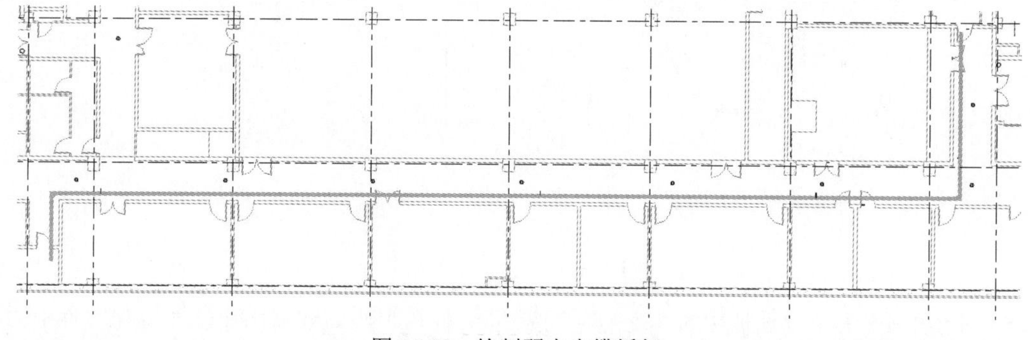

图 14-52 绘制弱电电缆桥架

（3）根据 CAD 图纸，捕捉上一步绘制的水平电缆桥架的中心线上一点为电缆桥架的起点，绘制竖直的电缆桥架，系统自动在电缆桥架的连接处采用水平三通连接，如图 14-53 所示。

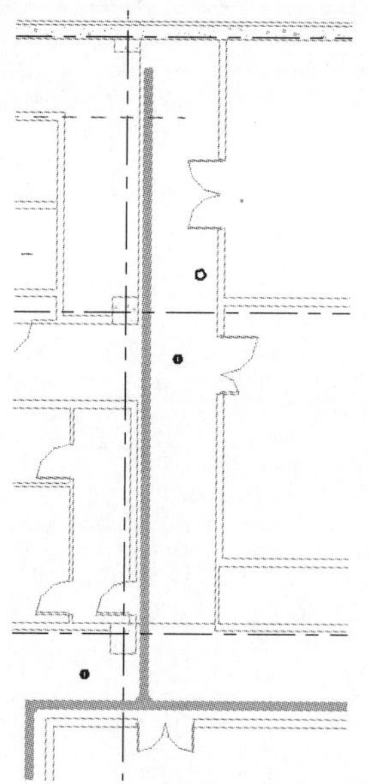

图 14-53 绘制竖直电缆桥架

14.2.4　布置线管

（1）单击“系统”选项卡“电气”面板中的“线管”按钮（快捷键：CN），打开如图 14-54 所示的“修改|放置线管”选项卡和选项栏。

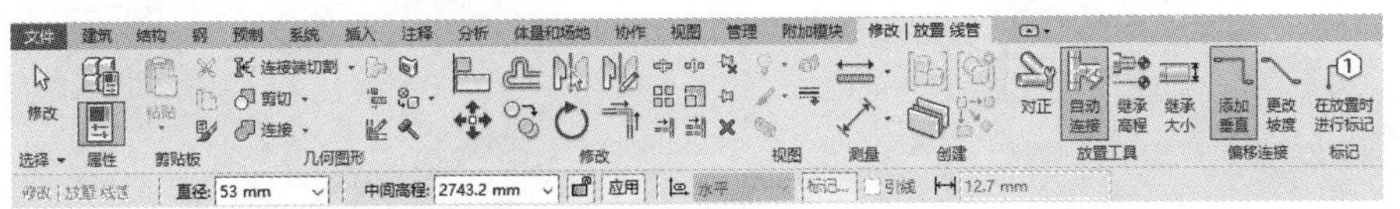

图 14-54　“修改|放置线管”选项卡和选项栏

（2）在“属性”选项板中选择“带配件的线管 弱电”类型，设置直径为 21，顶部高程为 3850，根据 CAD 图纸绘制连接扬声器的水平线管，如图 14-55 所示。

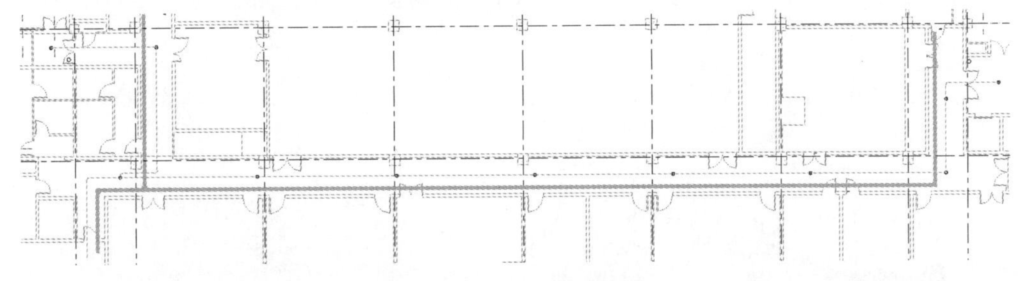

图 14-55　绘制水平线管

（3）将视图切换至“三维-电气”视图，从图 14-56 中可以看出，线管和电缆桥架之间有干涉。单击“修改”选项卡“修改”面板中的“拆分图元”按钮（快捷键：SL），在电缆桥架的两侧将线管进行拆分，拆分后，系统自动在线管端头添加线管接头，删除穿过电缆桥架的线管和线管接头，如图 14-57 所示。

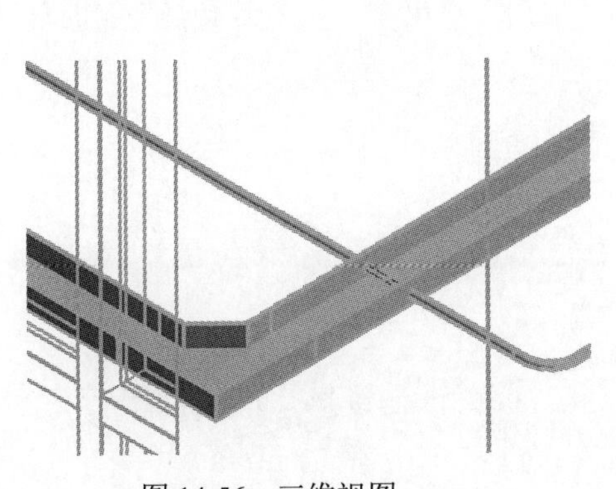

图 14-56　三维视图

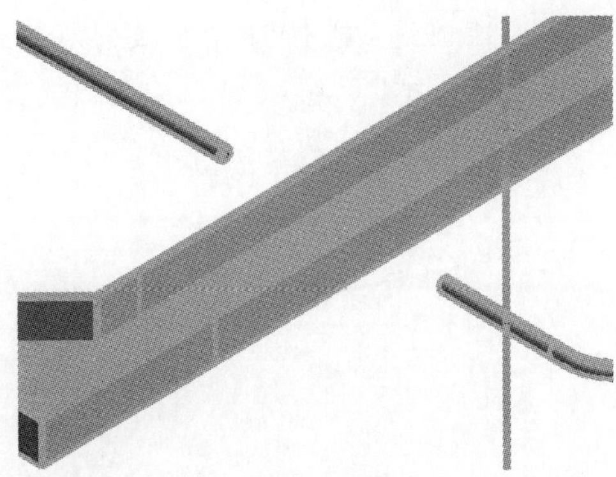

图 14-57　拆分并删除线管

（4）单击“系统”选项卡“电气”面板中的“线管”按钮（快捷键：CN），捕捉左侧水平线管端点，然后在选项栏中更改中间高程为 4200，单击“应用”按钮，绘制垂直线管；继续捕捉右侧水平线管端点，单击“应用”按钮，绘制垂直线管，如图 14-58 所示。

（5）分别捕捉垂直线管的端点，绘制水平线管，如图 14-59 所示。

Note

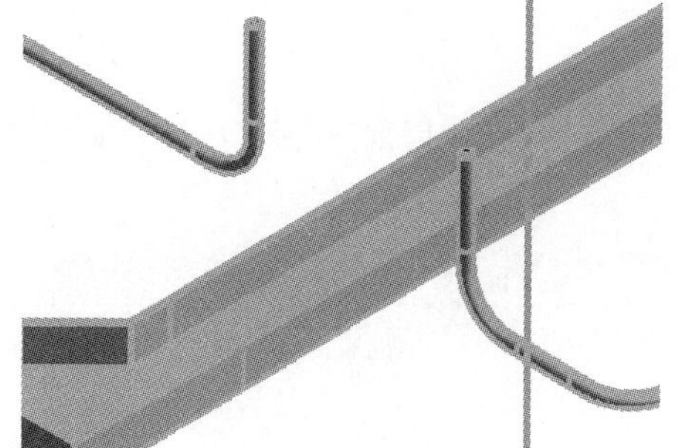

图 14-58　绘制垂直线管

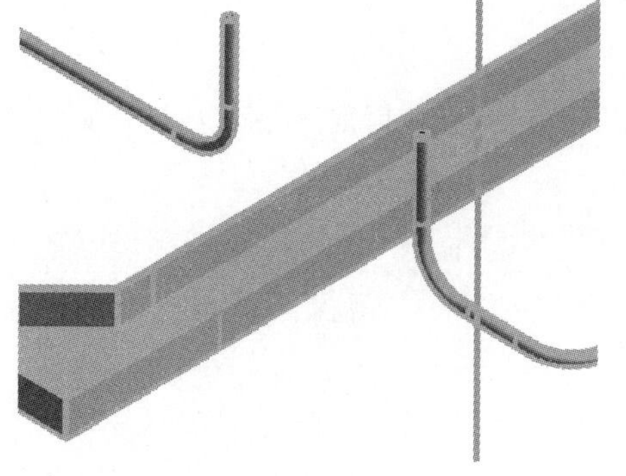

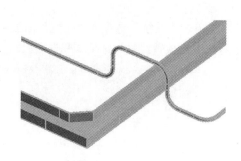

图 14-59　绘制水平线管

（6）重复上述步骤，将其他位置与电缆桥架有干涉的线管进行避让处理，如图 14-60 所示。

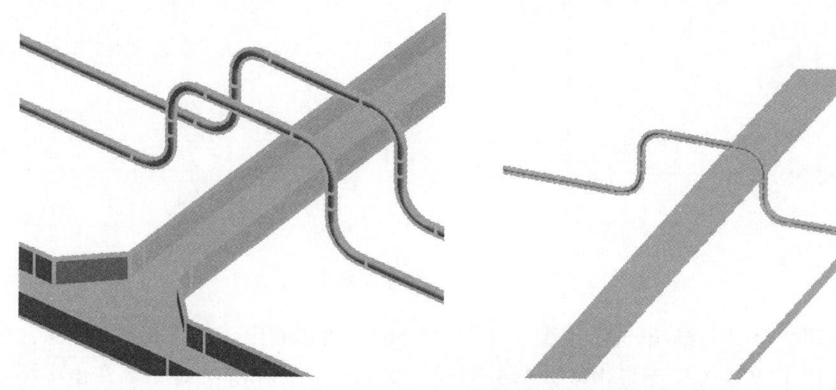

图 14-60　线管与电缆桥架的避让

（7）单击“系统”选项卡“电气”面板中的“线管”按钮（快捷键：CN），捕捉扬声器处的水平线管，然后在选项栏中更改中间高程为 2650，单击“应用”按钮，绘制连接扬声器的垂直线管，如图 14-61 所示。

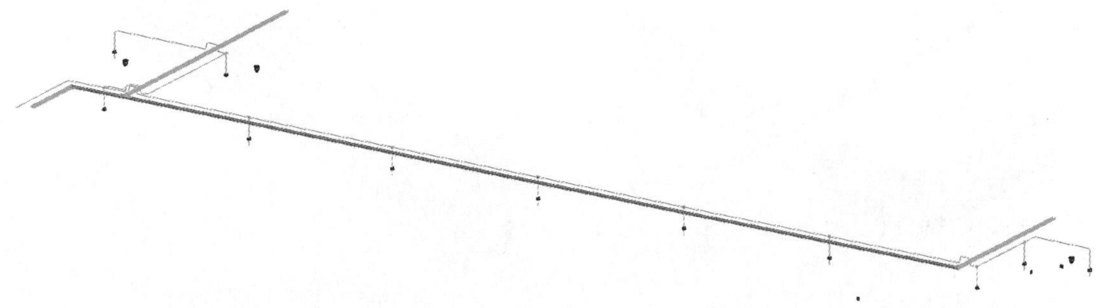

图 14-61　绘制连接扬声器的垂直线管

（8）从图 14-61 中可以看出垂直线管的长度不符合要求。选取垂直线管，单击下端的尺寸，使尺寸处于可编辑状态，删除原尺寸，输入新的尺寸值 2750，按 Enter 键确认，线管根据新的尺寸值进行调整，如图 14-62 所示。

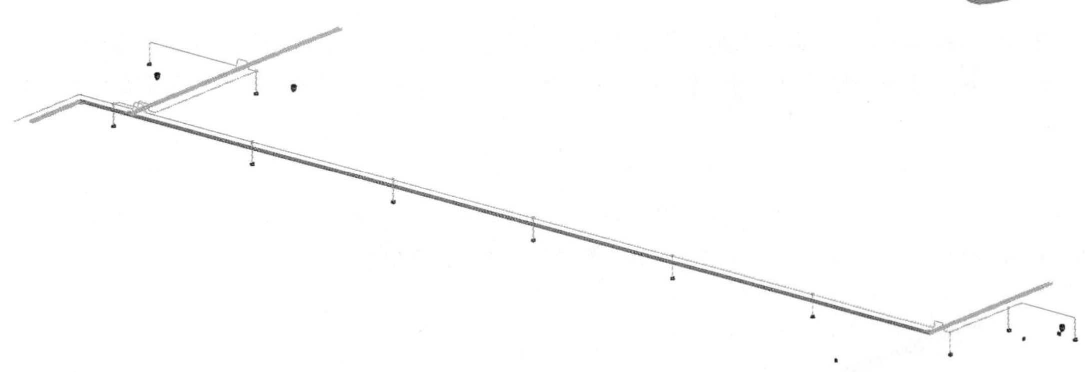

图 14-62　修改连接扬声器垂直线管的长度

（9）单击“系统”选项卡“电气”面板中的“线管”按钮（快捷键：CN），在“属性”选项板中选择“带配件的线管 弱电”类型，设置直径为 21，底部高程为 3800，根据 CAD 图纸，绘制连接摄像头和门禁的水平线管，如图 14-63 所示。

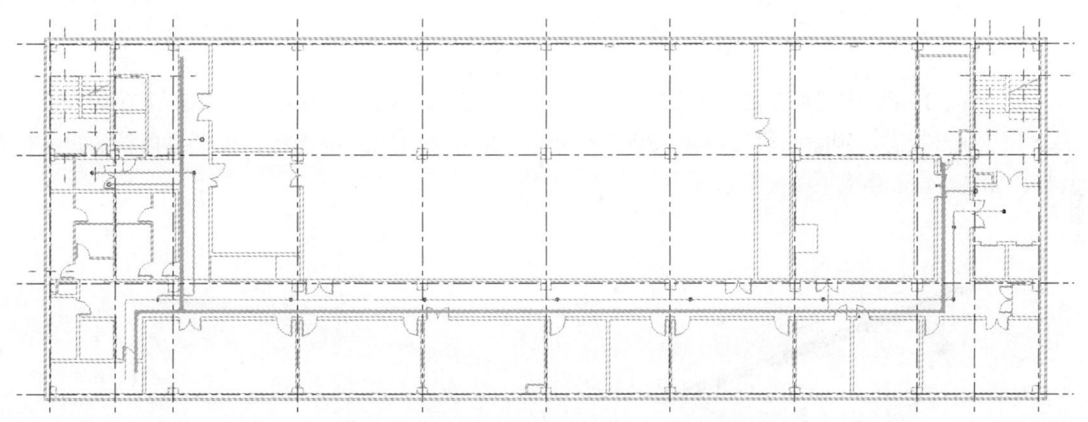

图 14-63　绘制连接摄像头和门禁的水平线管

（10）单击“系统”选项卡“电气”面板中的“线管”按钮（快捷键：CN），捕捉摄像头处的水平线管，然后在选项栏中更改中间高程为 2650，单击“应用”按钮，绘制连接摄像头的垂直线管，如图 14-64 所示。

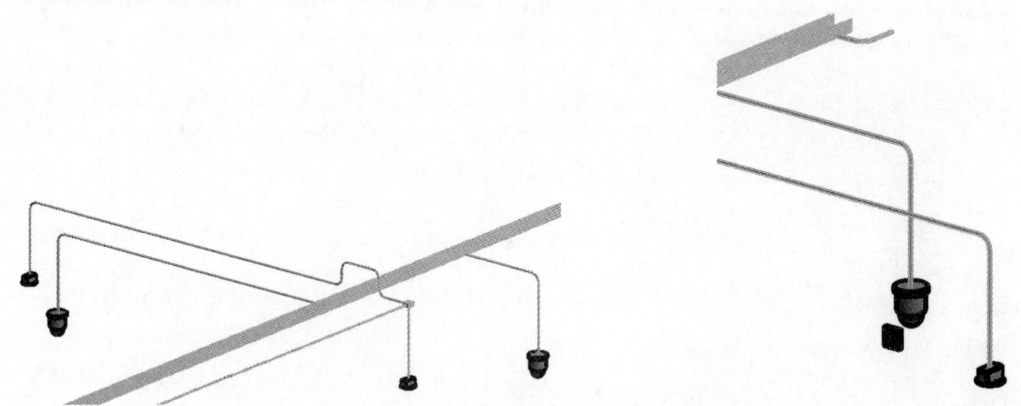

图 14-64　绘制连接摄像头的垂直线管

Note

（11）从图 14-64 中可以看出垂直线管的长度不符合要求。选取垂直线管，单击下端的尺寸，使尺寸处于可编辑状态，删除原尺寸，输入新的尺寸值 2650，按 Enter 键确认，线管根据新的尺寸值进行调整。

Note

（12）单击“系统”选项卡“电气”面板中的“线管”按钮（快捷键：CN），捕捉门禁处的水平线管，然后在选项栏中更改中间高程为 1200，单击“应用”按钮，绘制连接门禁的垂直线管，如图 14-65 所示。

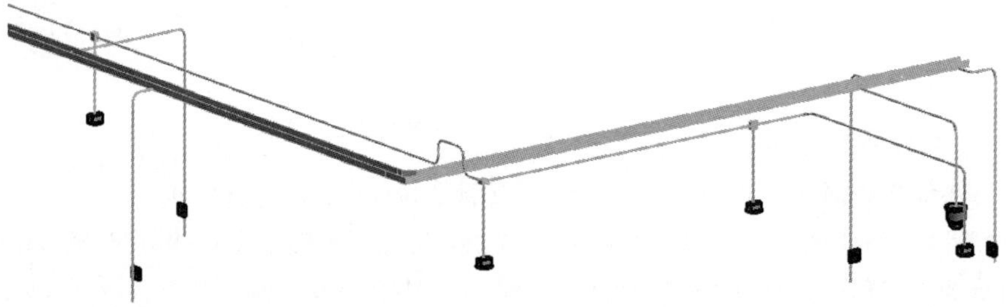

图 14-65　绘制连接门禁的垂直线管

（13）从图 14-65 中可以看出垂直线管的长度不符合要求。选取垂直线管，单击下端的尺寸，使尺寸处于可编辑状态，删除原尺寸，输入新的尺寸值 1380，按 Enter 键确认，线管根据新的尺寸值进行调整，如图 14-66 所示。

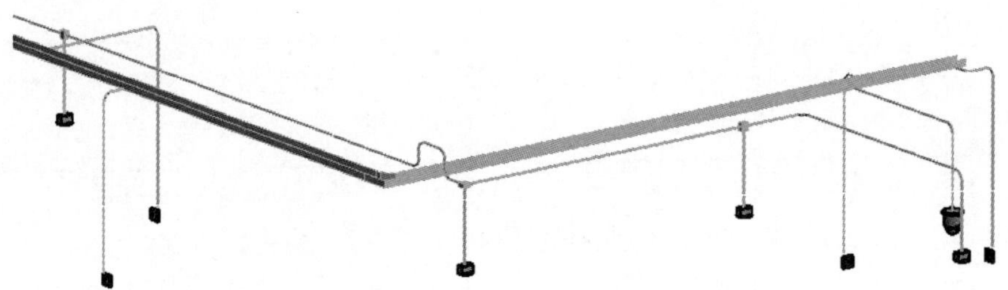

图 14-66　修改门禁垂直线管的长度

读者可以根据源文件中的 CAD 图纸绘制其他楼层的弱电系统，这里不再一一介绍绘制过程。

第15章

某后勤大楼综合布线检查

知识导引

在前面章节中我们已经绘制好了各个系统，还需要对各个系统进行检查，如系统中的管件是否断开、管件之间是否有冲突，如果有冲突需要调整管件的高度和位置；然后需要对整个建筑中的综合管线进行检查，如果有冲突根据优化原则调整管线的位置。

- ☑ 检查给排水系统
- ☑ 检查暖通系统
- ☑ 检查电气系统
- ☑ 管线综合检查

任务驱动&项目案例

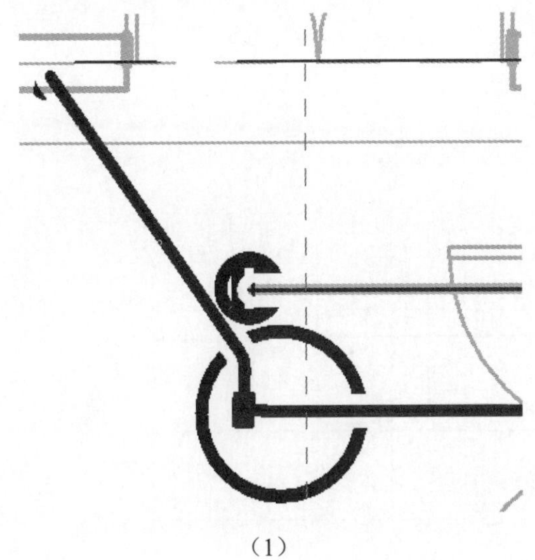

(1)

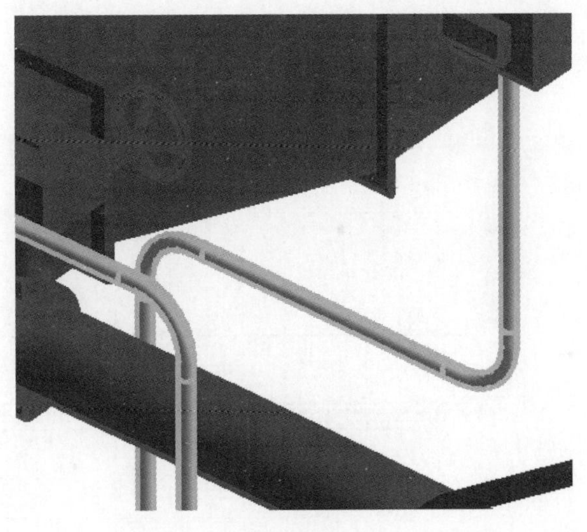

(2)

15.1 检查给排水系统

15.1.1 检查管道系统

视频讲解

（1）在项目浏览器“视图”→“给排水”→“楼层平面”节点下选择“给排水-1F”字样，双击鼠标，打开“给排水-1F”视图。

（2）单击“分析”选项卡“检查系统”面板中的“检查管道系统”按钮，Revit 为当前视图中的无效管道系统显示警告标记和腹杆线，如图 15-1 所示。

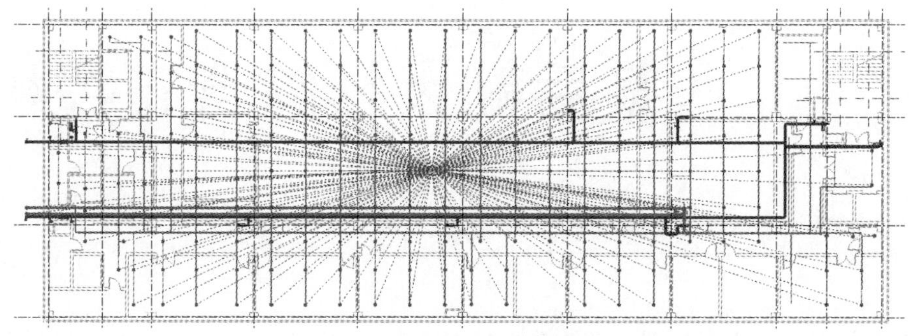

图 15-1 显示警告标记和腹杆线

（3）单击“分析”选项卡“检查系统”面板中的“显示隔离开关”按钮，打开“显示断开连接选项”对话框，选中“管道”复选框，如图 15-2 所示。单击“确定”按钮，显示管道断开标记，如图 15-3 所示。

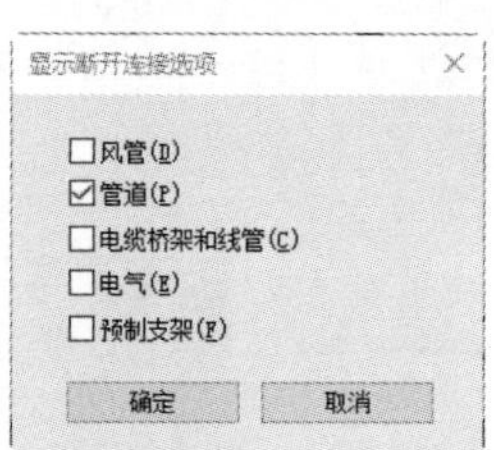

图 15-2 “显示断开连接选项”对话框

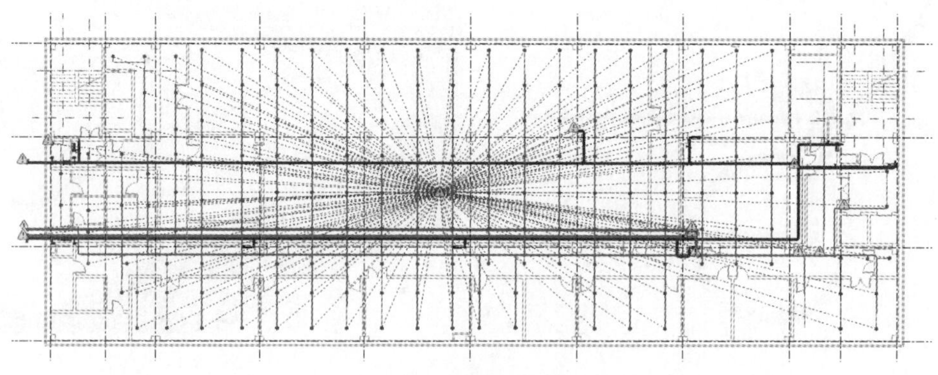

图 15-3 管道断开标记

(4) 管道需要接室外增压水管接口处，管道接上层的接口等处的断开标记这里不需要处理，只需处理管道连接处即可。放大警告标记处，观察图形，从图中可以看出，消火栓给水环状管网与支管处没有采用三通连接，如图 15-4 所示。

(5) 将此处的管道重新进行连接，选取水平支管，然后拖曳管道端点到环状管网上，系统自动在此处采用三通连接管道，此时此处将不再显示警告标记，如图 15-5 所示。

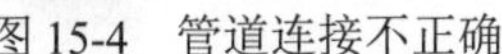

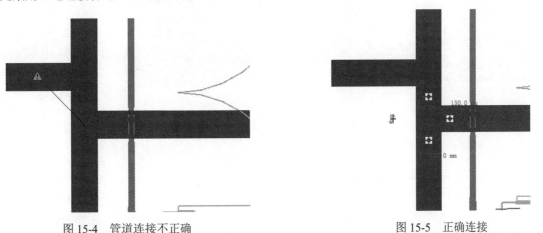

图 15-4　管道连接不正确

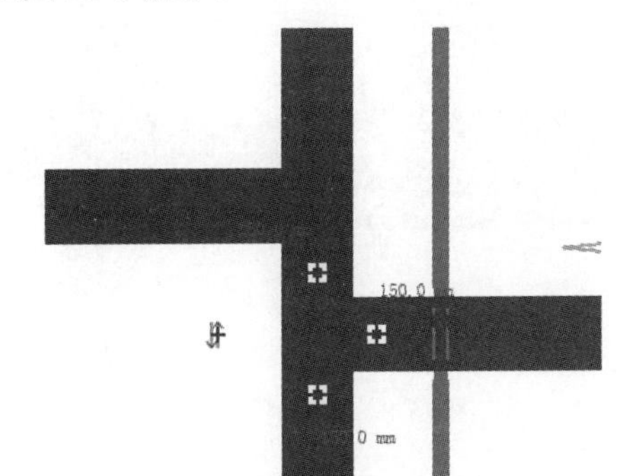

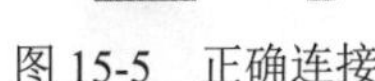

图 15-5　正确连接

(6) 放大喷淋系统中配水管与支管处警告标记，观察图形，从图中可以看出，消火栓给水环状管网与支管处没有采用三通连接，如图 15-6 所示。

(7) 因为此处的三通没有足够的空间放置，所以选取连接喷头短立管处的三通，向上移动三通；选取支管，然后拖曳管道端点到配水管上，系统自动在此处采用三通连接管道，此时此处将不再显示警告标记，如图 15-7 所示。

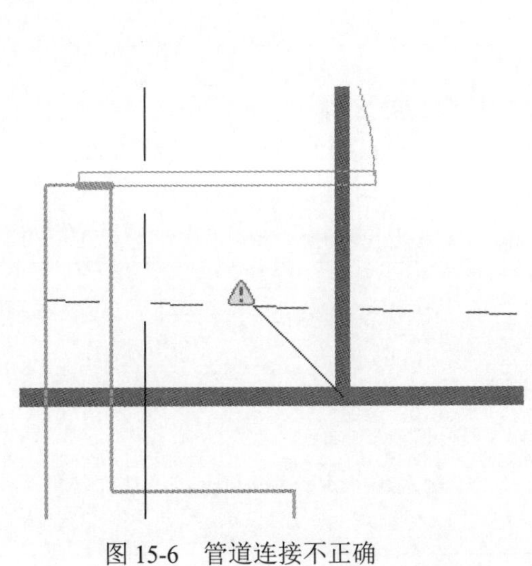

图 15-6　管道连接不正确

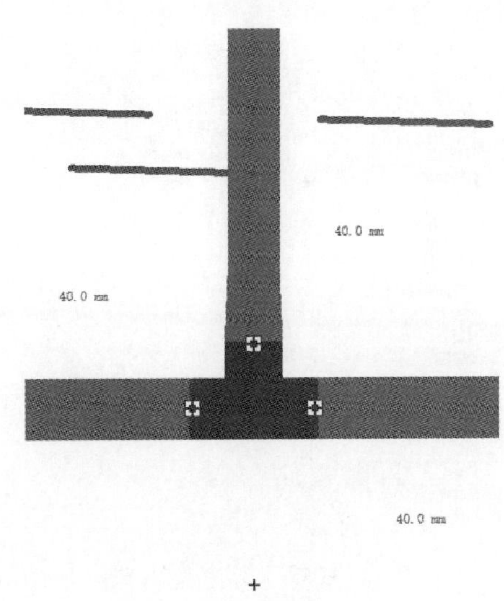

图 15-7　正确连接

(8) 采用相同的方法，调整配水管与支管的连接处。

(9) 放大通往本层的配水干管与配水管连接和配水管与配水支管连接处，发现过渡件与三通没有连接好，如图 15-8 所示。

（10）选取右侧的四通管件，向右移动，然后拖动过渡件的左端点到三通的右端点进行连接，结果如图 15-9 所示。

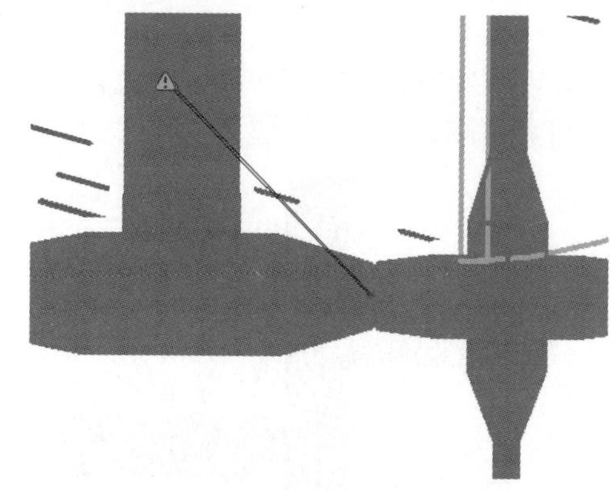

图 15-8　连接不正确

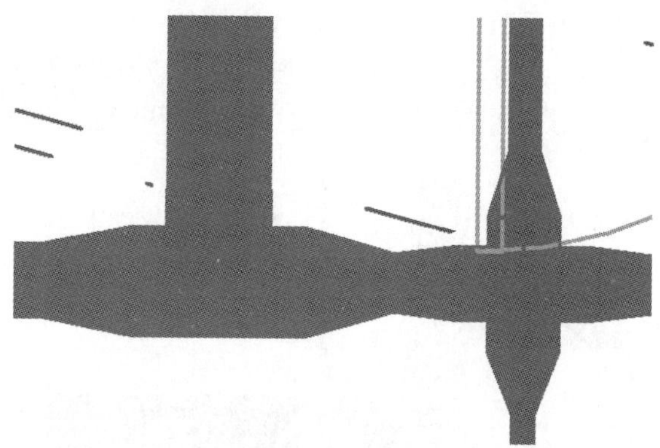

图 15-9　连接正确

15.1.2　优化给排水系统

（1）单击“协作”选项卡“坐标”面板“碰撞检查”下拉列表中的“运行碰撞检查”按钮，打开“碰撞检查”对话框。在左侧“类别来自”列表中选择“当前项目”，在列表中选择跟管道相关的类别，如喷头、管件、管道和管道附件，在右侧“类别来自”列表中选择“后勤大楼-建筑模型.rvt”，在列表中选中“墙”复选框，如图 15-10 所示。

（2）单击“确定”按钮，检查管道与墙之间的碰撞情况。打开“冲突报告”对话框，显示所有有冲突的类型，如图 15-11 所示。

图 15-10　选择类别

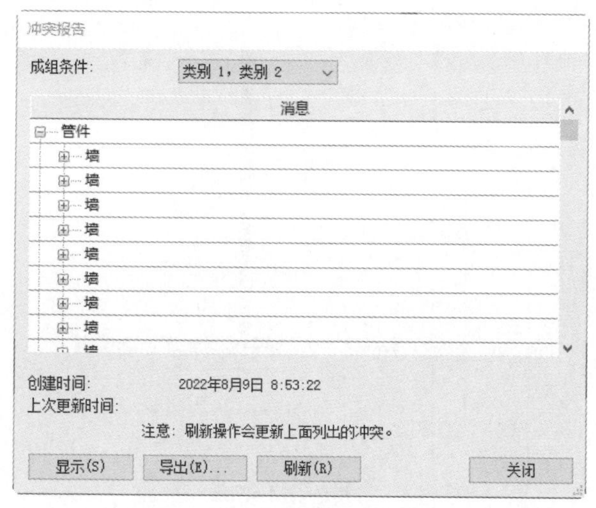

图 15-11　“冲突报告”对话框

（3）在对话框中选择“管件”节点下的第一个“墙”节点，视图中将高亮显示碰撞的两个图元，如图 15-12 所示。

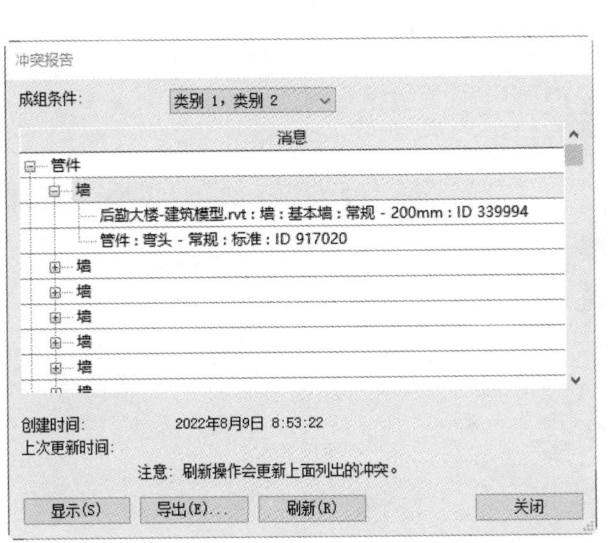

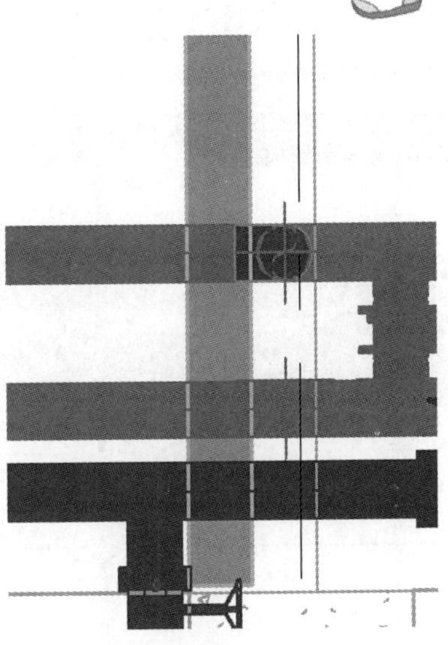

图 15-12　选取组件

（4）选取视图中与墙有碰撞冲突的弯头，将其向右移动，以保证与墙不发生碰撞，然后单击“冲突报告”对话框中的“刷新”按钮，已经解决的冲突将不会在对话框中显示，并在对话框中显示更新时间，如图 15-13 所示。

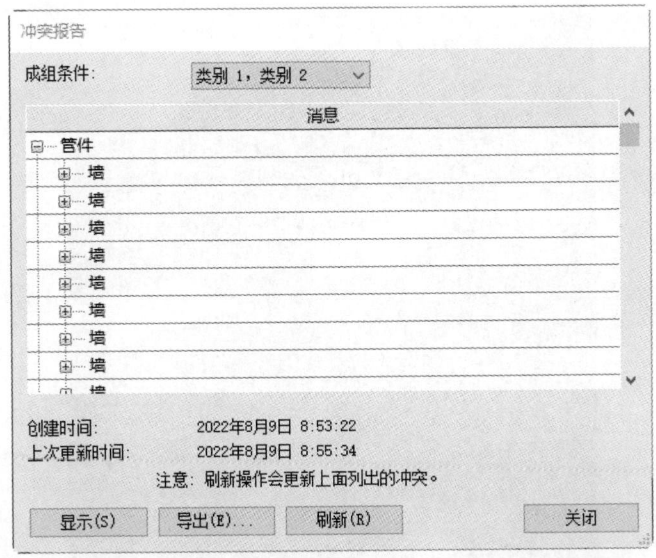

图 15-13　刷新

（5）采用相同的方法，调整其他墙与管件之间的碰撞冲突。因为在实际的管道安装中会在墙上开孔穿管道，所以这里管道穿墙导致的管道与墙之间的碰撞冲突被忽略。

（6）选取“管道附件”节点下的第一个“墙”节点，视图中将高亮显示碰撞的两个图元，如图 15-14 所示。

（7）选取视图中与墙有碰撞冲突的蝶阀，单击“旋转”图标，调整其放置方向，使其与墙不发生碰撞，如图 15-15 所示，然后单击“冲突报告”对话框中的“刷新”按钮，已经解决的冲突将不会在对话框中显示，并在对话框中显示更新时间。

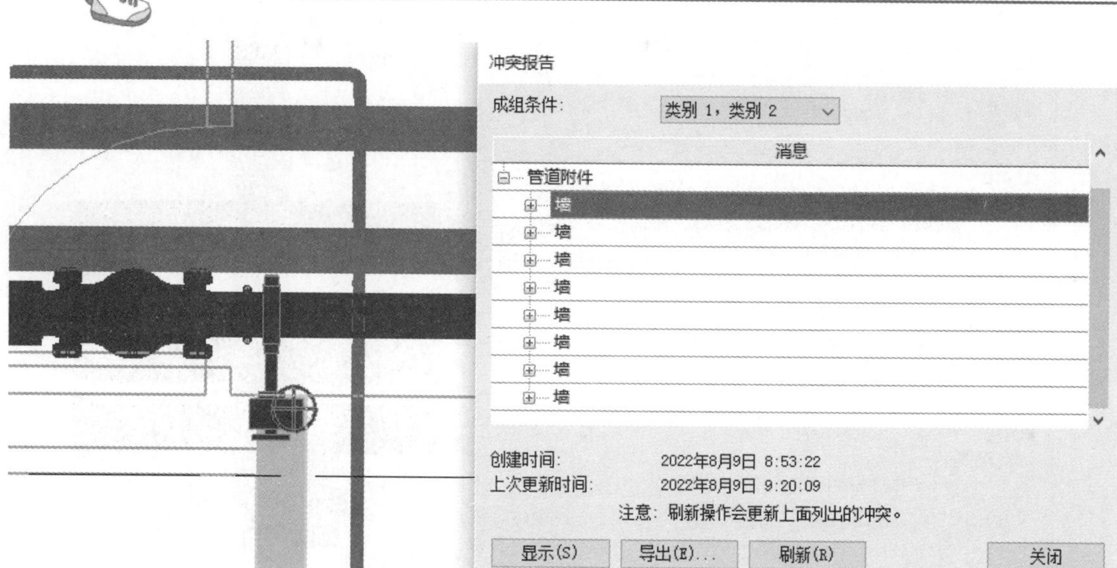

图 15-14　管道附件与墙之间的碰撞

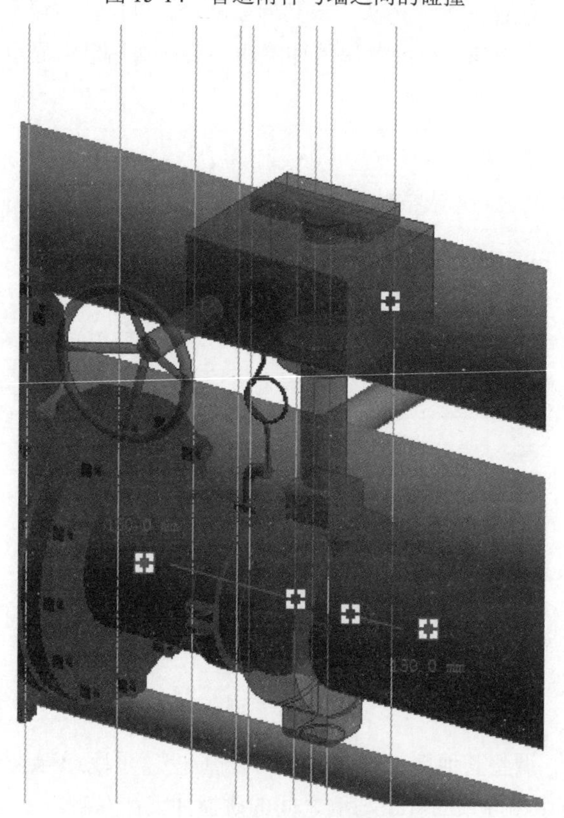

图 15-15　调整蝶阀的放置方向

（8）继续选取对话框中的“管道附件”节点下的其他“墙”节点，视图中将高亮显示碰撞的两个图元，如图 15-16 所示。

Note

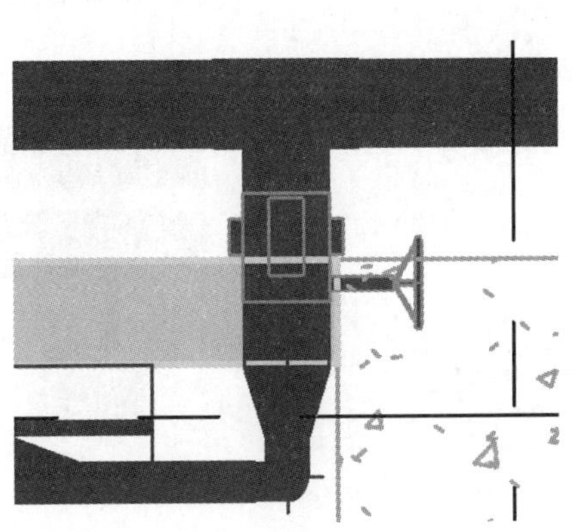

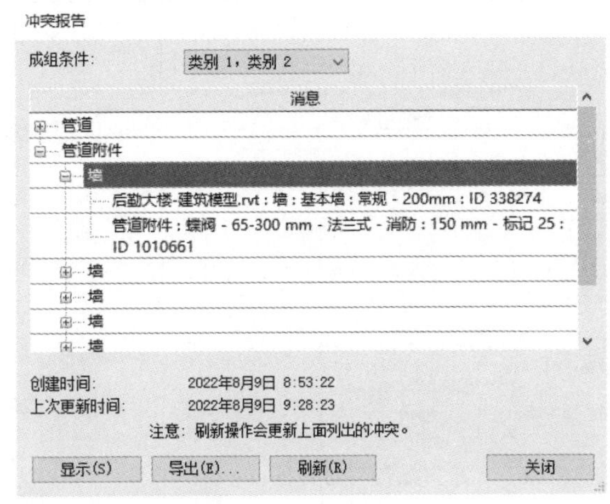

图 15-16　管道附件与墙之间的碰撞

（9）选取视图中与墙有碰撞冲突的蝶阀，按键盘上的方向键，调整蝶阀的位置，使其与墙不发生碰撞，如图 15-17 所示。然后单击“冲突报告”对话框中的“刷新”按钮，已经解决的冲突将不会在对话框中显示，并在对话框中显示更新时间。

（10）采用相同的方法，调整其他墙与管道附件之间的碰撞冲突，单击“关闭”按钮，关闭对话框。

（11）单击“协作”选项卡“坐标”面板“碰撞检查”下拉列表中的“运行碰撞检查”按钮，打开“碰撞检查”对话框。在“类别来自”列表中选择“当前项目”，在列表中选择跟管道相关的类别，如喷头、管件、管道和管道附件，如图 15-18 所示。

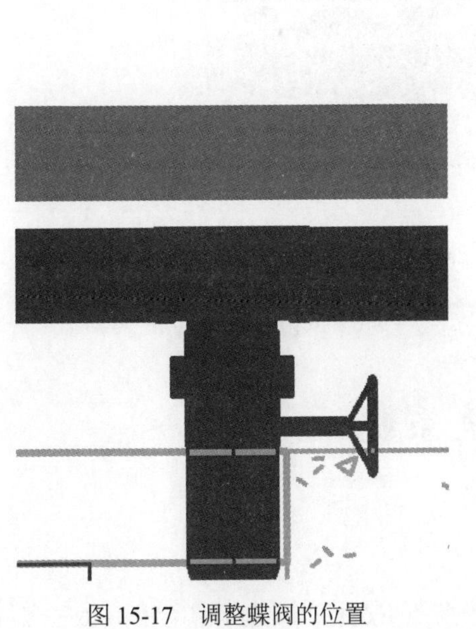

图 15-17　调整蝶阀的位置

图 15-18　选择类别

（12）单击“确定”按钮，执行碰撞检查操作。打开“冲突报告”对话框，显示所有有冲突的类型，如图 15-19 所示。

（13）在对话框的节点下选取冲突的组件，视图中将高亮显示，如图 15-20 所示。

Note

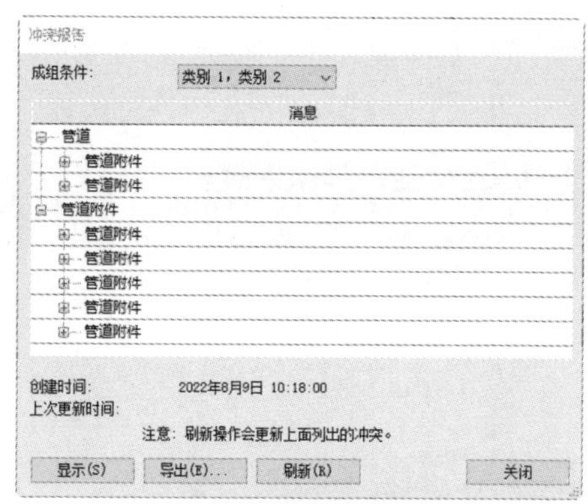

图 15-19 “冲突报告”对话框

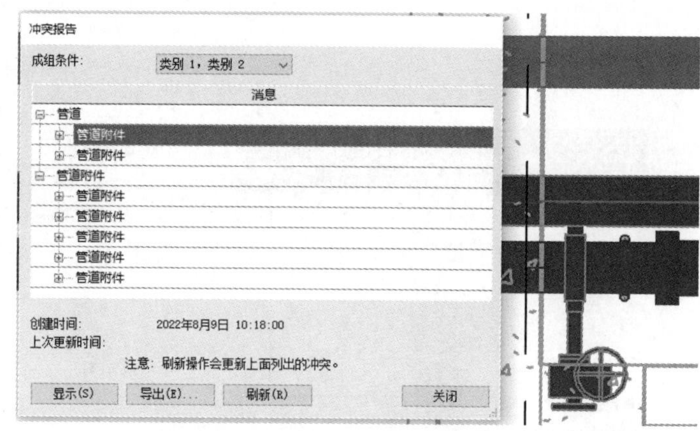

图 15-20 选取组件

（14）从图中可以看出喷淋系统中连接室外增压管网的管道和消火栓给水系统中的管道附件之间有干涉，选取喷淋系统中连接室外增压管网的管道，按键盘上的方向键调整管道位置，使其与附件之间不发生碰撞，如图 15-21 所示。然后单击“冲突报告”对话框中的“刷新”按钮，已经解决的冲突将不会在对话框中显示，并在对话框中显示更新时间。

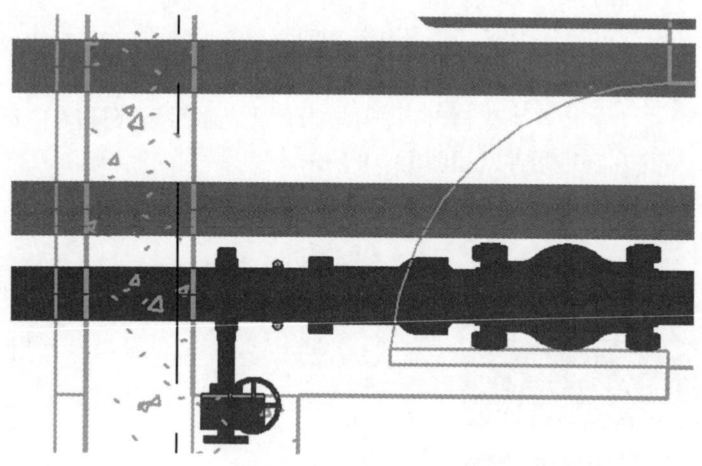

图 15-21 移动管道位置

（15）重复上述步骤，继续解决其他组件冲突，然后单击“关闭”按钮，关闭对话框。

视频讲解

15.2 检查暖通系统

15.2.1 检查风管系统

（1）在项目浏览器“视图”→“暖通”→“楼层平面”节点下选择“暖通-1F”字样，双击鼠标，打开“暖通-1F”视图。

（2）单击“分析”选项卡“检查系统”面板中的“检查风管系统”按钮，Revit 为当前视图中的无效风管系统显示警告标记和腹杆线，如图 15-22 所示。

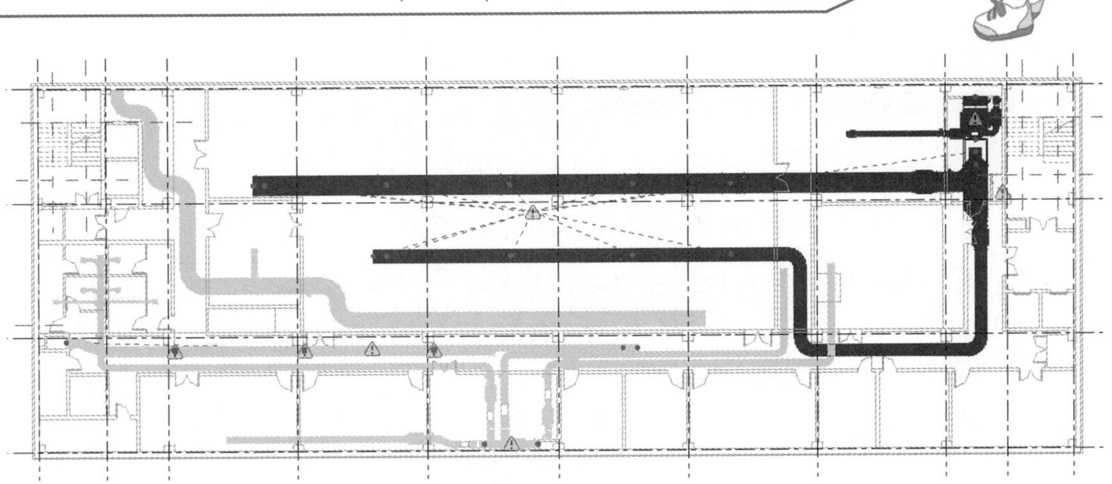

图 15-22　显示警告标记和腹杆线

（3）单击“分析”选项卡“检查系统”面板中的“显示隔离开关”按钮，打开“显示断开连接选项”对话框，选中“风管”复选框，如图 15-23 所示。单击“确定”按钮，显示风管断开标记，如图 15-24 所示。

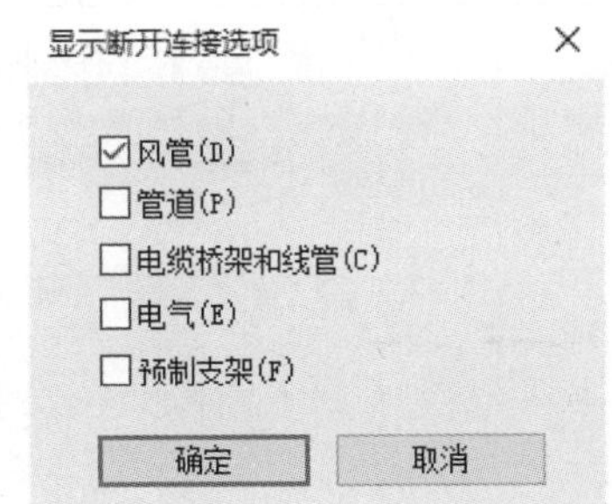

图 15-23　“显示断开连接选项”对话框

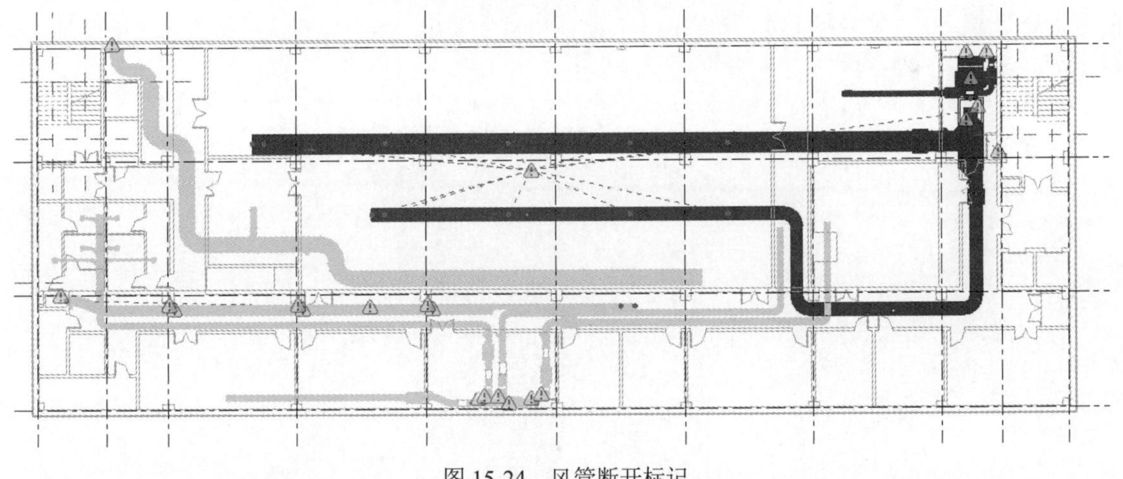

图 15-24　风管断开标记

（4）单击视图中的警告标记，打开“警告”提示对话框，显示系统存在的问题，并高亮显示系统中存在问题的风管和附件，如图 15-25 所示。

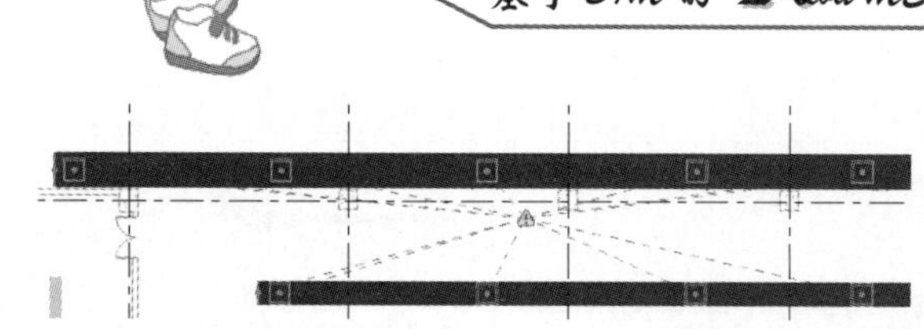

警告
机械 送风 2：无法计算流量，因为此系统中的全部构件的流量配置都已设置为“预设”或“系统”。至少需要将一个构件的流量配置设置为“计算”。

图 15-25　警告提示对话框及问题显示

Note

（5）在项目浏览器“族”→“风管系统”→“风管系统”→“送风”节点上右击，弹出如图 15-26 所示的快捷菜单，选择“类型属性”选项，打开“类型属性”对话框，设置计算为无，如图 15-27 所示，单击“确定”按钮，上一步显示的警告标记消除。

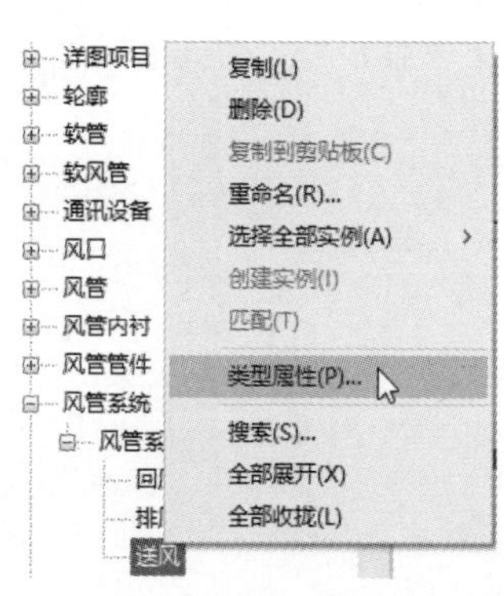

图 15-26　快捷菜单

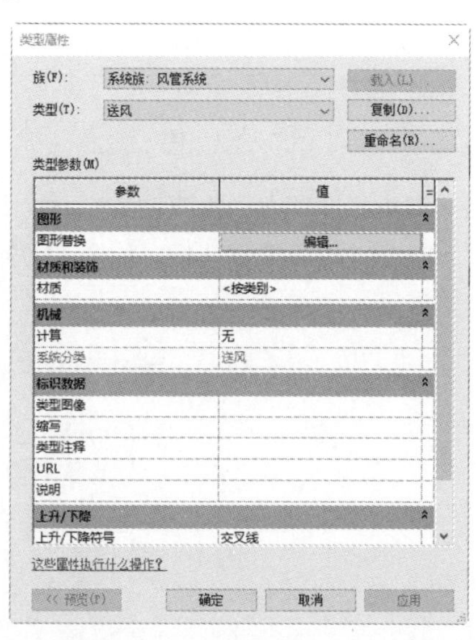

图 15-27　“类型属性”对话框

（6）风管接建筑的风道处，离心风机的接口等处的断开标记这里不需要处理，只需处理风管之间连接处即可。放大警告标记处，观察图形，从图中可以看出，风管连接多叶排烟口是断开的，如图 15-28 所示。

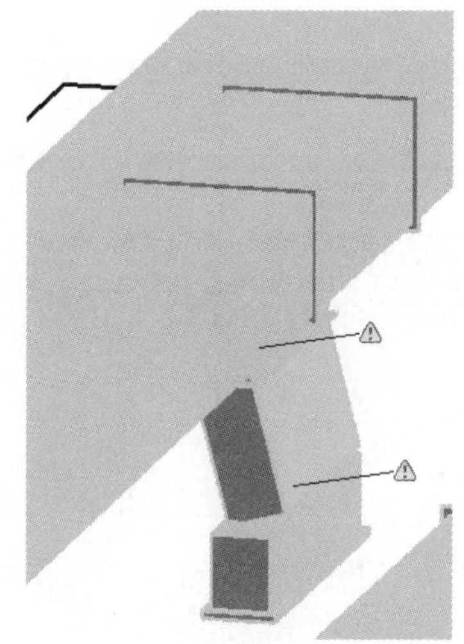

图 15-28　风管连接不正确

（7）将此处的垂直风管和 T 形三通删除，删除 T 形三通后，风管会在 T 形三通的位置断开，如图 15-29 所示，拖动水平风管端点到另一端风管端点处，使风管连接在一起，如图 15-30 所示。

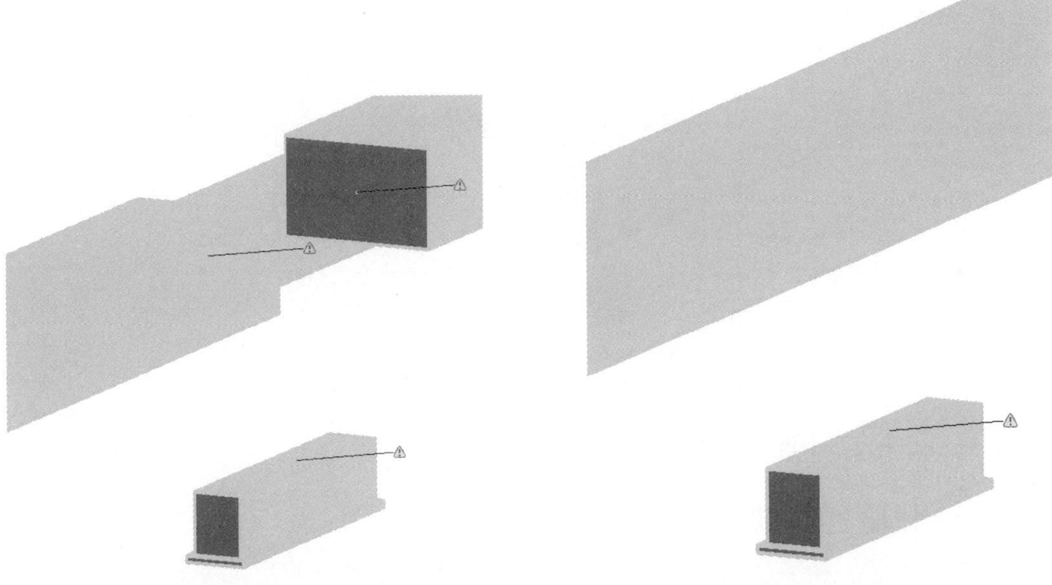

图 15-29　删除垂直风管和 T 形三通　　　　图 15-30　连接风管

（8）选取此处的多叶排烟口，按键盘上的方向键调整其位置，如图 15-31 所示。

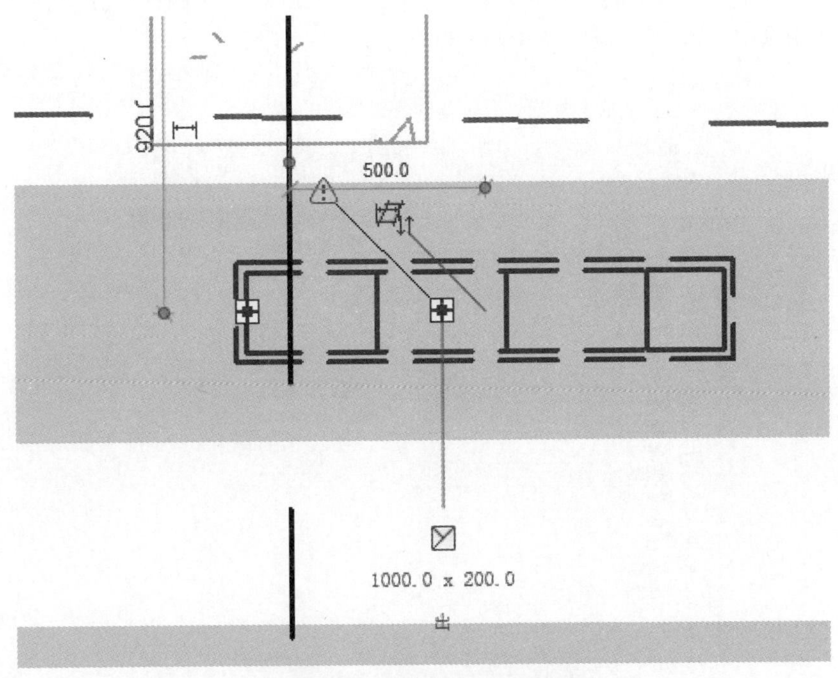

图 15-31　调整多叶排烟口位置

（9）选取多叶排烟口，在打开的“修改|风口”选项卡中单击“连接到”按钮，然后选取风管，系统自动创建连接多叶排烟口和风管的立管和连接件，如图 15-32 所示。

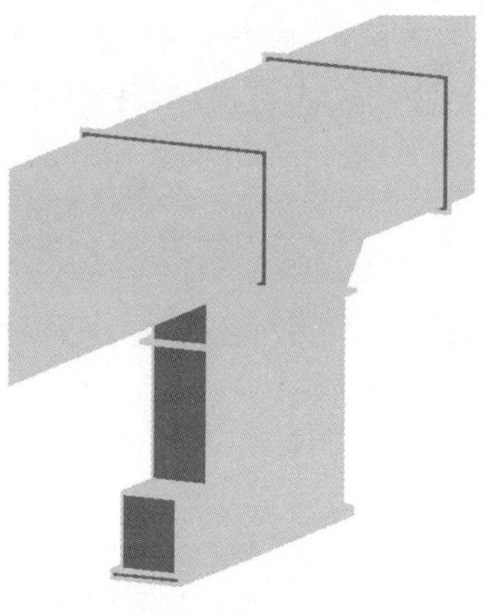

图 15-32　多叶排烟口和风管的连接

（10）采用上述方法，重新修改多叶排烟口与风管之间的连接。

15.2.2　优化暖通系统

（1）单击“协作”选项卡“坐标”面板“碰撞检查”下拉列表中的“运行碰撞检查”按钮，打开“碰撞检查”对话框。在左侧“类别来自”列表中选择“当前项目”，在列表中选择跟暖通相关的类别，如风口、风管、风管管件和风管附件，在右侧“类别来自”列表中选择“后勤大楼-建筑模型.rvt”，在列表中选中“墙”复选框，如图 15-33 所示。

图 15-33　选择类别

（2）单击“确定”按钮，检查暖通与墙之间的碰撞情况。打开“冲突报告”对话框，显示所有有冲突的类型，如图 15-34 所示。因为在实际的风管安装中会在墙上开孔穿风管，所以这里风管穿墙导致的风管与墙之间的碰撞冲突被忽略。

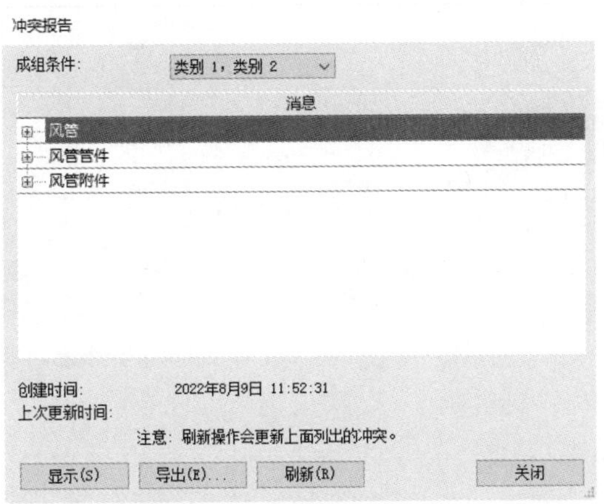

图 15-34　“冲突报告”对话框

（3）在对话框中选择“风管管件”节点下的第一个“墙”节点，视图中将高亮显示碰撞的两个图元，如图 15-35 所示。

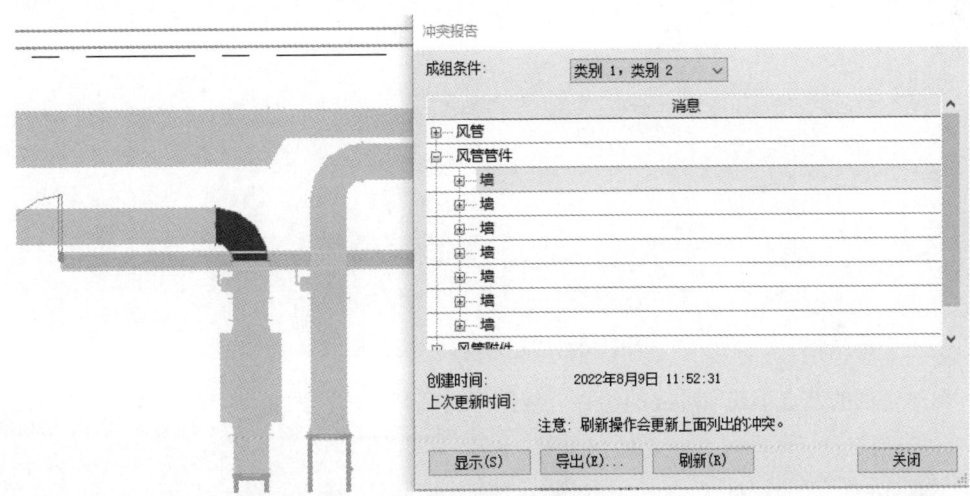

图 15-35　选取组件

（4）选取视图中与墙有碰撞冲突的弯头，将其向上移动，使其与墙不发生碰撞，然后单击“冲突报告”对话框中的“刷新”按钮，已经解决的冲突将不会在对话框中显示，并在对话框中显示更新时间，如图 15-36 所示。

（5）采用相同的方法，调整其他墙与风管管件以及风管附件之间的碰撞冲突。单击“关闭”按钮，关闭对话框。

（6）单击“协作”选项卡“坐标”面板“碰撞检查”下拉列表中的“运行碰撞检查”按钮，打开“碰撞检查”对话框。在“类别来自”列表中选择“当前项目”，在列表中选择跟暖通相关的类别，如风口、风管、风管管件和风管附件，如图 15-37 所示。

Note

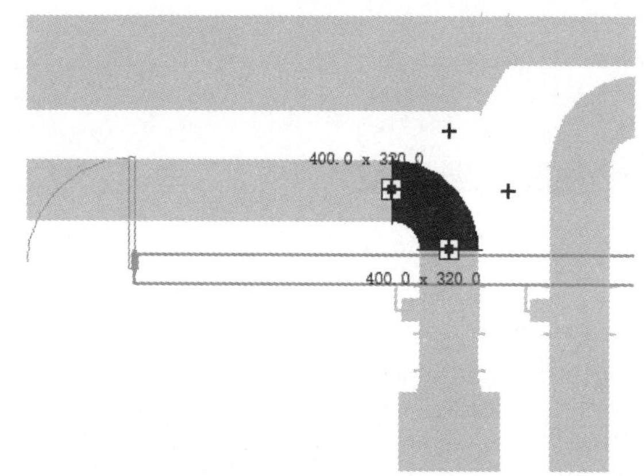

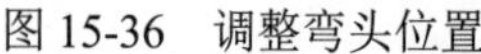

图 15-36　调整弯头位置

图 15-37　选择类别

（7）单击“确定”按钮，执行碰撞检查操作。打开“冲突报告”对话框，显示所有有冲突的类型，如图 15-38 所示。

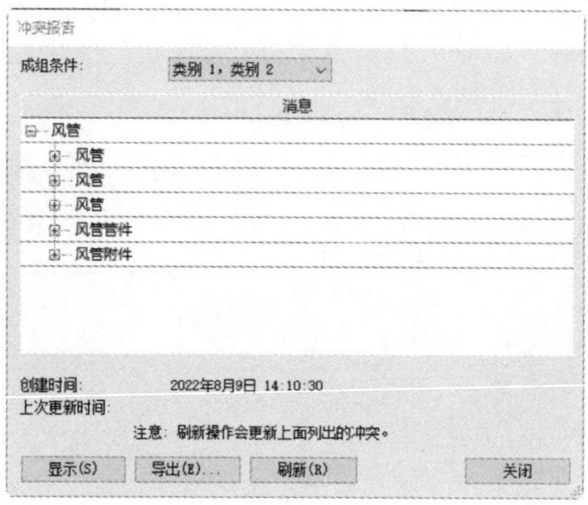

图 15-38　“冲突报告”对话框

（8）在对话框的节点下选取冲突的组件，视图中将高亮显示，如图 15-39 所示。

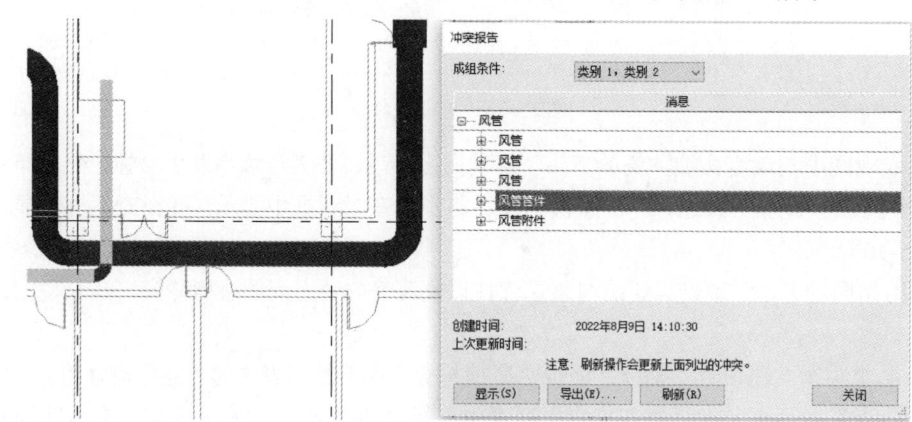

图 15-39　选取组件

（9）从图中可以看出排风系统中的弯头与送风系统中的风管有干涉，选取送风系统中的风管，按键盘上的方向键调整风管位置，使风管与弯头之间不发生碰撞，如图 15-40 所示。然后单击“冲突报告”对话框中的“刷新”按钮，已经解决的冲突将不会在对话框中显示，并在对话框中显示更新时间。

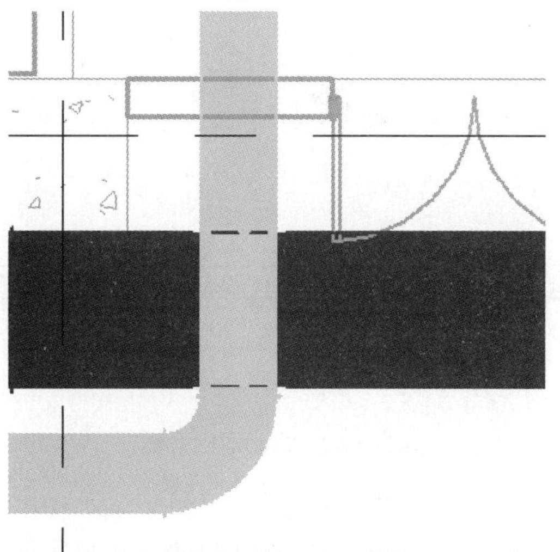

图 15-40　移动风管位置

（10）重复上述步骤，继续解决其他组件冲突，然后单击“关闭”按钮，关闭对话框。

视频讲解

15.3　检查电气系统

（1）在项目浏览器“视图”→“电气”→“楼层平面”节点下选择“电气-1F”字样，双击鼠标，打开“电气-1F”视图。

（2）为了检查电气系统，将前面隐藏的照明系统显示出来。单击控制栏中“显示隐藏的图元”按钮，进入“显示隐藏的图元”界面，将以红色高亮显示所有隐藏的图元。框选视图中所有图形，单击“修改|选择多个”选项卡中的“过滤器”按钮，打开“过滤器”对话框，选中“灯具”“照明设备”“电气设备”“电缆桥架”“线管”“线管配件”等复选框，单击“确定”按钮，选取隐藏的照明系统，如图 15-41 所示。

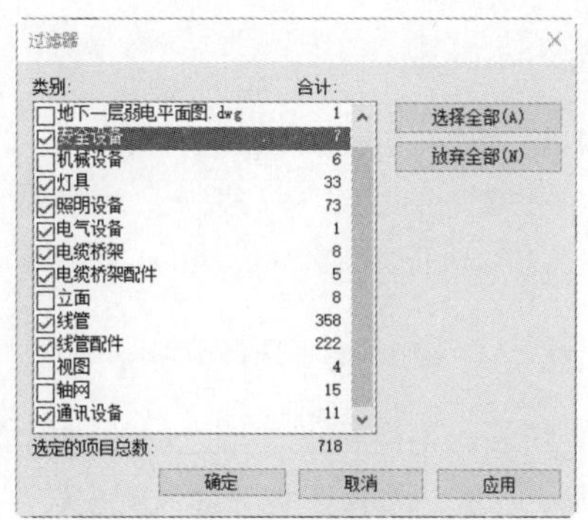

图 15-41　“过滤器”对话框

Note

（3）单击“修改|选择多个”选项卡“显示隐藏图元”面板中的“取消隐藏图元”按钮，然后单击“切换显示隐藏模式”按钮，显示照明系统，如图 15-42 所示。

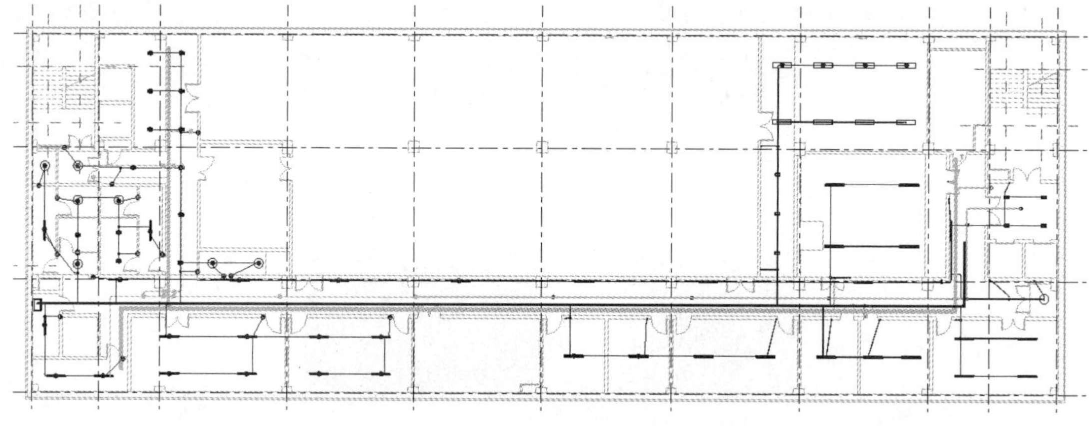

图 15-42　显示照明系统

（4）单击“协作”选项卡“坐标”面板“碰撞检查”下拉列表中的“运行碰撞检查”按钮，打开“碰撞检查”对话框。在左侧“类别来自”列表中选择“当前项目”，在列表中选择跟管道相关的类别，如电缆桥架、电缆桥架配件、线管和线管配件，在右侧“类别来自”列表中选择“后勤大楼-建筑模型.rvt”，在列表中选中“墙”复选框，如图 15-43 所示。

图 15-43　选择类别

（5）单击“确定”按钮，检查线管、电缆桥架与墙之间的碰撞情况。打开“冲突报告”对话框，显示所有有冲突的类型，如图 15-44 所示。因为在实际的风管安装中会在墙上开孔穿风管，所以这里线管和电缆桥架穿墙导致的线管和电缆桥架与墙之间的碰撞冲突被忽略，线管需要在墙上开槽放置并

且与开关相连，所以线管附件与墙之间的冲突也被忽略。

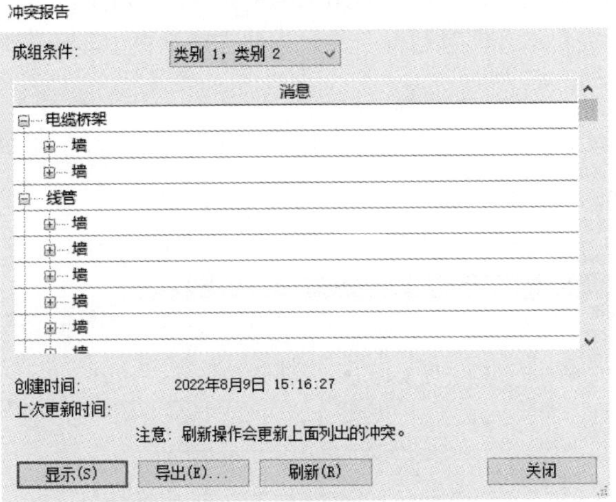

图 15-44　“冲突报告”对话框

（6）单击“协作”选项卡“坐标”面板“碰撞检查”下拉列表中的“运行碰撞检查”按钮，打开“碰撞检查”对话框。在“类别来自”列表中选择“当前项目”，在列表中选择跟电气相关的类别，如线管、线管配件、电缆桥架、电缆桥架配件、灯具等，如图 15-45 所示。

（7）单击“确定”按钮，执行碰撞检查操作。打开“冲突报告”对话框，显示所有有冲突的类型，如图 15-46 所示。

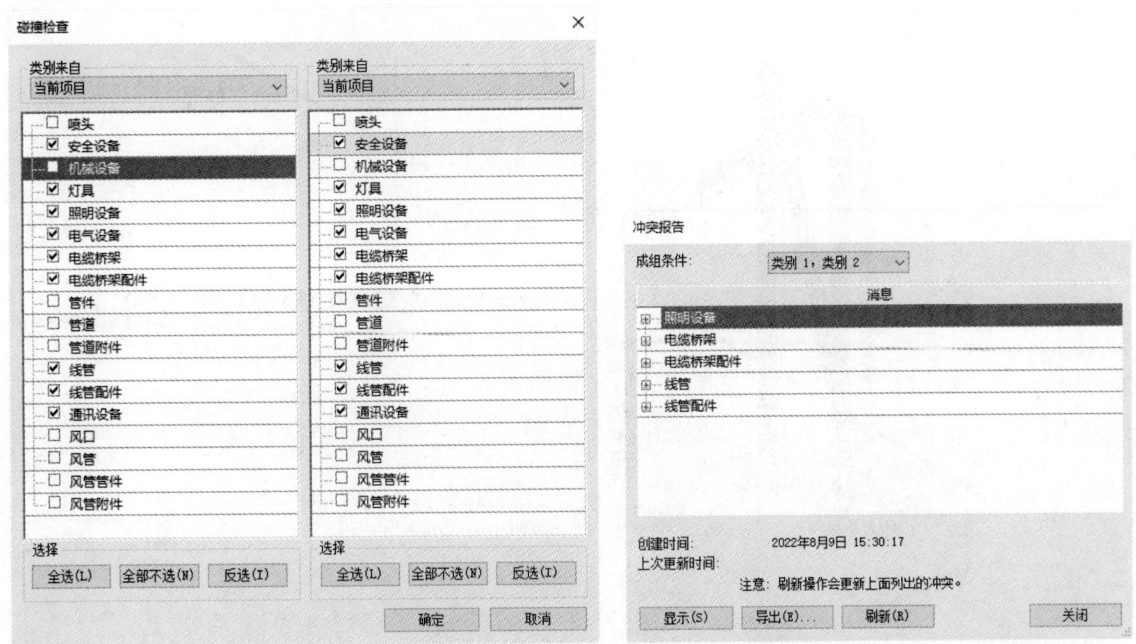

图 15-45　选择类别　　　　图 15-46　“冲突报告”对话框

（8）在对话框的“照明设备”节点下选取第一个“线管”节点，视图中将高亮显示冲突的组件，如图 15-47 所示。

（9）从图中可以看出线管长度太长进入了灯具中，选取垂直线管，直接拖动线管的下端点调整其长度或直接更改下端点的高程值调整长度，如图 15-48 所示。然后单击“冲突报告”对话框中的“刷新”按钮，已经解决的冲突将不会在对话框中显示，并在对话框中显示更新时间。

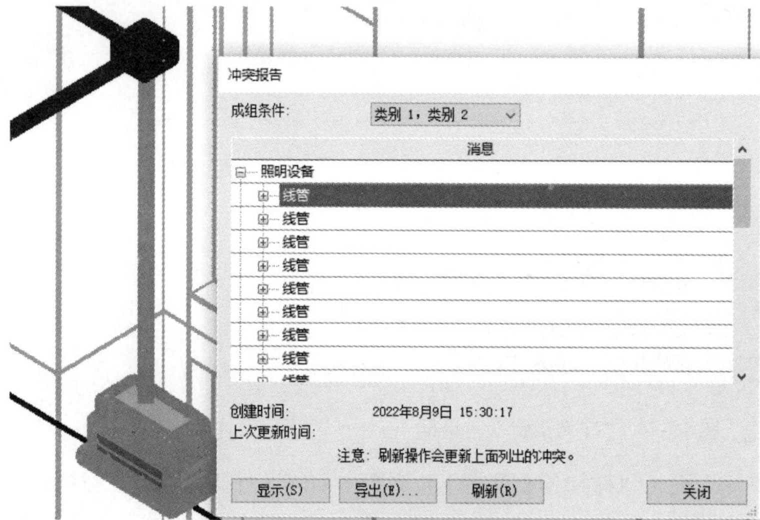

图 15-47　选取组件

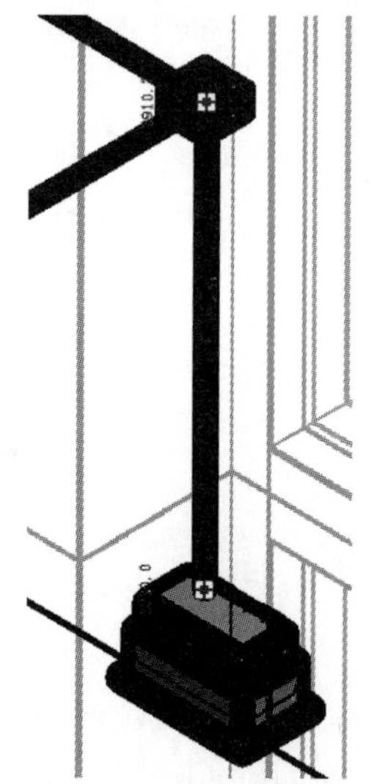

图 15-48　调整垂直线管的长度

（10）重复上述步骤，继续解决其他照明设备和线管之间的冲突。

（11）在对话框的“照明设备”节点下选取第一个“通讯设备”节点，视图中将高亮显示冲突的组件，如图 15-49 所示。

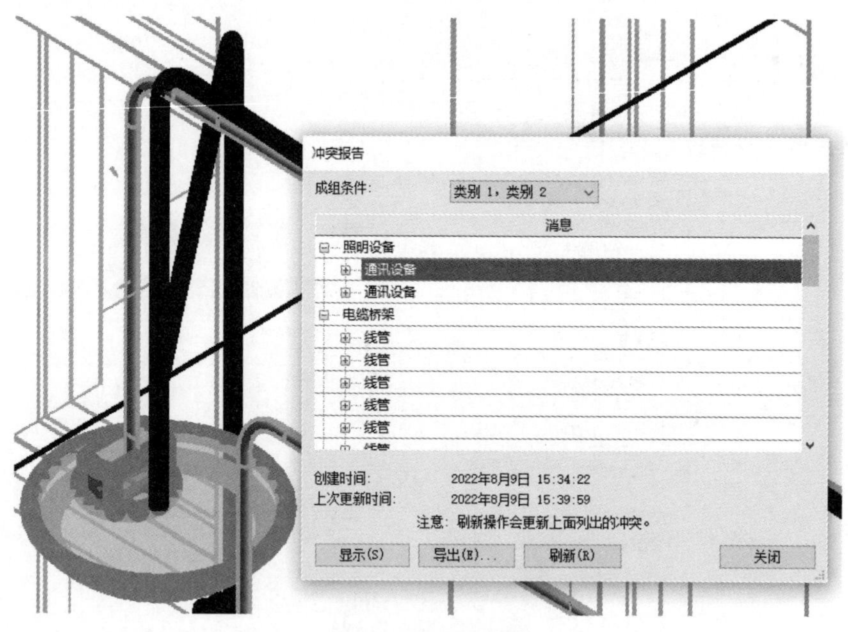

图 15-49　选取组件

（12）分别选取线管，调整线管位置，然后分别选取照明设备和通讯设备，调整其位置，使它们之间不发生冲突，如图 15-50 所示。

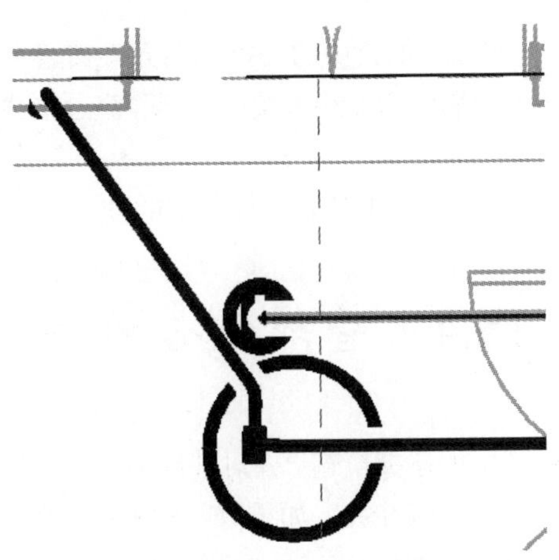

图 15-50　调整线管、照明设备和通讯设备的位置

（13）在对话框的“线管”节点下选取第一个“线管”节点，视图中将高亮显示冲突的线管，如图 15-51 所示。

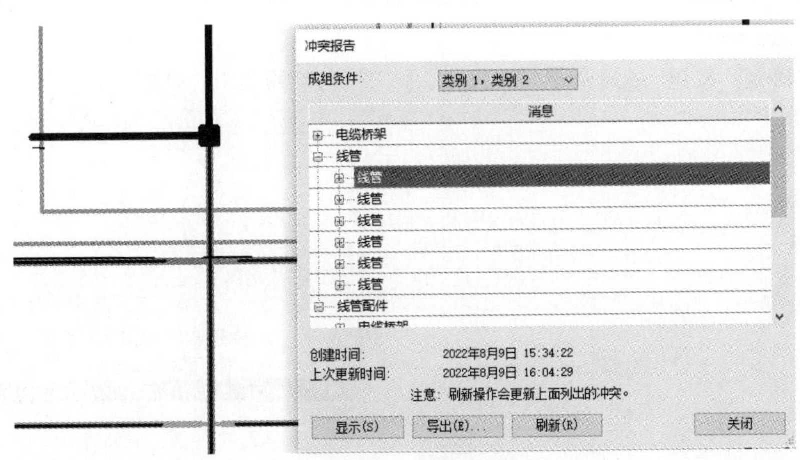

图 15-51　选取组件

（14）单击“系统”选项卡“电气”面板中的“线管配件”按钮，在“属性”选项板中选择“导线接线盒-四通-PVC 强电”类型，将其放置在线管的相交处，如图 15-52 所示。

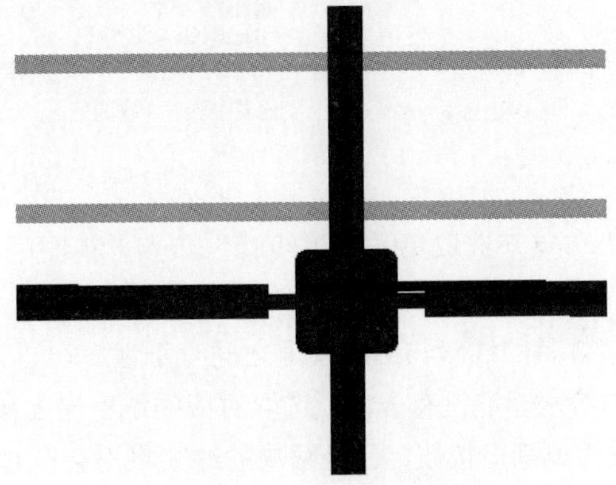

图 15-52　在相交处放置四通

（15）单击“修改”选项卡“修改”面板中的“拆分图元”按钮，在接线盒的两侧将竖直线管进行拆分，拆分后，系统自动在线管端头添加线管接头，删除穿过接线盒的线管和线管接头，然后分别拖动线管的端点到接线盒处。

（16）采用相同的方法，解决电气系统中其余组件之间的冲突。

Note

15.4 管线综合检查

视频讲解

前文已经分别介绍了各个系统中的碰撞检查，并对其冲突的组件进行了调整。本节将所有系统进行全面检查，查看系统与系统之间是否有冲突，如果有，则根据管线优化原则进行调整。

（1）在项目浏览器“视图”→“管线综合”→“楼层平面”节点下选择“管线综合-1F”字样，双击鼠标，打开“管线综合-1F”视图。

（2）单击“协作”选项卡“坐标”面板“碰撞检查”下拉列表中的“运行碰撞检查”按钮，打开“碰撞检查”对话框。在“类别来自”列表中选择“当前项目”，在列表中选择线管、电缆桥架、风管类别，如图15-53所示。

（3）单击“确定”按钮，执行碰撞检查操作。打开“冲突报告”对话框，显示所有有冲突的类型，如图15-54所示。

图15-53 选择类别

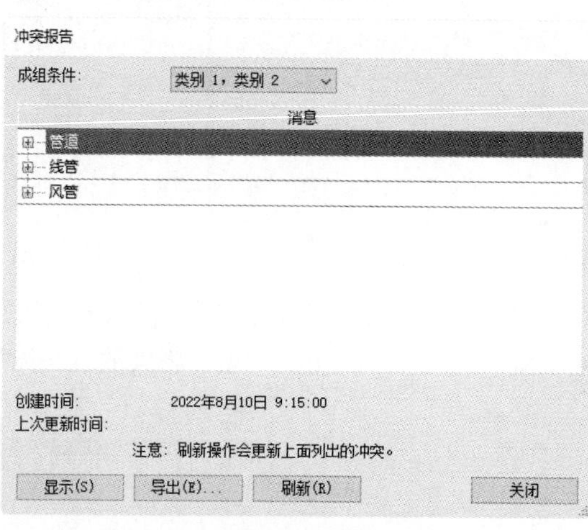

图15-54 “冲突报告”对话框

（4）在对话框的“管道”节点下选取第一个“线管”节点，视图中将高亮显示冲突的组件，如图15-55所示。

（5）从图中可以看出连接灯具的线管与给水管道之间有干涉。在“管线综合-1F”视图中选取此处的接线盒向上移动，使其与给水管道没有干涉，选取对应的线管向上移动，如图15-56所示。然后单击“冲突报告”对话框中的“刷新”按钮，已经解决的冲突将不会在对话框中显示，并在对话框中显示更新时间。

图 15-55　选取组件

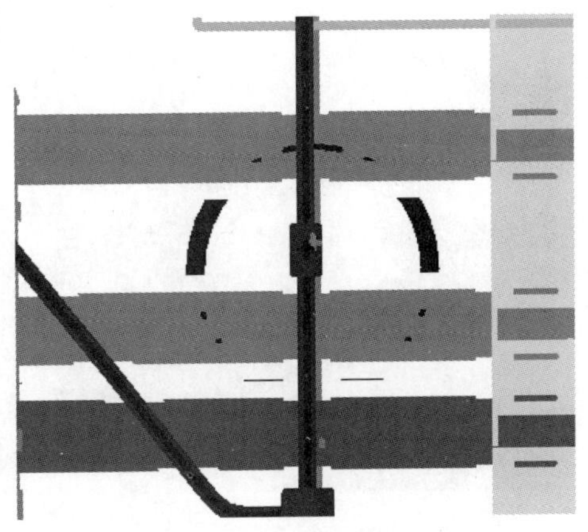

图 15-56　移动线管的位置

（6）重复上述步骤，继续解决其他线管和管道之间的冲突。

（7）在对话框的“管道”节点下选取第一个“风管”节点，视图中将高亮显示冲突的组件，如图 15-57 所示。

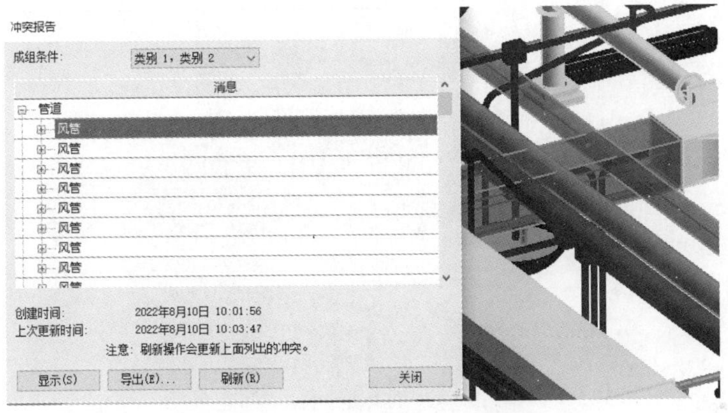

图 15-57　选取组件

（8）从图中可以看出风管与给水管道之间有干涉。在风管和给水管道之间有冲突的情况下，一般是调整给水管道。在“管线综合-1F”视图中单击“修改”选项卡“修改”面板中的“拆分图元”按钮，在风管两侧将给水管道进行拆分，拆分后，系统自动在管道端头添加线管接头，删除中间管道和线管接头。

（9）单击“系统”选项卡“电气”面板中的“线管”按钮，捕捉左侧水平线管端点，然后在选项栏中更改中间高程为 3800，单击“应用”按钮，绘制垂直线管；继续捕捉右侧水平线管端点，单击“应用”按钮，绘制垂直线管；分别捕捉垂直线管的端点，绘制水平线管，如图 15-58 所示。单击“冲突报告”对话框中的“刷新”按钮，已经解决的冲突将不会在对话框中显示，并在对话框中显示更新时间。

（10）采用相同的方法，继续解决类似的其他风管和管道之间的冲突。

（11）在对话框的“管道”节点下选取第一个“风管”节点，视图中将高亮显示冲突的组件，如图 15-59 所示。

Note

Note

图 15-58　给水管避让

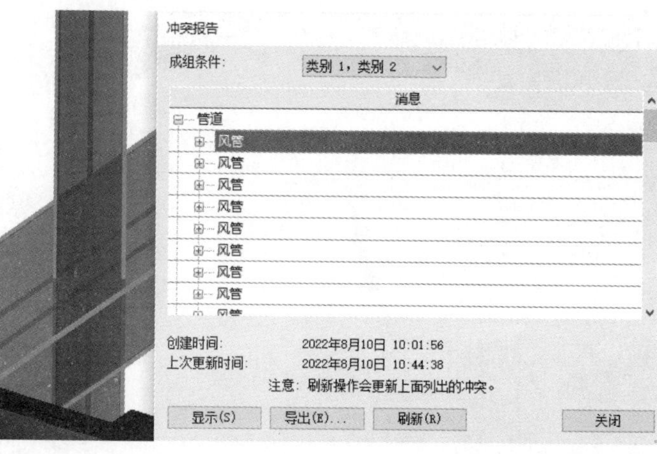

图 15-59　选取组件

（12）从图中可以看出配水干管与风管之间有干涉。在“管线综合-1F”视图中选取此处的配水干管向右移动，使其与风管没有干涉，如图 15-60 所示。然后单击“冲突报告”对话框中的“刷新”按钮，已经解决的冲突将不会在对话框中显示，并在对话框中显示更新时间。

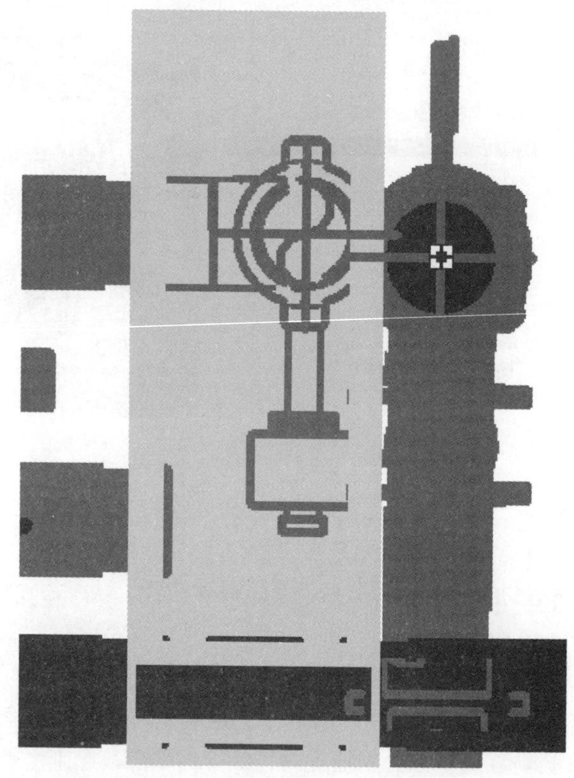

图 15-60　移动配水干管的位置

（13）采用相同的方法，继续解决管道和风管之间的冲突。

（14）在对话框的“线管”节点下选取第一个“风管”节点，视图中将高亮显示冲突的组件，如图 15-61 所示。

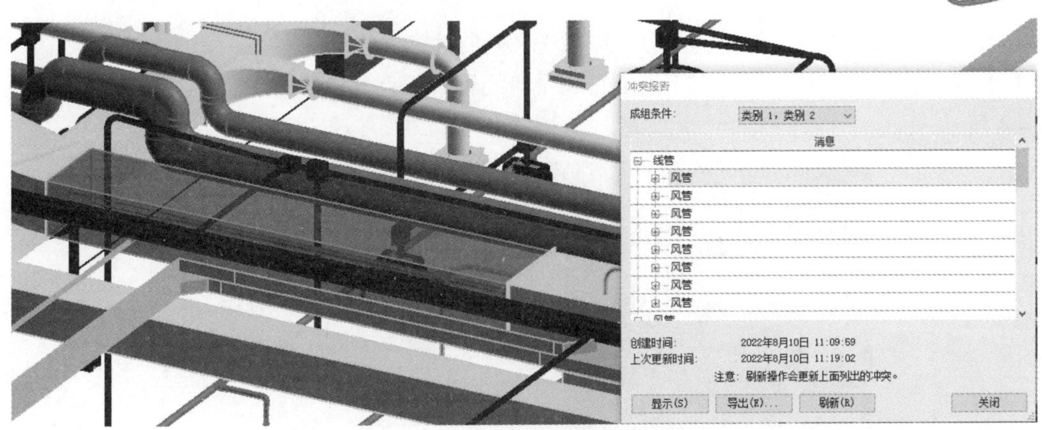

图 15-61　选取组件

（15）从图中可以看出风管与线管以及后面的电缆桥架之间都有干涉。选取图 15-61 中高亮显示的此段风管将其删除，选取右侧的风管更改中间高程为 3500，如图 15-62 所示。

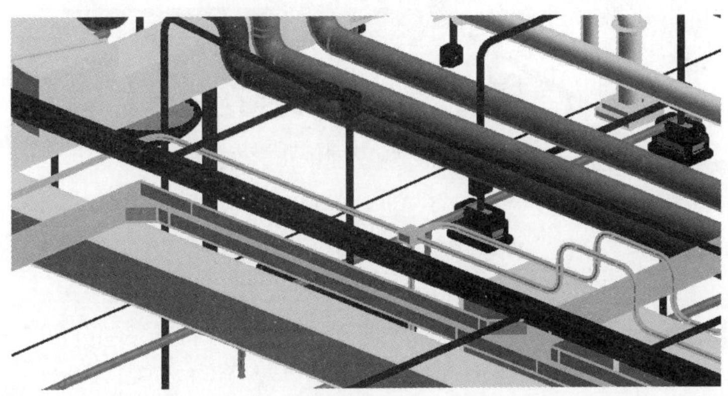

图 15-62　调整风管高度

（16）在“管线综合-1F”视图中，单击“系统”选项卡“暖通空调”面板中的“风管”按钮，在选项栏中更改宽度为 630，高度为 400，中间高程为 3800，捕捉左侧风管的端点，然后更改中间高程为 3500，捕捉右侧风管的左端点，绘制风管，如图 15-63 所示。然后单击“冲突报告”对话框中的“刷新”按钮，已经解决的冲突将不会在对话框中显示，并在对话框中显示更新时间。

图 15-63　绘制风管

（17）采用相同的方法，继续解决管道和风管之间的冲突。

（18）在对话框的“风管”节点下选取第一个“线管”节点，视图中将高亮显示冲突的组件，如图 15-64 所示。

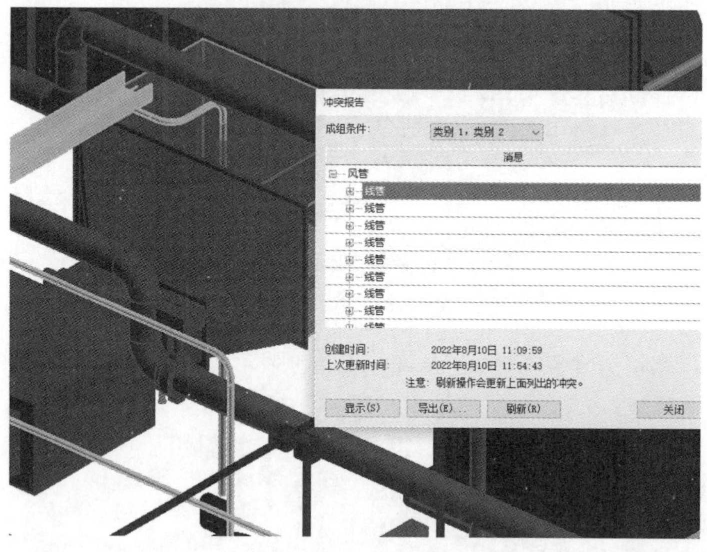

图 15-64　选取组件

（19）从图中可以看出风管与线管之间有干涉。在风管和线管之间有冲突的情况下，一般是调整线道。单击“修改”选项卡“修改”面板中的“拆分图元”按钮，在风管下方将管线进行拆分，拆分后，系统自动在线管端头添加接头，选取接头，按 Delete 键，将其删除。

（20）在“管线综合-1F”视图中，选取竖直线管向右移动，将其移动到风管外，在“三维-管线综合”视图中，单击“系统”选项卡“电气”面板中的“线管”按钮，分别捕捉垂直线管的端点绘制水平线管（注意，先将垂直线管的端点高程改为一样），如图 15-65 所示。单击“冲突报告”对话框中的“刷新”按钮，已经解决的冲突将不会在对话框中显示，并在对话框中显示更新时间。

（21）采用以上方法，解决所有管线之间的冲突。

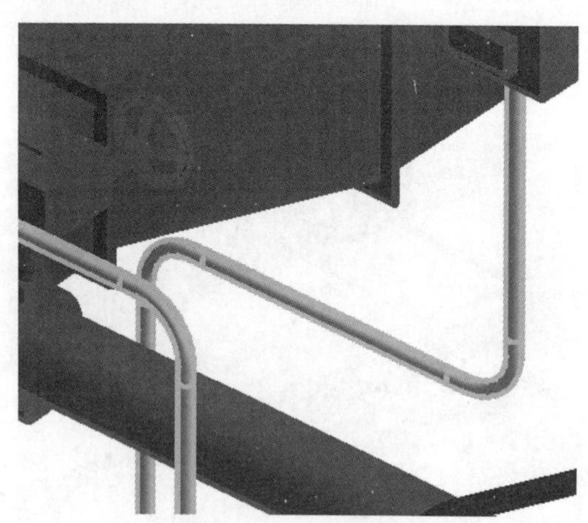

图 15-65　线管避让

附　录

管线优化原则

机电管线应该在满足使用功能、路径合理、方便施工的原则下尽可能集中布置，使管线排布整齐、合理、美观。在管线复杂的区域应合理选用综合支吊架，从而减少支架的使用量，合理利用建筑物空间，同时降低施工成本。

管线优化的目的如下。

（1）做到综合管线初步定位及各专业之间无明显不合理的交叉。

（2）保证各类阀门及附件的安装空间。

（3）综合管线整体布局协调合理。

（4）保证合理的操作与检修空间。

下面介绍管线优化原则。

1. 总则

（1）自上而下的一般顺序应为电→风→水。

（2）管线发生冲突需要调整时，以不增加工程量为原则。

（3）对已有一次结构预留孔洞的管线，应尽量减少位置的移动。

（4）与设备连接的管线，应减少位置的水平及标高位移。

（5）布置时考虑预留检修及二次施工的空间，尽量将管线提高，与吊顶之间留出尽量多的空间。

（6）在保证满足设计和使用功能的前提下，管道、管线尽量暗装于管道井、电井、管廊、吊顶之内。

（7）要求明装的尽可能将管线沿墙、梁、柱走向敷设，最好是成排、分层敷设布置。

2. 一般原则

（1）小管让大管：小管绕弯容易，且造价低。

（2）分支管让主干管：分支管一般管径较小，避让理由见第（1）条；另外，分支管的影响范围和重要性不如主干管。

（3）有压管让无压管（压力流管让重力流管）：无压管（或重力流管）改变坡度和流向，对流动影响较大。

Note

（4）可弯管让不能弯的管。

（5）低压管让高压管：高压管造价高，且强度要求也高。

（6）气体管让水管：水流动的动力消耗大。

（7）金属管让非金属管：金属管易弯曲、切割和连接。

（8）一般管道让通风管：通风管道体积大，绕弯困难。

（9）阀件小的让阀件大的：考虑安装、操作、维护等因素。

（10）检修次数少的和方便的让检修次数多的和不方便的：这是从后期维护方面考虑的。

（11）常温管让高（低）温管（冷水管让热水管、非保温管让保温管）：高于常温要考虑排气；低于常温要考虑防结露保温。

（12）热水管道在上，冷水管道在下。

（13）给水管道在上，排水管道在下。

（14）电气管道在上，水管道在下，风管道在中下。

（15）空调冷凝管、排水管对坡度有要求，应优先排布。

（16）空调风管、防排烟风管、空调水管、热水管等需保温的管道要考虑保温空间。

（17）当冷、热水管上下平行敷设时，冷水管应在热水管下方；当垂直平行敷设时，冷水管应在热水管右侧。

（18）水管不能水平敷设在桥架上方。

（19）在出入口位置尽量不安排管线，以免人流进出时给人压抑感。

（20）材质比较脆、不能上人的安排在顶层。如复合风管必须安排在最上面，桥架安装、电缆敷设、水管安装不影响风管的成品保护。

3. 其他原则

（1）在综合布置管道时应首先考虑风管的标高和走向，同时要考虑较大管径水管的布置，避免大口径水管和风管在同一房间内多次交叉，以减少水、风管道转弯的次数。

（2）室内明敷给水管道横干管与墙、地沟壁的净距不小于100 mm（《建筑给排水及采暖工程施工质量验收规范》GB 50242—2002），与梁、柱的净距不小于50 mm（此处无接头）（《建筑施工手册》第四版缩印版-26 建筑给水排水及采暖工程）。

（3）立管中心距柱表面不小于50 mm；与墙面的净距，当DN<32 mm时应不小于25 mm，DN在32~50 mm范围内时应不小于35 mm，DN在75~100 mm范围内时应不小于50 mm，DN在125~150 mm范围内时应不小于60 mm。

（4）给水引入管与排水排出管的水平净距不得小于1 mm。室内给水与排水管道平行敷设时，两管间的最小水平净距不得小于0.5 m；交叉铺设时，垂直净距不得小于0.15 m。给水管应铺在排水管上面，若给水管必须铺在排水管的下面时，给水管应加套管，其长度不得小于排水管管径的3倍。

（5）并排排列的管道，阀门应错开位置。

（6）给水管道与其他管道的平行净距一般不应小于300 mm。

（7）当共用一个支架敷设时，管外壁（或保温层外壁）距墙面宜不小于100 mm，距梁、柱可减少至50 mm。电线管不能与风管或水管共用支吊架。

（8）一般情况下，管道应尽量靠墙、靠柱、靠内侧布置，尽可能留出较多的维护空间。但管道与

管井墙面、柱面的最小距离以及管道间的最小布置距离应满足检修和维护要求。

①管子外表面或隔热层外表面与构筑物、建筑物（柱、梁、墙等）的最小净距应不小于 100 mm。

②法兰外缘与构筑物、建筑物的最小净距应不小于 50 mm。

③阀门手轮外缘之间及手轮外缘与构筑物、建筑物之间的净距应不小于 100 mm。

④无法兰裸管，管外壁的净距应不小于 50 mm。

⑤无法兰有隔热层管，管外壁至邻管隔热层外表面的净距或隔热层外表面至邻管隔热层外表面的净距应不小于 50 mm。

⑥法兰裸管，管外壁至邻管法兰外缘的净距应不小于 25 mm，等等。

书目推荐（一）

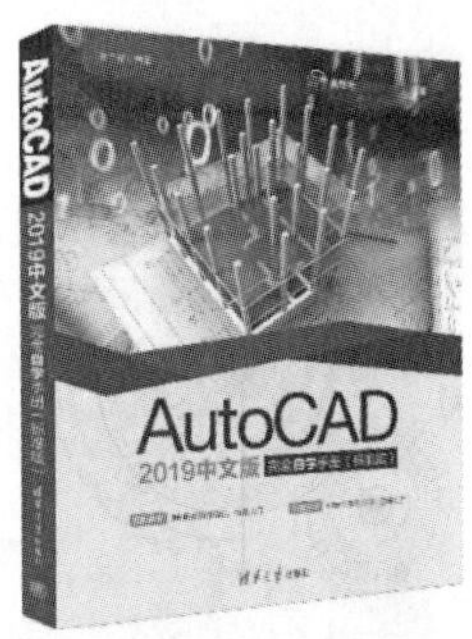

◎ 面向初学者，分为标准版、CAXA、UG、SOLIDWORKS、Creo 等不同方向。

◎ 提供 AutoCAD、UG 命令合集，工程师案头常备的工具书。根据功能用途分类，即时查询，快速方便。

◎ 资深 3D 打印工程师工作经验总结，产品造型与 3D 打印实操手册。

◎ 选材+建模+打印+处理，快速掌握 3D 打印全过程。

◎ 涵盖小家电、电子、电器、机械装备、航空器材等各类综合案例。

书 目 推 荐（二）

◎ 视频演示：高清教学微视频，扫码学习效率更高。
◎ 典型实例：经典中小型实例，用实例学习更专业。
◎ 综合演练：不同类型综合练习实例，实战才是硬道理。
◎ 实践练习：上级操作与实践，动手会做才是真学会。